장비안전과 이동식크레인

Safety & Mobile Crane

호종관 저

도서출판 구미서관

머리말

오늘날 산업의 발전은 국민생활 수준을 높였다는 긍정적인 측면이 크다고 볼 수 있으나 가끔 뉴스를 통하여 접하는 반갑지 않은 산업현장의 사고 소식은 우리를 매우 불편하게 하고 있다. 한걸음 더 들어가 보면 국내 산업재해 사망자의 절반 이상이 건설현장에서 발생하고 있으며 또 건설현장 사망사고의 20% 이상을 건설장비와 관련이 있다는 통계를 접하고 있다.

인류는 그들의 흔적을 남기기 위하여 고대 "이집트의 피라미드"와 같은 거대한 건축물부터 금세기 1천미터에 가까운 "두바이의 버즈칼리파"와 같은 빌딩을 세우는 등 새로운 시도를 인류가 존재하는 한 계속할 것이고 또한, 작업가능 인력의 고령화와 고임금은 건설현장에서 장비의존도를 높이게 된다는 것은 자명한 것이다. 따라서, 향후 건설장비는 지금보다 더 빠른 속도로 발전하고 또 급속도로 증가할 것으로 누구나 예상할 수 있을 것이다. 그러므로 장비관련 안전을 확보하여 사고를 예방하고 생산성을 증대하는 것은 향후 건설업에 상당한 이슈가 될 것으로 생각할수 있을 것이다.

이에 필자는 "장비안전과 생산성 향상"이라는 두가지 목적달성을 위하여 30년이 넘는 실무경험을 토대로 1장에서는 장비안전에 관하여, 2장에서는 현장에서 사용빈도가 높은 이동식크레인에 대하여 실무자 관점에서 필요한 내용을 기술할려고 노력하였다.

장비안전에 대해서는 1장의 1절과 2절을 통하여 건설장비에 대한 일반적인 개념을 정리하고 장비안전 사고예방에 대한 새로운 접근을 시도하였으며 3절에서는 현업에서 궁금한 사항들을 질의 응답식으로 설명하였다. 또 2장에서는 건설업뿐 아니라 전 산업에서 사용빈도가 높은 이동식크레인에 대하여 실무자가 반드시 알아야 할 내용 위주로 순서대로 정리하였다. 전반부에서는 이동식크레인의 일반적인 내용과 기초지식을 정리하였으며 특히 6절에서는 장비기술자가 접근하기 어려운 지반분야에 대하여 이해하기 쉽도록 도식화하여 기술하였고, 10절과 11절에서는 특수양중방법과 실무적용사례를 차례로 구성하여 독자가 현업에 쉽게 응용할 수 있도록 하였다.

본서의 내용은 필자의 현업활동 경험과 크레인제작사 및 임대사의 매뉴얼과 브로셔, 관련 논문과 인터넷자료, 일본기계화협회, 미국크레인협회(CIA), 관련표준(ISO, KS, BS) 등 다양한 자료를 인용하였다. 따라서, 본서를 학습함에 있어 이해가 부족한 부분이나 추가로 학습하고자 한다면 본서의 참고문헌에 소개해 놓은 자료를 참고로 하면된다.

필자는 저술을 위해 자료를 정리하고 책으로 펴낸다는 것이 쉽지않다는 것을 다시한번 체험하는 계기가 되었으며 더불어 내실있는 구성을 위하여 우수한 참고자료를 인용함에 있어 참고문헌 저자분들께 정중히 양해를 구하여 인용하는 것이 옳으나 사정상 그렇지 못한 저자분들께 이 지면을 빌어 진심으로 양해를 구하는 바입니다.

그리고 저술활동에 많은 도움을 주신 동료, 선후배님들께 깊이 감사드리며 국내 기술발전을 위하여 출판에 적극적으로 협조해 주신 구미서관에 심심한 감사를 드립니다.

끝으로 오랜기간동안 항상 집필작업을 격려해주고 뒷바라지 해준 아내 이정인과 딸 유진, 예진에게 고마움과 깊은 사랑을 전합니다.

2022. 6. 3

호 종 관

목 차

제1장 장비안전

제2장 이동식크레인

제1장

장비안전

Safety & Mobile Crane

장 비 안 전 · 이 동 식 크 레 인

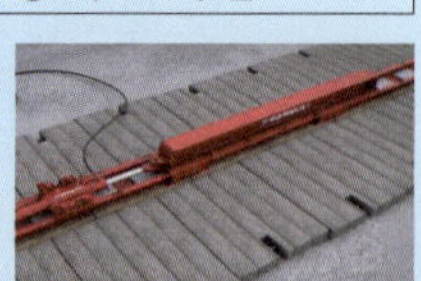

1절

건설장비 일반

01 장비 정의

실무에서 자주 사용되는 장비란 무엇을 뜻하는 것일까? 산업현장에서 장비는 생산성 향상을 위하여 반드시 필요한 기계장치라는 의견에 누구도 부정하지는 못할 것이다. 그러나 건설장비에 대하여 명확하게 정의한 법적기준은 찾아보기 힘들다. 다만 "소재·부품·장비산업 경쟁력 강화를 위한 특별조치법"에서 장비를 "소재·부품을 생산하거나 소재·부품을 사용하여 제품을 생산하는 장치 또는 설비"라고 정의하고 있다. 따라서, 건설현장에서 실무자가 체감하는 의미는 다르다고 판단하여, 본서에서 장비는 건설기계계관리법[1]의 건설기계 27종과 산업안전보건법[2]의 유해위험·기계·기구와 설비 등을 (동력으로 작동되는 기계장치와 설비도 포함된) 포괄적인 의미로 폭 넓게 건설장비라는 용어를 사용하고자 한다.

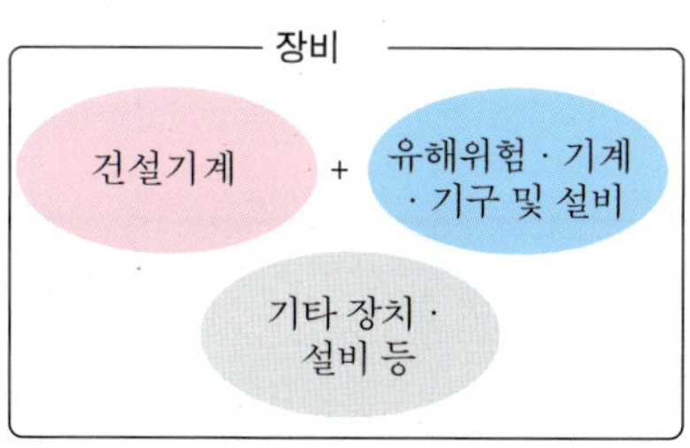

1) 건설기계관리법에 대통령영으로 27종의 건설기계가 있으며, 하위규정으로 건설기계안전기준에 관한 규칙이 있다.
2) 산업안전보건법에는 장비의 안전장치점검과 작업중안전기준이 규정되어 있으며, 하위규정으로 산업안전보건기준에 관한 규칙이 있다.

02 관련법규

건설장비관련법은 장비의 특성이나 목적에 따라 많은 기준과 규정들이 연관되어 있다. 이 중 대표적인 법으로는 "건설기계 27종"의 제작과 등록, 검사, 조종(운전)자격 등을 규정하고 있는 "건설기계관리법"이 있고, 또 각종 유해위험·기계·기구의 품질을 확보하기 위한 인증과 검사, 그리고 작업자의 사용안전 측면에서 규정한 "산업안전보건법"이 있다. 다음은 건설장비에 대한 대표적인 관련법과 기준을 나열한 것이다.

- 건설기계관리법
- 산업안전보건법
- 자동차관리법
- 건설산업기본법과 건설산업진흥법
- 해상장비관련법 : 선박법, 선원법 등
- 기타 : KS, ISO, DIN, EN, 표준품셈 등

2.1 건설기계

건설기계관리법으로 "건설기계 27종"을 정하여 등록·검사·형식승인 및 건설기계산업과 건설기계조종사면허 등에 관한 내용을 정해 놓았다. 이 법은 효율적인 건설기계 관리와 안전을 확보하고, 건설공사 기계화를 촉진하는 것을 목적으로 하고 있다. 또한, 건설기계의 범위는 건설기계관리법 제2조(동법시행령, 별표1)에서 대통령영으로 정해놓았으며 그 범위는 다음 표와 같다.

표 1-1 건설기계의 범위

건설기계명	범위
1. 불도저	무한궤도 또는 타이어식인 것
2. 굴착기	무한궤도 또는 타이어식으로 굴착장치를 가진 자체중량 1톤 이상인 것
3. 로더	무한궤도 또는 타이어식으로 적재장치를 가진 자체중량 2톤 이상인 것. 다만, 차체굴절식 조향장치가 있는 자체중량 4톤 미만인 것은 제외한다.
4. 지게차	타이어식으로 들어올림장치와 조종석을 가진 것. 다만, 전동식으로 솔리드타이어를 부착한 것 중 도로(「도로교통법」 제2조제1호에 따른 도로를 말하며, 이하 같다)가 아닌 장소에서만 운행하는 것은 제외한다.
5. 스크레이퍼	흙·모래의 굴착 및 운반장치를 가진 자주식인 것
6. 덤프트럭	적재용량 12톤 이상인 것. 다만, 적재용량 12톤 이상 20톤 미만의 것으로 화물운송에 사용하기 위하여 자동차관리법에 의한 자동차로 등록된 것을 제외한다.

7. 기중기	무한궤도 또는 타이어식으로 강재의 지주 및 선회장치를 가진 것. 다만, 궤도(레일)식인 것을 제외한다.
8. 모터그레이더	정지장치를 가진 자주식인 것
9. 롤러	1. 조종석과 전압장치를 가진 자주식인 것 2. 피견인 진동식인 것
10. 노상안정기	노상안정장치를 가진 자주식인 것
11. 콘크리트뱃칭플랜트	골재저장통·계량장치 및 혼합장치를 가진 것으로서 원동기를 가진 이동식인 것
12. 콘크리트피니셔	정리 및 사상장치를 가진 것으로 원동기를 가진 것
13. 콘크리트살포기	정리장치를 가진 것으로 원동기를 가진 것
14. 콘크리트믹서트럭	혼합장치를 가진 자주식인 것(재료의 투입·배출을 위한 보조장치가 부착된 것을 포함한다)
15. 콘크리트펌프	콘크리트배송능력이 매시간당 5세제곱미터 이상으로 원동기를 가진 이동식과 트럭적재식인 것
16. 아스팔트믹싱플랜트	골재공급장치·건조가열장치·혼합장치·아스팔트공급장치를 가진 것으로 원동기를 가진 이동식인 것
17. 아스팔트피니셔	정리 및 사상장치를 가진 것으로 원동기를 가진 것
18. 아스팔트살포기	아스팔트살포장치를 가진 자주식인 것
19. 골재살포기	골재살포장치를 가진 자주식인 것
20. 쇄석기	20킬로와트 이상의 원동기를 가진 이동식인 것
21. 공기압축기	공기토출량이 매분당 2.83세제곱미터(매제곱센티미터당 7킬로그램 기준) 이상의 이동식인 것
22. 천공기	천공장치를 가진 자주식인 것
23. 항타 및 항발기	원동기를 가진 것으로 헤머 또는 뽑는 장치의 중량이 0.5톤 이상인 것
24. 지갈체취기	자갈채취장치를 가진 것으로 원동기를 가진 것
25. 준설선	펌프식·바켓식·딧퍼식 또는 그래브식으로 비자항식인 것. 다만, 「선박법」에 따른 선박으로 등록된 것은 제외한다.
26. 특수건설기계	제1호부터 제25호까지의 규정 및 제27호에 따른 건설기계와 유사한 구조 및 기능을 가진 기계류로서 국토교통부장관이 따로 정하는 것
27. 타워크레인	수직타워의 상부에 위치한 지브(jib)를 선회시켜 중량물을 상하, 전후 또는 좌우로 이동시킬 수 있는 것으로서 원동기 또는 전동기를 가진 것. 다만, 「산업집적활성화 및 공장설립에 관한 법률」 제16조에 따라 공장등록대장에 등록된 것은 제외한다.

2.2 유해위험기계 · 기구

산업안전보건법의 제80조(유해하거나 위험한 기계·기구에 대한 방호조치)에서는 "누구든지 동력(動力)으로 작동하는 기계·기구로서 대통령령으로 정하는 것은 고용노동부령으로 정하는 유해·위험 방지를 위한 방호조치를 하지 아니하고는 양도, 대여, 설치 또는 사용에 제공하거나 양도·대여의 목적으로 진열해서는 아니 된다"라고 명시하고 있다. 또 동법 제81조(

기계·기구 등의 대여자 등의 조치)은 "대통령령으로 정하는 기계·기구·설비 또는 건축물 등을 타인에게 대여하거나 대여받는 자는 필요한 안전조치 및 보건조치를 하여야 한다"고 규정하고 있다.

2.2.1 방호조치가 필요한 기계·기구[3)]

1. 예초기
2. 원심기
3. 공기압축기
4. 금속절단기
5. 지게차
6. 포장기계(진공포장기, 래핑기로 한정한다)

2.2.2 대여자 등이 안전조치 등을 해야하는 기계·기구·설비 및 건축물[4)] 등

1. 사무실 및 공장용 건축물
2. 이동식 크레인
3. 타워크레인
4. 불도저
5. 모터 그레이더
6. 로더
7. 스크레이퍼
8. 스크레이퍼 도저
9. 파워 셔블
10. 드래그라인
11. 클램셸
12. 버킷굴착기
13. 트렌치
14. 항타기
15. 항발기
16. 어스드릴
17. 천공기
18. 어스오거
19. 페이퍼드레인머신
20. 리프트
21. 지게차
22. 롤러기
23. 콘크리트 펌프
24. 고소작업대
25. 그 밖에 산업재해보상보험 및 예방심의위원회 심의를 거쳐 고용노동부장관이 정하여 고시하는 기계, 기구, 설비 및 건축물 등

3) 산업안전보건법 시행령 [별표 20]
4) 산업안전보건법 시행령 [별표 21]

2.3 차량탑재형장비/ 자동차관리법

건설현장에는 건설기계뿐만 아니라 특수자동차로 분류되는 차량탑재형 크레인이나 차량탑재형 고소작업대, 그리고 트레일러와 차량으로 등록된 덤프트럭도 포함이 된다.

2.3.1 차량탑재형 고소작업대

관련기관의 고시(위험기계·기구 안전인증 고시)[5]를 통하여 "차량탑재형 고소작업대(Mobile Elevated Work Platforms : MEWP)란 고소장비가 차량에 탑재된 고소작업대"라고 정의하고 있다. 현업에서는 "차량타배형 고소작업대"라는 명칭이 너무 길어서 일반적으로 "고소작업차"로 호칭하고 있다. 이 고소작업차의 구조는 작업자가 탑승하는 작업대, 연장구조물(지브), 차대로 구성된다.

(a)

(b)

그림 1-1 차량탑재형 고소작업대(고소작업차)

2.3.2 차량탑재형 크레인

차량에 탑재한 크레인은 관련기관 고시(위험기계·기구 안전인증 고시)를 통하여 이동식 크레인으로 분류하고 있다. 또한, "이동식 크레인"이란 "원동기를 내장하고 있는 것으로서 불특정 장소에 스스로 이동이 가능한 크레인으로 동력을 사용하여 중량물을 매달아 상하 및 좌우(수평 또는 선회를 말한다)로 운반하는 설비로서 「건설기계관리법」의 기중기 또는 「자동차관리법」의 화물·특수 자동차의 작업부에 탑재하여 화물운반 등에 사용하는 기계 또는 기계장치"라고 정의하고 있다.

5) 고용노동부고시 제2020-41,43호

(a) (b)

그림 1-2 차량탑재형 크레인

2.4 해상장비/ 선박관련법

우리나라는 3면이 바다와 접하고 있으며 준설과 매립 등 간척사업을 통하여 신공항과 산업단지 그리고 항만시설 등을 건설하였다. 이때 해상공사를 위하여 해상크레인과 바지선 그리고 준설선과 크고 작은 선박(측량, 작업자 및 자재운반)등 많은 종류의 해상장비가 사용되었으며 그 운영은 선박관련 법규를 따르게 된다.

(a) 운반용 바지선 (b) 해상크레인

그림 1-3 해상장비

03 장비발전과 운영기술

3.1 장비발전

국내에서 가장 오래된 건설장비의 기록은 정조때 수원성 축조시 (1794~1796년)에 활용되었다는 거중기(擧重機)로 알려져 있다. 그 이후로는 일제 강점기에 식민물자를 반출하기 위한 도로 및 철도와 항만시설 등을 건설하기 위하여 일제가 도입한 장비가 있으며, 해방이후에는 1950년대초 주한 미공병단이 전쟁물자로 반입한 중장비들중에서 중고장비를 정부가 인도받아 사용하게 된 것이 국내 건설장비 운영의 태동기로 보고 있다.

1960~70년대에는 정부의 강력한 경제개발 5개년 계획을 년차별로 강력하게 추진하면서 고속도로와 소양강댐, 간척사업 등을 포함한 사회간접자본 확충을 위한 다양한 종류의 중장비가 많이 도입되었다고 볼 수 있을 것이다.

또한, 80년대에는 급속한 경제발전에 따른 대규모 공단건설과 올림픽특수에 따른 신도시 건설 등은 국내 건설장비 시장 활성화에 큰 기여를 하게 된 것이다. 90년대 이후부터는 국내 건설시장에서 다져진 장비제조 기술을 바탕으로 본격적인 해외진출을 하게 되었고, 최근에는 Smart Construction(리스크저감 및 제거방법, 생산성 향상, 인력최소화)을 위한 장비개발 등 세계 일류기업으로 거듭나는 장비제작 및 수출국으로서 발돋움 하고 있는 것이다.

3.2 장비운영기술

장비운영기술은 "장비를 안전하게 운영하여 최고의 생산성을 확보"하는 기술이라고 정의할 수 있을 것이다. 국내 장비사용 초기에는 선진국이나 선진제작사을 통하여 장비를 통째로 수입하여 사용하였으나, 그 운영기술이 확보된 인력은 턱없이 부족하였고 기술교육 시스템도 거의 없었다고 볼 수 있다. 그후 1970년대 중반이후 중동지역 건설공사에 많은 국내의 기업과 엔지니어들이 참여하게 됨으로서 건설기계화 시공을 위한 선진공법과 최신장비 운영법을 배우게 된 것이 국내 건설발전에 큰 기여를 하게된 것이다. 건설장비운영 기술발전 과정을 세대별로 나눠본다면 다음과 같이 설명할 수 있을 것이다.

- 1세대 : 1980년 이전 → 고장수리
  - 장비가 고장날까지기 가동하고, 고장이 난 이후에 수리
  - 운영기술 낙후, 부품수급 힘듬

- 2세대 : 1981년 이후 → 예방정비
  - 정기적인 점검 보수를 통한 예방정비 도입
  - 가동율 향상에 초점, 기능인력의 손끝 기술에 의지

- 3세대 : 2010년대 → 안전확보
  - 예방정비를 위한 첨단장비를 고장진단에 활용
  - 가동율과 생산성에 IT 등 첨단기술 활용
  - 사고발생에 따른 안전성 확보에 관심

- 4세대 : 2020년 이후 → 인간공학
  - 재래방법(부품수리)에서 탈피 효율화 모색(부품교환)
  - 생산성 향상위한 ICT 등 첨단기기 등 활용
  - DFS차원의 안전장치개발 활용 정착

- 5세대 : 2025년 이후 → 로봇화, 무인화
  - 작업전 시뮬레이션기술 실무정착
  - 인력최소화 및 위험작업을 위한 무선제어장비 확대
  - 인간·기계협업 고기능로봇과 AI기술 실무 활용 정착

04 건설공법과 시공장비

4.1 공법의 변화

건설업계의 국내·외 경쟁은 치열해지고 있으며 해를 거듭할수록 계속되는 수주경쟁은 업계에 신공법 개발과 장비기술 발전이라는 긍정적인 요인으로 작용하기도 했다. 특히 최근에 고령화 가속에 따른 작업가능 인력 감소와 좀처럼 감소되지 않는 안전사고는 안전성을 확보하고 생산성을 향상시킬 수 있는 건설공법을 강력히 요구하고 있다. 예를 든다면 보통 몇 백 미터 선박을 만들 때 사용하던 모듈화와 대블록화 시공법 등을 반도체공장이나 대규모의 물류센터, 혹은 대형 교량 건설 등에 적용하여 안전을 확보하면서 생산성까지 향상시키고 있다.

모듈화 시공이란 완성품의 70~80%수준으로 제품(건물, 선박의 블록, 교량상판 등)을 만든

다음 조립 및 설치하는 공법이다. 또한, 도심지의 복잡한 교통문제 해결과 안전성 측면에서의 신속한 공사가 필요한 경우가 많은데, 이때 급속시공 공법이 아주 유효하다. 즉 도심지의 교량을 1~2일 동안에 설치한다든지, 올림픽선수촌 아파트를 1개월에 준공한다든지 등이 급속 시공법의 좋은 예 이다. 이에 모듈화와 급속시공법 등에 활용되는 특수장비의 일부를 소개하고자 한다.

4.2 모듈화 및 급속시공장비

4.2.1 대형 양중장비

1) 타워크레인

타워크레인의 규격은 최대인양 능력에 따라 3~10톤을 소형, 12~24톤 중형, 32톤이상을 대형으로 분류하고 있으나 최근에 적용되는 모듈화, 대블록화와 시공법은 50톤 이상되는 대형 타워크레인 활용 확대를 요구하고 있다고 볼 수 있다.

(a) 해머헤드형(T형)

(b) 러핑형, T형(Topless)

그림 1-4 타워크레인

2) 크롤러 크레인

일반적으로 사용하는 크롤러크레인 규격은 대부분 300톤급 미만이며, 대형이라 할지라도 500톤급 이상의 크롤러크레인은 많지 않다. 그러나 이동이 불편함에도 불구하고 사용하는 이유는 타이어식 크레인에 비하여 안전하게 대형 부재를 양중할 수 있다는 것이다. 현재 크롤러크레인은 최대 인양능력이 3천톤까지도 개발되어 활용하고 있으나 활용도가 높지 않다. 국내에서는 최대 2,300톤을 양중할 수 있는 크롤러크레인이 화학단지의 냉각탑설치나 원자력발전소 등 대형 플랜트 현장에서 활용되고 있다.

(a) 양중 테스트

(b) 대형크롤러크레인

(c) 냉각탑 설치

그림 1-5 크롤러크레인

3) 링 크레인

크레인의 상부하중을 효율적으로 지반에 분산하기위해 링모양의 주행트랙을 갖는 고정식 크레인이다. 그림 1-6은 링크레인의 기본구조를 나타내고 있다. 링모양의 주행트랙을 따라 붐의 Pivot부와 카운터 웨이트가 선회주행을 한다. 그림 1-6 국내 울산화학단지 현장에 적용된 5천톤 링크레인으로 중량 2,100톤, 높이 103m의 증류탑을 설치한 사례이다.

(a) 링 크레인 기초

(b) 증류탑 설치작업

그림 1-6 링거 크레인

4.2.2 중량물 운반장비

1) SPMT

SPMT는 고중량의 다양한 크기의 화물에 대응하기 위해서 고안된 모듈 확장식 운반장비로 자주식 모듈형 운반장비(Self-Propelled Modular Transport)의 약자입니다. 표준형은 6축 SPMT로 인양능력이 240톤이며 다양한 산업계의 요구에 맞게 중량물 운송시 표준화 된 모듈형 장비이다.

- 스스로 주행할 수 있으며 회전·횡행·사행 등이 자유롭고
- 모듈 형식으로 다양한 요구에 맞게 조합이 가능하고
- 중량물 운송 시 표준화된 모듈형 장비이며 6축, 12개 보기와 24개 바퀴로 구성되어 있으며 모두 독립적으로 제어가능

(a) SPMT 형상

(b) SPMT 작업

그림 1-7 SPMT

2) Skidding system

이 시스템은 고하중의 화물을 수평으로 이동시킬 때 사용하는 장비로 유압 실린더 등으로 발생한 수평 외력을 이용하여 화물을 트랙이나 주행로를 따라 굴리거나 밀어서 이동시키는 장비입니다. 이때 주행로와 고하중 화물 사이에 마찰력을 줄일 수 있는 테프론 패드나 롤러 등이 주로 사용된다. 테프론 패드를 사용할 경우 제작사 마다 상이할 수 있지만 화물중량의 5~8% 정도의 수평력을 필요로 한다.

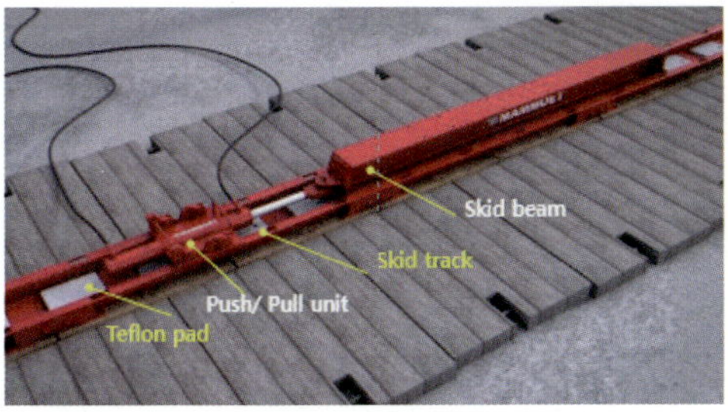

(a) 스키딩 장치

(b) 스키딩 응용작업(케이슨 이동)

그림 1-8 스키딩 시스템

3) APS

APS(Air Pad Sliding)는 Skidding 시스템의 일종으로 주행로와 화물간에 공기층을 형성하여 주행을 위한 수평외력을 최소화한 시스템이다. 화물과 주행로간의 마찰력은 1%이하로 할 수 있다. 예를 들어 200톤의 하중을 옮기는데 2톤 이하의 외력으로 화물을 운반할 수 있다는 것이다.

APS는 질소를 이용하고 Air Caster와 다르게 질소가 빠져나가지 않게 고무실로 감싸져 있다. 테프론이나 롤러에 비해 마찰력을 현저히 감소시킬 수 있는 방식이다. 또 하나 장점은 테프론이나 롤러는 일방향 주행로를 형성하는데 비해 APS나 Air Caster는 평면X,Y 두방향으로 쉽게 이동이 가능하다. 이러한 장점을 활용하여 고중량의 화물을 미세조정 할 수 있도록 대블록이나 모듈에 사용하면 생산성을 높일 수 있다.

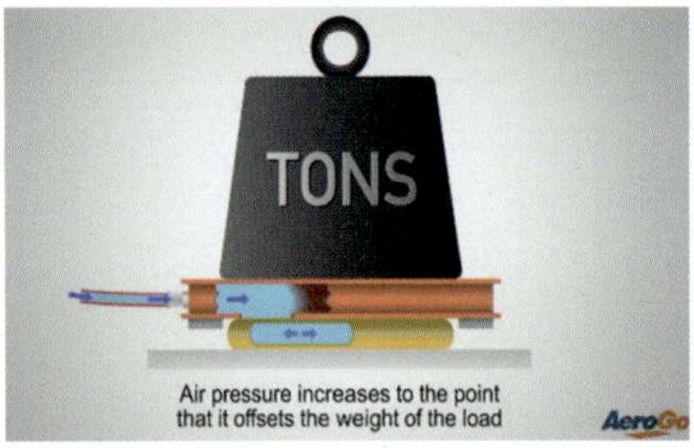

(a) APS 단면

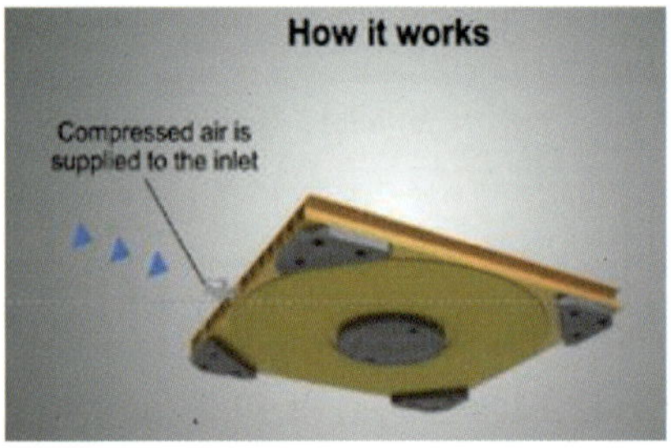

(b) APS형상

그림 1-9 APS

4.2.3 특수 양중장비

1) Jack-up System

Jack-up 시스템은 인양물하부에 특수 블록을 반복 삽입하여 수직으로 밀어 올리는 장비이다.

여기에, 적용되는 동력은 고압의 유압펌프를 활용한 실린더로 작동되기 때문에 유지관리에 각별한 주의가 필요하다.

그림 1-10 여러형태의 잭업시스템

2) Strand Jack

스트랜드 잭(Strand Jack)은 와이어를 잡고 당기는 작업을 반복 수행하여 화물을 수직 혹은 수평으로 이동시키는 장비이다. 그림 1-11은 스트랜드 잭의 기본 구조로 크게 Top Anchor, 유압실린더, Bottom Anchor로 구성되어 있다. Top Anchor는 와이어를 당기기 위해 잡아주는 역할을 하고, 당김을 반복 작업하기 위해 Top Anchor가 와이어를 놓고 다시 자리를 잡는 동안 Bottom Anchor는 와이어가 빠지지 않게 잡아준다. 즉 Top Anchor가 와이어를 잡고, 유압 실린더가 확장하여 와이어를 위로 당겨 올린다. 당김을 반복하기 위해 유압 실린더가 수축하는 동안 Top Anchor는 와이어를 놓는다. 이때 Bottom Anchor는 와이어가 빠지지 않게 잡아주는 역할을 하게되는 것이다. 이러한 동작을 반복하여 와이어를 당겨 올리게 된다.

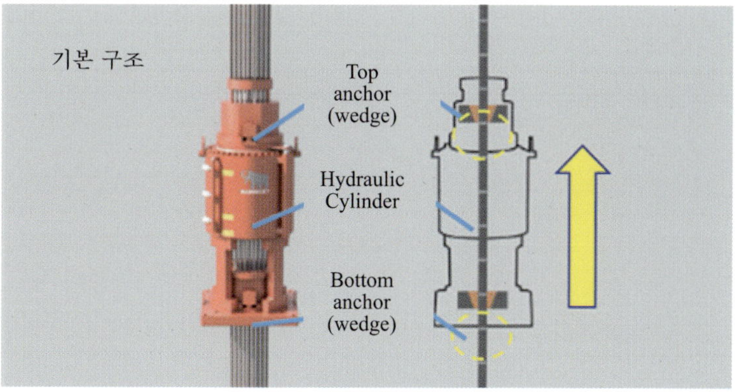

그림 1-11 스트렌드 잭 시스템

3) Tower Lifting System

Tower Lifting System은 2개 이상의 수직 Tower에 Lifting 장비를 설치하여 화물을 양중하는 장비이다. 이때 사용되는 Lifting 장비로는 Strand jack, Jack-up, climbing jack 등이 있으며 [그림 1-12]는 리프팅 타워와 스트랜드 잭을 조합하여 냉각탑을 설치하는 작업이다.

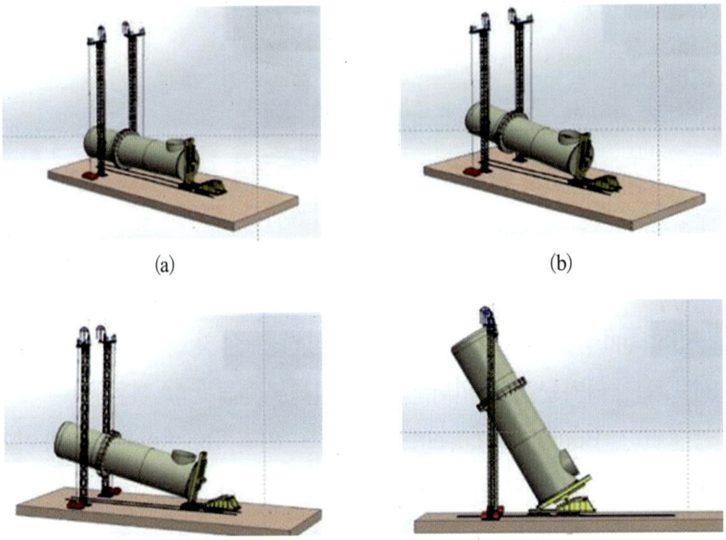

(a) (b) (c) (d)

그림 1-12 타워 리프팅 시스템

2절

장비안전

01 사고 정의

사고의 정의는 산업안전대사전[1]에서 "일상생활에서는 여러가지 불상사를 모두 사고"라고 설명한다. 또 하인리히(H.W.Herinrich)[2]는 재해발생의 기본적인 원리로 하여 (1) 사회적 환경, (2) 개인적 결함, (3) 불안전상태·불안전행동, (4) 사고, (5) 상해의 관계를 5개 골패에 의해 설명하고 있다. 즉, 상해는 사고에서 일어나며, 그 사고는 불안전 상태나 불안전 행동을 방지함으로써 사고를 없애는 것이 상해를 방지하기 위해 선결(先決)해야 할 것이라고 설명하고 있다. 여기서,는 사고를 상해의 배경에 있는 변형된 사상(事象 : strained event)으로 받아들이고 있다.

02 안전 패러다임의 변화

Andrew Hale과 Jan Hovdend 교수[3]는 안전의 발전을 3세대 "기술 (Thechnology)", "인간요소시대(Human Factor)", "안전관리(Safety Management)의 시대"로 나누어 설명하고 있다.

제1세대는 기술의 세대로 18세기말 제1차 산업혁명 이후에 안전에 대한 위험은 대부분 기술로부터 유래되었다는 것이다. 이때의 관심사는 기계와 구조물 등을 보호하데 더 초점이 맞춰져 있고 장비사용에 대한 신뢰성 분석 필요성이 제기 되었던 시기였다는 것이다.

1) 사고 [trouble event, 事故] (산업안전대사전, 2004. 5. 10., 최상복)
2) H.W.Herinrich(1931,Industrial Accident Prevention, A Scientific Approach)
3) 패러다임전환(Erik Hollansgel,홍성현 옮김, 세진사, 2016)

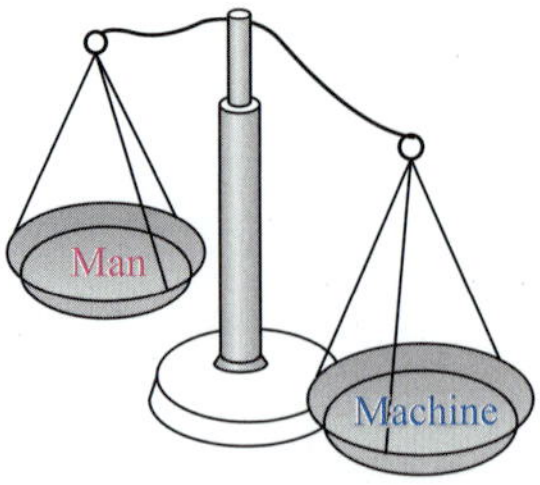

그림 2-1 사람과 기계설비의 균형

제2세대인 인적요소는 1979년 미국의 펜실베니아주 Three Mile Island섬(TMI)의 원자력발전소 사고에 의해 그 인적요소의 중요성 부각되기 시작하여 인간은 너무 부정확하고 변동적이며 기술에 천천히 적응하는 것으로 인식되었어 인간은 실수하기 쉽고 신뢰할 수 없는 취약성이 있기 때문에 사고예방을 위해서는 Man–Machine System에 대한 신뢰성 평가 등 인간공학적 연구가 필요하다는 것이다.

제3세대로서 안전관리가 주요한 관심사로 다가온 것은 '80년대 중반 이후 우주선 챌린저호 폭발사고와 체르노빌 원자력발전소 폭발사고가 발생하면서 Man–Machine System에 대한 신뢰성 평가의 한계를 인지하고 인적요소에 영향을 미치는 조직에 대해서도 관심을 갖게 되면서 안전관리시스템이 조직의 안전에 매우 큰 영향을 미치게 된다는 것으로 설명하고 있다.

03 장비사고의 정의

안전이라는 큰 범주관점에서 "장비사고와 장비관련사고"라는 용어 정의가 무의미할 수 도 있으나 사고예방을 위한 대책수립과 실행 실무자 입장에서는 구제적인 정의가 있어야 사고의 원인분석과 예방대책 실행의 주체가 분명해 질 것이다.

3.1 장비사고

장비를 조종하는 운전자(조종사)의 과실을 포함하여 장비고유기능에 문제가 있어 발생된는 사고를 말할 수 있을 것이다. 일반적으로 장비자체의 문제 때문에 발생되는 "장비사고"는 장비관련 전체사고의 10~15% 수준인 것으로 알려지고 있다. 이러한 사고는 장비설계와 제작품질과도 연관성이 있으나 현업에서 접근하기에는 한계가 있어 장비관리자와 운영조직의 기술수준을 높이거나 전문가를 활용하여야 문제가 해결 가능한 경우가 많다.

3.2 장비관련사고

장비관련사고는 위에서 언급한 "장비사고"보다는 넓은 의미로 설명할 수 있다. 즉 장비사고를 포함하여 장비주변 작업자가 연관된 사고까지 포함한 포괄적인 의미로 해석할 수 있을 것이다. 이때는 사고원인분석과 대책을 좀 더 확대하여 폭넓게 접근할 필요가 있다. 다시 말하면 장비사고는 전문성을 높여서 해결가능하지만 주변 작업자에 대한 관리는 장비운영자의 전문영역을 벗어나는 부분이다. 따라서, "장비관련사고"를 모두 관리하기를 원한다면 운영조직 구성시 장비전문가 뿐만아니라 시공 및 안전전문가들이 복합적인 집단지성으로 사고원인을 분석하고 예방대책 수립 및 실행까지 관리하여야 할 것이다.

04 장비수명과 사고

장비 년령(수명)이 사고에 얼마나 영향은 주는가?라는 질문에 대한 답은 사고의 근본원인을 명확히 분석할 수 있다면 장비의 년식과 사고의 연관성도 객관적으로 설명이 가능할 것이다. 최근 몇 년간의 장비관련 사고를 분석해 보면 장비자체의 고유기능에 따른 사고는 상비 종류나 시공특성에 따라 10~15% 수준으로 알려져 있다.

타워크레인의 사례를 살펴보면 선진사가 많은 유럽의 경우 유럽연합 기준(FEM1.001[4] or DIN15018-1[5])을 설계기초로 제작하고 있으나 그 어느 회사도 크레인의 사용수명에 대하여 공식적인 기준은 제시하지 않고 있다. 다만 장비사용자 매뉴얼에 소모품에 대한 유지보수 기준을 제공할 뿐이다. 또한, 타워크레인의 연식을 제한하는 국가로서 싱가포르(20년, 2006년)와 미국의 뉴욕시(25년, 2019년)가 있으나, 이들 또한, 명확하게 기술적인 근거를 가지고 정한 것은 아니라고 한다. 또 2015년 1월에 발표한 미국의 사고조사 전문기관(HAAS)의 타워크레인 예상수명에 관한 보고서[6]에 의하면 타워크레인의 사고는 장비연식과 연관성이 크지 않다는 것을 잘 보여주고 사례 이다. 따라서, 장비사고는 연식이 오래되었다고 증가하는 것은 아니며 유지보수와 점검 등을 적절히 수행하는 것이 매우 중요하다고 언급하고 있다.

이 보고서에 따르면 1987년 이후 발생한 800건의 크레인 사고를 평가하고 507건을 선정하여

4) FEM1.001 : Rules for the design of hosting appliances
5) DIN15018 : Cranes; Steel structures; design and construction
6) Tower Crane Life Expectancy by HAAS Engineering, 2015

크레인 제조일자와 사고내용이 명확한 125건을 토대로 분석하였다. 리스트에 올라간 크레인의 수명은 0~92년까지 다양하며 이중 78.4%가 제작 25년 미만이었으며, 사고와 연식의 연관성을 크지 않다는 결론을 내리고 있다.

4.1 노후장비 판단

장비제작 후 몇 년이 경과하면 노후장비라고 할 것인가? 그것을 명확하게 정의해 주는 기관도, 제작사도 찾아볼 수 없는 상황이다. 다만 경험을 통한 추정은 할 수 있으나 이해 관계자들 간에 이견이 있을 수 있어 신중한 접근이 필요하다. 다음은 노후장비의 특징을 설명한 것이다.

① 운영매뉴얼 불완전 또는 미흡
② 제작사가 폐업했을시 더 이상 기술지원 불가능
③ 유지보수 인력이 노후기종에 대한 지식이 부족할 수 있음
④ 장비의 부품교체시 순정품이 없는 경우 중고품이나 미검증 부품사용
⑤ 장비부재의 노후 부식으로 강도저하와 피로파괴 가능성 증가

상기와 같은 문제들은 노후장비의 증가와 함께 장비점검과 유지보수의 중요성이 강조될 수 밖에 없을 것이다. 따라서, 노후장비의 판단은 크게 두가지 측면에서 설명할 수 있을 것이다.

① 크레인을 구성하는 재료의 피로수명
② 장비 잔존가보다 수리비가 더 많이 지출되는 시점의 경제적인 수명

여기서, 큰 변수는 사용조건과 유지관리 상태라 할 수 있을 것이다.

4.2 피로수명 예측

장비사고(특히, 양중장비)의 원인중 태풍같은 특별한 경우를 제외하고는 장비의 주요부재인 강구조물이 붕괴되어 발생하는 경우는 매우 드물다. 다만 작업절차를 준수하지 않거나 휴먼에러로 인한 역학적 균형이 무너질 때 사고로 이어지는 경우가 많다고 볼 수 있다. 강구조물이 손상되어 사고가 일어난다면 강구조물의 피로수명에 따라 지배를 받는다고 설명할 수 있다. 그러나 일반적으로는 강구조물이나 설비부품 등이 피로수명을 다하기 전에 이를 구성하는 설비에 대한 유지보수를 소홀히 하여 발생하는 사고가 많은 것을 보면, 오히려 설비에 대한 장비점검과 유지보수를 통하여 장비자체의 고유기능을 유지하는게 장비수명 연

장에 더 많은 도움이 될 것이다.

장비의 피로수명에 대해 타워크레인의 설계에 대한 사례를 들어 설명하자면

크레인의 작업조건이 정격부하에 근접한 양중횟수가 많은 경우에는 크레인의 수명이 설계자가 의도한 것보다 훨씬 더 앞당겨질 수도 있을 것이다. 그러나 타워크레인이 설계자가 의도한 수명이 다했다고 해도 크레인의 부재가 즉시 붕괴되는 것은 아니다. 다만 피로균열이 발생될 가능성이 높은 취약부위가 증가하고 이러한 균열이 빠르게 확장되어 조기에 발견하여 정비하지 않으면 사고로 이어질 수 있을 것이다. 즉 장비의 수명은 설계하중 대비 양중부하율과 가동빈도 및 유지보수 수준과 같은 요인에 의하여 좌우 된다고 할 수 있다. 그림 2-2는 가동횟수와 부하율(Q1~Q4)에 따른 상관곡선을 나타내는 것으로 타워크레인 설계 시 반영되는 자료이다. 낮은 부하 상태에서는 반복하중 25만회의 피로수명을 갖고 매우 높은 부하 상태에서는 반복하중 4만회 이내의 피로수명을 갖는다는 것을 나타내고 있다.

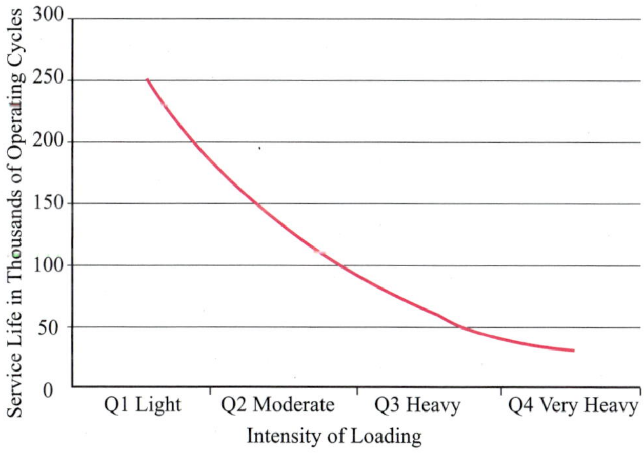

그림 2-2 작업부하와 장비수명

표 2-1은 타워크레인이 설계기준에서 하중 스펙트럼 기준을 나타낸 것이다. 양중횟수에 따라 5개 등급(U0~U4), 하중부하에 따라 4개 등급(Q1~Q4)으로 구분하여 타워크레인의 설계조건들을 차별화하여 설계하고 있다.

표 2-1 타워크레인 설계하중 스펙트럼

	Class of Utilization	U0	U1	U2	U3	U4
	Total number of holsting cycles	≤1.6×10^4	>1.6×10^4 to ≤3.2×10^4	>3.2×10^4 to ≤6.3×10^4	>6.3×10^4 to ≤1.25×10^5	>1.25×10^5 to ≤2.5×10^5
Load Spectrum Class	Q1(K_p=0.125) Light Cranes which hoist the safe working load very rarely and, normailly, light loads	A1	A1	A1	A2	A3
	Q2(K_p=0.250) Moderate Cranes which hoist the safe working load fairl frequently and, normaily, moderate loads	A1	A1	A2	A3	A4
	Q3(K_p=0.500) Heavy Canes which hoist the safe working load frequently and, normaily, heavy loads	A1	A2	A3	A4	A5
	Q4(K_p=0.1.00) Very Heavy Canes which are regularyl loaded close to the safe working load	A2	A3	A4	A5	A6

이와 같이 강구조물의 피로수명은 하중부하 크기가 크면 짧고, 하중부하 크기가 작으면 긴 것이다. 또한, 설계기준의 구체적인 내용은 제작사만이 알고 있는 것이므로 제작사가 이를 공개하도록 의무화 할 필요가 있다. 설계조건을 알고 있다고 하더라도 사용 시에 과부하된 인양횟수가 몇 회였는지에 따라 피로수명에 미치는 영향은 매우 큰 것이다. 그러므로 타워크레인의 피로수명을 예측하는 것은 장비사용 이력을 확보하고 있지 않고서는 매우 어려운 실정이다. 따라서, 타워크레인 같은 건설장비의 사용연한을 정하는 것이 어려운 것은 사실이나 피로파괴의 가능성을 간과하는 것도 안전관리 측면에서 사각지대가 되므로 이에 대한 보완대책이 요구된다. 엄밀한 피로수명 예측을 위한 전제조건은 다음과 같다.

표 2-2 강구조물의 피로수명 예측을 위한 정보

항목	필요정보	획득 방법
•설계조건의 인지 – 설계피로수명 •하중작용의 응력범위 •하중작용 반복횟수	•제작사의 설계기준 – 설계계수 •사용자가 부하하는 하중의 크기 •하중크기별 하중작용횟수 – 인양의 1싸이클 타임 – 일평균 작업시간 – 월평균 작업일	• 제작사의 매뉴얼 • 부재에 발생되는 응력범위 계측 • 자동기록장치의 설치

이와 같이 피로수명을 예측하기 위해 투입하여야 할 경제적 노력은 정기적으로 정밀검사를 하는 것에 비하여 막대한 투자가 필요로 한다. 따라서, 제작사의 설계조건을 기준으로 개략적인 피로수명을 예측하고 그 이후에는 정밀검사를 병행하는 것이 경제적 측면에서 유리할 것으로 본다.

4.3 경제적인 장비수명

일반적으로 신규장비의 성능은 우수하다고 판단할 수 있으며 장비의 경제적인 수명은 시간이 경과됨에 따라 효율은 급격히 저하될 것이다. 그림 2-3과 같이 설계수명의 75%수준이 되면 급격히 성능이 저하되는 것으로 알려져 있으며 성능저하가 되기 전에 고유기능 확보를 위하여 지속적인 유지보수가 필요한 것이다. 즉, 시간이 경과됨에 따라 일정 비율의 유지보수 비용이 투입되어야 하며, 이를 간과하면 장비의 고유기능은 저하되어 장비 잔존가치보다 유지보수 비용이 더 많이 소요될 시점이 올 것이다. 이 시점이 바로 경제성이 없어지는 경제적인 장비수명이라고 볼 수 있으며 유지관리의 수준에 따라 많은 차이가 있기 때문에 경제적인 장비수명을 일률적으로 확정하는 것은 매우 곤란하다.

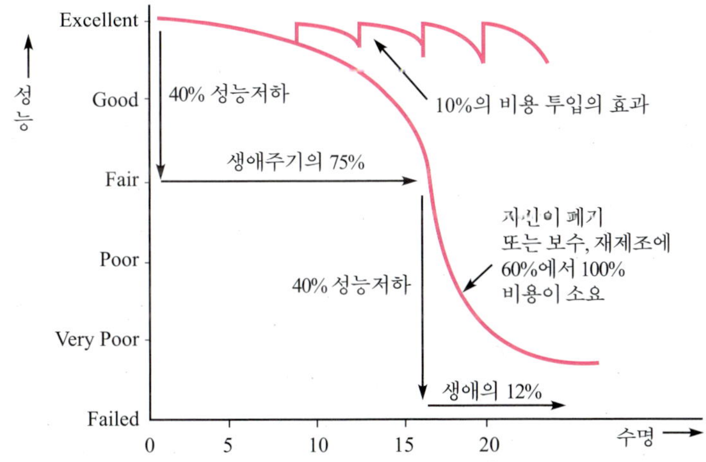

그림 2-3 장비의 성능과 생애주기

4.4 장비수명 연장조건

국내법(건설기계관리법)에서 제작후 20년이 경과된 일부 장비에 대하여 검사기준을 강화(2년에서 1년 또는 6개월)하고 있다. 이것은 부재와 설비의 반복사용에 따른 피로파괴 예방과 함께 기계설비의 고유기능 확보에 대한 점검을 목적으로 한다고 볼 수 있을 것이다. 따라서, 장비수명의 연장을 위해서는 장비의 설계기준을 알고 매뉴얼에 따른 올바른 사용과 고유기능 유지를 위한 정기적인 유지보수는 장비 생산성과 안전성 확보에 반드시 필요한 것이다.

05 장비관련사고

5.1 사고의 반복성

"모든 장비(기계장치)는 고장나고 모든 사람은 실수를 한다"라는 전제를 하고, 페일 세이프(Fail safe)와 풀 프루프(Fool proof)시스템 그리고 템퍼 프루프(Temper proof) 등의 개념을 장비에 적용한 것이 장비 안전장치나 방호장치라 할 수 있을 것이다. 이러한 장치나 설비 등은 장비를 설계할 때부터 반영되는 경우가 많으나 사고가 발생하거나 사용중 필요에 의하여 추가하는 경우가 많다. 또한, 각종 사고가 발생할 때마다 특단의 대책들이 발표되지만 일시적인 사고감소 효과가 있는 듯 하나, 또 사고는 반복되고 있다. 그것은 실효성 없는 대책으로 실제 사고가 발생하는 현장에서 실행이 안되기 때문일 것이다.

5.2 리스크의 항상성

항상성이란 생체 용어로서 "생체가 여러 가지 환경 변화에 대응하여 생명 현상이 제대로 일어날 수 있도록 일정한 상태를 유지하는 성질 또는 그런 현상" 이라고 정의하고 있다. 사고의 위험성도 "리스크 항상성 이론[7] (Risk homeostasis theory)"이란 이론으로 설명이 가능할 것이다. 즉 리스크 항생성이란 안전대책을 강구해도 리스크가 기대치만큼 줄어들지 않고 일정한 위험이 존재하게 된다는 이론이다. 일반적으로 장비는 제작 시부터 생산성 향상뿐만 아니라 안전한 장비가동을 위하여 각종 안전장치 같은 설비를 갖추고 생산하게 된다. 이것은 장비설계시부터 반영되는 경우가 많기 때문에 장비DFS(Design For Safety)는 오래전부터 적용하고 있었다고 볼 수 있을 것이다.

그림 2-4는 안전대책을 수립하여 실행하는 것에 따른 위험의 감소정도를 나타내는 그래프이다. 즉 안전대책을 시행할수록 위험의 감소는 기대치보다 매우 적다는 것이다. 즉 위험은 안전대책 시행에 비례하여 줄어들지 않는 다는 것이다. 왜냐하면 새로운 안전장치(대책)가 가져다준 안전의 여유가 단기적으로는 성공할지 몰라도 장기적으로는 사고율이 원래 수준으로 되돌아가버릴 것이라는 것이다.

7) 리스크 항상성 : 제널드 와일드(1982년, Risk analysis)誌가 리스크 항상성 이론을 발표한데서 유래됨

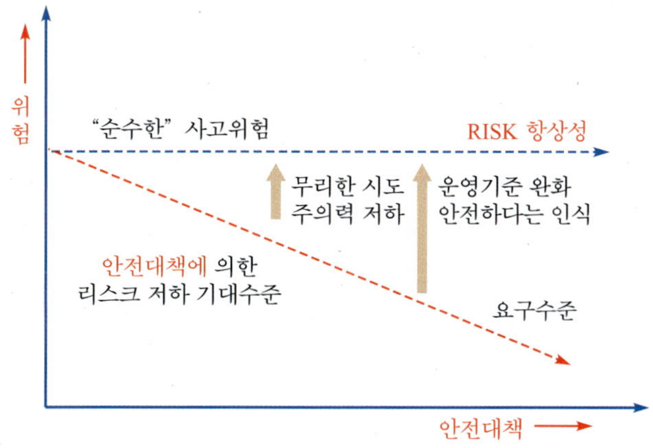

그림 2-4 리스크 항상성[8)]

따라서, 사고예방을 위해서는 인간심리와 행동 특성을 미리 고려하여야 한다는 것이다. 즉, 사람들의 위험목표 수준을 낮추지 않는 한 사고율은 줄어들지 않는다고 한다. 그러므로 우리는 어떻게 목표수준을 낮게 할 것인가를 고민해야 할 것이다.

06 장비관련사고 원인

사고예방을 위해서는 원인을 제대로 알고, 실효성 있게 대처해야 한다. 즉 장비사고에 대한 근본원인 분석이 제대로 이루어져야 할 것이다. 원인분석이 두리뭉실하면 어떻게 근원적인 사고를 예방할 수 있단 말인가?

안전사고 분석에 대한 연구와 해석기법들이 많이 소개되고 있지만 각각의 분야특성에 적합한 분석기법을 활용하여야 하며 또한, 분석내용에 대한 대책은 실무에서 효용성이 있어야 한다. 따라서, 기존의 분석방법이 현장에서 적용이 잘 안된다면 실효성 있는 분석 툴을 개발하여야 할 것이다. 여기에는 기술적 측면뿐만 아니라 장비조달 시스템과 조직의 각 주체들간의 책임과 권한도 포함되어야 한다.

8) 출처 : 안전의식혁명(p73), 인재NO, 하가시게루 지음/ 조병탁,이면헌 옮김

6.1 사고분석과 시스템 안전

사고를 분석하는 기법으로 사고의 개별적인 원인을 분석하거나 통계적인 분석방법 등 여러가지 기법을 활용할 수 있으며 다음은 대표적인 통계적 사고원인 분석방법과 시스템내에 잠재하는 각종 위험을 발견하는 해석기법을 나열한 것이다.

■ 통계적 원인분석 방법

- 파레토도
- 특성요인도
- 크로스 분석도
- 관리도
- 파이도표, 오일러도표

■ 시스템 안전해석 기법[9]

- 예비위험해석
- 고장모드 효과해석
- 이벤트리 해석
- 결함수 해석
- 설계기준해석
- 인터페이스 해석
- MORT해석
- 기타해석

6.2 기술관점에서의 사고원인

장비관련사고가 6.1에서 언급된 사고분석 방법과 달리 특별하다고 볼 수는 없지만, 현재 사용되는 안전사고 분석방법으로는 건설업 사망재해의 20%를 넘는 장비관련사고를 예방하는데 많은 도움이 되지 못하고 있는 것 같다. 따라서, 이런 사고예방을 위해서는 6.1에서 언급한 이론중심 보다는 실무중심의 사고원인 분석과 실효성 있는 대책이 필요할 것이다.

그러므로 필자는 2가지 관점으로 구분하고 또 한걸음 더 들어가 세부적인 내용을 설명하고자 한다. 우선 공학적, 논리적으로 설명이 가능한 "기술관점에서의 원인"과 객관적으로 설명이 어려운 "사회적관점에서의 원인(기술外적)"으로 구분하였다.

9) 시스템 안전해석 : 산업안전대사전, System safety analysis, 安全解析

장비관련사고원인

■ 기술적관점에서의 원인
- 사람관련 문제(Man)
- 장비자체 문제(Machine)
- 작업방법 문제(Method)

■ 사회적관점에서의 원인
- 복잡계와 사회시스템
- 구성원의 가치척도 철학 등

필자는 기술관점에서 최근 3년동안 건설장비의 중대재해 사고분석을 위하여 인적요인(Man;Human Factors), 장비자체(Machine), 작업방법 (Method)등의 3가지로 구분하여 원인을 찾아보았다. 이 방법은 분석자의 주관적인 내용이 개입될 소지가 있고, 학문적으로 정확한 통계를 산출하는데는 편차가 있을 수 있으나, 장비관련사고의 경향성을 분석하여 현실적인 대책을 세우고 실행력을 높이는데는 많은 도움이 될 것으로 생각된다.

기술적 관점에서의 첫 번째로 인적요인으로 발생한 사고는 작업자가 기준을 알고도 지키지 않았거나 휴먼에러를 포함한 사고로 규정하였고,

두 번째로 장비(Machine)의 문제로 발생된 사고는 장비자체 고유기능의 결함이나 피로파괴 등의 문제로 볼 수 있다.

세 번째로는 작업방법의 문제나 시공법이 잘못되었을 경우 등으로 나눠서 장비관련사고 원인을 분석해 보았다. 그 결과 장비자체의 결함은 10~15% 수준이며, 나머지 85%는 사람이나 작업방법 등 운영과 관리의 문제가 더 큰 것을 유추할 수 있었다. 따라서, 각각의 프로젝트에서 사용하는 장비작업 특성과 사고원인을 제대로 학습한다면 사고를 사전에 충분히 예방가능할 것이다. 이에 앞서 언급한 장비관련사고를 기술적관점에서 3M(Man, Machine, Method)으로 사례를 살펴보고자 한다.

6.2.1 사람관련 문제(Man : Human Factors)

장비작업은 작업자들(장비조종사, 신호수, 유도원, 줄걸이작업자 등)이 장비주변에 항상 함께 있기 때문에 이들이 장비작업 특성을 모르거나 의사소통 결여 또는 휴먼에러에 기인하여 사고가 발생하는 경우가 많다. 여기서, 좀더 확인할 사항은 문제의 근본원인을 한걸음 더 들어가서 분석해 봐야 한다는 것이다. 즉 휴먼에러에 의한 사고가 발생되었다면 사람의 실수로만 판단 할 것이 아니라 왜 실수를 했는지(지식부족 혹은 단순실수, 의식부족, 서두름, 주변환경 등, 5Why기법 활용)를 몇 단계 더 들어가서 조사해야 한다.

그림 2-5은 서울의 오피스텔 철거 현장에서 이동식크레인을 사용하여 굴착기를 양중하

던 중 도로를 달리던 버스위로 크레인이 전도되어 버스승객 2명이 사망하고 15명이 다쳤던 대형 사고의 사진이다. 이 사고의 원인은 이동식크레인 작업시 상부하중의 지지대 역할을 하는 아웃트리거 하부를 제대로 받치지 않고 중량물을 양중하다가 아웃트리거 받침이 지반하부로 꺼지면서 도로쪽으로 넘어진 것으로 조사 되었다.

그림 2-5 이동식크레인 전도사고 사례[10)]

이 사고는 아웃트리거에 작용하는 하중과 지지하는 작업장의 지반상태에 따른 지반을 검토하여 보강하지 않은 것이 사고의 원인이라고 볼 수 있는데, 한걸음 더 들어가서 살펴보면 해당 작업자가 크레인과 지반에 대한 지식이 부족했거나 알고는 있으나 보강하지 않아도 된다는 안일한 사고방식이 사고의 근본원인이 아닐까 지적해 본다. 결론적으로 그림 2-5의 사고의 근본원인은 Man(사람)에 의한 문제라 볼 수 있을 것이다.

6.2.2 장비(Machine)자체의 문제

그림 2-6는 ○○건설 현장에서 건물의 외벽을 마감하다가 장비의 본체가 뒤틀리면서 전도되어 작업대에 탑승했던 작업자가 추락하여 사망했던 사고이다.

그림 2-6 고소작업차 사고사례

10) 출처 : SBS

그림 2-6의 사고에 필자가 직접 참여하여 조사한 결과 휴먼에러는 찾을 수 없었으며 또한, 작업방법에도 문제를 발견할 수 없었다. 즉 장비(Machine) 자체에 문제가 있었다고 결론을 낼 수 밖에 없었던 사고라고 볼 수 있다. 이런 사고에서 첫 번째로 확인할 사항은 장비자체에 존재할 수 있는 피로파괴 일 것이다. 그 다음으로는 제작상의 품질결함 혹은 설계오류를 들 수 있을 것이나 이미 생산된 제품에 대한 성능을 검증하기에는 많은 어려움이 따르게 된다. 다만 장비의 기본골격이 되는 구조부재가 특별한 외력도 없이 손상되거나, 정상적인 유지보수를 수행 했음에도 각각의 부품들이 고유기능을 제대로 발휘하지 못한다면 장비의 결함으로 볼 수 있을 것이다. 이러한 장비결함의 빈도는 크지 않으나 한번 발생되면 치명적인 사고로 이어질 확률이 크다고 볼 수 있다. 이렇게 장비자체의 문제로 발생된 사고는 전체 장비관련사고의 15%미만으로 보고 있다.

6.2.3 작업방법(Method)등의 문제

그림 2-7은 인천시 부평인근의 오피스텔 신축현장에서 타워크레인을 설치중에 타워크레인 카운터 지브를 턴테이블과 연결하고 이동식크레인과 연결된 줄걸이를 해체하려는 순간, 편심이 발생되어 이동식크레인이 경인전철 부평역사 인근으로 전도된 사고이다.

그림 2-7 타워크레인 사고사례[11]

이 사고의 원인은 타워크레인의 기초규격을 기준보다 작게 시공하여 타워크레인 설치과정에서 발생되는 편심에 저항하지 못하고 설치하던 타워크레인 부재와 함께 이동식크레인이 경인철로에 전도된 대형 사고라고 볼 수 있다. 이 사고의 직접적인 원인은 기초규격을 오시공한 것 이지만 왜 기초의 규격을 준수하지 못했는지에 대하여 작업 단계별로 작업주체와 문제점 등을 깊게 살펴봐야 할 것이다. 이 사고의 근본원인은 포괄적인 문제를 안고 있으나 가장 큰 문제는 작업방법(프로세스 각 단계별 확인하는 절차부재)에 있는 것으로 판단된다.

11) 출처 : 연합뉴스

6.3 사회적관점에서 사고원인

사고의 원인은 여러 인자들이 복합적으로 얼켜서 상호작용으로 발생되기 때문에 기술적인 문제로만 풀리지 않는 경우가 더 많다. 또한, 기술측면에서 근본원인이 명확하게 규명되었다 할지라도 시회적인 제도권에서 작동하기 위한 시스템을 만들어야 대책을 시행할 수 있는 경우도 많다. 그러므로 사고예방은 기술적 관점을 선행하여 분석하고 대책을 수립하는게 우선이나 사회적인 시스템이 제대로 작동하지 않으면 그 사고 대책의 실효성이 없어져 또 사고는 감소되지 않고 계속 반복될 것이다. 따라서, 궁극적인 사고예방을 위해서는 기술과 사회적인 조직시스템의 유기적인 조합이 필요할 것이다.

6.3.1 사고와 복잡계

복잡계(複雜系, complex system, complexity system)는 "완전한 질서나 완전한 무질서를 보이지 않고, 그 사이에 존재하는 계로써, 수많은 요소들로 구성되어 있으며 그들 사이의 상호작용에 의해 집단성질이 떠오르는 다체 문제이다"라고 위키백과에서 정의하고 있으며, 최근 자연과학뿐만 아니라 사회과학에서 활발히 연구되고 있는데 건설현장에서의 사고도 이 범주에 있다고 볼수 있다. 그림 2-8과 같이 사고원인추적과 그내용을 세분화 한다면 사고의 중심으로 주변에 여러가지 요소들이 상호작용과 상호의존성으로 복잡하게 연결되어 있다.

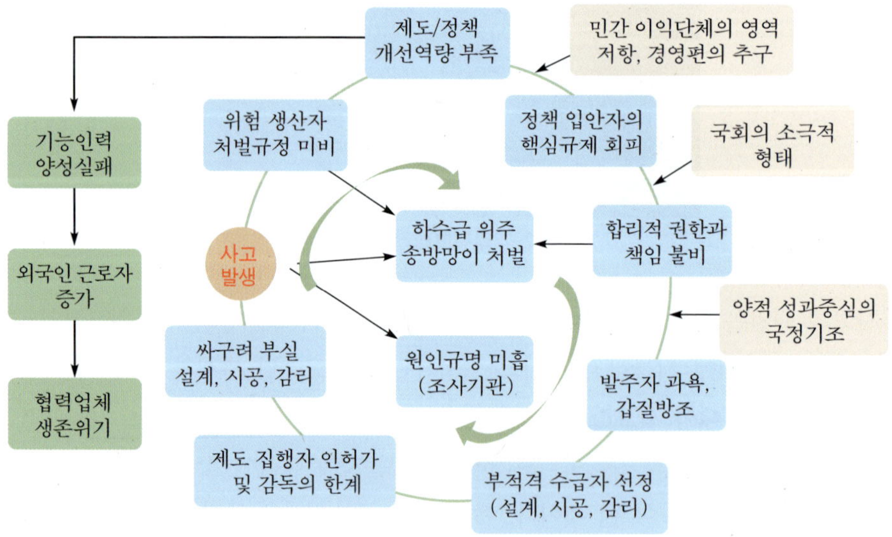

그림 2-8 사회적 사고원인 인과지도[12)]

12) 출처 : 건설안전학회 세미나 자료 : 2021, 안홍섭

이러한 복잡한 요소들을 해결하는 데는 시스템을 구성하고 또 그 시스템에서 발생되는 오류를 지속적으로 피드백하여 정상화를 시켜야 되는데 많은 시간이 소요된다. 또한, 건설업 특성중 하나가 발주처와 시공사 그리고 하도급 시스템을 통하여 프로젝트를 완성하게 된다. 따라서, 수많은 공종과 단위작업의 복합체이기 때문에 각 업무범위에 따라 책임과 권한이 명확해야 하나 모호하거나 하도급사 등 하부조직에게 책임을 전가시키는 경우가 많아서 여러 가지 부작용으로 나타나는 경우가 많다고 볼 수 있을 것이다.

6.3.2 제도와 기술관리

(1) 건설현장의 장비조달

건설현장에서 필요한 장비는 하도급 업계의 특성상 일부장비를 제외하고는 대부분 하도급사에서 조달하며 또 하도급사는 자체보유 장비를 우선 공급하고 미보유 장비는 임대사를 통해서 필요한 장비를 조달하게 된다. 따라서, 장비에 대한 유지보수에 대한 책임과 소요비용은 임대사(장비소유주) 부담이며 사용중 안전장치 추가 설치나 장비개조 등에 따른 비용도 임대사가 부담해야 하는 것이다. 그러나 영세한 개인사업자가 대다수인 임대장비 업계는 기술력과 재무적으로 취약하여 임차인(사용자)들의 안전성 확보에 대한 요구를 수용하지 못하는 경우가 많다.

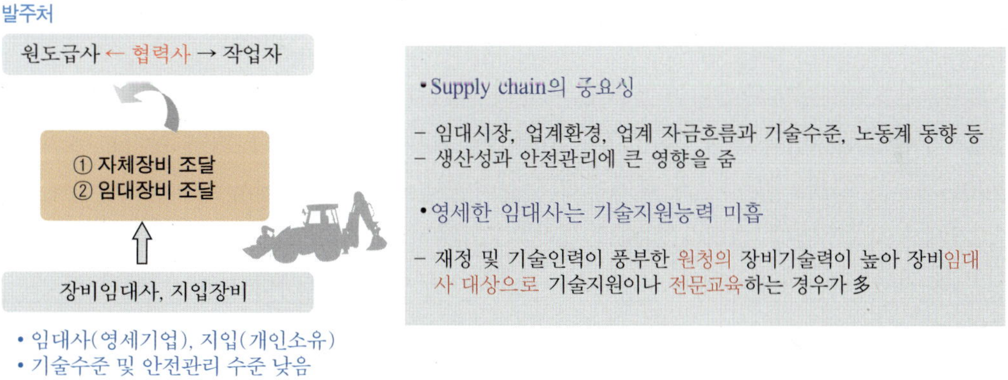

그림 2-9 현장장비 조달체계

(2) 신장비 투입의 장애

AI기능탑재 등 스마트기술발전으로 혁신적이고 안전성이 획기적으로 확보된 여러 종류의 장비들이 개발되고 보급되고 있다. 특히 장비를 제조할 때부터 각종 센서 등 신기술을 활용, 장비스스로 컨트롤(Machine Control)하여 시공할 수 있을 장비도 매우 높은 기술수준에 올라와 있다. 그러나 이렇게 생산성과 안전사고 예방을 위한 신장비를 개발(발굴)하여도 현장에 신속히 투입되지 못하는 이유가 무엇일까? 이는 실질적인 투자주체가 투자비 회수에 대한 확신이 없기 때문이다. 즉 영세한 하도급사와 장비 임대사들은 초기투자 비용 회수와 향후 불투명한 장비활용성 때문에 투자를 꺼리는 경우가 많다는 것이다. 이런 문제는 상부 발주기관(시공사 등)에서 사용료를 현실화 해 준다거나 하도급제도를 보완한다면 가능하나 소원하다.

(3) 전문인력과 기술수준

건설업에서의 장비는 생산성 향상과 안전사고 예방에 매우 중요하다고 인식하고 있어 장비의 유지보수와 운전사(조종사)는 국가에서 정한 자격제도를 통하여 관리되고 있다. 그러나 장비운영 및 장비안전관리 전문가는 업계에서 알아서 해결해야 하는 부분이라고 볼 수 있다.

표 2-3 장비관련 업무범위

<table>
<tr><th colspan="5">장비관련 전문업역</th></tr>
<tr><td colspan="2">제작사</td><td colspan="3">소유주/ 사용자</td></tr>
<tr><td>설계</td><td>제작</td><td>정비/ 수리</td><td>조종사/ 운전사</td><td>장비운영 안전관리</td></tr>
<tr><td colspan="4">법규/기준/ 자격 및 교육제도</td><td>업계자율관리</td></tr>
</table>

또한, 건설장비의 운영관리는 1997년 이전에 대기업 위주로 유지보수 및 장비 가동율 향상을 목표로 관리인력을 유지하였으나 IMF(금융위기) 이후에는 그 맥이 끊기는 듯하다가 2010년대부터 장비관련 사고가 증가추세를 보이면서 일부 대기업에서부터 장비안전에 관심을 가지기 시작하였다. 그러나 업계의 상황은 장비안전의 중요성을 인식하면서도 아직도 건설장비안전을 위한 전문인력과 전문교육 시스템은 턱 없이 부족하다고 볼 수 있다.

07 장비관련사고 예방의 새로운 접근

"사전일책(事前一策)이 사후백책(事後百策)을 능가한다"라는 말이 있다. 사고가 발생한 이후에 재발방지를 위해서 노력하는 것보다, 먼저 사고가 발생하지 않도록 하는 것이 더 중요하다는 뜻이다. 모든 사고가 한가지 특정 원인으로 발생하기 보다는 여러 요소들이 복합적으로 상호작용하여 발생하며 기술적 요인에 비하여 사회적인 요소가 실타래처럼 얽켜있어 단기간내 해결하기 어려운 부분이 많다. 따라서, 비교적 노력으로 쉽게 접근 가능한 기술적 요소를 중심으로 장비관련사고예방 대책을 요약해 보고자 한다.

7.1 기술적 관점에서의 사고예방

7.1.1 Method

현장은 안전하고 생산성을 극대화 할 수 있는 장비를 사용하기를 원한다. 이에 만족하기 위해서는 그림 2-10에서 보는 바와 같이 시공법과 장비의 특성을 모두 반영하여 장비를 선정하고 시공계획을 수립해야 하기 때문에 시공지식과 장비지식을 겸비하고 경험이 풍부한 인력이 필요한 것이다.

그림 2-10 장비의 사고예방 원칙

7.1.2 Machine : Fail safe

시공법에 적합한 장비가 선정되어 현장에 투입할 장비가 결정되었다면 장비의 고유기능이 양호한지를 확인하고 장비를 투입해야 한다. 또한, 장비의 시스템에 문제가 발생할지라도 치명적인 사고로 이어지지 않도록 안전한 시스템(Fail Safe)이 적용된 장비를 사용하도록하여야 한다. 선정한 장비자체가 안전한지 확인하는 방법은 장비점검이나 시험가동 그리고 시뮬레이션 등 여러가지가 있지만 현장관리자 입장에서 장비점검에 대하여 설명하고자 한다.

(1) 장비점검

장비점검은 목적은 장비자체의 고유기능을 확인하는 것이고, 미흡할 경우 유지보수를 통하여 기능을 원상 복구하는 것이다. 따라서, 장비점검 목적과 점검주체를 명확히 하고 목적과 역할에 따라서, 체크리스트로 차별화 할 필요가 있다. 또한, 장비점검을 2가지로 나눌 수 있는데, 장비자체에 대한 점검을 기능상 점검, 장비작업관련 안전점검을 "운영점검"이라고 구분 할 수 있다.

가) 기능점검 (장비자체)

- 생산성 : 생산설비 위주 기능상태
- 안전성 : 안전 및 방호장치의 고유기능 확인

*기계장치는 고장 날 수 있고, 사람은 실수(에러)를 범할 수 있다.

장비의 DFS → Design For Safety : Safety Device, Safety Guard

그림 2-11 장비의 DFS

나) 운영점검 (장비작업)

- 주변환경 : 작업동선, 상하동시작업, 장애물, 타작업간섭, 작업환경 등
- 근접작업자 : 조종원(운전자), 신호수, 유도자 등의 자격과 건강상태

(2) 장비점검자의 역할

가) 기능점검 (장비자체)

- 기준 : 관련법 및 기준/ 제작사 매뉴얼
- 자격 : 유자격지/ 객관적인 유경험자
- 점검 : Fail Safe, Fool Proof 관점
- 기타 : 2인 1조, 육안점검 및 계기점검

나) 운영점검 (장비작업)

- 기준 : 관련법 및 기준/ 매뉴얼, 시공계획
- 자격 : 객관적인 유경험자
- 점검 : 주변환경, 타작업 간섭, 작업장 안전기준에 따름

7.1.3 인적요인(Man; Human Factors)

○○현장에서 작업중인 로룰러의 운전자가 내리면서 컨트롤 레버를 오작동시키는 실수로 장비앞에 있던 근로자를 3명이나 사망하게 한 사고가 있었다. 이처럼 시공법에 적절한 장비를 선정하고 고유기능이 양호한 장비를 현장에 투입하는 것도 중요하지만 휴먼에러가 발생했을 때를 대비한 안전장치의 기능을 무력화 시키거나 매뉴얼 기준을 무시하고 작업을 한다면 사고를 예방하지 못할 것이다. 따라서, 기준을 준수해야 할 주체는 사람이기 때문에 장비조종사나 주변 작업자들이 어떻게 행동해야 사고를 막을 수 있는지 작업자들의 휴먼에러 대책과 마인드셋(안전의식 강화) 측면에서 살펴보고자 한다.

(1) 휴먼에러 예방

가) 장비별 사각지대

차량계건설기계의 경우 조종석(운전석)에서 감지할 수 없는 사각지대는 조종사의 주의력 결핍이나 순간의 실수가 있을 시 장비인접 근로자에게 아주 큰 위험을 주게 된다. 따라서, 사각지대를 안전하게 커버할 수 있는 센서와 같은 설비와 조종사를 포함한 장비근접 작업자들의 안전수준을 높일 필요가 있다.

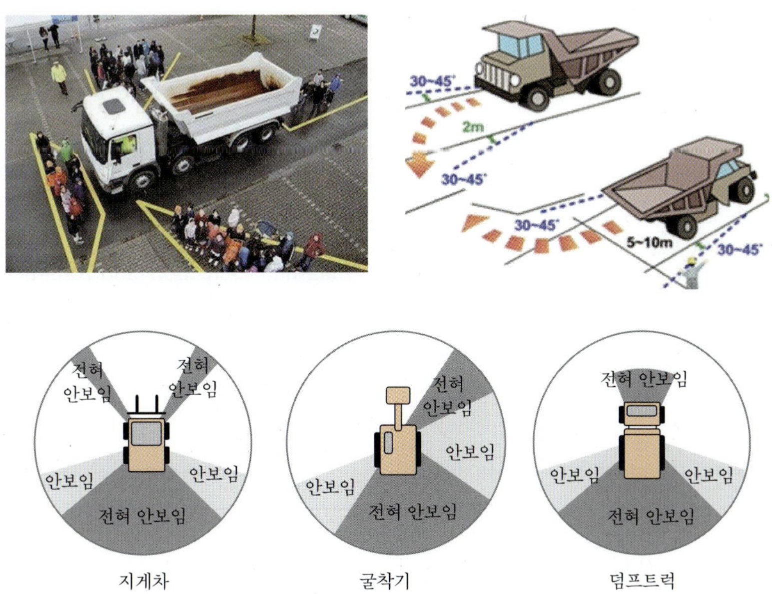

그림 2-12 장비의 사각지대

나) 장비의 안전장치

① Fool Proof 기능유지

- 운전미숙이나 작업자의 실수/오작동에도 불구하고 안전하게 작동
- 정해진 절차나 기능 외는 미작동하도록 조치

② Temper Proof 기능유지

- 사용자가 고의로 안전장치를 제거하면 작동하지 않도록 함

③ Smart Equipment 개발 활용

- 인간 행동특성을 반영한 개발활용
- 휴먼에러를 예측한 DFS 적용

Smart Equipment 활용사례

- Auto Shackle : 철골 구조물의 기둥, 건물의 콘크리트 타설갱폼 혹은 PC부재(Pre-Cast) 등의 양중시 작업자가 고소에 올라가서 줄걸이 용구를 해체할 필요 없이 무선으로 작동이 가능한 섀클
- Around view : 여러개의 카메라를 이용하여 조종사에세 장비주변의 전체(SKY VIEW)를 모니터링할 수 있게한 장치
- 장비 위치가동 모니터링 : 지정한 구역내에서 장비위치와 가동시간 등을 모바일로 확인하는 장치
- 전방감지 미러 : 지게차 등 하역운반 기계에서 여러개의 센서를 이용하여 화물을 적재한 상태에서 전방의 사각지대를 볼 수 있도록 한 장치
- Lidar(Light Detection And Ranging/ Laser Imaging, Detection and Ranging) : 장비의 충돌예방이나 자율주행으로 적용되고 있음

다) 운영자 측면

① 장비안전 전문인력 육성

장비사고의 원인중 장비자체의 문제로 발생하는 비율은 15%미만으로 인적요인이나 시공법 등에 따른 점유율보다는 상대적으로 적다고 평가 할 수 있으나 이 모두가 전문인력에 의해 많은 영향을 받을 수밖에 없을 것이다. 특히 약15%의 장비자체의 결함 문제는 전문인력이 아니면 오류를 해결하기 쉽지 않기 때문에 장비관련 운영관리 전문인력 육성이 시급하다고 볼 수 있다. 현장에서 장비운영에 대한 전문인력

은 타 직종에 비하여 이론적인 지식만 가지고 해결할 수 없는 특수성이 있다. 비행기나 선박 등과 같이 건설현장에서 사용하는 장비는 이론도 중요하지만 경험지식이 많이 반영되어야 장비운영 시 수시로 발생되는 고장이나, 안전관리 등 긴급사항에 대처할 수 있기 때문이다. 따라서, 이론이 중심인 기술자격과는 별개로 장비운영과 안전은 커버할 수 있는 전문인력에 대한 민간자격도 검토해 볼 필요가 있다.

② 표준 작업시간 적용

장비관련 사고원인 중 하나는 작업시간이 촉박하다는 것이다. 그 이유는 앞서 사회적 문제로 언급한 바와 같이 천후나 주변 작업장 여건을 충분히 반영되지 않은 상태에서 작업을 수행할 수밖에 없기 때문일 것이다. 따라서, 사고 빈도가 많고, 위험이 예상되는 타워크레인 등 조립장비(T/C, 항타기, 크롤러크레인 등) 작업시에는 동작분석 등을 통하여 설치 및 해체 등에 대한 적정한 표준작업시간 보장해주는 제도가 필요할 것이다.

(2) 안전문화 운동(마인드셋)

'안전문화'라는 용어는 1986년 소련 체르노빌 원자력 누출사고에 따른 원자력안전자문단(INSAG)의 보고서(Post Accident Review Meeting on the Cher Accident)에서 처음 사용되었다고 한다. 국제원자력자문단은 안전문화의 의미를 "조직과 개인의 자세와 품성이 결집된 것으로 모든 개인의 헌신과 책임이 요구되는 것이다"라고 정의했다. 따라서, 조직과 조직구성원들의 안전문화 혀 수준을 냉철하게 평가하여 그 수준을 올려야 만이 비루수 산업재해를 예방할 수 있을 것이다. 여기서, 안전문화의"평가 툴"로서 설득력이 높은 기법인 듀폰의 브래들리 모델 (Bradley Model)을 설명하고자 한다.

가) 브래들리 모델[12)]

브래들리 커브는 그림 2-13에서 보는 바와 같이 수직축에 문제 발생율(Injury Rate), 가로축에 조직문화 성숙도(Relative Culture Strength)를 표기 하였다. 간략하게 설명한다면 상해율이 낮거나 안전수준이 높은 조직일수록 상호 의존적이고 조직적인 안전활동이 활성화된다고 한다. 조직의 성숙도에 따라 평가한다면

12) 출처 : https ://safetyrisk.net/nonsense-curves-and-pyramids/ The Bradley Curve was created by DuPont in 1995 to try and benchmark notions of culture and performance in relationship to safety. Like all curves, it is a geometric attempt to plot an organisations journey in safety. The Bradley Curve assumes that high injury rates are due to people not taking responsibility.

① 자연적본능(Natural Instinct)

② 감독 · 규제(Supervision)

③ 개인(Self)

④ 팀(Teams)으로 성숙된다는 것이다.

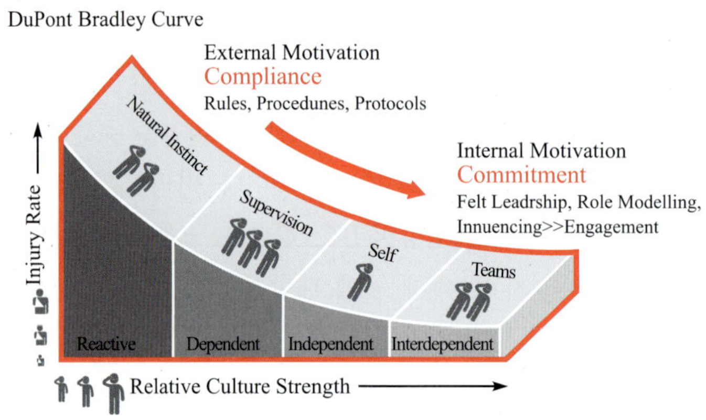

그림 2-13 Dupont Bradley Curve

듀폰사의 브래들리 커브를 좀더 살펴보면 4단계로 설명하고 있다.

① 반응단계 : 사람들은 책임을 지지 않으며 사고가 일어날 것이라고 믿는다.

② 종속단계 : 사람들은 안전을 규칙으로 본다. 사고는 감소한다.

③ 독립단계 : 사람들은 책임을 지고 행동으로 변화를 가져올 수 있다고 믿는다. 사고는 더 줄어든다.

④ 상호 의존적인 단계 : 팀은 안전문화에 대한 책임을 느낀다. 무사고는 달성 가능한 목표라고 믿는다.

나) 조직의 안전문화 높이기

실무자가 안전문화를 이해하기 쉽게 설명하면 "지켜보는 사람이 없어도 기본과 원칙을 준수하는 것"이라고 말할 수 있을 것이다. 즉 진정으로 안전을 확보하고자 하는 마음과 행동이 따라야 된다. 또한, 안전문화 정착에는 개개인의 마인드 셋을 위한 동기부여가 중요하며 기술적(Technical Factor) 측면보다 사회적 관점에서 시스템적 뒷받침이 절실히 필요하다. 최근 우리나라가 경제적으로는 고도의 압축성장을 이루었으나 안전문화 수준은 아직까지 개도국 수준이라할 수 있을 것이다. 따라서,

안전문화 정착은 우리모두의 과제라고 볼 수 있으며 다음은 장비안전 문화정착을 위한 성공적인 적용사례를 간략하게 설명한 것이다.

① 안전 착·착·착

안전문화운동 캠페인 “안전 착착착”은 건설현장 산업재해 방지를 위해 안전띠, 안전모, 안전조끼를 항상 착용하자는 취지

② 장비안전 1·2·3

장비운전사(조종원), 관리자가 장비별 지켜야 할 내용을 기억하기 쉽고 점검하기 쉽도록 각 3가지를 정하여 반드시 준수하자는 장비안전 실천캠페인

③ 오행오금

건설현장에서 반드시 준수해야 할 5가지와 금지사항 5가지를 정하여 준수하자는 안전문화 확산운동

- 5행 : 아침조회 참석, 지정된 통로 이동, 작업전·후 정리정돈, 고소작업시 안전벨트사용, 규정된 발판사용
- 5금 : 안전장치 임의해체금지, 통제구역 출입금지,비승인 화기작업 금지, 양중용 장비 탑승금지, 상·하 동시작업 금지

④ 양중 3·3·3

양중장비로 중량물 작업 시 3가지 중요사항을 정하여 준수하자는 내용

- 양중전 3가지(결속, 유도로프, 장애물) 확인
- 지면에서 30cm 띄워서 일시정지
- 신호는 3m 이상 떨어진 곳에서 무전기 사용

⑤ 안전베테랑은 현장정리부터

작업공구 사용 후 원위치, 작업 중 발생 가능한 위험요소 제거 등 현장 정리를 강조하면서 안전사고 예방을 위해 기본사항부터 살펴보자는 의미

⑥ 3정 5S 운동

‘3정 5S활동’이란 3정(정품, 정량, 정위치)와 5S(정리, 정돈, 청소, 청결, 습관화)의 줄임말로 안전한 현장을 조성해주며 또한, 3정 5S 활동은 제조 현장에서 가장 기본

이 되는 활동이지만 쉽게 간과하는 부분들인 만큼 쉽게 기억하고 습관을 들이기 위해 만든 용어로 불량률을 낮추고 안전한 현장을 만들기 위해 사용되는 활동이다

⑦ 안전골든룰 5(Safety Golden Rules)

- 2m 이상 고소작업시 안전대 미착용 또는 안전고리 미체결금지
- 추락위험구간 안전시설물 임의 해체 금지
- 차량/ 장비운전중 휴대폰 사용금지
- 장비 작업반경내 무단출입 금지
- 밀폐공간 무단출입 금지

⑧ 3C 실천

현장을 점검(Check)하고 유해·위험 요인이 확인(Confirm)되면 반드시 완벽하게 제거(Clean)하는 안전실천 운동이다.

7.2 사회적 관점에서 사고예방

사회적 사고예방 대책은 사고의 근본원인(Roots cause)분석에서 언급한 바와 같이 여러요소가 유기적인 상호작업과 상호의존적인 형태를 보이기 때문에 기술적 관점의 사고예방 대책에 비하여 시간이 휠씬 더 필요로 한다. 또한, 각자 소속된 조직 구성원들의 생존권과도 밀접한 관계가 있어 해결이 쉽지 않기 때문에 단기, 중장기적으로 지속적인 개선노력이 필요하다.

08 장비관리 핵심 요약

8.1 현장에서 꼭 챙겨야 할 체크 포인트

1. 건설기계작업계획서(산업안전보건기준에 관한 규칙 제38조)
   - 작성내용의 적정성, 현장 작업자 공유 및 실행여부 확인
2. 안전점검표(산업안전보건기준에 관한 규칙 제35조 2항 별표3)
   - 작업전점검, 체크리스트 활용 → 형식적 점검 여부
3. 건설기계(27종)등록증 및 검사증(건설기계관리법 제3조, 제13조)
   - 차대번호와 등록증상의 연식확인, 정기검사 여부 확인

4. 건설기계조종사 면허증(건설기계관리법 제75조)
- 장비종류와 규격에 적합한 면허자격 보유 확인
5. 안전인증서 및 안전검사 필증(산업안전보건법 제34조, 제36조)
- 공기압축기, 보일러, 카고크레인, 고소작업차 등
6. 운전원 및 근로자 법적 의무교육 확인
- 기초안전교육, 신규채용자교육, 특별안전교육, 타워크레인 신호수교육, 유도원교육, 특수형태고용자 등
7. 건설장비의 안전 및 방호장치의 고유기능 확보
- 기능제거 및 미작동 여부 확인
8. 장비의 법적 부착물의 상태 확인(구조적 결함 포함)
- 각종 등화 점등 상태, 볼트체결 상태, 타이어 상태, 각종 오일 누유상태
9. 와이어로프, 벨트 등 줄걸이 및 용구 상태
- 양중작업계획서와 실제 현장작업시 일치여부 확인
10. 항타, 항발기 안정성 확인
- 장비매뉴얼에 적합한 조립여부, 장비가동 및 이동시의 안정성 검토와 접지압에 따른 지내력보강 상태
11. 발전기 누전, 환경오염 등
- 누전대비 접지, 경유 등 오염물질 누유에 대한 조치, MSDS 비치
12. 소화기 관리
- 건설기계내 소화기 비치, 소화기상태 및 점검표 부착관리
13. 주요장비 작업방법에 관한 사항
- 굴착기 작업시 위험성 평가 : 사면절취작업 굴착기양중작업
- 차량계건설기계 이동선관리, 유도원 및 관리감독자 배치
- 작업계획서작성 및 작업자공유, 경사지 고임목 설치
- 불법부착물 : 불법개조 및 휠로더에 포크부착 등 규격품 외 사용금지
14. 해상장비의 법적 운영기준(선박안전법, 선원법)
- 해상장비별 선박국적증서, 검사증서 등 확인
- 해상장비(선박)의 승무기준 확인 : 선장, 항해사, 기관사 등
15. 건설기계 및 해상장비 관련 보험
- 장비검사 유효기간과 면책조건 확인

16. 환경관련 서류(대기환경보전법, 소음진동관리법)
   - 배출가스 허용기준, 소음도 검사 자료 등

8.2 건설 장비안전 픽토그램(Pictogram)

픽토그램은 그림을 뜻하는 Picto와 전보를 뜻하는 텔레그램(Telegram)의 합성어로 사물, 시설, 행위 등을 누가 보더라도 그 의미를 쉽게 알 수 있도록 만들어진 그림문자이며, 다음은 현장에서 반드시 준수할 장비안전 픽토그램 몇 가지를 소개한다.

그림 2-14 장비관련 픽토그램

3절

장비관련 Q&A

01 이동식크레인으로 작업자 탑승대(ManBasket)을 양중해도 되는지

해설 산업안전보건기준에 관한 규칙 제86조(탑승의제한)

2항에 "사업주는 이동식크레인을 사용하여 근로자를 운반하거나 근로자를 달아올린 상태에서 작업제 종사시켜서는 안된다"고 규정함

고정식크레인은 탑승대 사용이 가능하나 관련기준을 준수해야 한다.

(대부분의 해외국가에서는 관련법 준수 시 사용가능함)

02 바지선(Barge) 상부에서 이동식크레인 사용 시 검토할 사항

해설 바지선에서 중량물 작업할 때는 ① 안정성(Stability)과 ② 구조안전성(Strength) 측면에서 검토가 필요하다.

첫째로 바지선의 안정성 측면에서는 선박관련 법규에 따른 횡메터센터(G.M) 기준과 트림(길이방향 모멘트), 리스트(횡방향 모멘트)등의 검토를 통하여 안정성을 확보하여야 한다. 또 이동식크레인은 바지선의 움직임(롤링, 피칭)으로 전도되거나 붐 좌굴 위험이 있기 때문에 육상작업 제원표의 70%미만으로 작업할 것을 권고한다.

둘째로 구조적인 안전성을 확보하기 위해서는 상부에 탑재할 크레인의 하중에 따라 집중하중이 작용할 때, 바지선 데크의 전단파괴 등에 대한 검토가 필요할 것이다. 표 3-1은 바지선 상부에서 크레인 작업시 검토사항을 요약한 것이다.

표 3-1 바지선 상부 크레인작업 시 검토사항

	바지선(Barge)	이동식크레인(Mobile Crane)
Risk	전복, 침수, 침몰, 갑판 천공	전도, 붐 좌굴
안정성 검토	– 작업단계별 작업안정성(G.M, 횡경사, 종경사)	– 크레인 양중능력 (제원표의 70%)
안전성 검토	– 갑판펀칭 및 전단검토(아웃트리거, 크롤러접지면)	– 아웃트리거 반력이 갑판상에 작용시 구조안전성 – 크롤러식의 접지압이 갑판상에 작용시 구조안전성
보강	– 작업단계별 안정성보완(고정웨이트, 평형수 활용) – 갑판보강 검토(나무매트, 철판 등)	– 아웃트리거형식 보다는 크롤러형식이 갑판에 미치는 영향이 적음 – 붐 형태는 유압실린더형 보다 트러스형 붐이 안전에 유리

03 차량탑재형 고소작업대(고소작업차)와 차량탑재형 크레인(카고크레인)의 관리포인트는

해설 고소작업차와 카고크레인은 모두 건설현장에서 크레인에 준하는 양중작업(양중, 작업자탑승)을 하는 특수자동차 이다. 그러나 이 장비들은 자동차 설계기준에 따라 제작하여 상부구조물을 개조하였기 때문에 건설기계 설계기준에 따라 제작된 기중기(건설기계관리법에 따라 등록)와는 달리 구조가 취약하다고 볼 수 있다. 따라서, 기중기보다는 용접부크랙, 볼트의 조임상태, 안전장치 기능 등 차체에 대한 점검기준을 강화하여 관리하는 것이 바람직 하다.

04 현장에서 굴착기로 양중작업을 해도 법적으로 문제가 안되는지

해설 관련법에 따르면, 근로자가 위험해질 우려가 없는 경우에는 사용이 가능하다. 그러나 작업계획서를 작성하고 줄걸이 기준 등 관련법규를 준수해야 한다. 만약 양중작업중 사고가 발생할 경우 (근로자가 위험에 처했다고 봄)에는 법규 위반이 될 수 있다. 또한, 굴착기는 전면과 측면의 작업반경에 따라 양중능력 차이가 크기 때문에 양중작업시 세심한 관리가 필요하다.

[관련법규]

"산업안전보건기준에 관한 규칙 제204조(주용도 외의 사용 제한)"에서 사업주는 차량계건설기계를 그 기계의 주된 용도에만 사용하여야 한다. 다만, 근로자가 위험해질 우려가 없는 경우에는 그러하지 아니하다.

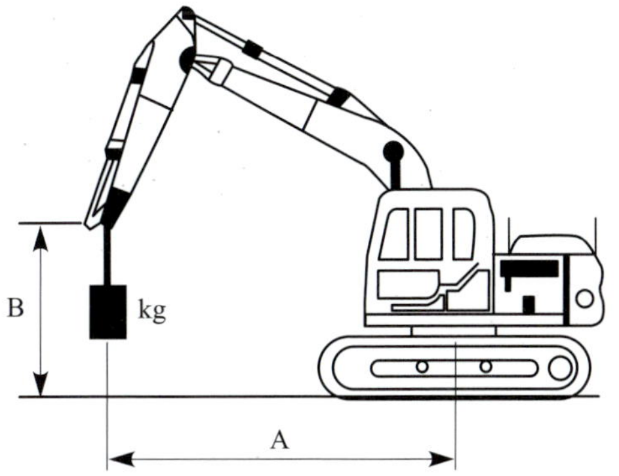

그림 3-1 굴착기 양중작업

05 바브켓을 개조하여 흙막이 띠장 해체용으로 사용이 가능한가

해설 산안법에 따라 근로자가 위험해질 우려가 없는 경우에는 사용이 가능하다고 볼 수 있으나, 건설기계관리법에서 정한 주요 구조부를 개조할 경우에는 관련법규 미준수로 문제가 될 수 있고, 양중윈치 부착 등 개조를 위하여 가공작업 등을 수반하면 구조변경에 따른 형식신고를 하여야 한다.

[관련법규]

(1) "산업안전보건기준에 관한 규칙 제204조(주용도 외의 사용 제한)" 사업주는 차량계건설기계를 그 기계의 주된 용도에만 사용하여야 한다. 다만, 근로자가 위험해질 우려가 없는 경우에는 그러하지 아니하다.

(2) "건설기계관리법 시행규칙 제42조(구조변경범위등), 법 제17조 제2항"의 규정에 의한 주요구조의 변경 및 개조의 범위는 다음 각호와 같다. 다만, 건설기계의 기종변경, 육상작업용 건설기계규격의 증가 또는 적재함의 용량증가를 위한 구조변경은 이를 할 수 없다.

1. 원동기 및 전동기의 형식변경
2. 동력전달장치의 형식변경
3. 제동장치의 형식변경
4. 주행장치의 형식변경
5. 유압장치의 형식변경
6. 조종장치의 형식변경
7. 조향장치의 형식변경
8. 작업장치의 형식변경. 다만, 가공작업을 수반하지 아니하고 작업장치를 선택부착하는경우에는 작업장치의 형식변경으로 보지 아니한다.

06 지게차에 덧발을 사용하는 것은 법적으로 문제가 없나

해설 "건설기계관리법 시행규칙 제42조(구조변경범위 등)"규정에 의한 주요구조의 변경 및 개조의 범위로 판단하여 사용할 수 있다. 즉 "가공작업을 수반하지 아니한 작업장치를 선택부착하는 경우"에는 형식변경이 아니라고 판단하여 사용가능할 것임

그림 3-2 지게차

07 타워크레인 사용시 전문가의 구조검토가 반드시 필요한 항목은 어느것인가

해설 현장조건을 반영한 타워크레인의 기초 및 브레이싱에 대한 구조검토가 필요하여, 국가 기술자격법에 따른 건축구조, 건설기계, 건설안전기술사,기계안전, 산업안전지도사(건설분야) 등의 확인을 받아 설치할 것

[관련법규]

산업안전보건기준에 관한 규칙 제142조(타워크레인지지)

08 안전관리계획 수립대상에 포함되는 건설기계는

해설 건설기술진흥법 제62조(건설공사의 안전관리)에 따른 안전관리계획을 수립하여야 하는 건설공사(시행령 제98조)에 높이가 10m이상인 천공기, 항타 및 항발기, 타워크레인이 포함되어 있나. 또한, 동법시행령 제100조(안전점검시기, 방법 등)에 타워크레인의 정기안전점검을 하여야 한다.

표 3-2 정기안전점검

건설기계명	초기점검	사용중 점검	해체시 점검
천공기 (높이10m 이상)	천공기조립완료 후 최초 천공작업시	천공작업 말기단계	
항타, 항발기	항타·항발기 조립완료후 최초 항타·항발작업 시	항타·항발기 말기단계 시	
타워크레인	타워크레인 설치작업 시	타워크레인 인상시마다	타워크레인 해체작업 시

[관련법규]

건설기술진흥법 시행령 제98조, 제100조 제142조

09 리더장비(항타기 등)의 전도를 예방하려면

해설 가능한한 무게 중심을 낮게하고, 충분한 지내력을 확보한다.

(1) 제작사의 사용기준(조립제원, 조립·해체순서)를 준수한다.

(2) 장비가 필요한 접지압을 구하여 지반의 안전성을 확인하고 작업한다.

(3) 항타장비 이동이 필요할 때 매뉴얼에 명시된 기준(리더 높이, 작업 조건)을 확인하고, 파일이나 케이싱 등을 매달지 않고 이동한다.

10 국가별 장비의 사용연식 제한 기준은

해설 국내의 타워크레인 사용제한 기준은 싱가폴과 동일한 20년이며, 미국의 뉴욕시가 25년으로 사용을 제한하고 있다. 또한, 이동식크레인은 싱가폴만 년식을 제한하는 것으로 알려져 있다.

표 3-3 이동식크레인 사용기준(싱가폴)

장비규격	사용허용 년수	비고
~50톤	20년	※ 전문기관 검사(보증) 및 비파괴검사 등 요구조건 충족시 3년 연장가능
50~100톤	25년	
100톤~	30년	

[관련법규]

건설기계관리법시행령 제12조의3(건설기계의 내구연한)

제2장

이동식크레인

Safety & Mobile Crane

장 비 안 전 · 이 동 식 크 레 인

1절

크레인 일반

01 크레인의 발전

이동식크레인은 "동력을 사용하여 화물을 들어올리거나 이것을 수평으로 운반하는 설비"라고 크레인 안전규칙에서 정의하고 있으며 또한, 건설기계관리법(제2조 시행령 별표 1)에는 "무한궤도 또는 타이어식으로 강재의 지주 및 선회장치를 가진 것으로 궤도(레일)식인 것을 제외 한다"라고 정의하였다.

한국 산업안전보건기준에 관한 규칙(제132조)에서는 "동력을 사용하여 중량을 매달아 상하 및 좌우(수평 또는 선회)로 운반하는 것을 목적으로 하는 기계 또는 기계장치를 말한다"라고 정의하였으며, 일본기계화협회의 내용을 살펴보면 "동력을 사용해 물건을 양중하고 이것을 수평으로 운반하는 것을 목적으로 하는 기계장치로 원동기를 내장하며 불특정 장소에 이동시키는 것이 가능한 것"이라고 정의하고 있다

이와 같이 매우 다양한 표현으로 이동식크레인을 정의하고 있으나, 그 내용은 크게 다르지 않다. 이동식크레인은 원동기를 내장하고 있어야 한다는 정의를 따를 때, 그 의미에서 이동식크레인의 탄생은 19세기 증기기관이 발명되어 활용된 산업혁명 이후가 된다.

한편, 우리나라의 경우는 정약용선생이 1792년 수원 화성을 축조하는데 이용한 거중기(그림 1-1)가 과학적인 원리를 이용한 최초의 크레인으로 구분할 수 있겠으나 자체로 이동할 수 없기 때문에 현재의 이동식크레인 범주로 나눌 수는 없을 것이다.

국내 이동식크레인의 발전과정은 대부분의 건설기계와 같이 일제 강점기에 일제에 의해 도입된 장비와 1950년대 한국전쟁이후 전후복구를 위해 미군의 구호장비가 도입되면서 국내 이동식크레인의 여명기를 맞이 했다고 할 수 있을 것이다.

이어서 1960년대는 정부의 강력한 중화학공업 육성 정책에 따라 건설기계분야도 많은 발전이 있었으나 이동식크레인의 제작기술 발전에는 미치지 못하고 미국, 일본 등에서 도입된

크레인을 수리하는 정도의 기술력이 있었을 뿐이다.

'70~80년대에 이르러서는 일본 등 선진업체와의 기술제휴로 국내에서 중·소형 이동식크레인을 조립 및 생산기술을 확보하였으나 '90년대에 IMF라는 경제위기로 다시한번 이동식크레인 산업은 위기를 맞이하게 되었다.

2000년대에 들어서는 이동식크레인을 제작할 수 있는 기술력은 있으나 국내시장 협소와 기존 브랜드와의 경쟁 등 국제시장 진입이 어려워 일부 소형크레인 생산에 만족하고 있는게 국내 이동식크레인 산업의 현실이다.

반드시 이동식크레인을 생산하고 수출하는 것 만이 기술력이 있는 것은 아닐 것이다. 다만 수입된 장비일지라도 제대로 이해하고 수리 및 정비할 수 있는 능력을 확보하여 좀더 안전성이 확보된 상태에서 효율적인 장비활용이 될 수 있도록 우리 모두가 노력해야 할 것이다.

그림 1-1 수원화성 및 거중기모형(경기도박물관)

02 크레인의 분류 [1)]

크레인의 분류방법은 국가별, 제작사별, 규격별 등 매우 다양하게 나눌 수 있기 때문에 한가지로 특정할 수는 없으나, 본서에서는 아래와 같이 크게 3가지로 분류하였다

1) 건설공사용 크레인
2) 산업용 크레인
3) 표준 규격에 의한 크레인

2.1. 건설공사용 크레인

- 트럭크레인(Truck Crane)
- 전지형(全地形)크레인(All Terrain Crane)

1) 이동식크레인

- 트럭 탑재형 크레인(Truck Mounted Crane)
- 휠크레인(Wheel Crane)
- 험지용 크레인(Rough Terrain Crane)
- 크롤러 크레인(Crawler Crane)
- 렉카(Rack car)

2) 고정식크레인

- 케이블 크레인(Cable Crane)
- 지브 크레인(Jib Crane)
- 타워 크레인(Tower Crane, Climbing Crane)
- 데릭 크레인(Derrick Crane)

2.2. 산업용 크레인

산업용 크레인은 구조, 달기기구, 운동형태, 구동방식, 선회능력, 설치방식 등에 따라 분류할 수 있으며 KSB 0127에는 무려 58종으로 분류하고 있다. 다음은 산업용 크레인을 사용목적과 용도에 따라 분류 된 것이다.

1) 구조에 의한 분류

- 천장 크레인
- 케이블 크레인
- 지브 크레인
- 교형 크레인

1) ISO4306, 월간크레인(2010), Crane hand book(Manitowac,1975)

2) 달기기구에 의한 분류

- 후크 크레인
- 그래브 크레인
- 마그넷트 크레인
- 장입 크레인
- 전극 취급용 크레인
- 레이들 크레인
- 천장형 스태커 크레인
- 단조용 크레인

3) 운동형태에 의한 분류

- 기초 고정식 크레인
- 클라이밍 크레인
- 기초 이동식크레인
- 반경형 크레인

4) 구동방식에 의한 분류

- 수동(인력)식 크레인
- 전동식 크레인
- 유압식 크레인

5) 선회방식에 의한 분류

- 선회 크레인
- 선회 제한 크레인
- 전각도(Full Circle) 선회크레인
- 비선회 크레인

6) 윈치방식에 의한 분류

- 지지식 크레인
- 현수식 크레인

2.3. 표준 규격에 따른 크레인(KS B ISO4306-1)

1) 구조에 따른 크레인 분류

- 천장 크레인(Overhead Type Crane)
- 천장 주행크레인(Overhead Travelling Crane)
- 포탈 브릿지 크레인(Portal Bridge Crane)
- 세미포탈 브릿지 크레인(Semi-portal Bridge Crane)
- 케이블 타입 크레인(Cable Type Crane)
- 케이블 크레인(Cable Crane)
- 포탈 케이블 크레인(Portal Cable Crane)

- 지브 타입 크레인(Jib Type Crane)
- 문형 선회 크레인(Portal Slewing Crane)
- 반 문형 선회 크레인(Semi Portal Slewing Crane)
- 이동식크레인(Mobile Crane)
- 타워 크레인(Tower Crane)
- 철로 크레인(Railway Crane)
- 해상 크레인(Floating Crane)
- 갑판 크레인(Deck Crane)
- 데릭 크레인(Derrick Crane, Mast Crane)
- 가이데릭 크레인(Guy Derrick Crane)
- 단단하게 지지된 데릭크레인(Rigid Braced Derrick Crane)
- 외팔 크레인(Cantilever Crane)
- 기둥지브 크레인(Pillar Jib Crane)
- 벽 크레인(Wall Crane)
- 워킹크레인(Walking Crane)

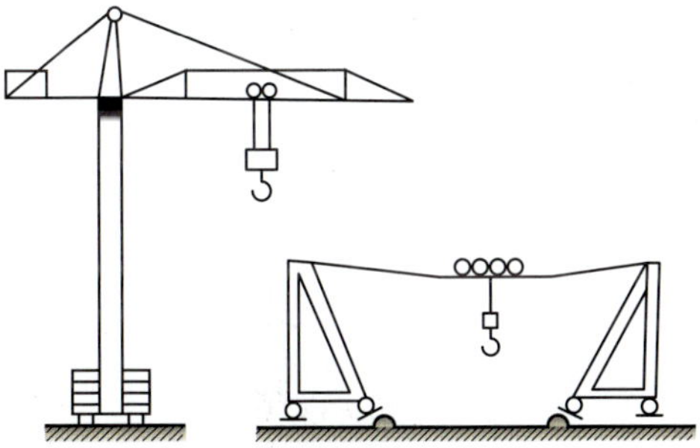

그림 1-2 타워크레인 및 케이블크레인

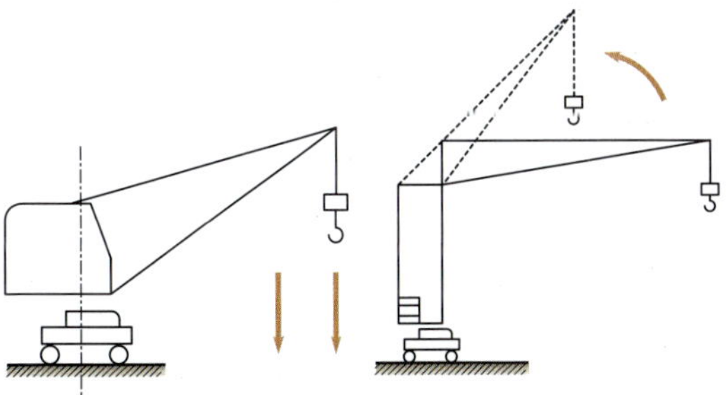

그림 1-3 이동식크레인의 형태

2) 하중 조절장치에 의한 크레인의 분류(Classification of Cranes by Load Handling Device)

- 후크 크레인(Hook Crane)
- 그래빙 크레인(Grabbing Crane)
- 자석 크레인(Magnet Crane)
- 자석을 가진 상자운반 크레인(Box Handling Crane with Magnet)
- 그래브를 가진 상자운반 크레인(Box Handling Crane with Grab)

- 평로 장입크레인(Open Hearth Furnace Charing Crane)
- 전극조정 크레인(Electrode Handling Crane)
- 천장주행 적재 크레인(Overhead Travelling Stacking Crane)
- 레이들 크레인(Ladle Crane)
- 잉곳 장입 크레인(Ingot Charging Crane)
- 단조 크레인(Forge Crane)
- 스트리퍼 크레인(Stripper Crane)
- 균열로 크레인(Soaking Crane)

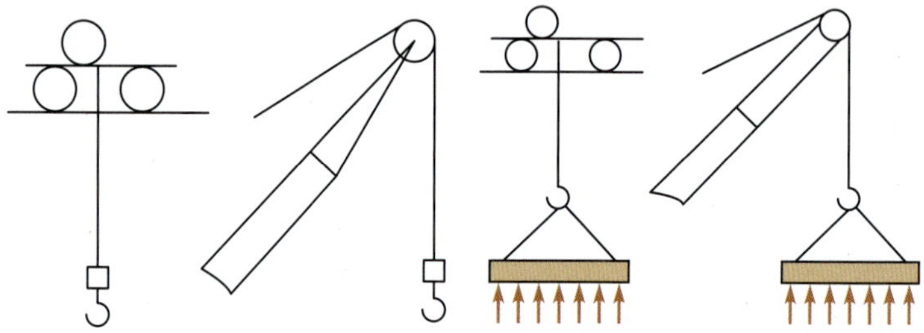

그림 1-4 후크크레인 및 자석크레인

3) 동작모드에 의한 크레인의 분류(Classification of Cranes by the Mode of Movement)

- 고정식 베이스 크레인(Fixed Base Crane)
- 클라이밍 크레인(Climbing Crane)
- 이동식크레인(Potable Crane)
- 레디얼 크레인(Radial Crane)
- 주행 크레인(Travelling Crane)
- 자기추진식 크레인(Self-propelled Crane)
- 트레일러 크레인(Trailer Crane)

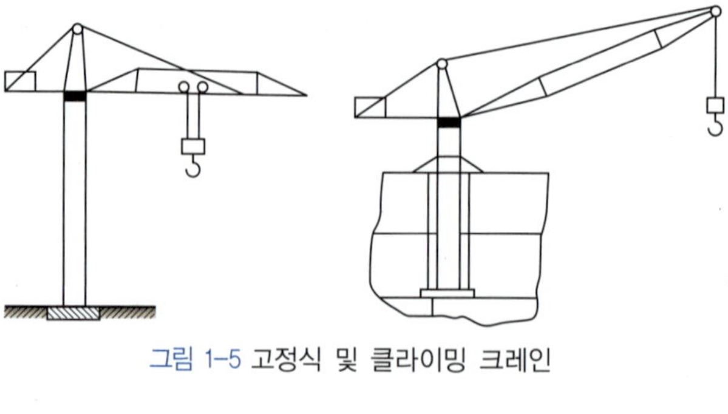

그림 1-5 고정식 및 클라이밍 크레인

4) 구동장치에 의한 크레인 분류(Classification of Cranes by The Drive)

- 수동 크레인(Manual Crane)
- 전기 크레인(Electric Crane)
- 유압 크레인(Hydraulic Crane)

5) 선회 능력에 의한 크레인의 분류(Classification of Cranes by Slewing Capabilities)

- 선회 크레인
- 유한 선회 크레인(Limited slewing Crane)
- 전각도 선회 크레인(Full circle slewing Crane)
- 비 선회 크레인(Non slewing Crane)

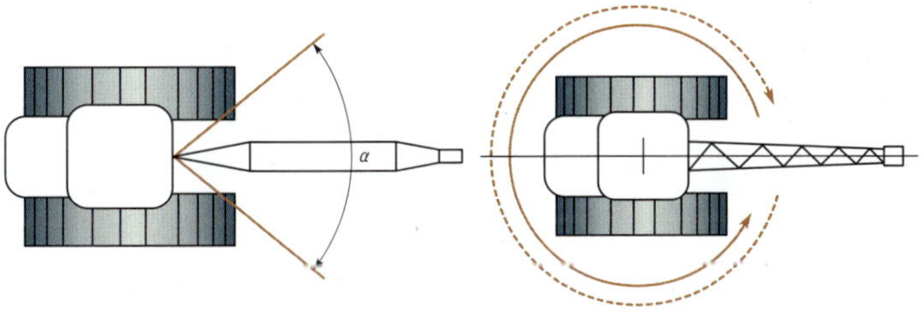

그림 1-6 선회형태

6) 설치 모드에 의한 크레인의 분류(Classification of Cranes by the mode of installation)

- 지지 크레인(Supported Crane)
- 언더슬러그 크레인(Underslung Crane)

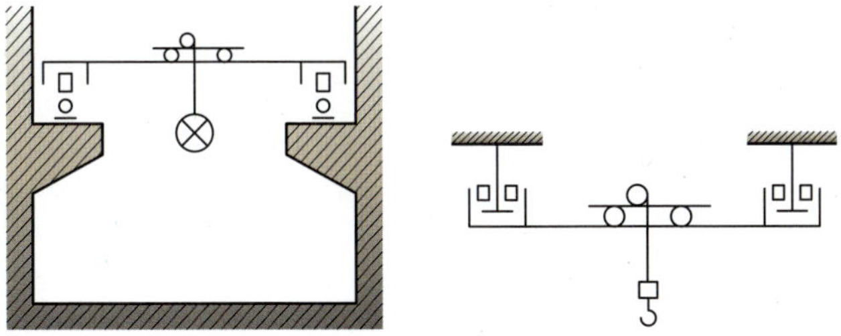

그림 1-7 지지 및 언더슬러그 크레인

03 이동식크레인 종류 및 특징

크레인은 전술한 바와 같이 여러 유형으로 분류할 수 있으며 또한, 분류 기준에 따라 많은 종류로 나눌 수 있다.

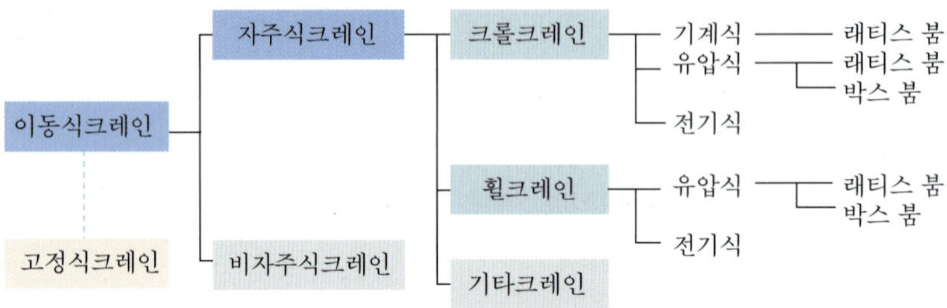

그림 1-8 이동방법과 붐 형태에 따른 이동식크레인 구분

그림 1-9 휠 크레인, 격자형 붐

그림 1-10 크롤러크레인, 박스형 붐

그림 1-8은 이동방법에 따라서, 크롤러(무한궤도)크레인과 휠 크레인(타이어식 혹은 차륜식)으로 분류할 수 있으며 또 붐 형태와 확장방식에 따라서, 나눌수도 있다. 본서에서는 국내 건설 및 산업현장에서 실제로 많이 사용하는 이동식크레인 위주로 구분하고 그 종류를 정의하여 살펴보기로 한다.

1) 트럭크레인(Truck Crane)
2) 전지형 크레인(All Terrain Crane)
3) 험지형 크레인(Rough Terrain Crane)
4) 크롤러 크레인(Crawler Crane)
5) 트럭 탑재형 크레인(Loader Crane, Cargo Crane)

그림 1-11 트럭크레인

그림 1-12 전지형 크레인

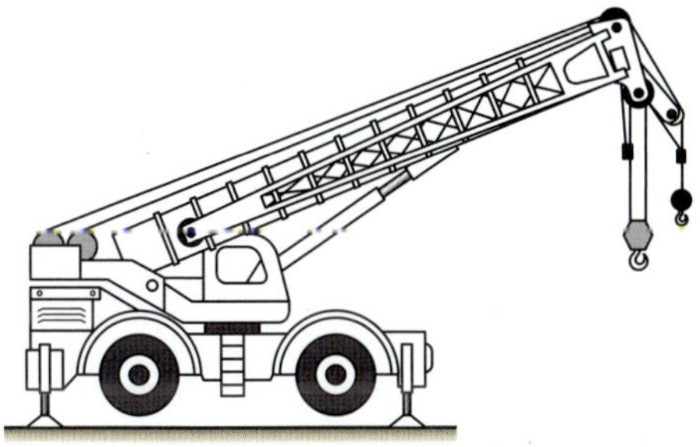

그림 1-13 험지형 크레인

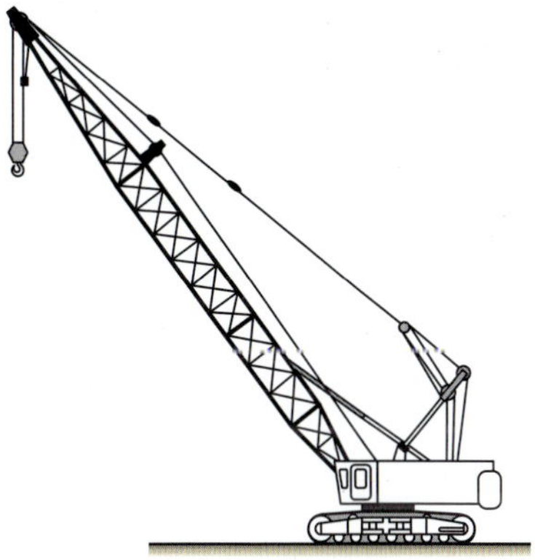

그림 1-14 크롤러 크레인

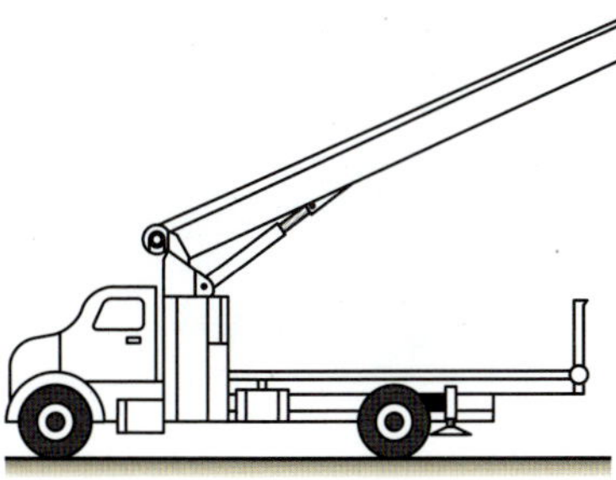

(a) 앞쪽에 붐 설치

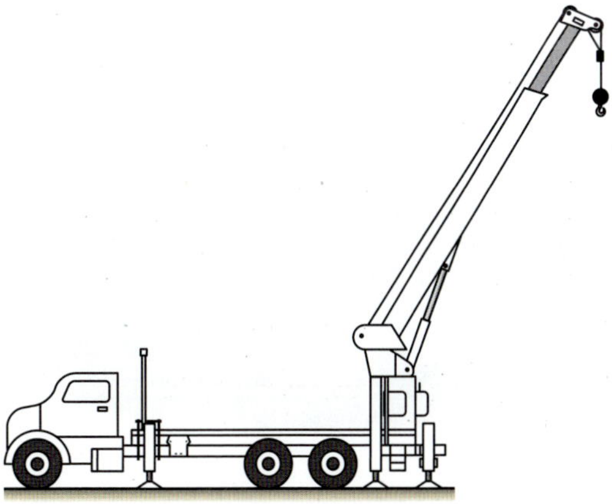

(b) 뒤쪽에 붐 설치

(c) 너클 형태의 붐

그림 1-15 트럭탑재형 크레인(Loader Crane)

3.1. 트럭크레인(Truck Crane)

트럭크레인은 하부 주행체의 주행부에 타이어를 사용한 자주식 크레인으로, 하부 주행체 및 상부 선회체에 각각 운전석을 가지고 있으며 원동기는 하부 주행체에만 있는 것도 있고 상부 회전체에도 따로 있는 것도 있다. "KS B 6591"에서는 전지형 유압크레인(AT크레인)도 트럭크레인에 속한다. 라고 정의하고 있다.

즉, 트럭차체 상부에 크레인이 설치된 것을 말하며 차축의 조향은 앞 차축에서 할 수 있고 장거리 이동이 용이하여 일반적으로 많이 사용된다.

이들 트럭은 크레인용으로 특별히 제작된 전용트럭과 일반적으로 사용되는 범용트럭으로 구분되는 데 전용트럭은 중·대형급 크레인에 사용되고 범용트럭은 소형크레인에 사용된다. 또한, 붐을 유압실린더를 이용하여 확장하는 유압식과 격자식 트러스를 사용하는 격자형 붐이 있다.

그림 1-16 트럭크레인

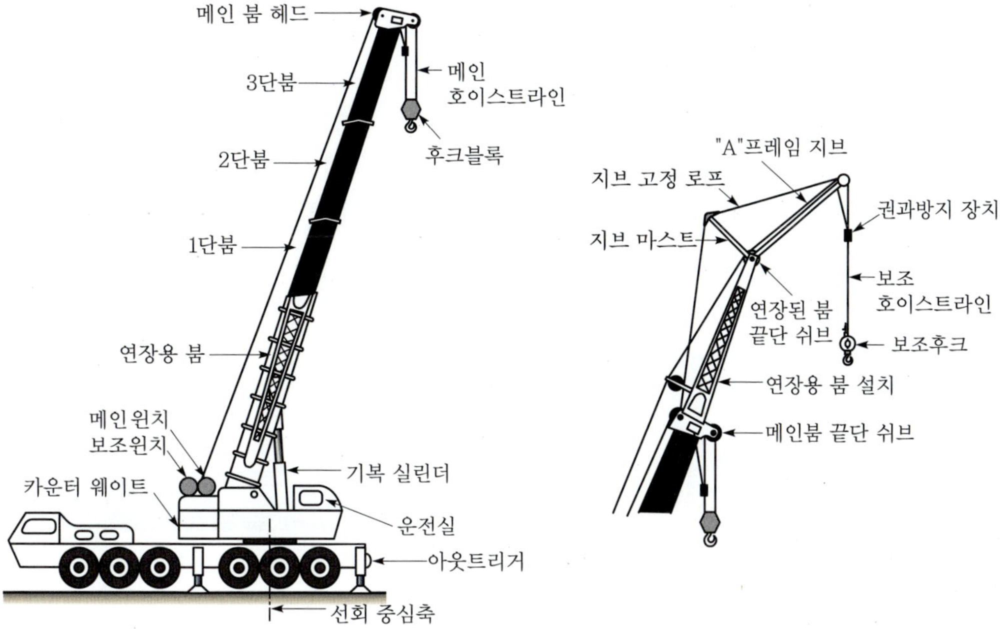

그림 1-17 유압식 붐 트럭크레인의 주요명칭

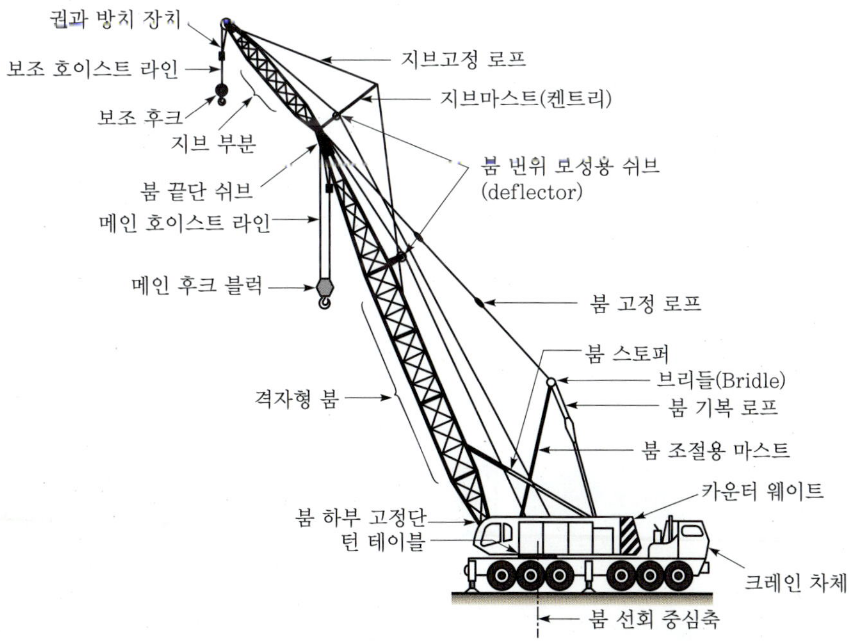

그림 1-18 격자형 붐 트럭크레인의 주요명칭

3.2. 전지형 크레인(All Terrain Crane)

전지형크레인(이하 "A/T크레인"이라 함)은 트럭크레인의 고속주행성과 험지형크레인(이하 "R/T크레인"이라 함)의 적은 회전반경의 장점을 취합한 크레인으로서 주행과 크레인 운전은 각각의 운전실에서 이루어지며 단거리의 주행은 크레인 운전실에서도 가능하다. R/T크레인과 같이 중량물을 인양한 상태에서의 주행을 할 수 있으며 특히 A/T크레인은 모든 차축이 자유롭게 조향이 가능한 것이 특징이다.

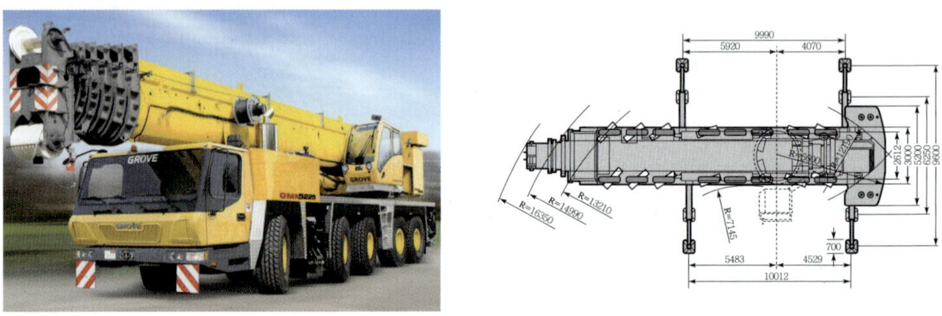

그림 1-19 전지형 크레인(A/T 크레인)

3.3. 험지형 크레인(Rough Terrain Crane)

험지형 크레인(R/T크레인)은 4륜 주행과 조향이 가능하며 주행과 크레인 작업이 한 개의 운전실에서 수행된다. 또한, 중량물 인양 상태에서 주행이 가능하고 선회반경이 매우 작아서 도심지 등 협소공간 작업에 매우 용이하다. R/T 크레인의 또 다른 특징은 비교적 차체가 가볍기 때문에 타이어의 접지면적을 크게 하여 비교적 연약한 지반에서도 작업이 가능하다는 장점이 있다.

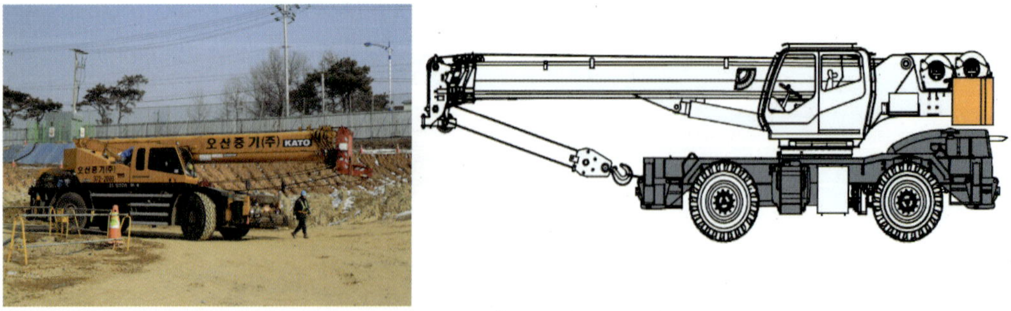

그림 1-20 험지형 크레인(R/T 크레인)

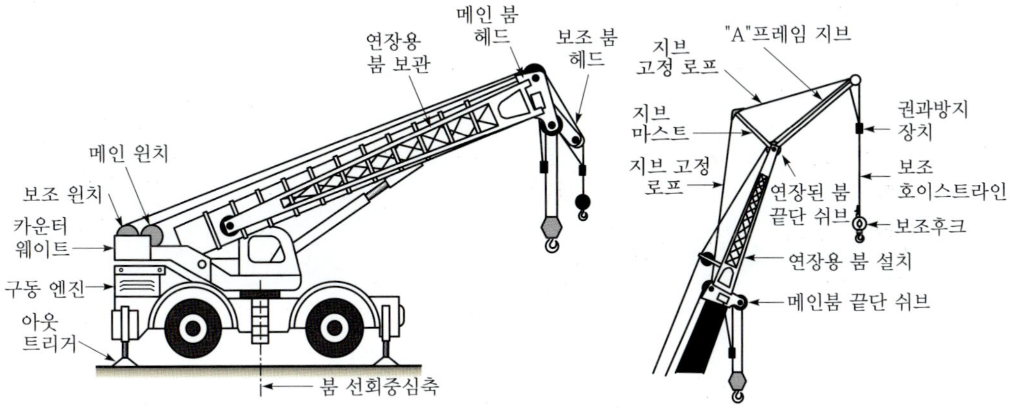

(a) 일반적인 형태 (b) 연장용 붐 설치시

그림 1-21 R/T 크레인 주요부위 명칭

3.4. 트럭탑재형 크레인(Loader Crane, Cargo Crane)

화물의 운반과 적재를 위해 카고트럭 화물적재함(전, 중, 후부)에 소형 크레인을 설치한 것으로서 화물의 적재·하역·운송을 한사람의 작업자로 가능하게 된다.

카고크레인은 크게 두가지 종류로 구분할 수 있는데 와이어로프를 사용하는 직진붐 방식과 슬링을 사용하지 않고 직접 운반물을 인양하는 굴절붐 방식이 있다.

국내에서 "카고크레인"이라 통칭되는 이 장비는 국제규격(ISO)에서는 "로더크레인(Loader Crane)"이란 명칭으로 안전장치에 대한 요구조건을 강화하는 규정을 추진중에 있다(ISO TC96[2], 2011)

(a) 직진식 붐 확장 형태 (b) 너클 붐 형태

2) ISO TC96 : 국제표준규격 기술위원회 크레인분야

(c) 뒤쪽 붐 설치 형태

(d) 앞쪽 붐 설치 형태

그림 1-22 여러형태의 카고크레인

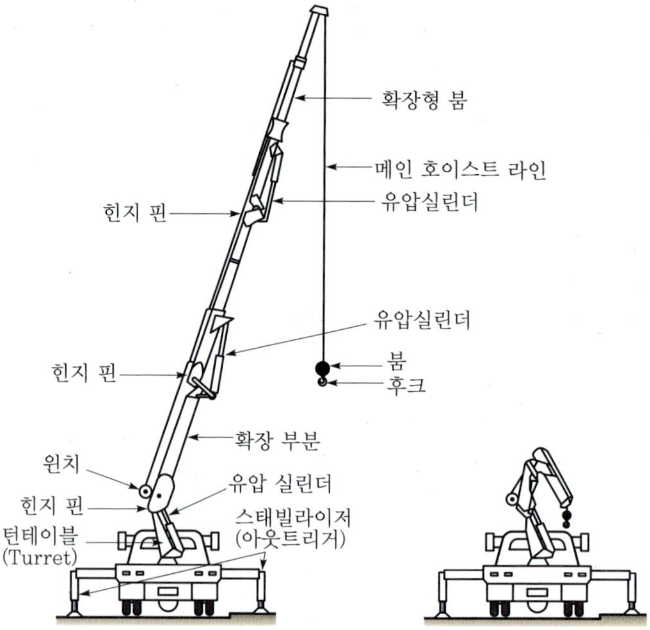

(a) 붐 확장 했을 때

(b) 붐 접었을 때

그림 1-23 관절식붐 카고크레인의 주요명칭

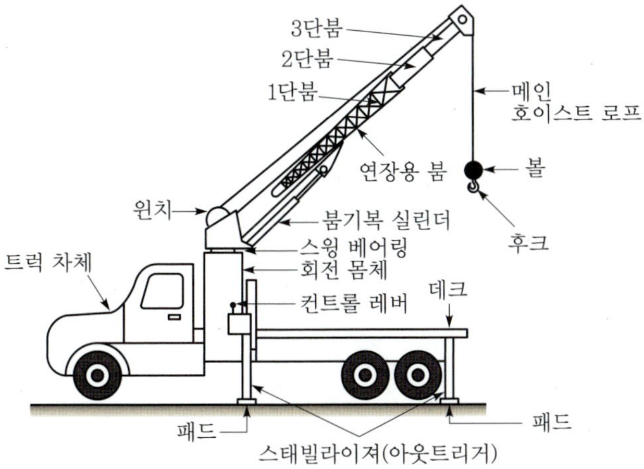

그림 1-24 직진식붐 카고크레인의 주요명칭

3.5. 크롤러 크레인(Crawler Crane)

크롤러 크레인은 "하부 주행체의 주행부에 크롤러 벨트를 사용한 자주 크레인"이라고 KS B 6591에 정의되었다. 즉, 크레인 하부의 구성이 트랙(Caterpiller : Link와 Shoe로 구성) 타입으로 된 크레인을 말하며 기동성이 떨어져 단위 현장내의 작업에 많이 사용되며 양중 효율이 좋아 대규모 현장에서 많이 사용한다. 또한, 더 큰 중량을 양중하기 위하여 카운터 웨이트(균형추, Counter Weight)를 추가로 부착하거나 트랙에 발생하는 하중 분산을 위하여 링거(Ringer System)등을 부착하여 사용하기도 한다.

(a) 크롤러 크레인

(b) 대형 타워 설치

그림 1-25 크롤러 크레인

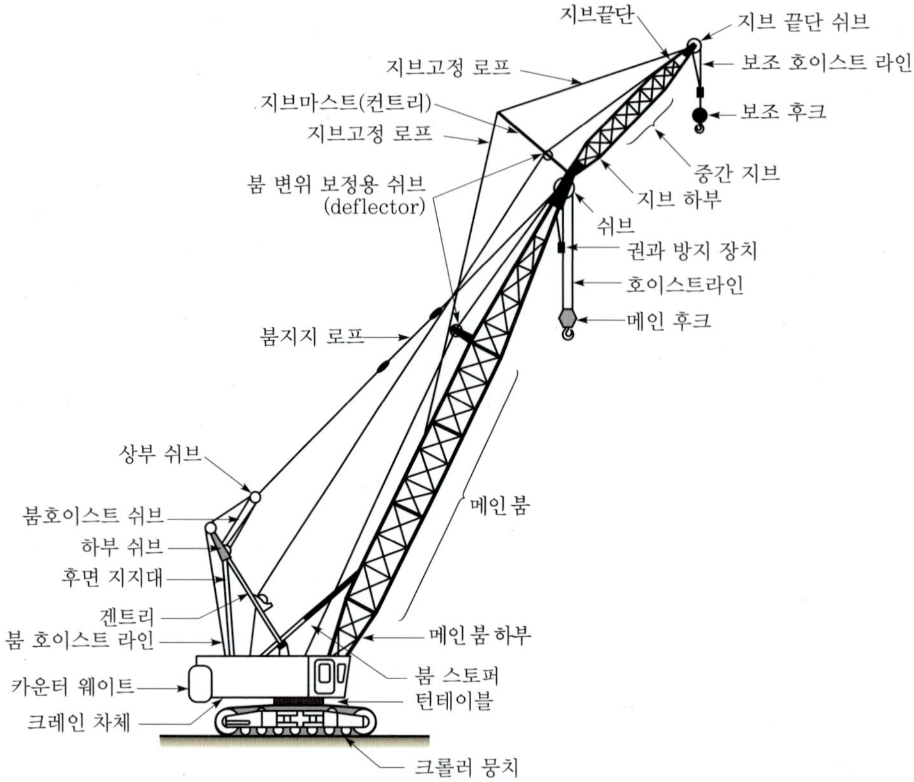

그림 1-26 크롤러 크레인의 명칭

3.5.1. 링 궤도식 크레인(Ringer Crane)

크레인의 안정성을 증가시키기 위하여 크레인의 상부하중을 원형(Ringer)의 하부구조로 분산하고 지반과 장비의 안정성을 확보한 크레인이다. 세계에서 가장 큰 링거크레인은 네덜란드의 중량물 설치 전문업체에서 3200톤급(그림 1-24, 2011년)을 공식적으로 공개한데 이어, 최근 중국에서는 1만톤급을, 미국에서는 5천톤급을 개발하였다고 크레인 매체를 통하여 발표하였다.

(a) 초대형 3200톤급 링거 크레인

(b) 크레인 하부

그림 1-27 링거크레인

3.5.2. 평형추 배가식 크레인(Added Counter Weight Crane)

크레인의 본체는 크롤러 형태이나 작업효율 증대를 위하여 본체 카운터 웨이트와는 별도로 양중능력 증대 목적으로 상비후면에 추가로 카운터 웨이트를 설치한 크레인을 말한다.

그림 1-28 평형추 배가식크레인

3.5.3. 유압식 붐 크롤러 크레인(Crawler Mounted Telescopicping Boom with Slewing Upper Structure)

본 크레인은 하부에는 크롤러를 사용하고 상부에는 유압식 붐 크레인 형태를 유지하고 있는 크레인이다.

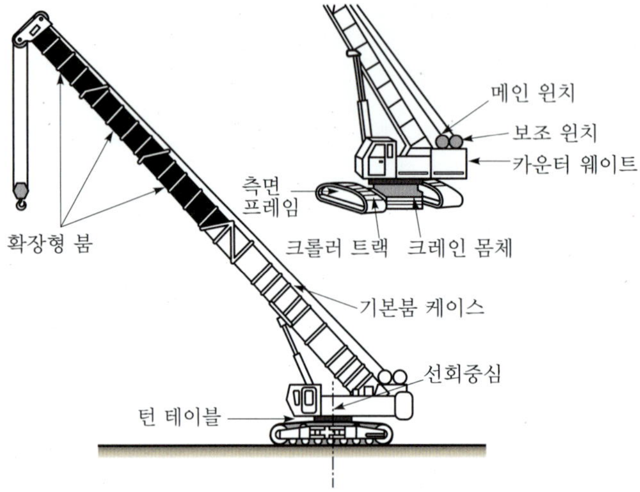

그림 1-29 유압식 붐 크롤러 크레인

2절

크레인의 기본지식

01 크레인의 중심

이동식크레인은 차체 또는 케리어와 붐 그리고 카운터 웨이트를 포함한 여러가지 부재가 조합된 기계장치로 작업수행 및 이동시의 균형은 사고와 직결되는 매우 중요한 사항이다. 크레인 작업의 기본원칙은 균형과 적절한 작업속도를 유지하는 것이라 할 수 있다. 그림 2-1, 2-2는 물체의 중심과 이동식크레인의 중심을 나타낸 것이다.

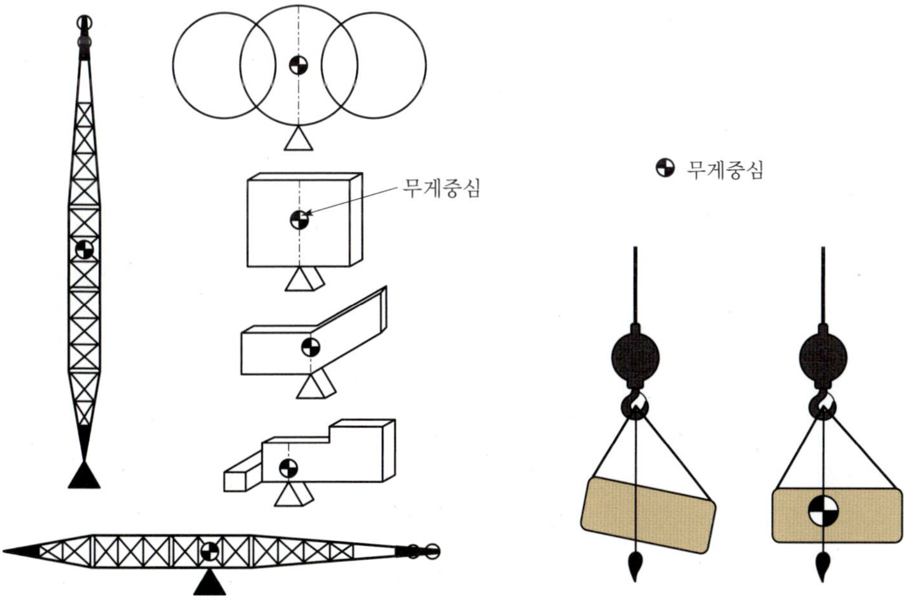

그림 2-1 물체의 균형과 중심

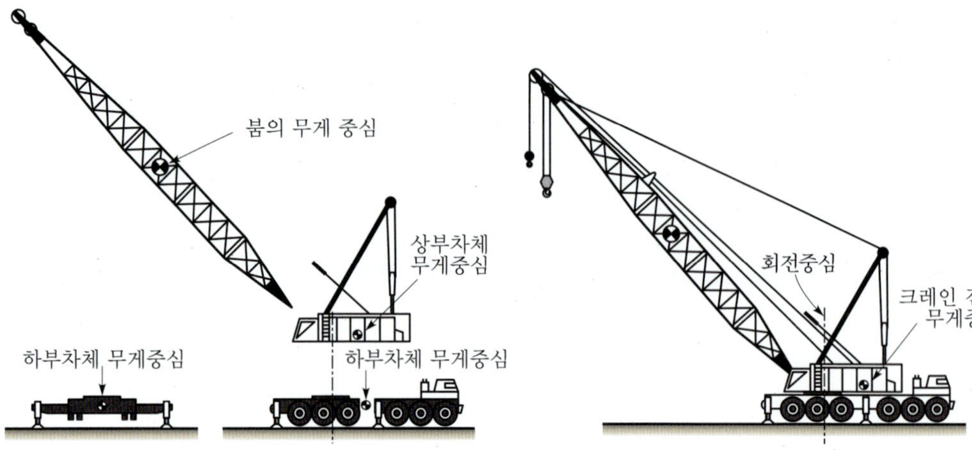

(a) 격자형 붐 크레인

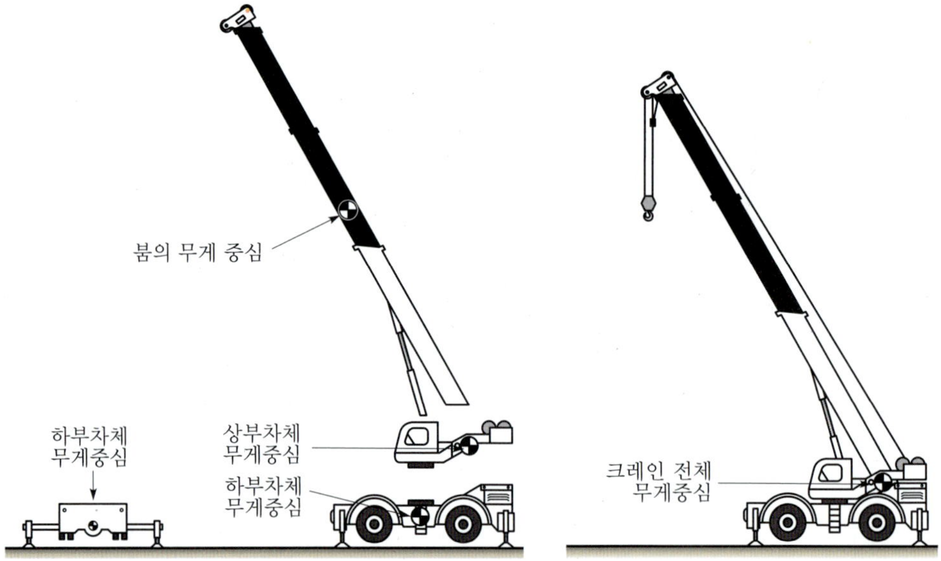

(b) 유압 확장식 붐 크레인

그림 2-2 크레인의 무게중심

크레인의 전체 무게중심은 그림 2-2와 같이 부재의 조합, 붐의 각도와 길이 등 작업조건에 따라 변화될 수 있기 때문에 사용자가 임의로 판단하여 양중능력표를 변경하거나 장비를 개조하면 안된다.

02 지렛대 원리와 크레인

2.1. 지렛대 원리의 적용

크레인의 양중능력은 지렛대의 원리에 따라 결정되며 이는 크레인 설계와 크레인 안정성에서 매우 중요하다. 그림 2-3에서 보는 바와 같이 전도 축(아웃트리거 중심)을 기준으로 붐 방향은 양중모멘트(양중 레버레지)라 부르고 크레인 본체 방향은 안정모멘트(안정 레버레지)라 할 때 크레인의 모멘트 균형은 다음과 같이 나타낼 수 있다.

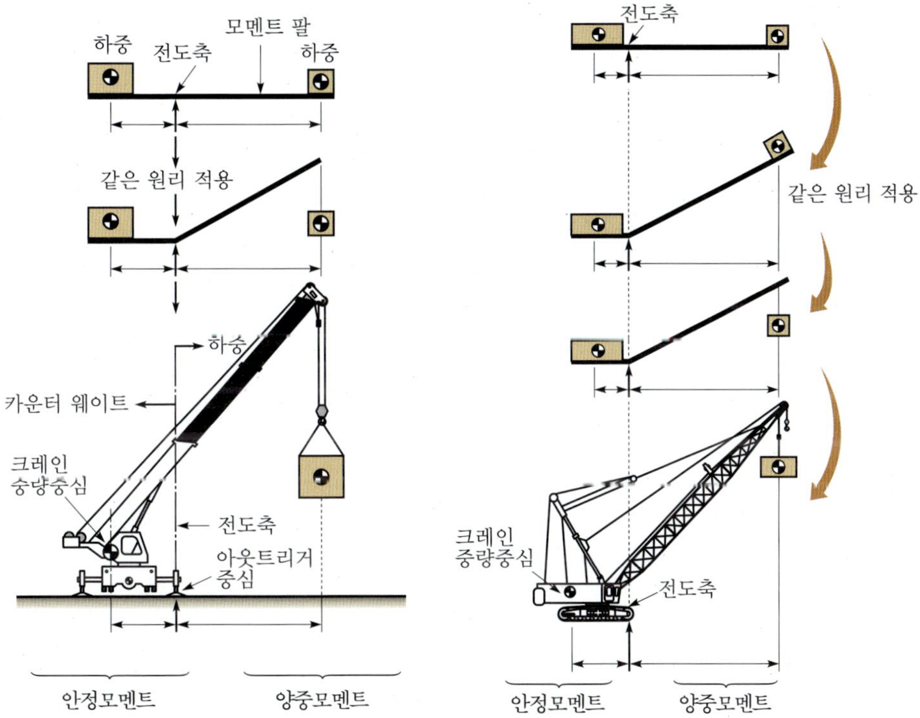

그림 2-3 크레인의 레버레지

- 크레인 평형조건 : 안정모멘트(Crane's Leverage) = 양중모멘트(Load Leverage)
- 안정모멘트 = 크레인중량(C/W방향*주1)) × 크레인 중량중심으로부터 전도축까지의 수평거리
- 양중모멘트 = 양중물의 중심부터 전도축까지의 거리 × 양중물의 무게*주2)

*주1) C/W : 전도축을 중심으로 Counter Weight 방향 크레인의 중량을 의미함.
*주2) 양중물 무게 : 전도축을 기준으로 붐 방향의 크레인 중량도 포함(2장 6.1 참조)

2.2. 크레인의 안정성 조건

크레인은 그림 2-4와 같이 타이어만 접지한 상태로 중량물을 양중하여 스윙하면 초기 양중시 모멘트와 선회시의 모멘트가 변화하게 된다. 또한, 크레인의 전면에서 양중하여 측면으로 스윙한다면 양중모멘트의 증가로 크레인은 전도할 가능성이 커지게 된다.

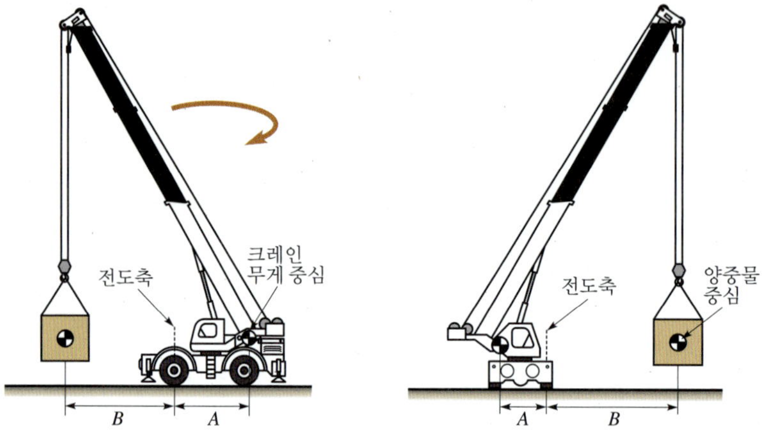

안정조건 : (크레인 자중×A) > (양중 무게×B)

그림 2-4 타이어접지 안정 조건

이러한 사례는 기동력이 좋은 R/T 크레인에서 쉽게 발생할 수 있기 때문에 유의해야 한다. 또한, 그림 2-5와 같이 아웃트리거를 펼친 경우에도 당연히 양중모멘트보다 안정모멘트가 커야 한다.

따라서, 크레인의 안정조건의 첫 번째는 안정모멘트(크레인자중×A)가 양중모멘트(양중무게×B)보다 커야한다.

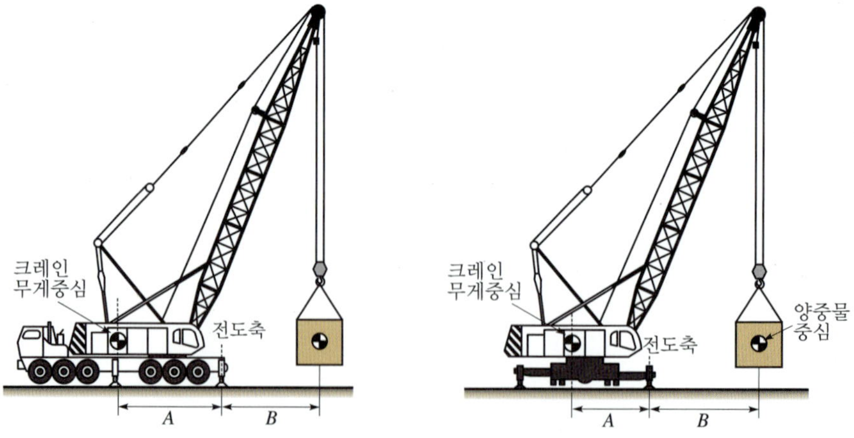

안정조건 : (크레인 무게×A) > (양중 무게×B)

그림 2-5 아웃트리거 설치시 안정 조건

일반적으로 크레인은 전방인양 능력 보다 후방인양 능력이 더 좋다. 그 이유는 그림 2-6과 같이 전방양중시에는 아웃트리거에서 크레인의 중심까지의 거리(A)가 짧아 안정모멘트가 작아지기 때문이다. 따라서, 일부 모델의 크레인은 차체전면 하부의 보조 아웃트리거(Stabilizer)를 사용하여 A를 증가시키고 상대적으로 양중모멘트(B)를 감소시켜 전방작업을 하도록 하고 있다.

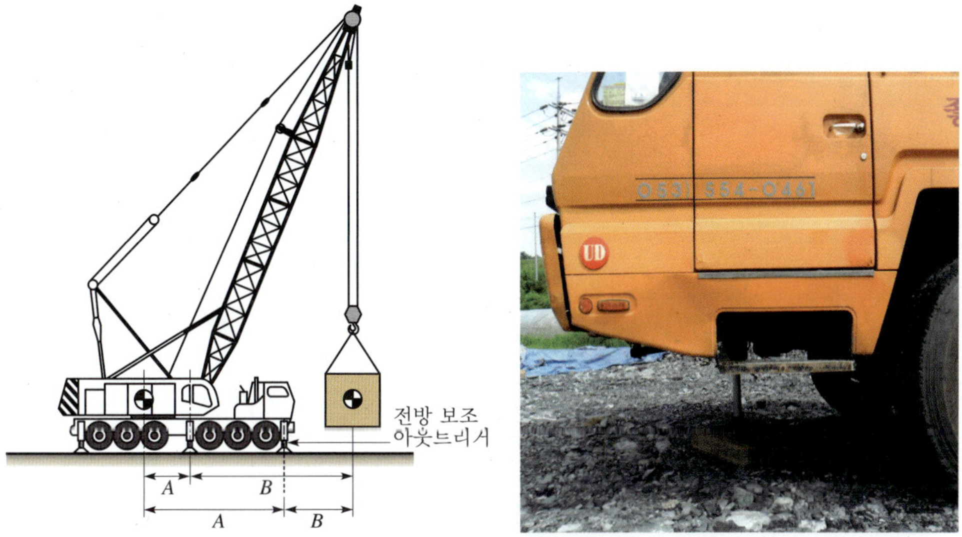

그림 2-6 크레인 전방작업의 안정성

03 크레인의 전도 안정성

3.1. 전도 임계하중

크레인의 전도는 양중모멘트와 안정모멘트의 불균형점에서 발생되며 전도가 발생되기 직전 크레인의 붐 끝단에서 양중할 수 있는 최대 하중을 "임계하중"이라 한다. 또한, 크레인 작업시 임계하중을 초과되어 전도가 시작되면 되돌릴 수 없다는 것을 명심하여야 한다.

그림 2-7과 같이 동일한 크레인으로 같은 중량을 양중한다 하여도 양중 반경에 따른 임계하중 값을 초과하면 그림 2-7(a, d)와 같이 전도축을 중심으로 전도하게 된다.

(a) 전도사례

(b) 양중상태에서 붐을 하강

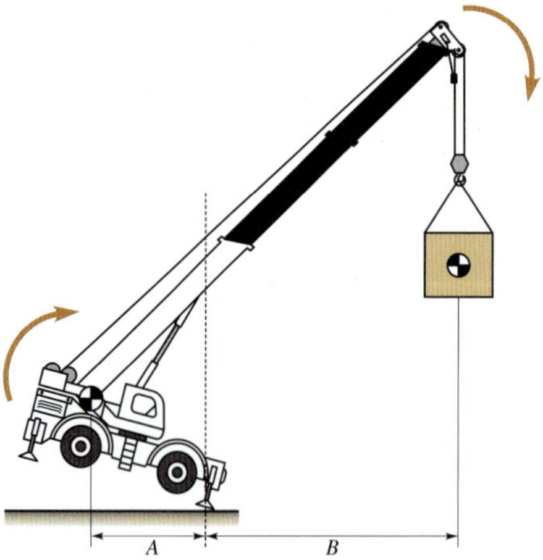

(c) 작업반경 증가로 임계하중 초과

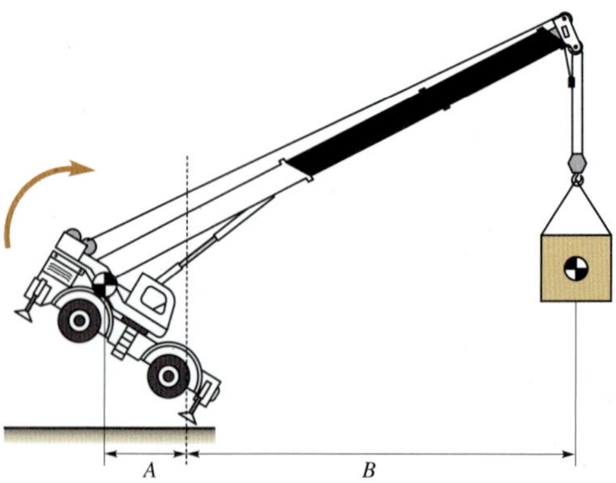

(d) 양중모멘트 초과로 전도

그림 2-7 크레인의 임계하중과 전도

3.2. 임계하중과 양중능력 곡선

이동식크레인은 그림 2-8과 같이 3가지 요소에 의해 양중능력이 결정된다.

1) 크레인의 강도(구조물의 파괴여부)
2) 크레인의 안정도(크레인 전도)
3) 윈치용량(중량물 권상능력)

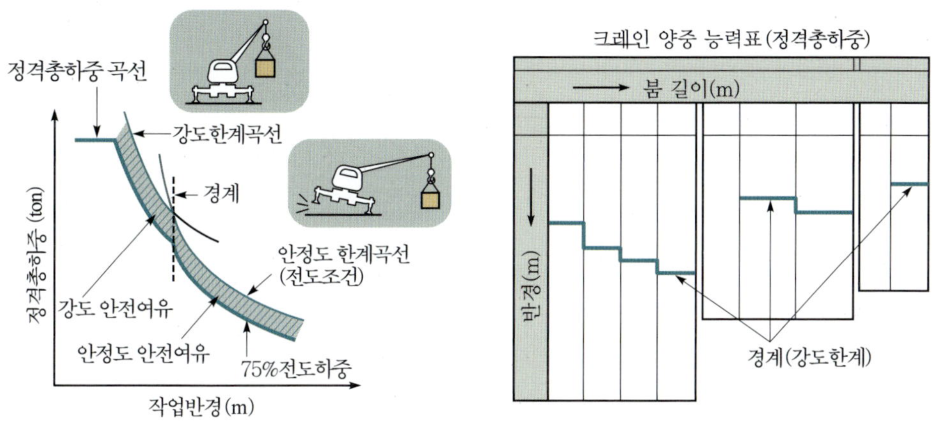

그림 2-8 크레인의 안정도 곡선

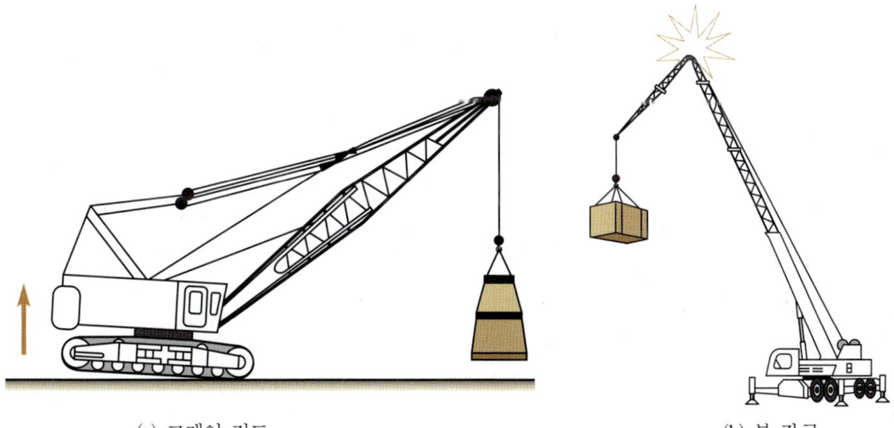

(a) 크레인 전도 (b) 붐 좌굴

그림 2-9 초과하중으로 전도 및 붐 좌굴

즉, 크레인의 양중능력은 이 3가지요소를 고려하여, 임계하중 값에 어느정도 여유를 두어 크레인의 정격총하중이 결정되는 것이다. 그림 2-8에서 알수 있듯이 만약 양중작업시 크레인 양중능력표의 강도한계곡선 범위에서 과하중이 작용하였다면 붐이나 다른 구조부분이 손상될 것이나 강도한계를 벗어난 영역에서 양중작업시 하중이 초과되면 크레인은 전도될 것이다. 양중초기에 크레인의 능력을 초과하지 않아도 충격이나 스윙 혹은 양중속도에 따른 부가하중 등 순간적 양중능력이 초과되어 그림 2-9과 같은 사고로 이어질 수 있다.

또한, 그림 2-10에서 보는 바와 같이 예상치 못한 작업으로 작업반경이 증가하면 크레인의 양중능력은 급격히 감소되어 사고로 이어질 수 있기 때문에 크레인 양중능력에 대한 철저한 이해가 필요하다.

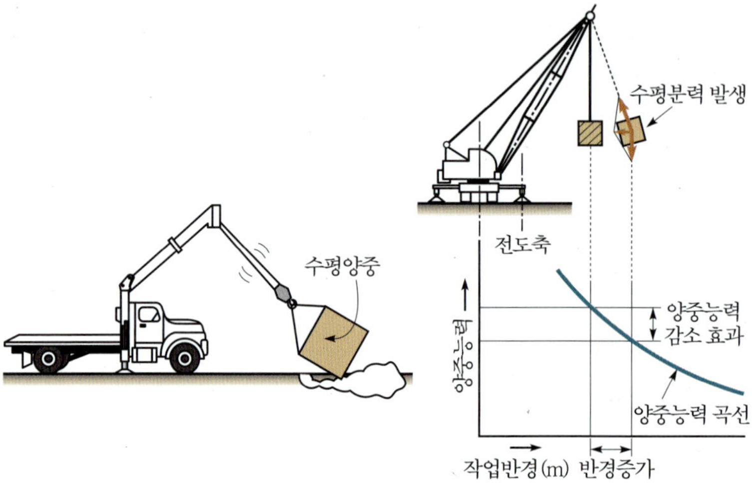

그림 2-10 크레인 작업반경과 양중능력

3.3. 임계하중율 기준

이동식크레인의 정격능력은 안정성에 대한 임계하중율을 국가별 혹은 제작사별로 기준(KS B ISO 11661, ANSI B 30.5)을 정하여 표기하고 있으며 표 2-1은 미국크레인협회 및 ISO의 기준을 보여주고 있다.

표 2-1 크레인별 임계하중율 기준(ANSI B 30.5*, CSA Z 150**)

크레인 종류	임계하중율(Rate of Tipping)
크롤러 크레인	75%
트럭크레인	
•아웃트리거 확장시	85%
•타이어 사용시	75%
카고 크레인(Cargo crane)	85%

〈각주〉
* ANSI = American National Standards Institute
** CSA = Canadian Standards Association

ASME B30.5	ISO/DIN/EN 13000
인양능력	인양능력
임계하중의 75% (without outrigger) 임계하중의 85% (with outrigger)	임계하중의 75~80% 수준 ▪ P = (T-0.1F) / 1.25 ▪ P : 정격 하중, T : Tipping load, F : 붐의 자중

표 2-1에서 임계하중율이 의미하는 것은 전도 및 부재 손상직전의 임계하중을 기준으로 크레인 종류별 일정한 Factor을 적용하여 국제표준(설계기준)으로 정한 것이다. 현업의 일부 엔지니어는 크레인 제원표의 정격총하중에 안전여유가 이미 반영되어 있다고 간주하여 별도로 양중작업 시 안전여유 적용이 필요없다고 생각하면 절대로 안전을 확보할 수 없다는 것을 명심해야 한다.

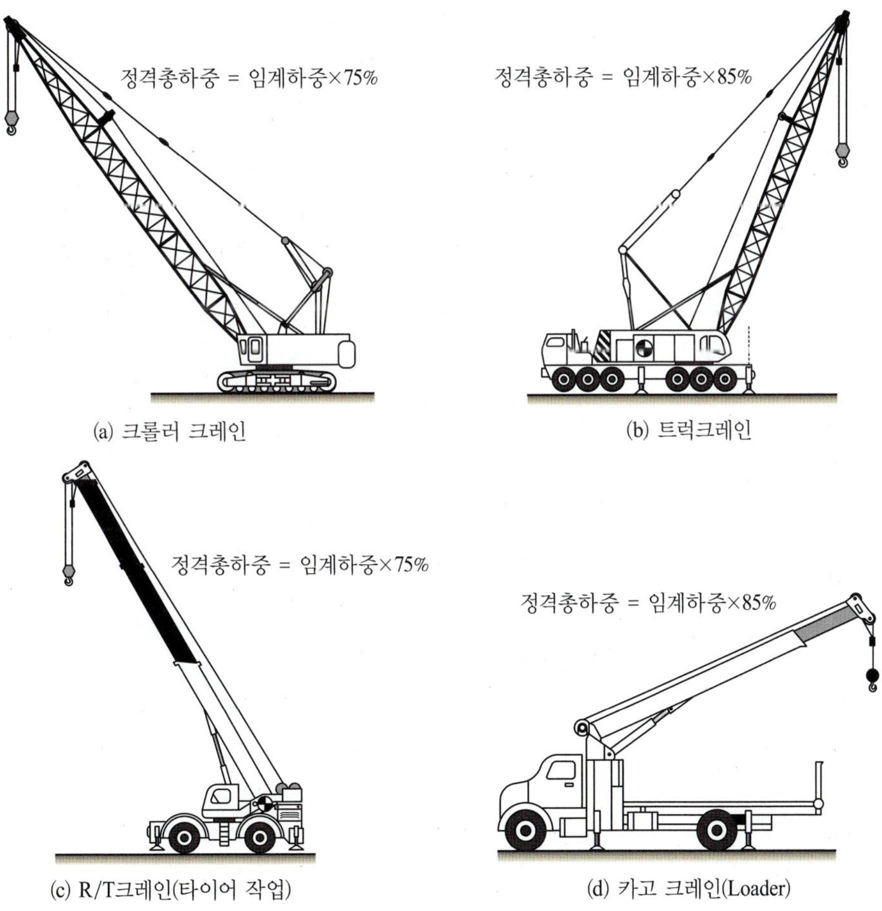

(a) 크롤러 크레인 (b) 트럭크레인

(c) R/T크레인(타이어 작업) (d) 카고 크레인(Loader)

그림 2-11 크레인별 정격총하중 비율

그림 2-12는 이동식크레인 작업시 임계하중이 초과될 수 있는 경우를 도식으로 표시한 것으로 처음부터 정격하중을 초과하거나 붐의 기복각도를 변경 또는 붐의 길이를 임의로 변경시 사고로 이어질 수 있는 사례를 보여주고 있다.

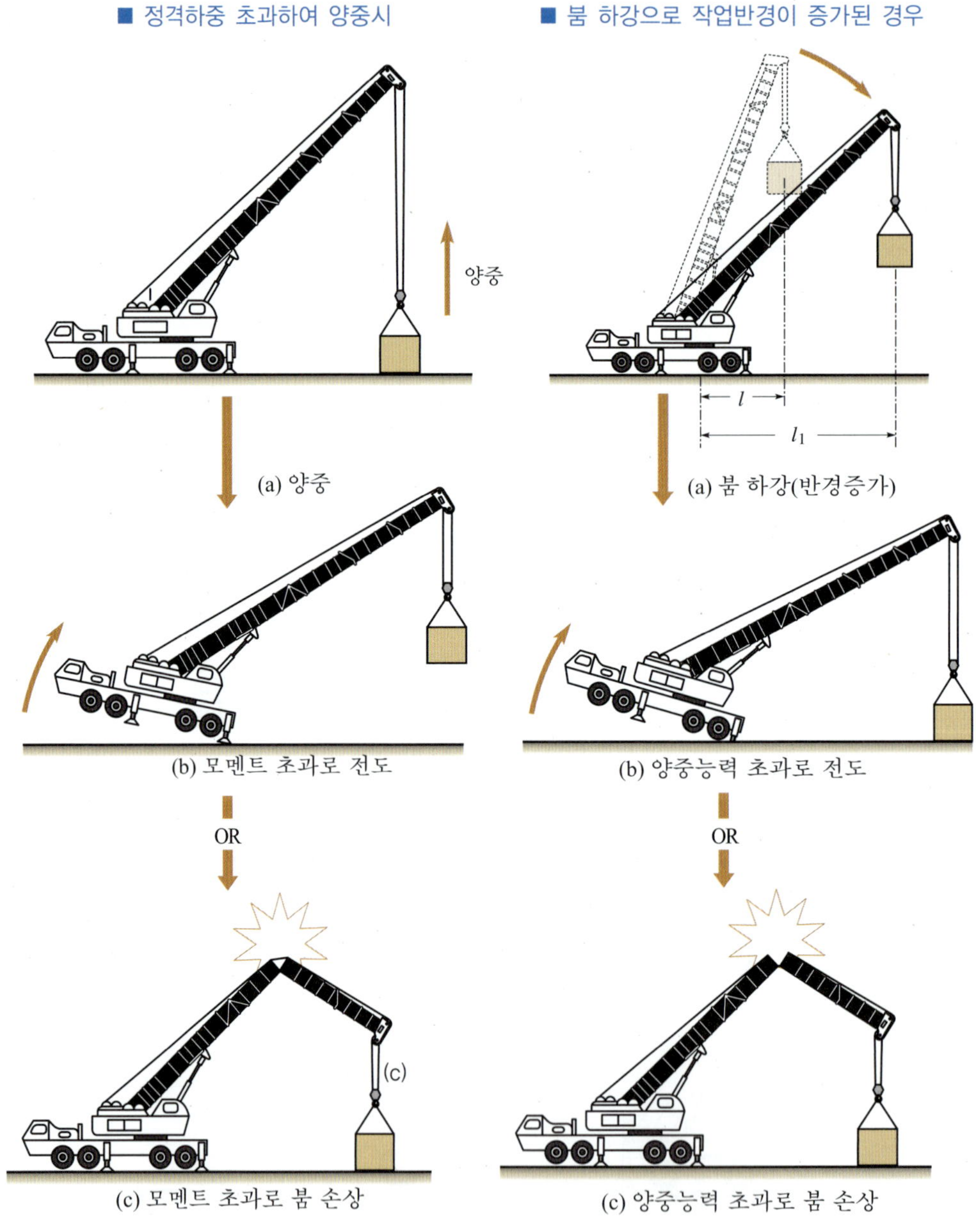

그림 2-12 양중능력초과 및 작업반경 증가의 영향

■ 양중한 상태로 붐 확장시

(a) 붐 확장(반경증가)

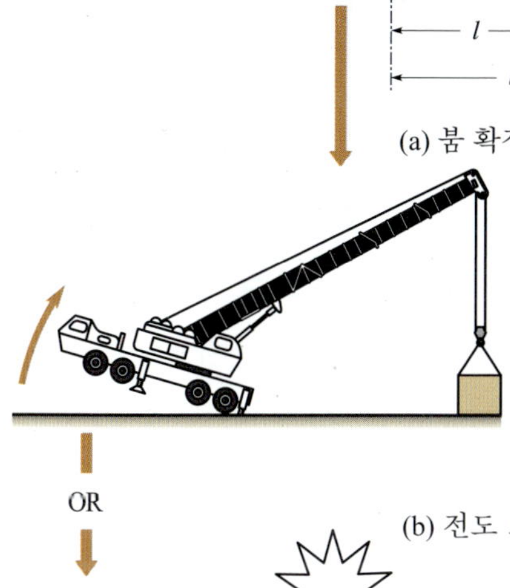

(b) 전도 모멘트 초과로 전도

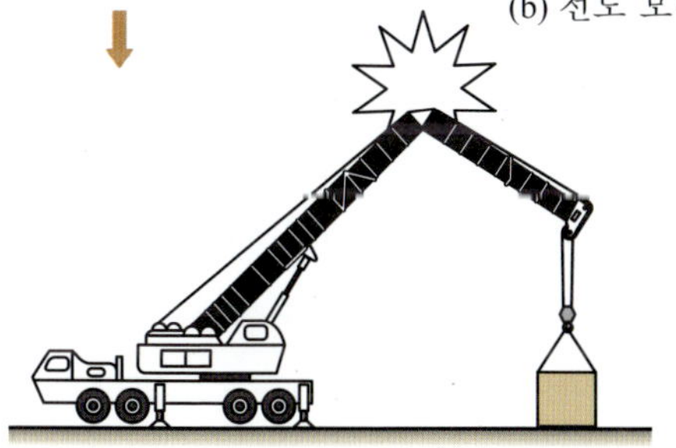

(c) 모멘트 초과로 붐 손상

그림 2-13 양중상태로 붐 확장시 현상

3.4. 후방 전도안정성

이동식크레인 설계시에는 전방안정성을 기준으로 양중능력표를 적용하는게 일반적이지만 크레인의 특성에 따라 양중했을 때 보다도 무부하시에 후방으로 전도될 우려가 있는 크레인도 있다. 그림 2-14와 같이 강풍의 영향이나 양중했던 물건이 갑자기 후크에서 이탈되었을 경우에 충격발생으로 장비가 후방으로 전도가 일어날 수도 있다.

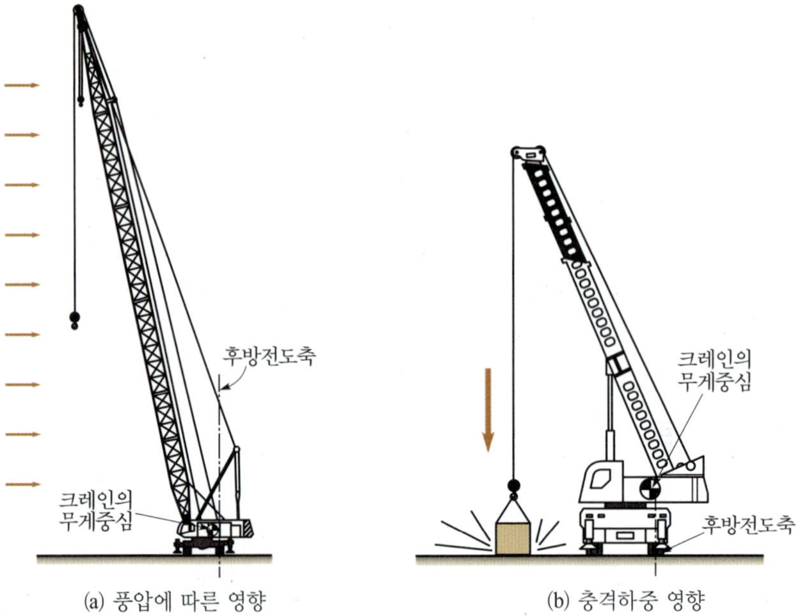

그림 2-14 강풍 및 하중 이탈시 후방전도

또한, 그림 2-15과 같이 기동력이 좋은 R/T크레인의 경우에 많이 발생할 수 있는 후방전도를 방지하기 위해서는 타이어 접지상태에서 붐이 측방으로 가는 것을 피하고, 견고한 지반에서 1%이내의 평탄성을 유지해야 한다. 연료유는 연료탱크에 1/2 이상 채워야 하며, 무게중심은 붐이 있는 앞 방향으로 차량무게의 15% 이상의 하중이 작용하도록 해야한다.

크롤러 크레인의 경우에는 그림 2-16에서 보는 바와 같이 회전중심에서 무게중심 까지의 거리(A)가 크레인 회전중심에서 전도축까지의 거리(B 또는 C)의 70%를 초과하면 안된다.

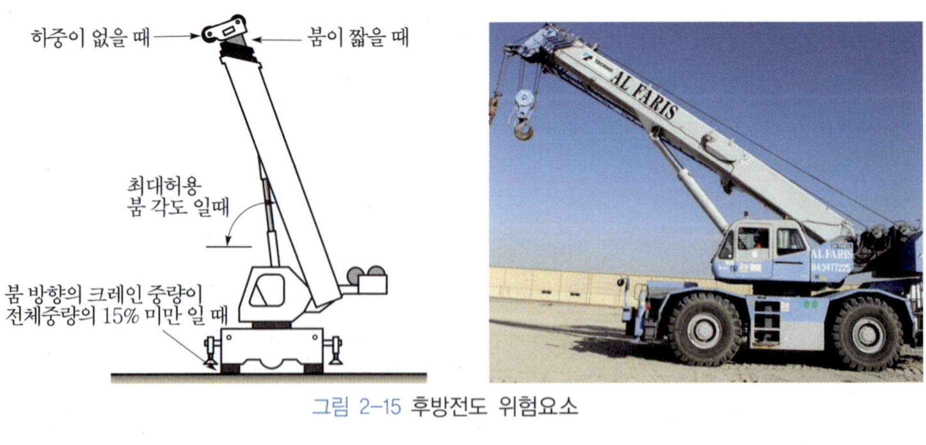

그림 2-15 후방전도 위험요소

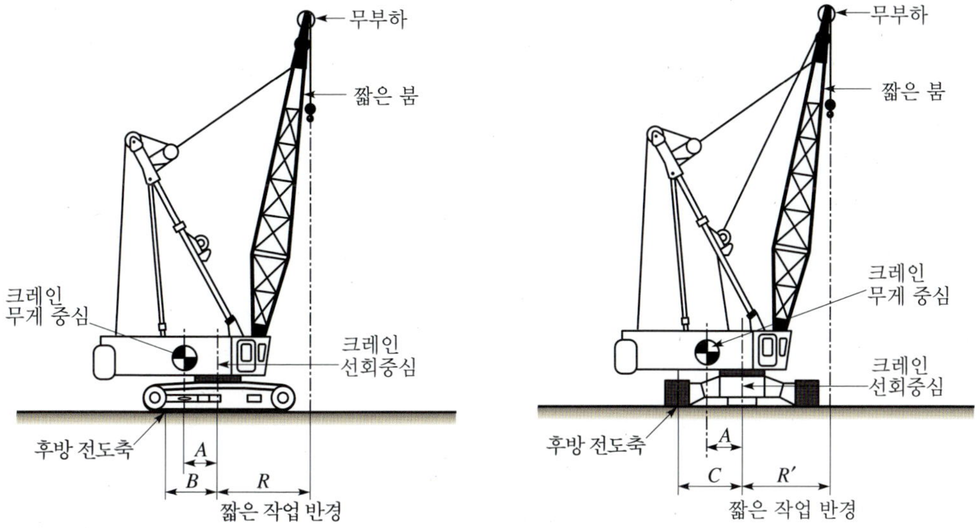

그림 2-16 크롤러의 후방 안정성

04 크레인 전도와 하중전이

이동식크레인의 전도는 실제로 갑자기 일어나는 것은 아니다. 그림 2-17(200톤 유압 확장식붐 크레인, 55m 메인붐, 후방작업시)에서 보는 바와 같이 초과하중이 발생되면 아웃트리거와 붐에 먼저 영향이 오고 붐을 잡아주는 펜던트로 하중이 전이 된 다음에 크레인이 전도되게 된다. 따라서, 이러한 인자들을 고려하여 크레인의 임계하중율이 결정되지만 예상치 않은 하중이 한꺼번에 작용 한다면 크레인은 임계하중을 초과하여 사고로 이어지고 말 것이다.

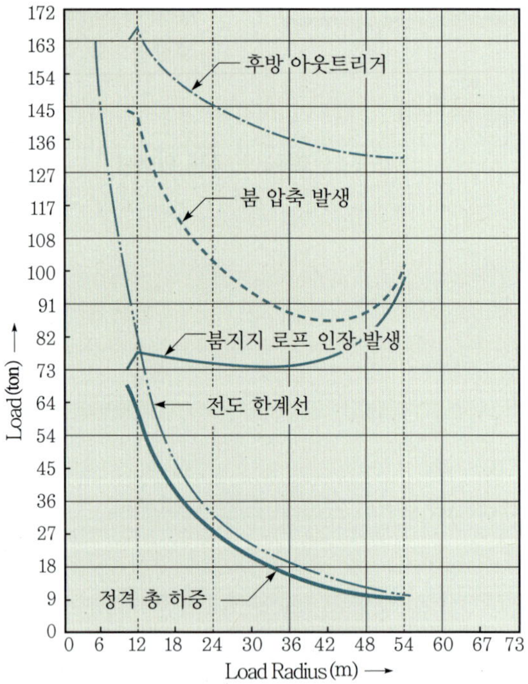

그림 2-17 작업반경과 하중전이 곡선(예)

05 크레인의 작업영역

이동식크레인 회전중심에서 각 방향에 따라 4개영역으로 구분하고 양중능력을 다르게 적용할 수 있다. 작업영역은 크레인의 모델과 제조사마다 설계기준에 따라 약간씩 다르기 때문에 사용자 메뉴얼을 확인해야 한다.

그림 2-18은 4방향 작업영역을 나타낸 것(ANSI B 30.5)이며 그림 2-19는 전방 및 측방작업에 대한 작업능력과 아웃트리거를 사용했을 때와 사용하지 않았을 경우에 대하여 각각 실선과 점선으로 표기하였다.

그림 2-19의 그래프에서 알 수 있듯이 후방에서 양중하여 측방으로 붐을 스윙할 때에는 양중능력이 감소하기 때문에 크레인 모델에 따라 양중조건을 확인할 필요가 있다.

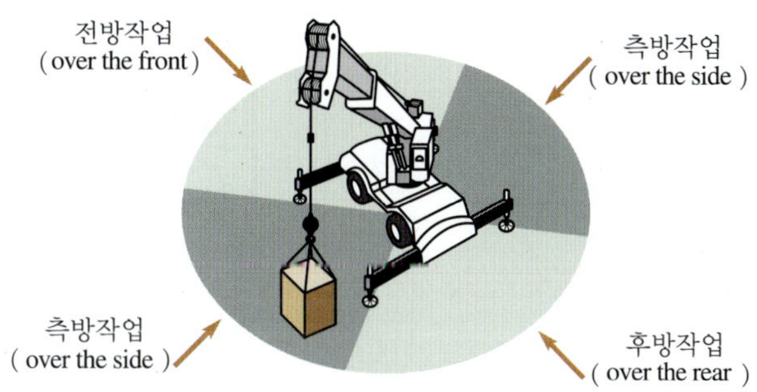

그림 2-18 크레인의 작업영역

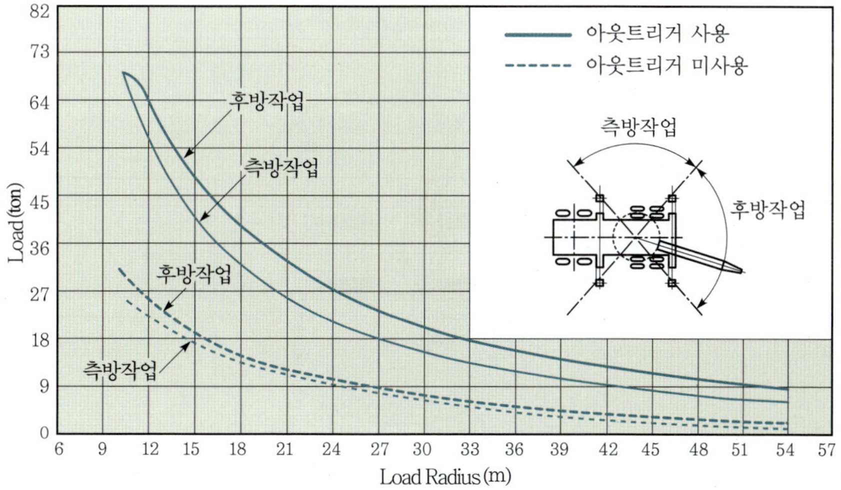

그림 2-19 작업영역과 양중능력(예)

5.1. 유압식 붐 크레인의 작업영역

트럭크레인, R/T크레인, A/T크레인 등은 아웃트리거의 위치에 따라 전도축이 형성되며 그림 2-20과 같이 전방, 후방, 측방작업이 결정된다. 또한, 크레인 차체의 전방 하부잭(Stabilizer or jack)을 사용하도록 명기된 장비는 반드시 기준을 준수해야 양중능력표의 하중을 안전하게 양중할 수 있다.

그림 2-21은 타이어 접지작업에 따른 영역을 나타내고 있으며 이 때는 타이어 접지작업 양중능력표 기준을 반드시 준수하여야 한다.

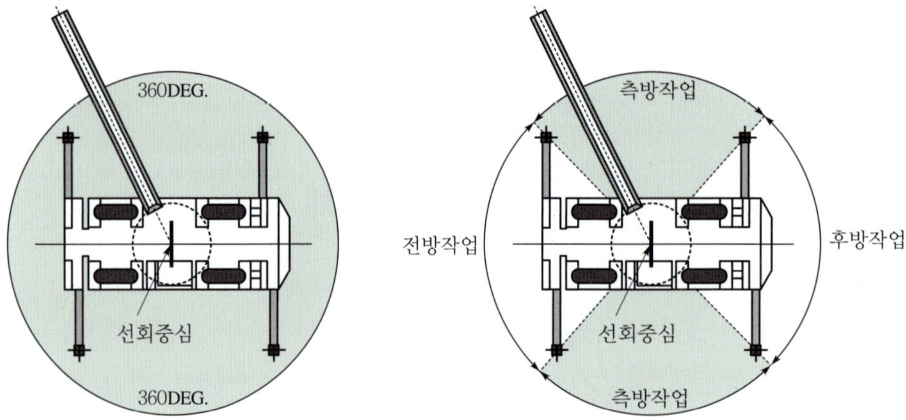

그림 2-20 아웃트리거 사용시 작업영역

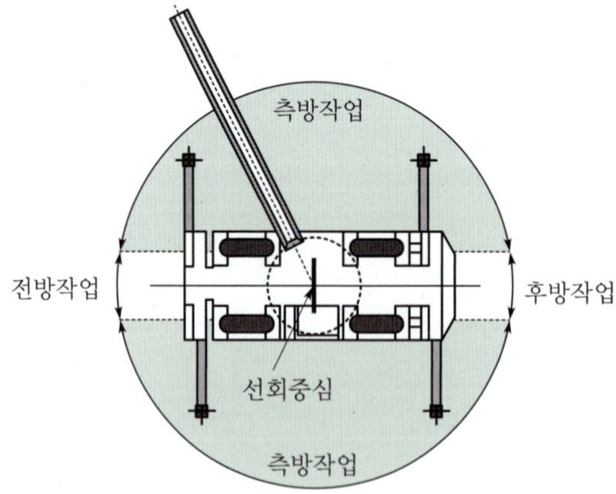

그림 2-21 타이어 접지 작업시 작업영역

5.2. 크롤러식 크레인의 작업영역

크롤러형 크레인에서는 측방작업과 전·후방(end) 작업영역을 그림 2-22와 같이 상부 선회체의 중심기준과 하부 트랙의 중심을 기준으로 하는 방법 등 2가지로 구분할 수도 있으나 최근에 생산되는 대부분의 크레인은 360도 전방위 작업영역을 기준으로 적용하는 사례가 많다.

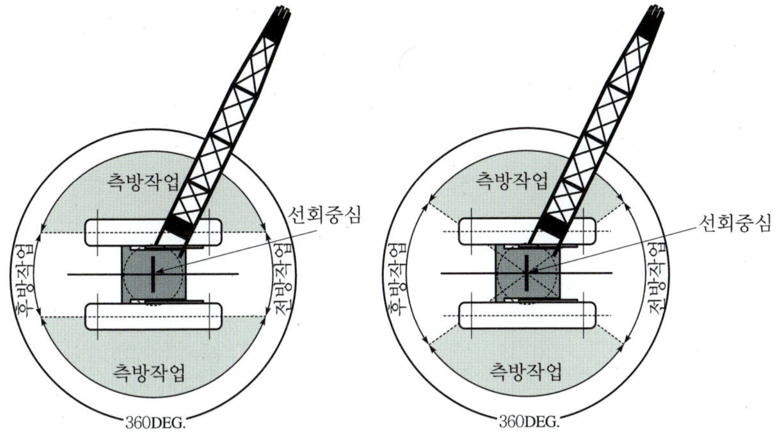

그림 2-22 크롤러 크레인의 작업영역

5.3. 트럭탑재형 크레인의 작업영역

트럭탑재형 크레인은 카고크레인(Cargo Crane), 붐트럭(Boom Truck), 로더크레인(Loader Crane) 등으로 다양하게 불러지고 있는데, 작업영역은 붐과 아웃트리거의 위치와 크레인 본체의 형태에 따라 다르기 때문에 아직까지 작업영역 기준이 정의되지 않았다. 특히 카고 크레인은 각 작업영역별 양중능력 편차가 크기 때문에 반드시 제작사에서 설계시 정한기준을 준수하여야 한다.

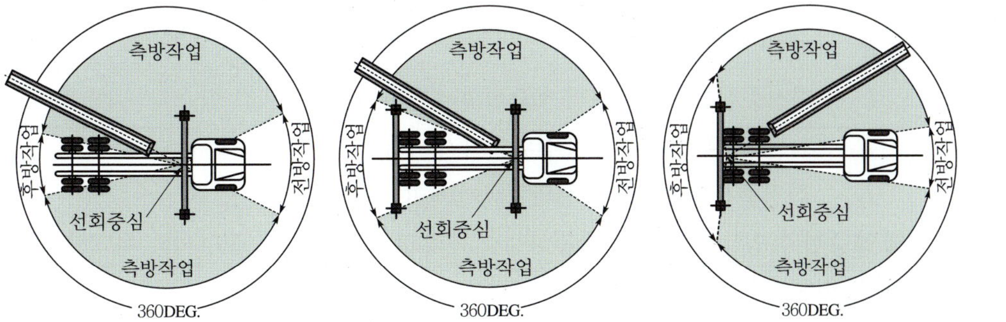

그림 2-23 카고 크레인의 작업영역

06 크레인 및 항타기의 정격하중

6.1. 크레인의 정격하중

이동식크레인의 양중능력표는 아웃트리거사용, 타이어 접지작업, 크롤러의 확장 혹은 축소, 붐의 조합여부, 보조후크 및 카운터웨이트 부착조건 등 크레인의 사용조건에 따라 다양하게 변화될 수 있기 때문에 양중능력표의 작성기준을 반드시 확인하여야 한다.

일반적으로 이동식크레인의 정격총하중(정격하중 + 후크 등 매단 기구의 중량)은 기체의 안정성을 고려하여 다음과 같은 식으로 정한다.

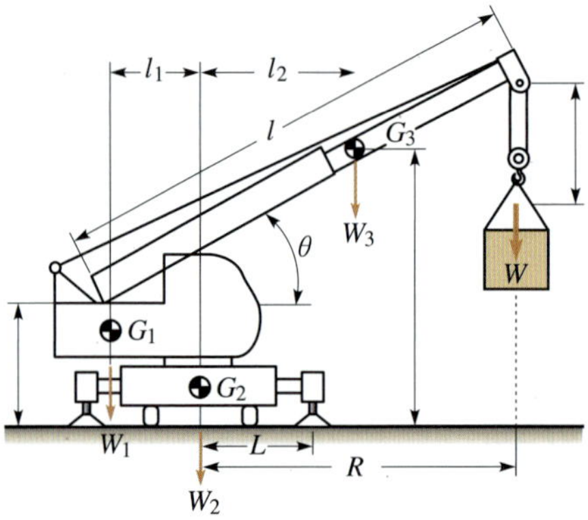

그림 2-24 이동식크레인 등의 정격총하중

$$\text{•정격 총하중}(W) = \frac{1}{1.27} \times \frac{W_1(L + l_1) + W_2L - W_3(l_2 - L)}{(R - L)} \quad (2.1)$$

여기서, W : 정격 총하중　　W_1 : 상부 회전체 중량

W_2 : 하부 회전체 중량　　W_3 : 붐 중량

R : 작업반경

L : 회전중심부터 아웃트리거 중심까지 거리

l_1 : 회전중심부터 회전체 중심위치까지 거리

l_2 : 회전중심부터 지브 중심위치까지 거리

※실제 양중할 수 있는 하중은 정격 총하중에서 후크블럭 등 매단 공도구를 제외한 하중(정격하중)이다.

6.2. 항타장비의 정격총하중

항타기 작업시 큰 하중이 작용하는 할 수 있는 진동햄머(Vibro. Hammer) 장착 작업시의 정격총하중을 산정하면 다음과 같다.

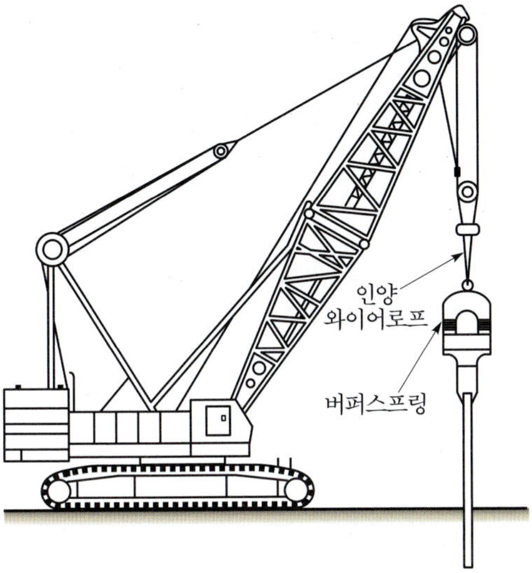

그림 2-25 바이브로 해머 장착

• 정격 총하중 $(W) = W_f + W_p + W_h + F$ (2.2)

여기서, W_f : 후크의 중량 (ton)

W_p : 말뚝의 중량 (ton)

W_h : 바이브로 햄머의 총중량 (ton)

F : 기진력으로 후크에 작용하는 하중 (ton)

• $F = W_v \times K$

W_v : 바이브로 햄머의 기진력 (ton)

K : 작업계수 (타설 시 : 1/6, 인발 시 : 1/4)

07 이동식크레인의 양중능력표

7.1. 작성기준

이동식크레인은 정격능력 이상으로 작업할 경우에는 장비가 전도하거나 크레인 부재가(붐 좌굴, 아웃트리거 파손 등) 손상될 수 있다. 따라서, 제작 및 설계시에는 부재의 강도와 크레인 전도에 대한 2가지 모두 적용하여 양중능력표가 작성된다. 표 2-2에서 보는 바와 같이 제작사와 크레인 모델별로 양중능력표에 부재의 강도와 크레인 안정도 기준을 각각 명기하여 사용자가 알아볼 수 있도록 되어 있다.

강도와 안정도에 대한 구분은 일반적으로 3가지 유형으로 표기되고 있으며 다음 표 2-2는 양중능력표에서 강도와 전도구분에 대한 표기 사례를 보여주고 있다.

1) 양중능력표에 굵은선으로 표기

2) 별표(*)로 표기

3) 그림 자 같은 음영으로 표기

표 2-2 크레인 양중능력표 표기사례(CIC)*주)

RADIUS IN FEET	Main Boom Length in Feet (Power Pinned Fly Retracted)							Power Pin Fly & 96ft
	40	45	55	65	75	85	96	125
10	120,000 (72)	90,000 (74)	87,300 (77.5)	82,250 (79.5)				
12	98,300 (68.5)	85,400 (71.5)	83,000 (75)	77,400 (78)	60,550 (80)			
15	83,100 (63.5)	79,700 (67)	74,000 (72)	70,500 (75)	55,050 (78)	48,850 (79.5)	33,500 (81.5)	
20	65,500 (54.5)	60,550 (60)	58,700 (66)	55,250 (70.5)	47,250 (74)	41,600 (76)	33,500 (78.5)	21,000 (81.5)
25	46,000 (44.5)	46,000 (51.5)	46,000 (60)	44,100 (65.5)	41,400 (69.5)	36,100 (72.5)	33,000 (75)	21,000 (79)
30	33,300 (31)	33,300 (42)	33,300 (53.5)	33,300 (60.5)	33,300 (65.5)	31,300 (69)	28,150 (72)	19,050 (76.5)
35		24,200 (30)	24,200 (46)	24,200 (55)	24,200 (61)	24,200 (65)	23,800 (68.5)	16,800 (74.5)
40			18,050 (38)	18,050 (49)	18,050 (56.5)	18,050 (61)	18,050 (65.5)	15,000 (72)
45			13,700 (26.5)	13,700 (42.5)	13,700 (51.5)	13,700 (57)	13,700 (62)	13,500 (69.5)
50				10,500 (34.5)	10,500 (46)	10,500 (53)	10,500 (58.5)	12,250 (67)
60					6,100 (32.5)	6,100 (43)	6,100 (50.5)	8,300 (61.5)
70						3,220 (30.5)	3,220 (42)	5,340 (56)
80							1,180 (30.5)	3,250 (50)
90								1,690 (43)

굵은 선(Bold Line)

강도 (Strength)

안정성 (Stability)

*주) CIC : Crane Institute of America, Inc.

별표 표기 (Asterisks)

Boom Radius Feet	Boom Angle Degrees	Boom Point Height Feet	With Outriggers	
			Over Front	360° Arc
83Ft. BOOM				
20	73.0	88.2	30200 *	30200 *
25	69.3	86.4	25900 *	25900 *
30	65.6	84.3	27000 *	27000 *
35	61.7	81.8	20100 *	20100 *
40	57.7	78.8	17800 *	17800 *
45	53.5	75.3	16000 *	16000 *
50	49.0	71.2	14400	14400
55	44.3	66.4	12000	12000

강도 (Strength): 20–45
안정성 (Stability): 50–55

음영 표기 (Shaded Area)

Boom Strength	Radius in Feet	Boom Angle Degrees	Outriggers Set		Ft. From Boom Point
			Over Side	Over Rear	
90 Feet	19	80.7	176300	176300	96
	20	80.1	176300	176300	96
	25	76.8	160520	160520	95
	30	73.5	133780	133780	93
	35	70.2	111770	114720	92
	40	66.8	91440	1003210	90
	50	59.6	66560	75740	85
	60	51.9	51870	58880	76

강도 (Strength)
안정성 (Stability)

7.2. 붐의 길이와 양중능력

크레인 양중능력표에 표시된 붐의 길이는 그림 2-26와 같이 여러 가지를 의미를 가지고 살펴보아야 한다. 전체 붐의 길이는 메인붐의 길이와 연장된 붐의 길이를 포함하지만 지브(Jib)는 일반적으로 포함되지 않는다.

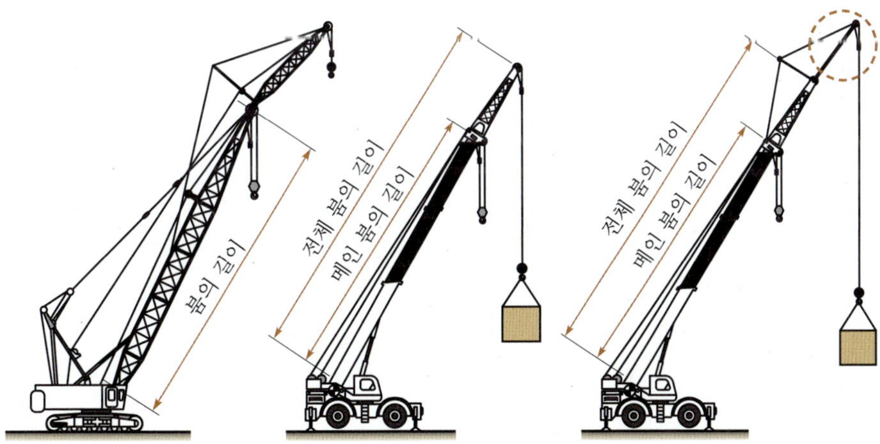

그림 2-26 붐의 길이

7.3. 양중능력표의 붐 길이

그림 2-27, 2-28과 같이 붐의 길이와 반경에 따른 크레인의 능력을 양중능력표에서 읽을

수 있다. 유압 확장식 붐은 실제 현장에서 실측한 길이가 양중능력표에 없을 경우에는 양중능력표상의 다음 작업반경을 선택하여 양중능력에 대한 여유를 가져야 하며 붐의 길이와 양중능력을 보간법(補間楔)이나 나눗셈 등으로 임의 계산하여 접근하면 안된다.

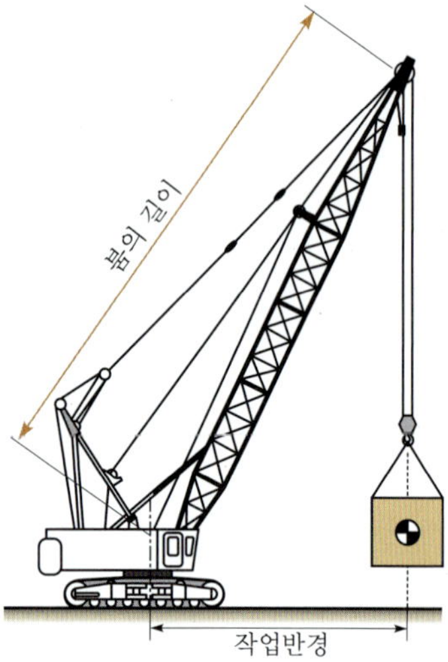

단위 : 톤

붐길이 작업반경	15.2m	18.3m	21.3m	24.4m	27.4m	30.5m	33.5m	36.6m
4.5m	4.5m/120.0							
5.0m	120.0	5.1m/108.0	5.6m/96.0					
6.0m	100.0	99.8	94.9	6.1m/84.0	6.7m/74.6			
7.0m	85.7	85.5	85.3	81.5	73.7	7.2m/66.4	7.7m/59.4	
8.0m	73.7	73.6	73.5	73.5	71.3	64.7	58.9	8.2m/53.6
9.0m	61.5	61.3	61.2	61.1	61.0	60.9	57.2	52.5
10.0m	52.6	52.5	52.3	52.2	52.1	52.0	52.0	51.2
12.0m	40.6	40.5	40.3	40.2	40.0	40.0	39.9	39.7
14.0m	33.0	32.8	32.6	32.5	32.3	32.3	32.2	32.0
16.0m	14.9m/29.1	27.5	27.3	27.2	26.9	26.9	26.8	26.6
18.0m		17.5m/24.5	23.3	23.2	23.0	22.9	22.8	22.6
20.0m			20.3	20.2	20.0	19.9	19.8	19.5
22.0m			20.1m/20.2	17.8	17.6	17.5	17.4	17.1
24.0m				22.8m/17.1	15.6	15.5	15.4	15.2
26.0m					25.4m/14.5	13.9	13.8	13.6
28.0m						12.6	12.5	12.2
30.0m							11.3	11.1
32.0m							30.7m/11.0	10.1
34.0m								33.3m/9.5

※정정격하부는 자주식 크레인용 일본 컨설 코드 및 크레인의 일본안전 법규를 따릅니다.
안의 정격부하는 붐의 강도 또는 다른 구조 부품에 의해 결정됩니다.

그림 2-27 크롤러크레인 붐 길이(현대 7120)

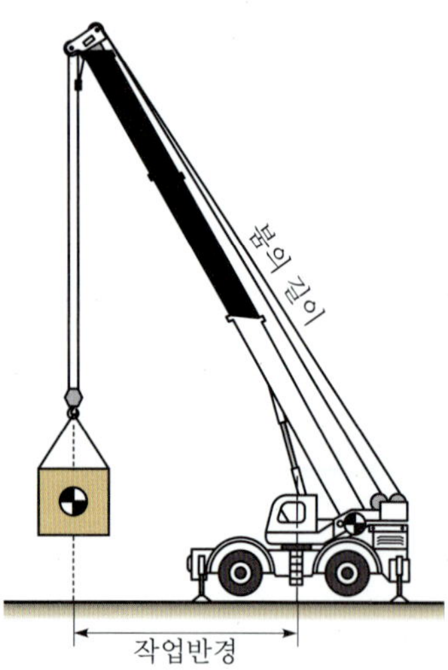

단위 : 톤

메인붐길이 작업반경	9.7 m	16.0 m	22.3 m	28.6 m	34.9 m	38.05 m	41.2 m
2.5m	50.0	30.0	20.0	12.0			
3.0m	50.0	30.0	20.0	12.0			
3.5m	45.0	30.0	20.0	12.0	11.0		7.0
4.0m	39.5	30.0	20.0	12.0	11.0	8.5	7.0
4.5m	35.5	30.0	20.0	12.0	11.0	8.5	7.0
5.0m	32.0	29.0	20.0	12.0	11.0	8.5	7.0
5.5m	29.0	27.0	19.8	12.0	11.0	8.5	7.0
6.0m	26.5	24.6	18.7	12.0	11.0	8.5	7.0
6.5m	24.0	22.7	17.6	12.0	11.0	8.5	7.0
7.0m	22.0	20.9	16.7	12.0	11.0	8.5	7.0
8.0m		17.8	15.0	12.0	10.1	8.5	7.0
9.0m		14.6	13.4	11.5	9.4	8.5	7.0
10.0m		12.0	11.3	10.5	8.7	7.9	7.0
11.0m		10.0	9.4	9.5	8.1	7.35	6.5
12.0m		8.3	8.0	8.6	7.5	6.85	6.0
13.0m		7.1	6.8	7.4	7.0	6.4	5.6
14.0m			5.9	6.6	6.5	6.0	5.3
16.0m			4.2	5.0	5.4	5.3	4.7
18.0m			3.0	3.8	4.3	4.5	4.15
20.0m				3.0	3.4	3.55	3.6
22.0m				2.3	2.7	2.85	3.0
24.0m				1.65	2.1	2.3	2.4
26.0m					1.65	1.85	1.95
28.0m					1.25	1.4	1.55
30.0m					0.9	1.0	1.2
32.0m						0.7	0.9
34.0m							0.6
A(°)			0~83			16~83	28~83

그림 2-28 유압식 크레인 붐 길이(TR500M)

7.4. 양중반경과 인양능력

양중반경은 그림 2-29와 같이 크레인의 선회중심에서 부터 양중물의 중심까지의 거리이다. 양중반경 산정시에는 다음 사항을 고려해야 한다.

- 타이어 접지상태로 양중할 경우에는 타이어의 변형에 따라 양중반경이 증가한다.
- 중량물 인양시 크레인의 붐에 탄성변형(휨)이 발생되어 양중반경이 증가한다.
- 실측한 양중반경이 양중능력표에 표기된 반경사이에 있을 때 큰 작업반경을 적용한다(절대로 보간법이나 비례식으로 적용하면 안된다)

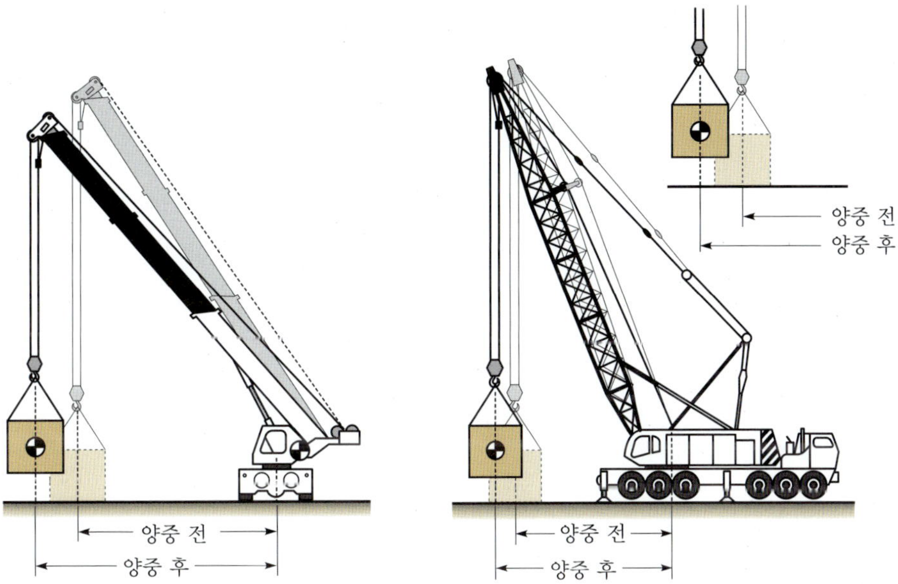

그림 2-29 양중반경 증가

7.5. 붐 기복각도와 인양능력

유압식 붐의 기복각도는 양중후 메인붐의 하부와 평평한 지면과의 각을 말하며(그림 2-30) 격자형 붐에서는 격자형 붐의 중심선과 양중후 수평지면과의 각(그림 2-31)을 말한다.

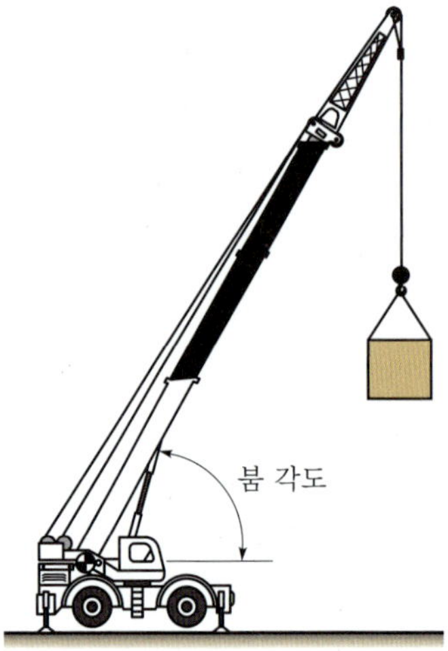

그림 2-30 유압 확장식 붐

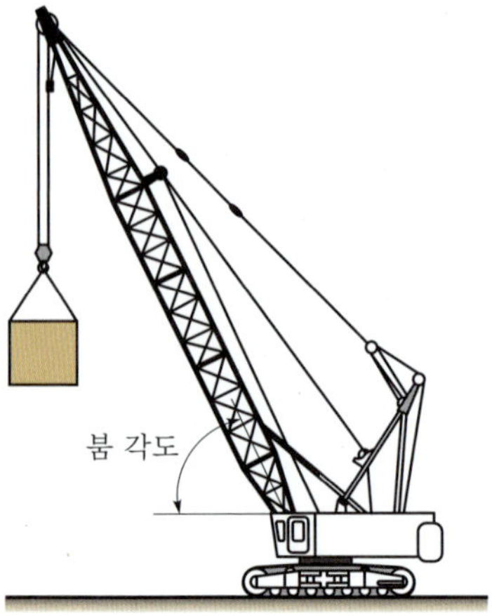

그림 2-31 격자식 붐

붐의 길이를 연장하거나 지브(Jib)를 설치하였을 경우에는 메인붐 사용시보다 더 큰 탄성변형과 붐각도 저하요인이 발생되어 크레인의 작업반경을 증가시키게 되고 이는 양중능력을 저하시키는 결과를 초래하게 된다. 또한, 타이어 접지 작업시에도 타이어의 변형으로 붐각도 저하 및 붐의 탄성변형으로 장비의 능력이 감소하게 된다. 붐의 기복각도 적용은 실제 CAD도면 산출 값이나 이론적인 값보다 작은 값을 양중능력표에서 적용하도록 하고 보간법이나 비례식을 사용해서는 안된다.

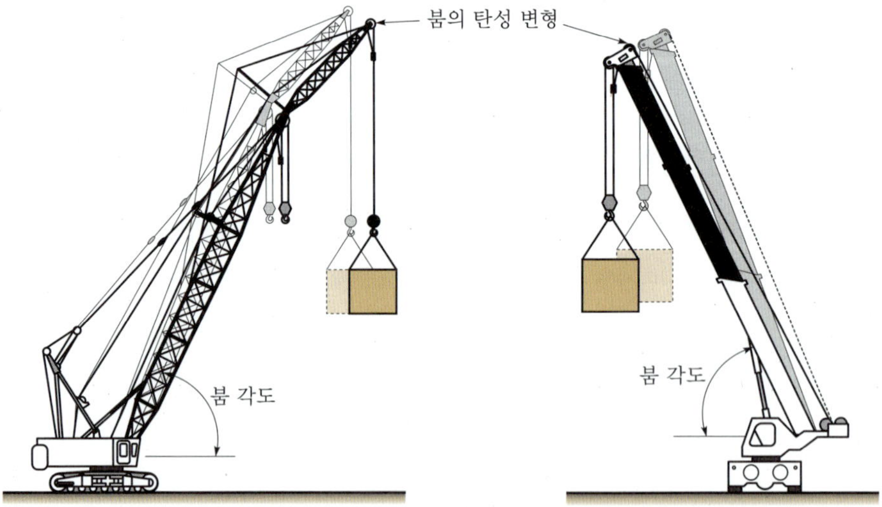

그림 2-32 붐의 탄성변형과 붐각도 저하

08 정격총능력

정격총능력은 그림 2-33과 같이 붐의 길이와 각도, 작업반경에 따라 제작사에서 정한 양중능력표를 말하며 영어로는 Gross Capacity Chart 또는 Rated Capacity Chart라 한다. 여기서, 언급하는 정격총능력은 실제로 양중가능한 물체의 무게를 의미하는 것은 아니다.

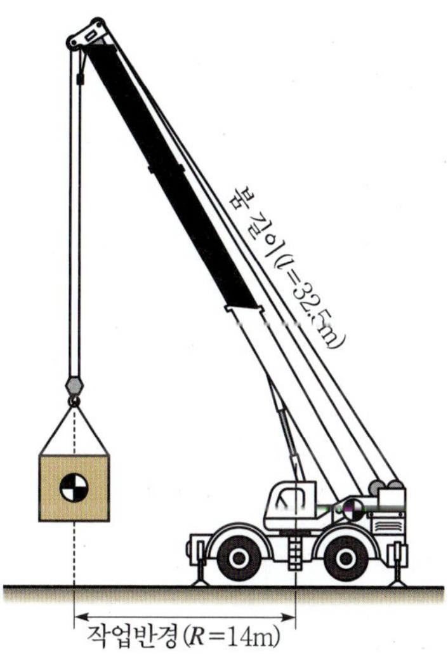

단위 : 톤

작업반경(m) \ 붐길이	12.6 m	16.6 m	20.6 m	24.5 m	28.5 m	32.5 m	36.5 m	40.5 m	44.5 m
3	111								
3.5	102	92							
4	93	88	81	69					
4.5	94	82	75	66					
5	76	75	70	62	51				
6	63	62	62	55	49	40			
7	53	52	51	49	44.5	38	32	23.6	
8	44.5	44.5	43.5	42.5	40	35.5	32	22.1	20.1
9	38.5	38	37.5	37	34	32.5	29.8	21.3	19.9
10	33.5	33.5	32.5	32.5	29.3	28.5	27.9	21.3	19.7
12		26.7	24.7	24.7	22.2	23.9	22.6	21.3	18.7
14		20.4	19.3	19.3	19.3	19.2	18.7	17.5	16.8
16			15.7	15.7	16.7	16.2	15.5	14.4	14.1
18			13.8	13.8	13.6	13.5	12.9	12	11.8
20			11.5	11.5	11.7	11.2	11.4	10.4	9.9
22			10.3	10.3	9.9	9.4	9.6	9.4	8.6
24					8.5	8.2	8.2	8.5	7.8
20					7.3	7.5	7	7.3	7.2
28						6.7	6.1	6.8	6.4
30						6.2	5.6	6	5.5
32							5.2	5.3	4.2

그림 2-33 크레인 양중능력표(샘플)

8.1. 실제 양중 가능한 크레인의 능력

실제 크레인으로 양중할 수 있는 제품의 무게는 양중능력표에 표기된 정격총능력에서 크레인 제원표에 언급되지 않은 양중용구의 무게를 차감하여야 한다. 즉, 차감하여야 할 항목은 작업장소나 양중물의 형태와 크레인 붐의 연장여부, 발란스빔, 스프레더, 리프팅 디바이스(Lifting Device)의 사용 및 줄걸이 방법 등이 다양하게 변화될 수 있는 크레인의 부가물 무게를 제원표에 명기된 정격총능력에서 차감해야 한다는 뜻 이다. 그림 2-34, 2-35에서는 크레인 형태별 차감항목을 보여주고 있다.

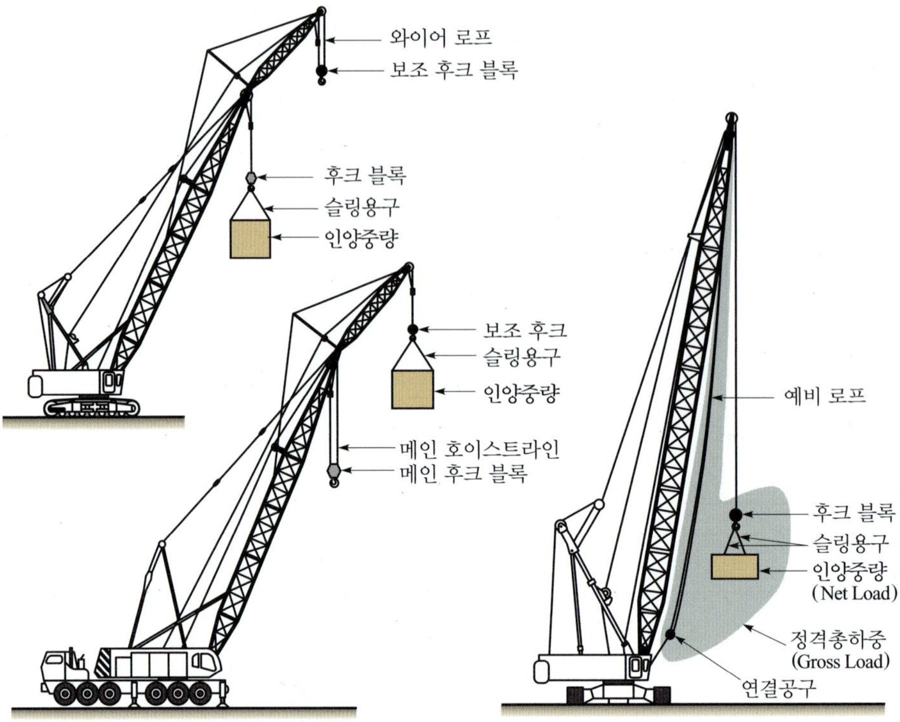

그림 2-34 크롤러식과 타이어식의 정격총능력 차감항목

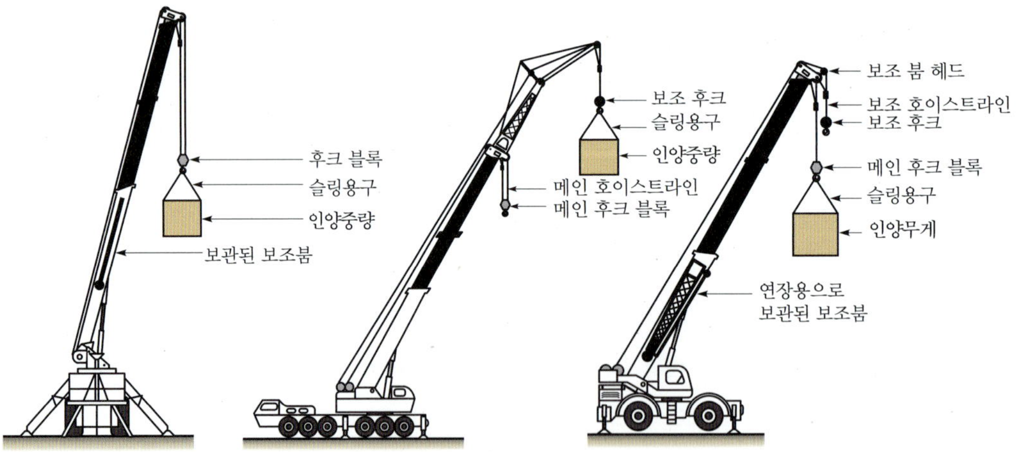

(a) 카고 크레인 (b) A/T 크레인 (c) R/T 크레인

그림 2-35 크레인 종류별 정격총능력 차감항목

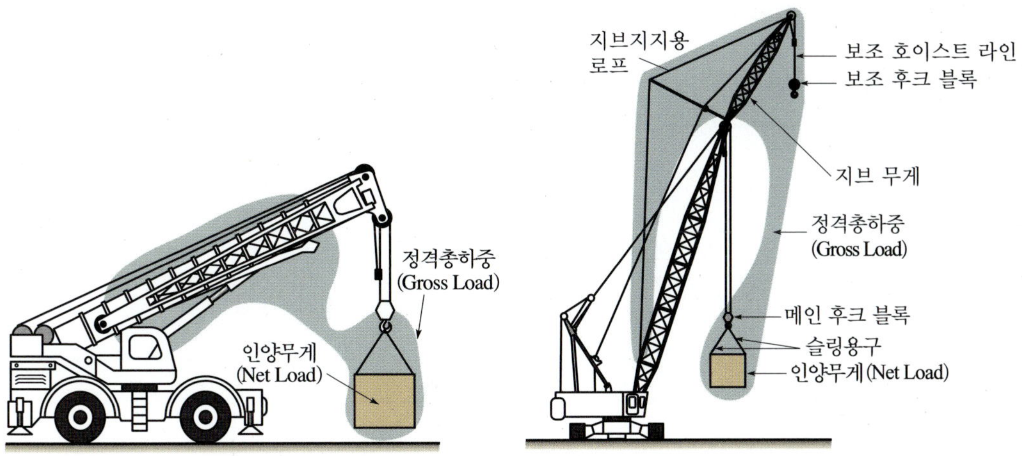

(d) R/T크레인 (e) 지브 장착 크롤러 크레인

그림 2-35 크레인 종류별 정격총능력 차감항목

다음의 경우에는 크레인의 메인 호이스트 라인의 무게도 차감항목에 포함하여야 한다.

- 제작사의 양중능력표에 호이스트 로프 무게를 차감하도록 명시된 경우
- 제원표에 표기된 호이스트 줄 수보다 많은 호이스트 줄(fall)을 사용시
- 사용되지 않는 블록에 연결된 호이스팅 로프 무게
- 지표면 아래쪽으로 내려간 부분의 호이스팅 로프 무게

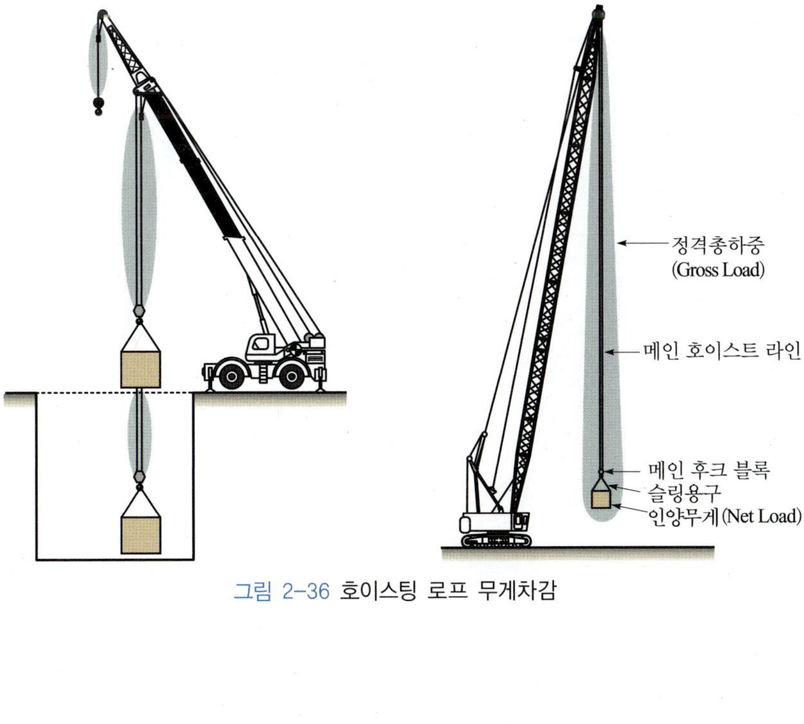

그림 2-36 호이스팅 로프 무게차감

8.2. 정격능력과 정격총능력

정격총능력이란 제조사에서 제공한 양중능력표에 표기된 것이며, 정격능력이란 실제로 양중할 수 있는 인양물의 무게를 말한다.

- 정격능력(N_c) = 정격총능력(G_c) − 부가중량

여기서, 부가중량이란 크레인으로 중량물을 양중할 때 사용되는 발란스 빔, 후크무게, 슬링무게, 공도구 등 앞장에서 언급한 양중용구의 무게를 말한다.

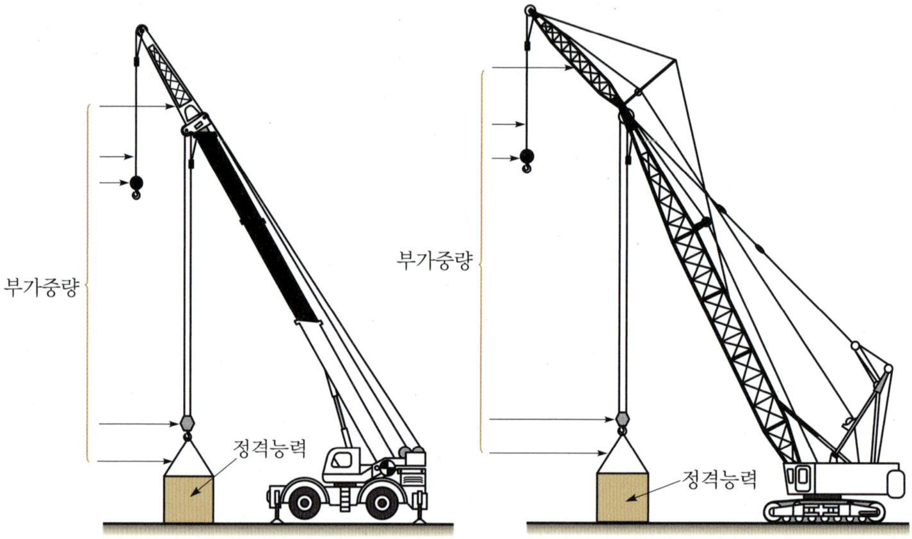

그림 2-37 크레인 종류별 정격능력

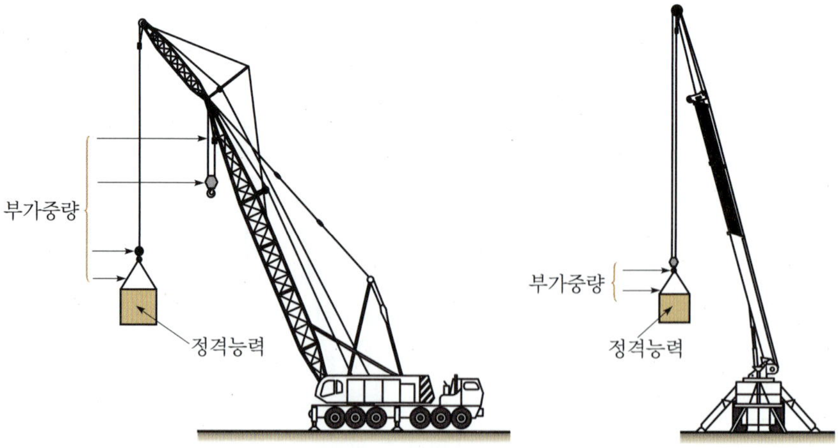

그림 2-38 크레인 종류별 정격능력

09 정격총하중과 정격하중

정격총하중(Gross Load)은 그림 2-39과 같이 실 인양하중(Net Load)에 양중시 부가하중을 모두 포함한 무게로 크레인의 정격총능력을 초과하면 안된다.

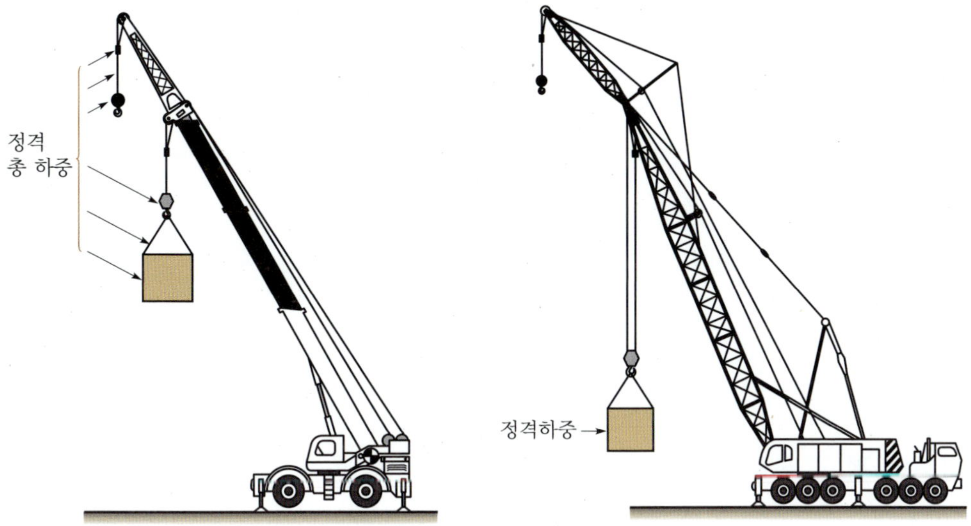

그림 2-39 정격총하중과 정격하중

10 작업 범위도

크레인 제원표와 함께 매우 중요한 역할을 하는 것은 세로에 인양높이와 가로축에 작업반경을 나타낸 작업범위(Range Diagram)도 이다. 크레인 양중능력표만으로는 입체적인 개념을 정리하기 어렵다. 따라서, 그림 2-40과 같이 도면화 하여 보면 한눈에 인양높이와 반경, 그리고 크레인 양중능력을 검토할 수 있게 된다.

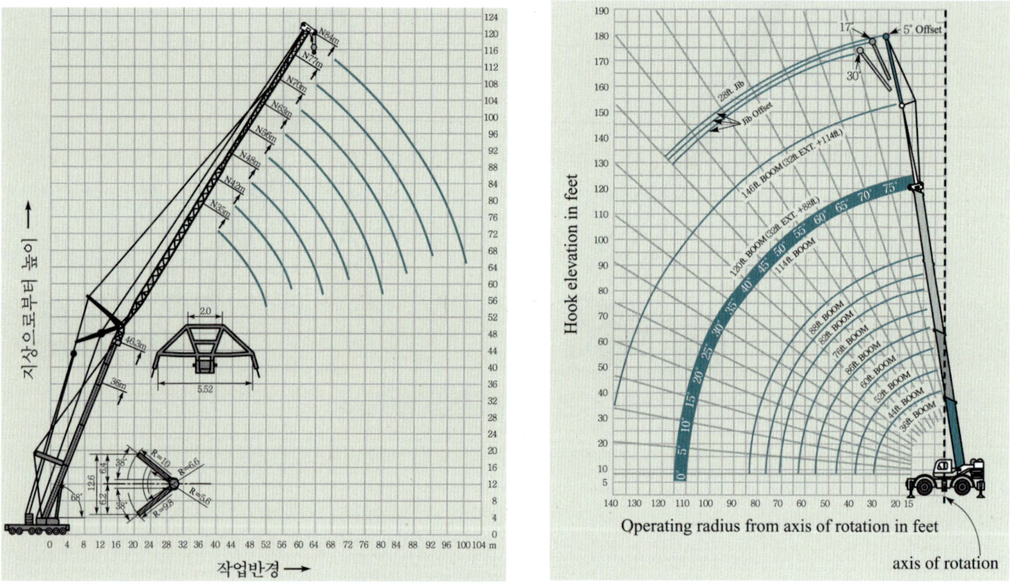

그림 2-40 작업범위도(Range Diagram)

11 양중라인 수

크레인에서 와이어로프 1줄로 하중을 매달 수 있는 능력의 한계가 있기 때문에 후크블럭에 감는 양중라인 수(Parts of Line)는 크레인의 양중능력과 관계가 있다.

$$\bullet \text{양중라인 수} = \frac{\text{하중(양중물 + 후크 + 슬링용구)}}{\text{양중라인 1줄의 안전하중}(S.W.L)} \quad (2.3)$$

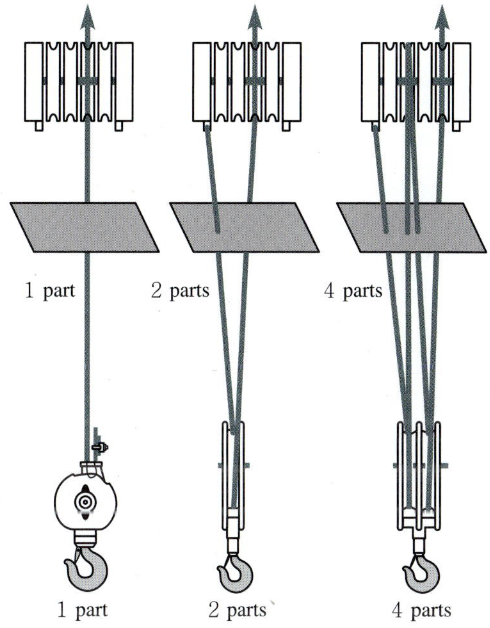

그림 2-41 크레인의 양중라인 수

도르래의 줄 가닥수는 상기 식으로 구할 수 있으나 로프의 벤딩과 도르래와의 마찰 때문에 발생되는 강도감소와 로프의 인장강도 등을 고려하여 장비제조사에서 정한 안전율을 적용하는 것이 바람직 하다. 그림 2-42와 같이 양중라인을 여러줄로 하면 권상하중은 증가하지만 권상속도는 감소하기 때문에 시간효율은 떨어진다.

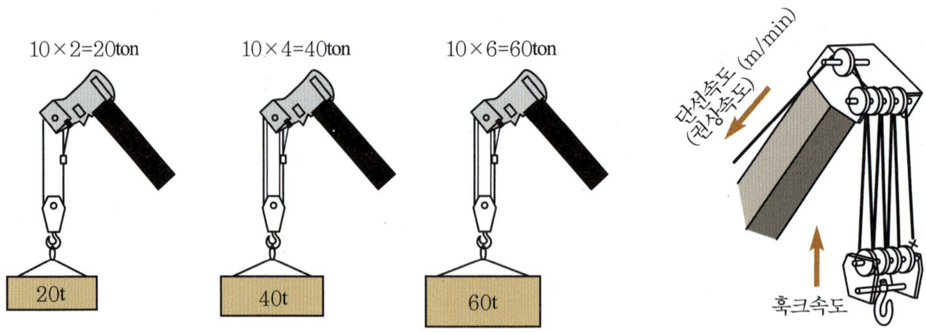

예) 단선속도 : 127m/min , 양중라인 수 : 7, 후크 속도 : $\frac{127}{7}$=18m/min, 단선능력 : 10ton

그림 2-42 권상하중과 속도 예

12 중량과 중심

12.1. 물체의 비중

물체의 중량은 체적이 같더라도 재질에 따라 다르다. 이는 그 물체가 갖고 있는 비중이 다르기 때문인데, 물체의 중량과 그 물체와 같은 체적의 4℃ 순수한 물의 중량과의 비를 그 물체의 비중이라 한다. 따라서, 비중에 따라 중량과 중심을 검토하여 양중계획에 반영하여야 한다.

표 2-3 재료의 비중

물체의 종류	비중	물체의 종류	비중	물체의 종류	비중
동	8.9	자갈/모래	1.9	강	7.8
석탄덩어리	0.8	주철	7.2	코크스	0.5
알미늄	2.7	오동나무	0.3	콘크리트	2.3
떡갈나무	0.9	흩어진 흙	1.6	노송나무	0.4

12.2. 중량계산

물체의 중량은 체적과 비중의 곱[체적(m^3)×비중(t/m^3)]으로 나타낼 수 있으며 물체의 형상에 따라 표 2-4와 같이 약산식을 활용하여 물체의 체적을 구할 수 있다.

표 2-4 체적계산 약산식

물체형상		체적약산식
명칭	도형	
사면체	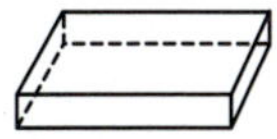	가로×세로×높이
원기둥	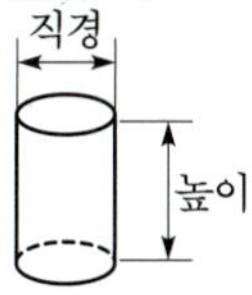	직경^2(D^2)×높이(S)×0.785($\frac{\pi}{4}$) 즉, $\frac{\pi D^2 S}{4}$
원반	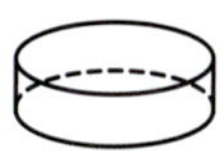	직경^2(D^2)×높이(S)×0.785($\frac{\pi}{4}$) 즉, $\frac{\pi D^2 S}{4}$
공	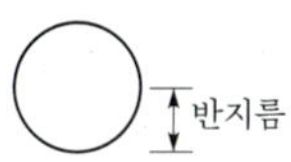	반지름^3(r^3)×3.14(π)×$\frac{4}{3}$
원뿔	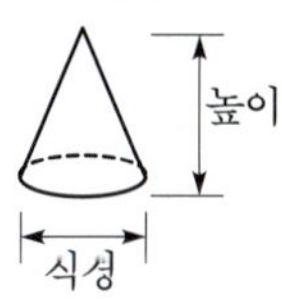	직경^2(D^2)×높이(S)×0.785($\frac{\pi}{4}$)÷3 즉, $\frac{\pi D^2 S}{4 \times 3}$

12.3. 중량중심

모든 물체는 중력의 작용에 의하여 물체의 중심이 결정되는데 이를 물체의 중량 중심이라 한다. 중심은 어떠한 물체라도 일정하며 물체의 위치가 바뀌어도 중심은 변하지 않는다. 또한, 물건을 양중시에 무게중심과 후크의 위치는 작업 안정성에 매우 중요한 부분이 된다.

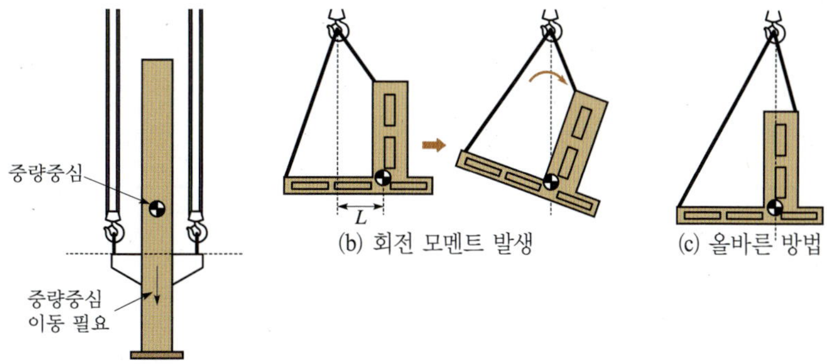

(a) 양중시 회전되기 때문에 중량중심이 후크보다 아래쪽에 있어야 한다.

(b) 회전 모멘트 발생

(c) 올바른 방법

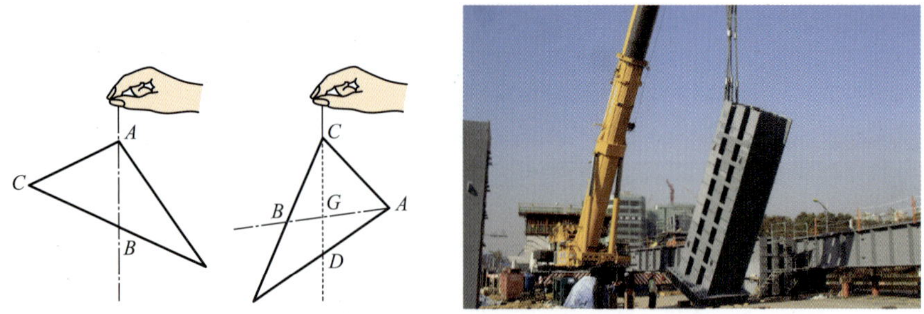

(d) 제품의 형상에 따른 중심의 이동

그림 2-43 물체의 중심과 양중

표 2-5 기본형태별 중량중심

형상		구하는 방법	위치
평면형	삼각형	3중선의 교점, 또는 중앙선을 그어 높이의 1/3의 지점에 있다.	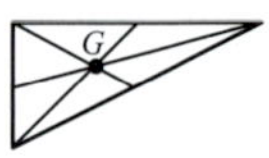
	평행사변형	대각선의 교점에 있다.	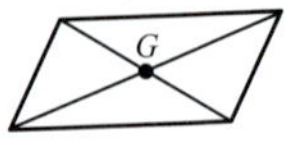
	대형	대형을 2개의 삼각형 ABD, ADC로 나누고, 그 각각의 중심 G_1, G_2와 AB의 중점과 CD의 중점을 이어 직선 $\overline{MN}$과의 교점에 있다.	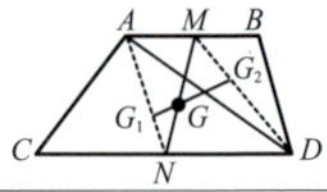
	사변형	사변형의 대각선 $\overline{AC}$에 의해 나누어진 삼각형의 중심은 각각 G_1, G_2로 하고, 이미 제2의 대각선 $\overline{BD}$에 의해 나누어진 삼각형의 중심을 각각 G_3, G_4로 하면, 직선 $\overline{G_1G_2}$와 $\overline{G_3G_4}$의 교점에 있다.	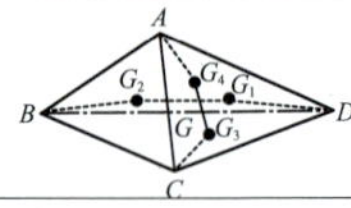
	반달형	중심에서 세워진 수직 반경의 약 2/5의 곳에 있다. •$y_G = \frac{4}{3}$ •$\frac{r}{\pi} = 0.42r$	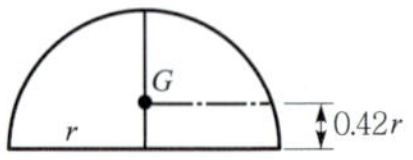
입형	각주 및 각면제	G_1, G_2를 양저변의 중심으로 하면, G는 선분 $\overline{G_1, G_2}$의 중심에 있다.	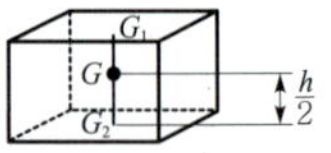
	각뿔 및 원뿔	G_1을 저변의 중심, 중심축의 높이를 h로 하면, G는 밑바닥에서 h/4의 높이에 있다.	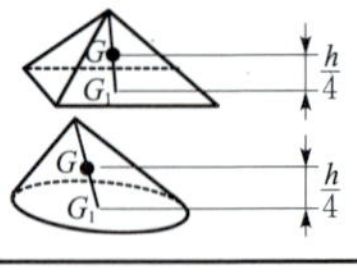

12.4. 중량중심 계산법

12.4.1. 도식에 의한 방식

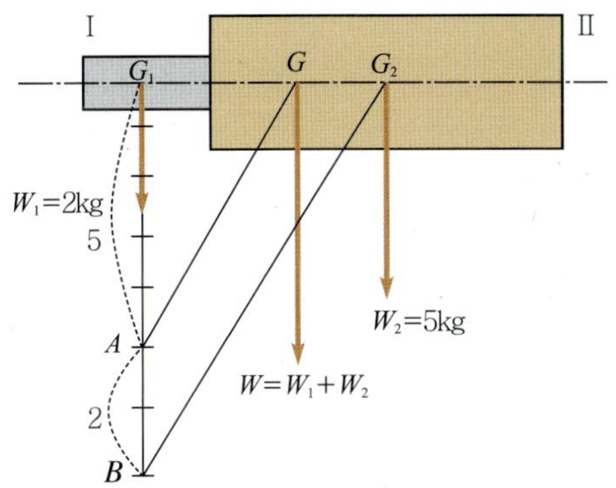

그림 2-44 도형의 중심

그림 2-44와 같이 형상의 중심을 구하려면 물체의 I부분 및 II부분의 중심을 각각 G_1, G_2라 하고, G_1에서 임의의 직선 $\overline{G_1B}$를 긋고 $\overline{G_1B}$ 직선상에 중량의 역비 즉 5 :2로 내분하는 점 A를 구하고, A점에서 $\overline{BG_2}$에 평행인 직선 $\overline{AG}$를 그어, $\overline{G_1G_2}$와의 교점을 G로 한다. 즉 G가 구하는 중심이 된다.

12.4.2. 수식에 의한 방법

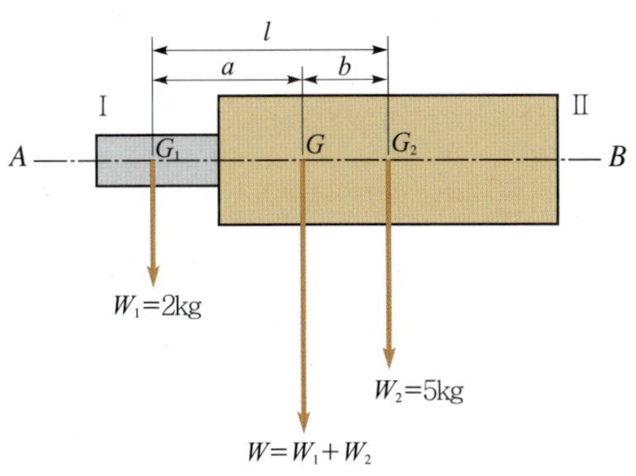

그림 2-45 도형의 중심

그림 2-45와 같은 도형의 물체 I부분 및 II부분의 중심을 통과하는 직선을 A, B라 하고 각물체의 중심을 G_1, G_2라 할 때 전체의 중심 G는 $\overline{AB}$선상에 있다.

따라서, 힘과 모멘트 평행식을 정리하면 식 2.4를 유도할 수 있으며 a, b를 구할 수 있다.

$$W_1 \times a = W_2 \times b$$

$$W_1 \times a = W_2 \times (\ell - a)$$

$$a \times (W_1 + W_2) = W_2 \times \ell \quad (2.4)$$

$$a = \frac{W_2}{(W_1 + W_2)} \times \ell = \frac{5}{(2+5)} \times 7 = 5\text{cm}$$

$$\therefore b = 7-5 = 2\text{cm}$$

따라서, $a = 5\text{cm}$, $b = 2\text{cm}$, 크기는 $W_1 + W_2 = 7\text{kg}$이 된다.

3절

시공법과 크레인 선정

01 크레인 사용계획

양중장비는 시공법 및 작업조건에 따라 표 3-1과 같이 검토하여 크레인을 선정할 수 있다.

표 3-1 크레인 선정 검토 순서

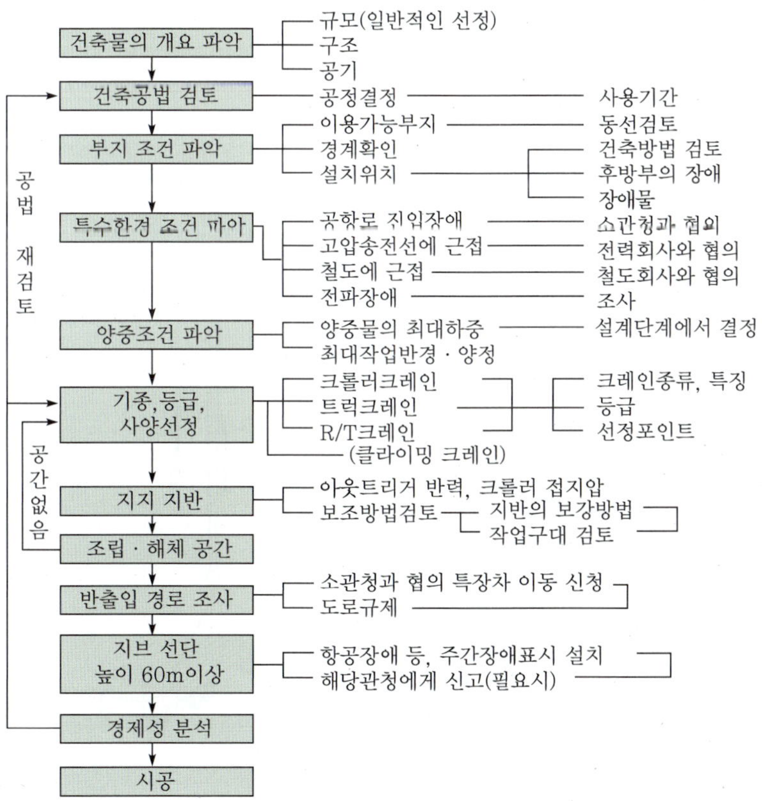

02 시공법에 적합한 대응기종 선정

크레인을 선정하기 위해서는 건물의 규모와 구조 및 공사기간, 시공법 등 이 사전에 검토되어야 최적장비를 선정하고 효율적인 운영을 할 수 있다.

2.1. 구조물의 규모와 크레인 선정

건설공사의 공법에 적합한 이동식크레인 선정을 위해서는 활용할 수 있는 부지와 공간확보 및 건물의 높이 등을 사전에 검토하여 반영해야 한다. 비교적 저층의 작은 건물은 사용기간이 짧은 점과 설치가 간단하기 때문에 소·중형의 R/T크레인과 트럭크레인이 주로 사용된다. 그러나 저층건물의 경우라도 평면적이 큰 건물은 비교적 공기도 길고, 작업 반경을 크게해야 할 필요가 있기 때문에 양중능력이 큰 크롤러 크레인이 사용하는 경우가 더 경제적이다. 또한, 중층 건물에서 부지에 여유가 있고, 단기공사 인 경우는 R/T크레인, 장기간 동안 공사 할 경우는 크롤러 크레인을 사용하는 경우가 많다. 최근에는 대형 R/T크레인과 트럭크레인의 출현으로 중층 규모의 건물이라도 R/T크레인과 트럭크레인을 사용하는 경우가 많아 지고 있다.

그림 3-1(a), (b)는 건축물의 규모에 따라 이동식크레인의 선정항목과 이동식크레인 선정 사례를 보여주고 있다.

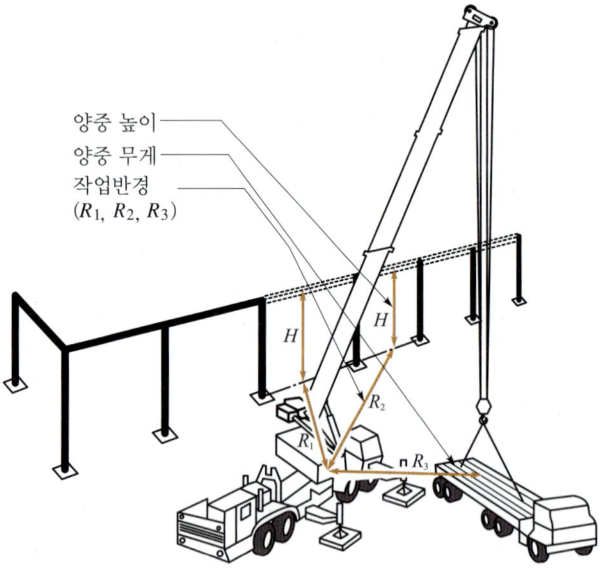

(a) 크레인 선정시 확인할 항목

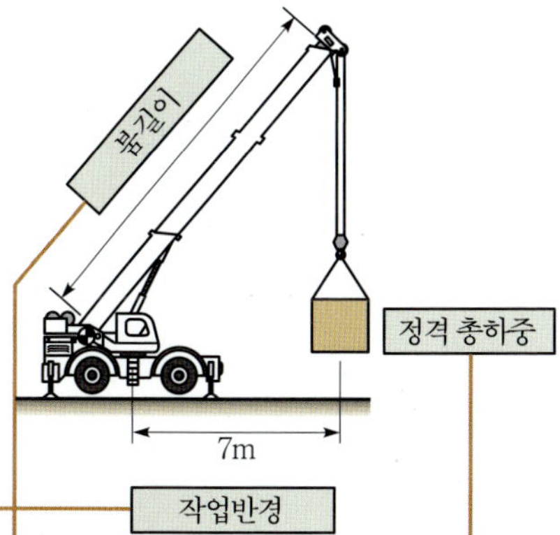

예

아웃리거는 완전히 신장되어 있고,
붐길이가 14.4m, 작업반경이 7m일때의
정격 총하중은?

답

9,900kg

On Outriggers

Unit : kg

아웃리거 완전 신장시(360도)							
B \ A	8.45m	14.4m	20.35m	26.3m	E \ C, D	7.5m 5°	7.5m 30°
3.0m	25,000	16,000			80°	3,000	2,000
3.5m	20,000	16,000	9,000		75°	3,000	2,000
4.0m	18,500	15,500	9,000		70°	3,000	2,000
4.5m	16,500	14,200	9,000	6,800	65°	2,500	1,850
5.0m	15,000	13,200	9,000	6,800	60°	2,100	1,700
5.5m	13,700	12,200	9,000	6,800	55°	1,600	1,450
6.0m	12,500	11,400	9,000	6,800	50°	1,250	1,150
6.5m	11,500	10,600	8,500	6,800	45°	950	900
7.0m		9,900	8,100	6,800	40°	750	700
8.0m		7,700	7,300	6,100	30°	550	550
9.0m		6,200	6,500	5,500			
10.0m		5,100	5,500	5,000			
11.0m		4,200	4,600	4,600			
12.0m		3,500	4,000	4,200			
13.0m			3,400	3,600			
14.0m			2,950	3,150			
15.0m			2,550	2,750			
16.0m			2,200	2,450			

A : 붐길이
B : 작업반경
C : JIB길이
D : JIB OFF SET
E : 붐각도

(b) 크레인 선정(R/T 25톤)

그림 3-1 작업조건과 크레인 선정

2.2. 건설공법과 이동식크레인 선정

일반적으로 건축물의 구조는 철골조(S조), 철근·콘크리트조(RC조), 철골·철근·콘크리트조(SRC조)로 분류되며, 최근에는 이러한 공법을 다양하게 조합하여 적용하는 사례가 많아지고 있다.

2.2.1. 철골조립 공법

철골공법은 그림 3-2과 같이 외관이 유선형이거나 공항같이 무주공간이 필요한 경우에 많이 채택되고 있으며 이때에 복합양중으로 사용하는 장비는 주로 유압식 크레인을 많이 사용하고 있으며 대형트러스를 1대의 장비로 양중할 경우에는 대형 크롤러크레인을 사용하는 게 일반적이다.

(a) 동대문 디자인 센터

(b) 인천공항 교통센터

그림 3-2 대형철골공사 현장전경

그림 3-3 순차적으로 철골을 조립하는 방법

2.2.2. 길이가 긴 부재의 양중

그림 3-4과 같이 교량의 PC거더 및 Steel Box 등 중량이 무겁고 길이가 길며, 파손이나 변형의 우려가 될 경우에는 일반적으로 크레인 2대를 사용하며 현장조건에 따라 유압식 트럭크레인과 크롤러크레인을 모두 선정할 수 있으나 동일 조건이라면 기동력이 좋은 유압식 크레인을 사용하는게 경제적이다.

그림 3-4 PC거더 및 강재교량 양중작업

2.3. 메가트러스 및 초대형물 양중

그림 3-5는 동대문 디자인센터의 메가트러스와 신월성의 원자로 라이닝 폼을 하부에서 한번에 양중하여 설치하는 사진이다. 이와 같은 초대형 부재는 양중 및 설치방법을 충분히 검토한 후에 제작에 착수하여야 할 것이다.

(a) 동대문 디자인 센터 철골트러스

(b) 신월성 원자로 돔 라이닝폼

그림 3-5 초대형 부재양중 공법

그림 3-6 3차원 대형트러스 양중설치

그림 3-6과 같은 3차원 대형트러스와 아치교량은 양중 및 설치전에 각각 부재의 무게중심과 양중점, 가설시 부재 하부를 지지하는 가설벤트의 위치 등을 3차원으로 검토하여 안정성을 확보하여야 한다. 이때 사용하는 장비는 크롤러 크레인을 활용하는 것이 유압식 붐 크레인을 사용하는 것보다 안정성 측면에서 유리하다.

03 이동식크레인의 적합성 검토

현업에서 크레인 선정시 양중능력의 여유가 있는 것을 선택하는 것은 안전측면에서 좋은 일이지만 작업조건 등 주변의 환경과 경제성이 함께 검토되어야 현실적으로 받아들이기 쉽게 된다. 표 3-2는 이동식크레인의 작업조건 등 주변환경에 따른 적합성을 비교하여 요약 하였다.

표 3-2 이동식크레인의 적합성 비교

◎ : 최적, ○ : 적합, △ : 가능

구분	트럭크레인		R/T 크레인		크롤러 크레인	
현장 반입성	○	•대형장비는 분해 반입이 필요 •중형 이하는 자주반입 가능	◎	•자주반입가능	△	•트레일러 반입이 기본 •대형인 경우는 본체 분해 반입이 필요
현장내 조립장소 확보	○	•필요시 보조지브 달아 내기 장소가 필요 •대형은 조립장소 확보 필요	◎	•필요시 보조지브의 달아 내기 장소가 필요	△	•지브조립 장소 필요 •대형은 본체조립 작업장소 필요
장비설치 장소	○	•차체 전체길이와 아웃트리거의 설치장소 필요	○	•차체 전체길이와 아웃트리거의 설치 장소가 필요	◎	•크롤러의 설치장소 만으로 좋다.
작업장 지반조건	○	•아웃트리거 하중 분산 토질개량	○	•아웃트리거 하중 분산 토질개량	○	•크롤러설치 장소 전체의 보강 등 양생이 필요
크레인의 수평	◎	•아웃트리거로 수평조정 가능	◎	•아웃트리거로 수평조정 가능	△	•설치지반의 수평 확보가 필요
현장내 이동성	△	•아웃트리거와 지브를 축소할 필요가 있다. •소회전성이 떨어 진다.	○	•아웃트리거와 지브를 축소할 필요가 있다. •4륜 조향으로 소회전이 가능하다.	◎	•주행속도가 느리지만, 소이동성이 우수하다. •소회전성이 우수하다.
장비조립 변경성	◎	•표준사양 내에서 용이하게 지브 길이 변경가능	◎	•표준사양 내에서 용이하게 지브 길이 변경가능	△	•작업에 맞는 지브 구성으로 조립 변경이 가능하다.
현장 반출성	○	•반입시와 동일 하지만, 보조지브의 격납장소 확보	◎	•반입시와 동일 하지만 보조 지브의 격납 장소 확보	△	•지브전체를 분해하는 장소확보
강풍시의 대책	◎	•지브의 격납으로 용이하게 가능	◎	•지브의 격납으로 용이하게 가능	△	•최악 조건에서는 지브의 지상강하 조치가 필요하다.
소음문제	○	•저소음형을 보급 하고 있지만 주행 시 비교적 소음이 크다.	○	•저소음형을 보급하고 있어 비교적 양호	○	•저소음형이 보급 되고 있지만 주행시 크롤러의 삐걱거리는 소리가 발생한다.
배출가스 문제	○	•엔진을 주행용과 겸용으로 해결	○	•배출가스 최소화 엔진 보급	△	•배출가스 최소화 엔진 보급

3.1. 현장 작업조건 확인

크레인 양중작업 계획시 확인해야 할 현장의 주변 환경은 크레인 반입·출로와 장비조립 및 설치장소, 작업장 지내력과 작업장 주변의 장애물 유무 등을 확인하여야 하며, 또한, 최근에 많이 발생되고 있는 민원도 고려해야 한다.

따라서, 이동식크레인으로 작업할 경우에는 우선 양중물의 무게와 양중물을 어느 높이까지 매달아 올려야 하는지 크레인의 설치장소와 작업반경은 몇 미터가 되는지 검토 해야만 한다. 이러한 요소중, 각각의 지브와 보조지브 길이 및 각도에 따른 지상양정과 작업반경을 도면으로 나타낸 것(그림 3-7)이 "작업범위도(양중계획 입면도)"라 할 수 있다.

작업 범위도의 종축상에는 요구되는 양정을, 횡축상에 작업반경을 구해 각각의 선을 늘리면 그 교차되는 위치로 필요한 지브길이를 알 수 있다.

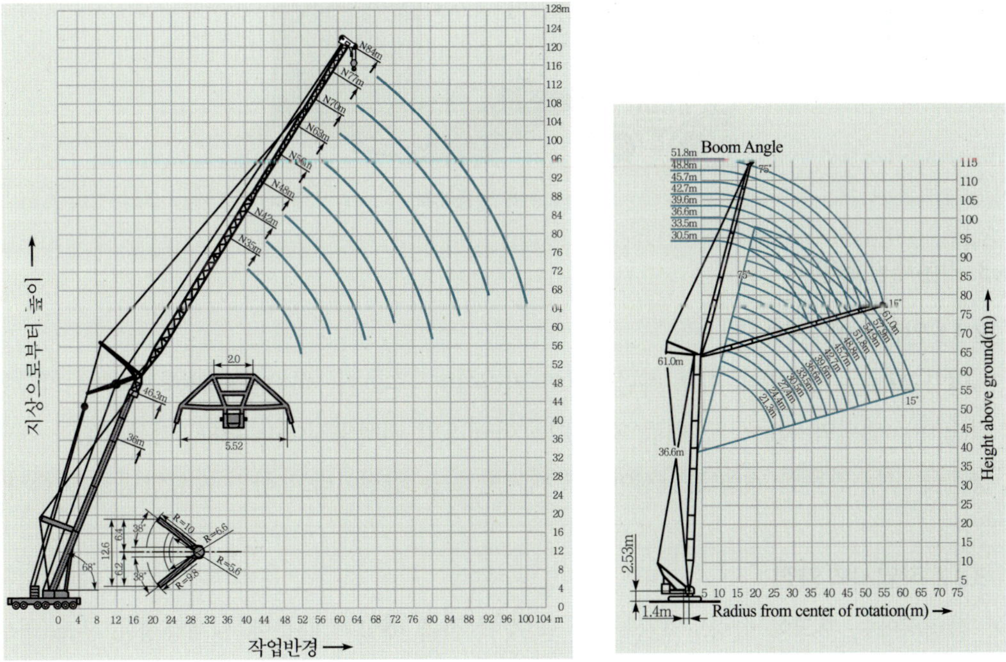

(a) 유압식 붐 크레인 (b) 크롤러식 크레인

그림 3-7 크레인 작업 범위도

3.2. 양중작업 계획도 검토

① 일반적으로 작업범위도는 지브선단의 지브핀 또는 설정되어 있는 후크 부분의 궤적으

로서, 지브각도와 길이에 대응해 나타나고 있다. 따라서, 실제 사용하는 후크나 달기구와 인양하중을 이 도면에 중첩시켜서 양중물의 양중 포인트를 확인해야 한다.

② 지브와 양중물의 간섭에 유의하여야 하며, 기존 구조물과 양중물도 간섭하지 않도록 크레인의 설치위치를 사전에 검토 해야 한다.

③ 이동식크레인은 상부 전체가 선회하므로 양중물 뿐 만 아니라 크레인 차체나 카운트 웨이트와 타구조물과의 간섭 등에도 주의할 필요가 있다.

그림 3-8 양중계획

3.3. 기본제원 확인

3.3.1. 인양높이(양정)

인양높이는 지면에서 후크 하단까지의 거리이며, 후크가 지면보다 위에 있다면 지상양정(높이), 빌딩의 지하공사 처럼 지면보다 아래라면 지하양정이라 한다. 지상양정과 지하양정을 모두 만족한 것을 총양정이라고 하지만 보통 양정이라고 하면 지상양정을 말한다.

3.3.2. 작업시의 양정

작업시에는 후크에 슬링로프를 걸쳐 그 것에 짐을 매달기 때문에 실제양정은 후크 하단보다 낮아(슬링로프길이 + 양중짐의 높이 만큼) 진다.

3.3.3. 정격총하중

크레인의 양중능력을 결정하는 가장 중요한 요소로 크레인의 지브길이와 각각의 작업반경에 따른 양중능력(정격총하중)을 표로 정리한 것이 양중능력표이다.

양중능력표(정격총하중표) 중 작업반경은 실제 짐을 매달았을 때와 동일하게 지브의 휨을 포함한 값이 제시되어 있다.

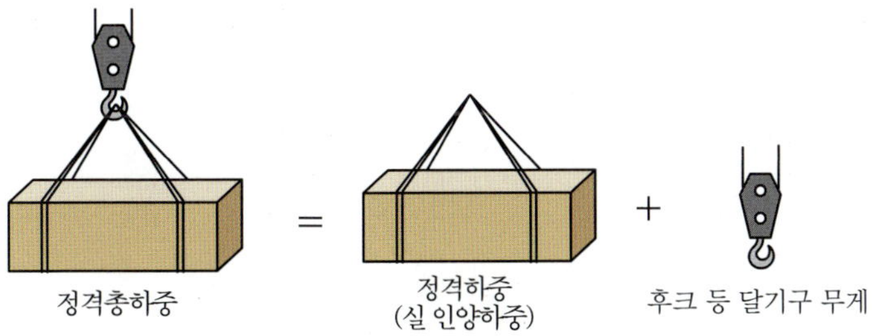

그림 3-9 정격총하중

정격총하중은 각 작업조건에서 후크 등의 달기구를 포함하여 양중되는 하중의 총합으로서 클라이밍 크레인 등 정치식 크레인(타워크레인 등)의 정격하중과 다르다는 점에 주의를 요한다.

- 정격총하중 = 정격하중 + 후크 등 달기구

즉, 실제 양중하중 + 후크 블록, 슬링로프 등 달기구의 하중으로 나타낼 수 있다.

따라서, 양중능력 검토시에는 양중 내상물의 무세, 사용하는 후크의 무게(제작사에서 제공) 등 양중용 보조 달기구의 무게 전체를 사전에 파악 한 후에 능력을 검토하여야 한다(2장 참조).

3.3.4. 작업조건

정격총능력표에는 카운터 웨이트의 무게와 회전범위, 아웃트리거 확장조건, 풍속 등 그 능력을 발휘할 수 있는 작업조건이 제시되어 있으므로 반드시 확인하여야 한다.

3.4. 장비 제원표

이동식크레인의 제원표는 크레인에 대한 외부사양과 기계적인 특성 및 작업조건 등의 기본적인 내용이 명시되어 있다. 따라서, 크레인으로 양중작업을 할 경우에는 반드시 장비메뉴얼과 제원표, 양중능력표를 숙지하고 작업계획을 수립해야 한다.

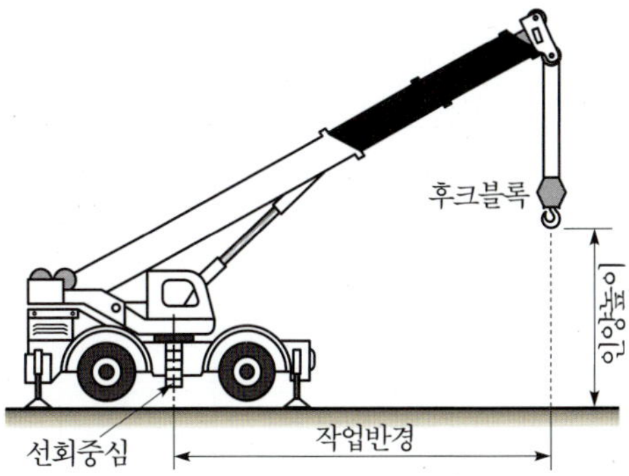

그림 3-10 장비의 작업조건

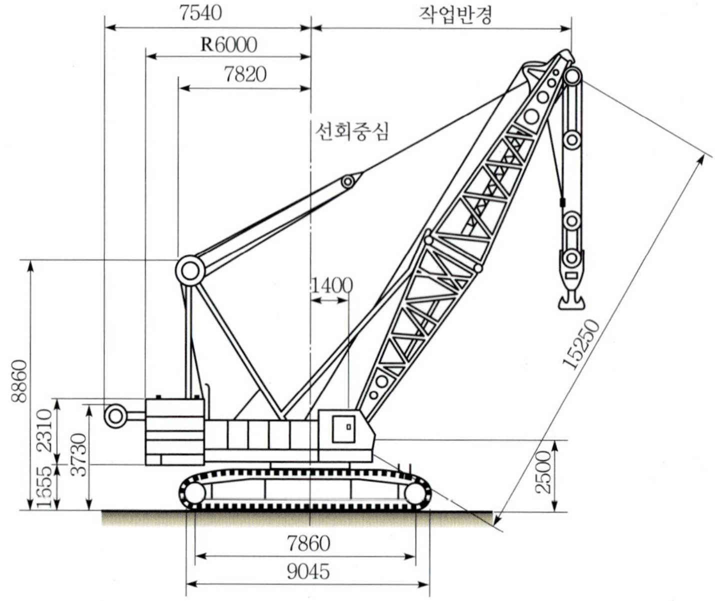

그림 3-11 크롤러 크레인의 외관도(120톤 크롤러크레인)

표 3-3 120톤급 크롤러 크레인 인양능력표

단위 : 톤

붐길이 / 작업반경	15.2m	18.3m	21.3m	24.4m	27.4m	30.5m	33.5m	36.6m
4.5m	4.5m/120.0							
5.0m	120.0	5.1m/108.0	5.6m/96.0					
6.0m	100.0	99.8	94.9	6.1m/84.0	6.7m/74.6			
7.0m	85.7	85.5	85.3	81.5	73.7	7.2m/66.4	7.7m/59.4	
8.0m	73.7	73.6	73.5	73.5	71.3	64.7	58.9	8.2m/53.6
9.0m	61.5	61.3	61.2	61.1	61.0	60.9	57.2	52.5
10.0m	52.6	52.5	52.3	52.2	52.1	52.0	52.0	51.2
12.0m	40.6	40.5	40.3	40.2	40.0	40.0	39.9	39.7
14.0m	33.0	32.8	32.6	32.5	32.3	32.3	32.2	32.0
16.0m	14.9m/29.1	27.5	27.3	27.2	26.9	26.9	26.8	26.6
18.0m		17.5m/24.5	23.3	23.2	23.0	22.9	22.8	22.6
20.0m			20.3	20.2	20.0	19.9	19.8	19.5
22.0m			20.1m/20.2	17.8	17.6	17.5	17.4	17.1
24.0m				22.8m/17.1	15.6	15.5	15.4	15.2
26.0m					25.4m/14.5	13.9	13.8	13.6
28.0m						12.6	12.5	12.2
30.0m							11.3	11.1
32.0m							30.7m/11.0	10.1
34.0m								33.3m/9.5

안의 정격부하는 붐의 강도 또는 다른 구조 부품에 의해 결정됩니다.

04 이동식크레인 선정시 고려할 사항

크레인의 선정은 제작사의 사용기준을 숙지하고 다음과 같은 작업조건을 고려하여 선정하고 크레인 작업전에는 체크리스트를 기준하여 점검을 실시한다.

- 크레인 상태
- 작업장소의 경사도
- 바람의 영향
- 크레인의 작업방향과 측방인양 조건
- 양중반경의 증가요인 발생여부
- 동하중의 영향
- 충격하중의 영향
- 후크블럭과 양중능력
- 작업의 반복성 등

4.1. 크레인의 상태

이동식크레인의 붐은 크레인 작업안전에 매우 중요한 부재중 하나이며 항상 손상이 없는 양호한 상태를 유지하여야 한다.

4.1.1. 유압식 확장형 붐

크레인의 붐 끝단 부착금구 및 도르래, 호이스트 로프, 펜던트, 아웃트리거, 차체 등의 상태가 노후, 부식으로 불량할 경우에는 크레인의 인양능력을 감소시킬 수 있다. 또한, 그림 3-12에서 명시한 것과 같이 붐 외부에 흠집이나 파인 곳이 없는지, 구동부에 누유되는 곳은 없는지 점검을 해야 한다.

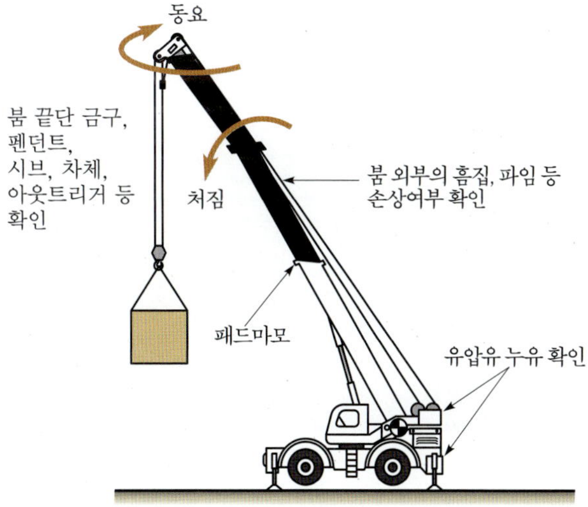

그림 3-12 유압 확장식 붐의 점검사항

4.1.2. 격자형 붐

격자형 붐은 용접부의 상태와 보강재의 휨이나 부식, 손상여부를 집중적으로 점검하여야 하며, 특히 부재의 움푹들어간 형태의 변형은 치명적인 붐 강도 저하의 원인이 된다.

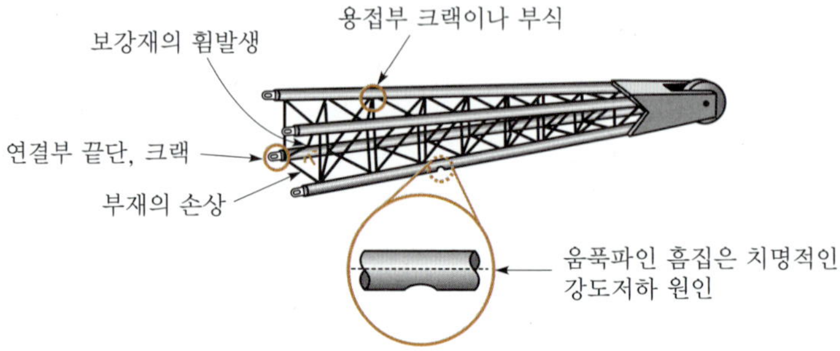

그림 3-13 격자형 붐의 점검사항

(a) 보강재 휨 발생

(b) 부재의 흠집 발생

(c) 부재의 파손

(d) 손상부재 수리

그림 3-14 격자형 붐의 손상형태

4.2. 작업장소의 경사(7장 참조)

일반적으로 이동식크레인 양중능력표는 지면의 평편도를 1%이내 기준으로 작성되고 있다. 그림 3-15는 장비설치시 수직도를 잡는 방법에 대한 내용이며 그림 3-16은 크레인이 양중상태로 이동할 경우 작업반경 증가에 따른 양중능력 감소 영향을 나타내고 있다.

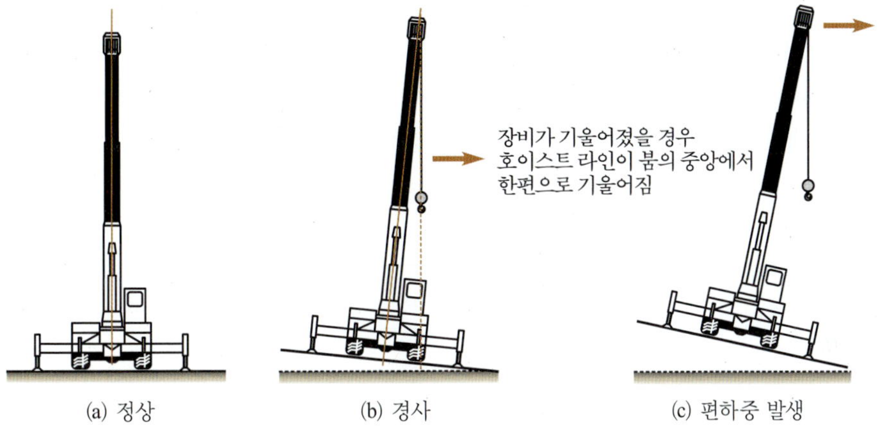

그림 3-15 크레인의 수직도 확인방법

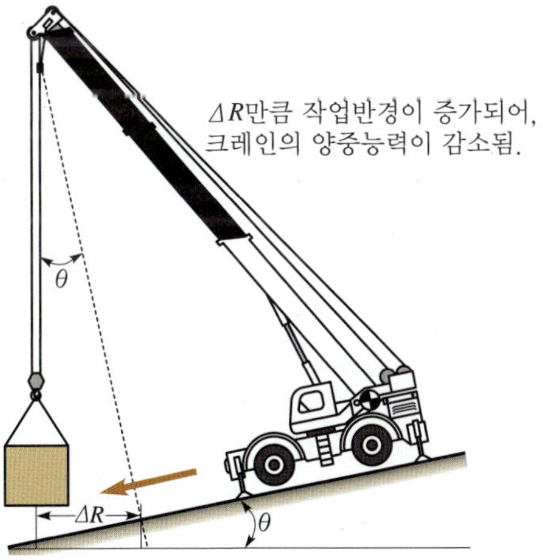

그림 3-16 경사로 이동시 작업반경 증가사례

4.3. 바람의 영향

강풍은 크레인 작업시 장비 본체는 물론 양중물의 풍압면적에 따라 큰 영향을 받게 되며, 충격하중을 일으킬 수 있기 때문에 유의하여야 한다. 따라서, 크레인 제작사의 양중능력표에는 작업시 풍속기준을 명기하고 있으며 강풍시 양중능력 감소와 함께 사고의 위험성을 경고하고 있다.

4.3.1. 풍속의 표기

바람의 속도는 풍속계로 측정하며 풍속의 표시는 매초 몇 미터의 속도(m/sec)로 표시한다.

- 평균풍속 : 임의의 10분간 평균으로 가장 세게 불었던 풍속(평균풍속 기준은 한국, 일본은 10분간 평균풍속 기준이나 미국은 3초, 호주는 2~3초를 기준으로 하고 있음)
- 순간풍속 : 바람이 순간적(1~3초)으로 가장 세게 불었을 때의 풍속
- 순간최대풍속 : 일계내의 순간풍속중의 최대값

표 3-4 보퍼트 풍력 등급표

계급 (force)	명칭 (description)	풍속 : m/sec (knot)	해면상태	육상상태
0	고요, 평온 Calm	0~0.2 (<1)	거울면 같이 고요함	연기가 곧게 올라감
1	실바람, 지경풍 Light air	0.3~1.5 (1~3)	작은 파가 일어나나 거품은 없음	연기가 흔들거리므로 풍향은 알 수 있으나 풍향계에는 감지 안됨
2	남실바람, 경풍 Slight Breeze	1.6~3.3 (4~6)	작은 파가 보임	얼굴에 바람이 닿는 것을 느끼고 나뭇잎이 움직임. 풍향계도 감지함
3	산들바람, 연풍 Gentle Breeze	3.4~5.4 (7~10)	해면의 군데군데에서 백파를 볼 수 있음	나뭇잎과 가지가 끊임없이 움직이고 깃발이 나부낌
4	건들바람, 화풍 Moderate Breeze	5.5~7.9 (11~16)	파도의 파장이 길어지고 백파가 많아짐	모래나 종이 조각이 날림
5	흔들바람, 질풍 Fresh Breeze	8.0~10.7 (17~21)	해면의 거의 전부가 백파로 됨	작은 나무 전체가 흔들리고 못·늪에 잔물결이 임
6	된바람, 웅풍 Strong Breeze	10.8~13.8 (22~27)	백파가 전면에 발생함	큰 나뭇가지가 흔들리고 전선이 울고, 우산을 받기가 힘듦
7	센바람, 강풍 Moderate gale	13.9~17.1 (28~33)	물거품이 바람에 날림	나무 전체가 흔들리고 보행하기 곤란함
8	큰바람, 질강풍 Fresh gale	17.2~20.7 (34~40)	파도의 물결이 바름에 날림	작은 가지가 부러지고 보행이 불가능함
9	큰센바람, 대강풍 Strong gale	20.8~24.4 (41~47)	포말에 시계가 막힘	굴뚝이 넘어지고 기왓장이 날아감
10	노대바람, 전강풍 Whole gale	24.5~28.4 (48~55)	해면은 흰색으로 되며 시계가 나빠짐	나무가 쓰러지고, 건축물에 피해가 있음
11	왕바람, 폭풍 Storm	28.5~32.6 (56~63)	큰 파가 산더미 같고 해면은 포말로서 덮임	큰 나무와 집이 쓰러짐
12	싹쓸바람, 태풍 Hurricane	32.7 이상 (64 이상)	해상이 물거품과 포말로서 덮임	큰 피해를 일으킴

참고동의어 : 풍력계급, 風力階級, wind scale, 참조어 : 강풍(强風, gale), 미풍(微風, breeze)

표 3-5 풍속 환산표

단위 : m/sec

기상보고의 풍속 / 지면에서의 높이(m)	3				5				8				10			
	평지		시가지		평지		시가지		평지		시가지		평지		시가지	
	평균	순간	평균	순간	평균	순간	평균	순간	평균	순간	평균	순간	평균	순간	평균	순간
5	2.7	9.8	2.5	10.0	4.5	11.7	4.2	11.4	7.1	14.5	5.7	14.0	8.9	16.3	8.4	15.8
10	3.0	10.2	3.0	10.2	5.0	12.3	5.0	12.3	8.0	15.4	8.0	15.4	10.0	17.5	10.0	17.5
15	3.2	10.4	3.3	10.5	5.4	12.7	5.6	12.9	8.6	16.0	8.9	16.3	10.7	18.2	11.1	18.7
20	3.4	10.5	3.6	10.8	5.6	12.9	6.0	13.3	9.0	16.5	9.5	17.0	11.2	18.8	11.9	19.5
25	3.5	10.7	3.8	11.0	5.8	13.2	6.3	13.6	9.4	16.9	10.1	17.6	11.7	19.3	12.6	20.2
30	3.6	10.8	4.0	11.2	6.0	13.3	5.5	13.9	9.6	17.1	10.6	18.1	12.0	19.6	13.2	20.9
40	3.8	11.0	4.2	11.5	6.3	13.6	7.1	14.5	10.1	17.6	11.3	18.9	12.6	20.2	14.1	21.8
50	3.9	11.1	4.5	11.7	6.6	13.9	7.5	14.9	10.5	18.0	12.0	19.6	13.0	20.8	15.0	22.8
75	4.2	11.4	5.0	12.2	7.0	14.4	8.3	15.7	11.2	18.8	13.2	20.9	14.0	21.7	16.5	24.8
100	4.4	11.6	5.3	12.6	7.4	14.8	8.9	16.3	11.8	19.4	14.2	21.9	14.7	22.4	17.8	26.7

4.3.2. 풍속의 크기

바람의 크기는 풍속계로 계측하나 표 3-4와 같은 보퍼트 풍력계급(beaufort wind scale)을 사용하기도 한다. 이 표기법은 풍속계가 고안되기 이전에 해상의 파도나, 연기, 나뭇가지 등이 바람에 흔들리는 정도를 기준으로 만든 풍력 추정등급으로 1806년경에 영국의 Francis beaufort(1774-1857)에 의해 창안된 바람의 강도를 나타내는 등급으로서 0에서 12까지 13등급으로 나뉘어져 있으며 각 등급에 대응하는 바람의 상태 및 풍속이 규정되어 있다. 한편, 보퍼트 풍력등급(風力等級)을 B, 풍속을 v[m/s]라고 할 때 $v = 0.836\sqrt{B^3}$ 이라는 실험식이 얻어진다.

또한, 표 3-5와 같이 풍속은 주변의 지형과 장애물 및 지상으로 부터의 높이에 따라서, 그 세기가 변화되며 일반적으로는 높을 수록 풍속이 강해진다.

또한, 강풍은 인양물에 동요와 충격을 발생하게 하여 작업반경 증가요인과 크레인 용량 감소효과를 초래할 수도 있고, 반대로 작업반경이 줄어들어 양중물이 붐과 충돌하거나 붐을 후방으로 전도시킬 수도 있다. 크레인의 작업기준 풍속을 제작사마다 약간씩 다르게 적용하고 있으나 일반적으로 순간풍속으로 10m/s~13.4m/s이상 일때 작업을 중지할 것을 요구하고 있다. 그림 3-18, 그림 3-19는 수압면적이 풍력 ($W = \rho \cdot A \cdot v^2$, ρ : 밀도, A : 수압면적, v : 풍속)에 미치는 영향정도를 그림 으로 표시하고 있다.

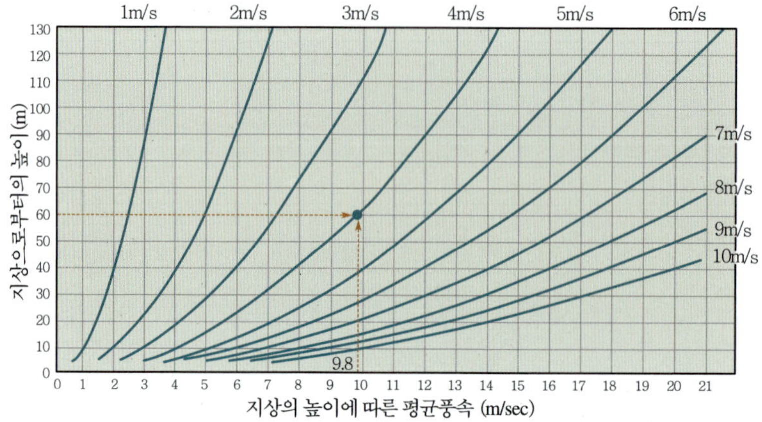

그림 3-17 높이에 따른 풍속변화

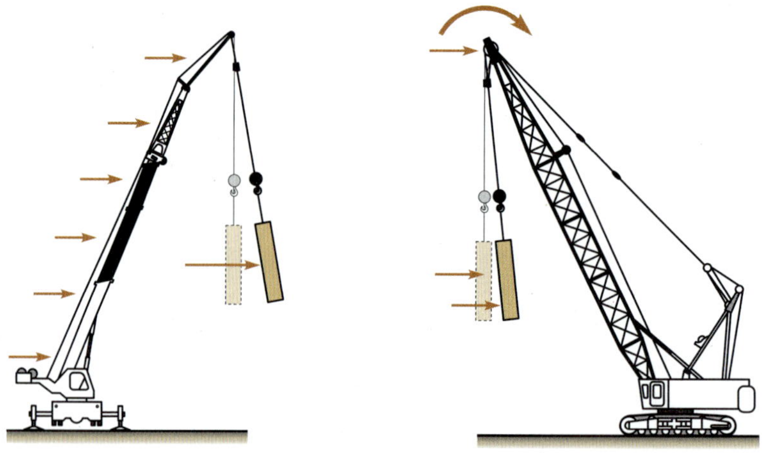

(a) 충격하중 발생

(b) 붐 손상이나 후방전도 위험

그림 3-18 바람의 영향

그림 3-19 수압면적과 바람의 영향

4.3.3. 풍속의 측정방법

순간풍속계가 장착된 장비에서는 붐 끝단 또는 타워캡에 장착된 풍속계로 바람속도를 측정하며, 풍속계가 없는 장비는 기상보도를 참고로 바람의 속도를 순간풍속으로 변환할 수 있다. 또한, 크레인의 높이에 따라 바람의 작용위치는 그림 3-20과 같이 그 시점 붐 길이의 약 60%만큼 지면위의 높이로 가정한다.

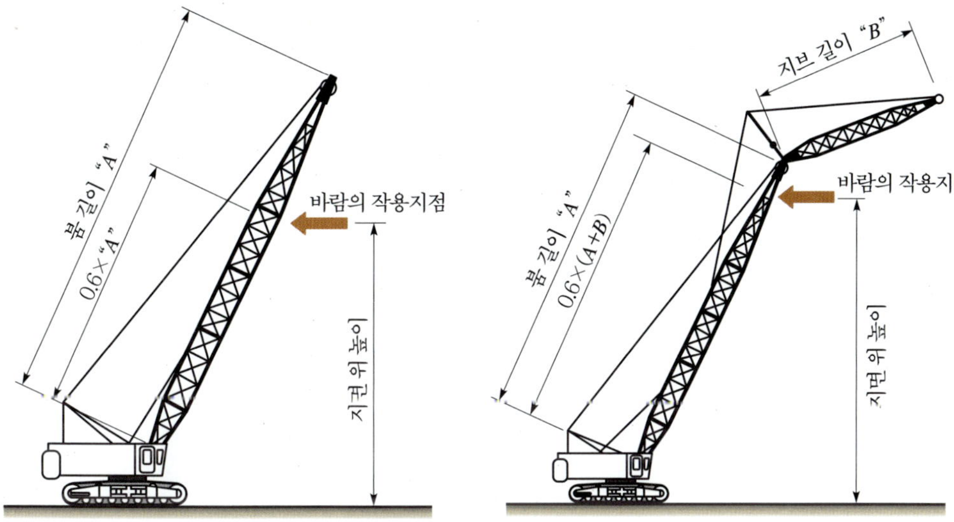

그림 3-20 바람의 작용위치

4.4. 크레인 작업방법

이동식크레인은 기본적으로 중량물을 수직으로만 양중하도록 설계되었기 때문에

- 크레인을 경사면에 설치한 채로 양중작업을 할 때
- 빠른 회전이나 스윙 혹은 갑작스런 정지
- 양중물을 측면에서 끌어당기기
- 길이가 길거나 폭이 넓은 부재 인양 및 하역시
- 바람의 영향 등의

수평 하중이 작용하면 (그림 3-21~25)장비의 전도안정성과 부재의 안전성에 모두 악영향을 초래하여 장비 전도나 크레인 부재의 손상을 초래할 수 있다.

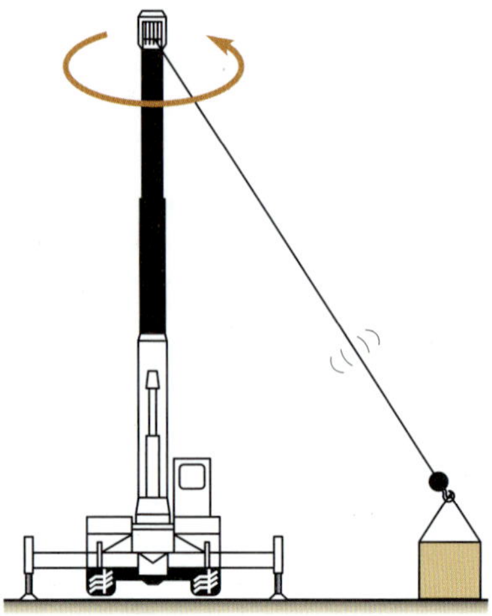

그림 3-21 측면양중

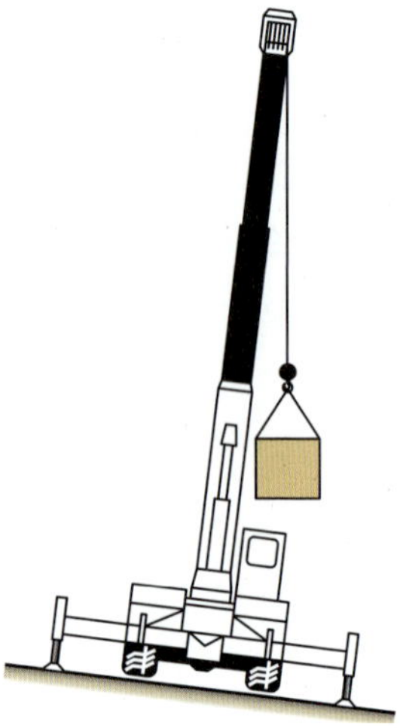

그림 3-22 경사지 작업

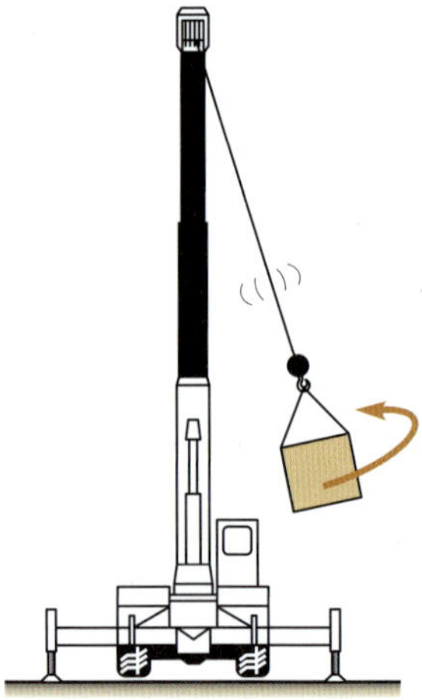

그림 3-23 빠른 스윙

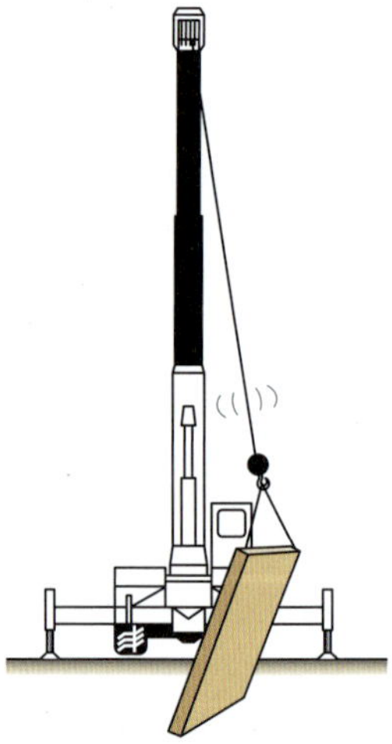

그림 3-24 긴부재 세우기

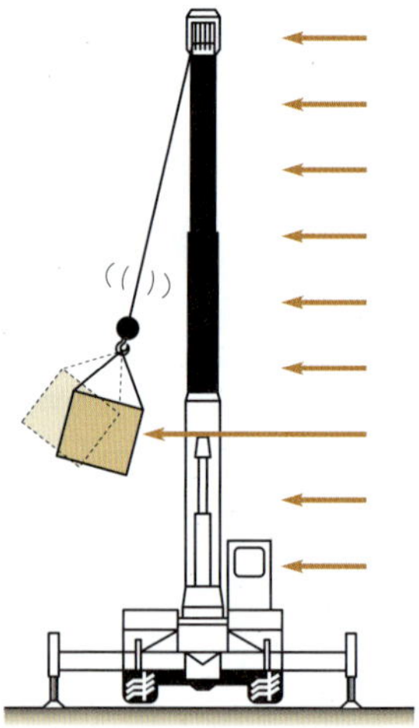

그림 3-25 측면에서 강풍작용

4.5. 작업반경 증가요인 확인

4.5.1. 양중상태에서 갑작스런 스윙

그림 3-26과 같이 양중상태에서 크레인 붐의 갑작스런 스윙은 원심력의 발생으로 작업반경이 증가하게 되어 크레인의 양중능력을 감소시키고 붐에 뒤틀림 하중과 충격하중을 증가시키는 주요 요인이 될 수 있다. 따라서, 크레인 작업은 허용하는 한 천천히 작업하는 것이 안전측면에서 유리하다.

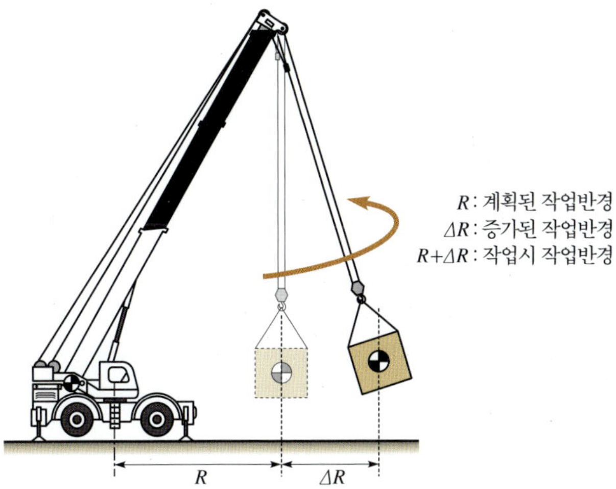

그림 3-26 스윙에 따른 작업반경 증가

4.5.2. 양중작업시 후크와 양중물의 중심이 불일치

양중시 후크와 양중물의 중심이 일치하지 않고, 그림 3-27(a)와 같이 반경이 먼 곳에서 양중하게 되면, 양중초기부터 크레인 양중능력을 초과하기 쉽고, 그림 3-27(b)와 같이 양중시 후크보다 중량물의 중심이 안쪽에 있을 경우에는 양중후 무게중심이 밖으로 이동하면서 순간적으로 작업반경이 증가되어 양중능력을 초과하여 사고로 이어질 수 있다.

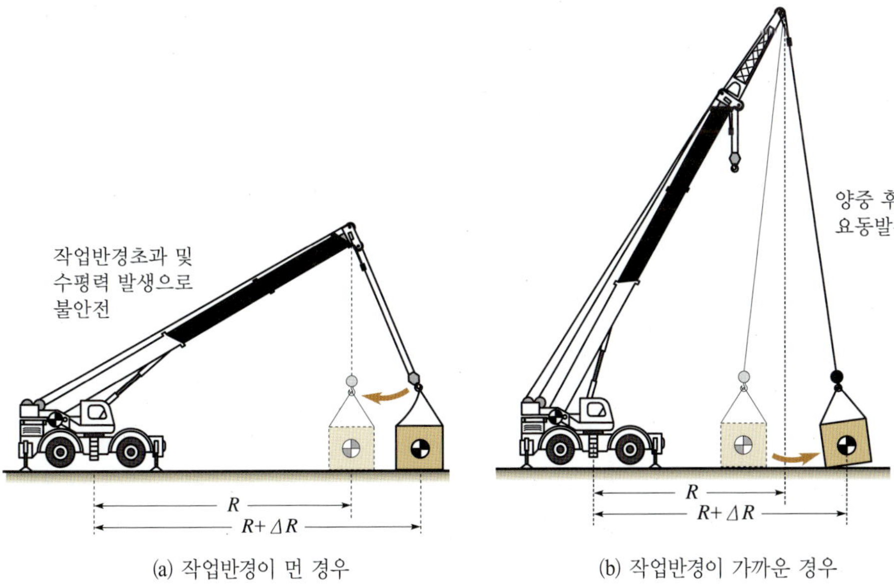

(a) 작업반경이 먼 경우

(b) 작업반경이 가까운 경우

그림 3-27 인양점과 후크의 중심

4.5.3. 양중시 크레인 붐의 탄성변형

크레인으로 중량물을 인양하면 붐에 탄성변형이 발생하고 작업반경이 증가하게 되는데, 이 변형량을 고려하여 크레인 제작시 양중능력에 반영되는게 일반적이나, 타이어 접지상태의 작업에서는 무부하시, 전방작업시, 측방작업시에 붐의 변형정도가 달라서 하중표를 읽을 때 충분한 여유를 두고 크레인을 선정해야 한다.

그림 3-28 붐의 탄성변형 사례

4.6. 동하중(動荷重)의 영향

이동식크레인의 양중능력표는 정하중(靜荷重) 기준이기 때문에 그림 3-29, 30과 같이 편하중과 무게중심의 변화, 갑작스런 이동에 의한 충격 등의 영향은 부가하중으로 작용되기 쉽다. 따라서, 크레인 작동시 갑작스런 양중이나, 정지, 스윙을 하지 말고 가능한 한 부드럽게 운전할 수 있도록 하여야 한다. 또한, 크레인은 양중후 갑자기 중량물을 정지하였을 경우, 후크에 작용하는 하중은 실제 무게보다 큰 하중이 작용하게 된다. 그림 3-31(Crane Hand Book, Manitowoc, 1975)와 표 3-6은 양중속도와 양중거리에 따른 동적하중을 나타낸 것이다.

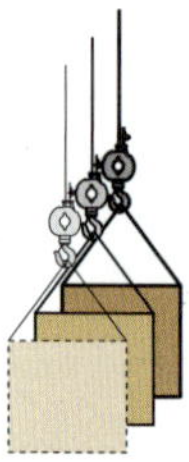

(a) 갑작스런 양중

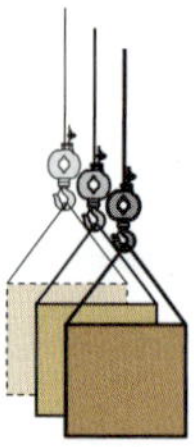

(b) 갑작스런 정지

(c) 급속한 스윙

그림 3-29 크레인의 동적부하

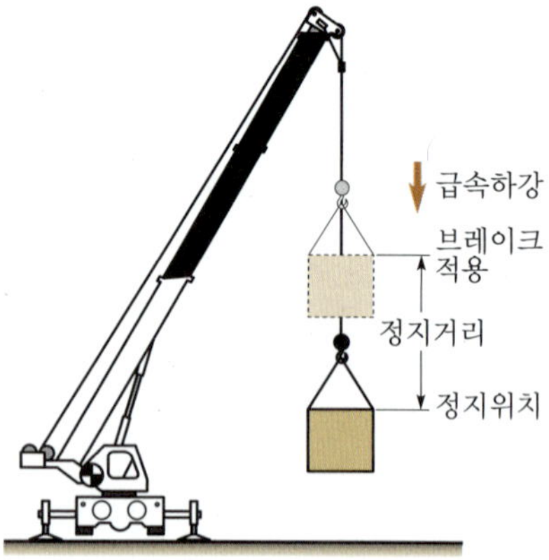

그림 3-30 양중속도의 영향

표 3-6 양중속도가 미치는 부가하중율

양중속도 (m/min)	정지거리		
	3m	1.8m	0.6m
30	0.4%	0.7%	2.2%
60	1.7%	2.9%	8.6%
90	3.9%	6.5%	19.4%
120	6.9%	11.5%	34.5%

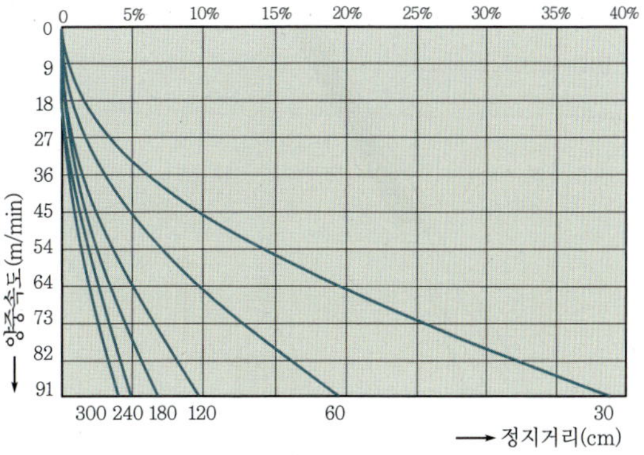

그림 3-31 양중시 정지속도와 동하중 영향

4.7. 충격하중의 영향

이동식크레인에 작용하는 충격하중은 슬링이나 호이스트 라인에 전달될 수도 있고 크레인 붐의 파괴나 전도사고로 이어질 수 있다. 따라서, 그림 3-32~38과 같은 작업을 피하여 충격하중을 최소화 하여야 한다.

- 작업시 급가속하는 양중작업은 피한다.
- 갑작스던 하중 전이를 하지 않는다.
- 양중물을 끌지 않는다.
- 양중후 이동할 경우에는 출렁거리지 않게 한다.
- 박혀있는 말뚝, H-빔 등을 뽑기 위하여 인장력이 작용하는 곳에 크레인을 사용하지 않는다.
- 양중물을 갑자기 휘어채서 양중하지 않는다.
- 구조물을 파괴하는 용도로 사용하지 않는다.

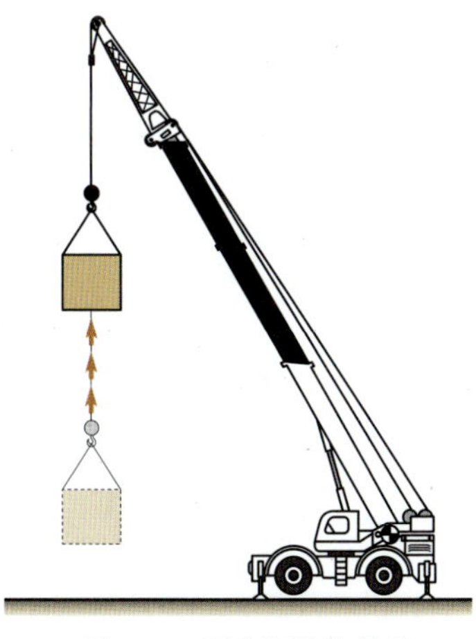

그림 3-32 급속양중시 충격

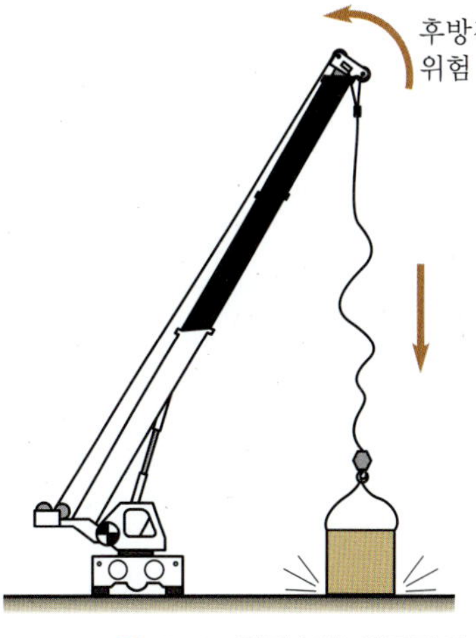

그림 3-33 갑작스런 하중전이

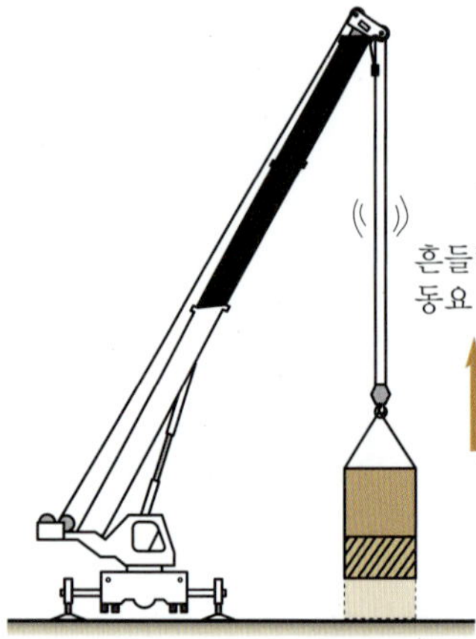

그림 3-34 휘어채기 인양시 충격

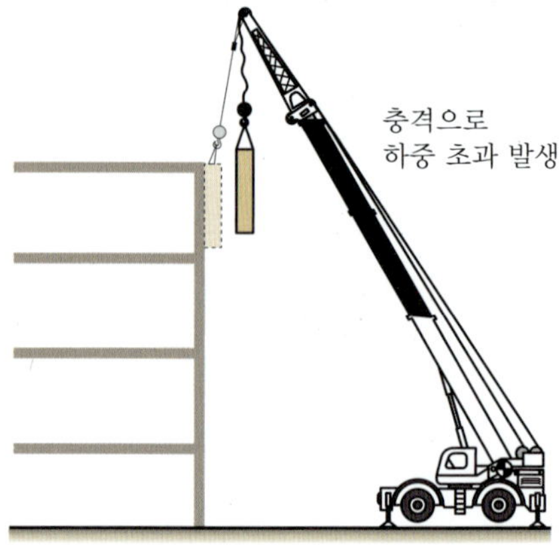

그림 3-35 구조물 철거시 충격

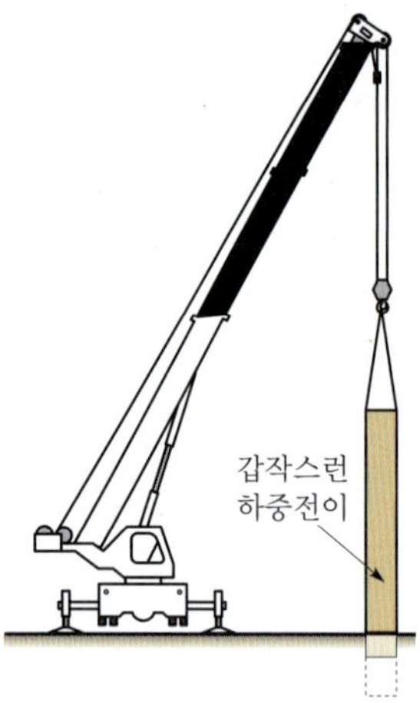

그림 3-36 말뚝제거시 충격

그림 3-37 양중후 이동시 충격

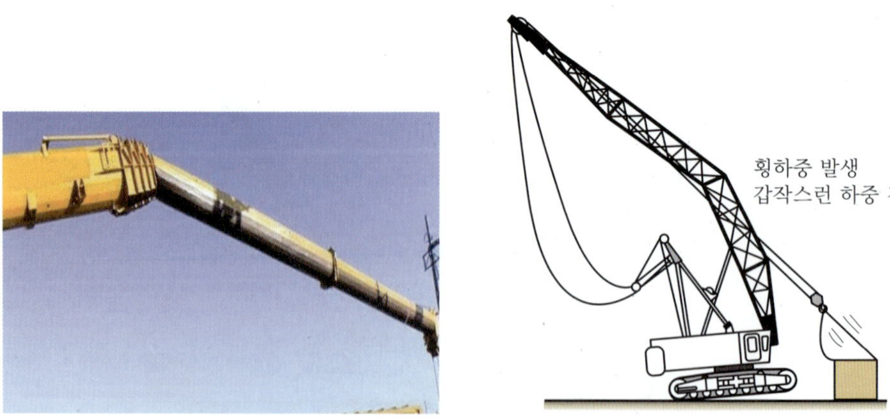

그림 3-38 인양물 당길 때 충격의 영향

4.8. 후크블럭과 양중능력

후크블럭에 호이스트 라인을 배열할 때에는 제작사의 매뉴얼을 기준으로 그림 3-39, 40과 같이 균형을 유지할 수 있도록 하여야 한다. 또한, 여러선을 사용할 때에는 도르래와 호이스트라인의 균형있는 배열을 통하여 하중이 크레인의 붐 중심에 올 수 있도록 하여 붐에 작용하는 회전모멘트(토크)를 최소화 하여야 한다.

(a) 안정 (b) 불안정 (c) 후크 체결작업

그림 3-39 후크블럭 체결

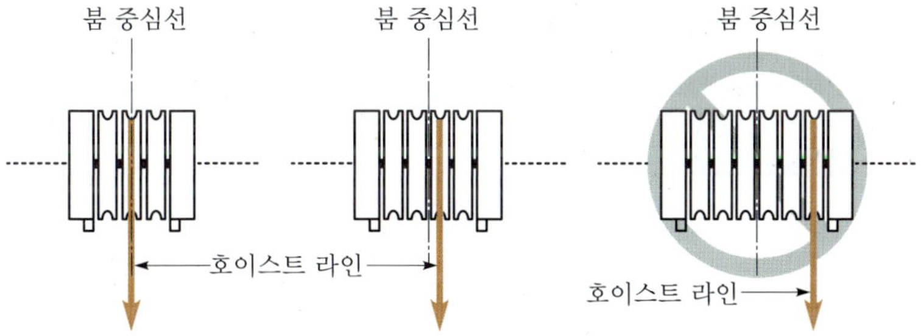

(a) 양호 (b) 가능 (c) 불량

그림 3-40 후크블럭 체결

4.9. 반복작업

그림 3-41, 42, 43과 같이 이동식크레인을 활용하여 콘크리트 타설시 호퍼의 양중, 철골 부재 조립작업, 크람쉘작업 등 수평하중 및 원심력과 충격이 발생될 수 있는 작업은 크레인 제작사에서 제공하는 별도의 양중능력표를 적용하거나 없으면 일반 크레인 하중표에서 25%(Construction planning equipment and methods, Sixth Edition, McGraw Hill, 2000)의 인양능력을 감소시킨 양중 기준을 적용하여야 한다.

그림 3 -41 콘크리트 호퍼양중

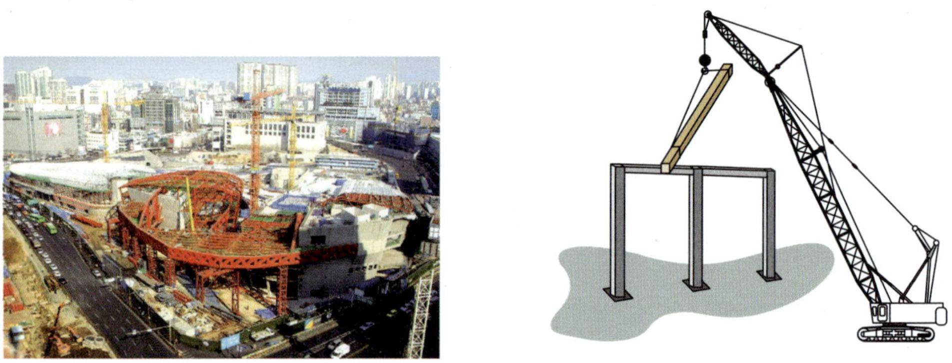

그림 3-42 철골양중

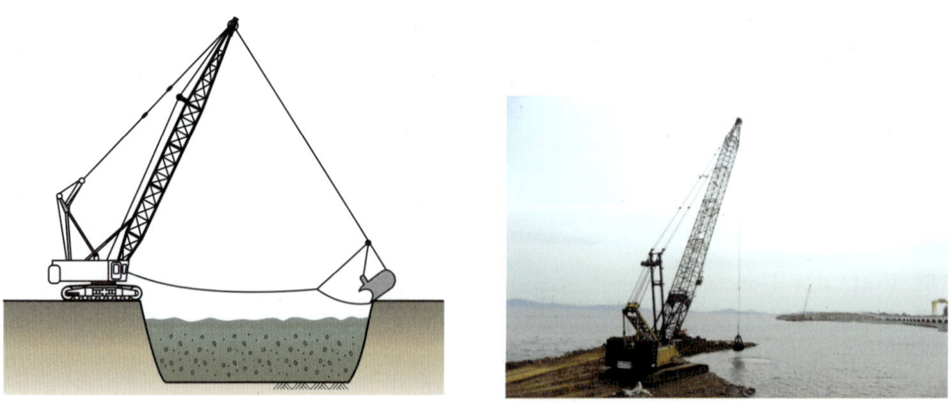

그림 3-43 크람쉘작업

표 3-7 크람셀 장비 제원표(120톤급 크롤러 크레인)

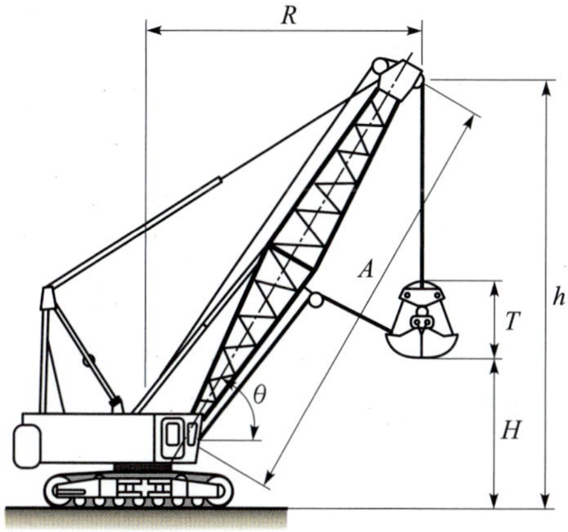

붐 길이		A	15.2m					18.3m					21.3m				
붐 각도		θ	38°	48°	58°	66°	70°	39°	48°	56°	64°	70°	40°	48°	55°	62°	68°
작업 반경(m)		R	14.0	12.0	10.0	8.0	7.0	16.0	14.0	12.0	10.0	8.0	18.0	16.0	14.0	12.0	10.0
덤핑 높이(m)	버켓 용량(㎥) 1.6	H	4.6	7.0	8.6	9.7	10.1	7.0	9.2	10.9	12.1	13.0	9.4	11.5	13.2	14.5	15.5
	2.0		4.2	6.6	8.2	9.3	9.7	6.6	8.8	10.5	11.7	12.6	9.0	11.1	12.8	14.1	15.1
	2.5		4.0	6.4	8.0	9.1	9.5	6.4	8.6	10.3	11.5	12.4	8.8	10.9	12.6	13.9	14.9
	3.0		3.8	6.2	7.8	8.9	9.3	6.2	8.4	10.1	11.3	12.2	8.6	10.7	12.4	13.7	14.7
붐 포인트 높이(m)		h	13.3	15.6	17.2	18.5	19.0	13.3	15.6	17.2	18.5	19.0	15.7	17.9	19.5	20.8	21.8
정격 부하(m)			10.0														

붐 길이		A	24.4m					27.4m					
붐 각도		θ	42°	48°	54°	60°	65°	42°	48°	54°	59°	64°	68°
작업 반경(m)		R	20.0	18.0	16.0	14.0	12.0	22.0	20.0	18.0	16.0	14.0	12.0
덤핑 높이(m)	버켓 용량(㎥) 1.6	H	11.8	13.9	15.5	16.8	17.9	14.1	16.1	17.8	19.2	20.4	21.3
	2.0		11.4	13.5	15.1	16.4	17.5	13.7	15.7	17.4	18.8	20.0	20.9
	2.5		11.2	13.3	14.9	16.2	17.3	13.5	15.5	17.2	18.6	19.8	20.7
	3.0		11.0	13.1	14.7	16.0	17.1	13.3	15.3	17.0	18.4	19.6	20.5
붐 포인트 높이(m)		h	18.1	20.0	21.8	23.2	24.3	20.4	22.5	24.1	25.5	24.3	26.7
정격 부하(m)			10.0										

버켓 용량(㎥)	버켓 높이(m)
2.0	3.9
2.5	4.3
3.0	4.5
4.0	4.7

4.10. 크레인의 전체 작용하중

크레인 작업시 작용하는 전체하중은 앞서 언급한 내용과 같이 실제 양중물의 무게와 양중용구, 충격과 바람의 영향을 포함한 부가적인 동적부하 등이 조합되어 작용하게 된다.

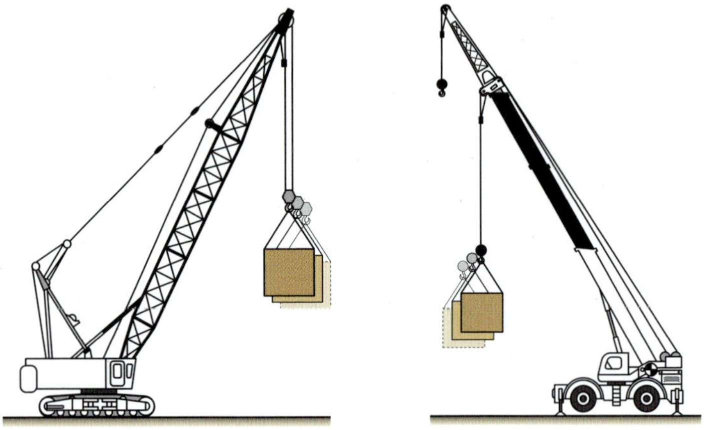

그림 3-44 크레인에 작용하는 전체하중

05 경제성 검토

이동식크레인의 기계손료는 동일한 양중능력인 경우, 크롤러크레인이 저렴하지만, 운송비, 조립·분해비, 지반개량비 등과 사용기간을 고려해 검토할 필요가 있다.

임대장비의 사용을 계획하고 있는 경우도 임대료는 건설경기와 지역에 따라서도 변동하므로 사전에 정보를 잘 파악하여 검토하여야 한다.

일반적으로는 그림 3-45와 같이 단기간 사용인 경우에는 트럭크레인 및 R/T크레인이 유리하며, 장기간 사용이 예상될 경우에는 크롤러크레인이 유리해 진다.

또한, 공기의 제한, 최대 양중작업과 그것 이외의 양중능력차이, 작업공간상의 제한 등과 종합적인 경제성을 고려하여 필요한 장비기종과 대수를 검토해야 한다.

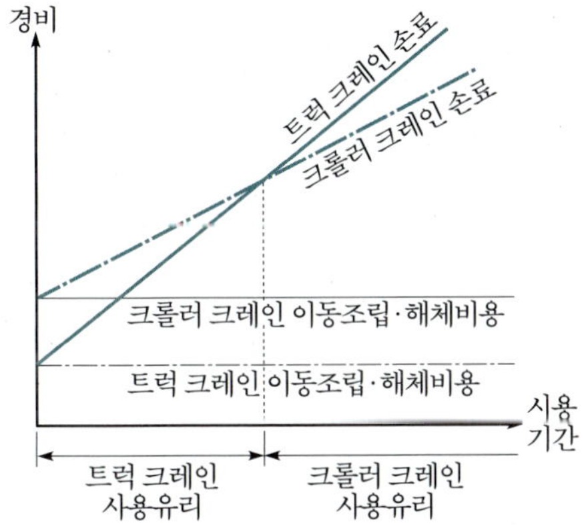

그림 3-45 크레인 경제성 검토

4절

이동식크레인의 방호장치

이동식크레인은 각 작업 영역에 따른 양중능력한계 범위가 정해져 있으며 이 범위를 초과해 운전을 시도하면 경보를 발해 자동적으로 작동을 정지하거나 경보를 알려서 사고를 예방하기 위한 각종 방호장치가 설치되어 있다.

방호장치는 법령(건설기계관리법, 산업안전보건법, 크레인 등 구조규격)에 의무화 되어 있는 방호장치와 크레인 제조자가 자주적으로 설치하는 설비가 있다. 또한, 방호장치의 출력형식은 표시장치, 경보장치 및 차단장치로 크게 나눌 수 있다. 이러한 방호장치는 이동식크레인의 보호와 안전확보를 목적으로 하고 있으므로 평상시 점검 및 정비하여 항상 정상적인 상태를 유지해야만 한다. 또한, 이동식크레인은 중량물을 다루기 때문에 각종 안전사고의 위험을 동반하게 되며 각종 방호장치가 설치되어 있다고 해도 올바른 사용법을 이해하지 못하면 안전을 확보할 수 없게 된다.

따라서, 본 장에서는 각종 방호장치를 아래와 같이 4가지로 분류하여 종류와 기능을 요약 하였다.

1) 법령으로 장착이 의무화 되어 있는 방호장치
2) 업체표준으로 장착되어 있는 방호장치
3) 업체옵션으로 장착 가능한 방호장치
4) 소비자가 요구하는 방호장치

01 법령으로 장착이 의무화된 방호장치

이동식크레인의 방호장치에 대한 내용을 "산업안전보건기준에 관한 규칙"에 규정하고 의무사항으로 준수하도록 하고 있다.

1.1. 과부하 방지장치(제134조)

산업안전보건기준에 관한 규칙에는 과부하 방지장치, 권과방지장치 등에 대해서 다음과 같이 규정되어 있다.

(산업안전보건기준에 관한 규칙(제134조))

① 사업주는 크레인에 과부하방지장치·권과방지장치·비상정지장치 및 제동장치가 정상적으로 작동될 수 있도록 미리 조정해 두어야 한다.

② 권과방지장치, 후크, 버킷 등 달기 기구의 윗면(그 달기 기구의 권상용 도르래가 부착된 경우에는 그 권상용 도르래의 윗면)이 상부 도르래, 트롤리 프레임 등 권상장치의 아랫면과 접촉할 우려가 있는 때에는 그 간격이 0.25m 이상(직동식의 권과방지 장치는 0.05m이상)이 되도록 조정해야 한다.

③ 권과방지장치를 설치하지 않은 크레인에 대해서는 권상용 와이어 로프에 위험표시를 하고 경보장치를 설치하는 등 권상용 와이어로프가 지나치게 감겨서 근로자가 위험해진 상황을 방지하기 위한 조치를 하여야 한다.

"산업안전보건기준에 관한 규칙"에 명기된 과부하방지장치(Overload limiter or Automatic moment limiter : AML)란" 과부하 상태에서 발생하는 지브크레인, 이동식크레인의 지브의 파손 또는 기계본체의 전도를 방지하는 장치를 말한다. 지브 크레인 및 이동식크레인의 경우 작업반경의 변화에 따라 양중모멘트와 안정모멘트와의 불균형이 될 수 있다. 이때 과부하 방지장치는 양중모멘트와 안정모멘트 비가 정해놓은 한계를 벗어날 때 경보를 발하여 운전자의 주의를 환기시키거나 작동을 자동으로 정지시킨다.

즉, 과부하방지장치의 구성은 그림 4-1과 같이 붐길이, 붐각도, 모멘트 지시계, 하중지시계 및 제어부로 구성되어 있으며 규정에서 정한 크레인 또는 이동식크레인의 과부하방지 안전기준에 합치하는 구조, 기능을 구비하고 검정기관의 검정에 합격해야만 사용할 수 있다.

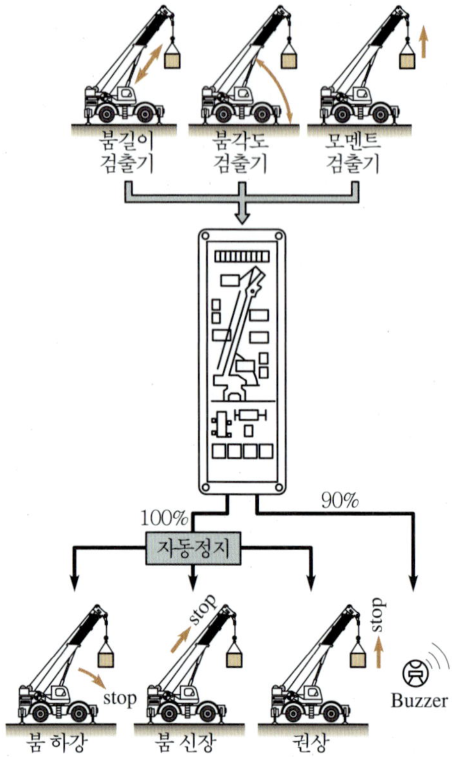

그림 4-1 과부하 장비장치의 개념도

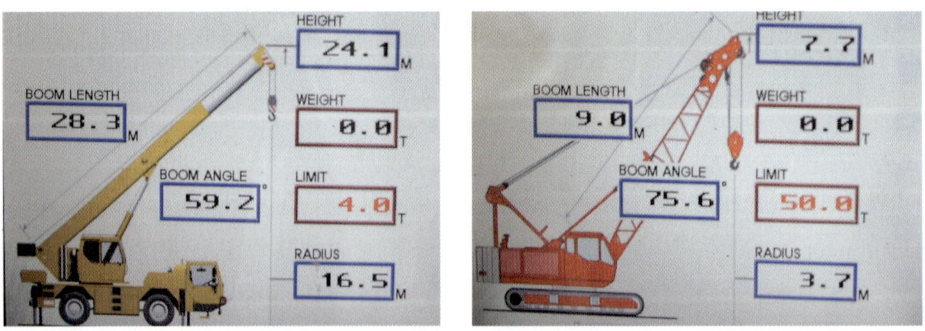

그림 4-2 과부하방지장치(Load Moment Indicator)

1.2. 과감김 방지장치(산업안전보건기준에 관한 규칙, 제134조)

"과감김 방지장치(Over-hoisting limit)"란 "권과방지장치(Anti two-block device)"라고도 하며 이동식크레인의 붐헤드 혹은, 데릭에 설치되어 권상용 와이어로프가 과감김으로 후크 등의 권상 부속품이 지브에 부딪혀 파손되거나 양중물이 낙하되어 발생하는 재해를 방지하기 위해 이 장치가 사용된다.

권과방지장치에는 리미트 스위치가 사용되어 드럼 회전에 연동해서 권과를 방지하는 형식인 나사형 리미트 스위치와 캠형 리미트 스위치, 후크의 상승에 의해 직접 작동되는 리미트 스위치가 있다.

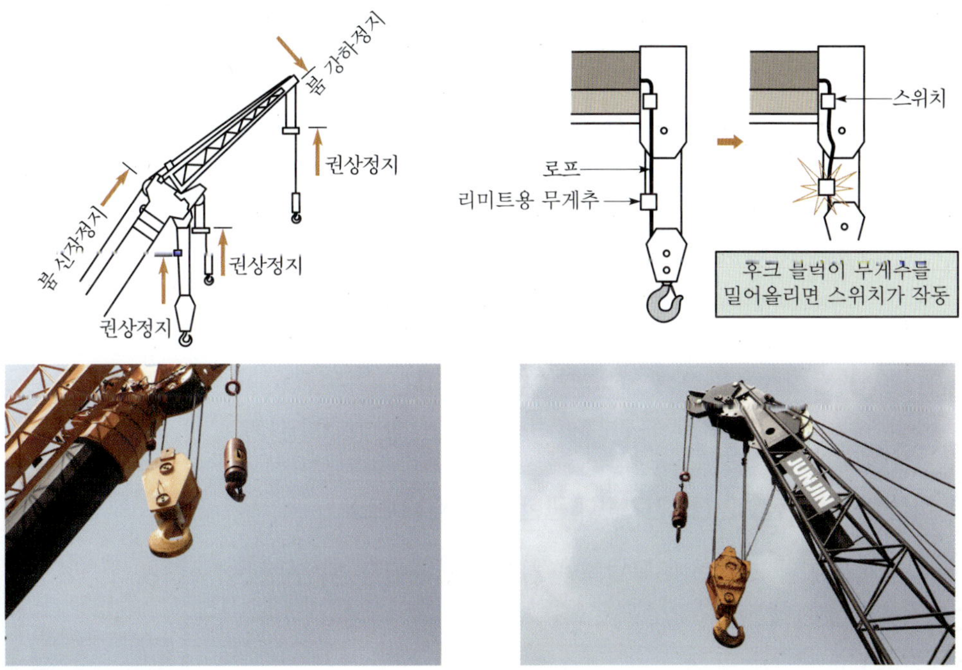

(a) 유압 확장식 붐　　(b) 격자형 붐

그림 4-3 과감김 방지장치

"과감김 방지장치"의 또 다른 기능은 양중장치, 붐 기복장치 및 붐 신축장치의 와이어로프 등이 과감김으로 절단되면 후크, 지브 등이 낙하하는 것과 과감김으로 지브가 뒤로 전도하는 것 등을 방지하기 위한 기능도 있다.

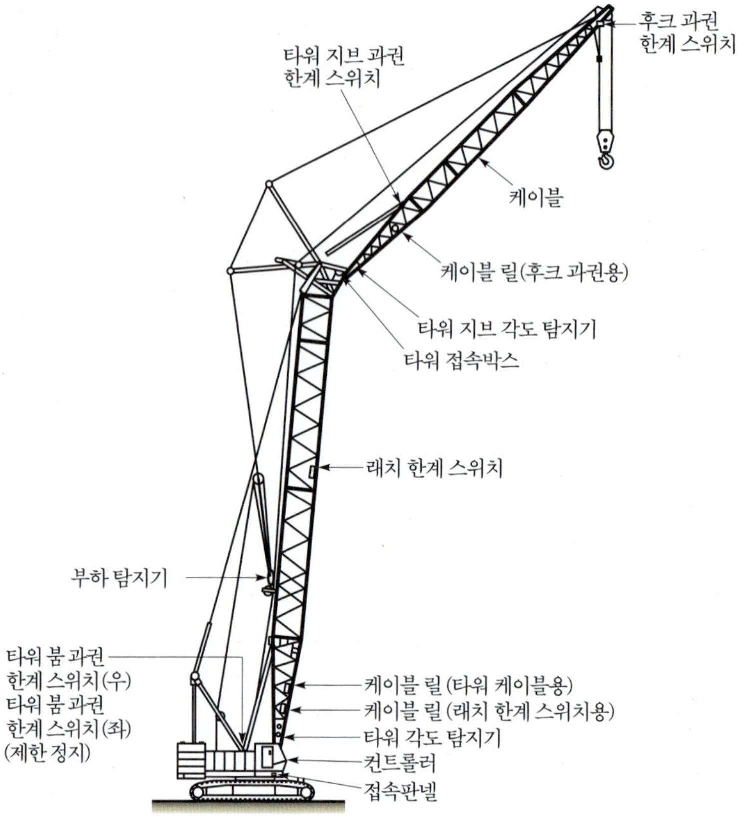

그림 4-4 크롤러 크레인의 과감김방지 장치(타워형)

1.3. 비상정지장치(산업안전보건기준에 관한 규칙, 제134조)

"비상정지장치"란 크레인에 돌발적인 사태가 발생했을 때 안전을 유지하기 위하여 모든 전원을 차단하여 크레인을 급정지 시키는 장치를 말한다(그림 4-5).

그림 4-5 비상정지장치

1.4. 브레이크 장치(산업안전보건기준에 관한 규칙, 제134조)

"브레이크 장치"란 운동체와 정지체의 기계적 접촉에 의해 운동체를 감속 또는 정지상태로 유지하는 기능을 가진 장치를 말한다. 작동부의 기능에 따라 디스크, 드럼, 밴드, 원뿔브레이크 등으로 분류한다.

그림 4-6은 양중윈치의 브레이크를 보여주고 있으며 본 장치는 양중작업시 짐 또는 지브 등의 낙하 및 강하를 방지하기 위한 방호장치 이다.

그림 4-6 드럼 브레이크 장치

1.5. 안전밸브(산업안전보건기준에 관한 규칙, 제148조)

유압을 동력으로 사용하는 크레인은 과도한 압력상승을 방지하기 위한 안전밸브에 대하여 정격하중(지브 크레인에 있어서는 최대의 정격하중)에 상당하는 하중을 걸 때의 유압에 상당하는 압력이하로 작동되도록 조정하여 두어야 한다. 다만, 하중시험 또는 안정도 시험을 함에 있어서 유압에 상당하는 압력으로 작동될 수 있도록 조정한 때에는 그러하지 아니한다.

즉, "유압을 동력으로 사용하는 크레인"이란 권상장치, 지브의 기복장치 및 지브의 신축장치 등의 동력으로 유압을 사용하는 크레인을 말한다.

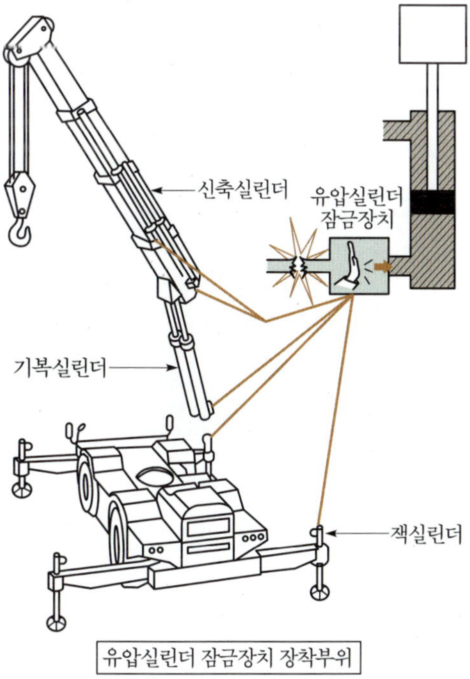

여기서, "안전밸브"란 그림 4-7과 같이 기기나 파이프 등의 파괴를 방지하기 위하여 부착된 최고 압력을 한정하는 밸브로서, 설정압력 이상이 되면 유체를 내

뿜어 압력을 설정압력 이하로 낮추도록 하는 밸브를 말한다. 또한, 「안전밸브」에는 양중장치 등에 설치된 안전밸브외, 동력원(어큐뮬레이터, 펌프 등)에 설치된 안전밸브가 포함된다.

(a) 붐 실린더　　　(b) 아웃트리거 실린더

그림 4-7 안전밸브

1.6. 해지장치의 사용(산업안전보건기준에 관한 규칙, 제137조)

사업주는 후크걸이용 와이어로프 등이 후크로 부터 벗겨지는 것을 방지하기 위한 장치(이하 "해지장치"라함)를 구비한 크레인을 사용하여야 한다.

즉, 후크는 짐걸이용 와이어로프 등이 당해 후크에서 이탈하는 것을 막기위한 장치를 구비한 것 이어야만 한다는 의미이며, 「후크에서 이탈하는 것을 방지하기 위한 장치」란 짐걸기용 와이어로프 등의 이탈을 확실하게 방지하는 구조인 것을 말한다.

그림 4-8 해지장치

1.7. 경사각 지시장치(산업안전보건기준에 관한 규칙, 제138조)

사업주는 지브크레인을 사용하여 작업을 하는 때에는 제원표에 기재되어 있는 지브의 경사각(인양하중이 3톤 미만이 지브크레인에 있어서는 이를 제조한자가 지정한 지브의 경사각)의 범위에서 사용하도록 하여야 한다.

즉, 이동식크레인으로 지브가 기복하는 것을 운전자가 보기 쉬운 위치에 경사각 지시계를 구비하여야 한다.

지브의 각도표시 기능을 가진 과부하방지 장치는 「지브의 경사각 정도를 나타내는 장치」로 간주할 수 있다.

또한, 과부하 방지장치 등으로 지브의 경사각을 크레인 등 안전규칙의 범위내로 제한하고 있는 이동식크레인을 제외하고는 경사각 범위를 운전자가 알 수 있도록, 지브의 경사각 정도를 나타내는 장치를 운전실 등에 표시하여야 한다.

그림 4-9 경사각 지시계

1.8. 폭풍에 의한 이탈방지(산업안전보건기준에 관한 규칙, 제140조)

사업주는 순간풍속이 매초당 30미터를 초과하는 바람이 불어올 우려가 있을 때에는 옥외에 설치되어 있는 주행크레인에 대하여 이탈방지장치를 작동시키는 등 그 이탈을 방지하기 위한 조치를 하여야 한다.

즉, "이탈방지 장치(Anchor of Crane)"란 폭풍때 이탈하는 것을 방지하는 장치이며, 레일 클램프와 같은 확실한 고정방법을 강구할 필요가 있다.

1.9. 회전부분의 방호(산업안전보건기준에 관한 규칙, 제87조)

사업주는 기계의 원동기·회전축·기어·풀리·플라이휠·벨트 및 체인 등 근로자에게 위험이 미칠 우려가 있는 부위에는 덮개·울·스리이브 및 건널다리 등을 설치하여야 한다.

즉, 기계실내의 브레이크, 클러치 등 회전부에 근로자가 말려들어 가는 것을 방지하기 위해, 철망 등 커버를 설치해야 한다.

(a) 윈치드럼

(b) 엔진룸

그림 4-10 회전부분 방호카버

1.10. 전조등 등(건설기계 안전기준에 관한 규칙)

이동식크레인(크롤러 크레인 및 피견인식 이동식크레인은 제외 한다.)은 다음에 게재한 장치를 구비한 것이어야 만 한다.

1. 백색 또는 연황색 등광의 전조등
2. 적색 등광의 미등
3. 적색 등광의 제동등
4. 백색 또는 연황색 등광의 후진 등
5. 방향지시기
6. 경보기
7. 후사경(백밀러)
8. 이동식크레인 직전에 있는 장해물을 확인할 수 있는 거울
9. 속도계

(a) 백색 미등

(b) 적색 제동등

(c) 백색 전조등

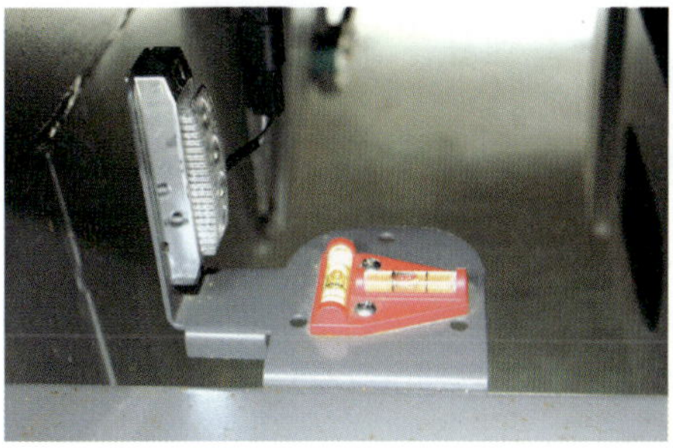

(d) 방향 지시등

그림 4-11 전조등 류

1.11. 조작회로(일본, 이동식크레인 구조규격 제34조)

전자접촉기 등의 조작회로인 경우, 지락한 경우에 전자접촉기 등이 폐로될 우려가 있는 것은 다음 규정에 따라야 한다.

1. 코일 한쪽 끝의 전로접지측 전선에 접속 할 것
2. 코일과 전로의 접지측 전선과의 사이에 개폐기가 없을 것

1.12. 표시(건설기계 안전기준에 관한 규칙)

1. 이동식크레인은 운전자가 보기 쉬운 위치에 양중능력표를 명확하게 부착하여야 한다.
2. 이동식크레인은 다음 사항을 기재한 명판이 부착되어 있는 것이어야만 한다.
   1) 제조자명　　2) 제조년월　　3) 양중하중
3. 확폭식 크롤러를 보유한 크롤러크레인으로 크롤러를 최대한 밀어내지 않은 상태로, 정격하중을 갖추지 않은 것은 크롤러를 최대한 밀어내지 않은 상태에서의 작업금지에 관한 경고가 명확하게 표시되어 있는 것이어야만 한다.

(a) 제원명판

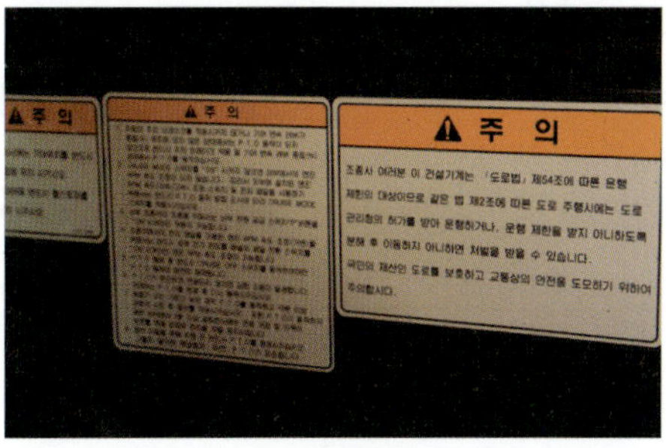

(b) 주의표시

그림 4-12 장비표식

02 업체표준 장착 방호장치

법규와는 관계없이 크레인의 제작 업체에서 표준으로 설치하고 있는 방호장치의 종류와 기능은 다음과 같다.

2.1. 드럼 자동브레이크장치

감아 올리는 드럼에는 강력한 스프링에 의해 항상 브레이크가 작용하고 있으며, 감아 올리고 내릴 때, 또한, 자유강하 조작할 때에 브레이크가 해제되는 장치를 말한다.

2.2. 드럼 록 장치

하물을 매단채로 장시간 지탱할 경우에 사용하는 것으로서 후크(래칫)을 사용하여 기계적으로 드럼을 잠궈 자연낙하를 방지하는 장치를 말한다.

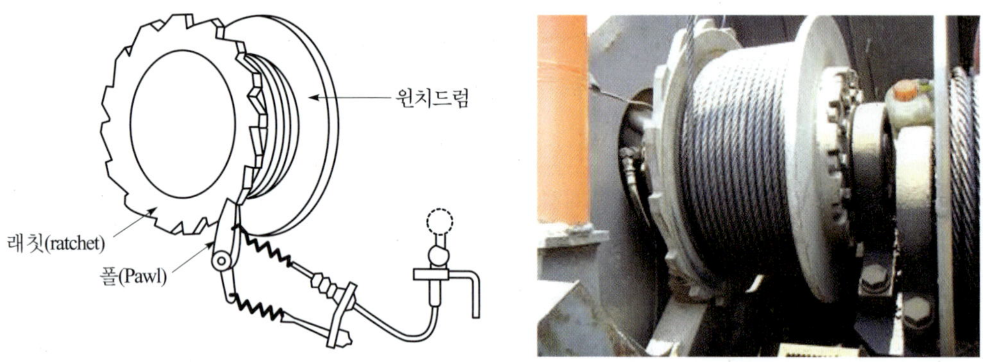

그림 4-13 드럼 록 장치

2.3. 수준기

이동식크레인은 기체를 수평하게 사용해야만 그 성능을 발휘할 수 있기 때문에 그 수평을 확인하기 위한 장치로 수준기와 레드불을 사용한다.

그림 4-14 수준기 및 레드 불

2.4. 선회록 장치

도로를 주행할 시 크레인 상부 선회체를 회전하지 못하도록 잠그는 장치이다.

그림 4-15 선회 록 장치

2.5. 선회범위 경보 및 정지 장치

과부하에 대한 안전성을 높이는 추가기능으로 사전에 선회 위험측을 설정해 두면 선회시 설정한 위험 영역측에 들어 갈 경우, 경보 및 정지한다. 본 장치는 아웃트리거의 확장 폭이 다를 경우 아웃트리거 확장이 덜 된 쪽으로 선회하거나 위험한 경우에 정지시킬 수 있다.

2.6. 지브기복 방호장치

기복 실린더 혹은 기복윈치 모터의 회로속 고압호스나 파이프가 파손되었을 경우에 홀딩 밸브(카운터 밸런스 밸브)의 작동으로 실린더(모터)내 압력을 잠궈서 지브의 낙하 등을 방지하는 장치이다.

2.7. 드럼홀드 방호장치

윈치모터 회로속의 고압호스나 파이프가 파손되었을 경우에 카운터 밸런스 밸브로 모터 내 압력을 잠궈서 지브 및 양중물의 낙하를 방지하는 장치이다.

그림 4-16 드럼홀드 방호장치

2.8. 아웃트리거 잠금장치

아웃트리거의 잭 실린더 회로안의 고압호스나 파이프가 파손되었을 경우에, 파이로트 체크 밸브로 잭 실린더 안의 압력을 잠궈 크레인의 전도를 방지하는 장치이다(그림 4-17).

2.9. 지브 백스톱

양중작업시 주행시 혹은 바람으로 지브가 흔들려 뒤로 전도되는 것을 방지하는 장치이다.

그림 4-17 아웃트리거 잠금장치

그림 4-18 지브 백스톱

2.10. 아웃트리거 록 핀

주행중인 아웃트리거 빔의 튕김이나, 작업중인 아웃트리거 빔의 축소를 방지하는 장치이다.

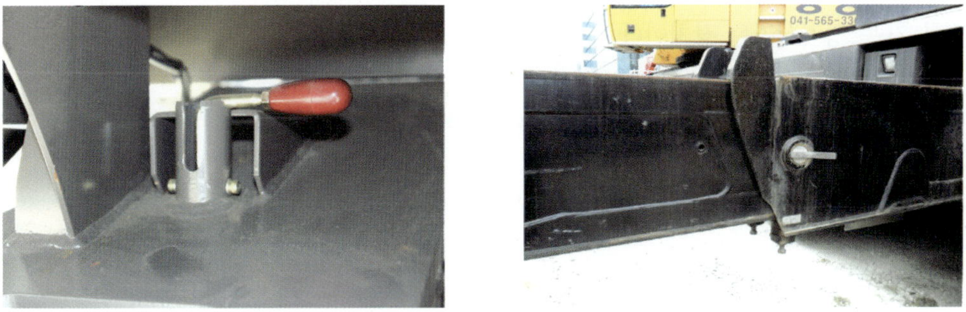

(a) 수직 고정핀 (b) 수평 고정핀

그림 4-19 아웃트리거 록 핀

03 업체옵션 방호장치

이동식크레인 제작업체에서 장비 구입자가 선택적으로 장착이 가능한 방호장치의 종류와 기능은 다음과 같다.

3.1. 음성경보장치

과부하방지 장치에 내장된 음성 메모리로, 크레인 작업상황에 맞춰 음성으로 오퍼레이터 등에게 위험이나 주의를 알리는 장치이다.

그림 4-20 음성경보장치

3.2. 선회범위 자동정지 장치

아웃트리거 달아내기폭에 의한 위험선회 각도를 설정, 과부하방지장치가 부하상태를 검출하여, 측방영역에서 과부하가 될 경우에는 위험영역 바로전에 선회를 자동적으로 정지시키는 장치. 또한, 본장치의 개량형으로 정지시의 충격과 짐의 요동을 작게하는「선회범위 지연 정지장치」가 있다.

3.3. 작업범위 제한 정지 장치

좁은 작업공간에서의 크레인작업인 경우, 장애물과의 접촉에의한 접촉사고 등의 재해가 발생한다. 작업반경, 지브길이, 지브상한각도·하한각도를 설정함으로서, 지브의 신장, 기복 선회를 자동 정지시키는 장치이다.

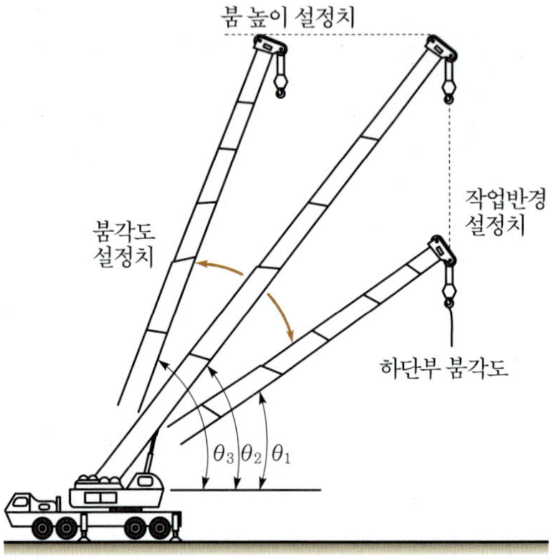

그림 4-21 작업범위 제한장비 개념도

3.4. 러핑 지브각도 제한 정지장치

그림 4-22와 같이 러핑 지브각도의 제한이 필요할 때 설정지브각도 범위를 초과하면 경보 및 정지하는 장치이다.

3.5. 외부 표시등

과부하 방지장치 등 방호장치 기능을 사용하지 않을 때, 경고를 위해 외부적색등 등을 점등, 표시한다. 이 표시등은 과부하방지장치등과 연동하여, 작업자, 신호수 등, 작업관계자가 크레인의 부하상태를 파악할 수 있도록 한 장치이다. 단 기종에 따라서는 과부하 방지장치의 안정도(부하율) 표시(적·황·청, 적·청)를 외부에 장치하고 있다.

그림 4-22 러핑각도 제한장치

그림 4-23 외부경고표시등

3.6. 바람 경보장치

설정한 풍속을 초과 할 경우, 경보를 발하는 장치로서 모델에 따라 순간풍속, 최대풍속, 평균풍속을 변환 할 수 있도록 되어 있다.

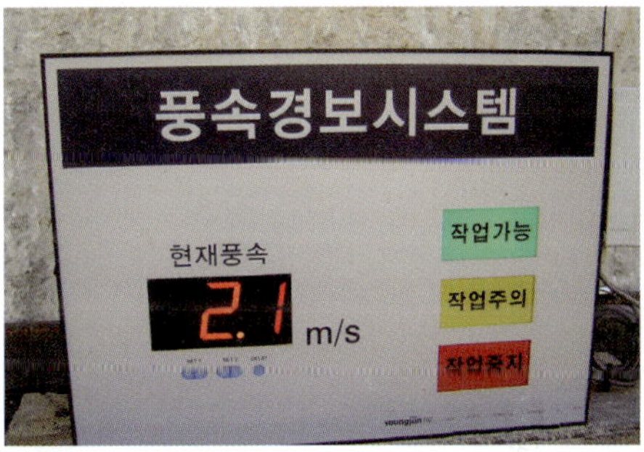

그림 4-24 풍속계

3.7. 리미트(극한) 스위치

제2과감김 방지장치라고도 하며 지브 기복정지장치(작업시, 세우기 한계)를 초과했을 때에는 후방 전도사고 위험이 있으므로 지브감아올림과 지브세우기를 제한시키는 장치이다.

3.8. 마구감김 방지장치

드럼에 감은 와이어 로프의 마구감김 혹은 느슨함을 방지하기 위한 장치로 스프링의 힘으로 가이드 롤러를 사이에 두고 와이어 로프를 누른다.

그림 4-25 리미트(극한) 스위치

그림 4-26 마구감김 방지창치

3.9. 자동정지 해제키 스위치

해제키가 없으면 자동정지 해제가 불가능한 스위치이다. 이 키를 관리자가 보관함으로서 현장의 안전을 확보한다.

3.10. 선회 경고등

크레인 선회시에 점등 또는 점멸하여 주위 작업자에게 위험을 알리는 장치.

그림 4-27 선회경고등

3.11. 선회알람

크레인 선회시에 경보를 발해 주위 작업자에게 위험을 알리는 장치로서(선회경보 램프와 부저가 함께 구성되는게 일반적이다.)

3.12. 승강 차단 레버

운전석 승강부근에 레버를 설치해, 승강 가능측에 레버를 조작하면 크레인 동작을 정지 시키는 장치이다. 또한, 크레인 조작레버(레버스탠드)를 후방으로 쓰러트려 잠그는 것도 있다.

3.13. 아웃트리거 하중표시장치

유압식 크레인의 아웃트리거에 작용하는 반력변화에 대한 정보를 알려주는 장치이다.

그림 4-28 아웃트리거 하중표시장치

3.14. 아웃트리거 확장 자동검출 장치

사전에 설정한 아웃트리거 확장 폭을 센서나 리미트 스위치로 검지하는 장치이다.

확장을 완전히 하지 않은 아웃트리거의 상태를 검출하여 아웃트리거 미확장으로 인한 전도사고를 방지한다.

3.15. 선회 완지장치(속도제어 정지장치)

선회자동정지 장치 기능에 부가한 기능으로 선회동작이 자동정지 할때, 짐의 흔들림을 적게하기 위해 정지하기전에 자동으로 선회동작 속도를 감속해 정지시키는 장치이다.

3.16. 후방확인 모니터링 시스템

운전실에 설치한 TV모니터와 크레인 상부 선회체 후면에 설치한 카메라로 후방 및 선회진행 방향의 장해물을 확인하는 시스템이다.

그림 4-29 후방 감시카메라

04 소비자 요구 방호장치

방호장치에 완벽이란 있을 수 없다. 따라서, 작업조건과 소비자의 특성에 따라 요구하는 방호장치의 종류와 기능은 다음과 같다.

4.1. 붐고정 알람장치

크레인을 작업하고 다른 장소로 이동이 필요할 시 운전자가 붐을 접지않고 크레인을 이동할 경우, 교량이나 구조물에 크레인 차체의 상부가 부딪쳐서 사고로 이어질 수 있다. 이때 붐을 접지않고 크레인을 이동하지 못하도록 경보음을 작동하게하는 장치이다.

4.2. 과부하 방지 리미트 덮개

과부하 방지장치를 운전자가 임의로 해제하지 못하도록 덮개를 만들어 작업시 보안테이프 등으로 보안조치를 하는 보호덮개이다.

4.3. 보조붐 이탈방지 장치

유압 확장식 붐 크레인의 경우에 메인붐의 끝단에 보조붐을 연결하여 사용시, 보조붐의 핀이 빠지거나 다른 사유로 보조붐이 이탈할 경우에 경보음을 울리는 장치이다.

4.4. 음성조작 운전장치

음성으로 운전조작의 방법순서를 지시해주는 장치로서 기종 변경에 따른 조작 레버 배치의 차이점에 의한 오조작 방지, 지정된 운전자 이외의 운전금지, 비숙련 운전자 등에게 활용할 수 있다.

4.5. 오퍼레이터 ID 인식장치

엔진 시동시, 키 이외에 IC카드 등의 판독으로 작동시키는 장치로서 지정된 운전자 이외의 운전을 금지하고 싶을 경우 등에 이용할 수 있다.

4.6. 운전조작 기록장치

크레인 운전 및 조작 연속기록 저장이 가능한 장치로서 고장 발생시에 전후의 운전상황을 파악 할 수 있어 원인 조사를 용이하게 할 수 있다. 또한, 점검정비시기 등의 확인을 용이하게 할 수 있다.

4.7. 작업범위 제한장치

크레인 본체가 이동하더라도 제한범위 등의 설정 및 변경을 용이하게 할 수 있는 작업범위 제한장치로서 오늘날, GPS를 이용한 장치가 개발되고 있으나 상당히 고가이므로 도입되기 어려운 상황이다.

4.8. 설치상황 인식장치

크레인 본체의 자세 ,아웃트리거의 접지압, 지반의 상태 등을 검출하여 실시간 표시할 수 있는 장치이다.

4.9. 작업상태 인식장치

카운터 웨이트 무게, 지브길이, 러핑탑재 지브길이, 주·보권 양중선택 등을 자동적으로 검출하여 휴먼에러의 원인이 되는 수동에 의한 설정을 최소화할 수 있도록 하는 장치이다.

4.10. 숙련운전 지원장치

수직양중 및 수평인입 등 숙련도를 요하는 작업에 대해 누구나 간단하게 숙련자 만큼의 조작을 가능하게 하는 운전지원 시스템이다.

4.11. 위험예지 회피장치

작업영역 제한의 설정 용이화, 선회자동정지, 장해물 검출 등 사고를 사전에 회피하는 장치이다.

이상으로, 이동식크레인에서 법적으로 장착이 의무화 되어 있는 방호장치를 시작으로 업체의 표준, 업체옵션 및 소비자가 요구하는 각종 방호 장치에 대해 간단하게 기술하였다.

이러한 방호장치는 각 업체에 따라 명칭과 기능 등이 다를 경우가 있으므로 그 정비 및 수리도 각 업체에게 문의하여야 한다.

마지막으로 이러한 방호장치를 기능별로 정리한 것을 표 4-1에 요약하였다.

표 4-1 기능별 방호장치표

○ 대상, – 대상제외

방호장치명 \ 기능	설정	트럭 크레인	러프테레인 크레인(R/T)	크롤러 크레인
〈전도·낙하방지〉				
•드럼브레이크장치	의무	○	○	○
•과감김방지장치	의무	○	○	○
•과부하방지장치	의무	○	○	○
•안전밸브	의무	○	○	○
•이탈방지장치	의무	○	○	○
•드럼자동브레이크장치	업체표준	○	○	○
•드럼록	업체표준	○	–	○
•수준기	업체표준	○	○	○
•선회범위경보정지장치	업체표준	○	○	–
•지브기복방호장치	업체표준	○	○	–
•드럼홀드방호장치	업체표준	○	○	○
•아웃트리거록장치	업체표준	○	○	–
•지브백스톱퍼	업체표준	–	–	○
•선회범위자동정지장치	선택	○	○	–
•지브각도제한정지장치	선택	○	○	○
•바람경보장치	선택	○	–	○
•리미트스위치	선택	–	–	○
•마구감김방지장치	선택	○	○	○
〈끼임·충돌방지〉				
•회전부분의보호	의무	○	○	○
•선회잠금장치	업체표준	○	○	○
•작업범위제한정지장치	선택	○	○	○
•선회경보등	선택	○	○	○
•선회알람	선택	○	○	○
•선회완정지장치	선택	○	○	○
•작업범위규제장치	요구	○	○	○
•설치상황인식장치	요구	○	○	○
•위험예지·회피장치	요구	○	○	○
〈운전수의시계향상〉				
•전조등	의무	○	○	–
•후방확인TV카메라시스템	선택	○	○	○
〈오조작·오작동방지〉				
•경보장치	의무	○	○	○
•경사각지시장치	의무	○	○	○
•조작회로	의무	○	○	○
•아웃트리거록핀	업체표준	○	○	–
•음성경보장치	선택	○	○	○

방호장치명 \ 기능	설정	트럭 크레인	러프테레인 크레인(R/T)	크롤러 크레인
•외부표시등	선택	○	○	○
•자동정지해제키 스위치	선택	○	○	○
•승강차단레버	선택	○	○	○
•아웃트리거 확장 자동검출장치	선택	○	○	--
•음성조작운전장치	요구	○	○	○
•작업상황인식장치	요구	○	○	○
•숙련도지원장치	요구	○	○	○
〈운전관리〉				
•표시(주의명판,사양명판등)	의무	○	○	○
•오퍼레이터ID인식장치	요구	○	○	○
•운전조작기록장치	요구	○	○	○

1) 법령에 의한 장착의무 ⇒ 의무 : 모두 장착
2) 업체표준장착 ⇒ 표준 : 대부분 장착
3) 업체옵션 ⇒ 선택 : 일부 장착
4) 소비자요구 ⇒ 요구 : 대부분 미장착

05 작업장의 안전설비

이동식크레인을 사용하여 작업할 시 재해를 방지하기 위한 안전대책으로서 다음과 같은 사항에 주의해야만 한다.

(1) 이동식크레인의 선회나 이동시에 작업원이 본체에 접촉하거나 말려 들어가는 경우를 방지하기 위해 명확하게 출입금지 조치를 강구해야 한다.
(2) 이동식크레인을 여러대 사용할 때나 근접구조물이 있는 경우는 이동식크레인의 지브 접촉, 충돌시키지 않도록 기계적으로 관리가 필요하다.
(3) 크레인의 운전자는 양중물 작업시에 양중물 밑으로 작업자가 들어가지 않도록 실시간으로 주의를 살펴야 한다.

5절
슬링용구 및 와이어로프

01 슬링용어

1.1. 슬링

슬링(Sling)이란 물체를 양중하는 줄걸이 기구를 총칭하는 것으로

- 와이어로프슬링(Wire rope sling)
- 웹벨트슬링(Webbelt sling)
- 라운드슬링(Round sling)
- 로프슬링(Rope sling)
- 체인슬링(Chain sling)
- 메탈슬링(Metal sling)

등 으로 나눌 수 있으며 그림 5-1과 같이 용도나 특성에 맞게 다양한 형태로 사용된다.

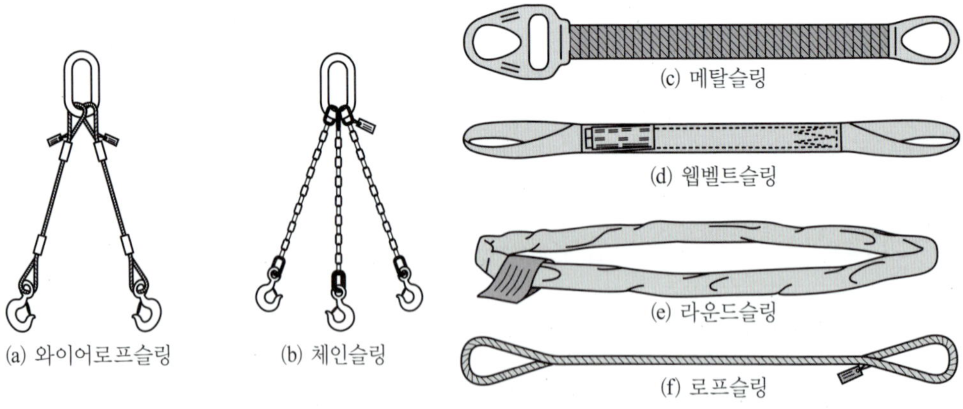

그림 5-1 슬링의 형태와 재질

1.2. 아이

아이(Eye)는 슬링의 끝 부분을 후크에 용이하게 끼울 수 있도록 만든 부분이다.

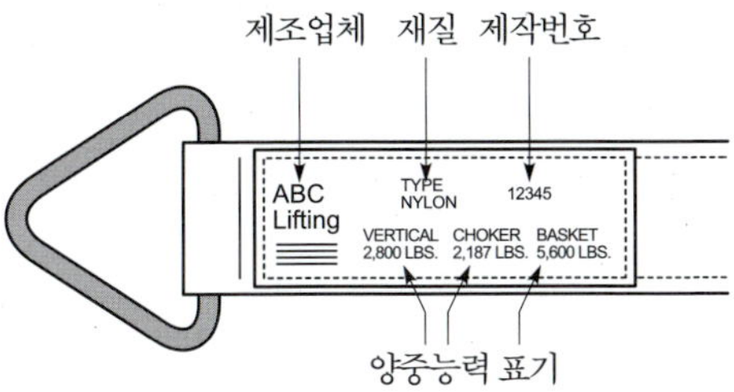

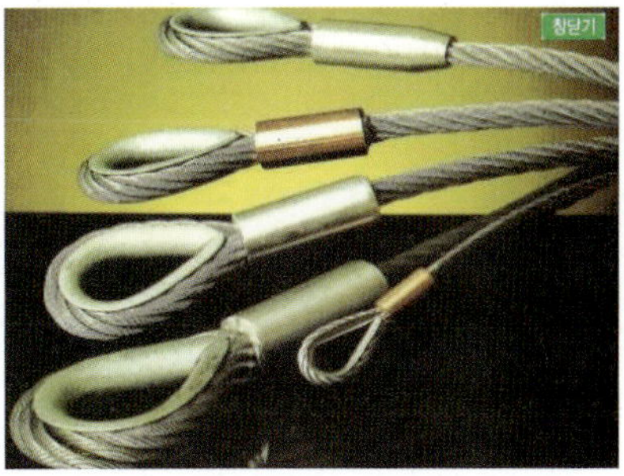

그림 5-2 슬링의 아이

1.3. 끝단 부착지그

"끝단 부착지그(End fitting)"란 아이(Eye)대신 부착하는 모든 종류의 장구를 말함.

1.4. 유효길이

유효길이(Effect length)란 실제로 사용되는 길이로 아이 내측에서 반대 내측까지 길이

1.5. 안전강도

안전강도(S.W.L : Safety working load)란 안전하중을 말한다.

1.6. 사용하중

사용하중(W.L.L : Working load limit)이란 안전하중과 동일하게 사용한다.

1.7. 안전율

안전율(Safety Factor)이란 파단강도(破斷/Breaking Strength)를 기준으로 제품사용 안전성을 부여하여 안전하중을 제시하는 수치로 슬링의 경우 S.F = 5, 6, 7 등이 종류별로 조금씩 다르게 적용된다. (B.S = Safety Factor×S.W.L)

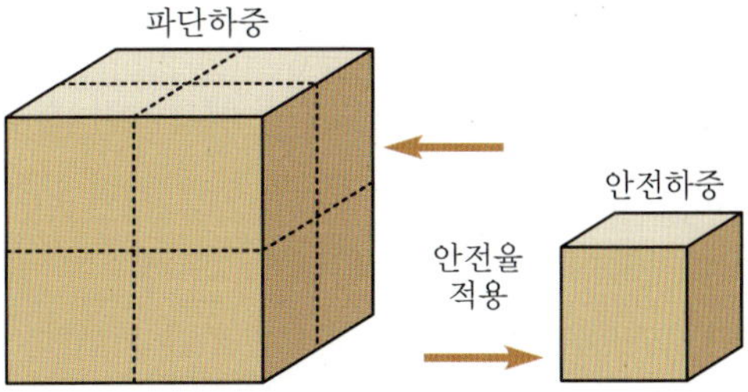

그림 5-3 파단하중과 안전하중

1.8. 슬링용구(Hardware)

줄걸이 용구란 양중물을 움직이거나 들어서 이동하는데 사용하는 것으로 각각의 슬링(Sling)과 섀클(Shackle), 턴버클(Turnbuckle), 후크(Hook), 아이볼트 (Eye Bolt), 인양링(Hoist Ring), 마스터링크 (Master Link), 블록(Block) 등 그림 5-4와 같이 여러 가지를 필요에 따라 함께 사용하게 된다.

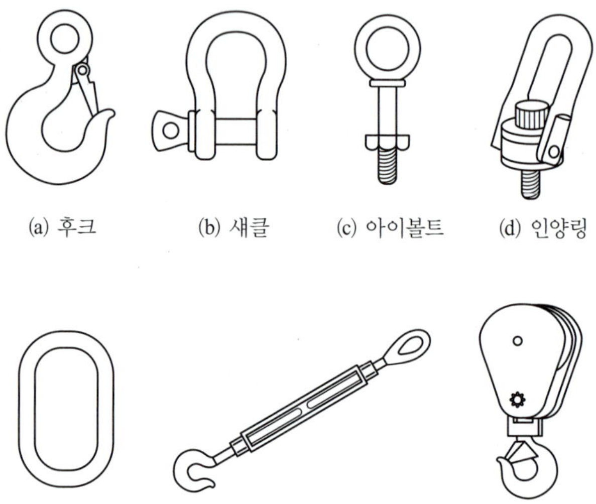

(a) 후크 (b) 섀클 (c) 아이볼트 (d) 인양링

(e) 마스터 링크 (f) 턴버클 (g) 블록

그림 5-4 슬링용구

1.9. 파단하중

파단하중(Breaking Strength)은 슬링 종류별 해당규정에 따라 시험하여 파단된 하중을 말한다.

1.10. 슬링의 사용하중과 모드계수

로프슬링의 사용하중은 1줄 매달기인 경우에는 기본 사용하중의 범위내에서, 2줄 매달기 이상인 경우는 매다는 각도를 확인하여 1줄 매달기의 사용하중에 모드계수를 곱한 범위내에서 사용하는 것으로 한다. 모드계수는 표 5-1과 같이 2줄 매달기의 경우 $2\times\cos\beta$, 3줄 매달기 및 4줄 매달기인 경우 $3\times\cos\beta$ 이다.

표 5-1 모드계수(KS B 6242)

로프슬링	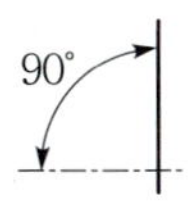	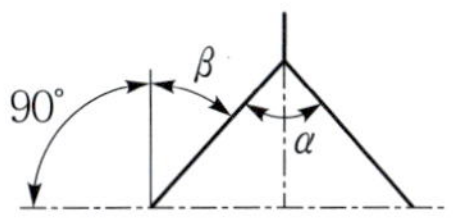		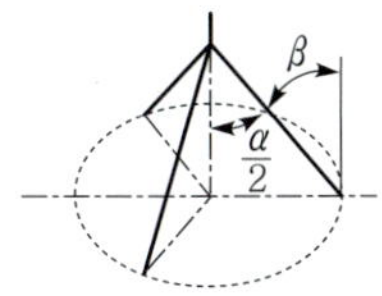		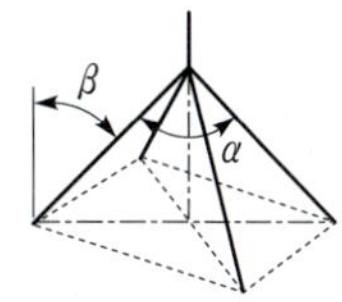	
매다는 줄수	1	2		3		4	
매다는 각도 α	–	90°	120°	–	–	90°	120°
수직선과의 각도 β	–	45°	60°	45°	60°	45°	60°
모드 계수 M	1	1.4	1	2.1	1.5	2.1	1.5

1.11. 보호대

보호대(Protect/Sleeve)는 목적물과 접결되는 부분에 슬링의 마모나 파손 및 목적물 파손에 대비하여 부착하는 것으로 고정용, 이동용, 탈착식 등이 있다.

1.12. 표면처리 및 컬러코딩(Coating & coding)

색상 및 코팅처리는 섬유 슬링제품인 웹벨트슬링, 라운드슬링 제품에 마무성, 안전성, 내후성을 위해 EN[1], ISO 등에서 기준으로 채택하고 있다. 또한, 표 5-2과 같이 슬링의 규격에 따라 안전사용 강도를 육안으로 확인키 위해 색상을 달리하면 관리 및 사용에 매우 편리하다.

표 5-2 섬유슬링의 색상기준

색상	안전강도	색상	안전강도	색상	안전강도	색상	안전강도
보라색(Violet)	1톤	녹색(Green)	2톤	노랑(Yellow)	3톤	회색(Gray)	4톤
적색(Red)	5톤	고동색(Brown)	6톤	파란색(Blue)	8톤	오렌지(Orange)	10톤

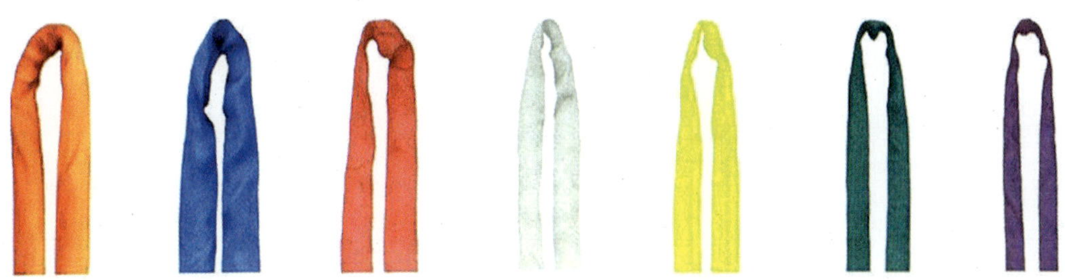

그림 5-5 사용하중에 따른 슬링의 색상

1) EN : European Standard

02 슬링의 종류

슬링의 종류는 재료 및 제조방법과 사용형태에 따라 여러 가지로 분류할 수 있다. 표 5-3(DSR제강)은 여러가지 슬링의 구조와 특성을 표시하고 있다.

표 5-3 슬링의 종류와 특징 비교

구분	Web belt Sling	Round Sling	Rope Sling	Wire rope Sling	Chain Sling	Mesh Sling
원재료	합성섬유 Polyester Nylon Polypropylene	합성섬유 Polyester Nylon Polypropylene SuperMax	합성섬유 Polyester Nylon Polypropylene SuperMax	Steel Wire Strainless	Steel Chain	Wire & Chain
	Webbing	Webbing+Yarn	Fiber Rope	Steel Rope	Chain	Wire+Chain
제조방법	미싱(Sewing)	Hank + 미싱	Splice	Splice Socket Clip 등	Welding	Welding +Assembly
안전강도 (직선하중)	0.5~24ton	1~50ton	1~150ton	0.5~41ton	제조사	제조사
안전율	6~7	6~7	6~7	6이상		
기본구조	평면 접합면 Eye to Eye+ 겹수+Endless +겹수	평면+ 원형 복합면 Eye to Eye Endless	원형 접합면 3strand & 8strand+Eyeto Eye endless	원형 접합면 Eye to Eye Endless	불규칙 접합면 Chain+ 아이 금구	일부평면 접합면 아이금구+ Wire 웨빙
유연성/취급성	☺☺	☺☺☺	☺☺	☹☹☹	☹☹	☹
마모성	☹	☹	☺	☺☺	☺☺☺	☺☺
내열성	☺	☺	☺	☺☺	☺☺	☺☺
장점 (섬유슬링 vs 와이어슬링)	•가볍고 탁월한 유연성으로 제품의 취급을 안전하고 쉽게 사용할 수 있다. •미끌림이 없다(표면 장력 및 쵸킹) •화학약품과 기름에 강한 저항력을 지닌다. •다양한 크기로 모든 응용분야에 이용이 가능하다. •고객의 주문에 따라 특별한 분야에서 사용하는 슬링을 제조할 수 있다. •강력한 고강도의 재료로 만들어지므로 제품 강도가 우수하다.			•내마모성이 뛰어나 수명이 길고 경제적이다. •열에 강함 •형태/길이 안정성이 좋음. •로프슬링에 비해 인장강도가 우수함.		
규정	EN 1492-1 ISO 4878 등	EN 1492-2	EN 1492-4	DIN 3088 ISO 7531 등	EN 818-등급 ISO 7593 등	

예시 ☺ : 보통 ☺☺ : 양호 ☺☺☺ : 매우양호 ☹ : 나쁨 ☹☹ : 매우나쁨 ☹☹☹ : 취급주의

2.1. 와이어로프 슬링

와이어로프 슬링(Wire rope sling)은 동일강도 슬링제품 중 가장 가격이 저렴하며, 중량물 취급이나 목적물에 의해 열, 마모문제가 발생할 경우 가장 유용한 제품이다. 그러나 와이어로프는 중량이 무거워서 취급시 양중물의 파손이나 흠집 등이 발생하지 않도록 유의할 필요가 있다.

그림 5-6 와이어로프 슬링의 예

2.2. 웹벨트슬링

웹벨트슬링(Webbelt sling)은 평평한 형태의 제직(製織)된 원단(Webbing)을 원재료로 하여 필요한 형태에 따라 미싱(Sewing) 가공한 것으로 일명 벨트슬링(Belt sling)으로 통용되며 고강력 제품으로 산업현상 및 건설현상에서도 많이 사용된다. 그러나 겨울철에 습기관리를 잘못하여 동결되었을 경우에는 강도가 크게 저하될 수 있다.

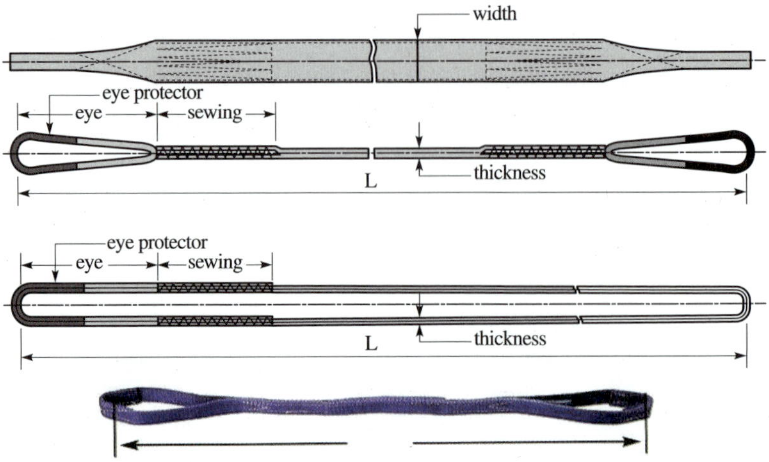

(a) eye and eye

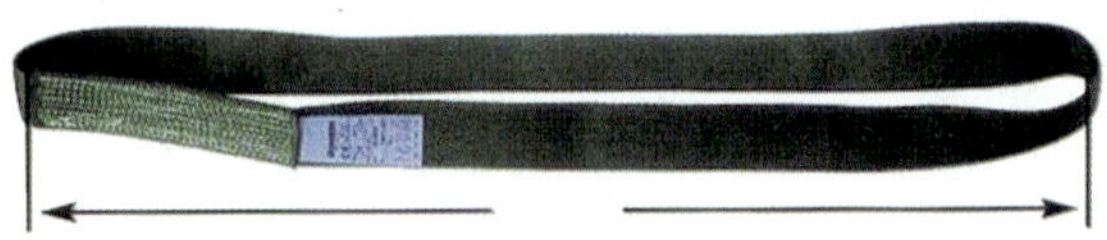

(b) Endless Type

그림 5-7 웹벨트슬링

그림 5-8 웹벨트슬링 활용사례

2.3. 라운드슬링

"라운드슬링(Round sling)"은 한국산업안전보건공단의 인조섬유 라운드슬링 사용에 관한 기술지침(KOSHA CODE M-64-2008)에서 "하중을 지지하는 원사로 구성된 심(Core of Yarn)이 직조된 외피(Cover)로 완전히 둘러싸여진 유연성이 있는 엔드리스슬링(Endless Flexible Sling)"이라고 정의되어 있다. 특히 다양한 형태와 고하중의 물건을 양중하는데 가장 유용성 있는 제품으로 유동성이 부족한 와이어로프 슬링을 대체하는 용도로 많이 이용된다. 주로 많이 사용되고 있는 라운드슬링의 소재는 폴리에스터, 폴리프로필렌 및 폴리아미드 이다.

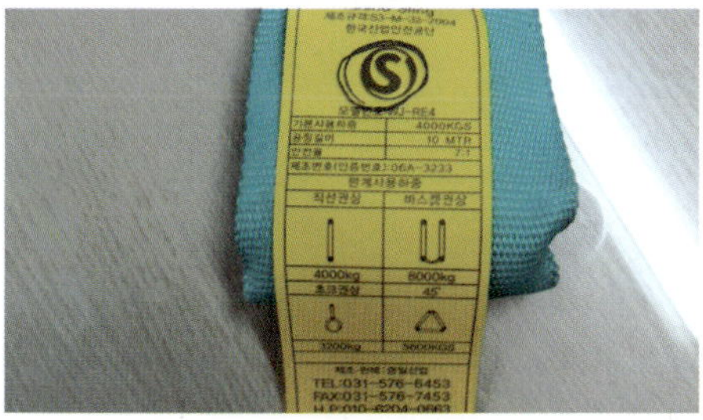

(a) 제품 표기

(b) 라운드슬링 내부

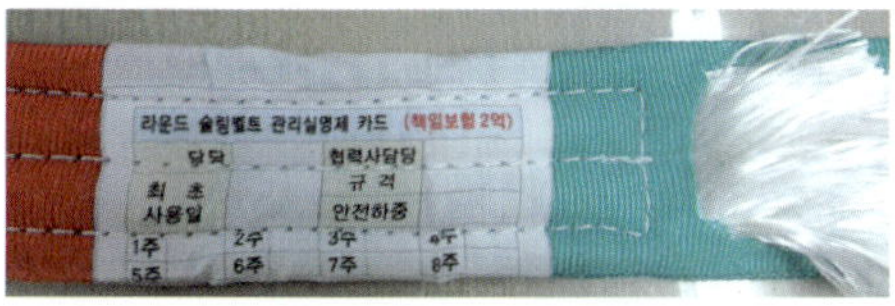

(c) 라운드슬링 관리 인식표

(d) 라운드슬링 아이부분

그림 5-9 라운드슬링

그림 5-10 라운드슬링 활용사례

2.4. 로프슬링

로프슬링(Rope sling)은 그림 5-11과 같이 일반적인 폴리프로필렌 로프나 나일론, 폴리에스트 등의 제품을 이용하여 저하중의 하역용이나 선박 정박용으로 이용되며, 최근에는 고강력 원사를 이용한 제품이 생산되고 있어 와이어로프 슬링 대체용이나 전선견인용 및 해상작업용 등 다양한 용도에 적용되고 있다.

PP로프

PP 멀티로프

안전 가이드로프

브레디르로프

마니라로프

자일(등산용)

그림 5-11 다양한 종류의 로프

다음 표 5-4은 로프슬링의 용도와 종류를 나타낸 것이다.

표 5-4 로프의 종류와 용도

구분	3연 로프슬링	8연 로프슬링	12연 로프슬링
사용용도	일반 하역용	고중량제품, 정박용	특수용도 인양 / 하역
제품명(원사별)	PP, Ny, Pet	PP, Ny, Pet, Super max(특수용도)	Super max(특수용도)
강도	제조사 사양	제조사 사양	제조사 사양
선택기준	저중량, 유연성, 소모품기준	고강력, 유연성	고강력, 유연성, 저중량, 굴곡성
꼬임	S 또는 Z 꼬임	로프 S/Z 혼합	로프 S/Z 혼합
자전성	있음(꼬임반대방향)	없음	없음

※ PP : 폴리프로필렌 로프, Ny : 나일론 로프, Pet : 폴리에스트 로프, Super max : 고강도 특수로프

2.4.1. 단선로프 슬링

단선로프 슬링(Single rope sling)는 그림 5-12과 같이 양쪽에 아이가 있는 형태로 일반적인 아이가공을 통해 만든 슬링이다.

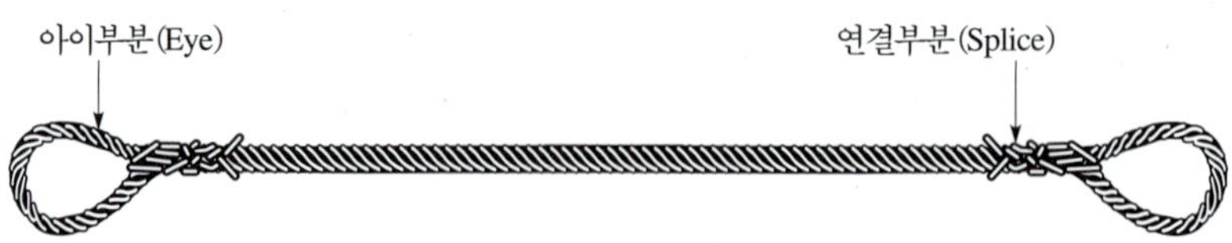

그림 5-12 3연로프 슬링구조

2.4.2. 고리형 로프 슬링

고리형 로프 슬링(Endless rope sling) 그림 5-13와 같이 로프의 양 끝단을 상호 연결하여 만든 제품으로 원형 형태이다.

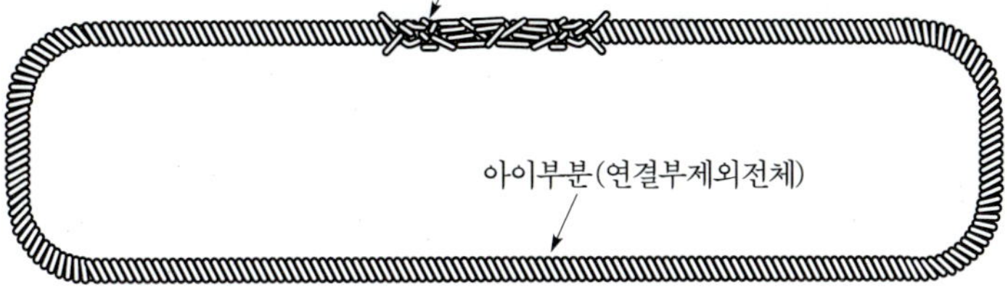

그림 5-13 고리형 로프의 슬링

2.5. 체인슬링

체인슬링(Chain sling)은 강도가 우수한 금속으로 제조되었으며 사용이 편하고 내구성이 좋다. 중량물과 온도가 매우 높은 작업환경, 특히 근접이 어려운 작업환경인 경우에 체인슬링을 사용한다. 최근에는 중동지역의 먼지가 많은 환경에서 많이 사용되고 있으며, 국내 건설현장에도 도입하여 사용하는 사례가 증가하고 있다. 슬링용 체인은 양질의 탄소강 또는 특수 합금강을 사용하여 제조되며, 인장강도에 따라 M급, S급, T급으로 구분된다. 체인의 크기 표시는 환강의 직경(mm)으로 하고 이를 호칭경이라 한다. 또한, 체인에는 여러 종류가 있으나 일반적으로 사용되고 있는 것은 쇼트링크체인(Short link chain)이며 특히 중량물 취급에는 스터드 (Stud)를 부착하여 사용하는 경우도 있으며 체인슬링은 통상 체인의 양 끝에 후크, 링 등을 부착하여 사용된다.

그림 5-14 여러유형의 체인슬링

그림 5-15 체인슬링 활용사례

2.6. 슬링의 형태

슬링은 양중방법과 양중특성에 따라 다양하게 사용될 수 있으나 안전이 확보되어야 하며, 그림 5-16~18에 그 대표적인 형태(KS B 6242)를 예시 하였고 미국표준규격(ANSI/ASME B 30.9, Section 9-2.4)에도 상세히 제작기준을 명시하고 있다.

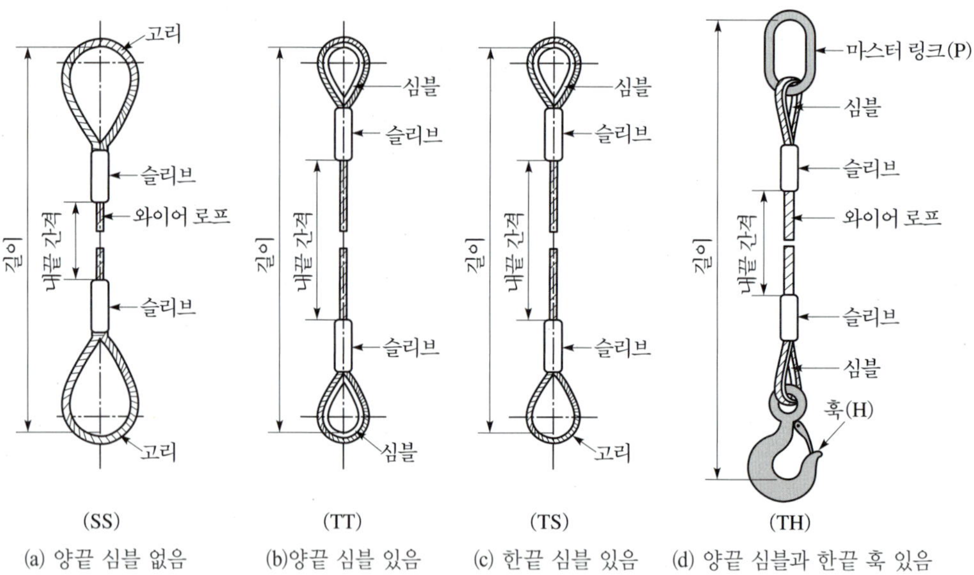

그림 5-16 1줄형 로프슬링의 예(기본형)

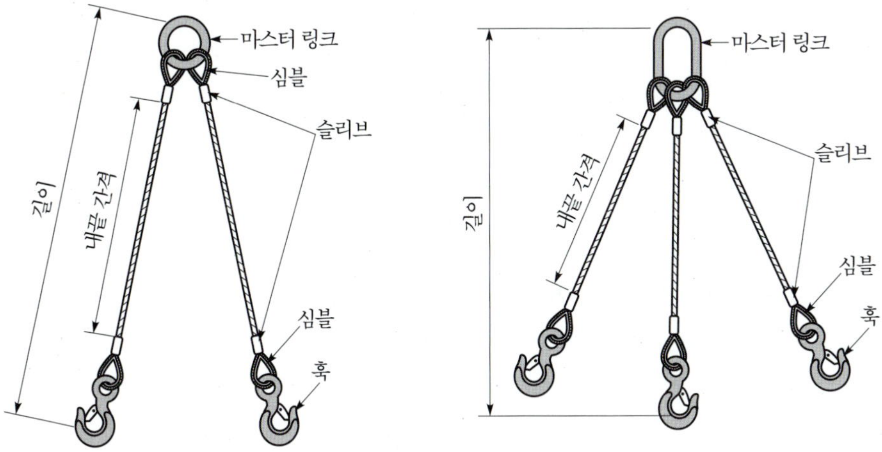

그림 5-17 2줄형, 3줄형 로프슬링의 예

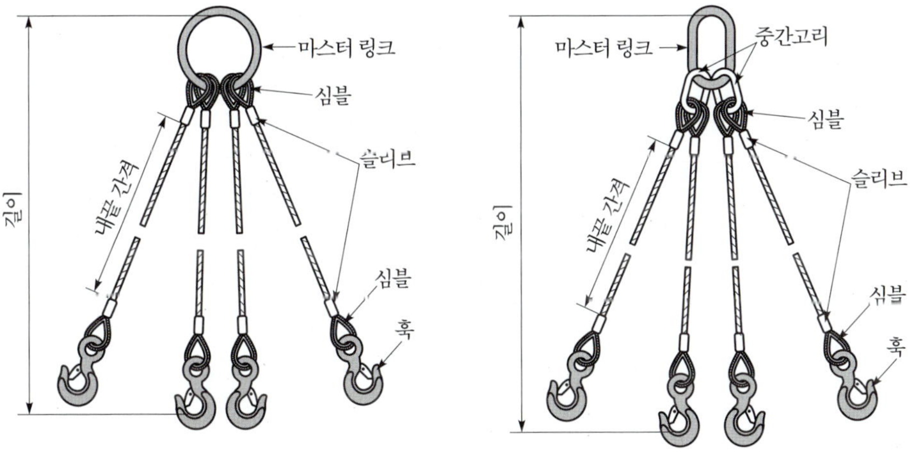

(a) 마스터링크 부착(PH4)

(b) 마스터링크·중간 링크 부착(PHQ4)

그림 5-18 4줄형 로프슬링의 예

03 안전계수와 인장시험

슬링의 안전계수는

• $\text{슬링의 안전계수} = \dfrac{\text{로프의 파단하중(kN)}}{\text{로프의 최대 사용하중(kN)}}$

의 값으로 표시하도록 KS B 6591에 명기되어 있다. 이때의 파단하중은 그림 5-19, 20과 같이 인장시험(KS B 6242)을 통하여 얻을 수 있다.

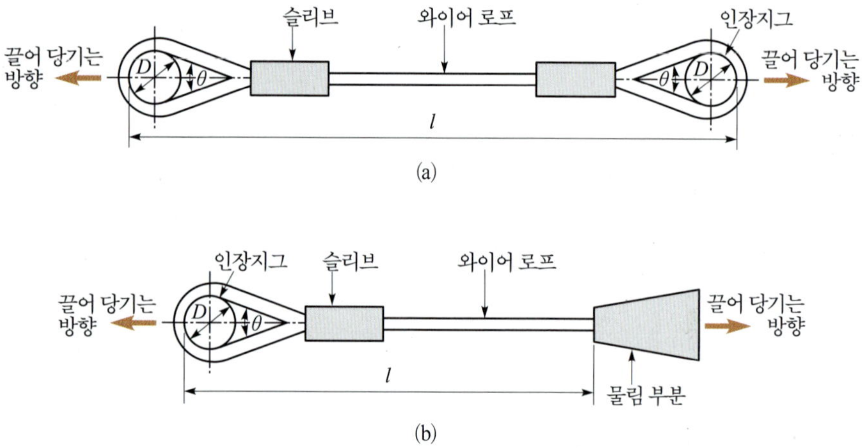

그림 5-19 와이어로프의 인장시험편

또한, 크레인 등의 고리걸이에는 화물의 무게, 형태 등에 의해 와이어로프, 체인 등 슬링 외에 훅, 섀클 등이 보조기구로 사용되는 수가 많다. 이 고리걸이 기구의 안전계수는 산업안전보건기준에 관한 규칙(제163조)에 다음과 같이 규정하고 있다.

1) 근로자가 탑승하는 운반구를 지지하는 경우 : 10 이상
2) 화물을 직접지지하는 경우 : 5 이상
3) 상기 1), 2)이외의 경우에는 4 이상

또한, 同 규정에는 "고리걸이용 로프 또는 달기 체인의 경우 최대허용하중 등이 표시된 표식이 견고하게 붙어있는 것을 사용하여야 한다"고 명기되어 있다.

이 규격에 명시되지 않은 섬유로프의 경우에는 규격강도의 90%와 안전율(강도사용계수)을 7로 적용도록 ISO 및 EN에서 규정하고 있다. 일반적으로 슬링은 각도 및 충격정도, 재질 등을 고려해서 충분한 안전계수를 확보하여야 하며 불명확할 때에는 반드시 제작사에 인장시험 결과 등을 확인하여야 한다.

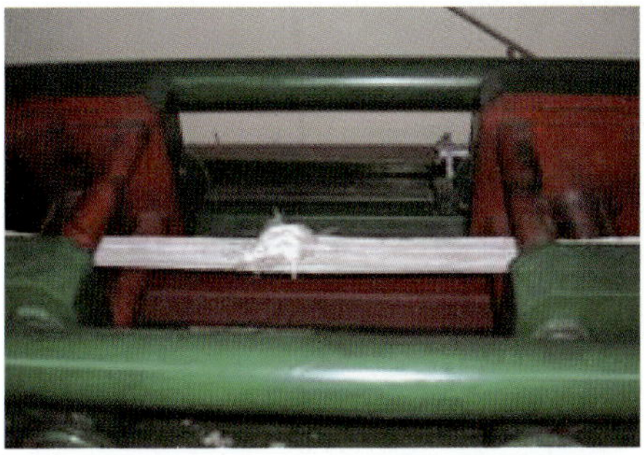
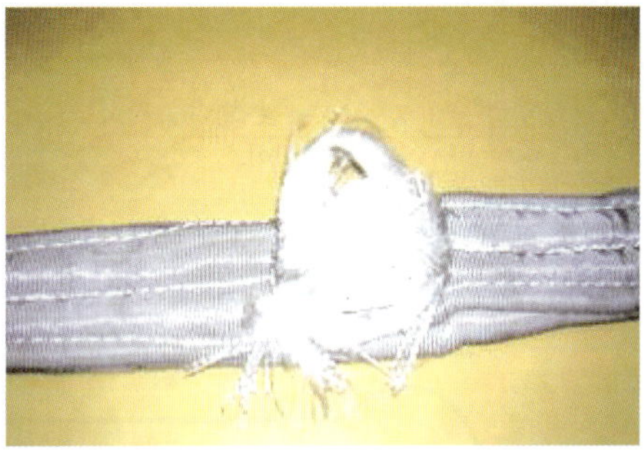

(a) 섬유로프 인장시험

(b) 와이어로프 인장시험

그림 5-20 슬링로프의 인장 시험

04 일반적인 슬링의 구성

4.1. 양쪽 아이 형태(Eye to Eye)

그림 5-21과 같이 슬링의 양 끝단에 아이가 있는 것을 말한다.

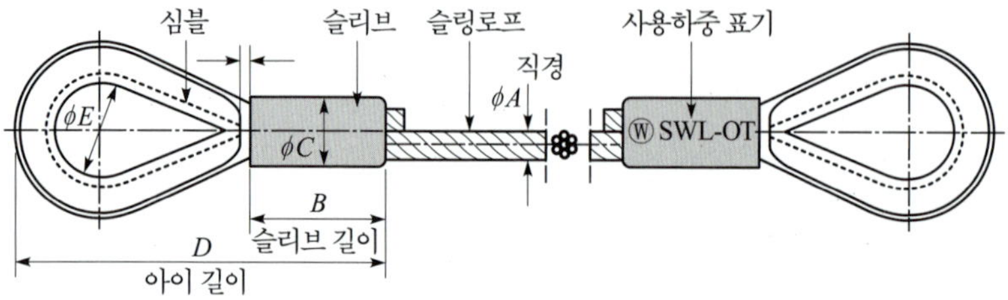

(a) 와이어로프

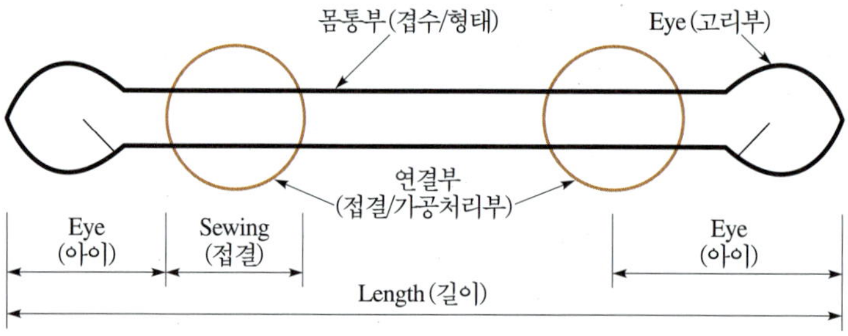

(b) 웹벨트슬링 형태

그림 5-21 Eye to Eye 형태

4.2. 고리형태(Endless Form)

고리형태의 슬링은 모두 연결되어 있어 끝이 어디인지를 구별할 수 없는 형태이다.

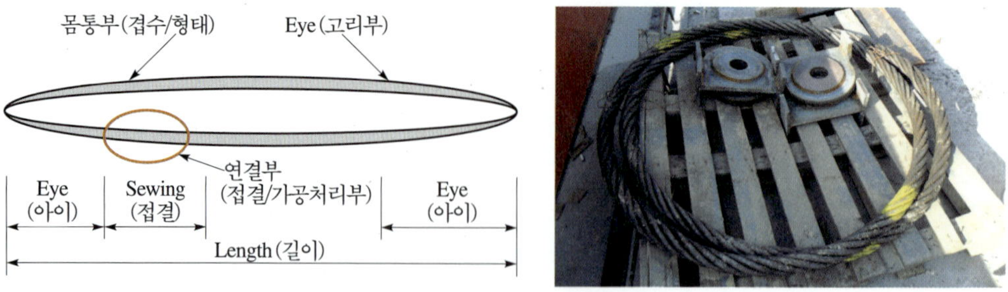

그림 5-22 고리 형태

05 슬링의 표식

산업안전보건기준에 관한 규칙(제163조)에 의하면 모든 슬링에는 그림 5-23와 같이 최대 허용하중과 몇가지 정보를 표시하도록 되어있다. 이 표식은 상세한 제품정보와 함께 안전준수 사항도 부착되어야 한다. 다음 표 5-5는 ISO, EN에서 합성섬유슬링에 대한 표식(라벨) 색상으로 원재료를 구분하는 방법에 대하여 규정한 내용을 표시한 것이다.

표 5-5 합성섬유에서 라벨색상과 원재료 구분 규정

원재료명	라벨색상	규정
폴리에스터	블루(파랑)	ISO, EN(유럽통합규격) 등
나이론	그린(녹색)	
폴리프로필렌(PP)	브라운(고동색)	

5.1. 표식에 포함할 기본정보

표식(라벨)에 포함할 내용은 다음과 같다.

① 안전하중 및 관련사항
② 제품의 원재료(품명 및 사용하중)
③ 표준길이
④ 공급사 또는 제조사, 기호, 상표등록번호 또는 중명
⑤ 제조번호(시리얼번호/ LOT번호)
⑥ 규격번호 및 날짜

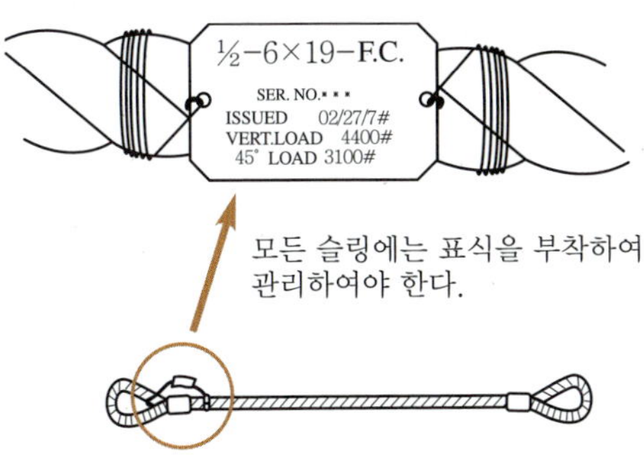

(a) 로프 슬링

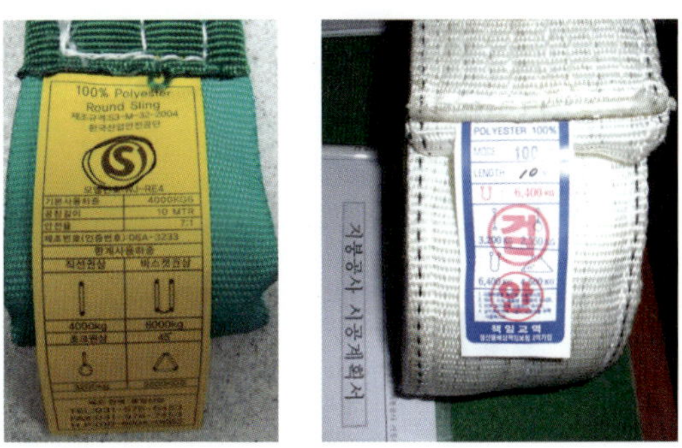

(b) 벨트 슬링

그림 5-23 표식사례

5.2. 표식의 안전문구 적용사례

국문	영문
1. 손상된 슬링은 사용을 금합니다. 2. 안전 사용하중을 확인 후 적합한 중량물에 사용하시길 바랍니다. 3. 슬링에 손상을 가하는 밴드나 날카로운 모서리가 있을 시 보호대를 사용하세요. 4. 슬링 운반 시 지면에 끌지 마세요. 5. **℃ 이상의 고온 및 산 등의 화학약품에서는 사용을 금합니다. 6. 사용형태를 변경하여 사용시 안내 자료를 참고하십시오.	1. Do not use a damaged sling. 2. Inspect carefully before use. 3. Ensure that the SWL of the sling is suitable for load being lifted. 4. Protect the sling from sharp edges–metal bands and packing. 5. Checking mode factor befor use. 6. Do not drag the load in the sling. 7. Do not lift with knots. 8. Do not overload the sling.

주) 1) **℃ : 해당 슬링류에 따라 다름
2) 부가표기사항 : 길이, 사용제한 등

06 슬링의 형태별 명칭

6.1. 수직형태

수직형태(Straight Lifting)는 끝단지그 부착시 주로 사용하는 형태로 강도시험에도 사용되는 형태이다.

6.2. 바스켓 형태

바스켓 형태(U–Form Lifting)는 양쪽의 아이(Eye)를 훅크에 걸어서 사용하는 것으로 미끄러짐이 없는 양중물에 사용되는 형태이다.

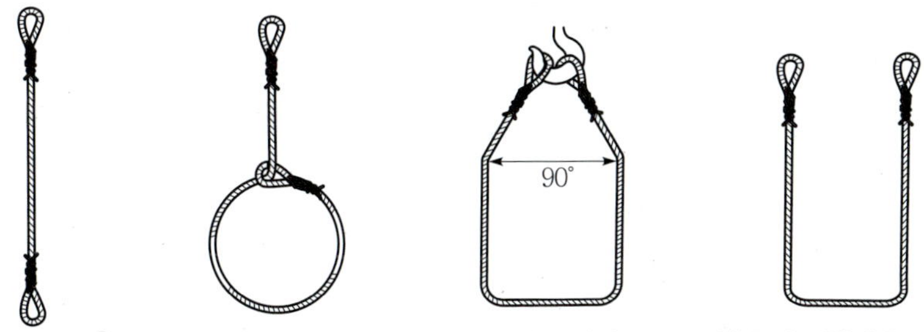

(a) Straight Pull M=0.8 (b) Choke Hitch M=0.8 (c) Basket Hitch Max90° M=1.4 (d) Basket Hitch Parallel M=2.0

그림 5-24 줄걸이의 형태와 모드 계수

6.3. 쵸크형태

쵸크형태(Chocker Lift)는 한쪽 아이(Eye)를 다른 쪽 아이(Eye)사이로 통과하여 물체를 감싸는 형태로 움직임이 많은 제품에 이용되며 일반적으로 섬유슬링의 경우 80%, 와이어 슬링의 경우 75%를 적용한다.

표 5-6 슬링의 형태와 모드계수

사용형태				
환산계수	M=1.0	M=0.8	M=2.0	M=1.9
비고	Vertical	Choke	Basket	30°
사용형태				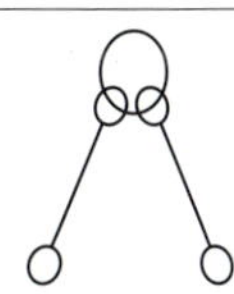
환산계수	M=1.7	M=1.4	M=1.0	M=1.7
비고	60°	90°	120°	30°

주) 와이어계열 Choke는 M=0.75임

07 슬링의 선택방법

슬링로프는 작업장의 환경조건 및 양중물의 형태에 따라 선택하여야 하며 용도에 적합한 방법을 선택하여야 한다.

표 5-7 슬링 선택시 작업성 평가방법

항목별 구분	체크 포인트
(1) 작업환경 조건 •크레인 조건과 기본하중 •이송부분 및 상단부의 장애물 •전선(선로) 및 기타 재해 원인 •화학성분에 대한 조건 •제품 자체 및 주위 온도 •위험으로부터의 작업자 위치 •전체설비에 대한 검사	(1) 주요 포인트 •사용 크레인 상태 및 체결부 형태(훅) •작업환경(내·외적 작업반경 및 장애물 등) •지반 안정성
(2) 제품하중 및 상태 •제품의 무게 •무게 중심(액상 제거) •사용 목적물의 수량 및 위치가 포함된 양중점 •슬링에 파손을 줄 수 있는 모서리 부분 •손실부분의 제거 및 보완(낙하, 비래 방지) •최적의 Lifting 구조(굴곡, 압착 여부)	(2) 주요 포인트 •슬링 사용 형태에 따른 조건 확인 •무게 중심 및 작업방법 변경에 따른 변화 •적정 보호대의 선택(마모의 정도) •제품 형태의 지탱성
(3) 슬링 사용 관련 •슬링의 형태(슬링 개수 포함) •줄걸이 형태 •고정물의 균형유지(유동체 포함) •슬링 작업시 움직임과 하중 변화에 대한 방지 수단 •슬링의 각도와 안전하중 계산 •라벨이나 표기물의 요구사항 •양중계획 및 절차 방법	(3) 주요 포인트 •사용 환경에 따른 최적 슬링 •아이 형태 및 제품 형태 •미확인 슬링은 제조업체에 시험성적서 요청

08 슬링의 작용하중

8.1. 안전하중 및 실제장력 산정

슬링의 안전하중(T_s)은 실제발생되는 장력(T)보다 커야 양중시 안전을 확보할 수 있다. 그림 5-25, 26은 양중 줄걸이의 체결 각도에 따라서, 슬링에 작용하는 하중 변화를 보여주고 있다.

- $T_s \geq T$ (5.1)

- $T_s = \dfrac{F_u \times \alpha}{\phi}$ (5.2)

- $T = \dfrac{W}{[n \times \cos(\theta/2)]}$ (5.3)

여기서, T_s : 안전하중　　T : 실제장력
F_u : 파단하중(절단하중)　　α : 저감계수
ϕ : 안전율　　W : 양중물 중량
n : 슬링로프 수　　θ : 양중각도

각도(θ)	하중계수	각도(θ)	하중계수
0°	1.000	80°	1.305
10°	1.004	90°	1.414
20°	1.015	100°	1.556
30°	1.035	110°	1.743
40°	1.065	120°	2.000
50°	1.103	130°	2.366
60°	1.155	140°	2.924
70°	1.221	150°	3.864

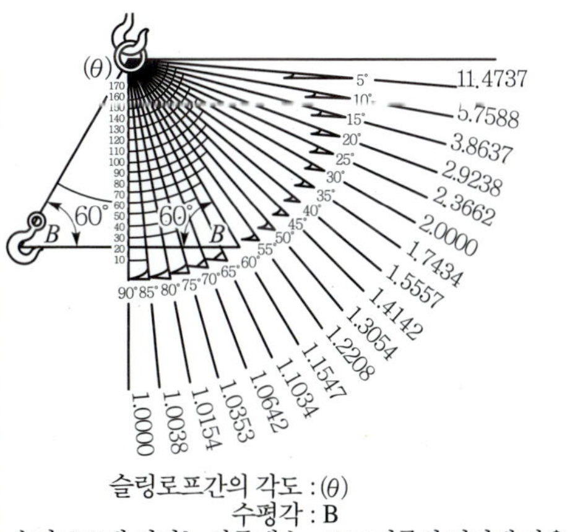

그림 5-25 슬링각도와 하중계수

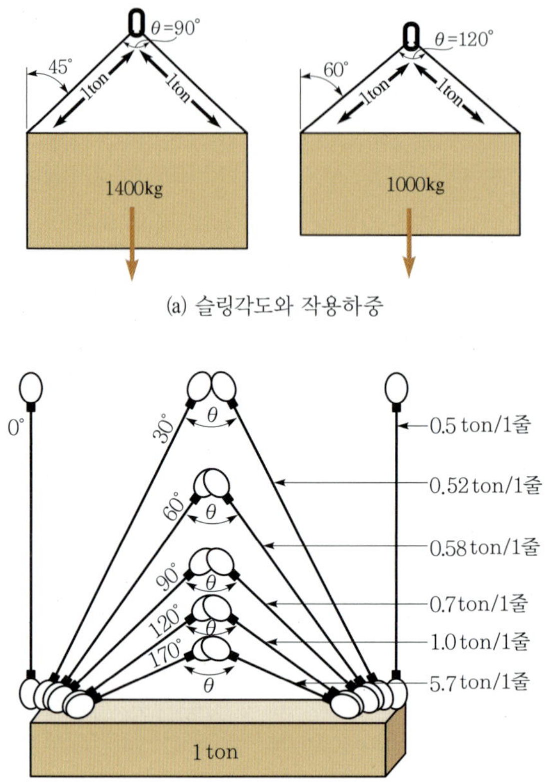

(a) 슬링각도와 작용하중

(b) 슬링의 작용하중

그림 5-26 각도에 따른 장력변화 예시

그림 5-27 여러 형태의 슬링방법

8.1.1. 안전하중(T_s)

안전하중(T_s)는 식 (5.2)로 구할 수 있다. 각 항목별 내용을 살펴보면 다음과 같다.

가. 파단하중(F_u)

슬링의 파단하중은 슬링의 종류와 특성에 따라 다르기 때문에 사용할 슬링의 제조업체로부터 시험성적서를 받아서 확인 한다.

다음 표 5-8은 국내에서 많이 사용하는 슬링용 와이어로프의 절단하중을 표기하였다.

표 5-8 와이어로프의 파단하중, 예

Diameter		Approx. Weight(kg/100m)				Minimum Breaking Strength in kg E, G & B(180kg/mm²)				
mm	inch	(6×37) IWRC	6×Fi(25) IWRC	6×F(29)IWRC 6×WS(31)IWRC	6×W(19) IWRC	(6×37) IWRC	6×Fi(25) IWRC	6×Fi(29)IWRC 6×WS(31)IWRC	6×W(19) IWRC	6×WS(36) IWRC
8	5/16	25.5	27.6	28.2	27.5	4,160	4,390	4,360	4,430	4,450
9	3/8	32.3	34.9	35.7	34.8	5,260	5,560	5,520	5,600	–
10	–	39.8	43.1	44.1	43.0	6,500	6,860	6,810	6,920	6,950
11	7/16	50.0	54.0	55.3	53.9	8,150	8,610	8,550	8,670	8,410
12	–	57.3	62.0	63.5	61.9	9,370	9,880	9,810	9,960	10,000
12.5	1/2	62.2	67.3	68.9	67.2	10,100	10,700	10,600	10,800	10,900
14	9/16	78.1	84.4	86.4	84.3	12,800	13,500	13,400	13,600	13,600
16	5/8	100	110	113	110	16,600	17,600	17,400	17,700	17,800
18	11/16	129	140	143	139	21,100	22,200	22,100	22,400	–
10	3/4	145	156	159	155	23,700	24,800	24,600	25,000	25,100
20	13/16	160	172	176	172	26,000	27,500	27,300	27,700	–
22	7/8	200	216	221	216	32,600	34,400	34,200	34,700	34,900
24	15/16	230	248	254	248	35,900	39,500	39,200	39,800	40,100
25	1	250	269	276	269	40,500	42,900	42,600	43,200	43,500
28	1-1/8	313	338	346	337	51,000	53,800	53,400	54,200	54,500
30	1-3/16	358	387	397	387	58,500	61,800	61,300	62,200	62,600
32	1-1/4	400	441	451	440	66,600	70,300	69,800	70,800	71,200
35	1-3/8	488	528	540	526	79,700	82,400	83,500	84,700	85,200
38	1-1/2	575	622	637	612	94,000	99,100	98,400	99,900	100,000
40	1-19/32	640	689	705	688	104,000	110,000	109,000	111,000	111,000
42	–	703	760	778	759	114,000	121,000	120,000	122,000	123,000
44	1-3/4	772	834	853	832	125,000	133,000	132,000	134,000	135,000
46	1-13/16	843	912	933	910	137,000	145,000	144,000	146,000	147,000
48	1-7/8	917	993	1,020	991	150,000	158,000	157,000	159,000	160,000
50	1-31/32	995	1,080	1,100	1,080	163,000	172,000	170,000	173,000	174,000
51	–	1,040	1,120	1,140	1,120	170,000	179,000	177,000	180,000	181,000
52	2-1/16	1,080	1,170	1,190	1,160	176,000	186,000	184,000	187,000	188,000
56	–	1,250	1,350	1,380	1,350	204,000	216,000	214,000	217,000	218,000
58	2-5/16	1,340	1,450	1,480	1,440	219,000	231,000	229,000	233,000	234,000
60	2-3/8	1,430	1,560	1,590	1,540	234,000	248,000	245,000	249,000	250,000

표 5-8 와이어로프의 파단하중, 예

Diameter		Approx. Weight(kg/100m)				Minimum Breaking Strength in kg E, G & B(180kg/mm²)				
mm	inch	(6×37) IWRC	6×Fi(25) IWRC	6×F(29)IWRC 6×WS(31)IWRC	6×W(19) IWRC	(6×37) IWRC	6×Fi(25) IWRC	6×Fi(29)IWRC 6×WS(31)IWRC	6×W(19) IWRC	6×WS(36) IWRC
64	2–1/2	1,580	1,710	1,750	1,700	258,000	273,000	270,000	274,000	
71	2–13/16	2,010	2,180	2,230	2,160	357,000	347,000	243,000	349,000	–
75	2–13/32	2,240	2,430	2,480	–	365,000	387,000	383,000	–	–
80	3–5/32	2,570	2,760	2,830	–	416,000	440,000	436,000	–	–
84	3–5/16	2,710	3,050	3,120	–	459,000	485,000	480,000	–	–
88	3–15/32	3,090	–	–	–	503,000	–	–	–	–
95	3–3/4	3,560	–	–	–	587,000	–	–	–	–
98	3–7/8	3,830	–	–	–	624,000	–	–	–	–
102	4	4,150	–	–	–	676,000	–	–	–	–
110	4–3/8	5,170	–	–	–	732,000	–	–	–	–
115	4–5/8	5,650	–	–	–	800,000	–	–	–	–

Tip : 와이어로프의 파단하중 추정

– 파단하중(F_u) = $\frac{d^2}{20}$ – 사용하중(kgf) = $8d^2$

$\therefore d = \sqrt{F_u \times 20}$

- F_u : 파단하중(ton)
- 20 : 상수
- d : 와이어로프의 지름(mm)

나. 파단하중의 저감계수(α)

저감계수는 꼬임의 여부(α_1), 체결방법(α_2), 부속철물(α_3)에 의한 영향 등을 검토하여 가장 작은 계수를 적용한다.

① 꼬임(Kink)에 의한 저감계수(α_1)

와이어로프는 섬유로프보다 꼬임에 대하여 매우 약하다. 로프가 과도하게 굴곡되거나 꺾임을 받으면 영구적인 찌그러짐(Kink)이 발생한다. 킹크가 한번 발생한 로프의 부위는 원 상태로 복원한다고 하여도 정상적인 형태를 갖지 못하고 이그러진 상태로 흔적이 계속 남게되어 내력의 저하로 교환해야 하며 와이어로프의 파단하중 저하율은 20~80%이하까지 감소된다.

표 5-9 와이어로프 꼬임에 의한 저감계수

	구분	저감계수
α_1	킹크(Kink)된 상태 그대로 사용할 경우	0.5
	킹크(Kink)된 것을 다시 펴서 사용할 경우	0.8

② 체결방법에 의한 저감계수(α_2)

슬링로프는 종류에 따라 체결방법이 다를 수 있으나 대표적인 와이어로프의 단말가공법에 따른 체결효율을 살펴보면 다음과 같다.

표 5-10 와이어로프 끝단 체결방법에 의한 저감계수

	체결방법	저감계수	체결방법	저감계수
α_2	결박법	0.5	LONG SPLICE법	0.9~0.95
	COTTER PIN 조임법	0.6~0.8	EYE CLAMP법	0.95~1.0
	CLIP 조임법	0.8	M형 소켓조임법	0.95~1.0
	EYE SPLICE법	0.7~0.9	합금 소켓 조임법	1.0
	SHORT SPLICE법	0.7~0.9	SG CLAMP법	1.0

※와이어로프 끝단 체결방법은 슬링제작방법과 재료에 대한 편차가 많아 저감계수 적용에 대한 범위가 매우 넓다.

③ 부속철물의 굴곡에 따른 저감계수(α_3)

부속철물이란 섀클이나 볼트, 핀 등의 직경과 와이어로프의 직경비를 말하며 적어도 부속철물의 직경이 와이어로프 직경의 6배이상 되어야 한다.

표 5-11 와이어로프 굴곡에 의한 저감계수

	부속철물에 의한 절곡 직경	저감계수
α_3	와이어로프 직경의 1배	0.5
	와이어로프 직경의 2배	0.65
	와이어로프 직경의 3배	0.75
	와이어로프 직경의 6배	0.79

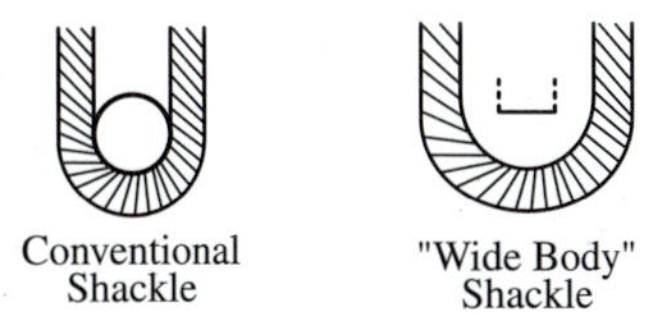

다. 안전율(ϕ)

고리걸이용 로프 및 달기체인의 안전율(ϕ)은 산업안전보건기준에 관한 규칙(제163조)에 따라 5.0이상을 적용하도록 되어있으나 슬링의 재료와 특성에 따라 피로누적, 충격하중, 풍압 등을 고려하여 6.0을 사용하는 경우도 있으며 보통 5~10까지 적용하고 있다.

8.1.2. 슬링에 작용하는 실제장력(T)

슬링로프 1선에 작용하는 실제장력은 슬링로프의 가닥수와 줄걸이 각도에 따라 다르다.

사용할 슬링 선택시 각도가 충분히 고려되지 않는다면 작업시 치명적인 사고의 원인이 될 수 있다. 슬링의 양끝 부분의 인장력은 양중 시 수평상태에서 각도가 증가할수록 강도가 감소한다. 즉, 양중 시 90도에 가까울수록 슬링이 정상적인 강도가 발휘되며, 수평에서 30도 미만의 사용은 피하는게 원칙이다. 이러한 점들을 감안하여 인양각도 및 슬링의 길이, 중량을 알 수 있다면 슬링의 적절한 사양을 결정할 수 있다. 다음 그림 5-28은 슬링의 줄수와 체결 각도를 표시한 것이다.

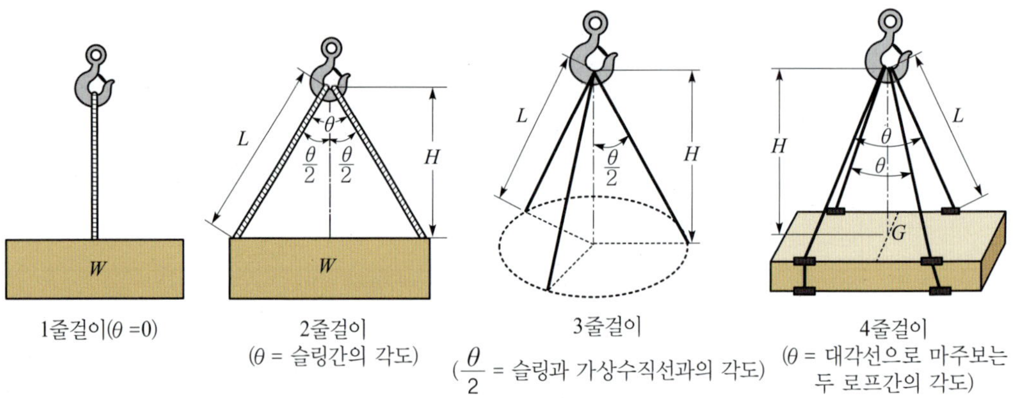

그림 5-28 줄걸이 각도

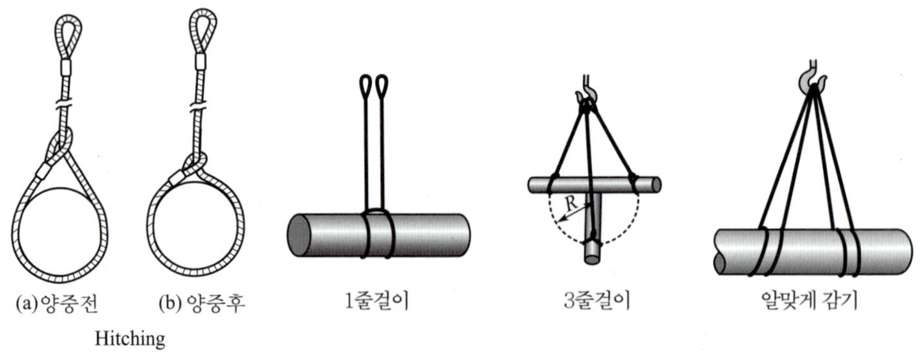

그림 5-29 여러 가지 줄걸이 방법

8.2. 경사진 물체의 슬링장력

양중물이 경사진 경우에는 그림 5-30과 같이 각도의 비례에 따라 각각의 슬링에 작용하는 하중을 산정하여 적용하여야 한다.

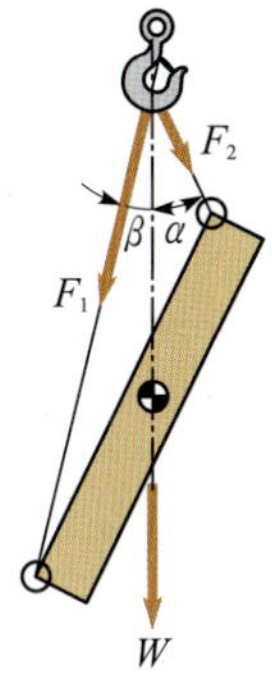

각도(α, β)	값(sin)	각도(α, β)	값(sin)	각도(α, β)	값(sin)
0	0.0000	35	0.5736	65	0.9063
5	0.0872	40	0.6428	70	0.9397
10	0.1737	45	0.7071	75	0.9559
15	0.2588	50	0.7660	80	0.9848
20	0.3420	55	0.8192	85	0.9967
25	0.4226	60	0.8660	90	1.0000
30	0.5000				

그림 5-30 경사진 화물에 작용하는 슬링의 장력

• 적용공식 : $F_1 = \dfrac{W \cdot \sin\alpha}{\sin(\alpha+\beta)}, \quad F_2 = \dfrac{W \cdot \sin\beta}{\sin(\alpha+\beta)}$ (5.4)

예를 들어 하중(W)이 10톤 이고, α=20°, β=15° 일 때, F_1과 F_2에 작용하는 하중을 구해보면 다음과 같다.

먼저 sin α, β 값을 삼각함수표에서 찾아 적용공식에 대입하면

$$\bullet F_1 = \frac{10 \times 0.3420}{(0.3420+0.2588)} = \frac{3.42}{0.6008} = 5.69\text{ton}$$

$$\bullet F_2 = \frac{10 \times 0.2588}{(0.3420+0.2588)} = \frac{2.588}{0.6008} = 4.31\text{ton}$$

즉, F_1에 걸리는 인장하중이 5.69ton, F_2의 인장하중이 4.31ton이므로 안전율을 곱하여 인장하중이 많이 걸리는 않을 쪽을 택하여 와이어로프를 선택한다.

8.3. 슬링의 각도와 양중물 압축력

그림 5-31은 2선으로 양중시 슬링에 작용하는 인장력과 양중물에 작용하는 압축력의 관계를 나타낸 것이다. 양중물이 강체가 아니고 손상이 될 수 있는 재료일 경우에는 양중 전에 확인할 필요가 있다.

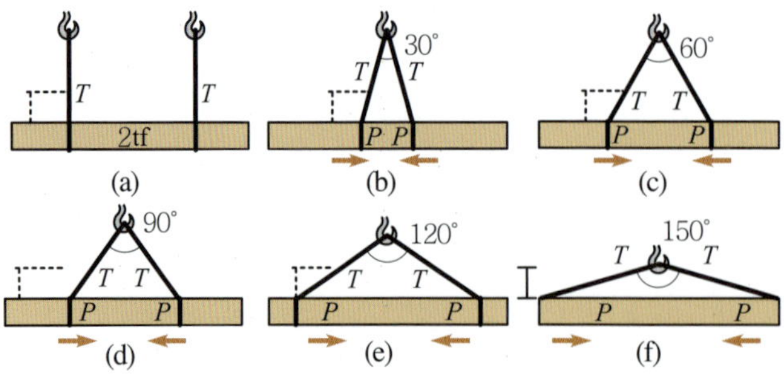

걸이각도		장력T(t_f)	압축력P(t_f)
a	0°	1.00	0.00
b	30°	1.04	0.27
c	60°	1.16	0.58
d	90°	1.41	1.00
e	120°	2.00	1.73
f	150°	3.86	3.73

그림 5-31 슬링각도와 압축력 변화

09 슬링사용 계획시 고려사항

9.1. 슬링의 가닥수 선택

그림 5-32과 같이 4선으로 양중할 경우의 슬링에 작용하는 하중분포는 상대적으로 길이가 짧은 2선의 슬링에 실제하중이 작용하고 나머지 슬링은 균형유지 역할만 한다. 이는 아무리 슬링의 길이를 같게 할려고 노력할지라도 단말가공 오차, 재료의 신축율, 후크에 줄걸이 할 경우의 높이차 등에 따라 미세하게라도 길이의 차이가 발생할 수 밖에 없다. 따라서, 슬링은 가능한 여러줄을 사용하는 것 보다는 굵은 슬링을 소수의 가닥으로 구성하는게 바람직하다.

Note : 미국건설표준에서는 4 leg bridle 사용시 3 leg bridle로 간주하여 계산함

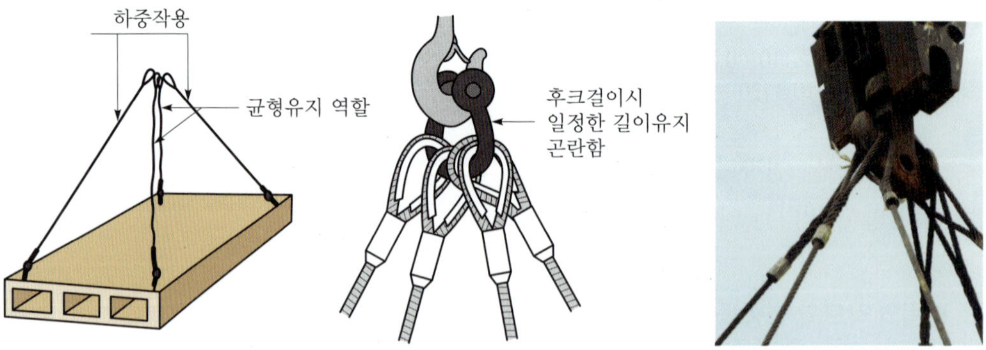

그림 5-32 슬링의 가닥수와 작용하중

9.2. 와이어로프의 안전율

와이어로프는 손상되기 쉬운 재료의 특성상 높은 안전율이 적용된다.

표 5-12 와이어로프의 안전율(크레인 제작기준·안전기준 및 검사기준)

와이어로프이 종류	안전율
•권상용 와이어로프 •지브의 기복용 와이어로프 •횡행용 와이어로프 및 케이블 크레인의 주행용 와이어로프	5.0
•지브의 지지용 와이어로프 •보조로프 및 고정용 와이어로프	4.0
•케이블 크레인의 주로프 및 레일로프	2.7
•제50조의 운전실 등 권상용 와이어로프	9.0

※ 줄걸이용 와이어로프의 안전율은 산업안전보건기준(제163조)을 참조

9.3. 와이어로프 단말 체결방법

와이어로프는 높은 장력을 반복해서 받기 때문에 로프의 단말가공 부분에도 동일한 영향이 미치게 된다. 따라서, 단말가공은 로프의 체결방법, 취부기술과 로프의 종류에 따라 다르나 직합하게 취부한 경우의 효율은 표 5-13과 같다.

표 5-13 와이어로프 단말 가공방법과 효율

구분	방법	하중효율
소켓 가공 (Socket)		100%
스웨이징 가공 (Swaging)	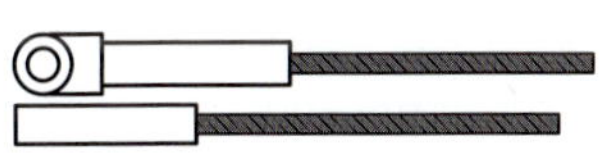	95%
로크 가공 (Mechanical Splice Slevae)	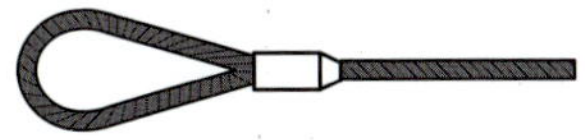	90%
클립 가공 (Clip)	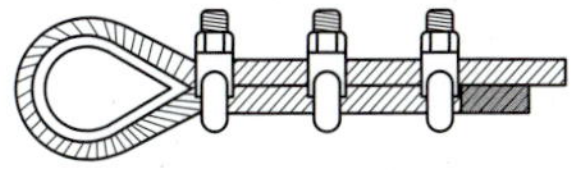	75~85%
웨지 가공 (Wedge)	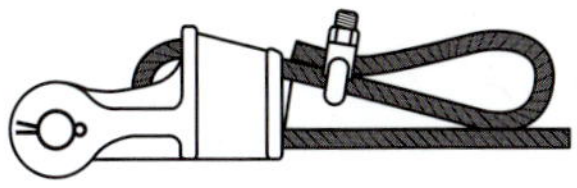	75~90%
스프라이스 가공 (Loop/Thimble Splice)		10mm≥ : 90% 20mm≥ : 85% 20mm< : 80%

9.3.1. 클립체결

(1) 클립의 결속기준

클립(clip)의 결속 유지력은 로프의 구조, 클립의 수, 클립 취부간격 및 볼트의 조임력인 토르크에 영향을 받는다. 클립의 결속 유지력은 클립의 수가 많을수록, 조임력이 증가 될수록 커지나 조임력이 너무 크면 로프손상이 생겨 유지력을 저하시키게 된다. 또한, 취부 간격이 로프 피치에 대해 크거나 짧아도 유지력이 감소하며 이러한 클립의 유지력은 표 5-14의 기준을 참고하고 이때 유지력(효율)은 로프 파단하중의 약 75~85%가 된다.

표 5-14 클립의 취부기준

캐나다 (OHS Regulation Part 15)

로프지름 (mm)	로프지름 (in)	클립수	조임토크 (N·m)
6	1/4	2	20
8	5/16	2	41
10	3/8	2	61
11	7/16	2	88
13	1/2	3	88
16	5/8	3	129
19	3/4	4	176
22	7/8	4	305
25	1	4	305
29	11/8	5	305
32	11/4	5	488
38	11/2	6	488
44	13/4	7	630
51	2	8	881
54	21/8	8	881
57	21/4	8	881

미국 (29 CFR 1926.251.451)

로프지름 (mm)	로프지름 (in)	클립수 낙하단조[1]	클립수 기타
13	1/2	3	4
16	5/8	3	4
19	3/4	4	5
22	7/8	4	5
25	1	5	6
29	11/8	6	6
32	11/4	6	7
35	13/8	7	7
38	11/2	7	8

- 최소 Clip 수 = 3개 이상
- 1) 낙하 단조법(Drop Forging) 으로 생산한 클립

한국(KS B 1344) (KOSHA GUIDE M-81-2011)

로프지름 (mm)	조임토크 (kgf·cm)
6.3~8	170
9~10	300
11.2~12.5	470
14	680
16	1,100
18	1,100
20~22.4	2,600
24~25	3,300
26~28	4,200
30~32	4,200
33.5~38	6,300
40~45	9,000
47.5~50	13,000

- 와이어 로프 클립 수
1) 16mm 이하 : 4개
2) 16mm 초과~28mm 이하 : 5개
3) 38mm 초과 : 6개 이상

※ 출처 : 삼성건설 핵심구조상식(2012)

(2) 클립 결속시 주의사항

클립 결속에 의한 유지력은 클립 결속을 정확히 하지 않으면 급격히 저하되므로 다음 사항을 주의해야 한다.

① 클립의 새들(Saddle)은 로프의 힘이 걸리는 쪽에 있을 것.

② 클립간의 간격은 로프직경의 6배 이상

③ 클립의 개수는 기준을 준수 할 것

④ 로프에 하중을 걸기 전 후에 각각 단단하게 체결할 것

⑤ 안전을 위해 가끔 작업중에 조여줄 것

⑥ 가능한 한 심블(Thimble)을 부착할 것

⑦ 직경 32mm 이상의 로프는 합금소켓 조임으로 하는 것이 바람직 하다.

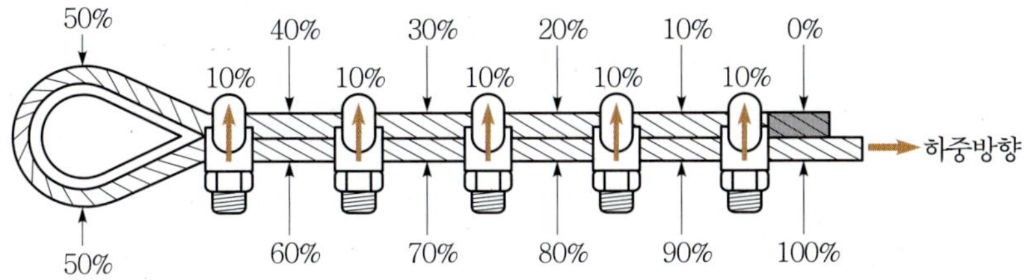

그림 5-33 클립 개소별 조임력과 장력

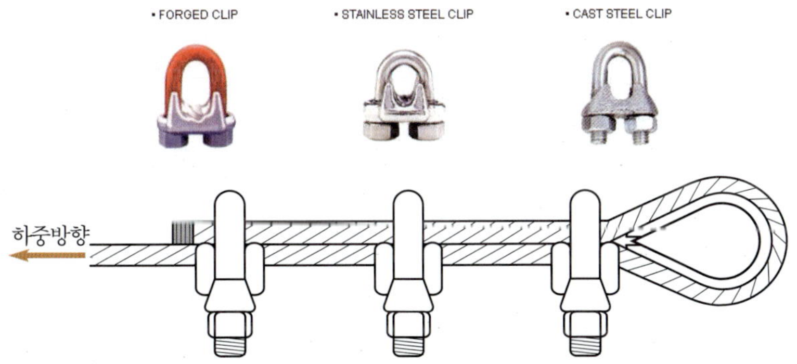

그림 5-34 크립의 재질과 올바른 클립체결법

9.3.2. 아이 스플라이스

아이 스플라이스(eye splice)는 로프의 단말을 링 형태로 가공하는 방법으로 주로 슬링용 로프에 이용된다.

산업안전보건기준에 관한 규칙(제170조)에 의하면 "와이어로프의 모든 꼬임을 3회이상 끼워 짠 후 각각의 꼬임의 소선 절반을 잘라내고 남은 소선을 다시 2회이상(모든 꼬임을 4회 이상 끼워 짠 경우에는 1회 이상)끼워 짜야 한다"고 규정되어 있다.

이 가공법은 로프단말의 스트랜드를 풀어 로프 본체에 질러 넣는 것으로 아이 플라이스의 효율은 약 80~90%로서 로프경에 따라 차이가 있다.

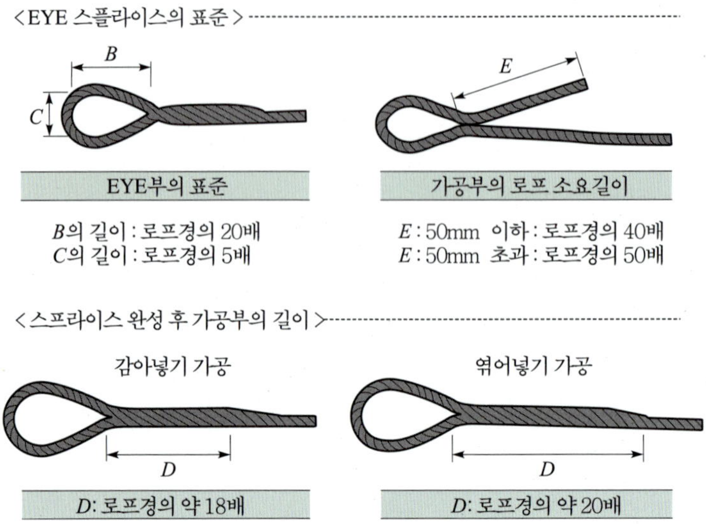

그림 5-35 아이 스플라이스 가공법

9.3.3. 소켓 가공

소켓(Socket) 가공은 로프의 스트랜드와 그 스트랜드의 소선을 모두 푼 다음 소켓 또는 금형에 넣어 용융금속을 주입시켜 고정한 것으로 삭도, 현수교 및 권양기 등 하중이 크게 걸리는 용도나 스플라이스가 불가능한 구조에 사용되는 로프 가공법이다. 또한, 소켓 가공은 모든 종류의 로프에 가공이 가능하고 정확히 가공하면 효율이 100%로서 가장 확실한 가공방법이다. 소켓의 종류는 개방형과 밀폐형이 있다.

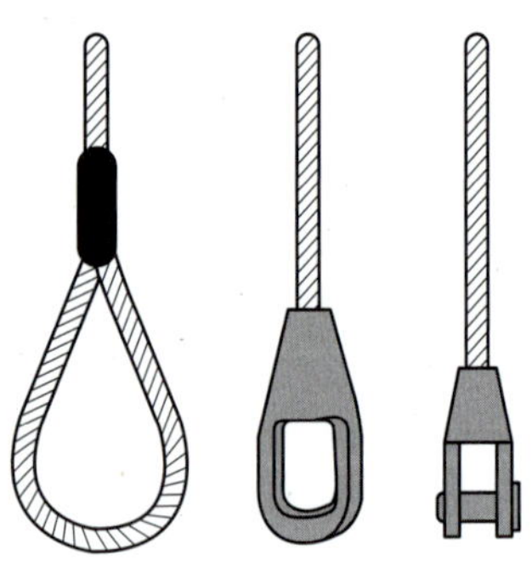

그림 5-36 소켓가공법

$$소켓의\ 고정력(F) = \pi \cdot \delta \cdot L \cdot B \cdot N \qquad (5.5)$$

여기서, F : 로프고정부의 고정력(kgf)

δ : 소선경(일반적으로 상층 소선경)(mm)

L : 용융금속의 부착길이(소켓길이의 3/4)(mm)

B : 용융금속의 부착력(재료에 따라 다르나 일반적으로 0.87kgf/mm^2)

N : 로프를 구성하고 있는 소선 수

9.3.4. 록크가공(Mechnical splice sleave)

파이프 형태의 알루미늄 합금 또는 강재의 슬리브에 로프를 넣고 프레스로 압축하고 슬리브가 로프 표면에 밀착되어 마찰에 의해 로프성질이 손상되는 것이 없이 로프를 완전히 체결하는 방법으로 효율은 거의 절단하중과 동등하게 되며 주용도는 슬링용 로프에 사용된다. 이 방법은 프레스로 간단히 작업할 수 있으며 가공에 필요한 로프 소요길이가 작게 들어 손실이 작다.

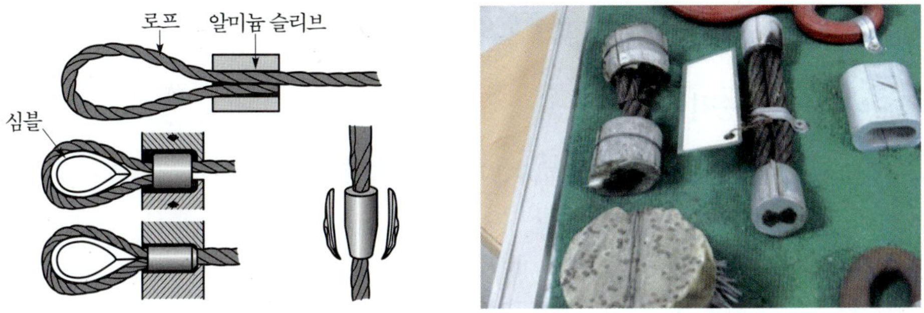

그림 5-37 로크 가공법

9.3.5. 웨지가공

웨지(wedge) 가공은 쐐기의 일종으로 쐐기에 로프를 감아 케이스에 밀어 넣어 결속하는 방법으로 효율은 80% 이상이며 작업이 간편하고 현장에서 쉽게 적용할 수 있는 가공방법이다. 웨지 가공은 장력을 받는 로프의 방향을 직선이 되도록 유의해야 하며 로프경에 비해 웨지가 작을 경우 로프 형태가 파괴되고 효율 또한 떨어진다.

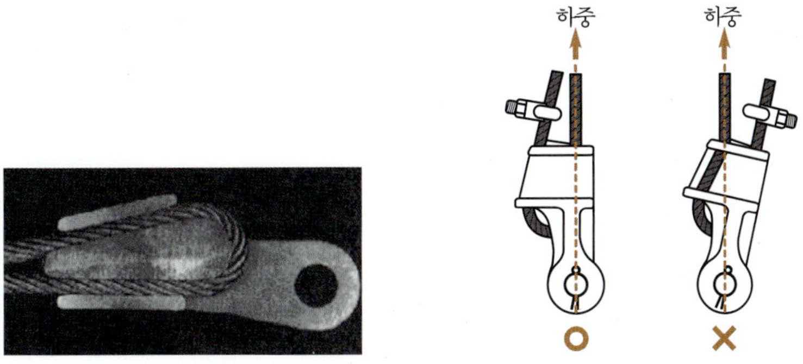

웨지가공의 내부 상황도

그림 5-38 웨지가공 내부

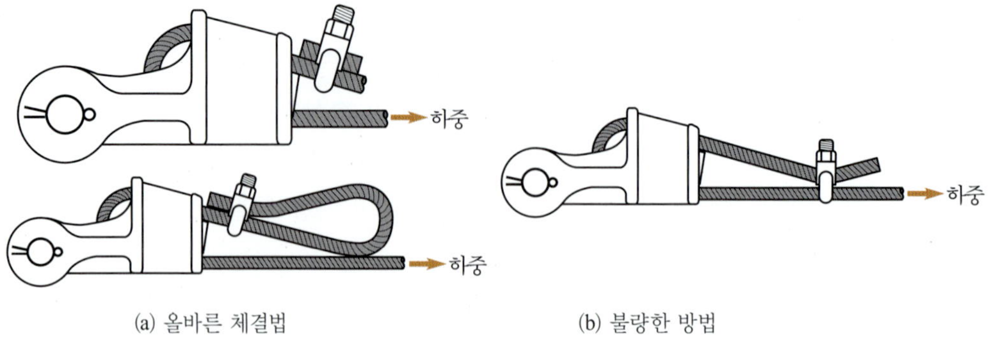

그림 5-39 웨지의 체결법

9.4. 슬링에 작용하는 충격력

그림 5-40에서 볼 수 있듯이 충격하중(P)은 로프의 탄성계수와 단면적 및 하중의 낙하거리와 전체 로프의 길이에 따라 계산할 수 있으나 크기를 단순히 예측하기는 매우 어렵다. 일부자료(IPT's Crane and Rigging Training manual, Ronald G. Garby, Canada)에서는 충격하중의 크기를 정하중의 2~100배에 이른다고 언급하고 있다.

$$P=W\cdot\left(1+\sqrt{1+\frac{2EAH}{WL}}\right) \tag{5.6}$$

P : 충격하중(kgf)
W : 사용하중(kgf)
H : 하중의 낙하거리(mm)
E : 로프의 탄성계수(kg/mm²)
A : 로프의 단면적(mm)
L : 로프의 길이(mm)

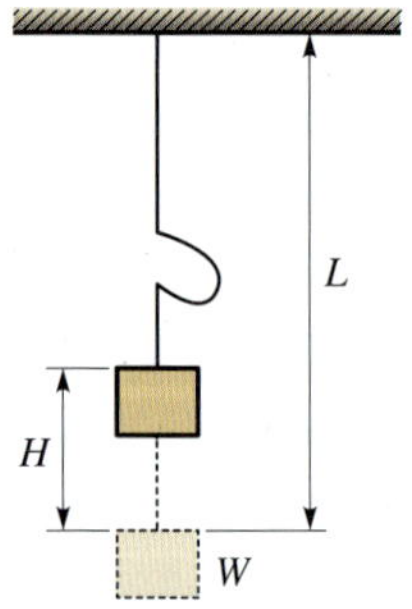

그림 5-40 충격하중

9.5. 와이어로프의 굴곡영향

와이어로프는 턴버클(Turnbuckle), 후크(Hook), 섀클(Shackle) 등의 줄걸이 용구와 함께 사용하게 되며 이때 줄걸이 용구의 직경이 작으면 로프가 급격히 휘어지게 되어 내력저하가 발생하게 된다. 따라서, 슬링로프보다 상대적으로 직경이 큰 줄걸이용 부속철물을 사용하여 내력저하를 최소화 하여야 한다.

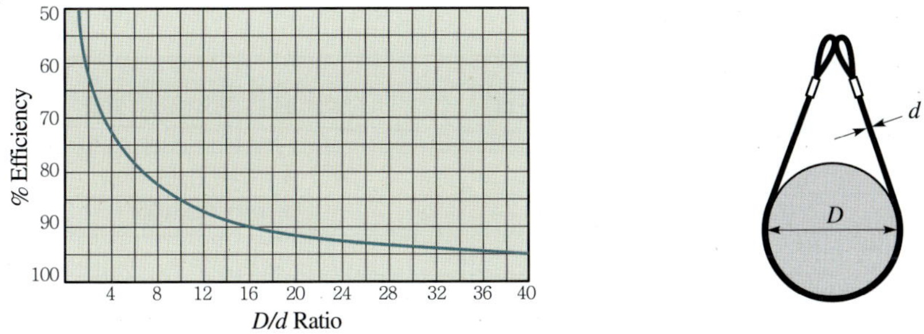

그림 5-41 굴곡비와 하중효율곡선

표 5-15 곡률에 의한 내력저하율

와이어가 걸리는 부분의 직경	내력 저하율
와이어직경의 1배	50%
와이어직경의 2배	35%
와이어직경의 3배	25%
와이어직경의 6배	21%

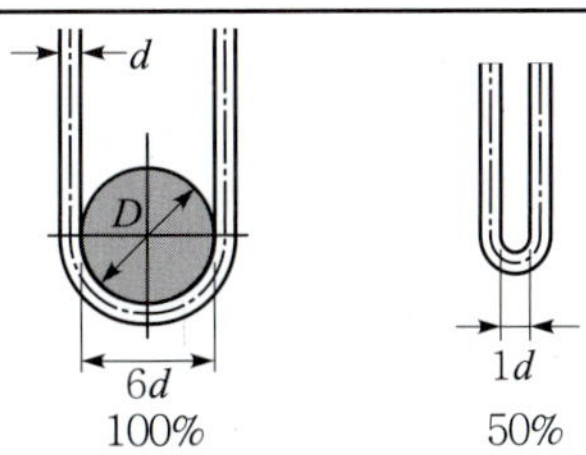

10 섀클

섀클(Shackle)은 달기구에서 없어서는 안되는 중요한 품목으로 형상에 따라 굽은섀클(Bow Shackle, Anchor Shackle)과 곧은섀클(Straight Shackle, Chain Shackle) 이 있으며 섀클 본체와 섀클볼트 및 핀과 조합해 한국공업규격(KS B 1333, ISO2415)에 그림 5-42와 같이 규정하고 있다. 또한, 재료의 인장강도에 따라 KS B 1333에는 등급 M, 등급 S 및 등급 T로 구분하고 있다.

표 5-16 섀클의 종류 및 형식, KS B 1333

종류	섀클 몸체의 기호	볼트 또는 핀		형식 기호	볼트 또는 핀의 고정 방법
		모양	기호		
굽은 섀클	B	납작머리 핀	A	BA	둥근 플러그(분할 핀 사용)
		6각 볼트	B	BB	너트(분할 핀 사용)
		아이 볼트	C	BC	나사 박음식
		아이 볼트	D	BD	나사 박음식
곧은 섀클	S	납작머리 핀	A	SA	둥근 플러그(분할 핀 사용)
		6각 볼트	B	SB	너트(분할 핀 사용)
		아이 볼트	C	SC	나사 박음식
		아이 볼트	D	SD	나사 박음식

그림 5-42 섀클의 여러 가지 형태

10.1. 섀클의 규격

섀클의 표기방법은 KS B 1333에 사용하중, 등급의 표시, 제조번호 또는 약호 등을 섀클의 성능에 손상하지 않도록 표시하도록 표준규격으로 제정되어 있다.

그러나 실제 국내에 통용되는 제품에서 기준을 준수하지 않고 유통되는 제품이 많이 발견되고 있어 사용전에 반드시 제품의 성능을 확인하여야 한다.

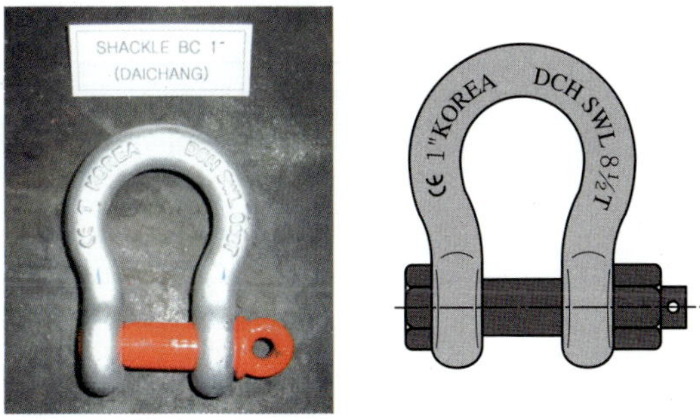

(a) 표기 사례

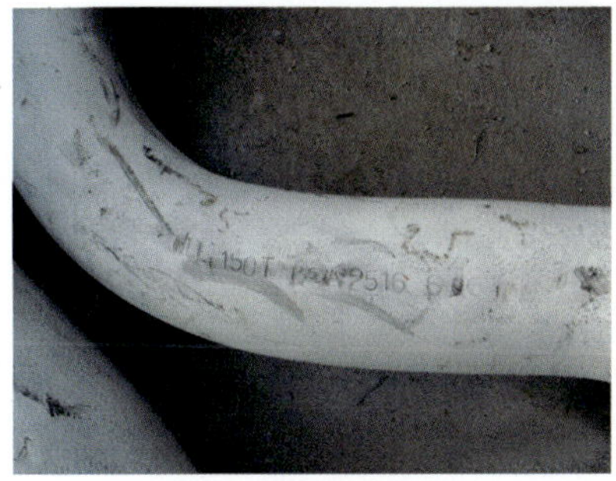

(b) 사용하중 펀칭

그림 5-43 섀클 표기

표 5-17 (a) Shackle 표기 사례(B.C)

규격 (in)	치수(mm)						사용하중 (ton)	무게 (kg)
	B	D	L	P	R	W		
5/16"	20	8	32	10	20	13.5	0.75	0.1
3/8"	24	10	36	12	24	17	1.0	0.2
1/2"	34	13	48	16	30	21	2.0	0.3
5/8"	43	16	61	19	40	27	3.25	0.6
3/4"	51	19	73	22	48	32	4.75	1.1
7/8"	58	22	85	25	54	37	6.5	1.6
1"	68	25	95	28	60	43	8.5	2.3
1-1/8"	74	28	109	32	67	46	9.5	3.4
1-1/4"	83	32	119	35	70	51	12	4.3
1-3/8"	92	35	134	38	84	57	13.5	6.1
1-1/2"	98	38	146	42	92	60	17	7.8
1-3/4"	127	45	177	50	109	73	25	12.6
2"	146	51	197	58	127	83	35	20.4

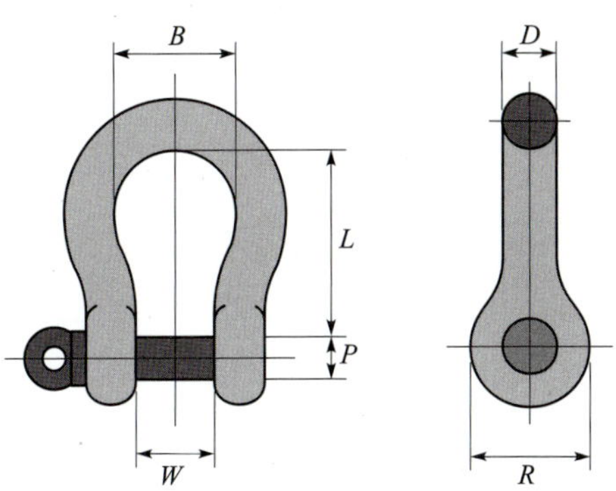

B.C형

표 5-17 (b) Shackle 표기 사례(S.C)

규격 (in)	치수(mm)					사용하중 (ton)	무게 (kg)
	D	L	P	R	W		
1/2"	13	42	16	30	21	2.0	0.3
5/8"	16	51	19	40	27	3.25	0.6
3/4"	19	60	22	48	32	4.75	1.1
7/8"	22	71	25	54	37	6.5	1.4
1"	25	82	28	60	43	8.5	2.2
1-1/8"	28	92	32	67	46	9.5	3.1
1-1/4"	32	99	35	76	51	12	4.1
1-1/2"	38	121	42	92	60	17	7.2
1-3/4"	45	146	50	109	73	25	12.1
2"	51	162	58	127	83	35	19.2

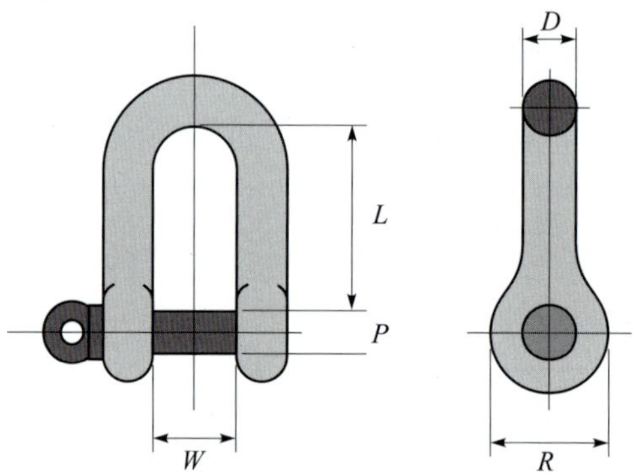

S.C형

■ 고급품

•재질 : 단강품(Forged carbon steel body & Alloy steel screw pin)
•파단하중 : Breaking Load = SWL×6, Proof Load = SWL×2
•표면처리 : Body – 용융아연도금(Hot-dip galvanized)
Pin –도장(Orange Painted)

■ 보급품

•재질 : 단강품(Forged carbon steel body & screw pin)
•파단하중 : Breaking Load = SWL×3, Proof Load = SWL×1.5
•표면처리 : 전기아연도금(Electric Plated body & pin)

10.2. 와이드바디 섀클

그림 5-44와 같이 와이드바디 섀클(Wide body shackles)은 슬링로프의 굴곡 반경을 크게 하고 슬링과 섀클의 접촉면적을 크게하여 하중 집중을 방지할 수 있도록 제작된 것이다.

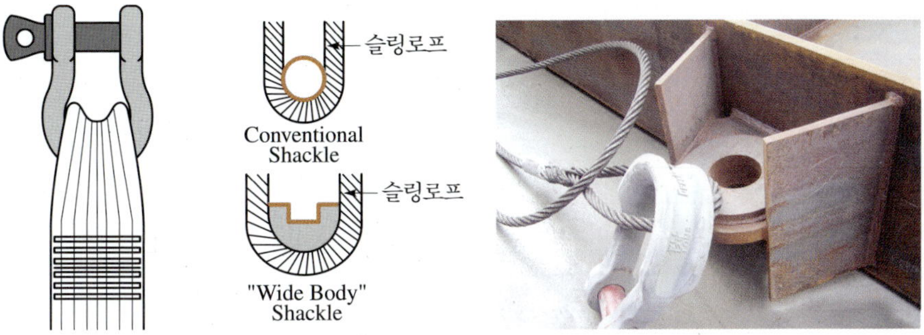

그림 5-44 와이드바디 섀클

10.3. 섀클의 안전율과 안전하중

섀클의 안전율은 QT열처리(담금질 : Quenching, 뜨임 : Tempering)가 된 제품(S45C)은 5.5~6배로 고급품으로 불리고 있으며, 열처리가 되지 않은 제품(S45C)은 파단하중의 3배정도가 된다. 따라서, 섀클 선정시 열처리의 유무, 안전율, 재질 등의 표기법이 제작사마다 다른 점을 정확히 인식하고 필요시 해당제품의 제작사에 문의하여 확인하는 게 좋은 방법이다. 그림 5-45는 국내의 섀클 전문업체에서 인장시험하는 사진이다.

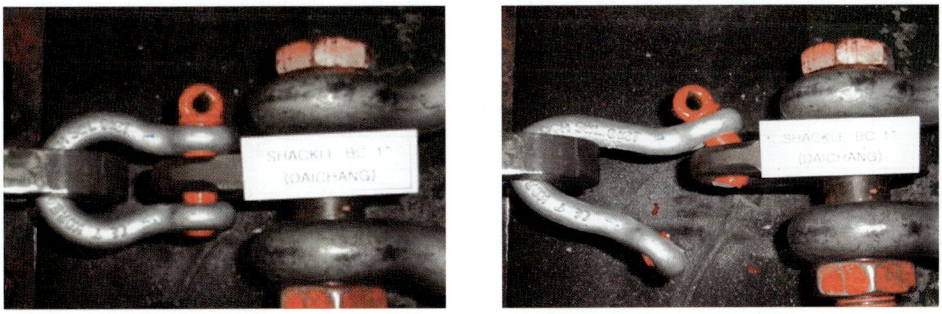

그림 5-45 섀클의 인장하중 시험

표 5-18 섀클의 사용하중(KS B 1333)

단위 : 톤

호칭 (mm)	M등급								S등급		T등급		V등급	
	굽은 섀클				곧은 섀클				굽은 섀클	곧은 섀클	굽은 섀클	곧은 섀클	굽은 섀클	곧은 섀클
	BA	BB	BC	BD	SA	SB	SC	SD	BB	SB	BB	SB	BB	SB
6	–	–	0.2	0.15	–	–	0.2	–	–	–	–	–	–	
8	–	–	0.315	0.315	–	–	0.315	–	–					
10	–	–	(0.6)	0.5	–	–	(0.6)	0.4	0.8	0.8	1	1	1.25	1.25
12	–	–	1	(0.7)	–	–	1	0.63	1.6	1.6	2	2	2.5	2.5
14	–	–	1.25	(0.9)	–	–	1.25	0.8	2	2	2.5	2.5	3.15	3.15
16	–	–	1.6	(1.2)	–	–	1.6	1	2.5	2.5	3.15	3.15	4	4
18	–	–	2	(1.3)	–	–	2	–	3.15	3.15	4	4	5	5
20	–	2.5	2.5	1.8	–	2.5	2.5	1.6	4	4	5	5	6.3	6.3
22	–	3.15	3.15	–	–	3.15	3.15	2	5	5	6.3	6.3	–	–
24	–	(3.6)	(3.6)	–	–	(3.6)	(3.6)	2.5	6.3	6.3	–	–	8	8
26	–	4	4	–	–	4	4	3.15	–	–	8	8	10	10
28	–	(4.8)	(4.8)	–	–	(4.8)	(4.8)	(3.15)	8	8	10	10	12.5	12.5
30	–	5	5	–	–	5	5	4	–	–	–	–	–	–
32	–	6.3	6.3	–	–	6.3	6.3	–	10	10	12.5	12.5	16	16
34	(7)	(7)	(7)	–	(7)	(7)	(7)	5	–	–	–	–	–	–
36	8	8	8	–	8	8	8	–	12.5	12.5	16	16	20	20
38	(9)	(9)	(9)	–	(9)	(9)	(9)	6.3	–	–	–	–	–	–
40	10	10	10	–	10	10	10	(7)	16	16	20	20	25	25
42	(11)	(11)	–	–	(11)	(11)	–	8	–	–	–	–	–	–
44	12.5	12.5	–	–	12.5	12.5	–	–	20	20	25	25	31.5	31.5
46	(13)	(13)	–	–	(13)	(13)	–	–	–	–	–	–	–	–
48	14	14	–	–	14	14	–	10	–	–	–	–	–	–
50	16	16	–	–	16	16	–	–	25	25	31.5	31.5	40	40
52	–	–	–	–	–	–	–	12.5	–	–	–	–	–	–
55	18	18	–	–	18	18	–	–	–	–	–	–	–	–
58	–	–	–	–	–	–	–	16	–	–	–	–	–	–
60	20	20	–	–	20	20	–	–	31.5	31.5	40	40	50	50
65	25	25	–	–	25	25	–	–	40	40	50	50	63	63
70	31.5	31.5	–	–	31.5	31.5	–	–	50	50	63	63	80	80
75	(35)	(35)	–	–	(35)	(35)	–	–	–	–	–	–	–	–
80	40	40	–	–	40	40	–	–	63	63	80	80	100	100
85	45	45	–	–	45	45	–	–	–	–	–	–	–	–
90	50	50	–	–	50	50	–	–	80	80	100	100	125	125

1) 보증 하중(proof load) 섀클은 상기표에서 규정하는 사용 하중에 상당하는 힘의 2배의 보증 하중을 가한 상태에서 이상의 없어야 한다. 보증 하중을 가하고 부하를 제거한 후 섀클 몸체, 섀클 핀 또는 새클 볼트 등에 영구 변형이 없어야 한다.

2) 정적 강도(static strength) 섀클은 상기표에서 규정하는 사용하중에 상당하는 힘의 5배 이상의 인장 하중에 견디어야 한다.

10.4. 섀클의 체결방법

섀클의 능력은 사용하중(SWL, WLL)으로 표기되고 있으며 그 체결방법에 따라 섀클의 하중전달 효율이 달라지기 때문에 사용자에 대한 철저한 교육이 필요하다.

다음 그림 5-46(Crosby 자료)은 섀클의 작용하중 방향에 따라 효율이 50%까지 저하되는 것을 보여주고 있다.

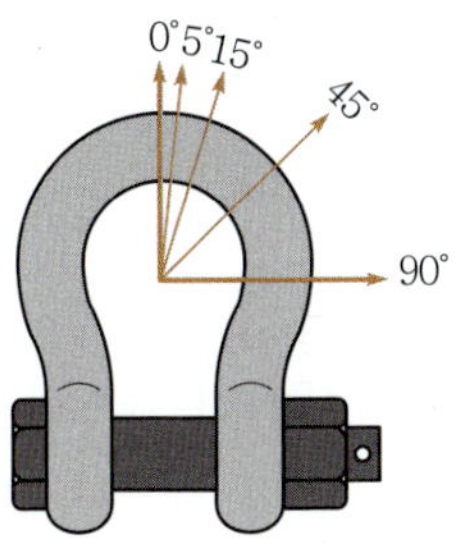

수직으로부터의 각도	조정된 사용하중
0~5°	SWL의 100%
6~15°	SWL의 85%
16~45°	SWL의 70%
46~90°	SWL의 50%
90~	사용불가

그림 5-46 섀클체결 방법에 따른 하중 저하율

또한, 슬링의 가닥수가 두선일 경우의 각 슬링로프간 각도는 120도를 초과할 수 없다. 여러 가닥(Multi-leg)을 사용할 경우에는 무게중심을 확인하여 편하중이 발생하지 않도록 한다. 그림 5-47은 섀클과 줄걸이 방법에 대하여 올바른 방법과 잘못된 방법을 보여주고 있다.

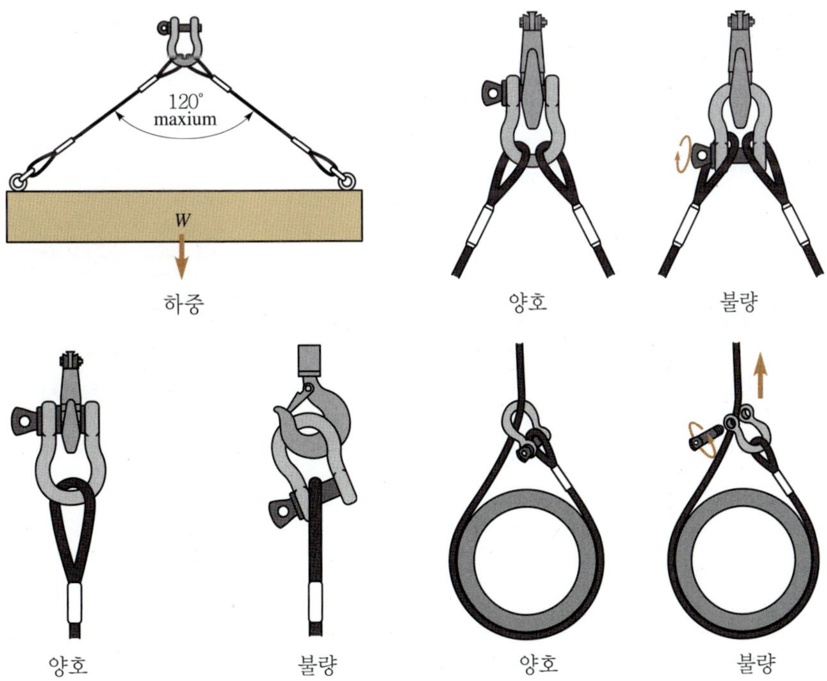

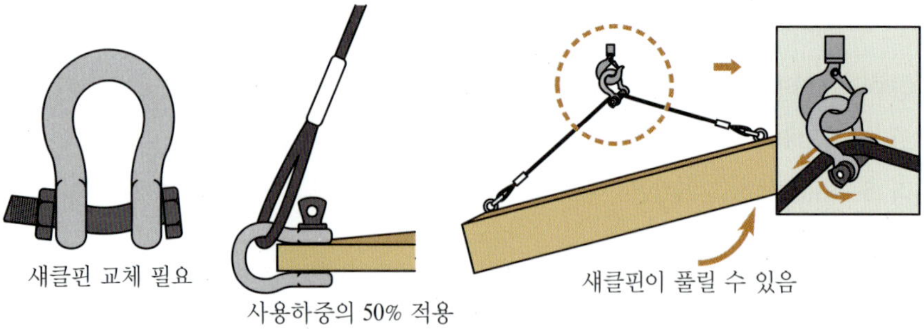

그림 5-47 샤클의 사용법

10.5. 샤클의 점검 및 교체기준

샤클의 점검은 육안점검을 실시하여 손상이 발견되는 경우, 샤클 몸체 및 볼트가 원래의 치수와 비교하여 10%이상 마모된 것은 사용해서는 안되며 흠 또는 균열이 예상될 경우에는 반드시 비파괴 검사를 통하여 안전성을 확인하여야 한다.

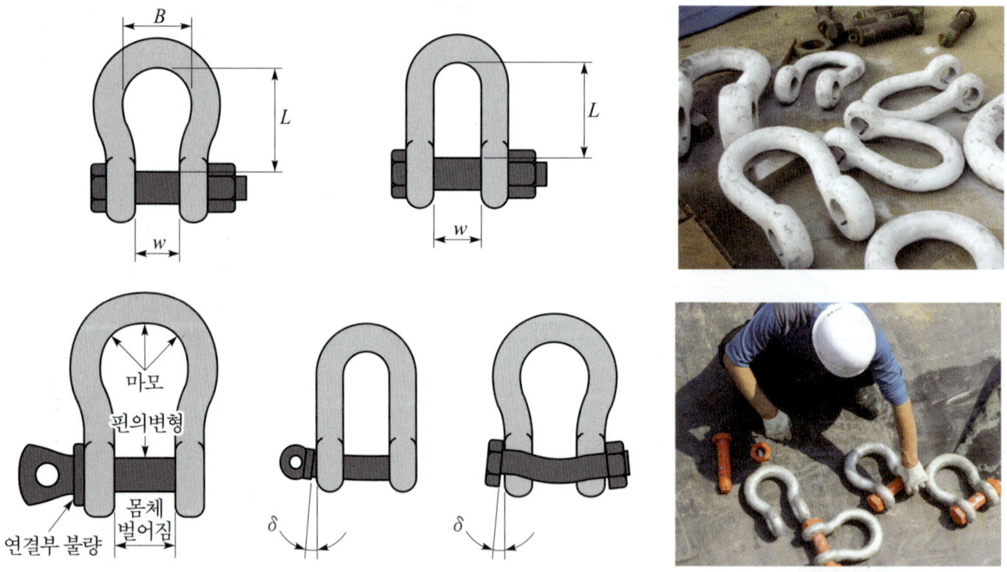

그림 5-48 샤클의 변형검사

■섀클의 교체시기 점검기준

1) 육안점검으로 변형된 곳은 없는가?
2) 볼트 및 핀의 조립/해체는 원활한가?
3) 상기 부분의 치수가 원래의 치수와 비교하여 영구 변형이 생겼는가?
4) 볼트 및 너트 부착부에 틈이 생겨 볼트 및 분할 핀의 장착은 원활한가?
5) 샤클 몸체 및 핀/볼트의 마모율이 5% 이상인가?

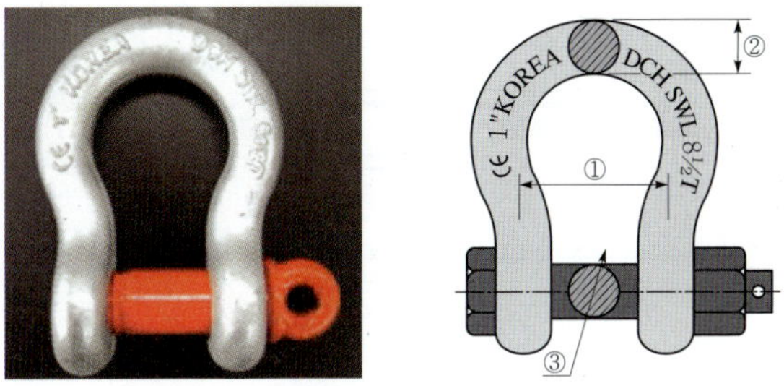

그림 5-49 섀클의 점검포인트

11 턴버클

턴버클(Turn Buckle)은 섀클과 함께 줄걸이 작업에서 하중 발란스 조정을 위해서 많이 사용되는 공구의 한 종류로 사용전에 기준에 따라 점검하여 사용하여야 한다. 미국재료시험협회(美國材料試驗協會, American Society for Testing Materials, ASTM F 1145)에서는 그림 5-50, 51과 같이 턴버클의 구조와 종류를 나타내고 있다.

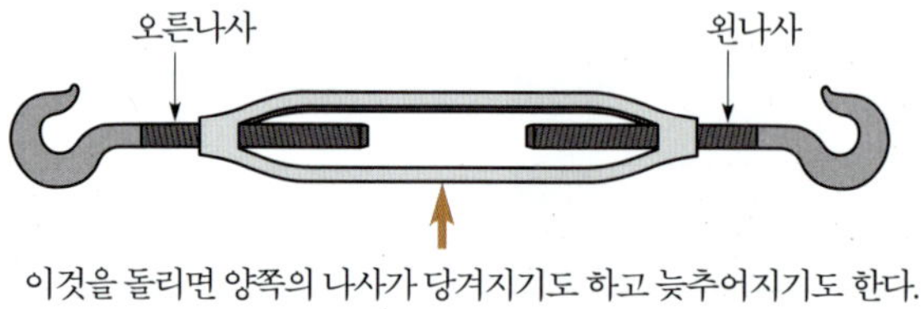

그림 5-50 턴버클의 나사형식

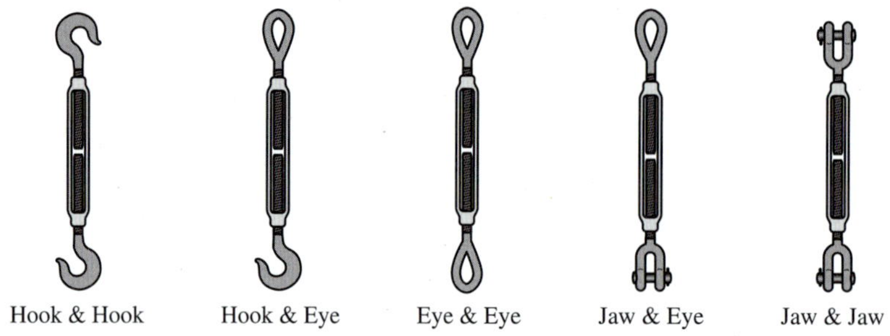

그림 5-51 턴버클의 종류

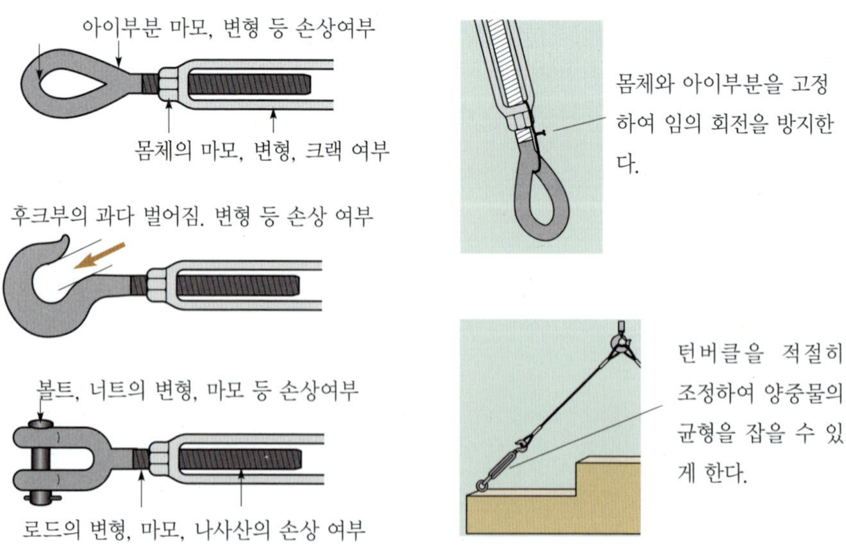

그림 5-52 턴버클의 점검포인트

표 5-19 턴버클의 표기방법 예

규격 (in)	치수(mm)									사용하중 (ton)	무게 (kg)
	A	B	C	D	E	F	G	H	I		
3/8×6	443.8	291.3	152.4	180.8	28.4	13.5	8.6	145.8	96.5	0.54	0.3
1/2×6	510.0	332.2	152.4	190.5	36.1	18.3	11.2	166.1	102.9	1.00	0.5
1/2×9	662.4	408.4	228.6	266.7	36.1	18.3	11.2	204.2	141.0	1.00	0.7
1/2×12	814.8	484.6	304.8	342.9	36.1	18.3	11.2	242.3	179.1	1.00	1.0
5/8×6	557.0	372.9	152.4	200.2	15.7	22.4	12.7	186.4	109.2	1.59	1.3
5/8×9	709.4	449.1	228.6	276.4	45.7	22.4	12.7	224.5	147.3	1.59	1.5
5/8×12	861.8	525.3	304.8	352.6	45.7	22.4	12.7	262.6	185.4	1.59	1.6
3/4×6	606.5	416.1	152.4	209.6	53.1	25.4	15.7	208.1	115.6	2.36	1.7
3/4×9	759.0	492.3	228.6	285.8	53.1	25.4	15.7	246.1	153.7	2.36	2.1
3/4×12	911.4	568.5	304.8	362.0	53.1	25.4	15.7	284.2	191.8	2.36	2.5
3/4×18	1216.1	720.9	457.2	214.4	53.1	25.4	15.7	360.4	268.0	2.36	3.3
7/8×12	941.6	592.3	304.8	371.3	60.5	31.8	19.1	296.2	198.1	3.27	3.3
7/8×18	1246.4	744.7	457.2	523.7	60.5	31.8	19.1	372.4	274.3	3.27	4.5
1×6	710.4	507.2	152.4	228.6	76.2	36.6	22.4	253.5	128.3	4.54	4.1
1×12	1015.2	659.6	304.8	381.0	76.2	36.6	22.4	329.7	204.5	4.54	5.2
1×18	1320.0	812.0	457.2	533.4	76.2	36.6	22.4	405.9	280.7	4.54	6.4
1×24	1624.8	964.4	609.6	685.8	76.2	36.6	22.4	482.1	356.9	4.54	7.8
1-1/4×12	1087.4	719.1	304.8	384.0	90.4	46.0	28.4	360.0	210.3	6.90	8.6
1-1/4×18	1392.2	817.5	457.2	536.4	90.4	46.0	28.4	435.9	286.5	6.90	10.4
1-1/4×24	1697.0	1023.9	609.6	688.8	90.4	46.0	28.4	512.1	362.7	6.90	12.3
1-1/2×12	1155.7	774.7	304.8	400.1	103.1	53.8	31.8	387.4	221.5	9.72	12.5
1-1/2×18	1460.5	927.1	457.2	552.5	103.1	53.8	31.8	463.6	297.7	9.72	14.1
1-1/2×24	1765.3	1079.5	609.6	704.9	103.1	53.8	31.8	540.0	373.9	9.72	17.0
1-3/4×18	1457.5	1000.3	457.2	568.5	117.3	60.5	38.1	500.1	308.9	12.71	23.8
1-3/4×24	1762.2	1152.7	609.6	720.9	117.3	60.5	38.1	576.3	385.1	12.71	26.3
2×24	1922.5	1312.9	609.6	736.6	146.1	68.3	44.5	656.3	396.0	16.80	38.7
2-1/2×24	1997.0	1387.3	609.6	788.9	165.1	79.2	50.8	693.7	436.9	27.24	65.5
2-3/4×24	2057.4	1447.8	609.6	788.9	177.8	82.6	57.2	723.9	440.2	34.05	88.1

- Forged carbon steel-Normalizing
- 전기아연도금 or 용융아연도금
- Turnbuckle Eye & Eye는 ASTM F 1134 Type 1, Grade 1, Class D에 적합하게 생산된 제품임.
- 보증하중=SWL×2.5, 파단하중=SWL×5

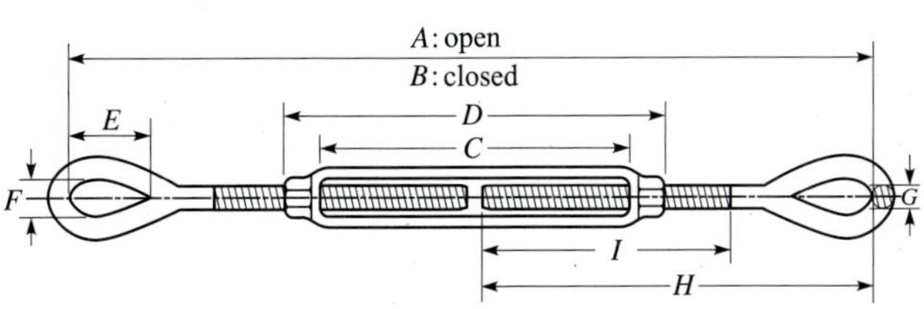

12 줄걸이 보조용구

12.1. 스프레더 빔(Spreader Beam)

스프레더 빔이란 프리캐스트 빔(Pre Cast Concret Beam)과 같이 폭이나 높이에 비하여 길이가 긴 양중물을 인양할 때 슬링로프를 중량물에 직접 체결하면 크랙이 발생되거나 손상될 수가 있다. 따라서, 그림 5-53과 같이 제품의 손상방지를 위하여 지그 형태로 사용하는 달기구를 스프레더 빔이라 한다. 스프레더 빔의 시험하중은 양중하중의 125%로 한다(IPT's Crane and Rigging Training Manual, Ronald G. Garby, CANADA). 또한, 미국표준규격(ANSI B 30.20 Section 1.4.2, 1.3)에서는 스프레더 빔에 대한 제작 및 검사기준을 명시하고 있다.

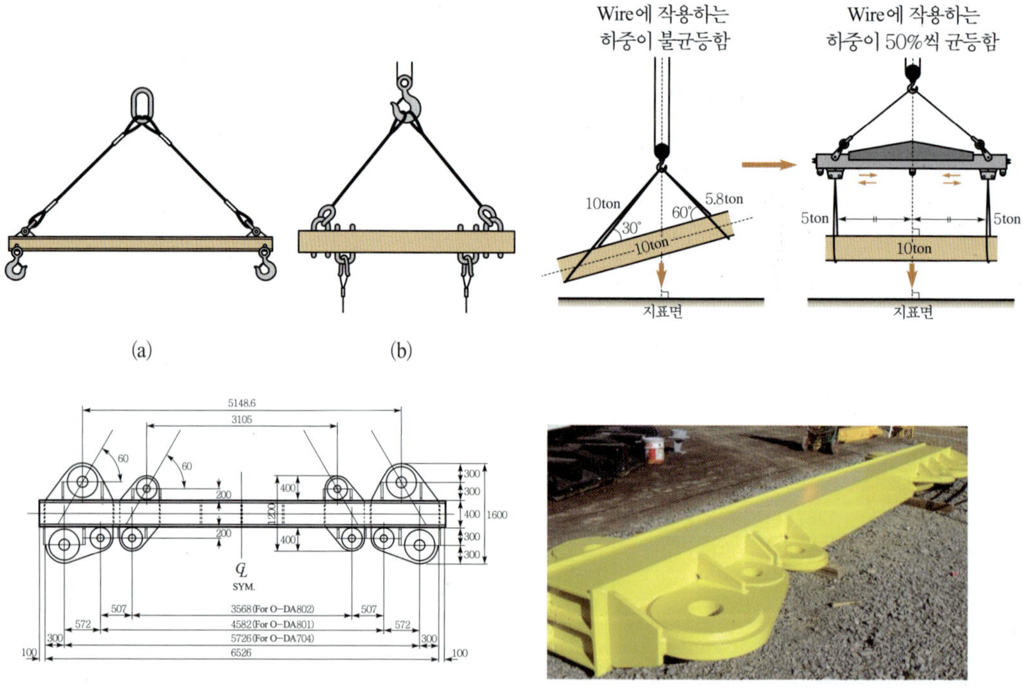

(a) (b)

(c) 제작 도면 (d) 제작된 제품

그림 5-53 스프레더 빔의 여러형태

12.2. 이퀄라이져(Equalizer Beam)

이퀄라이져란 슬링로프가 여러 가닥일 경우에 각 슬링에 작용하는 하중을 균등하게 배분할 수 있도록 고안된 달기구를 말한다.

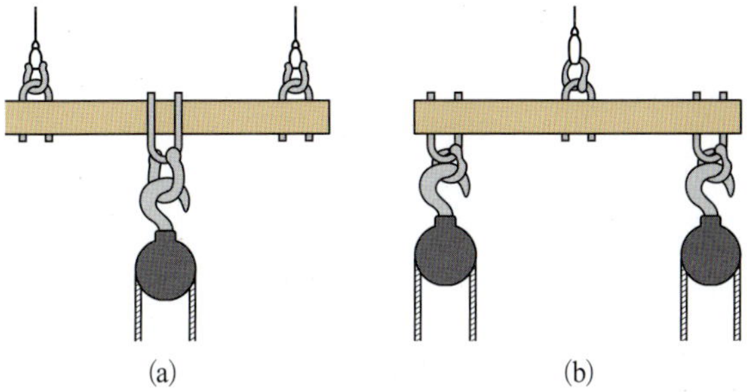

그림 5-54 이퀄라이져 빔

(a) 원형 돔 양중에 사용 (b) 대형 타워 설치시 사용예

그림 5-55 이퀄라이져의 여러형태

13 와이어로프

13.1. 일반적 특징

와이어로프(Wire rope)는 소선을 많이 조합한 복잡한 구조를 하고 있기 때문에 그 구조와 형태에 따라 많은 종류가 있다. 따라서, 사용장소나 목적에 적합한 것을 선정하지 않으면 로프가 가지고 있는 기능을 충분히 살리는 것이 불가능하다. 다음은 와이어로프가 일반 철강 2차 제품에 비해 우수한 특징을 열거한 것이다.

① 달아내기 강도가 높다.
② 내 충격성이 우수하다.
③ 운반 및 수송이 용이하다.
④ 유연성이 풍부하여 취급이 용이하다.

13.2. 와이어로프의 구성

와이어로프는 양질의 탄소강을 인발하여 가공한 여러개의 소선(wire)을 꼬아서 스트랜드(가닥, Strand)를 만들고, 이 스트랜드의 여러 가닥을 심강(core)의 주위에 일정한 피치로 감아서 제작하며, 이때에 심강의 종류, 가닥의 수, 각 가닥의 소선의 수, 크기, 배열, 선과 가닥을 감은 방식에 따라 와이어로프가 구분되어진다.

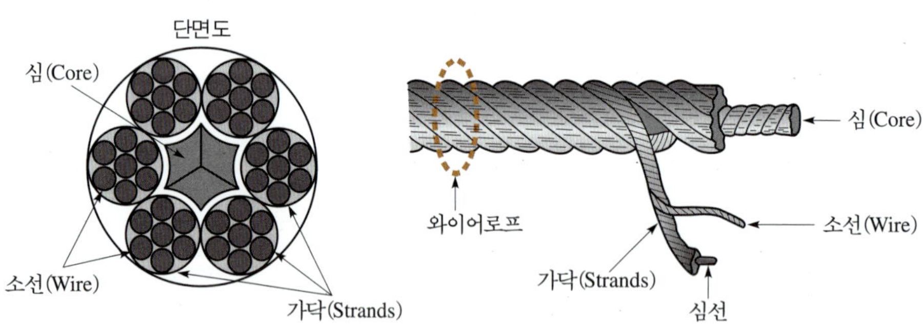

그림 5-56 와이어로프의 구성

13.3. 와이어로프의 기본지식

13.3.1. 구성

와이어로프는 그림 5-56과 같이 심(Core), 가닥(Strand), 소선(Wire)으로 구성되었다.

13.3.2. 소선의 재료

경강선재(HSWR : KS D 3559) 52~82선재를 사용하며 용도에 따라 HSWR 37~47을 사용하기도 한다.

13.3.3. 심(Core) 재료

로프의 중심에는 반드시 형태를 유지할 수 있는 심이 사용되며 사용재질에 따라 섬유심과 철심으로 크게 나눌 수 있다.

(1) 섬유심(Fiber Core)

섬유심은 유연하고 내식성이 우수하지만 형태 안정성과 절단하중이 낮고 신율이 큰 특성이 있으며 사용되고 있는 종류로는 천연심과 인조심이 있다.

천연심은 흡수성이 좋아서 사용중 장기간 급유 역할을 하므로 내식성을 향상시키는 반면에 친수성이 강해 흡수하는 성질이 있어 로프길이가 수축되며 수중에서 부식되는 성질이 있다.

인조심은 천연심에 비해 경이 비교적 균질하고 인장 및 압축강도가 크며 내식성, 내 약품성이 좋다. 특히 흡수성이 거의 없어 해수 등에 강한 반면 흡유성이 천연심에 비해 부족하다.
다음은 섬유심의 특성을 요약한 것이다.

① 유연성이 크고, 심의 함유성이 크다.
② 강철심 로프에 비해 파단 하중이 낮다.
③ 내열성이 낮고, 형(형태)이 무너지기 쉽다. → 천연 섬유심은 100℃ 이상인 경우 노화가 크고 합성 섬유심은 연화되어 로프의 형태붕괴 원인이 된다.

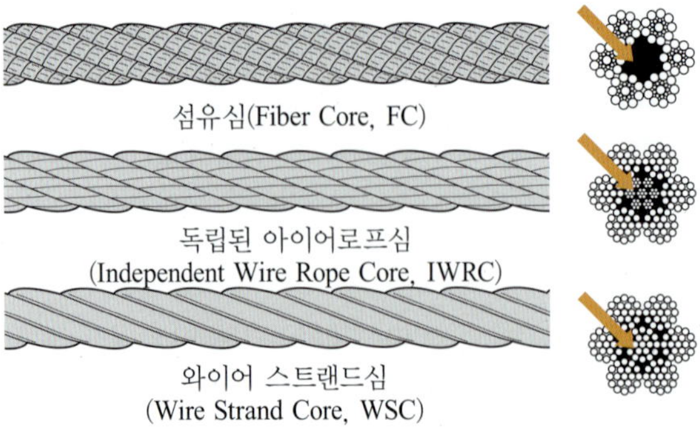

그림 5-57 심의종류

(2) 철심(Steel Core)

철심은 형태 안정성 및 절단하중, 탄성계수가 높고 신율이 적어 광범위하게 사용되고 있다. 철심의 종류로는 IWRC와 IWSC가 있다.

- IWRC(Indipendent Wire Rope Core)는 로프의 중심에 Steel rope가 삽입된 것으로 크레인 등에 가장 많이 사용된다.
- IWSC(Indipendent Wire Strand Core)는 로프의 중심에 Strand가 삽입된 것으로 탄성계수가 높고 신율이 적어 주로 펜던트(Pendent)용 등 정색(고정된 로프)으로 사용되나 유연성이 부족하여 동색(움직이는 로프)으로는 적합지 않다.

다음은 철심의 특성을 요약한 것이다.

① 파단하중(섬유심 로프에 비해 약10% 높음)과 내열성이 높아 형태가 붕괴하기 어렵다.

② 로프의 직경을 작게하여 설비의 소형화가 가능하다.

③ 사용조건에 따라 강철심 단면이 로프표면의 단선보다 빨리 발생하는 경우가 있다.

13.3.4. 로프의 꼬임

(1) 꼬임방향

오른 꼬임인 Z연과 왼 꼬임인 S연이 있으며 보통 한종류의 꼬임방향만 사용할 때에는 Z연을 사용한다.

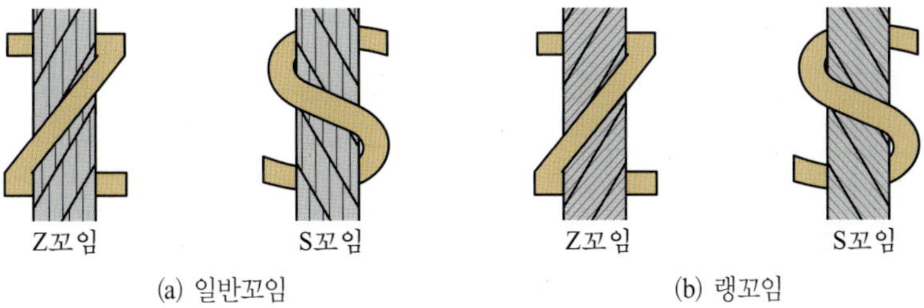

그림 5-58 와이어로프의 꼬임

S연은 훅크블록이 큰 경우 자전을 방지할 목적으로 Z연과 균형을 유지하기 위해 사용된다.

(2) 꼬임종류

보통꼬임(Ordinary Lay)과 랭꼬임(Lang Lay)으로 구분되며 보통꼬임은 로프의 꼬임방향과 스트랜드 꼬임 방향이 반대로 꼬인 형태로, 취급시 자전과 킹크발생이 적어 가장 널리 사용되고 있으나 비교적 마모가 빠른 편이다.

가. 보통꼬임(Ordinary Lay)

- 가닥(Strand)꼬임 방향과 로프를 구성하는 전체 꼬임이 반대인 것.
- 보통꼬임 로프는 밧줄이나 끈 등을 꼬는 방법과 동일한 꼬임 방법으로서, 로프의 꼬임 방향과 스트랜드의 꼬임 방향이 반대 방향이므로, 로프에 하중이 가해졌을 때에 꼬임이 되돌아 가는 방향으로 자전하는 경향이 적어, 비틀림이나 형붕괴가 쉽게 발생하지 않아 취급이 용이하므로, 크레인이나 엘리베이터 등에 일반적으로 넓게 사용되고 있다. 그러나 보통꼬임 로프의 소선은 로프의 표면에서 로프의 축과 거의평행으로 되어있으므로 시브 틈과의 접촉 길이가 짧아 마모되기 쉽다는 결점이 있다.

나. 랭 꼬임(Lang Lay)

- 가닥(Strand)꼬임 방향과 로프를 구성하는 전체꼬임 방향이 동일한 꼬임.
- 랭꼬임 로프는 로프의 꼬임방향과 스트랜드의 꼬임방향이 동일 방향이므로, 로프의 꼬임이 되돌아가기 쉬워 비틀림이 발생하기 쉬우므로 취급에는 주의를 요하며 로프웨이와 같이 로프를 설치한 채로 사용할 경우에 적합하다. 한편 로프의 표면에 나와 있는 소선의 길이가 길기 때문에 내마모성이 우수하며 내 피로성도 좋다.

다. 역 꼬임(Alternate Lay)

- 가닥을 우측과 좌측으로 교번하여 꼬는 꼬임

13.3.5. 와이어로프의 규격표기

와이어로프의 규격은 가닥(Strand)수와 소선, 심강 등의 특성에 따라 다음과 같이 표기한다.

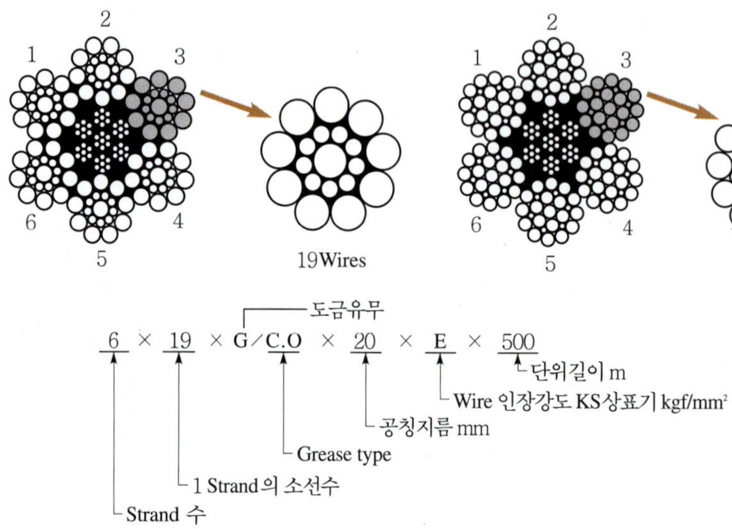

그림 5-59 와이어로프의 표기

(1) 와이어로프의 가닥(Strnad)의 형태 분류

가. 보통 와이어로프(Ordinary Wire rope)

동일 와이어 규격으로 일관되게 꼰 것을 말하며 각 가닥(strand)마다 4~18개의 Wire로 꼬여진다.

나. 위링톤 와이어로프(Warrington Wire rope)

굵고 가는 두 개의 Wire를 교대로 꼬는 것을 말하며 각 Strand마다 10~18개의 Wire로 꼬여진다.

다. 씨일 와이어로프(Seal Wire rope)

내부에 유연성을 가지는 가느다란(細) wire와 외부에는 마모저항에 강한 굵은 Wire두 종류의 Wire를 사용한 것을 말하며 각 Strand마다 8~18개의 소선으로 꼬여진다.

라. 필러 와이어로프(Filler Wire rope)

같은 굵기의 내외부 사이에 매우 가느다란 Wire를 넣어 마모와 피로에 잘 견디도록 만든것을 말하며 각 Strand마다 8~18개의 소선으로 꼬여진다.

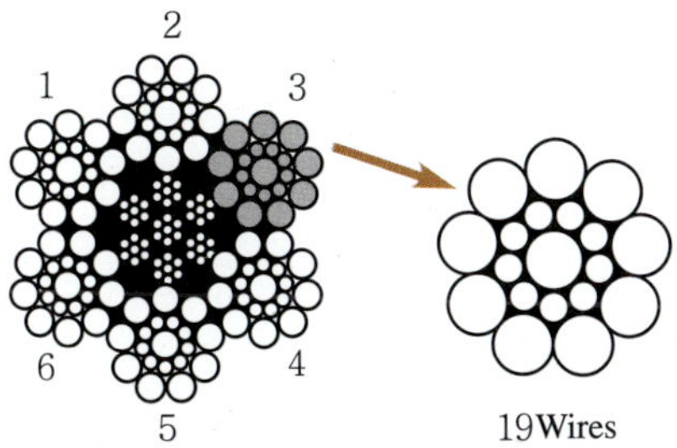

그림 5-60 보통 와이어로프

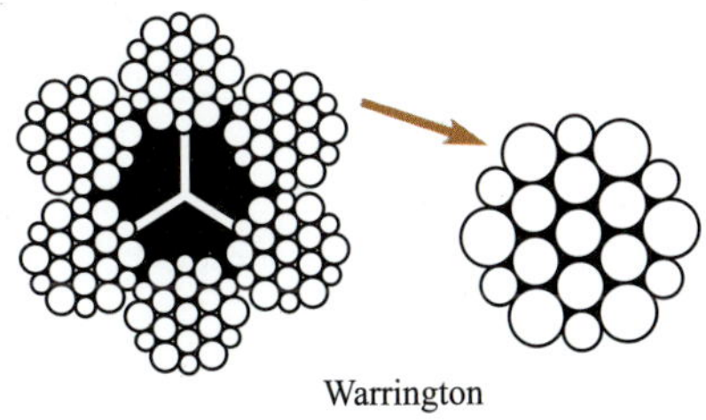

그림 5-61 워링톤

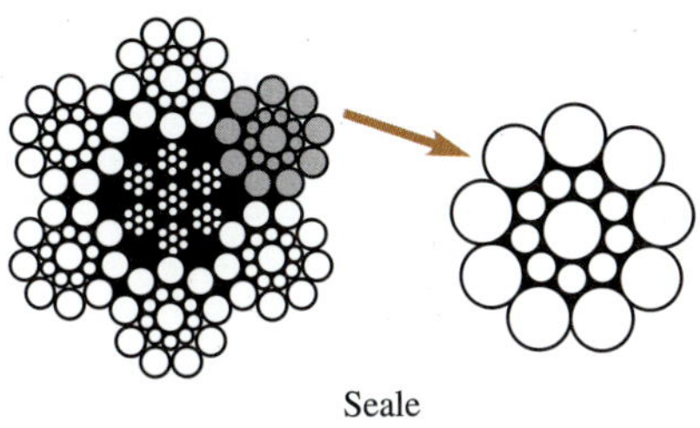

그림 5-62 씨일

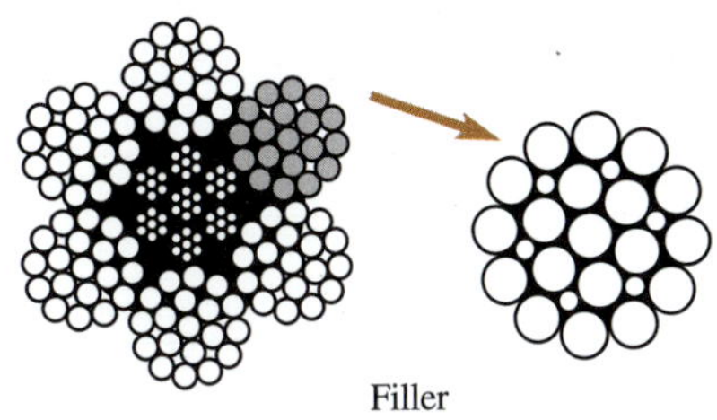

그림 5-63 필러

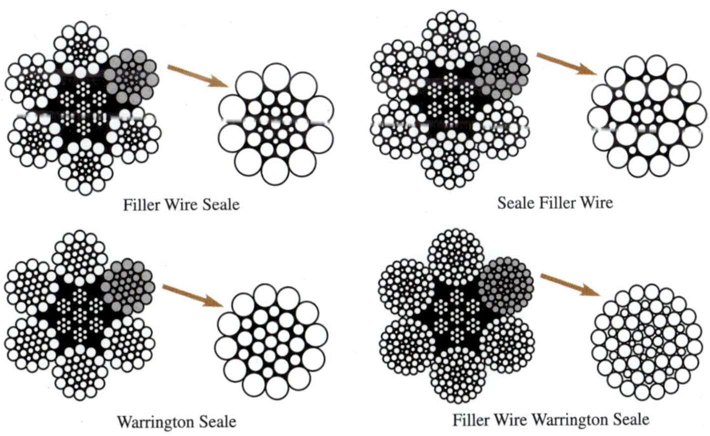

그림 5-64 와이어로프 스트랜드 조합형태

(2) 와이어로프의 선정시 고려사항

가. 와이어로프의 사양

- 직경과 길이
- 가닥의 수
- 각 가닥선의 수
- 로프의 구조형태

- 로프에 사용되는 Steel의 등급
- 심강의 종류
- 인발유무
- 꼬임의 분류

나. 와이어로프의 특성

- 강도특성 : 소선의 크기, 재질, 선의 수, 코아의 종류, 도금유무 등을 파악한다. 다음의 표 5-20은 소선의 종류별 강도를 나타낸 것이다.

표 5-20 소선의 인장강도

구분	소선의 공칭 인장강도	비고
E종	135kg/mm²	비도금 엘리베이터용 등 비도금
G종	150kg/mm²	도금
A종	165kg/mm²	도금, 비도금
B종	180kg/mm²	도금, 비도금
C종	195kg/mm²	비도금

1) 로프의 절단하중은 동일경, 동일구조에서 소선의 인장강도 종별에 따라 구분된다.
2) 강도특성은 그 수치에 비례하여 절단하중이 증가되지만 반드시 수명도 비례되는 것은 아니며 용도에 따라 적합한 강도가 요구된다.

- 내 마모성 : 와이어로프의 앞·뒤 움직임, 큰 소선경, Lang꼬임, 평탄한 가닥 등을 고려해야 한다.
- 유연성 : 도르래(Sheave)나 드럼(Drum) 주위를 통과할 때 반복, 굽힘, 초기파괴와 피로에 기인한 파손에 대한 내구성
- 분쇄에 대한 저항성
- 변형 등에 대한 저항성을 파악해야 한다.

13.4. 와이어로프의 점검사항

13.4.1. 비틀림 방지

- 수명을 감소시키는 비틀림은 피할 것
- 릴(Reel)에 감긴 와이어로프를 풀 때는 수평으로 풀 것
- 와이어로프를 드럼에 감을 때는 꼬임종류와 감는 방향을 고려하여 기준에 적합한 방법을 적용한다(5장 13.7.2 참조).

13.4.2. 드럼과 도르래 설치기준

- 마모방지를 최소화 시킬수 있는 정렬일 것
- 플리트 앵글(Fleet angle)은 2° 를 초과하지 말 것
- 드럼과 도르래(Sheave)의 거리는 드럼폭의 15배 이상 일 것

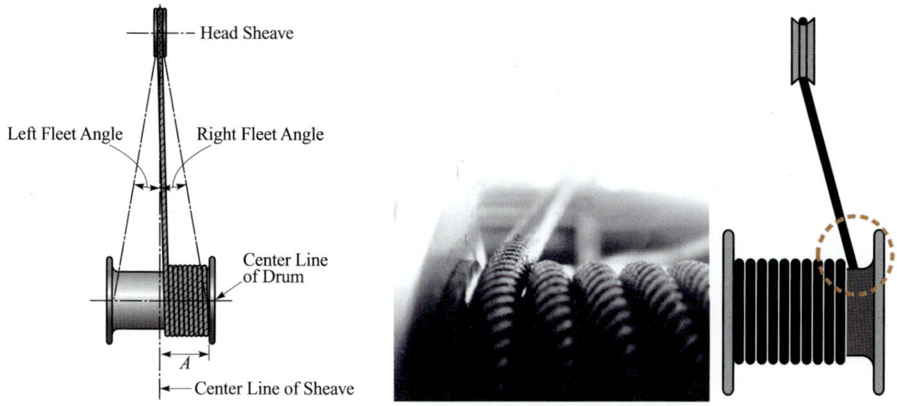

그림 5-65 드럼과 쉬브의 거리에 따른 와이어 마찰손상

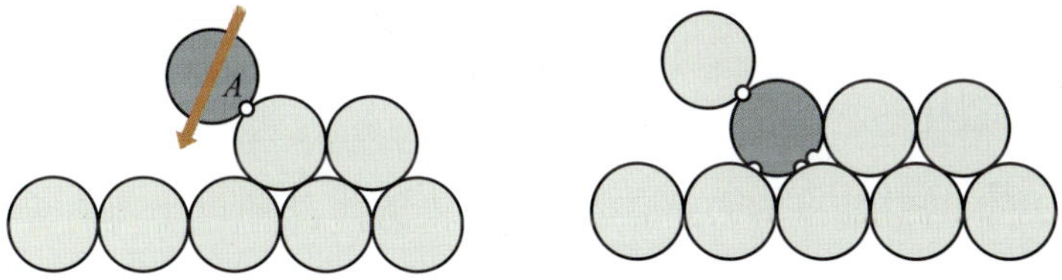

그림 5-65 드럼과 쉬브의 거리에 따른 와이어 마찰손상

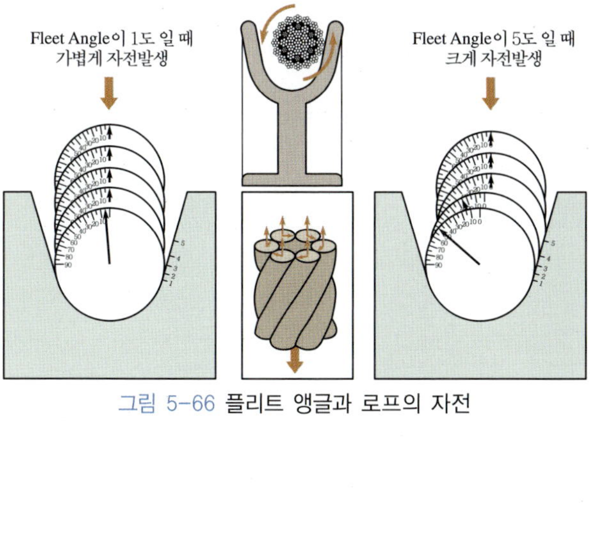

그림 5-66 플리트 앵글과 로프의 자전

13.5. 와이어로프의 취급 및 보관요령

13.5.1. 취급요령

① 와이어로프도 기계의 한 부품과 같이 중요하게 취급 할 것
② 떨어뜨리지 말 것
③ 운송차량에서 하역시 크레인이나 지게차를 이용하거나 굴려 내릴 것
④ 땅이나 시멘트 바닥에서 끌지 말 것
⑤ 외력을 가하여 손상을 주지 말 것

13.5.2. 보관요령

① 습기가 없고 지붕이 있는 보관장소에 보관할 것
② 와이어로프가 지면에서 닿지 않도록 받침목 등으로 받쳐서 30cm 이상 이격 시킬 것
③ 열 및 직사광선을 피할 것
④ 해풍이나 산, 알카리를 피할 것
⑤ 방청유를 도포해 둘 것
⑥ 모래, 먼지, 오물 등을 제거할 것

13.6. 와이어로프의 검사

와이어로프는 매우 다양한 용도로 폭넓게 사용되고 있어 그 관리가 매우 중요시 된다. 와이어로프의 검사와 폐기에 대한 내용은 KS B ISO 4309에 상세히 규격으로 정해져 있으나 일반 사용자의 이해를 위하여 본서에서는 일반적으로 적용하고 있는 기준을 기술하고자 한다. 또한, 슬링에 사용되는 와이어로프는 안전과 매우 밀접하게 연관되어 있어 한국산업규격(KS B 6242)에서 표 5-21과 같이 로프슬링의 점검기준을 정하고 있다. 보통 정기점검의 기준은 사용빈도에 따라 다르지만 원칙적으로 매 1개월마다 실시한다.

표 5-21 와이어로프 슬링의 점검기준

점검항목	점검의 종류		점검 방법	폐기 기준
	일상	정기		
1. 로프				
a) 단선	○	○	육안	와이어로프 한 꼬임간(스트랜드)에서 끊어진 소선의 수가 10% 이상인 것. (비자전 로프의 경우에는 끊어진 소선의 수가 와이어로프 호칭지름의 6배길이 이내에서 4개 이상이거나, 호칭지름 30배 길이 이내에서 8개 이상인 것)
b) 마모	○	○	계측	마모에 의하여 지름의 감소가 공칭 지름의 7%를 초과한 것
c) 부식	○	○	육안	부식에 의하여 소선 표면에 피칭이 발생하여 곰보 모양이 된 것. 내부 부식에 의하여 소선이 느슨해진 것.
d) 모양 찌그러짐	○	○	육안	모양 찌그러짐에 의하여 꼬임 및 현저한 편평화, 굽음, 볼록 나온 모양 등의 결함이 생긴 것.
e) 아크 또는 열영향	○	○	육안	용해 손상이 인지되는 것.
f) 도포 기름의 상태	○	○	육안	–
g) 고리부, 압축 멈춤부	○	○	육안	균열, 변형, 로프의 어긋남 또는 마모에 의한 홈 등이 발생되어 있는 것.
2. 부속 쇠붙이				
a) 변 형	○	○	육안	굽음, 비틀림, 찌그러짐 등이 인지되는 것.
b) 홈	○	○	육안	맞댐홈, 노치홈 등이 인지되는 것.
c) 균열	○	○	육안 또는 침투탐상(3) 또는 자분탐상(6)	균열이 인지되는 것.
d) 마모	○	○	계측	마모량이 원래 치수의 10%를 초과하는 것.
e) 부식	○	○	육안	전체적으로 부식이 인지되는 것 또는 국부적으로 현저하게 부식되는 것.

13.6.1. 와이어로프 폐기(산업안전보건기준에 관한 규칙 제63조, 제166조, 제210조)

① 이음매가 있는 것

② 와이어로프 한 꼬임간(스트랜드)에서 끊어진 소선의 수가 10% 이상인 것.(비자전 로프의 경우에는 끊어진 소선의 수가 와이어로프 호칭지름의 6배길이 이내에서 4개 이상이거나, 호칭지름 30배 길이 이내에서 8개 이상인 것)

③ 공칭지름의 감소가 7% 이상 초과한 것(KS D 3514)

④ 킹크(Kink)가 된 것

⑤ 심하게 꼬인 것

⑥ 심하게 부식, 변형된 것

※ 와이어로프 지름의 측정은 로프의 한 끝으로부터 1.5m 이상 떨어진 임의의 점 2곳 이상 또는 동일 단면에서 2방향 이상을 그림 5-68과 같이 버니어갤리퍼스로 측정하여 그 평균치를 로프지름으로 한다.

그림 5-67 폐기대상 와이어로프

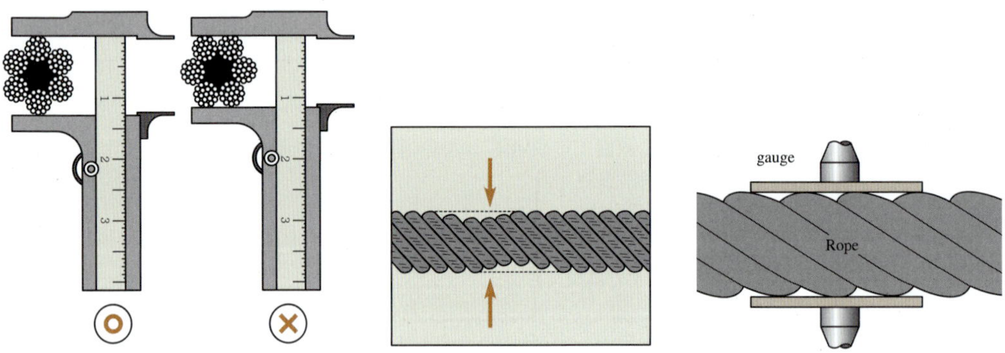

그림 5-68 와이어로프의 직경 계측방법

13.6.2. 현장관리자의 기본관리 항목

① 마모(Abrasion) : 동시마모, 편심마모시 손상부의 지름을 측정한다.
② 부식(Corrosion) : 표면 및 외관상태는 표준과 비교하여 감소율을 체크한다.
③ 파단(Wire Break) : Wire의 단선여부를 파악한다.
④ 붕괴(Form Collapse) : 형상의 찌그러짐, 굴곡변형 등을 확인한다.

다음 그림 5-69은 ISO/DIS 4309, 산업안전보건기준에 관한 규칙 제166조, 크레인 제작기준, 안전기준 및 검사기준 제56조를 기준으로 손상된 와이어로프를 예시한 것이다.

(a) 소선의 이탈

(b) 심강의 불거짐

(c) 스트랜드의 함몰

(d) 스트랜드의 이탈

(e) 국부적인 압착

(f) 플러스 킹크

(g) 마이너스 킹크

(h) 바구니형 부풀림

(i) 마모 : 소선의 돌기부분 마모됨

(j) 부식 : 피팅이 발생한 곰보자국

(k) 단선 : 외측부분

(l) 단선 : 스트랜드 내부

그림 5-69 폐기대상 와이어로프의 여러형태

13.6.3. 와이어로프의 수명판정 방법

① 공칭지름 측정 : 허용차는 공칭직경의 0~+7%(단, 둘레 10mm미만은 0~+10%) 이내일 것(KS D 3514)

② 마모, 부식, 파단부위를 손으로 만져볼 것 : 점검대상 감지

③ 훑어볼것 : Z·S방향으로 가볍게

④ 휘어볼 것 : 예각상태

⑤ 체크한 부분을 깨끗하게 세척할 것 : 세척후 반드시 구리스 주입

⑥ 사용판정 가부를 위한 체크할 것 : 기준 준수

그림 5-70 와이어로프 점검

표 5-22 와이어로프 소선의 파단기준
(규칙167조, 독일 BGV*주) ZH 1/103a)

검사구간	3d	6d	30d
소선파단수량	10	15	40

*) • d : 측정용 와이어로프의 공칭지름
• 3, 6, 30 : 계수
• 수량 : 소선파단 개수
예) 공칭지름이 16mm이면 6d의 점검구간이 96mm가 된다.

13.6.4. 와이어로프의 굴곡이 수명에 미치는 영향

(1) 드럼과 와이어로프 직경과의 비

D : 드럼(Drum)의 직경, d : 와이어로프의 지름

D/d	10	12	14	16	18	24	26	30
저하율(%)	21	19	14	12	10	9	7	5

(2) 각이 있는 물류의 모서리

각도(θ)	120	90	60	45
저하율(%)	30	35	40	47

(3) 양중용 도구(Hooking Bar)의 지름과 와이어로프의 지름

Bar의 지름	1d	2d	3d	4d	5d	6d
효율(%)	50	65	75	80	85	100

13.7. 로프의 설치(Rope installation)

크레인에서 와이어로프는 문제발생시 중대사고로 이어질 확률이 높기 때문에 반드시 크레인과 와이어로프의 사용자 메뉴얼을 기준으로 올바르게 관리하여야 한다.

*주) BGV ; 독일의 산업보험조합 전문위원회(BG)에서 제정하고 연방정부의 승인을 받은 크레인관련 재해예방규정.

13.7.1. 로프감기의 원칙

로프에 힘을 받을 때 꼬임방향으로 회전하고 힘을 받지 않을 때에는 반대(오른꼬임)방향으로 회전하여 로프에 영향을 최소화 한다.

또한, 드럼에 로프의 감는 방향과 적당한 텐션이 없을 경우에는 로프에 잼이 발생하고 작업시 충격이나 로프에 손상이 올 수 있다.

그림 5-71 와이어로프 감기

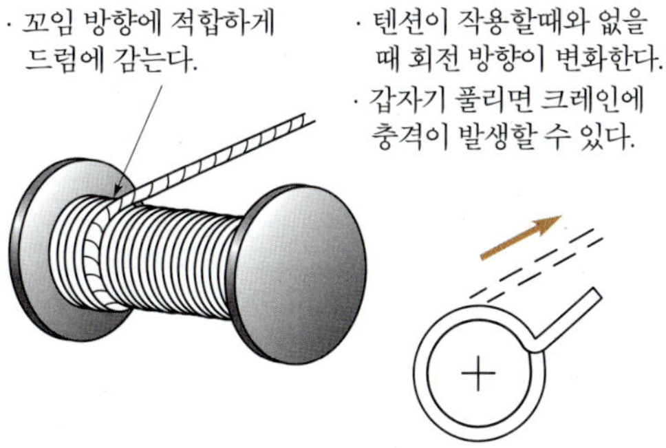

그림 5-72 로프감기

13.7.2. 꼬임방향과 로프감기

와이어로프의 꼬임방향에 따라 드럼에 감는 방향을 다르게 해야 와이어로프의 손상을 줄이고 양중시 안정성을 확보 할 수 있게 된다

1. 드럼의 상부감기(Over wound) 경우에, 오른쪽 꼬임은 우측에서부터, 왼쪽 꼬임은 우측으로부터 감는다.
2. 드럼 하부로부터 감는 하부감기(Under wound)일 경우, 상부감기의 반대로 하면 된다

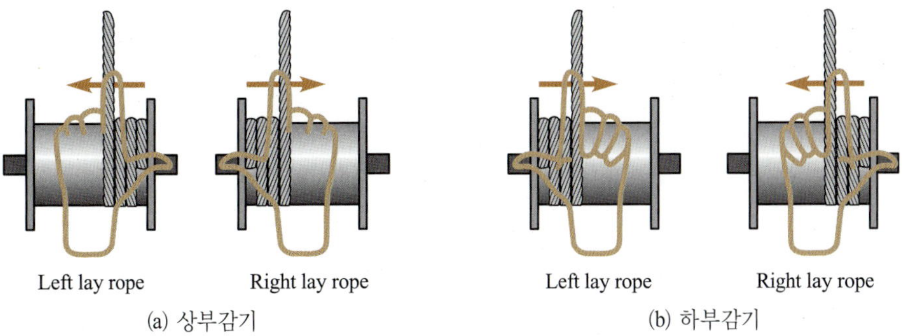

그림 5-73 와이어로프의 드럼 감기

13.7.3. 드럼감기의 종류

와이어로프는 여러가닥의 와이어를 꼬아서 만들었기 때문에 회전방향을 제대로 알고 관리하여야 한다. 그림 5-74의 (b)와 같이 교차감기의 방법으로 사용할 수도 있으나 미크레인협회에서는(CIA)에서는 권장하지 않는 방법이다.

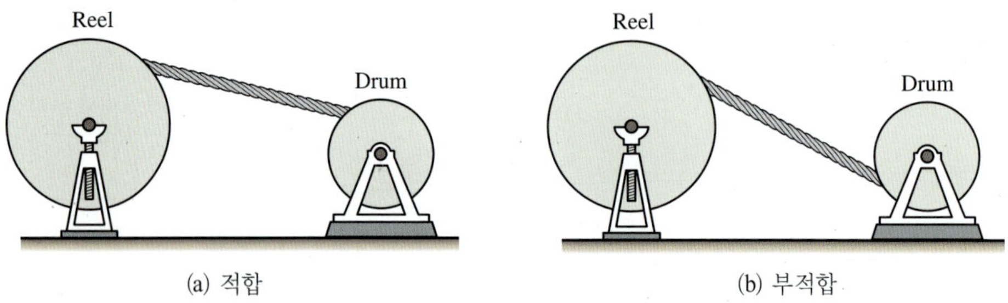

그림 5-74 드럼에 와이어로프 감는 방법

6절 이동식크레인 등 작업장의 지반

01 개요

크레인 및 항타기 등 중장비 작업장소의 지내력 부족으로 발생될 수 있는 사고 예방을 위하여 충분한 지반조사를 실시하여 상재하중에 적합한 지지력이 확보되었는지 평가하고, 필요에 따라 적절한 지반보강을 하여야 한다. 본 장에서 언급된 지반에 대한 내용은 아웃트리거를 사용하는 장비(이동식크레인, 펌프카, 고소작업차 등)와 크롤러를 사용하는 중장비(이동식크레인, 항타기 등 기초시공 리더장착장비)에 모두 적용할 수 있을 것이다.

02 장비의 작용하중과 지반평가

크레인 등 장비의 작용하중은 동일한 모델의 장비일지라도 사양이나 작업조건 등에 따라 변화될 수 있기 때문에 실제 사용조건에서 작용하중을 사전에 확인할 필요가 있다.

여기서, "작용하중"이란 이동식크레인 등의 장비자중과 인양하는 하중 등에 의한 부하가 장비의 아웃트리거 또는 크롤러 슈 등을 사이에 두고 지지지반에 작용하는 하중이라 말할 수 있다. 따라서, 이동식크레인이나 항타장비가 지반에 작용하는 하중을 산정하여 작업장의 지지지반 평가 및 지반개량 여부를 다음(표 6-1)과 같이 평가할 수 있다.

- 이동식크레인 등 장비의 사용조건
- 이동식크레인 등 장비의 작용하중 산정
- 이동식크레인 등 장비 설치장소의 지반지지력 조사
- 이동식크레인 등 장비 설치장소의 지반평가
- 이동식크레인 등 장비 설치장소의 지반보강

표 6-1 지지지반 개량 검토 순서

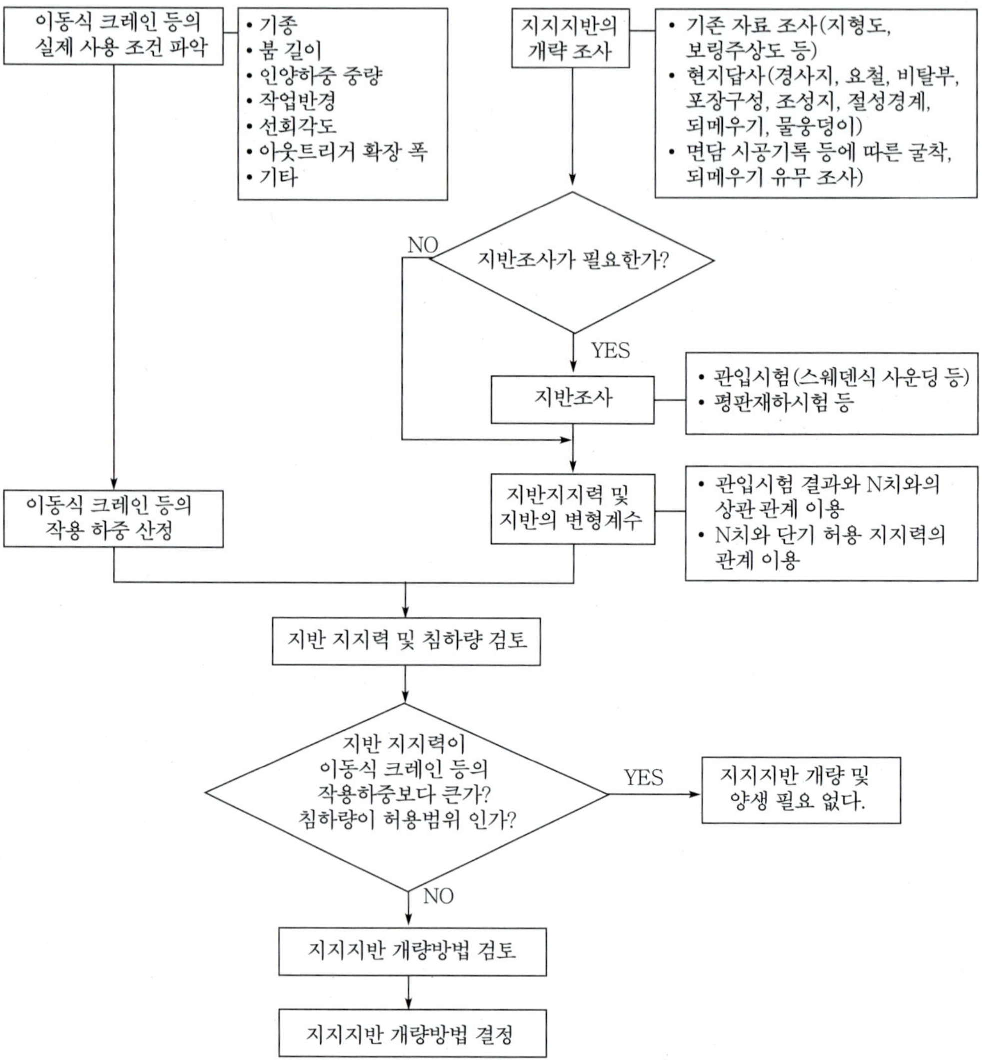

03 아웃트리거의 작용하중

타이어식 이동식크레인은 장비무게와 양중하중을 아웃트리거의 플로트(Float)가 각각 분담하게 되는데 이 지지하는 힘을 "아웃트리거 반력"이라 한다.

일반적으로 크레인의 인양능력 80톤까지는 아웃트리거를 4점지지 혹은 5점지지하고 있으며 100톤~200톤 이상급 크레인의 경우는 프론트 잭, 리어 잭을 더한 6점지지의 아웃트리거를 가진 크레인도 있다. 이보다 대형인 경우는 수평방향의 보(Horizontal beam)의 중간이나 차체의 옆에 하중을 보조적으로 지지하는 사이드 서포트(Side support), 미드 서포트(Mid support)라고 불리는 기구를 가진 8점지지, 10점지지 크레인도 있다.

각 아웃트리거가 분담하는 반력은 그 때의 작업조건, 지브길이, 양중하중, 지브의 방향, 아웃트리거의 확장폭 등으로 결정된다.

어떤 특정 작업 상황에서 각 아웃트리거 플로트를 지지하는 아웃트리거 반력 중 최대의 것을 "최대반력"이라 부르며 지반에 접한부분의 면적(플로트 접지면적)으로 나눈 값을 "최대접지압"이라고 부른다. 만약 아웃트리거 사용하지 않고 작업할 경우는 타이어에 작용하는 접지하중을 산출할 필요가 있다.

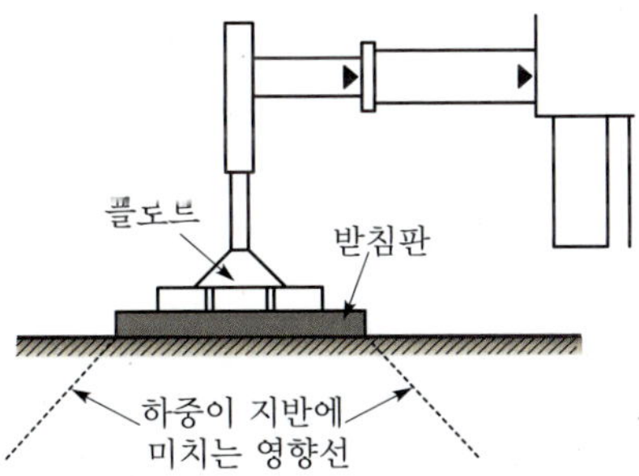

그림 6-1 아웃트리의 하중분포

3.1. 최대반력과 최대접지압 산출

3.1.1. 전체중량 비례식(방법1)

최대반력을 산출하기 위해서는 정확한 크레인의 중심과 작업조건에 따른 하중분포 자료가 필요하지만 제작사가 제공하는 카탈로그 등에 기재되어 있지 않으므로 정확한 산출은 불가능 하다.

일반적으로 80톤 이하의 유압식크레인에 작용하는 아웃트리거 1본의 최대반력(P)은 장비중량과 인양하중 합의 70~80%에 상당하는 식 6.1로 추정하고 있지만 어디까지나 정확한 값은 각 업체에 확인하는 것이 바람직하다. 또한, 필자의 경험사례로는 휠 크레인(300톤 미만)의 경우에는 최대 양중능력의 50%수준으로 판단할 수도 있다.

1) 충격하중 미 고려시(70% 추가 반영)

- P = [장비자중(W) + 양중무게(W_1)] × (0.7) (6.1)

2) 충격하중 고려시(30% 반영)

- P = [장비자중(W) + 양중무게(W_1)] × (0.7) × 1.3 (6.2)

여기서, 아웃트리거에 작용하는 최대접지압(P_{max})을 구할 수 있다.

- 최대접지압(P_{max}) = $\dfrac{\text{최대반력}P(kN)}{\text{플로트접지면적}(m^2)}$ (6.3)

3.1.2. 전체중량비례식(방법2)

방법 2는 그림 6-2의 붐 위치에 따라 최대반력을 계산하였다. 크레인 작업시 붐 위치는 A, B, C로 크게 나눌 수 있음을 가정하였다.

최대반력(P)는 붐이 B의 위치에 위치하였을 때 아웃트리거에 최대로 작용하나, 우선 주작업 위치를 A방향이라 간주하여 아웃트리거 반력을 계산한 후에 붐이 B방향으로 회전하는 것을 고려하여 하중을 50%를 증가시켜 최대반력을 구할 수 있다.

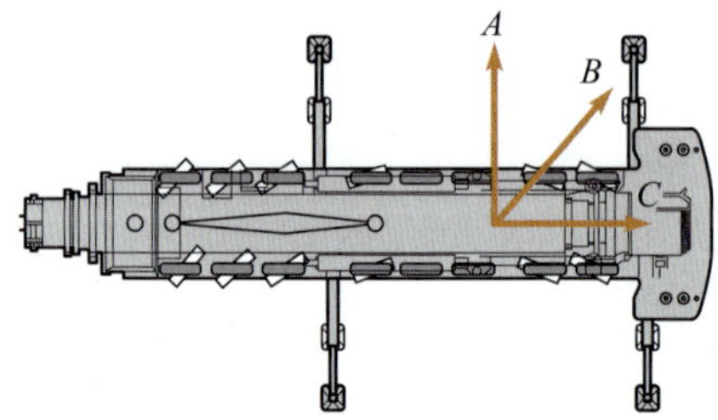

그림 6-2 아웃트리거의 최대반력

1) 충격하중 미 고려시

- P = 0.85×[장비자중(W) + 양중무게(W_1)] × 1/2 × 1.5
  = 0.64×[장비자중(W) + 양중무게(W_1)] (6.4)

2) 충격하중 고려시(30% 추가 반영)

- P = 0.85×[장비자중(W) + 양중무게(W1)] × 1.3 × 1/2 × 1.5

= 0.83×[장비자중(W)+양중무게(W1)] (6.5)

※ 크레인 중량의 85%가 크레인 붐 방향쪽의 아웃트리거(2곳)에 작용하는 것으로 가정함.

3.1.3. 모멘트 계산법(방법 3)

방법 3은 그림 6-3과 같이 작용점이 아웃트리거 간 거리의 중심에 위치하고 최대반력은 약축인 경우로 아웃트리거 한 본이 모두 지지할 경우로 가정하여 계산하였다.

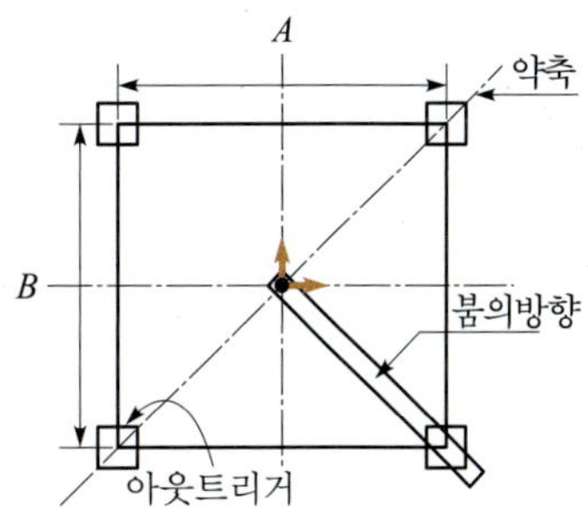

그림 6-3 최대반력 산출방법

1) 충격하중 미 고려시

$$V(t) = (W + W_1)$$

$$M(t \cdot m) = (W + W_1) \times R$$

$$L(m) = \frac{\sqrt{(A^2 + B^2)}}{2}$$

$$\bullet P_{max} = \frac{V}{4} + \frac{M}{L} \quad (6.6)$$

2) 충격하중 고려시(30% 반영)

$$V_1(t) = (W + W_1) \times 1.3$$

$$M(t \cdot m) = (W + W_1) \times R$$

$$L(m) = \frac{\sqrt{(A^2 + B^2)}}{2}$$

$$\bullet P_{max} = \frac{V_1}{4} + \frac{M}{L} \quad (6.7)$$

W : 장비의 차체중량

W_1 : 양중물 중량

R : 작업반경

A, B : 아웃트리거간 거리

3.1.4. 경험실용치 적용(방법 4)

카운터 웨이터 중량을 포함되지 않는 것과 기종에 따라 크레인의 최대양중 능력의 50%(실용하중)을 반영하는 것을 최대접지 반력으로 계산할 수 있으며 표 6-2에서 이론적인 크레인 아웃트리거의 최대 반력을 알 수 있고, 표 6-3에서는 (2008. 삼성건설 핵심구조상식), 최대치(이론치)와 실용치를 비교할 수 있다.

표 6-2 크레인의 아웃트리거 반력 I

기종		제작사	차체 중량 (tf)	차륜하중(tf)		정격양중하중×작업반경(tf×m)		최대 아웃리거 반력(tf)	차륜간격(m)			아웃리거간격 (m)	
				전축	후축	최소 반경	최대 반경		전륜 (A)	후륜 (B)	축간 (F)	(C)	(D)
R/T 크레인	TR-200	TADANO	23.5	12.0	11.5	20×3	2×18	21.5	2.1	좌동	3.1	5.7	5.7
	TR-250		24.1	12.3	11.8	25×3	2×18	27.0	2.1	좌동	3.1	5.8	5.6
	TR-300		25.9	13.2	12.7	30×3	2×19	32.9	2.1	좌동	3.2	5.8	5.6
	TR-400		38.9	20.1	18.8	40×3	2×23	42.2	2.5	좌동	3.9	7.0	7.0
	TR-500		43.1	22.3	20.8	50×3	2×26	54.0	2.5	좌동	3.9	7.0	7.0
트럭크레인	NK-250	KATO	27.4	11.4(1축)	16.0(2축)	25×3	2×18	28.5	2.0	1.9	1.3	5.1	5.9
	NK-300		31.6	12.6(2축)	19.0(2축)	30×3	2×20	32.8	2.1	2.0	1.4	5.3	6.1
	NK-500		39.2	15.2(2축)	24.0(2축)	50×3	2×23	43.5	2.2	2.1	1.4	5.5	7.2
	NK-800		60.1	24.2(2축)	35.9(3축)	80×3	2×30	65.0	2.5	2.2	1.4	5.6	7.6
	NK-1000	TADANO	64.3	24.1(2축)	40.2(3축)	100×3	2×30	75.0	2.5	2.3	1.4	6.6	7.5

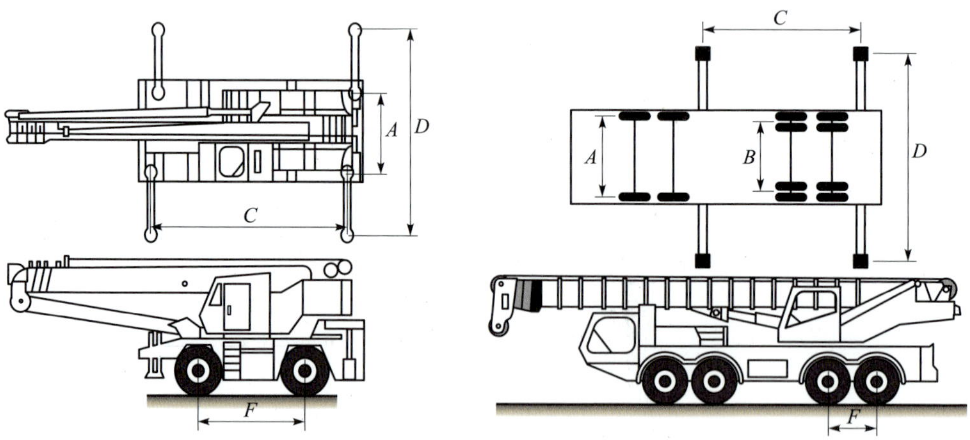

표 6-2 설명도

표 6-3 크레인의 아웃트리거 반력 Ⅱ

구분				차륜하중(tf)		정격양중하중×작업반경(tf×m)		아웃리거반력(tf)		차륜간격(m)			아웃리거 간격(m)	
	기종	제작사	차체[*3] 중량(tf)	전축	후축	최소 반경	최대 반경	최대치 [*1]	실용치 [*2]	전륜 (A)	후륜 (B)	축간 (F)	(C)	(D)
트럭크레인	NK–1200 (120톤)	KATO	72	24(2축)	48(4축)	120×3	2×38	95	60	2.5	2.2	1.5	6.8	8.0
	TG–1500 (150톤)	TADANO	72	24(2축)	48(4축)	150×3	2×40	105	65	2.5	2.3	1.5	7.2	7.4
	NK–1600 (160톤)	KATO	84	36(3축)	48(4축)	160×3	2×47	110	65	2.5	2.2	1.6	7.4	8.6

	기종	제작사	차체[*3] 중량(tf)	전축	중축	후축	최소 반경	최대 반경	최대치 [*1]	실용치 [*2]	전륜 (A)	후륜 (B)	축간 (F)	(C)	(D)
트럭크레인	LTM1120 (120톤)	LIEE HERR	60	12 (1축)	24 (2축)	24 (2축)	120×3	2×38	85	55	2.6	2.6	1.7	7.7	7.5
	LTM1200 (200톤)	LIEE HERR	72	12 (1축)	24 (2축)	36 (3축)	200×3	2×50	115	70	2.6	2.6	1.7	9.9	8.6
	LTM1225 (225톤)	LIEE HERR	72	12 (1축)	36 (3축)	24 (2축)	220×3	2×54	125	75	2.6	2.6	1.7	10.3	8.6
	LTM1300 (300톤)	LIEE HERR	84	24 (2축)	36 (3축)	24 (2축)	330×3	2×56	160	100	2.6	2.6	1.7	10.0	9.6
	LTM1400 (400톤)	LIEE HERR	96	36 (3축)	36 (3축)	24 (2축)	400×3	2×56	200	120	2.7	2.7	1.7	10.0	10.0

1) 각 하중에 충격하중은 포함되지 않음.

2) 아웃리거 반력 최대치[*1]는 팔길이 3m일 때 최대 양중가능 하중에 의해 정해진 값이므로 현실성이 없음. 따라서, 현실적인 양중능력에 의하여 아웃리거 반력 실용치[*2]를 산정하였음.(대체적으로 크레인 양중능력의 50% 정도가 현실성 있는 양중능력임)
   ex) 400톤 H/C의 경우 200톤

3) 차체중량[*3]에는 카운터웨이트 하중은 포함되지 않음

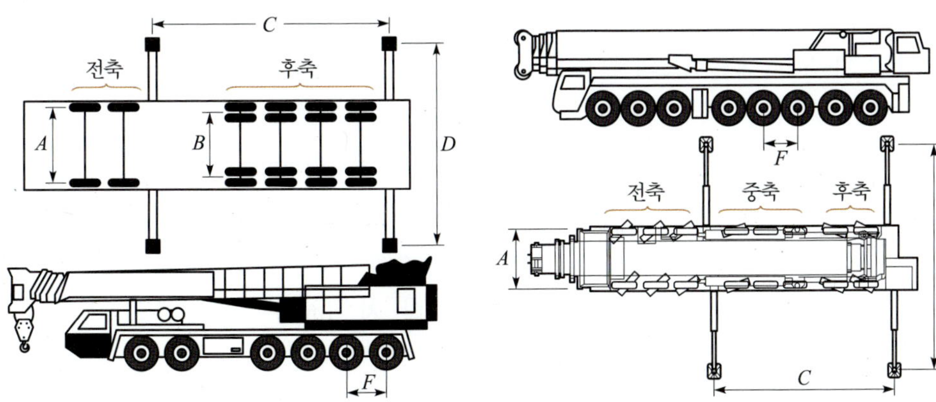

표 6-3 설명도

3.1.5. 이론식 활용 반력계산 (방법 5)

실측에서는 아웃트리거 플로트 밑에 로드 셀 등을 설치해서 작용 하중을 측정하는 방법도 있지만 장비의 상세사양을 알 수 있으면 계산으로 구하는 것이 용이 하므로 계산에 따른 방법이 채택되고 있다.

JIS D 6302-1976「자주크레인의 사양서 양식」에서는 계산 수식을 이용하여 실제 사용 조건에 적합한 정보를 대입하여 아웃트리거에 작용하는 하중을 산출할 수 있다.

또한, 아웃트리거 미 사용시, 타이어에 작용하는 하중에 대해서는 아웃트리거를 타이어로 치환해 산출할 수 있다.

실제로 이러한 수식을 활용하려면 크레인에 대한 정확한 정보가 필요하나 현실적으로 힘든 부분이 많다. 따라서, 정확한 자료수집을 위해서는 제작사에 문의하거나 제작사에서 제공하는 별도의 프로그램을 활용할 수 있을 것이다. 아웃트리거에 작용하중은 그림 6-4를 참고로 유도해 낼 수 있다.

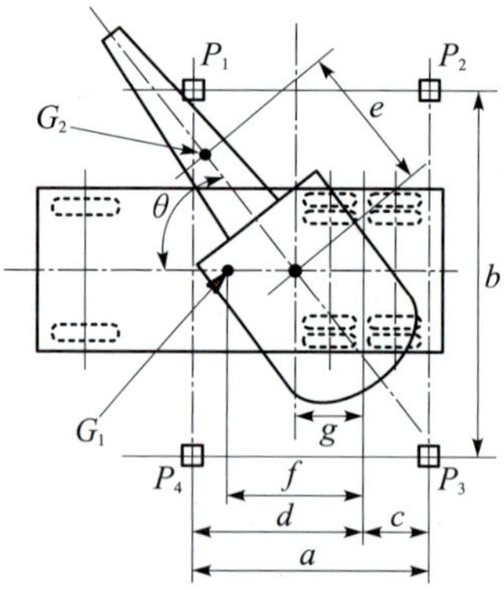

그림 6-4 아웃트리거 반력

- a,b : 아웃트리거 플로트의 위치 치수(mm)
- c : 복축 중심부터 뒤 아웃트리거 중심까지의 수평거리(mm)
- d : 복축 중심부터 앞 아웃트리거 중심까지의 수평거리(mm)
- e : 선회중심부터 상부 선회체와 인양 실 하중중심 위치까지의 수평거리(mm)
- f : 복축중심선부터 하부 주행체 중심위치 선까지의 수평거리(mm)
- g : 상부 선회체의 설치위치(복축 중심선부터) 치수(mm)
- θ : 상부 선회체의 선회각(도)
- P_1, P_2, P_3, P_4 : 각 아웃트리거 플로트의 지점하중(tf)

- G_1 : 하부 주행체의 중량의 도심(tf)
- G_2 : 상부 선회체의 중량과 인양 실 하중 합의 도심(tf)

라고 한다면, 다음 각 식이 성립 한다.

각 작업조건과 아웃트리거에 작용하는 하중의 관계를 살펴보면, 다음과 같이 나타낼 수 있다.

$$\left.\begin{aligned} P_1 &= P_{11}+P_{12} \\ P_2 &= P_{21}+P_{22} \\ P_3 &= P_{31}+P_{32} \\ P_4 &= P_{41}+P_{42} \end{aligned}\right\} \qquad (6.8)$$

여기서, $$\left.\begin{aligned} P_1+P_2+P_3+P_4 &= G_1+G_2 \\ P_{11}+P_{21}+P_{31}+P_{41} &= G_1 \\ P_{12}+P_{22}+P_{32}+P_{42} &= G_2 \end{aligned}\right\} \qquad (6.9)$$

■ G_1을 간략하게 도식화 하면,

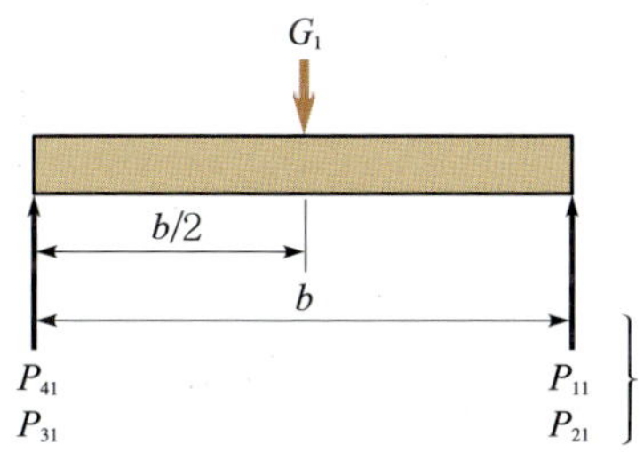

(6.10)

대칭구조를 가지므로 반력은 $P_{41} = P_{11}$, $P_{31} = P_{21}$라 할 수 있다.

또한, 각 작용점에 대한 모멘트를 살펴보면

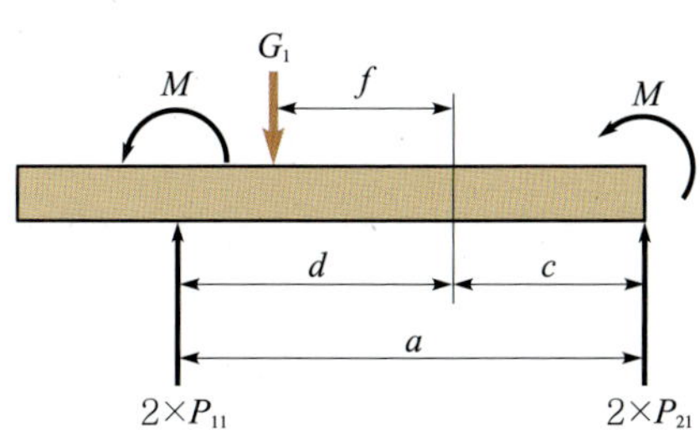

$$\bullet 2a \cdot P_{11} = (c+f) \cdot G_1$$

$$P_{11} = \frac{c+f}{2a} \cdot G_1 = P_{41} \tag{6.11}$$

$$\bullet 2a \cdot P_{21} = (d-f) \cdot G_1$$

$$P_{21} = \frac{d-f}{2a} \cdot G_1 = P_{31} \tag{6.12}$$

■ G_2을 간략하게 도식화 하면,

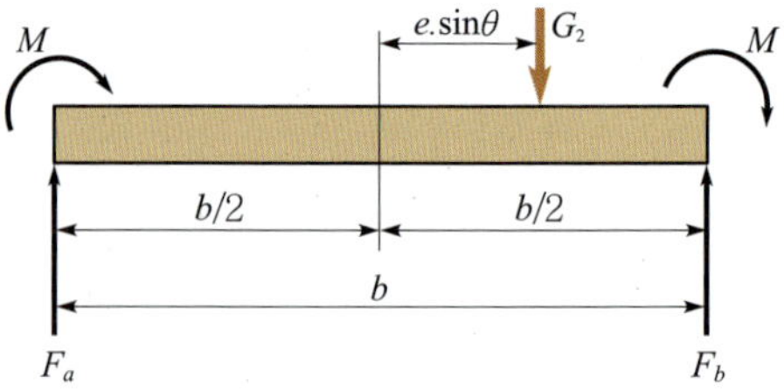

반력은 $F_a = P_{32}+P_{42}$, $F_b = P_{12}+P_{22}$, $F_a+F_b = G_2$ (6.13)

■ 모멘트는

$$b \cdot F_a = G_2(\frac{b}{2}-e\sin\theta), \quad F_a = \frac{G_2}{b}(\frac{b}{2}-e\sin\theta) \tag{6.14}$$

$$b \cdot F_b = G_2(\frac{b}{2}+e\sin\theta), \quad F_b = \frac{G_2}{b}(\frac{b}{2}+e\sin\theta) \tag{6.15}$$

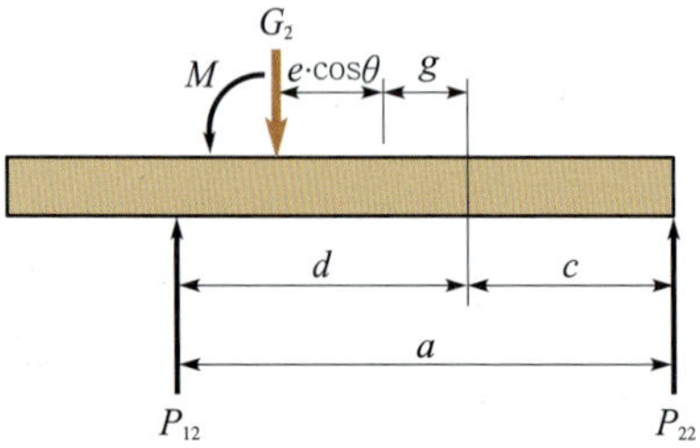

$$\left.\begin{array}{l} P_{12}+P_{22}=F_b \\ P_{22}=F_b-P_{12} \end{array}\right\} \tag{6.16}$$

$$P_{12} \cdot (d-g-e \cdot \cos\theta) = P_{22} \cdot (c+g+e \cdot \cos\theta)$$

$$P_{12} \cdot (d-g-e \cdot \cos\theta) = (F_b-P_{12}) \cdot (c+g+e \cdot \cos\theta)$$

$$P_{12} \cdot (d-g-e \cdot \cos\theta + c+g+e \cdot \cos\theta) = F_b(c+g+e \cdot \cos\theta)$$

$$P_{12} \cdot (c+d) = a \cdot P_{12} = F_b(c+g+e \cdot \cos\theta)$$

$$P_{12} = \frac{c+g+e \cdot \cos\theta}{a} \cdot F_b$$

$$P_{12} = \frac{c+g+e\cdot\cos\theta}{a} \cdot \frac{1}{b}\left(\frac{b}{2}+e\cdot\sin\theta\right)\cdot G_2 \tag{6.17}$$

식 6.16에서

$$P_{22} = F_b - P_{12} = \frac{a-c-g-e\cdot\cos\theta}{a} \cdot F_b$$

$$P_{22} = \frac{d-g-e\cdot\cos\theta}{a} \cdot \frac{1}{b}\left(\frac{b}{2}+e\cdot\sin\theta\right)\cdot G_2 \tag{6.18}$$

마찬가지로

$$P_{42} = \frac{c+g+e\cdot\cos\theta}{a} \cdot F_a = \frac{c+g+e\cdot\cos\theta}{a} \cdot \frac{1}{b}\left(\frac{b}{2}-e\cdot\sin\theta\right)\cdot G_2 \tag{6.19}$$

$$P_{32} = \frac{d-g-e\cdot\cos\theta}{a} \cdot F_a = \frac{d-g-e\cdot\cos\theta}{a} \cdot \frac{1}{b}\left(\frac{b}{2}-e\cdot\sin\theta\right)\cdot G_2 \tag{6.20}$$

따라서, 내용을 요약하면 다음과 같이 반력을 구할 수 있다.

- $P_1 = P_{11}+P_{12} = G_1 \cdot \frac{c+f}{2a} + G_2 \cdot \frac{c+g+e\cdot\cos\theta}{a} \cdot \frac{\frac{b}{2}+e\cdot\sin\theta}{b}$ (tf) (6.21)

- $P_2 = P_{21}+P_{22} = G_1 \cdot \frac{d-f}{2a} + G_2 \cdot \frac{d-g-e\cdot\cos\theta}{a} \cdot \frac{\frac{b}{2}+e\cdot\sin\theta}{b}$ (tf) (6.22)

- $P_3 = P_{31}+P_{32} = G_1 \cdot \frac{d-f}{2a} + G_2 \cdot \frac{d-g-e\cdot\cos\theta}{a} \cdot \frac{\frac{b}{2}-e\cdot\sin\theta}{b}$ (tf) (6.23)

- $P_4 = P_{41}+P_{42} = G_1 \cdot \frac{c+f}{2a} + G_2 \cdot \frac{c+g+e\cdot\cos\theta}{a} \cdot \frac{\frac{b}{2}-e\cdot\sin\theta}{b}$ (tf) (6.24)

3.2. 붐의 선회각도와 아웃트리거의 하중변화

크레인 붐을 선회시키면 하부 주행체의 중심위치는 변하지 않지만, 상부 선회체, 붐, 인양하는 짐 등의 전체 중심위치는 그림 6-5와 같이 붐의 선회에 따라 변화한다. 따라서, 크레인 작업시 장비전체의 중심위치가 변화하므로 짐을 인양한 후 선회하면 각 아웃트리거에 작용하는 하중도 변화하게 된다.

아웃트리거에 작용하는 하중은 장비전체 중심위치가 어떤 위치에 있는가에 따라 각 아웃트리거의 작용하중이 정해지지만, 4본의 아웃트리거중 최대로 반력이 작용하는 것은 장비전체 중심위치에 가장 가까운 아웃트리거로서, 반드시 붐이 아웃트리거 플로우트 바로 위를 선회했을 때 라고는 할 수 없다.

그림 6-5는 선회각도와 4본의 아웃트리거에 작용하는 하중의 변화 상태를 나타낸 것이다.

0도는 붐의 바로 앞, 180도는 붐의 바로 뒤, 90도는 붐의 우측, 270도는 붐의 좌측이다.

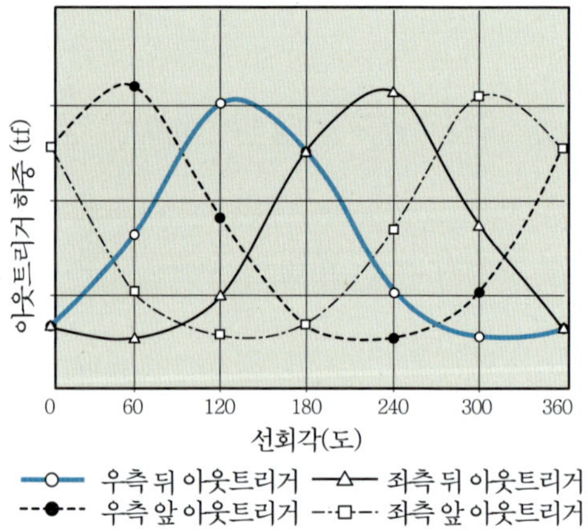

그림 6-5 선회각도와 아웃트리거 하중관계

3.3. 작업반경과 아웃트리거의 하중변화

그림 6-6은 선회각도를 일정하게 하고, 작업반경을 변경하면서 그 때의 정격총하중에 상당하는 양중물을 인양했을 경우, 전도지점 측 아웃트리거 1본에 작용하는 하중이 어떻게 변화하는가를 나타낸 것이다. 각 붐의 길이에서 아웃트리거에 작용하는 하중이 최대가 되는 것은 각 붐에서의 인양모멘트가 최대부근이라는 것을 알 수 있다. 그리고 작업반경이 커지면 아웃트리거에 작용하는 하중은 거의 일정하게 되어있다.

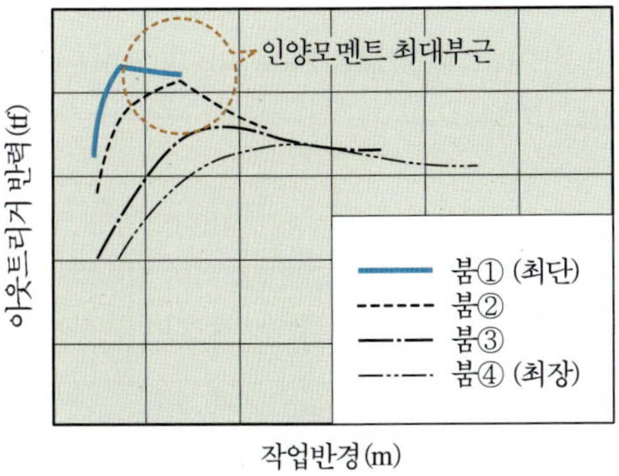

그림 6-6 선회각도가 일정한 경우

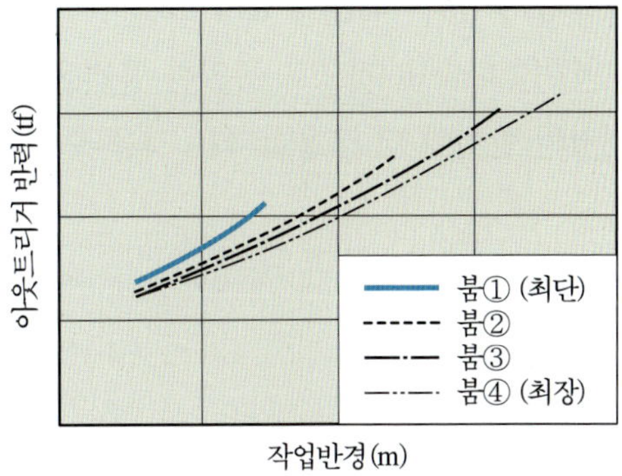

그림 6-7 실양중과 선회각도가 일정한 경우

한편, 그림 6-7과 같이 인양 실 하중과 선회각도가 일정 할 경우는 작업반경이 커짐에 따라 아웃트리거에 작용하는 하중은 직선적으로 증가하는 경향을 나타내고 있다.

3.4. 아웃트리거 연장폭과 작용하중의 관계

그림 6-8은 변경에 따른 정격총하중 인양시 아웃트리거 확장 폭이 최대, 중간, 최소 등에 따른 작업반경과 아웃트리거 하중변화를 보여주고 있다.

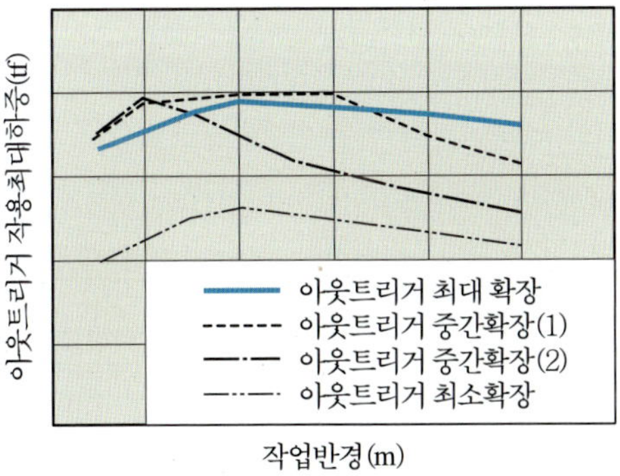

그림 6-8 아웃트리거 연장폭과 하중의 관계

작업반경이 클 때는 아웃트리거의 하중은 아웃트리거를 최대로 확장 했을 경우가 가장 크고, 계속해 중간, 최소 등의 순서로 되어 있다.

아웃트리거에 작용하는 하중도 일반적으로 동일한 경향이지만 기종에 따라서는 반드시 아웃트리거 최대 확장 시에 최대가 된다고 할 수 없는 경우도 있으므로 주의가 필요하다.

그림 6-9, 10은 45톤급 R/T크레인으로 작업할 시 아웃트리거의 확장폭에 따라 아웃트리거 반력을 나타낸 것으로 동일한 물건을 양중한다 하여도 아웃트리거를 미 확장하면 아웃트리거의 반력이 더 작용한다는 것을 보여주고 있다.

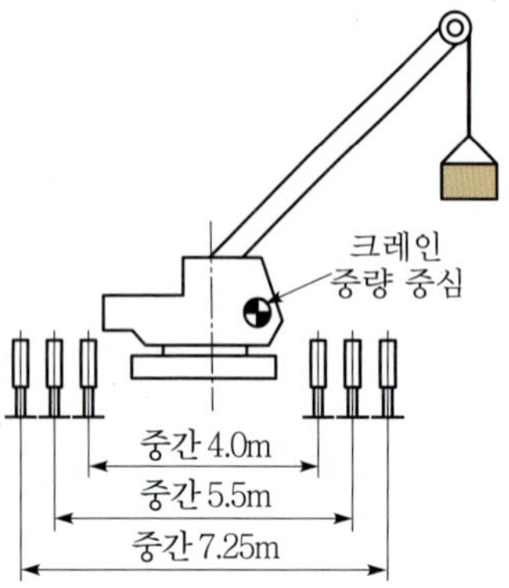

그림 6-9 크레인의 아웃트리거 확장 폭

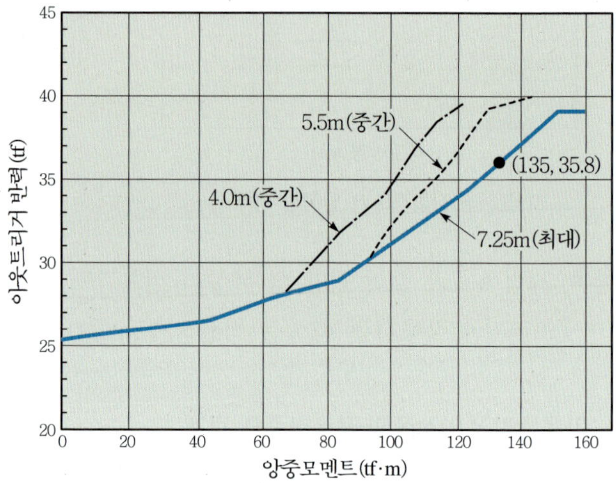

그림 6-10 아웃트리거 확장에 따른 반력변화(45톤 크레인)

04 크롤러 장비의 작용하중

4.1. 크롤러의 접지압

크롤러 장비(크레인 및 항타기 등 리더장착 장비)의 경우는 지반에 작용하는 하중의 크기를 접지압으로 나타낸다. 즉 장비자중이나 양중하중의 무게를 크롤러로 받고 있으므로 건설기계 안전기준에 관한 규칙, 제3조를 근거로 다음과 같이 평균접지압을 산출할 수 있다.

$$\bullet \text{평균접지압} = \frac{\text{운전중량(kg)}}{\text{트랙의 수} \times \text{슈폭(m)} \times \text{접지길이(m)}} (\text{kg/m}^2) \qquad (6.25)$$

식 3에서 "접지길이"란 텀블러 중심간 거리와 무한궤도(클로러) 높이(기동륜의 중심을 지나는 수직선과 무한궤도 윗면이 만나는 점으로부터 지면까지의 최단거리를 말한다) 의 100분의 35에 해당하는 길이를 더한 길이를 말한다.

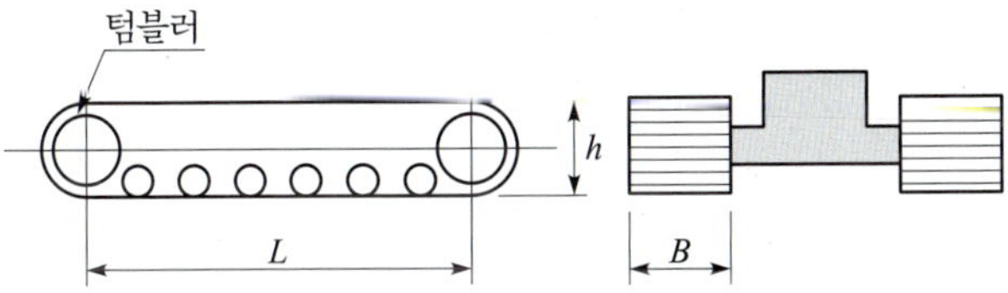

L : 크롤러 길이(m) (텀블러 중심거리)
h : 크롤러 높이(m)
B : 크롤러 슈의 폭(m)
접지길이 : L+0.35h
접지면적 : 2B×(L+0.35h)

그림 6-11 크롤러 슈의 길이와 폭

일반적으로 카다로그에 표기된 평균 접지압은 기본붐을 장착한 장비의 총하중을 크롤러의 접지면적으로 나눈 값이므로 실제작업시 지반검토에 적용하는 것은 바람직하지 않다. 따라서, 실제 작업시의 접지압은 평균접지압보다 상당히 큰 값을 나타내게 되므로 최대접지압을 산출하여 적용하여야 한다.

실제 접지압은 지브방향에 따라 그림 6-13(일본건설기계화협회)에 제시한 것 처럼 삼각형 분포나 사다리꼴 분포가 되며, 최대 접지압이 전도지점에 작용하게 된다

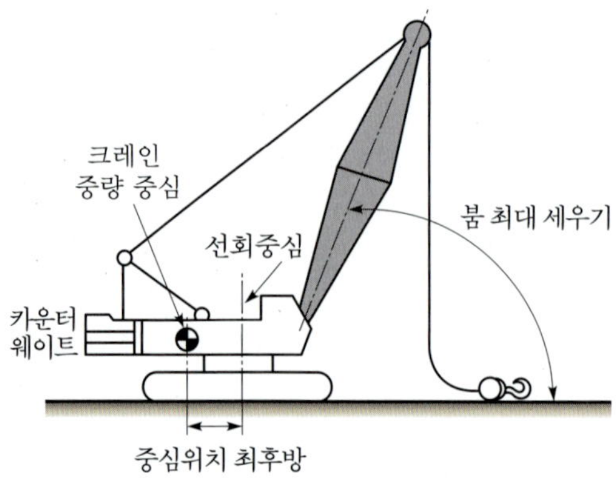

그림 6-12 무부하 상태의 중심위치

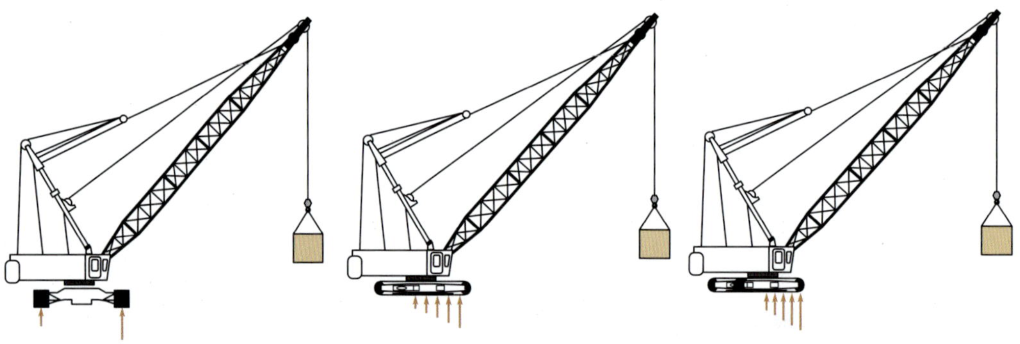

(a) 측방양중 (b) 전방·후방 작업 (c) 코너 작업(최대 접지압)

그림 6-13 선회각도와 접지압 분포

그림 6-12는 크롤러 크레인이 무부하 상태에서의 무게중심 위치를 보여주고 있다. 즉 작업을 하지 않을 경우에는 최대 접지압이 후방에 작용한다는 의미이며, 그림 6-14는 인양모멘트(실양중 × 작업반경)가 작은범위에서는 일정치를, 인양모멘트가 큰 범위에서는 인양모멘트가 증가에 따라 접지압이 상승하는 것을 보여주고 있다.

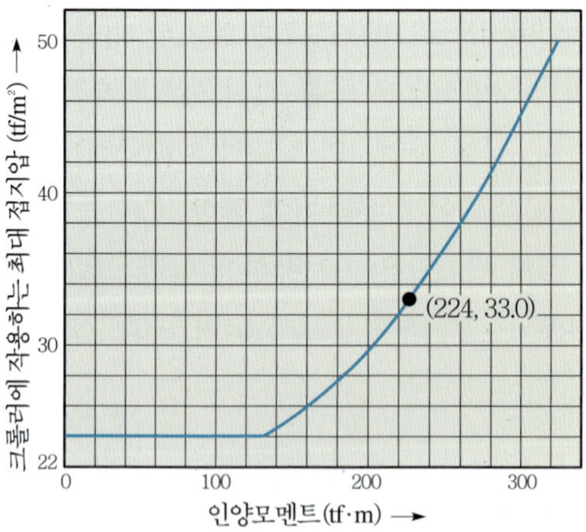

그림 6-14 인양모멘트와 접지압(80톤 크롤러 크레인)

정확한 최대접지압(P_{max})은 장비의 무게중심과 지브방향 등의의 값을 알아야 하기 때문에 제작사에 확인하는 것이 바람직하다. 또한, 주행시 접지압 분포는 평균 접지압 보다 크게 된다.

4.1.1. 소형 크롤러의 접지압(방법 1)

약 80톤 미만의 크롤러크레인의 경우, 전문업체에서 제공한 크레인규격에 따른 최대접지압은 그림 6-15(코벨코,日)를 참고하여 작업시 적용할 수 있으나 80톤 이상의 대형크레인은 크레인 제조사에 의뢰하거나 전문가에게 문의하는 게 좋다.

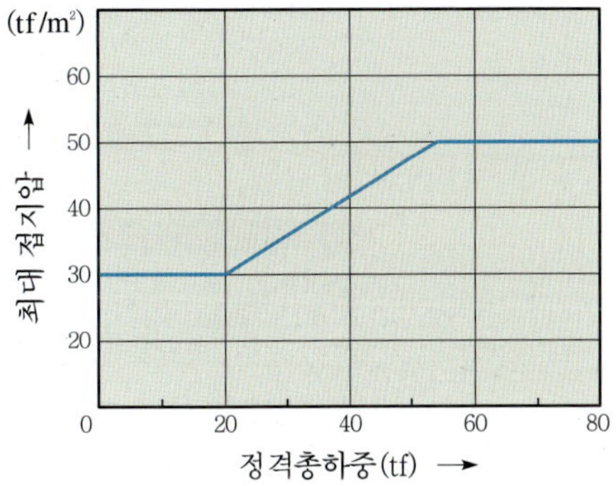

그림 6-15 80톤 미만 C/Crane의 접지압

4.1.2. 붐의 방향에 다른 비례식(방법 2)

크롤러에 발생하는 접지하중은 작업시에 최대가 되며 붐 위치에 따라 최대 접지하중이 다르다. 그림 6-16(가설구조물해설, 이민우, 2002)와 같이 25톤 크롤러크레인의 경우, 작업시의 붐 위치가 Ⓐ, Ⓑ, Ⓒ인 경우에 대하여 각각 최대접지하중을 구하면 다음과 같다.

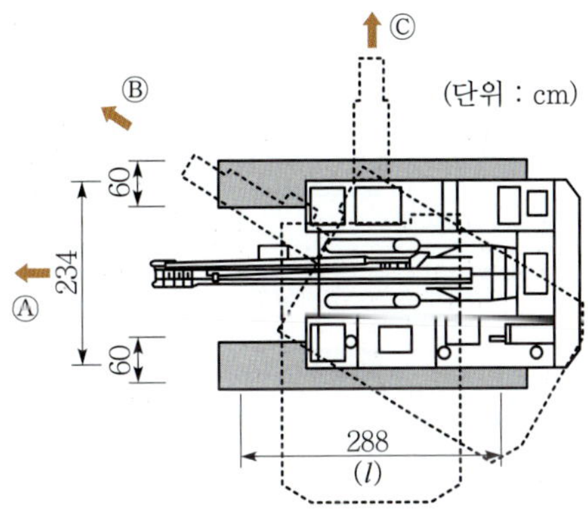

그림 6-16 크롤러크레인 붐 위치별 접지압 분포

(1) 붐 위치가 전방 Ⓐ위치에서 양중작업 할 경우

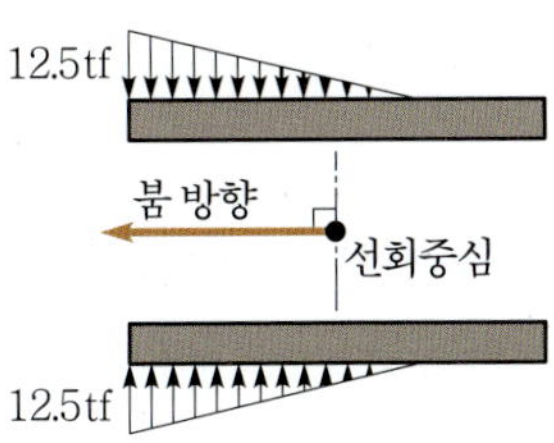

$$W_1 = \frac{W}{2}$$

$$= \frac{25.0\,\text{tf}}{2} = 12.5\,\text{tf}$$

단, W : 총중량(tf)

그림 6-17 붐이 전방에 있을 때 접지압

(2) 붐 위치가 전방 Ⓑ인 앞 으로 비스듬히 양중작업 할 경우

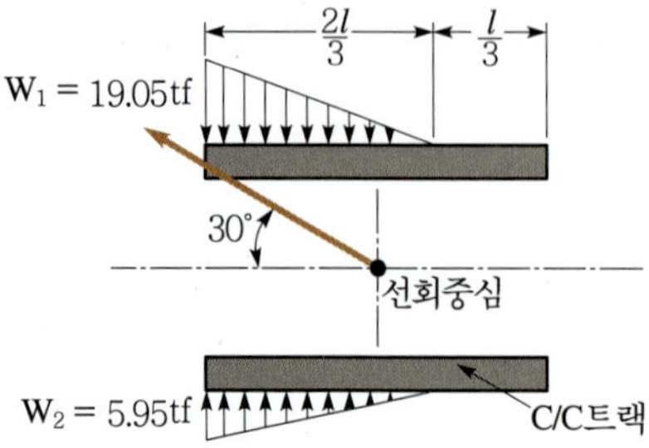

각도 $\theta \fallingdotseq 30°$ 일 때 접지하중은 붐이 Ⓐ위치에 있을 때 보다 작으나 하중분포 면적이 상대적으로 적어서 실제작용하는 접지압은 최대가 된다.

$$W_1 = W \times 76\% = 19.05\text{tf}$$

그림 6-18 붐이 전방 30도에 있을 때 접지압

(3) 붐의 위치가 Ⓒ처럼 측방인 경우

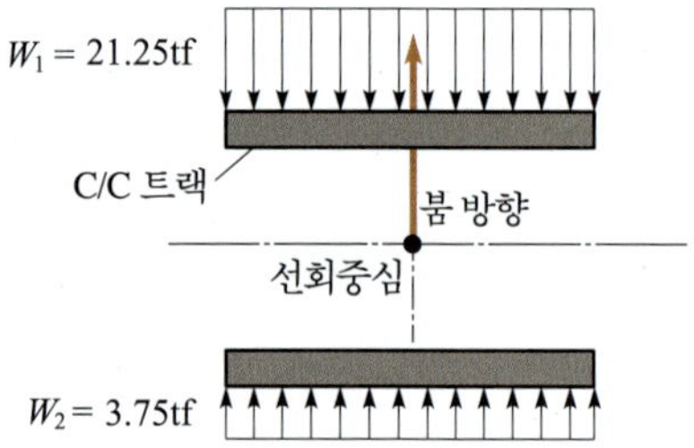

$W_1 = 0.85W$
$= 0.85 \times 25.0\text{tf} = 21.25\text{tf}$

$W_2 = 0.15W$
$= 0.15 \times 25.0\text{tf} = 3.75\text{tf}$

$W_1 = 0.85W$, $W_2 = 0.15W$로 가정하여 간략하게 최대접압을 계산함.

그림 6-19 붐이 측방에 있을 때 의 접지압

4.1.3. 이론식 적용 크롤러의 접지압(방법 3)

크롤러의 최대접지압 계산은 JIS A8401-1978「쇼벨계 굴착기 구조·성능기준」을 기준을 적용하여 검토할 수 있다.

크롤러의 접지압 분포는 카운터 웨이트, 붐, 작업장비, 인양하중 등 모든 것을 포함한 장비상태의 중량, 중심위치 및 크롤러 접지부의 규격으로 산출된다.

(1) 좌우방향의 분포

본체의 선회방향과 크롤러의 전후방향이 동일하지 않는 경우는 장비의 중심위치가 본체의 선회중심이 아닌 곳에 위치할 수 있다.

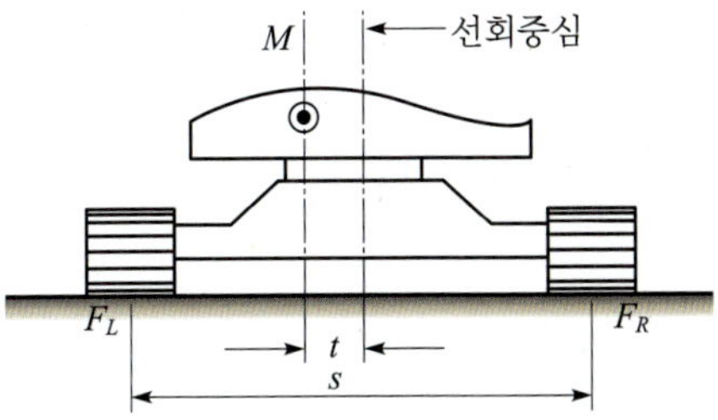

그림 6-20 크롤러 장비의 반력

그림 6-20에 나타낸 것처럼 기계의 중량 M, 중심위치의 편심량(주행방향) t, 우측 크롤러의 반력 F_R 및 좌측 크롤러의 반력 F_L은 다음 식으로 나타낼 수 있다.

$$F_R = \frac{M}{S}\left(\frac{S}{2} - t\right) \tag{6.26}$$

$$F_L = \frac{M}{S}\left(\frac{S}{2} + t\right) \tag{6.27}$$

(2) 전후방향의 분포

그림 6-21에 나타낸 것처럼 중심위치의 편심량을(주행직각방향) γ, 덤블러간 거리를 L 및 슈폭을 W로 하고, 접지압력 분포가 1차함수라고 가정하면, 우측 크롤러 전단의 접지압 P_{RF}, 후단 접지압 P_{RB}, 좌측 크롤러 전단의 접지압 P_{LF} 및 후단 접지압 P_{LB}는 다음식과 같다.

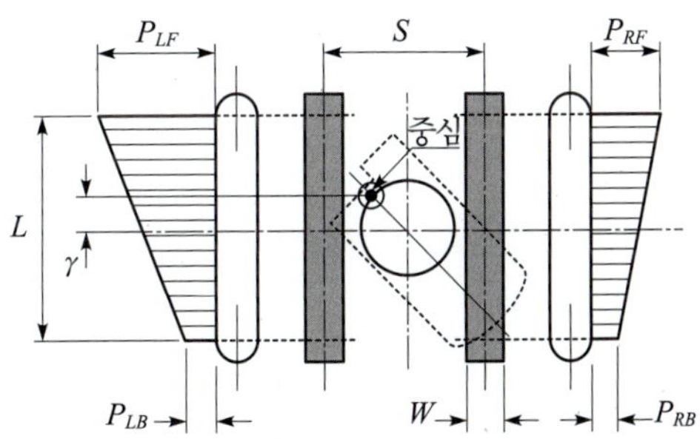

그림 6-21 크롤러의 접지압 분포

$$\left.\begin{aligned} P_{RF} &= \frac{F_R(L+6\gamma)}{W\cdot L^2}, \quad P_{RB} = \frac{F_R(L-6\gamma)}{W\cdot L^2} \\ P_{LF} &= \frac{F_L(L+6\gamma)}{W\cdot L^2}, \quad P_{LB} = \frac{F_L(L-6\gamma)}{W\cdot L^2} \end{aligned}\right\} \tag{6.28}$$

상기식의 유도과정을 살펴보면 다음과 같다.

크롤라 크레인의 접지압

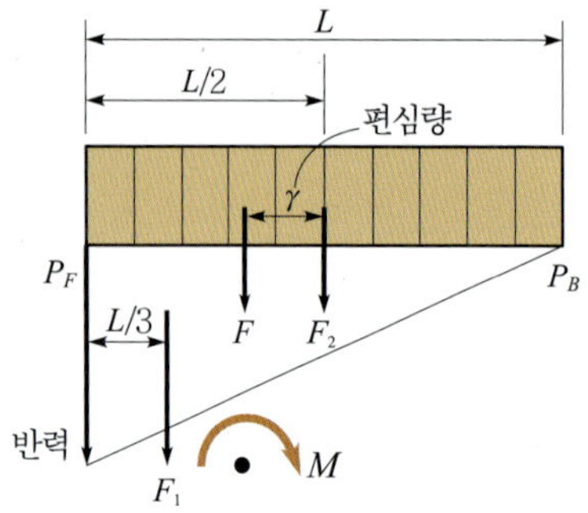

- M : 기계중량
- γ : 중심위치의 편심량 (주행의 직각방향 기준)
- F_L : 좌측 클로러 반력
- F_R : 우측 클로러 반력
- S : 양쪽 크롤러간의 중심거리
- L : 덤블러간 거리

■하중검토

$$\left.\begin{aligned} F_R &= \frac{1}{S}\left(\frac{S}{2} - t\right)\cdot M \\ F_L &= \frac{1}{S}\left(\frac{S}{2} + t\right)\cdot M \end{aligned}\right\} \tag{6.29}$$

$$\left.\begin{aligned} F_2 &= L\cdot W\cdot P_B \\ F_1 &= \frac{L\cdot W}{2}(P_F - P_B) \end{aligned}\right\} \tag{6.30}$$

$$F = F_1+F_2 = (L\cdot W\cdot P_B)+\left\{\frac{L\cdot W}{2}(P_F - P_B)\right\} = \frac{1}{2}\, L\cdot W\cdot(P_F + P_B) \tag{6.31}$$

■모멘토 검토

$$F_1\cdot\left(\frac{L}{2}-\frac{L}{3}-\gamma\right) = F_2\cdot\gamma$$ --- 식 6.30을 대입

$$F_1\cdot\left(\frac{L}{6}-\gamma\right) = F_2\cdot\gamma$$

$$\frac{L\cdot W}{2}\left(\frac{L}{6}-\gamma\right)\cdot(P_F - P_B) = L\cdot W\cdot\gamma\cdot P_B$$

$$(\frac{L}{6} - \gamma)\cdot(P_F - P_B) = 2\gamma \cdot P_B$$

$$(\frac{L}{6} - \gamma)\cdot P_F = (\frac{L}{6} + \gamma)\cdot P_B \tag{6.32}$$

식 6.31에서

$$F = \frac{1}{2}\cdot L\cdot W\cdot(P_F + P_B)$$

$$P_B = \frac{2}{L\cdot W}F - P_F \tag{6.33}$$

식 6.32에 식 6.33을 대입하면

$$(\frac{L}{6} - \gamma)\cdot P_F = (\frac{L}{6} + \gamma)\cdot(\frac{2}{L\cdot W}F - P_F)$$

$$\frac{L}{3}P_F = \frac{2}{L\cdot W}F(\frac{L}{6} + \gamma)$$

$$\therefore\ P_F = \frac{F}{L^2\cdot W}(L + 6\gamma) \tag{6.34}$$

식 6.31를 식 6.32에 대입하면

$$P_B = \left\{(\frac{2}{L\cdot W}F - \frac{F}{L^2\cdot W}(L+6\gamma)\right\}$$

$$= \frac{F}{L^2\cdot W}(2L-L-6\gamma)$$

$$= \frac{F}{L^2\cdot W}(L-6\gamma) \tag{6.35}$$

따라서, 다음식으로 정리할 수 있다.

$$P_{RF} = \frac{F_R}{WL^2}(L+6\gamma),\quad P_{RB} = \frac{F_R}{WL^2}(L-6\gamma)$$

$$P_{LF} = \frac{F_L}{WL^2}(L+6\gamma),\quad P_{LB} = \frac{F_L}{WL^2}(L-6\gamma)$$

■ γ >L/6 인 경우에는 그림 6-16에 나타낸 삼각형 분포가 되고, P_{RF}와 P_{LF}는

$$P_{RF} = \frac{4F_R}{3W(L-2r)} \tag{6.36}$$

$$P_{LF} = \frac{4F_L}{3W(L-2r)} \tag{6.37}$$

으로 나타낼 수 있으며 다음과 같이 유도할 수 있다.

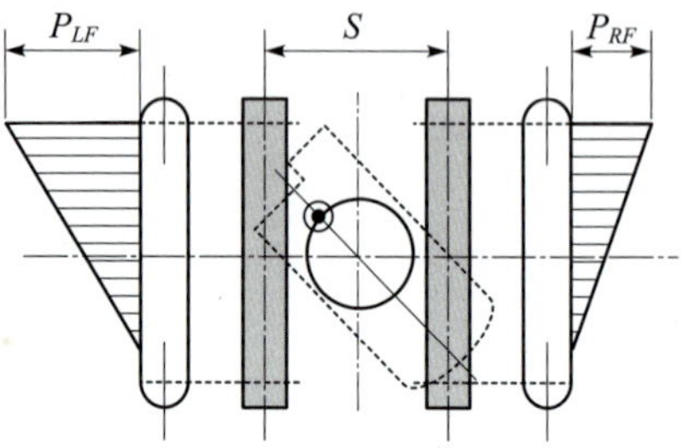

그림 6-22 r > L/6인 경우 접지압 분포

r>L/6인 경우에는 그림과 같이 삼각형 분포가 되고, P_{RF}와 P_{LF}는 다음과 같이 유도 할 수 있다.

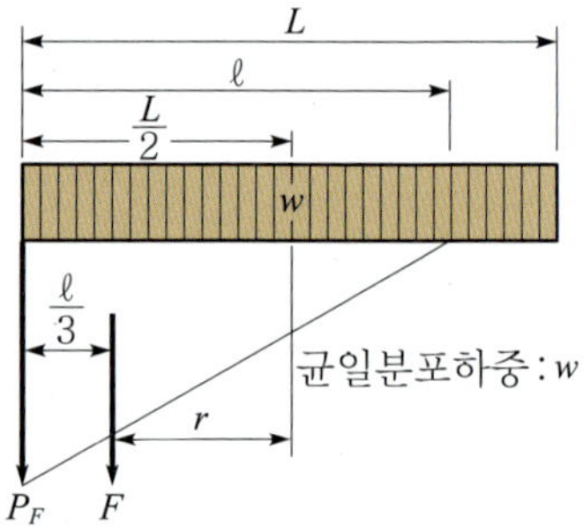

$$r = \frac{L}{2} - \frac{\ell}{3}$$

$$6r = 3L - 2\ell \rightarrow \ell = \frac{1}{2}(3L - 6r) \tag{6.38}$$

$\ell < L$이므로

$$\frac{1}{2}(3L - 6r) < L \rightarrow L < 6r$$

$$\therefore r > \frac{L}{6} \tag{6.39}$$

상기 다이어그램에서 F는 삼각형의 면적에 작용하는 W를 계산하면

$$F = \frac{1}{2}P_F \cdot \ell \cdot W\text{에} \tag{6.40}$$

식 6.40에 식 6.38을 대입하면 다음과 같이 정리할 수 있다.

$$F = \frac{1}{2}P_F \cdot W \cdot \frac{3}{2}(L-2r)$$

$$\therefore P_F = \frac{4}{3W} \cdot F \frac{1}{(L-2r)} = \frac{4 \cdot F}{3W(L-2r)} \tag{6.41}$$

4.1.4. 실용적 간략식(방법 4)

표 6-4은 붐과 크롤러(캐터필러)의 방향에 따른 작업시 실용적인 접지압을 산출할 수 있는 약산식을 보여주고 있다.

표 6-4 크롤러 크레인의 접지압 약산식*주)

방향	평행	직교	경사
접지압(L)	$P_{LF} = \frac{W}{0.6A} = 1.67\frac{W}{A}$	$P_{LF} = 0.2\frac{W}{A}$	$P_{LF} = \frac{0.3\times W}{0.9A/2} = 0.67\frac{W}{A}$
배치형상 및 접지압 분포	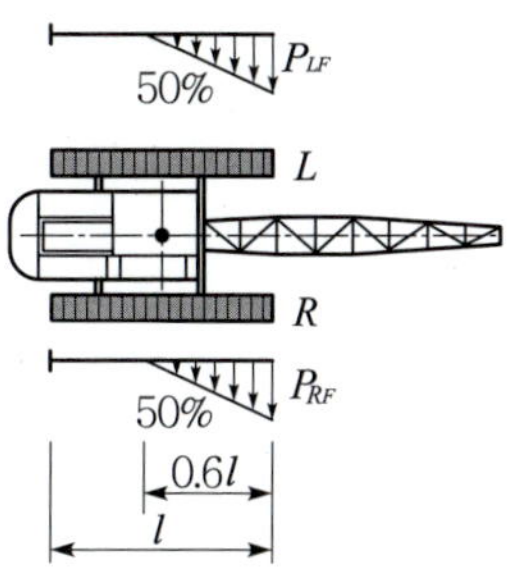	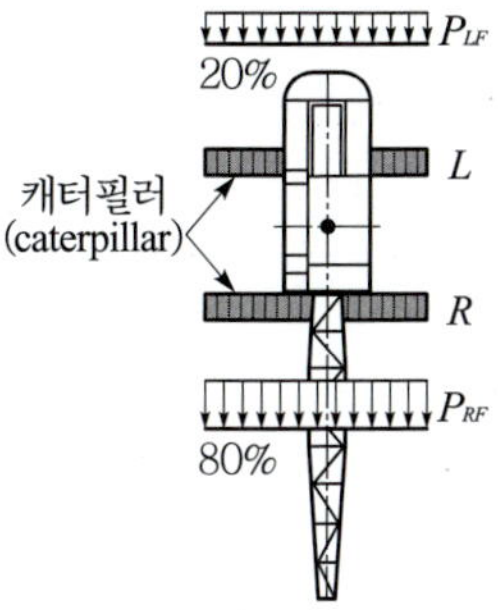	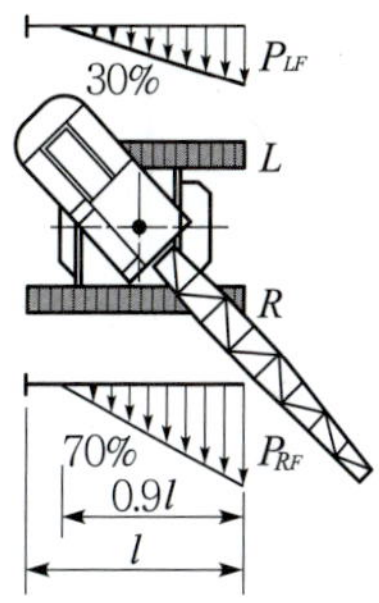
접지압(R)	$P_{RF} = \frac{W}{0.6A} = 1.67\frac{W}{A}$	$P_{RF} = 0.8\frac{W}{A}$	$P_{RF} = \frac{0.7\times W}{0.9A/2} = 1.56\frac{W}{A}$

*비고 1) W : 크롤러크레인 자중과 매달림하중의 합계 총중량(tf)
2) A : 한쪽 캐터필러(caterpillar)의 접지면적(m^2)
3) 이동 및 작업시 충격하중으로 작용하중의 20% 정도가 추가 고려되어야 함.
4) 정확한 접지압은 크레인 제조사나 전문가에 의해 재산정 되어야 함.

4.2. 붐의 선회각도와 크롤러의 접지압

크레인이 선회하면 좌우 크롤러에 작용하는 하중 비율과 작용점이 변화하므로 크롤러 접지압 분포는 선회각도에 따라 변화하게 된다.

그림 6-23에서 알 수 있듯이 크롤러에 작용하는 최대 접지압은 비스듬한 방향으로 선회한 작업상태가 된다.

*주) 1) 삼성건설 핵심구조상식(2009)
2) 톱다운공법 구조와 시공, 토목공법 연구회(2008)
3) Manitowac Product Guide(2006)

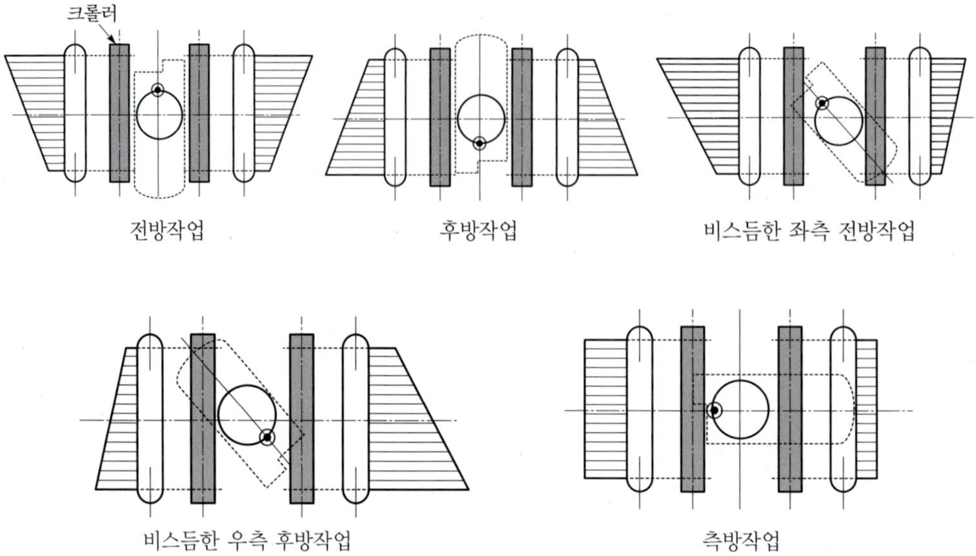

그림 6-23 선회각도와 크롤러장비의 접지압 분포

4.3. 작업반경과 크롤러의 접지압

크롤러식 크레인은 동일한 하중을 양중한다 하여도 작업반경이 변화되면 장비의 전체중심 위치가 변하므로 그림 6-24와 같이 크롤러 최대 접지압도 그것에 따라 변화하게 된다. 동일조건의 작업에서 선회만 한다면 방향별 일정한 접지압이 작용하겠지만 작업반경이 증가하면 접지압은 증가하게 된다.

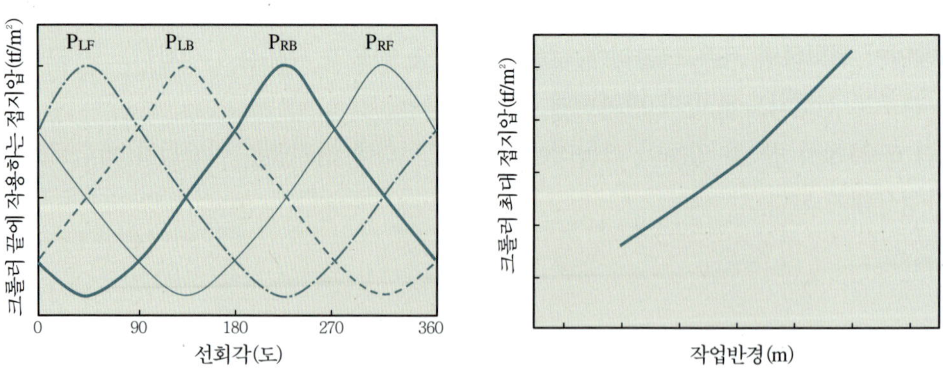

그림 6-24 작업반경과 크롤러장비의 접지압

4.4. 부하율과 크롤러의 접지압

크레인을 사용하여 동일한 작업반경에서 작업하는 경우라도 실제 인양하중이 변한다면 장비의 총중량과 전체중심 위치도 변화하므로 크롤러의 최대 접지압도 그림 6-24, 25와 같이 변화하게 된다.

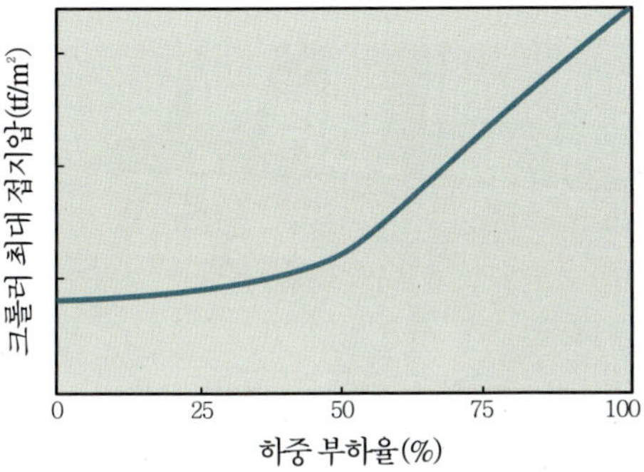

그림 6-25 하중 부하율과 접지압

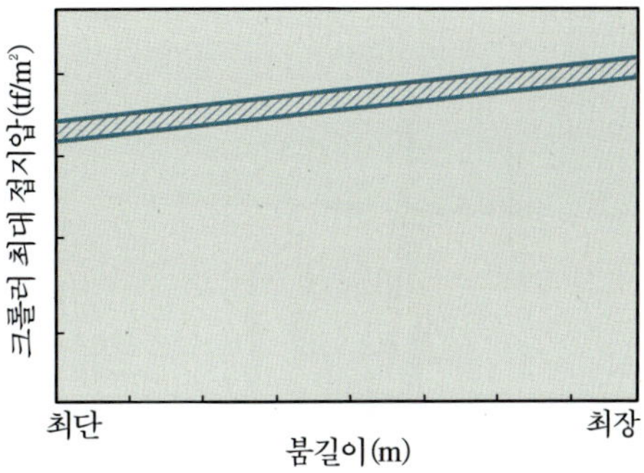

그림 6-26 붐길이이와 최대 접지압

그림 6-25은 어떤 작업반경에서의 정격총하중을 100%로 하고, 인양 실하중을 변화시켰을 경우 크롤러 최대 접지압의 변화상태를 나타낸 것이다

4.5. 붐 길이와 크롤러의 접지압

동일한 양중모멘트(인양 실 하중×작업반경)에서 붐의 길이를 변경했을 때, 크롤러 최대 접지압의 경향은 그림 6-26과 같이 거의 직선적으로 붐의 길이에 비례해 증가하지만 증가율은 그다지 크지 않다.

05 항타기의 접지압과 안정성

5.1. 항타기 일반

국내에서 많이 사용하는 크롤러식 기초시공장비는 그림 6-27과 같은 형태의 리더장착 장비로 항타기 및 지반개량장비가 대부분이다.

그림 6-27 크롤러형 기초장비

크롤러식 항타기의 접지압 분포는 크롤러 크레인과 같이 크롤러 전체 길이에 걸쳐 균등하게 분포하는 경우는 적고, 크롤러 선단부에 최대 접지압이 발생하게 된다.

항타기의 최대 접지압을 구하는 것은 크롤러 크레인과 같은 인양하중에 상당하는 능력표시가 불가능하므로 부착된 부대설비의 중량을 기준으로 하고, 일본"차량계 건설기계구조 규격 제 3조"에 정의되어 있는 안정도 5도로 규정하고 있으나, 일부업체는 작업시 7도, 주행시 최소 9도로 안정도를 규정하고 있다.

5.2. 항타장비의 접지압 계산

항타장비의 크롤러 접지압 분포는 본체, 카운터 웨이트, 리더, 작업장치, 파일중량 등 모든 것을 포함한 전체장비의 중량, 중심위치 및 크롤러 접지부의 규격으로 산출된다. 또한, 계산식 활용은 크롤러식 크레인과 동일하다.

그림 6-28은 어태치먼트와 선회각도에 따라서, 접지압이 변하는 항타기의 기계중량에 따른 최대 접지압을 나타낸 것이다.

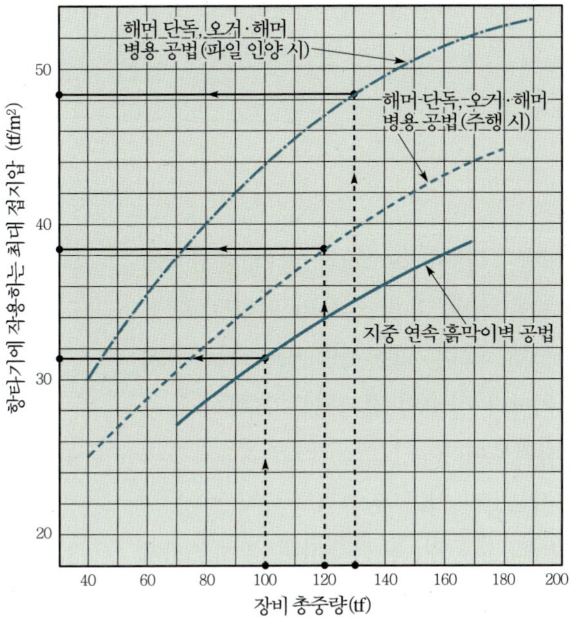

그림 6-28 항타기의 최대 접지압(크롤러식)

5.3. 항타기의 작업조건

5.3.1. 해머단독, 오거해머 병용공법 작업시

장비중량이 비교적 무거워 지고, 안정도가 낮아 최대 접지압은 높아진다. 특히, 파일을 항타기로 양중하여 사용할 경우는 파일중량도 반드시 합산해서 계산해야 한다.

5.3.2. 해머단독, 오거해머 병용공법 주행시

주행시는 안정을 높이기 위해, 해머를 하부로 내려 주행하여야 하며, 이 경우는 안정도가 높고, 파일도 없으므로 최대 접지압도 비교적 낮아진다.

5.3.3. 허용 안정도

"안정도"란 장비자체의 중심(해머, 오거, 파일 등을 포함한 장비전체의 중심)과 전도지점을 잇는 직선이 중심을 통과하는 수직선과 이루는 각도를 가지고 나타낸다.

일본 차량계 건설기계 구조규격 제3조「항타기 및 항발기」는 작업시 해당 건설기계의 안정에 관해 가장 불리한 상태에서 장비의 무게중심과 작업방향의 전도지점과 이루는 안정도가 5도 이상을 유지할 것을 규정하고 있다. 좀더 구체적으로 살펴보면 일본차량제조(주)와 코벨코(주)[*주]에서는 작업시 5도, 주행시 7도를 항타기 안정도 기준으로 하고, 석유

화학공장 등 중요한 현장은 작업시 7도, 주행시 9도 이상의 장비 안정도를 요구하고 있다.

또한, 허용안정각도의 측정은 경사계 및 경보장치를 설치하여 활용하는 것이 바람직하다.

5.4. 허용 안정도 계산

5.4.1. 작업시 안정도

전방, 후방, 측방이란 그림 6-29, 30과 같이 운전석에서 봤을 때 앞(리더측)을 전방, 후방(카운터 웨이트 측)을 후방, 좌우를 측방이라고 하며, 크롤러의 방향과는 관계 없다. 즉, 안정도는 리더나 장비의 경사각도가 아니라 중심위치로 산정된 경사각도이다.

단, 계산상에서는 전도지점 거리 A, B, C중에서 가장 작은 값을 채용한 후 각 θ_1, θ_2, θ_3를 산출하며, 부하조건에서 봤을 때 명백히 알 수 있듯이 θ_1(전방안정도)이 가장 중요하게 된다.

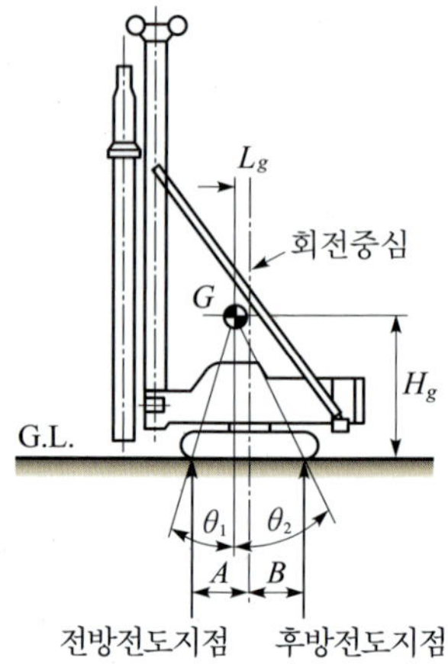

그림 6-29 항타기의 전·후방 안정도

- 전방안정도 : $\theta_1 = \tan^{-1}\dfrac{A-L}{H}$ (6.42)
- 후방안정도 : $\theta_2 = \tan^{-1}\dfrac{B+L}{H}$ (6.43)
- 측방안정도 : $\theta_3 = \tan^{-1}\dfrac{C}{H}$ (6.44)

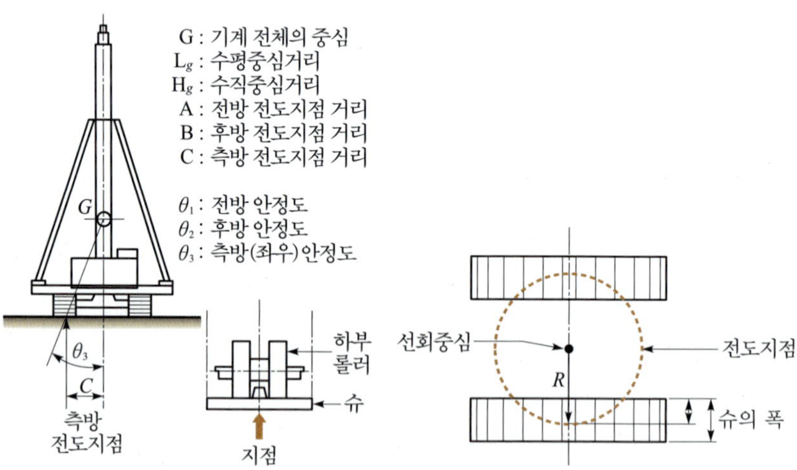

그림 6-30 항타기의 측방안정도

*주) 코벨코(주) : 일본 크레인 제조업체중 한 곳.

5.4.2. 이동중 안정도

그림 6-31 (b) 및 그림 6-32(a, b)와 같은 경사지반에서 이동할 경우에는 다음기준을 준수하여야 한다.

① 항타기 등 이동장비의 등·하강 허용각도(α)는 다음 식으로 구한다.

$\alpha = \theta -$ (진행방향 기준 허용안정도) (6.45)

즉, 주행시 허용안정도의 기준이 9도일 경우에 등·하강시 허용안정각도는 $\alpha = \leq \theta - 9°$를 만족해야 한다는 의미이다.

② 노반 구배를 규정대로 정형한다.

③ 장비의 안정도를 높이기 위해서는 메뉴얼에서 정한 규정의 리더높이를 장착하고 별도의 부가장치는 해체해야 한다. 다만 모델별로 확인하여 이동시 허용되는 부가장치(오거, 해머 등)는 리더의 최하단까지 내려 이동시의 허용안정도를 확보한 후, 가능한 천천히 균형을 유지하면서 이동한다.

Tip : 허용경사각 구하기

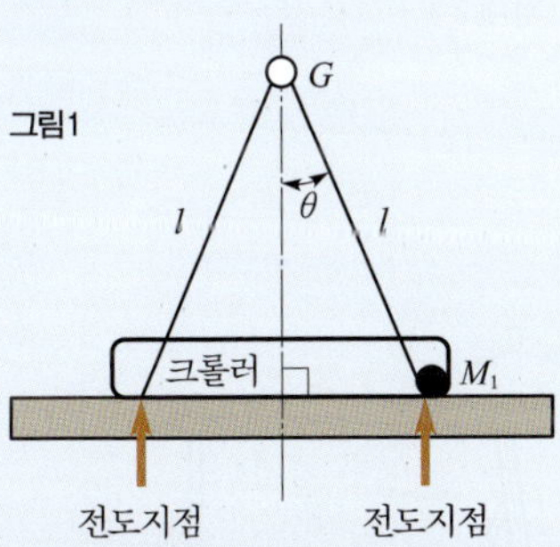

그림 1에서 장비의 중량을 W, 그 중심을 G라 하고, G에서 내린 수직선과 전도지점과의 이은선과의 각을 θ라 할 때, 전도지점에서의 모멘트 M_1은 다음과 같이 표현할 수 있다.

•$M_1 = W \cdot \ell \sin\theta$ ①

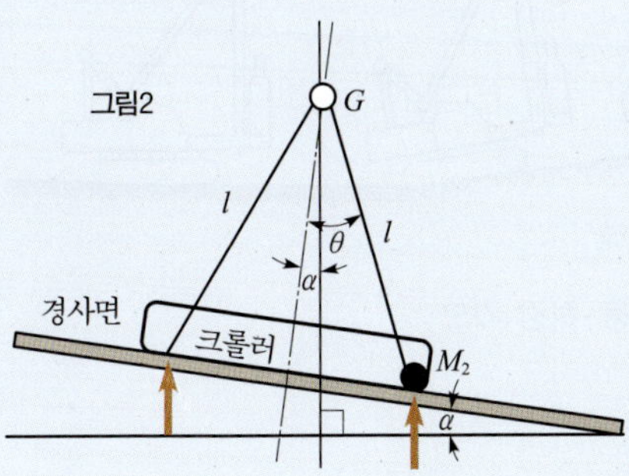

그림 2에서 장비를 등하강 각도가 α 인 경사로를 이동할 때 전도점 M_2의 모멘트는 식①과 같다.

•$M_2 = W \cdot \ell \sin(\theta - \alpha)$ ②

식①에서의 장비 이동시 안정조건은 이 θ = 9도라면 (5.3.3참고) 경사로에서의 식 ②의 $(\theta - \alpha)$와 같다고 놓고 풀면 아래와 같은 결과를 얻을 수 있다.

$9 = \theta - \alpha$ 따라서, $\rightarrow \alpha = \theta - 9$가 된다.

(a) 작업장소 이동 (b) 경사지면 이동

그림 6-31 항타기의 이동

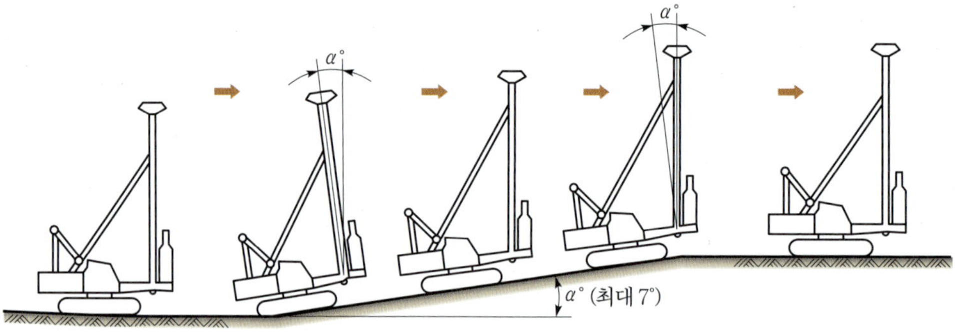

(a) 오르막 올라갈 때

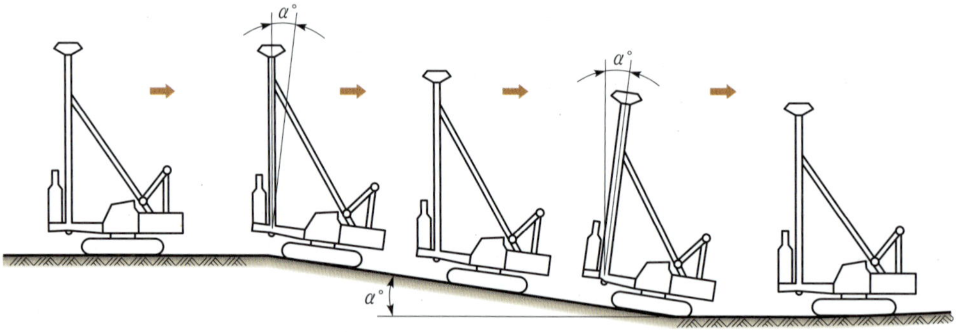

(b) 경사지 내려갈 때

그림 6-32 항타기의 이동시 등·하강 각도

06 프로그램을 활용한 크레인 접지압 계산

대규모 크레인 제작사 등 일부 전문업체에서는 크레인 구매자 및 사용자를 위한 크레인의 반력과 접지압(아웃트리거 반력, 크롤러 접지압)을 구하는 프로그램을 유료로 제공하고 있다. 그러나 전문가용으로 제작되어 사용이 복잡하거나 일부 크레인에 대한 정보만 제공하는 등 사용범위가 매우 제한적이기 때문에 범용성으로 사용하기에는 아직 소비자의 욕구를 만족시키지 못하고 있다. 표 6-5는 크레인 선정 시뮬레이션 프로그램의 특징을 비교한 것이다.

표 6-5 크레인전용 시뮬레이션 프로그램의 특징

제품명	배포	특징	단점
3D Life Plan (미국)	유료판매 (년간 약정, 모델별 비용추가)	•DB 미국내 장비 위주 •장비선정, 최대반력 등 •CAD 연계가능 •복잡한 크레인 검토 가능	•전문가용으로 사용방법 복잡함. •토질에 따른 지반검토 불가
Liccon(독일)	크레인구매자 위주 판매 (일반인 미공개)	•자사장비 DB만 보유 •장비선정, 최대반력 등 •복잡한 크레인 검토 가능	•전문가용으로 사용방법 복잡함. •토질에 따른 지반검토 불가
일본 (제작 3사)	Web Site 공개	•자사장비 DB만 보유 •장비선정, 최대반력 등	•토질에 따른 지반검토 불가 •기능이 매우 제한적
OptiCrane_MC (삼성)	국내 공개	•국내 및 해외 DB 구축 •장비선정, 러그, 슬링, 반력 검토 •지반개량, 경사면, 슬라브 등 검토 •간단한 교육으로 사용가능, 범용성 •크레인 기준, 규격 등 검색 기능	•복잡한 크레인 검토 불가

표 6-5의 OptiCrane_MC[*1)]의 시뮬레이션 프로그램은 필자가 개발한 것으로 외국 선진사의 제품에 비하여 비 전문가라도 쉽게 접근할 수 있도록 사용자 입장에서 설계하였으며, 국내외 장비의 선정과 사양 검색은 물론 크레인 1대 양중에서 2대 양중까지 장비선정과 슬링 검토 등 안정성 검토를 신속하게 수행할 수 있다. 또한, 크레인의 반력을 산출하고 작업장 토질의 물성치에 따른 지반 보강방법을 제시하도록 설계하였다. 그림 6-33은 OptiCrane_MC를 활용하여 시공한 시뮬레이션 사례를 보여주고 있다.

*1) 이동식크레인 안정성 검토 시뮬레이션 프로그램(OptiCrane_MC, 특허 제10-08764872호)

(a) 초기화면

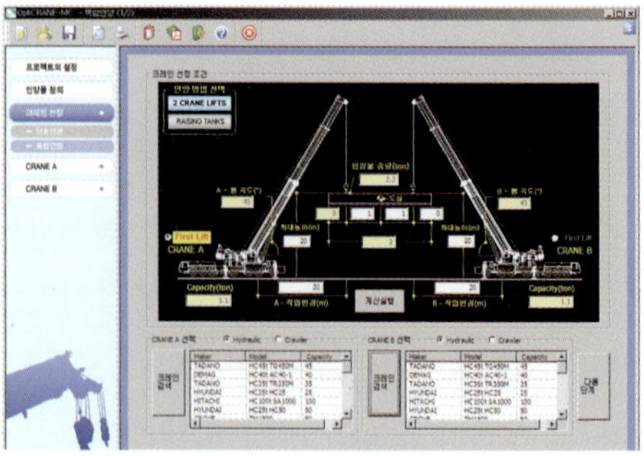

(b) 선정화면

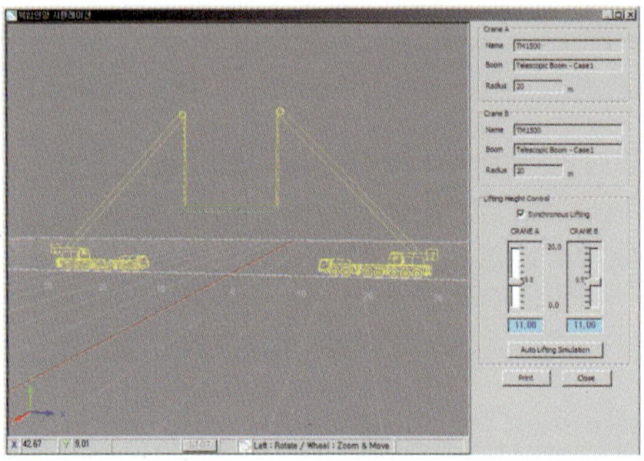

(c) 시뮬레이션

(d) 작업수행

그림 6-33 이동식크레인 선정 및 안정성 검토 방법 활용 사례

07 장비 작업장의 지지력

7.1. 지반 지지력 조사

크레인 작업시 장비의 하중을 지반에서 충분하게 지지하여야 안전한 작업을 수행할 수 있다. 따라서, 지반의 안정여부를 확인하기 위하여 지반조사를 실시해 지반 지지력을 평가하는 것은 당연한 절차라고 볼 수 있다.

지반 지지력 평가는 이동식크레인 등 장비반입 전에 실시하는 것이 원칙이며, 이동선, 작업장 등에서 여러 지점을 단기간에 평가하는 것이 바람직하고 간단한 기법이어야 한다.

지반 지지력은 지형도나 시공에 앞서 실시된 보링 주상도 등으로 표층지반의 특성을 조사하여 평가한다. 또한, 현지 답사를 통해 작업지반이 굴착 혹은 되메우기가 되어 있는지 여부를 조사하고 필요에 따라서는 지반조사를 추가로 실시해 그 범위와 깊이 등 물성치를 확인 한다.

앞서 설명한 것 처럼 이동식크레인 등은 장비 작업하중이 크기 때문에 어느 정도 단단한 토층까지 지반조사하는 것이 필요하며 관입능력이 있는 조사방법이 효율적이다.

지반검토 순서는 표 6-6과 같으며, 조사심도나 수량 등은 공사규모, 이동식크레인 등의 장비작업 하중에 따라 적절히 결정 할 필요가 있다. 또한, 조사깊이는 심도방향으로 연약층이 없는 경우에는 보통 3m정도를 기준으로 한다.

7.2. 지지력 검토순서

지반조사 결과를 바탕으로 지반 지지력을 구하는 방법에는 사운딩으로 추정하는 방법 및 평판재하 시험으로 직접구하는 방법이 있으며 조건에 따라 적절한 선택을 할 수 있다. 그리고 필요에 따라 이동식크레인 등의 장비작업 하중으로 발생하는 침하량을 산출해 지지력과 침하량 등 양면에서 지지지반이 안정한지 여부를 판정한다.

표 6-6 장비작업장 지반검토 Flow

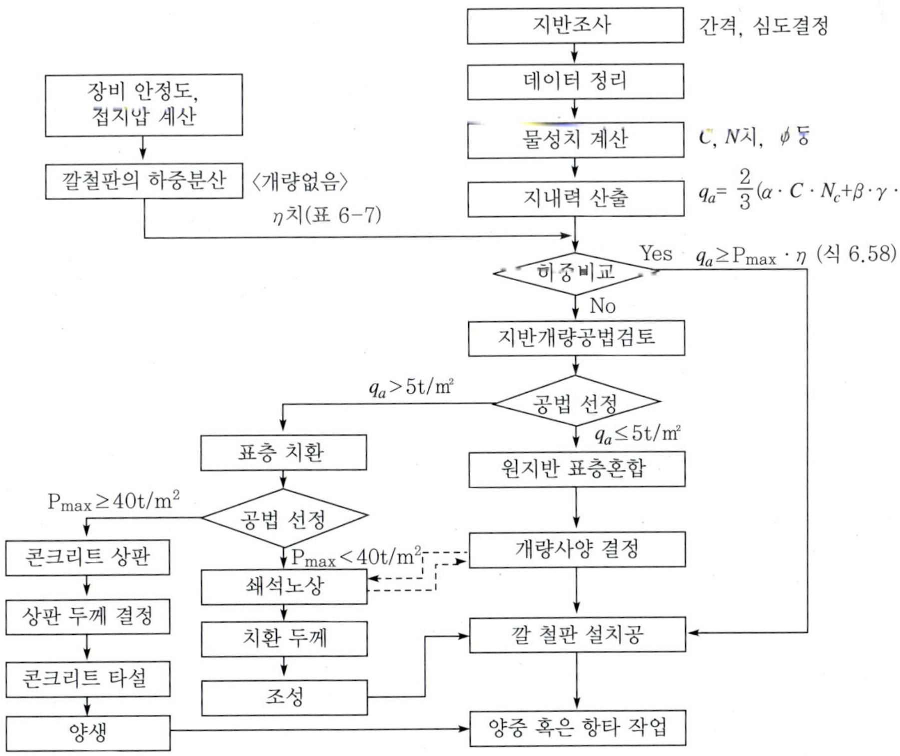

7.3. 지반 지지력 평가

지반조사 방법중 간단하며 어느 정도 큰 지지력을 확인할 수 있는 방법은 다음과 같은 시험법이 있다.

- 관입시험으로 추정하는 방법
  - 보링을 동반하는 것 ── 표준관입시험
  - 보링을 동반하지 않는 것
    - 동적관입시험
      - 대형 동적 관입시험
      - 중형 동적 관입시험
      - 램 사운딩
      - 일본 토목연구소 콘관입시험
    - 정적관입시험
      - 네덜란드식 이중관 콘 관입시험
      - 포터블 콘 관입시험
      - 스웨덴식 사운딩 시험
- 지반 지지력을 직접 구하는 방법 ── 평판재하시험(PBT)

앞서 설명한 것처럼 이동식크레인 등의 작용하중이 크기 때문에 지반도 어느 정도의 경질토까지 조사할 수 있는 방법이 필요하다. 그렇기 때문에 관입능력이 있는 동적 콘(대형·중형) 관입시험, 램사운딩, 네덜란드식 사운딩 시험 등을 사용할 필요가 있다.

그림 6-34와 같은 표준관입 시험은 보링[1]에 의한 삭공을 동반한 것이며, 채취한 흙을 직접 눈으로 보고 토질을 판별할 수 있다는 이점을 가지고 있으며 지반조사에 널리 사용되는 방법이기에 다음(7.3.1) 편에서 간단하게 소개한다. 또한, 포터블 콘 관입시험, 일본토목 연구소식 관입시험은 시험장치가 소형이기 때문에 작업성은 좋지만, 관입능력이 떨어지고 지지력이 낮은 연약지반에 대해서만 사용이 가능하다.

지반 지지력 이외에도 하기와 같은 지반에 이동식크레인을 설치할 경우는 별도 상세한 검토가 필요하다.

① 경사지 또는 요철지반

② 지하매설물의 직상부 지반

③ 포장구성이 얇은 포장노면 혹은 부석포장

④ 경사부나 공사현장의 터파기 부근

⑤ 조성지의 성토부 및 절·성토 경계부근

1) 보링 : 지반에 구멍을 파는 행위

7.3.1. 표준관입시험

표준관입시험은 깊이 1m마다 흙의 단단함과 무른정도, 조밀한 상태 판정, 채취된 시료에 의한 흙의 판별·분류 및 N치에 의한 토질 주상도를 작성하는 것 등을 목적으로 실시한다.

N값이란 그림 6-34와 같이 중량 63.5kgf의 해머를 75cm 높이에서 자유낙하시켜, 표준 관입 시험용 샘플러를 30cm관입 하는데 필요한 타격 횟수를 말한다. N값은 흙의 역학 특성을 추정하는 지표로 널리 이용되고 있으나 N값이 100이상이 될 경우에는 신뢰성의 문제가 있기 때문에 상한을 100으로 하는 경우가 많다.

보통 국내에서는 N치를 100 이상의 수치로 표기하는 경우는 극히 드물고, 50/5(50회타격, 관입량 5cm)의 형태로 표기하고 있다. 이를 30cm 관입량으로 환산하면 $\frac{50}{5} \times 30 = 300$, 즉 N = 300이 된다. 또한, 표준관입 시험에 의해 조사된 지층구성과 N값을 기둥모양으로 표시한 지층단면도를 시추(토질) 주상도라 하는데, 이는 지반의 특성을 한눈에 파악하기 좋은 자료이다.

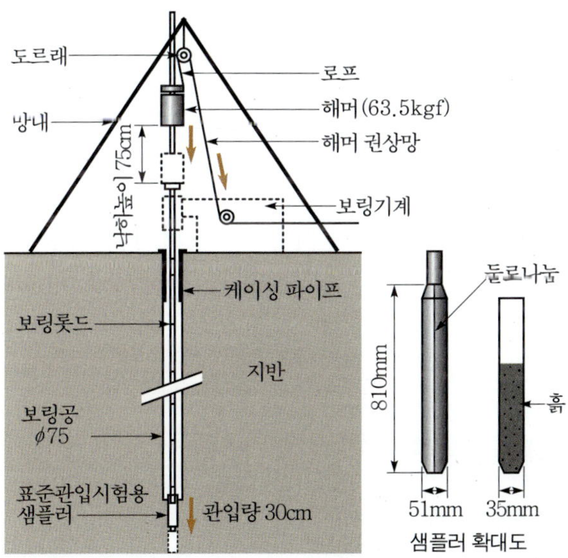

그림 6-34 표준관입시험 개요도

7.3.2. 시추주상도의 이해

시추주상도(geologic columnar section of a drilling hole, drill log, 試錐柱狀圖)란 시추로 판명된 지질주상도에 시추의 데이터를 기입한 것이며, 그림 6-35과 같이 시추과정에서 얻어진 각종 수직적인 지질정보, 흙 또는 암석시료의 관찰결과, 시추공의 위치, 표고, 지하수위, 시추작업을 한 시간, 조사자의 이름, 시추장비, 시추유형 등과 N치의 값을 표기한다.

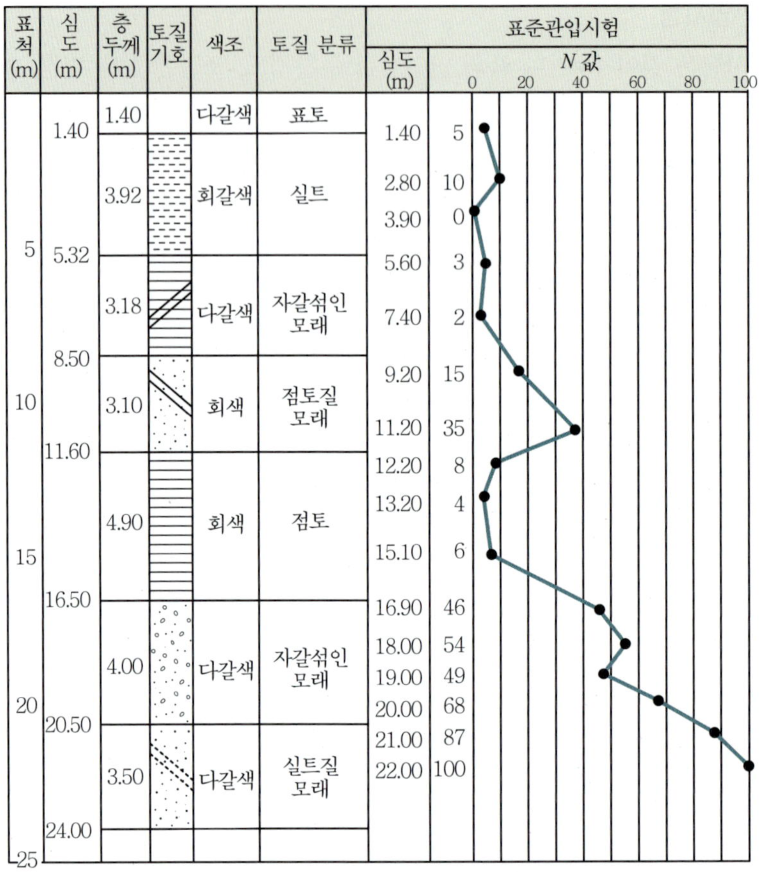

(a) 주상도

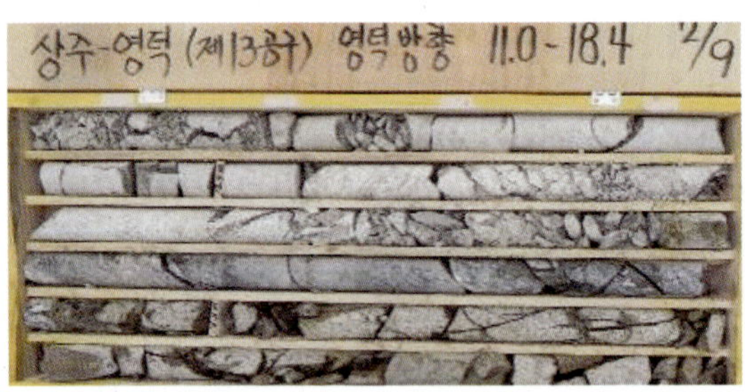

(b) 시추코아

그림 6-35 시추주상도 표기사례

주상도에는 표고와 공내수위 및 관찰기록도 표시된다. 그리고 필요에 따라 N 값 측정위치의 세립토 함유율이 표시되는 경우도 있다.

또한, 토질 기호에는 지금까지 통일된 것 없이 여러가지 형식의 것이 사용되고 있다. N값이 0 이라는 뜻은 롯드나 해머의 무게만으로 30cm 이상 관입되는 매우 연약한 지반이다.

그림 6-36는 시추주상도에 대한 상세한 설명이다.(토질 및 기초공학, 기문당, 양태철, 김재준 역)

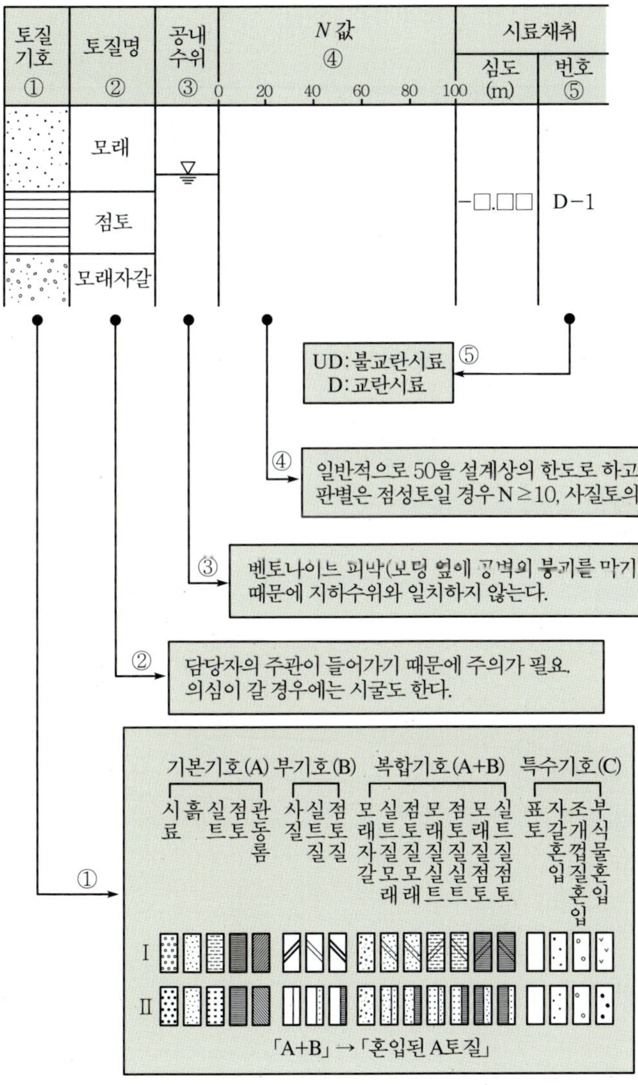

그림 6-36 보링채취 주상도 샘플

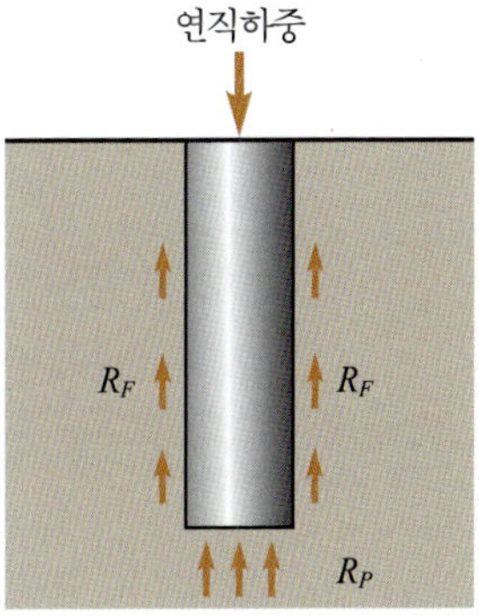

그림 6-37 말뚝의 선단지지력과 주면 마찰도

*주) 신편 흙과 기초의 설계계산연습, (사)일본지반공학회, 2000.

7.3.3. N값에 따른 토질특성 평가

표준 관입시험 등으로 N치를 얻은 값은 원지반의 강도추정 등 토질의 특성을 평가하는데 활용할 수 있다. 토질의 종류에 따라 많은 차이가 있기 때문에 사질토와 점성토로 나누어 검토해 보기로 한다.

사질토

사질토의 다짐정도와 역학 특성은 다음과 같이 나타낼 수 있다.

① 사질토의 N값과 다짐정도의 관계

N값	<10	10~30	30~50	>50
다짐정도	느슨함	중간정도	조밀함	매우 조밀함
내부마찰각	<30°	30° ~40°	40° ~50°	>45°

② N값과 내부마찰각(ϕ)의 관계는 $\phi = \sqrt{20 \cdot N + 15}$ *주)(오자키의식)을 직접기초의 지지력이나 경사면 안정에 사용하고 있으며

③ N값과 영계수 E의 관계는 지반 및 기초의 침하계산에 사질토에서 E=2,800N(kN/m²) 값이 활용되며, 여기에서 E는 평판재하시험 결과에서 얻어지는 변형률 계수이다.

④ 그림 6-37과 같이 N값과 말뚝의 연직 지지력 P_u의 관계는

$$P_u = \text{선단지지력} + \text{주면마찰력} = R_P + R_F\,(kN) \tag{6.46}$$

로 표기할 수 있다.

여기서, 선단지지력 $R_P = \alpha \cdot N \cdot A_p (kN)$

주면마찰력 $R_F = \frac{1}{3} N \cdot L_s \cdot \phi_p (kN)$

α : 지지력 계수(공법에 따라 다름)

A_p : 말뚝 선단면적

L_s : 모래층의 말뚝길이

ϕ_p : 말뚝 둘레길이

$\frac{1}{3}N$: 말뚝의 주면마찰도

점성토

점성토의 무르기와 강도는 N값으로 어느정도 추정이 가능하나 신뢰성이 낮아 적용에 신중해야 한다.

① N값과 일축압축강도의 관계

N값	<2	2~4	4~8	8~15	15~30	>30
컨시스턴시	매우 연약	연약	중간정도	단단함	매우 단단함	고결
일축압축강도 q_u(kN/m^2)	<25	25~50	50~100	100~200	200~400	>400

② N값과 일축압축강도 q_u의 관계는 직접기초의 지지력이나 경사면 안정에 활용할 수 있으며 다음과 같이 추정할 수 있다.

- 일축압축강도(q_u) = $\frac{1}{8}N$(kgf/cm^2)　Terzaghi and Peck(1948)　(6.47)
- 일축압축강도(q_u) = $\frac{1}{6}N$(kgf/cm^2)　Peck　(6.48)
- 일축압축강도(q_u) = $\frac{1}{7.7}N$(kgf/cm^2)　Dunham(1954)　(6.49)

③ N값과 말뚝의 연직 지지력 p_u의 관계는 다음과 같이 표기할 수 있다.

p_u = 선단지지력+주면마찰력 = R_P+R_F(kN)　(6.50)

여기서, 선단지지력 $R_P = \alpha \cdot N \cdot A_p(kN)$　(6.51)

주면마찰력 $R_F = \frac{1}{2}q_u \cdot L_c \cdot \phi_p(kN)$　(6.52)

α : 지지력 계수(공법에 따라 다름)

A_p : 말뚝 선단면적

L_c : 점성토층부의 말뚝길이

ϕ_p : 말뚝 둘레길이

$\frac{1}{2}q_u$: 말뚝의 주면마찰도

7.3.4. N값과 지반의 지지력

N값을 활용하여 지반의 강도를 추정할 수 있으나 N값과 역학정수의 환산식 적용 등에 오차가 약 10%이상 있는 것으로 학계에서 보고되어 있어 N값으로 지반을 평가할 경우에는 보수적인 관점에서 접근해야 한다.

■N값을 이용한 얕은기초 극한지지력(q_u)구하는 경험식

$$q_u = 3.3 \cdot N \cdot (1+\frac{D_f}{B})(t/m^2)$$: Meyerhof(1956, 사질토지반) (6.53)

$$q_u = \frac{1}{2}\gamma \cdot B \cdot N_r + \gamma \cdot D_f \cdot N_q (t/m^2)$$: Peck–Homson–Thom bum(1974) (6.54)

$$q_u = 3\overline{N}(t/m^2)$$: Pary(1977) (6.55)

여기서, D_f : 기초의 근입심도(m)

B : 기초의 폭(m)

$\overline{N}$: 기초 바닥면 아래 0.75B 심도까지 평균 N값

7.3.5. 평판재하 시험으로 지지력 구하는 법

평판재하시험(PBT : Plate Bearing Test)이란 그림 6-38과 같이 원위치 상태의 지반위에 재하평판을 놓고 연직 정하중을 단계적으로 가하여 지반의 하중(load)~침하량(settlement) 관계(그림 6-39 참조)를 실측함으로서 지반의 전단파괴 유형, 극한 및 항복지지력, 지반반력 계수, 변형계수, 스프링 상수 및 전단계수 등을 조사하는데 주로 이용되는 시험이다. 평판재하시험은 대상 지점의 대상 지층에 대하여 직접재하 하는 시험으로 실제 지반의 지지력을 직접 확인할 수 있어 사운딩 시험에 의한 결과에 비하여 정확한 지지력 값을 얻을 수 있다.

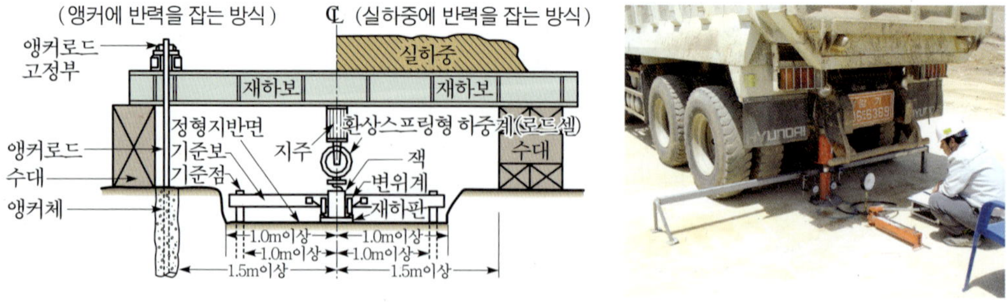

(a) PBT 개략도 (b) PBT

그림 6-38 평판재하시험

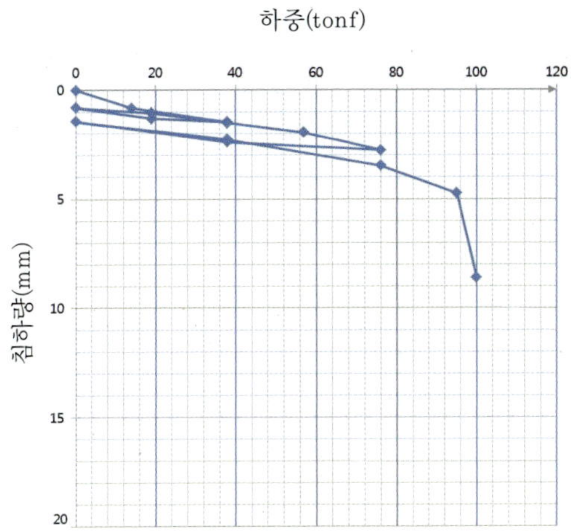

그림 6-39 PBT결과

평판재하 시험으로 단기 및 장기 허용지지력은 다음과 같이 구할 수 있다.

- 장기 허용지지력 : $q_a = q_t + \frac{1}{3}(\gamma_t \cdot D_f \cdot N_q)$ (6.56)
- 단기 허용지지력 : $q_a = 2 \cdot q_t + \frac{1}{3}(\gamma_t \cdot D_f \cdot N_q)$ (6.57)

여기서, q_t : PBT로구한 극한지지력의 1/3 또는 항복응력의 1/2에서 작은값(t/m²)

D_f : 기초의 근입깊이(m)

γ_t : 흙의 단위체적중량(t/m³)

N_q : 지지력계수

지지력계수인 N_q와 단위 체적중량 γ_t는 토질시험 결과에 의해 정해진다.

그러나 평판 재하시험은 그림 6-40(a)와 같이 재하판의 크기에 따라 재하하중의 분포가 상이하다는 단점이 있다. 즉, 기초폭에 비하여 상대적으로 전층에 이질의 토층이 존재하고 재하시험시 재하판 직경(일반적으로 30cm의 재하판을 주로이용)이 작다면 재하하중은 하부토층까지 영향을 미치지 않을 것이다. 그러나 실제 기초의 경우에는 그 폭에 비하여 수배~수십배 정도 크기 때문에 이질의 하부토 층까지 기초하중이 전달될 것이다. 그림 6-40(b)는 평판재하시험을 응용하여 아웃트리거 하부에 미치는 영향범위를 나타낸 것이다.

또한, 지지력은 기초의 근입깊이 기초구조의 강성, 기초의 폭과 길이, 지하수위 등에 의해 영향을 받으므로 비교적 작은 재하면에서 실시한 평판재하시험을 적용할 경우에는 다음사항을 유의하여야 한다.

① 시험을 실시한 지점의 종단을 파악해야 한다.
기초의 규모에 따른 지중응력의 영향범위를 유의심도라 하는데, 평판재하시험의 유의심도는 재하판 직경의 2배 정도를 고려하는 것이 일반적이다.

② 지하수위와 지하수면의 변동을 고려해야 한다.
재하시험시 지하수위가 낮았던 지점이 어떠한 외적원인으로 지하수위가 상승할 경우 흙의 유효응력은 지하수로 인해 부력만큼 저하되므로 극한 지지력도 대략 반감할 수 있다.

③ Scale effect를 고려해야 한다.
평판 재하시험의 결과로 정리되는 하중~침하량(그림 6-39) 관계는 규격화된 재하판에 의한 모형실험의 결과이므로, 이로부터 실제 치수의 영향을 고려한 값을 추정하여야 한다.

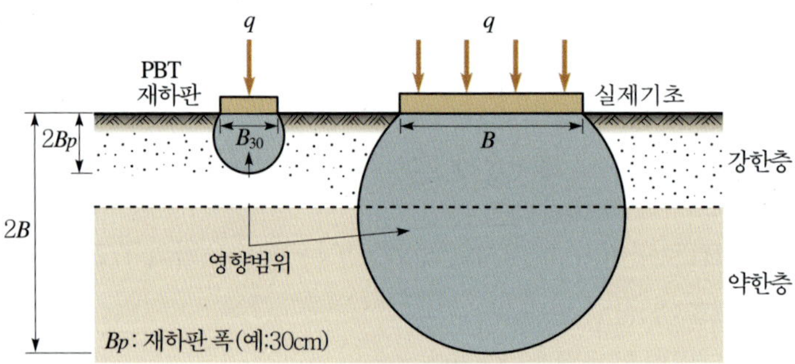

(a) Scale effect

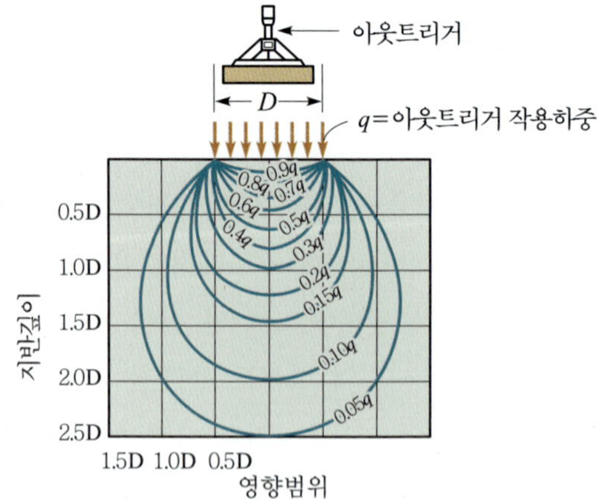

(b) 아웃트리거 하부의 하중분포

그림 6-40 재하시험의 영향범위와 아웃트리거의 하중분포

08 지지력 조사내용 평가

현지답사 및 지반조사 결과를 토대로 이동식크레인 등의 장비 작용하중에 대한 지반지지력 및 침하량을 검토하여 크레인 등 장비작업을 안전하게 실시할 수 있는지 여부를 판정한다.

또한, 작업현장은 지반을 굴착·되메우기 등으로 사전에 실시된 지반조사 결과와 다른 경우가 많이 있으므로 지반을 평가할 때에는 지반조사 실시 시기와 그 후 변화된 현장조건을 확인할 필요가 있다. 이외에도 현지답사를 통하여 다음 사항을 고려해 지지지반 평가시 반영한다.

① 경사지 또는 요철지반
② 지하 매설물의 직상부 지반
③ 포장구성이 얇은 포장노면, 혹은 부석포장도로
④ 경사부나 공사현장의 터파기 부근
⑤ 조성지의 성토부 및 절·성토 경계부근
⑥ 매립지에 있는 점성토가 날려 쌓인 부분
⑦ 지중장해물 철거 혹은 말뚝시공 후에 되메운 지반
⑧ 기계주행 등에 의한 교반으로 강도가 저하하기 쉬운 지반
⑨ 강우가 고이기 쉬운 지반, 혹은 물의 유로가 되는 지반
⑩ 지진시, 액상화가 발생하는 느슨한 모래지반

또한, 본 장에서는 동하중, 풍하중 등에 대해 어느 정도는 지지지반의 안전율로 극복하고 있지만, 풍속 10m/s 이상인 풍하중 및 정규조작 이외의 동하중 등에 대해서는 별도로 고려하여야 한다.

8.1. 지반보강 필요성 판단

이동식크레인 등의 장비 작용하중에 대해 지지력이 부족하다고 판정되었을 경우는 철판 등을 사용해 작용하중을 분산시키거나 지반을 개량해 지지력을 증가시키는 등의 방법 혹은 두가지를 병용한 공법을 검토해 적절한 지지지반 양생방법을 선정하여야 한다.

8.2. 특히 주의를 요하는 지반

이동식크레인 등의 장비 작용하중에 대해 지지력을 만족 할 경우에도 경사지 또는 요철지

반 등 특별히 주의를 요하는 지반에서는 별도로 상세한 검토가 필요하다.

다음과 같은 지반은 이동식크레인 등의 지지지반으로서 문제가 있으므로 지반을 평가할 때에 상세히 검토할 필요가 있다.

8.2.1. 경사지 또는 요철지반

이동식크레인 등은 장비를 수평으로 설치하지 않으면 편심되고 작용하중이 설계하중 이상이 될 경우가 있으므로 작업장을 평편하게 정리하여야 한다. 지면 정리가 어려운 경우에는 받침목이나 철판 등을 수평으로 부설한다. 단, 철판 등의 밑에 빈틈이 생기게 해서는 안 된다.

8.2.2. 지하 매설물 직상부 지반

도심지의 지하에는 상·하수도관, 가스관 등 매설관이 비교적 얕게 매설되어 있다. 이것의 바로 위는 되메우기 흙이 있어 매설관 등에 이동식크레인 등의 장비하중을 분산없이 직접 전달하면 매설물이 파손되는 경우가 있다. 이 경우 이동식크레인 등이 급격하게 기울어져 상당히 위험해 질 수 있다. 그렇기 때문에, 사전조사에서 매설물의 위치, 깊이, 관의 종류, 관의 지름 등을 확인해 적절한 조치를 취해야 한다.

8.2.3. 포장도로 혹은 부석 포장도로

두께가 얇은 포장도로 혹은 부석 포장도로 등에 이동식크레인의 하중이 아웃트리거 플로트 및 크롤러슈로 부터 소단면 철판 등을 사이에 두고 작업 할 경우, 포장구성이 얇으면 일종의 밀림(sliding) 현상이 발생해 급격하게 침하가 발생하는 경우가 있다. 그렇기 때문에 사전에 이러한 포장, 부석단면을 확인해 지지력이 충분한지를 검토하여야 한다.

8.2.4. 공사현장의 터파기 부근

현장의 터파기 인근에서 이동식크레인 등의 장비작업을 할 경우, 작업하중으로 사면 혹은 흙막이 벽이 불안정해져 슬라이딩 파괴 등이 발생하는 경우도 있으므로 상세하게 검토하고 불안정하다면 대책을 강구하여야 한다.

8.2.5. 성토부 및 절·성토 부근

일반적으로 성토지반은 지지력이 낮아 침하가 발생하지만, 절토지반은 침하가 적다. 그렇기 때문에 이동식크레인 등의 접지부를 절·성토부 경계 위치에 설치하면 부등침하가 발생할 수 있다.

이 경우는 작업장 전역을 지반조사하여 절·성토 경계를 명확히 하고 지지지반 보강방법을 검토하여야 한다.

8.2.6. 매립지의 점성토가 날려 쌓인 부분

일반적으로 펌프준설에 의한 매립지에서는 토사배출구 주변에 조립토(자갈·모래 등)가 퇴적되고 그곳 보다 먼 곳에는 세립토(실트 및 점성토)가 퇴적하는 등 반드시 동일한 지반 구성은 아니다. 그렇기 때문에 이동식크레인 등의 장비 이동선 및 작업장 전역에 걸쳐 지반 조사를 실시하고 이러한 토층분포를 파악해 정확한 지지지반 보강 방법을 검토해야 한다.

8.2.7. 지장물 철거 혹은 말뚝 시공후에 되메우기 한 지반

이러한 지반에는 철거물의 부스러기, 잔토 등 균질하지 못한 토사로 되메우기 되어있고 다짐 시 입자간 조임이 불충분해 지지력이 낮은 경우가 많다. 작업장에 이러한 것이 존재할 경우에는 지반조사를 실시해 적절한 지지지반 보강방법을 검토한다. 또한, 말뚝머리가 지표부근에 위치하는 경우는 성토 등을 실시하거나, 말뚝머리를 절단 처리하는 등으로 동일한 하중이 지지되도록 대응하는 것이 바람직하다.

8.2.8. 중장비 주행으로 강도저하가 발생하기 쉬운 지반

점성토 지반위를 중장비가 반복해 주행하거나 강우직후 주행하면 지반이 흐트러져 강도저하가 생겨 주행성을 확보하기가 곤란해진다. 그렇기 때문에 반입로, 이동선, 작업장의 표층부근에 고함수비 점성토가 분포할 경우에는 사전에 주행성을 확보하기 위한 대책(깔철판, 쇄석깔기, 표층혼합처리 등)을 강구해 둘 필요가 있다

8.2.9. 강우가 고이기 쉬운 지반

이러한 지반은 강우시에 토사가 유출할 우려가 있으므로 사전에 양질토로 개량해 둘 필요가 있다. 그리고 강우 후에는 이러한 개소를 점검하고 필요에 따라 보수한다.

8.2.10. 액상화가 생기는 느슨한 모래지반

느슨한 모래층으로 구성된 매립지 혹은 사질토로 되메우기한 지반에서 지하수위가 높은 경우에는 지진시에 액상화가 생길 가능성이 있어 이동식크레인 등 장비가 전도할 수 있으므로 지반보강을 실시하는 것이 바람직하다.

8.2.11. 동해를 입기 쉬운 지반

겨울철 지하수위가 높고 실트질이 많이 함유된 토질조건에서 0℃ 이하의 대기온도가 지속되면 지표면의 토사가 동결융해를 반복하면서 부피가 팽창(약 9%)되고, 지반이 연약해지므로 장비사용시 지반 침하에 의한 전도 사고로 이어질 수 있다. 따라서, 겨울철 동해가 예상되는 토질조건에서 장비사용시 사전대책을 수립해야 한다.

09 장비 작업장의 지반보강 방법

9.1. 지반강도의 판정

지지지반이 장비작업의 안전성을 확보하지 못할 경우 지반을 보강 또는 개량하여야 한다. (식 9.1)과 같이 지반의 허용강도(q_a)는 장비의 최대접지압(P_{max})에 부재의 하중분산율(η)을 곱한 것보다 커야 한다.

$$\bullet q_a \geq P_{max} \cdot \eta \tag{6.58}$$

여기서, q_a : 지반강도(허용지지력)(t/m²)
P_{max} : 장비의 최대 접지압(t/m²)
η : 부재의 하중 분산율

여기서, 부재의 하중 분산율(표 6-7)은 재하 유효면적과 함께 식 9.2로 표기할 수 있다.

$$\bullet \text{재하유효면적} = \frac{\text{장비 접지면적}}{\text{부재의 하중 분산율}} \tag{6.59}$$

또한, 장비의 최대접지압(P_{max})에 부재의 하중분산율(η)을 곱한 것을 장비가 필요한 지반 반력(q)은 (식 9.3)과 같이 나타낼 수 있다.

$$\bullet q = P_{max} \cdot \eta \tag{6.60}$$

여기서, q는 장비가 필요한 지반 반력(t/m²)이며, 장비 사용가능 토질조건은 다음과 같다.

- $q_a \geq q$: 원지반 위에 장비설치 가능
- $q_a < q$: 원지반을 개량 혹은 보강 후 장비 설치

표 6-7 철판의 분산효과

a. 크롤러식 하중인 경우

지반의 상태	지반 N치	분산율(η)	비고
		철판 t=22	
원지반	1	0.40	부재 단부 이격 = 0.5m
	3	0.4	부재 단부 이격 = 0.5m
	5	0.40	부재 단부 이격 = 0.5m
	10	0.45	부재 단부 이격 = 0.5m
개량지반 (두께 1.0m)	15상당	0.11	부재 단부 이격 = 0.5m 부재와 개량지반의 합성 분산율
개량지반 (두께 1.5m)	15상당	0.07	부재 단부 이격 = 0.5m 부재와 개량지반의 합성 분산율

b. 아웃트리거식 하중인 경우

지반의 상태	지반 N치	분산율(η)	비고
		철판 t=22	
원지반	1	0.071	부재치수 1.5m×1.5m
	3	0.071	부재치수 1.5m×1.5m
	5	0.20	부재치수 1.5m×1.5m
	10	0.26	부재치수 1.5m×1.5m
개량지반 (두께 1.0m)	15상당	0.015	부재치수 1.5m×1.5m 부재와 개량지반의 합성 분산율
개량지반 (두께 1.5m)	15상당	0.0086	부재치수 1.5m×1.5m 부재와 개량지반의 합성 분산율

표 6-8 지반보강 검토 Flow

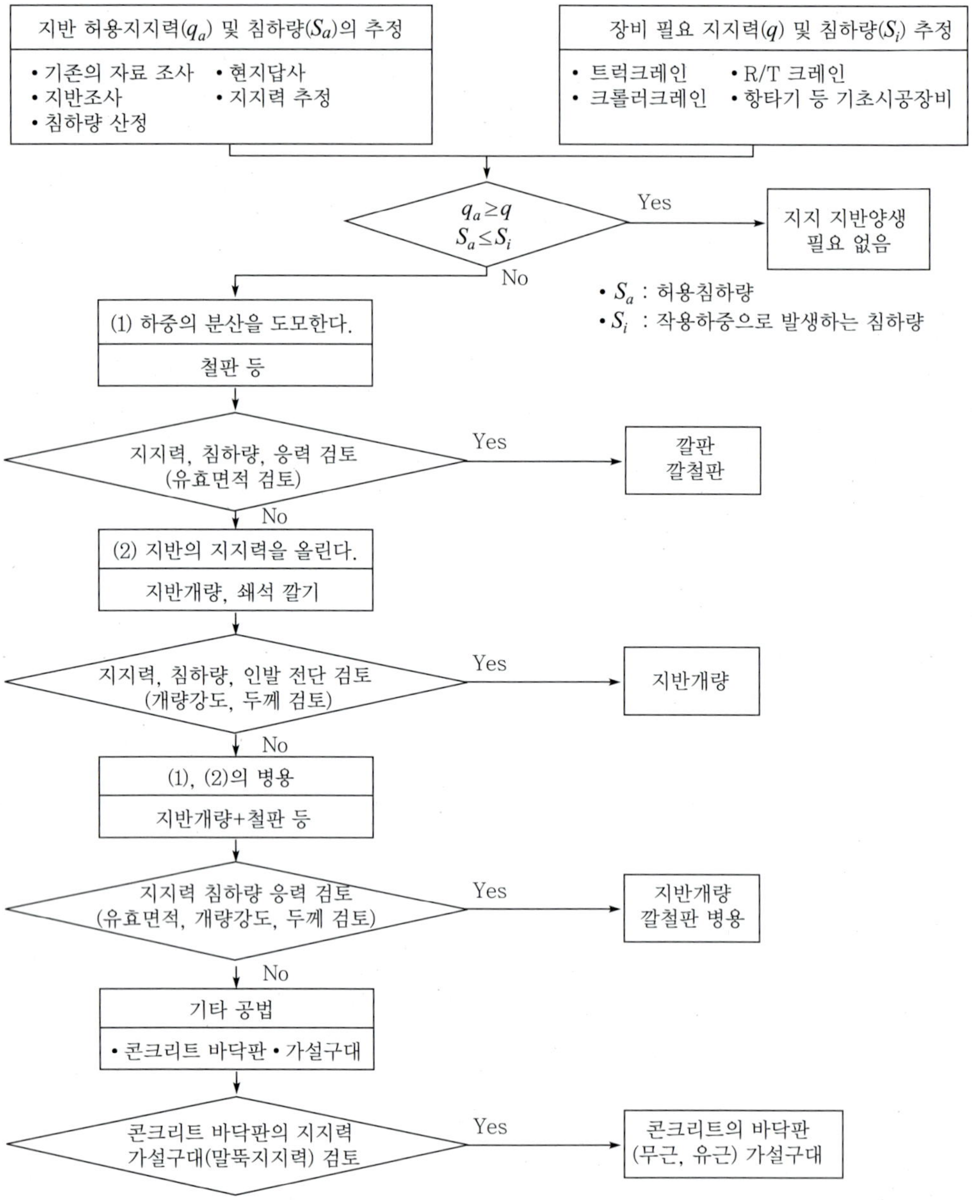

9.1.1. 지반강도 판정에 따른 조치

지반이 연약할 경우에는 어떤 방법으로 지반을 보강할 것인가에 대하여 표 6-8과 같이 검토해 볼 수 있을 것이다.

(1) 철판 등으로 이동식크레인 등의 하중을 분산하는 방법

(2) 지반개량으로 지반지지력을 올리는 방법

(3) (1), (2)의 병용

(4) 기타 방법

등 중장비의 작용하중에 대해 지지력과 침하라는 양측면에서 안전하게 작업할 수 있는 지지지반 보강법을 선정한다.

9.2. 장비의 작업하중 분산방법

하중의 분산을 꾀하는 방법으로서, 그림 6-41~43과 같이 이동식크레인 등의 장비 접지부에 철판을 부설하는 방법이 있다. 철판 등의 크기, 두께는 크레인 등의 장비 작용하중 및 지반상황에 따라 적절한 것을 사용 한다. 장비의 접지부는 아웃트리거와 크롤러 슈 등에 따라 다르지만 전자는 아웃트리거 플로트 1축에 작용하는 최대하중, 후자는 크롤러에 작용하는 최대접지압에 대해 철판 등의 크기와 두께 및 매수를 지반상황에 맞게 선정하여 장비의 안정을 확보하여야 한다.

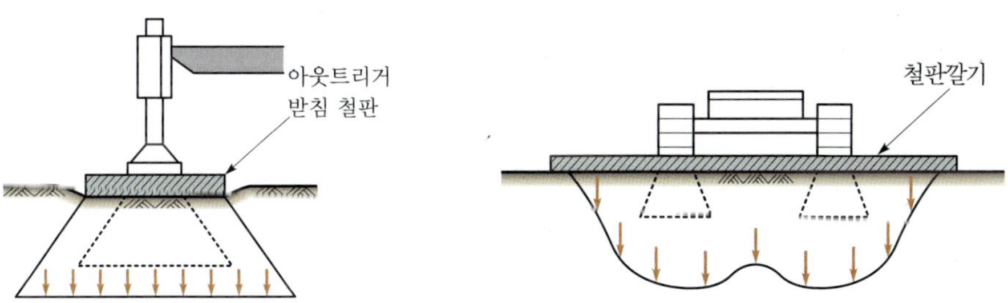

그림 6-41 깔판을 철판으로 사용시

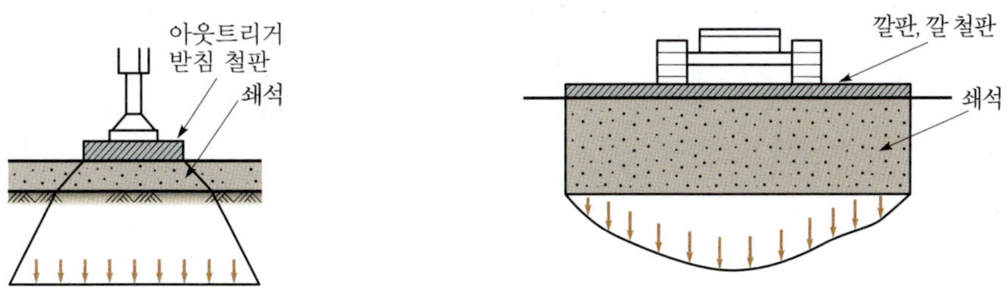

그림 6-42 깔판과 표층개량공법 병용

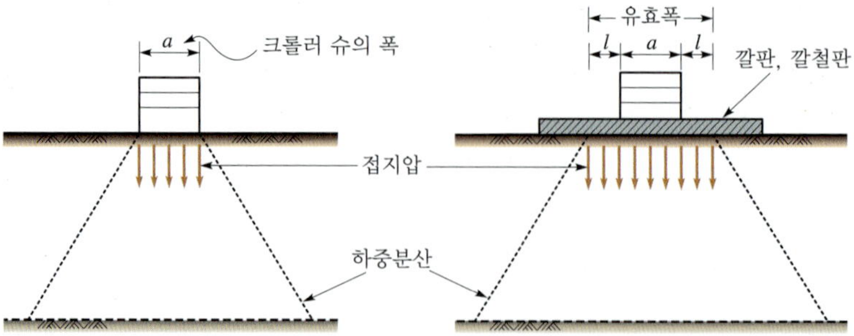

그림 6-43 크롤러의 수직 하중분포

철판 등에 의한 지지력 지반양생 효과는 그림 6-42에 나타낸 것처럼 철판 등을 사이에 둠으로서 유효폭 만큼 하중분포 폭이 넓어져, 지반에 미치는 단위면적당 접지압이 작아지는 것을 알 수 있다. 그러나 작용하중이 크고 작업지반의 지지력이 낮으면 지반이 침하하고, 이것으로 인해 철판의 하중작용점은 크게 침하하고, 단부는 떠오르는 등 변형이 발생하게 된다(그림 6-44).

철판 등은 이러한 것으로 발생하는 압축력, 전단력, 휨모멘트에 대해 역학적으로 만족해야 한다. 또한, 이 변형 때문에 하중을 지지하는 철판 등의 유효면적은 감소하고, 지지하중은 지반의 허용지지력에 철판의 전체면적을 곱한 값에 비례하지 않는다는 점에 유의 할 필요가 있다.

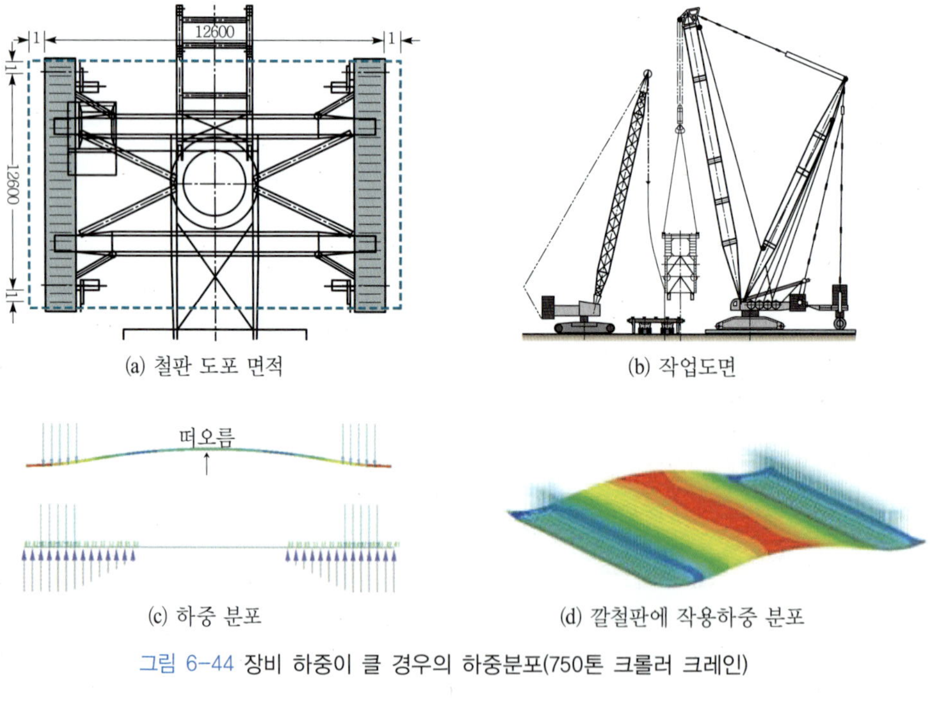

그림 6-44 장비 하중이 클 경우의 하중분포(750톤 크롤러 크레인)

9.3. 아웃트리거의 작용하중 분산

9.3.1. 목재 깔판사용

유압 확장식 붐 크레인에는 아웃트리거 플로트의 받침판(철도용 침목)으로 목재를 많이 사용하고 있다. 이 목재는 면적이 작아 하중분산 효과는 낮지만 비교적 중량(10~20kgf)이 가벼워 운반이 용이하므로 사용성이 우수하다. 그림 6-45, 46은 크레인 제작사에서 우드매트 사용방법에 대한 효과를 시험한 자료이다. 그림 6-46을 살펴보면 우드매트의 사용하는 방법에 따라 하중 전달의 차이가 매우 크다는 것을 알 수 있다.

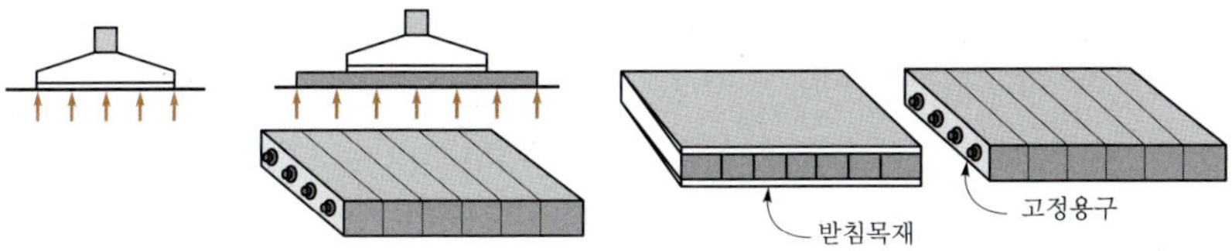

그림 6-45 받침 사용예

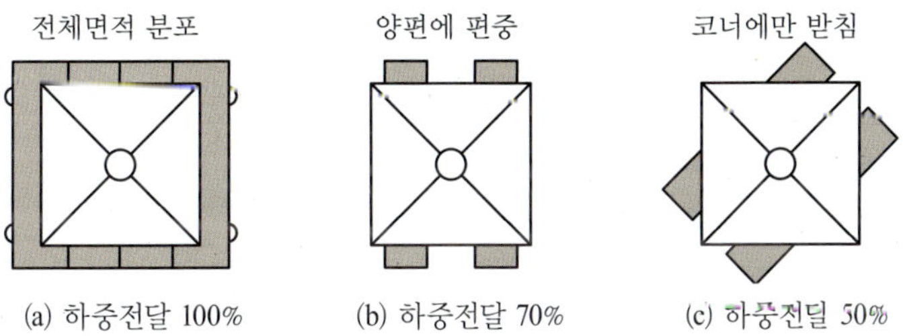

그림 6-46 우드매트 사용방법

9.3.2. 받침 철판

이동식크레인 등 장비의 하중분산을 위해 철판을 사용 할 경우에는 받침철판(깔철판)의 유효면적을 확보하기 위해 아웃트리거 플로트와 깔 철판의 단부거리는 긴 방향으로 70cm이상으로 배치한다. 또한, 이미 부설된 철판의 위에서 단부거리를 확보할 수 없을 때는 철판을 겹쳐서 까는 편이 바람직하다. 깔 철판은 일반적으로 SS400 혹은 동등급 이상을 사용하고 두께는 장비의 작용하중에 따라 다를 수 있으나 30mm 이상 사용할 것을 권장한다.

표 6-9는 유압 확장식붐 이동식크레인의 아웃트리거 플로트 한 곳에 작용하는 하중(10tf~100tf까지 10tf 마다)에 대해 각 토질마다 필요한 철판의 크기와 두께 및 매수 등을 구할 수 있도록 하였다.

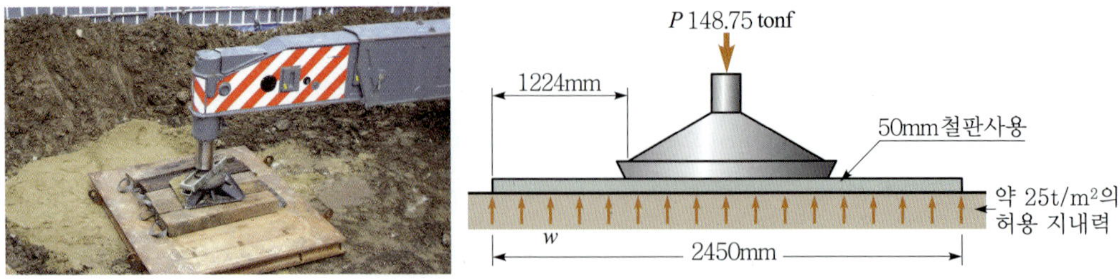

그림 6-47 철판받침 사용 예(250톤 크레인)

표 6-9 유압 확장식 붐 크레인의 깔 철판 사용기준(일본건설기계화협회)

토질	성상	N치	단기 허용 지지력 q_a(tf/m²)	철판 두께 (mm)	아웃트리거 플로트 1개소에 필요한 보강철판 기준									
					10tf	20tf	30tf	40tf	50tf	60tf	70tf	80tf	90tf	100tf
연질토	연약한 점성토	2<N≤6	10~30	25	1.2×1.2m	6.0×1.5m(1)	6.0×1.5m(1)	6.0×1.5m(2)	–	–	–	–	–	–
				22										
	느슨한 사질토	4<N≤10	8~20	25	1.2×1.2m	6.0×1.5m(1)	6.0×1.5m(1)	–	–	–	–	–	–	–
				22	6.0×1.5m(1)		6.0×1.5(2)							
중경질토	중간정도 강도의 점성토	6<N≤8	30~40	25	0.6×0.6m	1.2×1.2m	1.2×1.2m	1.2×1.2m	6.0×1.5(1)	6.0×1.5(1)	6.0×1.5(1)	6.0×1.5(1)	6.0×1.5(1)	6.0×1.5(1)
				22				6.0×1.5(1)						
	중간정도 조여진 사질토	10<N≤40	20~80	25	1.2×1.2m	1.2×1.2m	6.0×1.5(1)	6.0×1.5(1)	6.0×1.5(1)	6.0×1.5(1)	6.0×1.5(1)	6.0×1.5(2)	6.0×1.5(2)	–
				22									–	
경질토	단단한 점성토	N>8	40~60	25	0.6×0.6m	1.2×1.2m	1.2×1.2m	1.2×1.2m	1.2×1.2m	6.0×1.5(1)	6.0×1.5(1)	6.0×1.5(1)	6.0×1.5(1)	6.0×1.5(1)
				22					6.0×1.5(1)					
	조여진 점성토	N>40	80	25										
				22	0.6×0.6m	0.6×0.6m	1.2×1.2m	1.2×1.2m	1.2×1.2m	1.2×1.2m	1.2×1.2m	1.2×1.2m	1.2×1.2m	1.2×1.2m
롬 (화산회질 점성토)	연질	N<3	10	25	1.2×1.2m	6.0×1.5(1)	6.0×1.5(1)	6.0×1.5(2)	–	–	–	–	–	–
				22										
	경질	N≥3	15	25	1.2×1.2m	1.2×1.2m	6.0×1.5(1)	6.0×1.5(1)	6.0×1.5(1)	6.0×1.5(2)	–	–	–	–
				22		6.0×1.5(1)								

1) 6.0×1.5에 나타난 (1)은 깔 철판 1장, (2)는 깔 철판 2장을 사용한다.
2) –는 깔 철판으로는 대응할 수 없으므로 다른 지지지반 양생방법을 검토할 필요가 있다.

이것은 탄성해석 및 유한요소법(FEM)에 의한 수치해석의 결과를 기초로 과거의 시공경험 실적을 고려해 종합적으로 정한 것이다.

단, 이 표에 나타낸 지지지반 보강 방법에서 지반은 반드시 경사가 없는 평탄지로서 아웃트리거 플로트에 작용하는 하중에 따라 5cm 정도의 침하가 생기는 것을 고려한 것이다. 종래의 경험에 의하면 이정도의 침하량에서는 이동식크레인 등으로 불안정해지지 않는다는 것을 고려해 판단한 것이다. 또한, 깔철판 22mm를 사용한 경우의 지지력은 25mm인 경우의 94% 정도로 큰 차이는 없으나 장기 사용에 따른 피로를 고려하여 30mm 이상의 깔철판을 사용할 것을 권장한다.

철판에 의한 지지지반 보강효과는 작용하중을 철판에 둠으로서 하중분포 폭이 늘어나 지반에 전달하는 응력이 감소함으로서 얻을 수 있다. 그러나 이 분산정도는 철판의 강성(크기·두께) 및 지반의 지지력·침하 특성에 따라 다르므로 일률적으로 정하는 것은 곤란하다.

9.4. 크롤러식 장비의 지반보강

9.4.1. 크롤러 하부의 깔 철판사용

크롤러식 장비(크레인 및 항타기 등 기초장비)의 지지지반 보강 방법으로서 철판을 사용할 경우의 기준을 표 6-10에서 나타낸다. 여기서, 크롤러에 작용하는 최대접지압(10tf/m^2 ~60tf/m^{2}까지 5tf/m^2 마다)에 대해 각 토질마다 필요한 철판의 크기·두께·매수를 구할 수 있으므로 이용하면 편리할 것이다. 이 경우도 유압식 크레인과 동일하게 유한요소법(FEM)에 의한 수치해석과 과거의 시공실적을 고려해 종합적으로 규정한 것이며 5cm정도의 침하를 고려한 지지지반 보강 방법이다.

표 6-10 크롤러 장비의 철판사용기준(일본건설기계화협회)

토질	성상	N치	단기 허용 지지력 q_a(tf/m^2)	철판 두께 (mm)	크롤러의 최대 접지압(tf/m^2)										
					10tf	15tf	20tf	25tf	30tf	35tf	40tf	45tf	50tf	55tf	60tf
연질토	연약한 점성토	2<N≤6	10~30	25 / 22	0	1	2	2	–	–	–	–	–	–	–
	느슨한 사질토	4<N≤19	8~20	25 / 22	1	2	2	2	–	–	–	–	–	–	–
중경질토	중간정도 강도의 점성토	6<N≤8	30~40	25 / 22	0	0	0	0	0	1	1	1	1	2	2
	중간정도 조여진 사질토	10<N≤40	20~80	25 / 22	0	0	0	1	1	2	2	2	2	2	–
경질토	단단한 점성토	N>8	40~60	25 / 22	0	0	0	0	0	0	0	1	1	1	1
	조여진 점성토	N>40	80	25 / 22	0	0	0	0	0	0	0	0	0	0	0
롬 (화산회질 점성토)	연질	N<3	10	25 / 22	0	1	2	2	–	–	–	–	–	–	–
	경질	N≥3	15	25 / 22	0	0	1	2	2	2	2	–	–	–	–

1) 깔 철판의 규격은 6.0×1.5m를 기준으로 한다.

2) 표에 나타난 0은 깔 철판 없음. 1은 깔 철판 1장, 2는 깔 철판 2장을 사용한다. 이 배치는 그림 6-48에 따른다.

2) –는 깔 철판으로로는 대응할 수 없으므로 다른 지지지반 양생방법을 검토할 필요가 있다.

5cm의 침하량은 크롤러식 항타기의 허용안정도 5°에 거의 영향을 미치지 않는 범위이다.

깔 철판의 두께 22mm를 사용한 경우의 지지력은 25mm인 경우의 98%로 거의 동일하다는 결과가 나왔으나 반복사용에 따른 강도저하를 고려하여 30mm 이상 사용할 것을 권장한다.

그리고 표 6-10에서 깔 철판이 불필요하다고 판정된 경우에도 크롤러 슈에 지반이 흐트러지거나 또는 파일항타작업 등으로 지반에 안좋은 영향을 주기 때문에 깔 철판 1장 정도는 설치하는 편이 바람직하다.

크롤러 장비는 이동시에도 작업시의 지반보강 방법에 따라 처리하는 편이 바람직하며 철판을 부설하는 방법은 다음과 같다.

① 이동식크레인 등의 주행방향과 철판의 긴 방향이 직교하도록 하며 빈틈이 없도록 깐다(그림 6-48(a)).

② 철판을 2장 겹쳐서 깔 경우는 ①에서 부설한 철판 등과 크로스(Cross)시켜 주행방향과 평행하게 크롤러 슈가 중심에 오도록 포설한다(그림 6-48(b)).

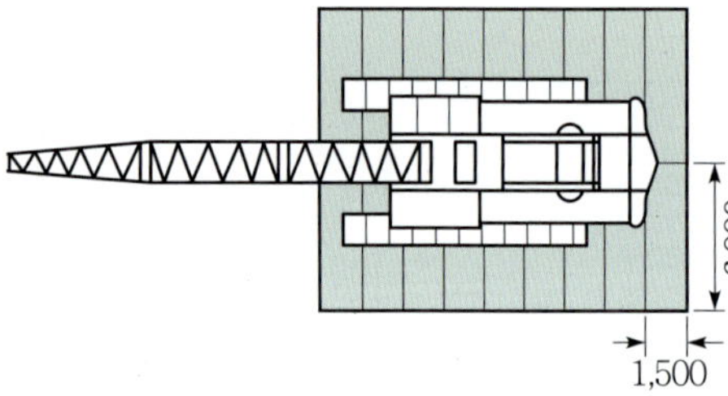

(a) 철판 1장 사용

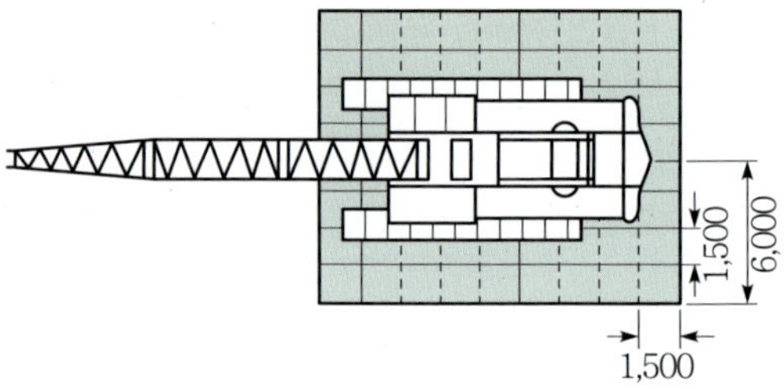

(b) 철판 2장 사용

그림 6-48 크롤러의 철판사용 사례

9.5. 법면 상부의 장비안정성

그림 6-49와 같이 H = 2.0m 미만의 법면에 대해서는 직선 슬라이딩면으로 검토하고 굴착심도가 H = 2.0m 이상인 법면에 대해서는 원호 슬라이딩 방법으로 평가하는 것이 일반적이다.

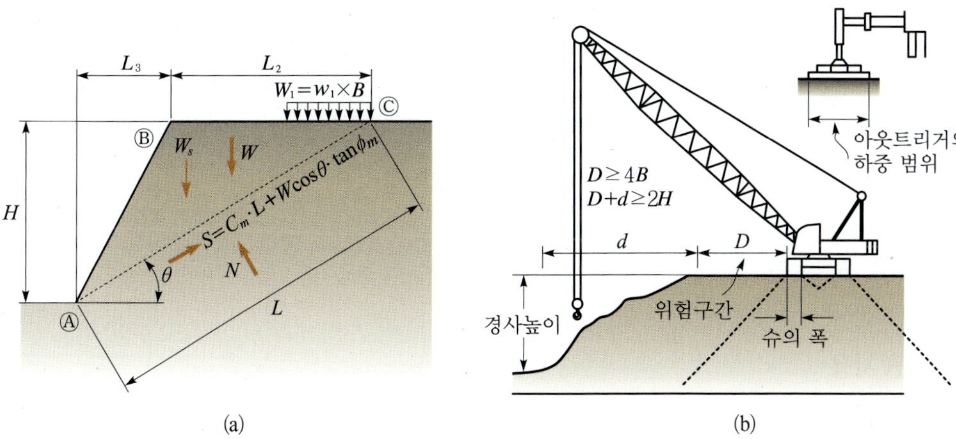

그림 6-49 경사면의 안정성(BS 7121-3)

그림 6-49(a)와 같이 경사면에서 장비작업시 안정성은 다음과 같이 검토할 수 있다.

1) $W = W_s + W_1 = \frac{1}{2} \cdot \gamma \cdot H \cdot L_2 + w_1 \cdot B$ (6.61)

- W : 연직중량[t]
- W_s : 토괴중량[t]
- W_1 : 상재하중[t]
- L_1 : 상재하중 접촉장변길이[m]
- L_2 : 경사단부에서 장비하중까지 길이[m]
- w_1 : 단위면적당 상재하중[t/m^2]
- S : 지반의 전단강도
- L : 가상법면이 경사길이[m]
- H : 경사수직높이[m]
- γ : 흙의 단위체적중량[t/m^2]
- B : 하중 폭[m]

2) AC 면 위, 발생되는 전단강도

• $S = C_m \cdot L + N \cdot \tan\phi_m = C_m \cdot L + W \cdot \cos\theta \cdot \tan\phi_m$ (6.62)

여기서, C_m : 점착력[t/m^2]

ϕ_m : 내부 마찰각[°](유효응력 표시와 동일하거나 또는 작은 값)

θ : 슬라이딩 면 각[°]

3) AC 면 위에 평행한 중량 성분은 $W \cdot \sin\theta$ 이므로 안전율 F_s는 다음과 같다.

$$\bullet F_s = \frac{S}{W \cdot \sin\theta}$$

$$= \frac{C_m \cdot L + (1/2 \cdot \gamma \cdot H \cdot L_2 + w_1 \cdot B) \cdot \cos\theta \cdot \tan\phi_m}{(1/2 \cdot \gamma \cdot H \cdot L_2 + w_1 \cdot B) \cdot \sin\theta} \tag{6.63}$$

여기서, F_s는 안전율이며 일반적으로 $F_s > 1.2$로 적용한다.

9.6. 깔 철판 사용

부설한 철판이 지반보강 효과를 충분히 발휘하기 위하여 그림 6-50과 같이 철판깔기 작업을 할 때에는 다음과 같은 점에 유의하는 것이 바람직하다.

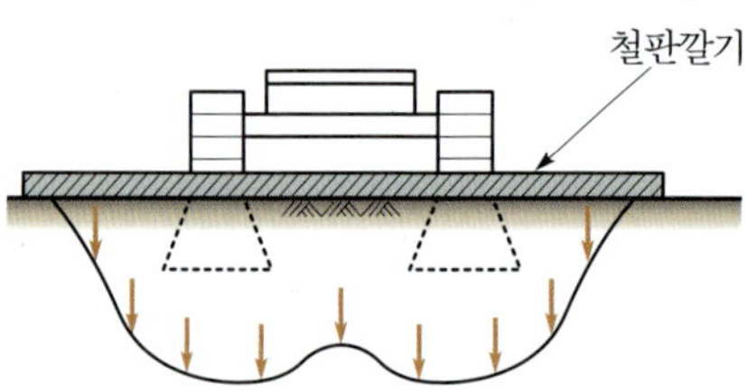

그림 6-50 받침철판 사용시 하중분포(크롤러)

9.6.1. 지반보강 효과 확보

다음과 같은 지반에 대해서는 작업전에 지반정리를 실시한다.

① 경사지 또는 요철지반
② 굴착 또는 말뚝시공 후에 되메우기한 지반
③ 강우가 고이기 쉬운지반 혹은 우수통로가 되는 지반

9.6.2. 깔철판 작업시 안전

철판을 양중 및 부설할 경우에 반드시 양중기준을 준수하여 안전사고를 방지하여야 한다.

① 깔철판 양중시에는 그림 6-51과 같이 적절한 양중용구를 취급 설명서에 지정된 방법으로 사용한다. 또한, 달기구로서는 사전에 뚫어 놓은 인양용 구멍에 적합한 전용 훅과 철판하역용, 클램프 등을 사용한다.

② 깔 철판을 철거할 경우, 철판이 지면에 박혀있는 경우가 있으므로 크레인의 후크에 인장력이 작용하지 않도록 충분히 주의할 필요가 있다.

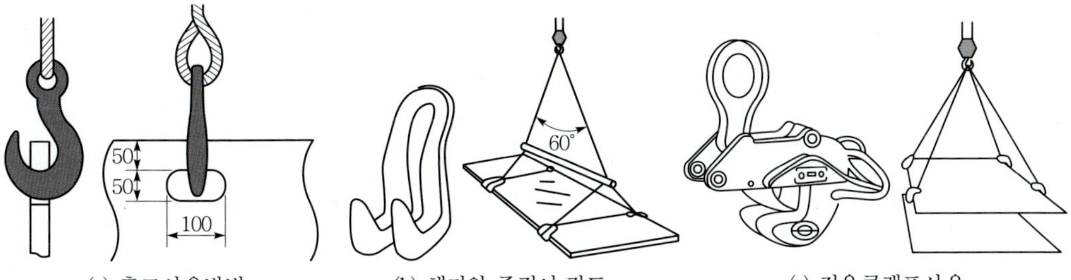

(a) 후크사용방법　　(b) 해커와 줄걸이 각도　　(c) 전용클램프사용

그림 6-51 깔 철판 양중방법

10 지반 지지력 증가공법

지내력을 증가시키는 공법으로는 연약한 표층지반에 시멘트 및 석회계인 고화재를 백호 등으로 교반혼합하고 두께 1~2m 정도의 고화판을 조성해 지반 지지력을 증가시키는 방법으로 표층혼합처리공법과, 양질의 재료로 치환하는 방법 또는 쇄석·모래 등을 고르게 포설하는 방법을 들 수 있다.

이러한 방법을 사용 할 경우는 장비의 작용하중에 대해 개량부의 변위·응력이 허용범위 내에 있으며 지반의 지지력·침하에 대해서도 장비의 안정을 확보할 필요가 있다.

10.1. 표층혼합처리공법

표 6-11 표층혼합처리공법

공정	내용
준 비 공	• 원지반의 전체구배는 0.5° 이내 • 배수처리
고화재살포공	• 개량범위에 균등하게 살포 • 백호, 쇼벨 등으로 살포
혼 합 공	• 백호, 쇼벨 등으로 교반 혼합한다.
정 리 공	• 불도저 또는 그레이더 등에 의한 정리
전 압 공	• 타이어 롤러에 의한 전압(8.5t급) 다짐
양 생 공	• 전압 후, 2일 이상 양생하고, 후공정 진행

10.2. 표층혼합처리공법과 철판 혼용방법

연질토(연약한 점성토, 느슨한 사질토) 등의 지반에서는 철판 등에 의한 지반보강 방법만으로는 충분한 지반 지지력을 확보할 수 없는 경우가 있다. 이 경우의 지지 지반 보강방법으로서 표층혼합처리 공법으로 지반을 개량하고 그 상부에 철판 등을 부설하는 방법이 있다. 좀더 상세하게는 FEM 등 해석을 통한 크롤러 크레인과 항타기 등의 작용하중에 대해 철판의 변위·응력 및 개량지반의 지지력과 침하에 대해 검토하여 이동식크레인 등의 안정을 확보할 수 있는 지지지반 양생방법을 선정하는 것이 바람직하다.

10.3. 지반개량 두께의 설계

개량두께는 유압식크레인의 아웃트리거 플로트 및 크롤러(크레인·항타기) 하중이 지반내로 전파되는 연직하중(전단응력·연직응력)을 지반의 전단력, 단기허용력과 비교해서 조건을 만족하는 깊이를 표층개량의 개량두께로서 설정한다. 또한, 원지반 강도가 필요한 지내력(허용 지지력)에 달하지 않은 경우의 지반개량은 원지반 강도가 5t/m²을 기준으로 결정한다.

10.3.1 표층혼합처리공법

- 원지반 지내력 $q_a \leq 5t/m^2$인 경우에 적용하며 시멘트계 고화제로 처리한다.
- 기준강도 q_u = 20t/m² 이상(일축압축강도), 개량심도는 1.0m 이상으로 한다.

※ 단, SMW(Soil cement Mixing Wall)공법인 경우는 원지반 지내력 $q_a \leq 10t/m^2$으로 하고, 개량지반 강도가 표준치 이상임을 실내강도시험으로 확인할 것.

10.3.2 표층치환 처리공법

원지반 지내력이 $q_a > 5t/m^2$인 경우에 적용하며 쇄석 등 노상재로, 원지반의 일부를 치환하거나, 원지반 위를 성토한다.

(1) 쇄석노상

- 전압다짐하고, 투수성이 우수한 토사로 조성한다.
- 기준강도 15t/m² 이상 (평판재하시험), 유효심도는 1.0m 이상으로 한다.

(2) 콘크리트 상판

- 레디믹스트 콘크리트로 조성한다.
- 콘크리트 강도는 σ_{28} = 180kg/cm² 이상을 적용하고, 조성깊이는 무근 300mm, 유근

150mm이상, 노상반은 쇄석 100mm로 처리한다.

10.3.3 표층처리 개량두께 산정

보스톤 빌딩법으로 필요 개량두께 Z를 구하면 다음과 같다.

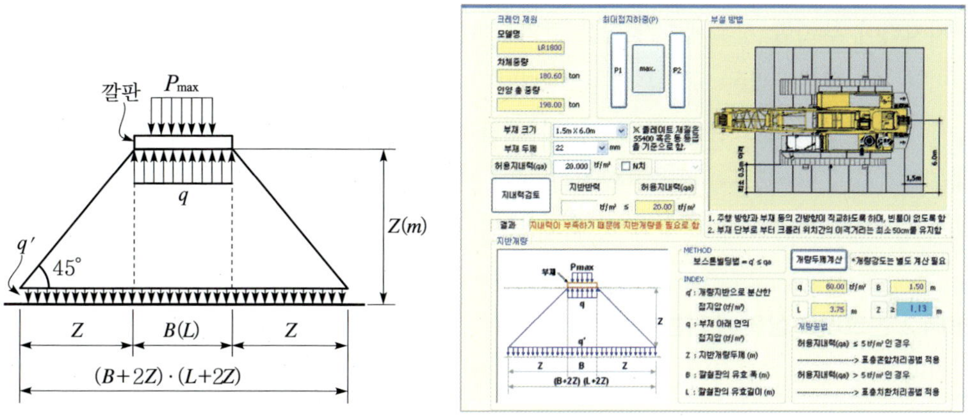

(a) 하중분산 모식도

(b) 시뮬레이션을 활용한 지반개량두께 선정

그림 6-52 지반개량두께 산정

$$\bullet q' = \frac{q \cdot B \cdot L}{(L+2Z) \cdot (B+2Z)} \leq q_a \quad (6.64)$$

- L : 재하면 장변(m)
- q : 철판하부 원지반의 접지압
- B : 재하면 단변(m)
- q' : 개량지반 하부의 분산접지압
- q_a : 허용지지력
- P_{max} : 장비의 최대 하중
- Z : 재하면으로부터의 깊이(m)

이 식에 각 수치를 대입하여 2차 방정식을 풀면 필요 개량두께 Z를 구할 수 있다

10.4. 기타 지반 지지력 증진공법

기타공법에는 쇄석 등을 부설하는 방법, 콘크리트 상판을 타설하는 방법 및 가설 작업대

에 의한 방법이 있으므로 이동식크레인 등의 작업하중, 지반상황 등에 따라 적절히 검토하여야 한다.

10.4.1. 쇄석 등을 부설하는 방법

쇄석 등을 부설하는 방법은 아웃트리거 플로트, 타이어, 크롤러 슈의 접지압에 대해 지반지지력이 부족할 경우에 지지력을 증가시키는 것을 기대해 원지반위에 쇄석을 매립하는 것이다. 이 설계방법은 표층혼합처리공법에 따라 실시하지만, 비교적 양호한 지반에서는 두께 30cm 정도로 고르게 포설하는 사례가 많다. 특히 연약한 지반에서는 쇄석 만으로 대응하기가 곤란하므로, 표층혼합처리공법, 철판 등과 병용하는 편이 바람직하다. 여기서, 쇄석 등 이란 캐낸 그대로의 쇄석, 골재 등을 말한다.

10.4.2. 콘크리트 상판에 의한 방법

철판깔기, 표층혼합처리공법, 쇄석 등에 의한 지반양생 방법에서도 지지력이 부족할 경우에는 콘크리트의 견고한 상판을 타설하는 방법이 있다.

여기서, 콘크리트의 강도, 상판의 두께는 통상 다음과 같은 것을 사용한다.

- 콘크리트 강도 : σ_{28} = 180kgf/cm^2 이상
- 상판의 두께 : 무근인 경우 300mm 이상, 유근인 경우 150mm 이상

또한, 상판 밑 원지반은 어느 정도의 지지력을 필요로 하므로 그 최상부 100mm 정도는 쇄석으로 치환한다. 단, 연약점성토 지반위에 적용하는 것은 효과적이지 않다.

10.4.3. 가설작업대에 의한 보강

대형 이동식크레인 등을 사용할 때, 철판에 의한 방법, 표층혼합처리공법 및 쇄석 등의 보강방법이 불가능 한 경우, 혹은 작업장 환경의 제약으로 그림 6-53과 같이 작업대를 사용할 경우에는 반드시 작업조건을 반영한 구조검토를 실시하여야 한다. 또한, 연약층이 두꺼운 경우에는 말뚝기초로 하는 경우도 있다.

(a) 지하에서 굴삭기 인양쪽

(b) 가교상부의 교량가설

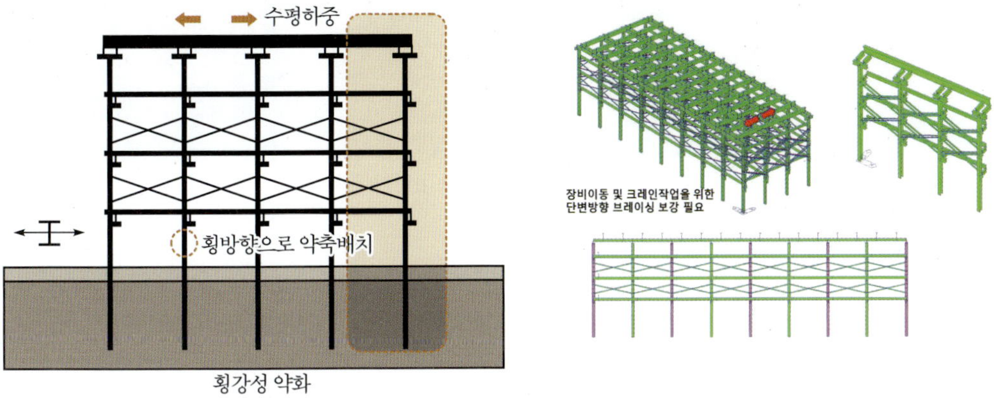

(c) 구조검토 사례

그림 6-53 작업구대 사용 예

가설작업대를 사용할 경우에는 예상되는 최대하중에 적합하게 브레이싱 같은 부재의 이음을 추가로 보강한다.

① 크레인 주행로 및 작업장소에서의 최대접지압과 아웃트리거 반력을 산출하고, 그 중 가장 불리한 경우에 대해 그 충격하중을 고려하여 멍에, 장선재의 간격과 규격을 검토하여 결정한다.

아웃트리거 반력으로 복공판이 지탱할 수 없는 경우는 아웃트리거 설치위치를 제한하거나, 예상되는 위치에 보를 추가할 필요가 있다.

③ 수평력은 지진 등 기타 수평외력에 대하여 총합하중(고정하중의 총합×적재하중×1.2)의 20%정도 하중을 고려한다.

④ 작업대가 높거나 강풍이 예상되는 장소에 설치한 경우는 반드시 풍하중을 고려한다. 일반적으로 가설작업대는 작업의 진행에 따라 해체되기 때문에, 해체도중에도 충분

히 안전성이 확보되도록 해체방법이나 순서, 해체용 장비하중까지 설치 계획시에 반영하여야 한다.

또한, 그림 6-54와 같은 교량상판이나 슬라브상부에서 크레인작업을 할 경우에는 하중을 분산할수 있는 조치를 하여 구조물을 보호하여야 한다.

그림 6-54 아웃트리거 하부보강(인천대교 상부)

7절 이동식크레인의 정치

01 설치준비

양중작업의 가장 중요한 일은 적절하게 크레인을 정치하는 부분이다. 실제로 이동식크레인사고의 약 50%는 크레인을 적절하게 설치하지 못한 상태로 작업했을 때 발생하는 것으로 알려져 있다. 따라서, 크레인 사용자는 반드시 다음 사항에 대하여 적절한 조치를 하여야 한다.

- 이동식크레인과 카고트럭의 진입로를 확보하고 지반을 다진다.
- 아웃트리거 받침 등 매트(mat)나 미끄럼 방지장치(blocking)을 준비한다.
- 크레인을 설치하고 해체할 만한 충분한 공간을 확보한다.
- 작업장에는 관계자외 사람들이 접근하지 못하도록 방책을 마련한다.
- 고압선 등 전력선과 이격거리를 준수한다.
- 크레인 운전자를 위하여 양중하물에 대한 양중계획을 상세히 작성한다.

만약 그림 7-2와 같이 작업구대위에서 크레인 작업을 한다면 크레인의 자중과 양중무게를 고려하여 전문가의 구조검토가 선행되어야 한다.

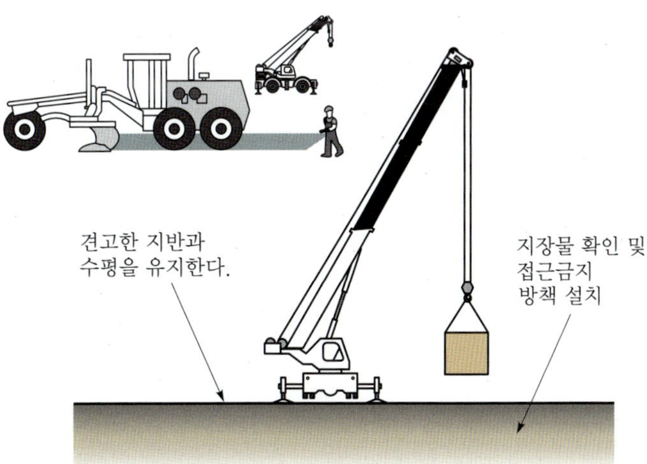

그림 7-1 작업장소 준비

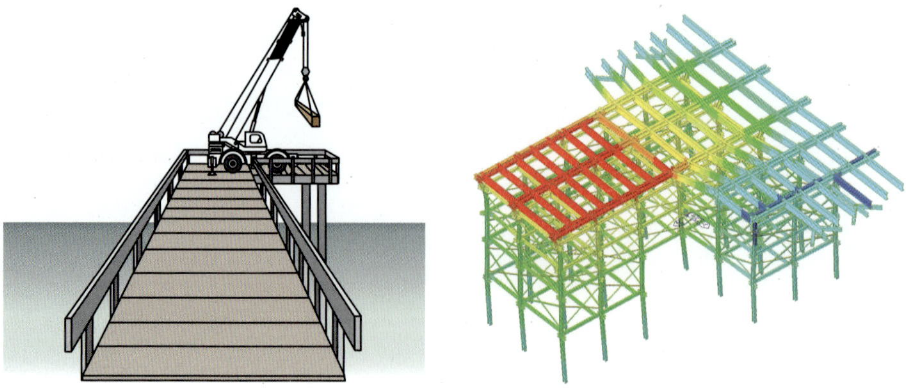

그림 7-2 작업구대위 양중작업(구조검토필요)

또한, 그림 7-3과 같은 R/T크레인의 경우에는 비교적 안정성이 덜 확보된 측방에서 양중하여 안정성이 더 확보된 전방양중으로 스윙할 수 있도록 크레인의 위치를 잡는게 좋다.

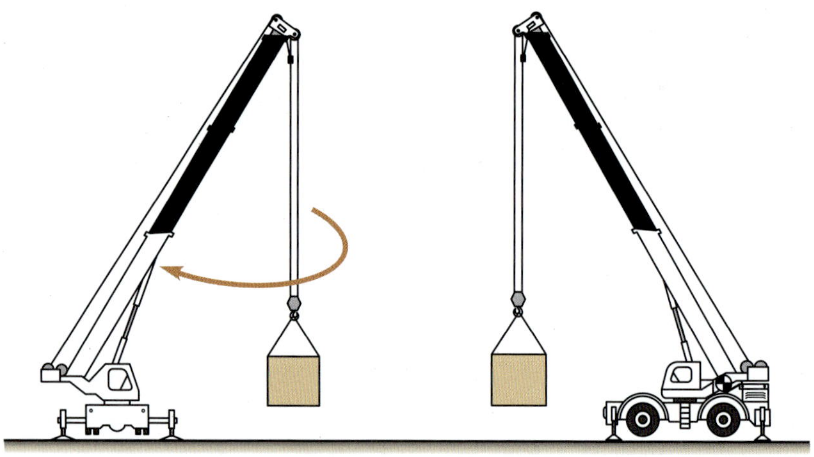

(a) 측방작업 (b) 전방작업

그림 7-3 크레인의 설치방향

02 장비조립 및 해체

이동식크레인을 조립 및 해체시에 해마다 끊이지 않고 심각한 중대재해가 발생하고 있다. 대부분은 크레인 제작사의 매뉴얼과 기준을 준수하지 않는데 그 원인이 있다. 따라서, 어떠한 경우라도 해당 크레인의 매뉴얼 등 운영기준을 반드시 준수할 수 있도록 하고 작업자는 충분한 이론적 지식과 기능을 가지고 안전규정 및 양중기준을 준수하여야 한다.

2.1. 격자형 붐과 지브(Lattice boom and Jibs)

붐 조립 및 해체시 부재에 작용하는 하중변화에 따라 붐 손상과 함께 안전사고로 이어질 수 있기 때문에 각별히 조심하여야 한다.

조립·해체시 관리 포인트

1. 견고한 지반에서 조립되어야 한다.
2. 크레인은 스윙이 되지 않도록 고정 상태를 유지한다.
3. 카운터 웨이트, 캔트리, 팬던트 와이어, 붐 길이 등 모델에 따라 다를 수 있기 때문에 반드시 매뉴얼을 확인하고 그 절차를 준수한다.

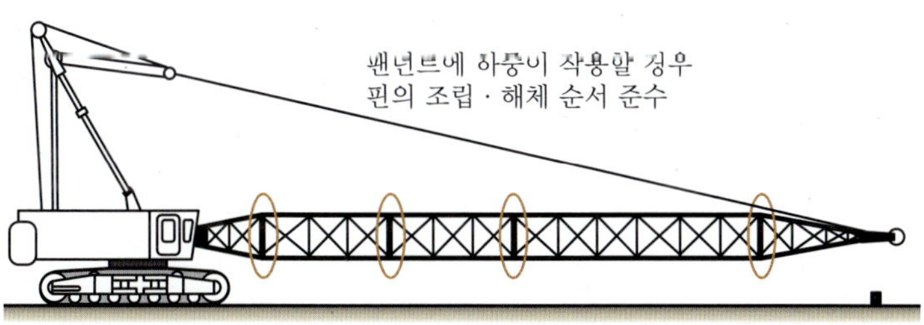

그림 7-4 붐조립시 주요 관리포인트

2.1.1. 크레인 붐 핀 조립·해체

그림 7-5와 같이 크레인의 붐 연결용 핀의 조립 및 해체순서를 준수하지 않으면 하중이 변화하여 사고로 이어질 수 있다.

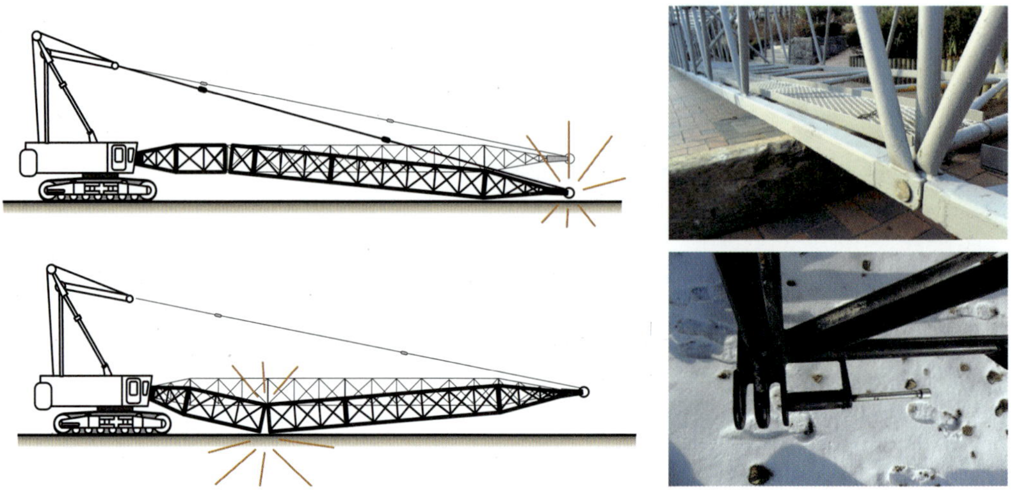

그림 7-5 붐의 조립 및 해체

핀 조립·해체시 관리 포인트

1. 붐을 조립할 때 상부핀을 먼저 조립하고 해체시에는 상부핀을 나중에 제거한다.
2. 붐을 양중할 때는 조립전용으로 슬링을 사용하고 붐의 끝단 등 손상되지 않는 곳을 양중한다.
3. 핀을 조립할 때는 가볍게 두드리거나 돌려서 작업하고 무리한 힘을 가하지 않고 조립한다.

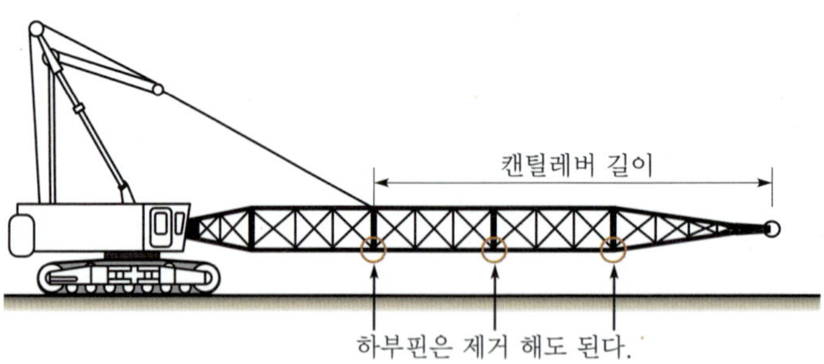

그림 7-6 붐의 조립 및 해체

2.1.2. 격자형 붐의 수리

크레인의 붐 등 부재를 수리할 경우에는 제작사 기준에 적합하여야 하며 부재에 찍힘 등 파손의 정도가 제작사의 허용치보다 심한 경우에는 점검하여 보수하여야 한다.

(a) 붐조립 작업

(b) 브레이스의 손상

그림 7-7 붐 부재 수리

붐 수리시 준수할 사항

1. 붐(보강재)을 수리할 경우에는 원부재가 손상가지 않도록 절단(열을 가하지 않는 절단방법 사용)하고 짧은 슬리브를 사용하거나 전체를 완벽하게 교체하는 방법으로 수리하다
2. 작업자 및 용접은 유자격자가 하고 붐의 주 부재는 제작사의 승인 없이 용접할 수 없다.

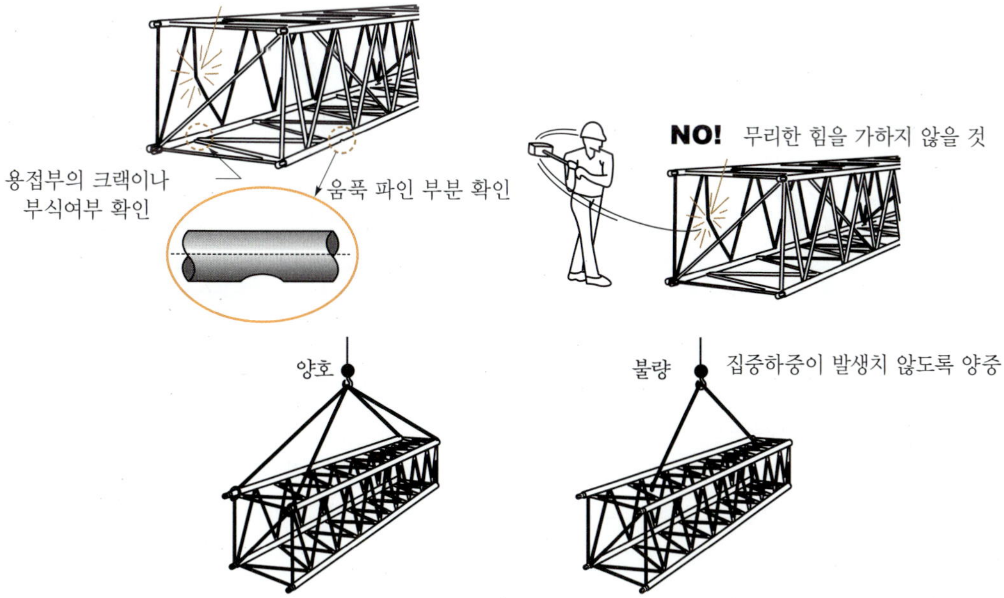

그림 7-8 붐 수리 및 양중방법

2.2. 유압 확장식 붐(Telescoping Booms)

2.2.1. 유압식 크레인의 설치

1. 아웃트리거는 견고한 지반에 붐을 세우기 전에 설치되어야 한다.
2. 크레인은 스윙이 되지 않도록 고정 상태를 유지한다.
3. 붐의 조립방향은 후방으로 한다.

※ 제조사에 따라 다를 수 있어 반드시 매뉴얼의 확인이 필요함

그림 7-9 유압식 크레인의 조립

2.2.2. 메인붐의 확장

유압식 크레인의 메인붐은 동일한 비율로 확장하는게 일반적이며 모델에 따라 양중 능력표에 붐의 확장 비율이 정해져 있고 프로그램화 되어 자동으로 조절기능을 가지고 있는 경우가 대부분이다.

그림 7-10은 붐을 모두 접었 때, 일부만 확장한 때, 붐을 모두 확장한 경우에 대해 보여주고 있다.

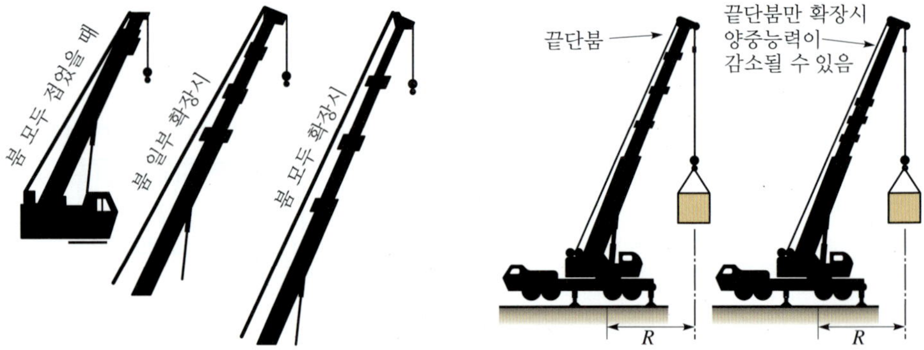

그림 7-10 붐의 확장과 양중능력

또한, 동일한 붐의 길이 및 작업반경이라도 몇 단 붐을 얼마만큼 확장했는가에 따라 크레인의 인양능력이 변화할 수 있다는데 유의해야 한다. 만약 유압식크레인으로 물건을 양중한 상태로 붐의 신축이 필요할 경우에는 정격하중의 1/3이하에서 작업해야 한다.

2.2.3. 보조 붐의 확장

메인 붐 측면에 보관된 보조 붐을 연결할 때에는 메인 붐 끝단에서 보조 붐과 연결된 핀을 제거하기 전에 보조 붐의 균형 등 안정성을 확인하여 보조 붐이 추락하는 사고가 발생치 않도록 하여야 한다.

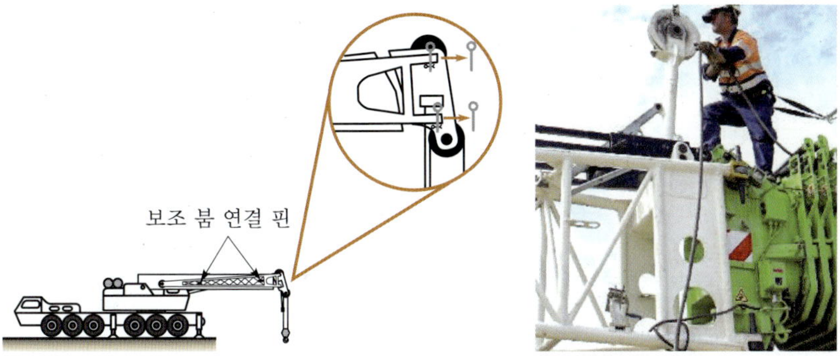

그림 7-11 보조 붐의 핀상태 확인

보조 붐을 연결 후 붐의 고정 상태를 확실히 점검하지 않으면 그림 7-12와 같이 양중시 갑자기 보조 붐이 떨어지거나 접히게 되어 붕괴될 수 있다.

그림 7-12 보조 붐 고정

03 크레인 정치장소의 지반

일반적으로 구조물의 근접지역은 그림 7-13과 같이 지하공사 완료 후 건물주변을 되메우기 때문에 지반이 견고하지 못한 경우가 많다. 따라서, 크레인 정치시에는 건축물이나 구조물에서 일정거리를 떨어져야 지반의 안정성을 확보할 수 있다. 또한, 그림 7-14와 같은 경사지반이나 트렌치주변 및 지장물을 확인하여 피해가 발생치 않도록 철저하게 검토하여 보강대책을 강구하여야 한다.

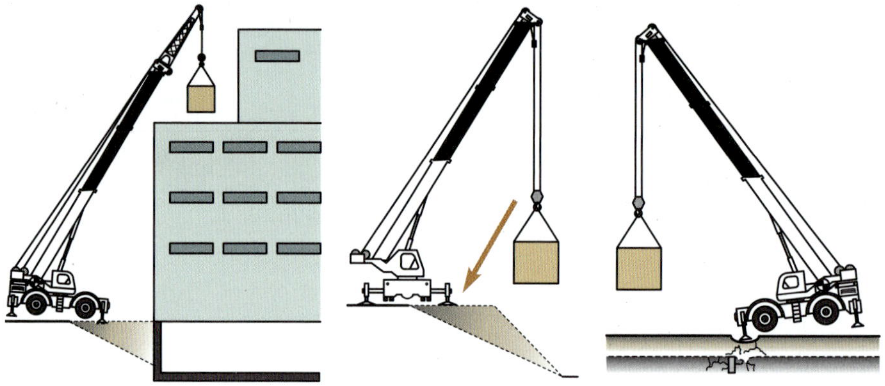

(a) 건물인접지역 정치(Back fill) (b) 경사부 정치 (c) 지장물 상부 정치

그림 7-13 크레인 정치장소

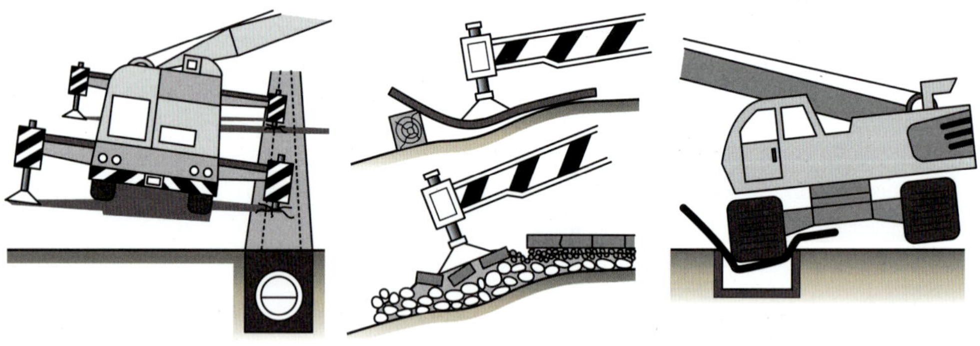

(a) 우수관로 상부작업 (b) 경사지반 작업 (c) 도로 배수로 상부 작업

그림 7-14 크레인 설치지반 불량 사례

3.1. 연약지반의 크레인 정치

크레인 정치장소의 지내력은 크레인의 자중과 양중하중을 포함한 상부의 최대하중에 견딜 수 있어야 한다. 따라서, 상부하중을 견딜 수 없는 연약지반은 적절한 보강을 실시하여 안전성을 확보하여야 한다. 일반적으로 우드매트(wood mat) 혹은 강철판(steel plate)을 깔거나 하부에 받치고 작업을 하지만 필요에 따라서는 일정한 깊이까지 양질의 토사로 치환하는 경우도 있다(6장 참조)

3.2. 아웃트리거 확장

이동식크레인의 양중능력표에 특별한 명기가 없으면 아웃트리거를 모두 확장한 상태에서 작업하여야 하며, 그림 7-15와 같이 아웃트리거를 하나라도 미 확장하였을 경우에는 장비 제원상 타이어접지 작업 양중능력표(아웃트리거 작업 하중표의 50%이하, CIA)를 사용하여야 한다.

아웃트리거는 타이어가 지면에서 확실히 떨어질 수 있을 만큼 들어 올리고 아웃트리거 받침판이 균형을 잡히도록 설치한다.

또한, 아웃트리거의 확장거리를 인의로 조정할 경우에는 그림 7-16과 같이 아웃트리거를 지지하는 박스와 구조물에 손상이 발생될 수 있으므로 제작사 기준에 따라 아웃트리거를 확장하고 반드시 록크 핀으로 고정하는 등 안전조치를 한다.

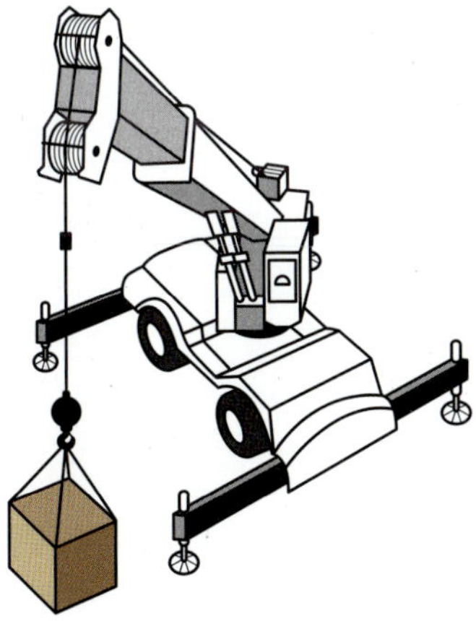

(a) 입면도

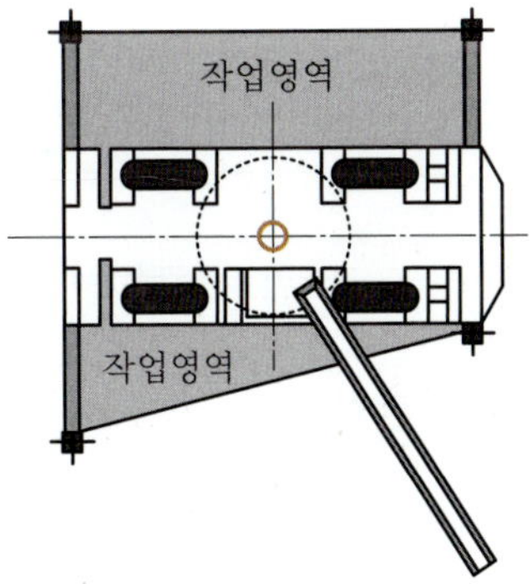

(b) 크레인 설치 평면도

그림 7-15 아웃트리거 확장

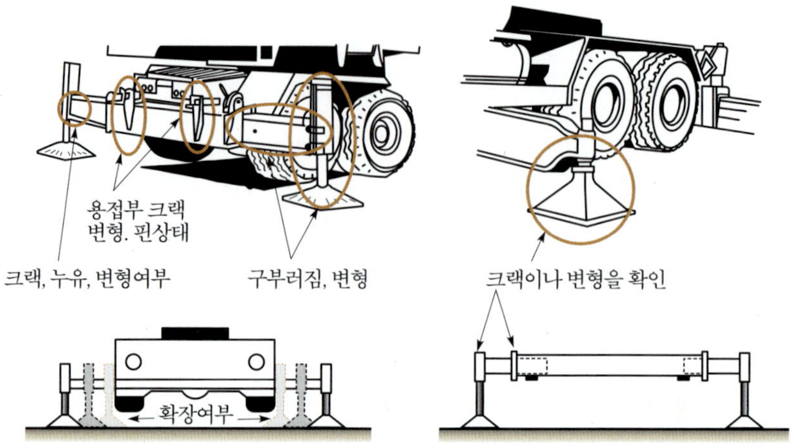

그림 7-16 아웃트리거의 점검

3.3. 아웃트리거 및 스태빌라이져

그림 7-17과 같이 크레인 작업하는 동안에 아웃트리거 하부의 패드와 스태빌라이져는 분리되어 하중전달 메카니즘이 핀(Pin)형식으로 고정되어야 한다.

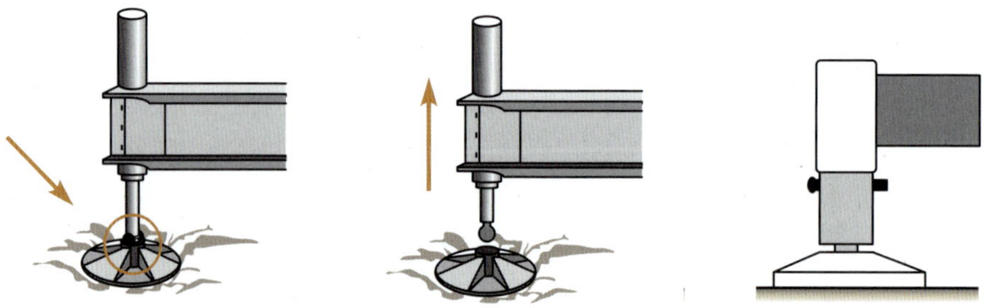

그림 7-17 아웃트리거 고정

3.4. 아웃트리거 플로트 받침

아웃트리거 플로트(float)하부의 받침은 작용하중을 균일하게 지표면으로 전달하여 크레인이 안정성을 유지하도록 하는 역할을 한다. 사용재료에는 강재 및 목재 등을 사용하고 있으나 일반적으로 건축현장에서 사용되는 건축용 자재(미송)는 강도부족으로 크레인용에는 적합하지 않아 사용을 금해야 한다. 플로트 하부의 받침은 아웃트리거와 90도를 유지할 수 있도록 지반을 평탄화 하여야 한다.

(a) 양호 (b) 불량사례

그림 7-18 아웃트리거 받침

또한, 그림 7-18의 (b)와 같이 목재받침을 아웃트리거 확장 빔 하부에 사용했을 경우에는 오히려 크레인의 안정성을 저하시키는 결과를 초래할 수 있으므로 절대로 사용하면 안된다.

그림 7-19 불량한 목재받침 사례

크레인 아웃트리거 하부에 사용하는 목재는 전나무 등 견고한 품질로 인장강도 및 전단강도 등이 확인된 재료를 사용하여야 한다.

또한, 우드매트는 볼트로 견고하게 조립하여 사용하도록 하고 그림 7-19와 같이 3단이상 적재하지 않도록 한다.

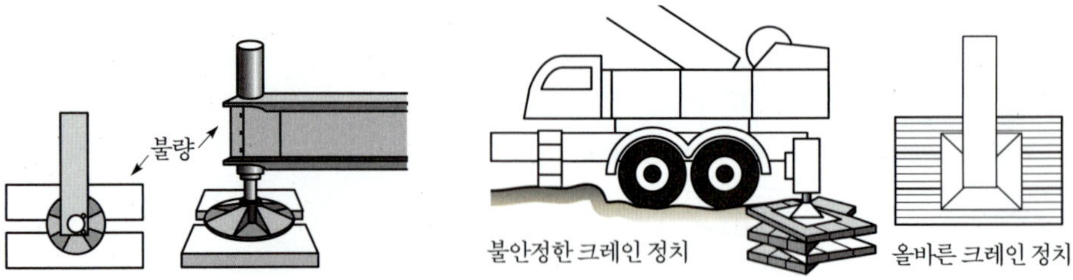

그림 7-20 우드매트 사용법

3.5. 크롤라 크레인의 정치

크롤러 크레인은 상재하중을 검토하여 그림 7-21과 같이 지반의 강도에 따라 강철판이나 우드매트를 깔고 작업하게 되는데 실제로는 그림 7-21(b)에서 보는 바와 같이 견고한 지반과 연약한 지반에서의 크롤러 접지면적은 달라진다. 상재하중계산 및 지반보강방법 등은 제 6장을 참조하면 된다.

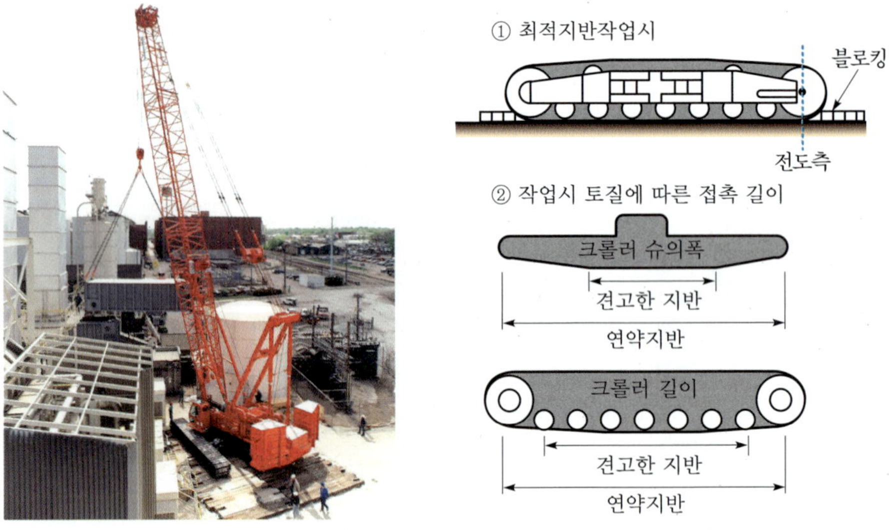

(a) 시공사례 (b) 크롤러의 접촉면적

그림 7-21 크롤러 하부에 우드매트 사용법

04 크레인의 수평 및 수직도 확인

4.1. 수평수직도 기준

이동식크레인의 양중능력표는 지면의 평편도를 1%이내 작업기준으로 만들어 졌다. 따라서, 장비 정치시 크레인의 수평/수직도는 안정성에 매우 중요한 영향을 미친다. 다음은 일반적으로 사용되는 수평/수직도를 확인하는 방법을 나타내었다.

- 운전실내의 bullseye level 및 공기방울 수평계
- 아웃트리거 인근 4곳에 설치된 bullseye 활용
- 회전테이블(turn table)하부에서 자석식 공기방울 레벨기를 활용하여 확인

그림 7-22 불스아이 수평계

또한, 그림 7-23과 같이 붐의 하부에 목공용 레벨계를 놓고 수평을 잡는 방법을 사용하기도 하고, 그림 7-24, 25와 같이 붐 끝에서 후크를 내려 붐에서 편심되는 양중라인의 상태를 붐의 방향에 따라 확인하는 방법도 사용한다.

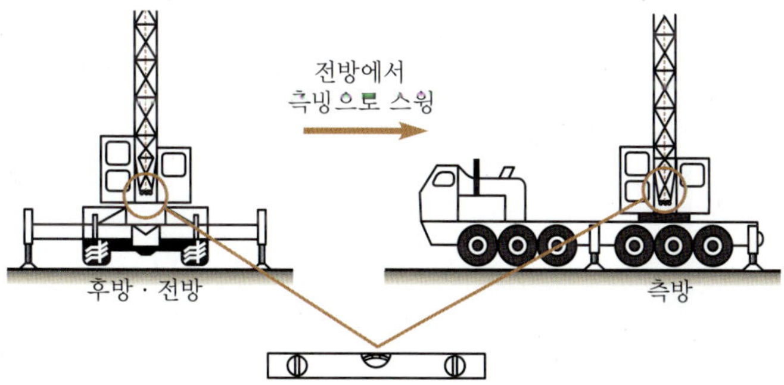

그림 7-23 목공용 수평계 사용

4.2. 양중라인 확인(Using Hoist Line)

1. 전방 및 측방에서 모두 붐의 센터에 양중라인이 수직으로 있어야 한다.
2. 반드시 스윙을 하면서 균형을 맞춘 후 다음 작업을 해야한다

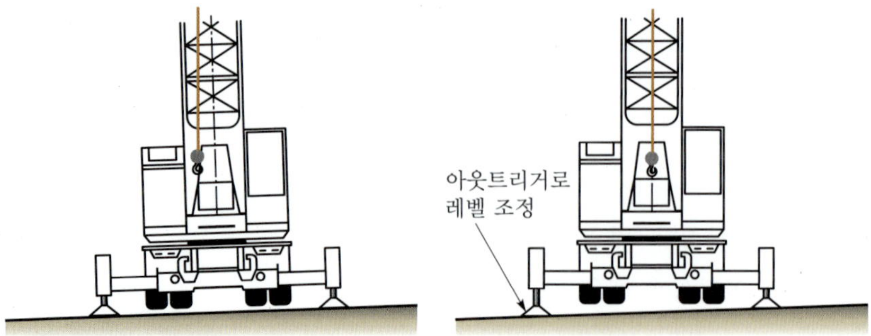

(a) 후방에서 수직도 체크

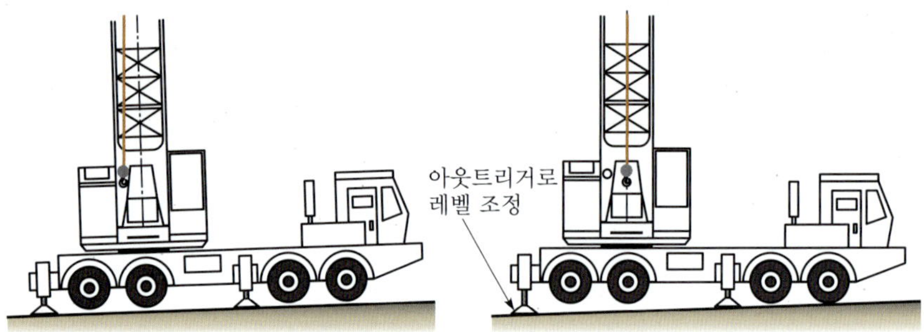

(b) 측방으로 스윙

그림 7-24 경사지반 설치시 수직도 잡기

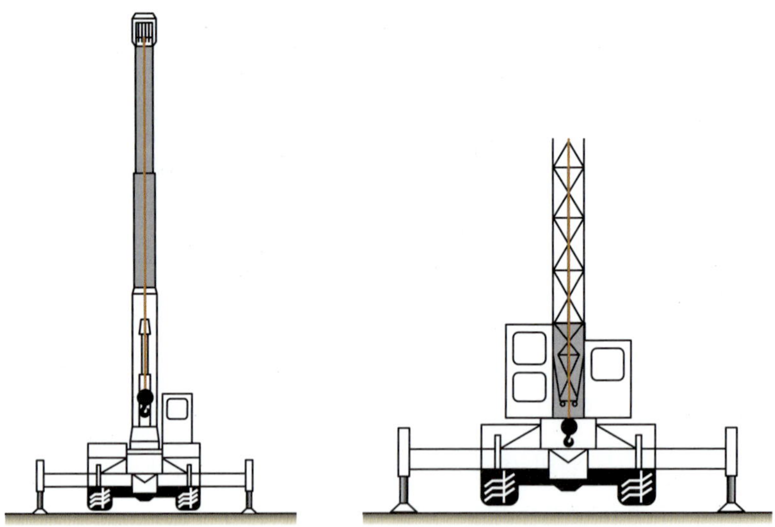

그림 7-25 양중라인과 붐의 중심일치 확인

4.3. 카고크레인(Cargo Crane)의 균형잡기(그림 7-26)

1. 크레인의 회전체 하부 테이블을 기준으로 목공용 수평계를 사용하며 균형을 잡는 방법
2. 양중라인이 붐의 중심선에 있는지 확인 방법
3. 장비에 부착된 Bullseye 혹은 공기방울 레벨기를 활용하여 수평과 수직균형을 맞춘다.

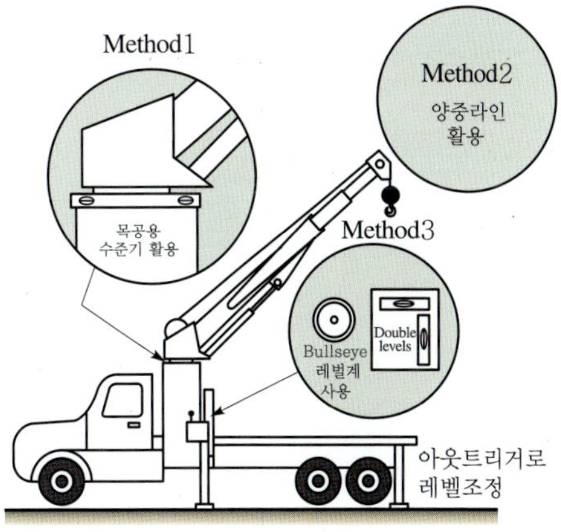

그림 7-26 카고크레인의 레벨링

4.4. 경사지에서의 크레인 작업

상기에서 언급한 수평 및 수직도를 잡는 방법은 아웃트리거를 사용할 때 조정이 가능하지만 크롤러를 사용하거나 타이어를 사용하여 작업할 시에는 전적으로 지표면의 경사정도에 크레인의 안정성이 달려 있다. 따라서, 작업전 적절한 지반보강 및 평편도에 대한 조치를 하여야 한다. 표 7-1(미크레인협회)는 경사도가 3도 일때 최대 양중능력이 50%까지 감소할 수 있다는 것을 도표로 보여주고 있다.

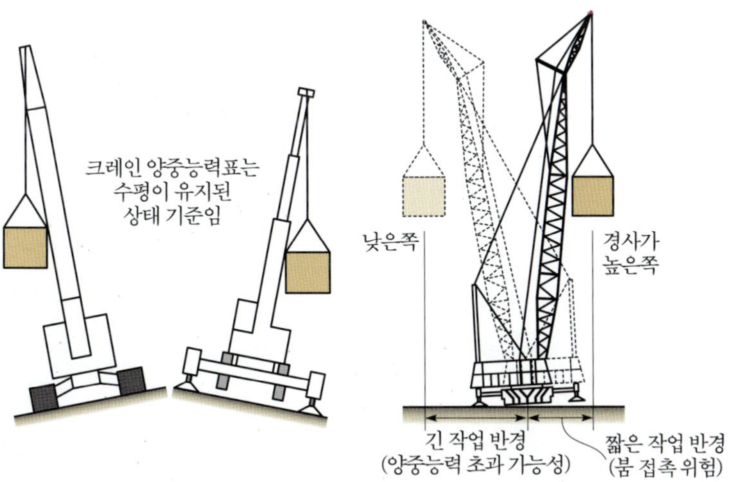

그림 7-27 경사에 따른 양중능력 감소효과

표 7-1 격자형 크레인의 능력감소율(CIA)

붐의 길이와 작업 반경	경사각도에 따른 하중 감소율*		
	1°	2°	3°
Short Boom, Minimum Radius	10%	20%	30%
Short Boom, Maximum Radius	8%	15%	20%
Long Boom, Minimum Radius	30%	41%	50%
Long Boom, Maximum Radius	5%	10%	15%

*크레의 특성에 따라 다를 수 있으나 1° 경사시 약 10%의 양중능력이 감소됨.

05 크레인 설치시 체크포인트

5.1. 휠 크레인 (8가지)

1. 크레인 본체가 선회시 접촉되지 않도록 장애물과의 거리는 최소 60cm 이상 이격시킨다.
2. 아웃트리거는 모두 확장시키고 핀으로 고정한다.
3. 아웃트리거 하부는 평편하고 견고한 곳에 받침판을 깔고 설치한다.
4. 아웃트리거 사용시 타이어는 모두 지면에서 떨어지게 한다.
5. 크레인의 수직/수평균형을 맞춘다.
6. 양중물의 무게와 중심을 정확히 파악한다.
7. 작업반경과 양중높이를 정확히 확인한다.
8. 호이스팅 라인(양중라인)은 양중물의 무게중심과 일직선상에 있는지 확인 한다

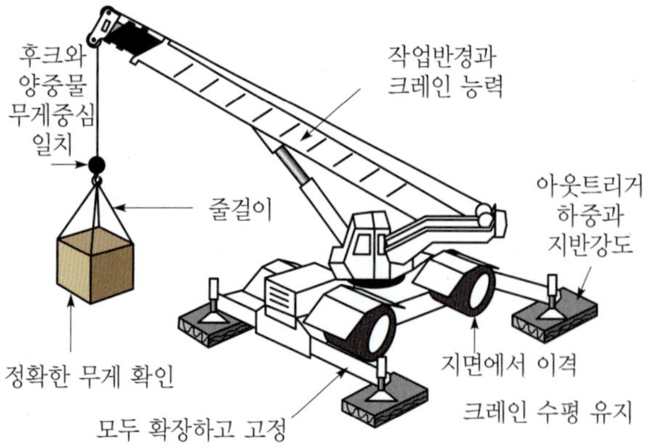

그림 7-28 유압식크레인 작업전 체크사항

5.2. 크롤러 크레인 (8가지)

1. 크레인 본체가 선회시 접촉되지 않도록 장애물과의 거리는 최소 60cm 이상 이격시킨다.
2. 견고하게 다져진 지반에 크레인 트랙이 설치되었는지 확인한다.
3. 크레인의 수직/수평균형을 확인한다.
4. 본체와 트랙의 고정이 견고하게 되었는지 확인한다.
5. 양중할 무게와 중심을 확인한다.
6. 작업반경과 양중높이를 확인한다.
8. 호이스팅 라인(양중라인)은 양중물의 무게중심과 일직선상에 있는지 확인 한다

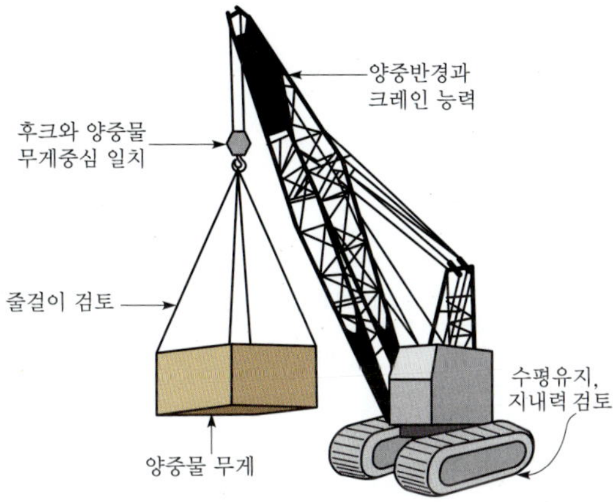

그림 7-29 크롤러 크레인의 작업전 체크사항

5.3. 카고크레인(Cargo Crane, Loader Crane)

카고크레인(Cargo Crane)은 붐의 타입 및 아웃트리거 부착 위치 등에 관계없이 다음 사항을 준수해야 한다.

1. 아웃트리거를 모두 확장한다.
2. 아웃트리거 하부는 견고한 지반에 받침판을 사용한다.
3. 차체를 지면에서 띄운다(제조사별의 기준참조)
4. 크레인의 하부 턴테이블의 수평균형을 맞춘다.
5. 양중할 무게와 무게중심을 확인한다.
6. 작업반경을 확인하고 전방작업시 작업가능한 양중능력(후방 능력의 25% 수준)을 확인한다.
7. 호이스팅 라인(양중라인)은 양중물의 무게중심과 일직선상에 있는지 확인 한다

(a) 카고크레인

(b) 작업 진행

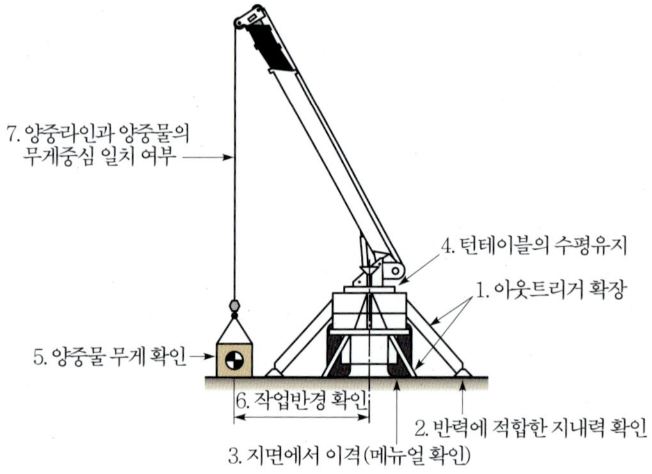

(c) 작업전 체크 사항

그림 7-30 카고크레인 작업준비

8절

이동식크레인의 양중작업 준비

01 작업자의 마음가짐

중량물을 양중하거나 취급하는 작업자들은 다음과 같은 마음가짐으로 작업에 임해야 한다.

- 자신의 안전은 스스로 지킨다.
- 재해로 괴로운 사람은 나 자신이다.
- 재해로 손해보는 사람도 나 자신이다.
- 재해로 슬퍼해야 할 사람도 나 자신이다.

그림 8-1 작업자의 자세

02 작업자의 역할과 책임

ASME B 30.5(미국기계기술자협회, American Society of Mechanical Engineer)에는 크레인 운전자, 소유주, 사용자, 양중작업 감독자 등에 대한 책임을 명시하고 있으며 국내의 산업안전보건기준에 관한 규칙(노동부)에도 양중작업에 대한 기준을 언급하고 있다.

크레인의 공급자인 소유주는 제작사에서 제공하는 장비의 사용기준과 정확한 정보를 사용자 측에 제공 할 의무가 있으며, 사용자는 제작사의 기준을 준수하도록 규정되어 있다. 특히 양중작업 감독자는 지반상태, 바람의 정도, 강우나 혹한·혹서, 안개 등 악천후에 대한 영향을 점검하고 현장 주변상황에 대해 판단해야 하는 책임이 있다. 또한, 가장 중요한 역할을 하는 운전자는 작업전 장비의 기능과 작동에 대한 점검을 수행하여 이상발생 시 감독자와 협의하여 조치하여야 한다.

03 크레인의 탑승과 하차

이동식크레인의 탑승과 하차는 그림 8-2와 같이 지정된 이동로와 안전한 방법으로 하여야 하며 높은 곳에서 뛰어내리거나 임의의 방법으로 이동할 경우 사고로 이어질 수 있다.

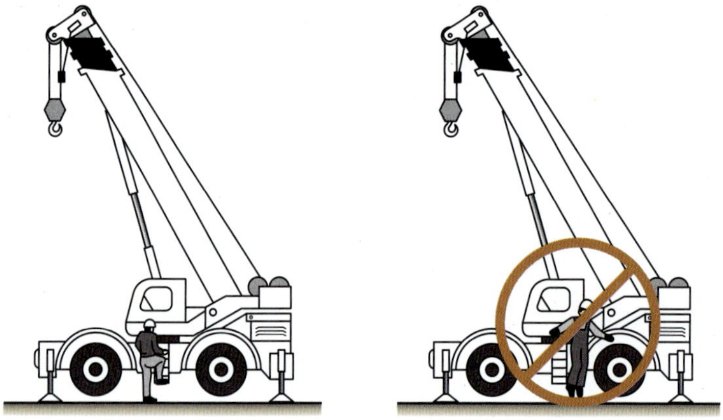

그림 8-2 탑승과 하차

04 크레인의 점검

크레인은 수많은 부품으로 구성되어 있어 조립과 해체시의 조그만 실수는 치명적인 사고로 이어질 수 있기 때문에 반드시 사용전·후에 점검을 실시하여 항상 양호한 상태를 유지하여야 한다. 또한, 크레인 점검의 중요성은 국내 법규(산업안전보건기준에 관한 규칙, 노동부)뿐만 아니라 미국, 캐나다 등 대부분의 선진국 (OHSA 29 CFR 1926.1400, ANSI/ASME B30.5)에서 기준을 적용하고 있어 점검의 중요성을 말해주고 있으며 장비의 점검자는 운전자 혹은 동등 이상의 유자격자가 실시하도록 되어있다. 다음 그림 8-3은 최소한의 크레인 점검항목을 표기한 것이다.

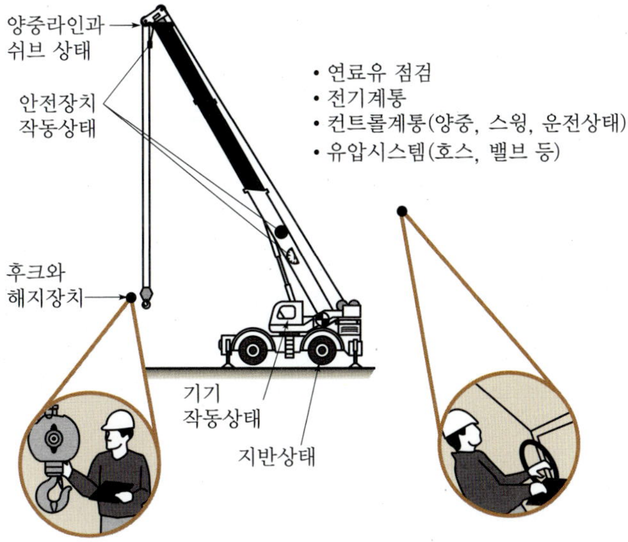

그림 8-3 크레인 점검항목(유압식붐 크레인)

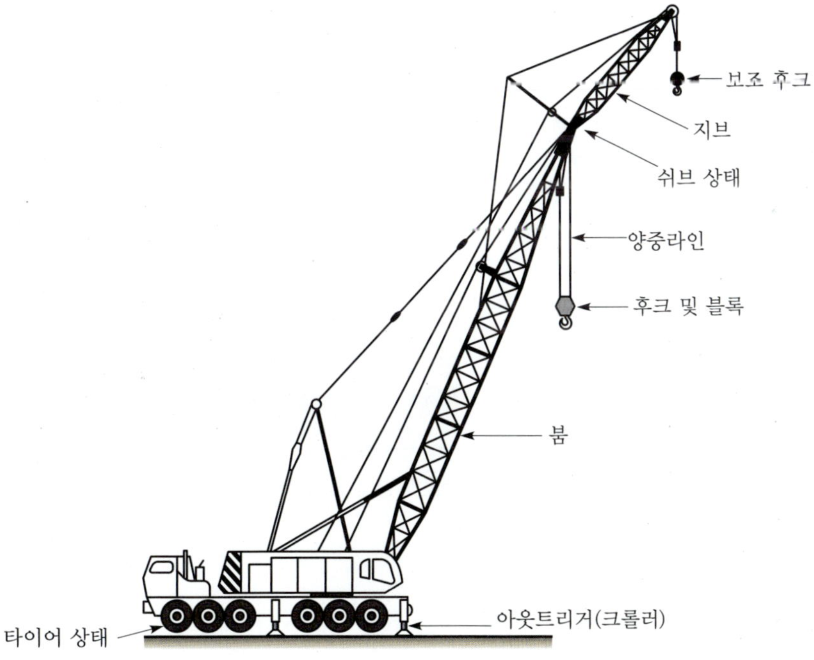

그림 8-4 크레인 점검항목(격자형붐 크레인)

4.1. 양중작업전 점검

- 호이스트 로프의 킹크 등 손상여부
- 도르래에 감긴 호이스트 라인이 꼬이지 않고 잘 정렬되어 있는가
- 후크와 양중물의 중심선이 일치하는가
- 로프는 드럼에 적절하게 감겨져 있는가
- 날씨는 작업하기에 적합한가

양중하는 동안에 충격이나 과도한 동적하중을 유발할 수 있는 갑작스런 양중이나 정지 행위는 피한다.

4.2. 작업전·중 점검

- 크레인의 수평도 및 지반보강(아웃트리거 및 매트)상태
- 양중물의 슬링과 슬링용구의 상태 확인
- 양중후 이동선에 장애물이나 사람이 있는지 확인
- 크레인 회전반경내에 관계자외 출입금지 조치

그림 8-5 회전반경내 출입통제

4.3. 붐의 확장과 축소

유압식 붐은 순차제어 밸브로 장비의 고유 프로그램으로 작동이 되지만 일부 모델의 경우는 운전자가 매뉴얼에 따라 붐의 확장길이를 조정해야 하는 경우도 있다. 따라서, 붐의 각 단의 확장은 매뉴얼에 언급된 기준으로 운전을 할 때만이 안전이 확보된 상태로 크레인의 최대능력을 발휘할 수 있다는 의미이다.

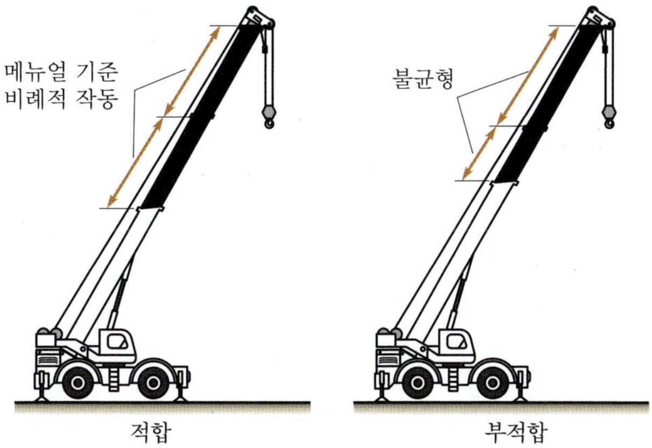

그림 8-6 붐 길이조정

4.4. 외관손상 검사

작업전 운전자는 차체와 크레인 상부, 아웃트리거 혹은 크롤러, 구동장치 등에 대한 외관검사를 실시하여 용접부 손상, 부재의 흠집이나 파인 곳, 과다 부식된 곳 등이 발견될 시에는 적합한 절차에 따라 조치하여야 한다.

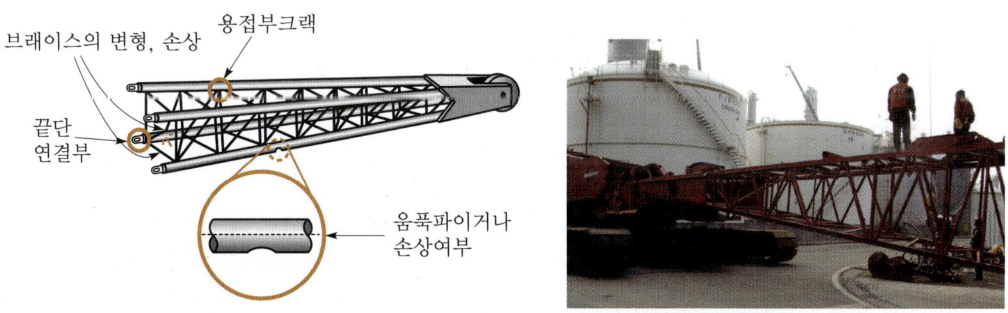

그림 8-7 크레인 외관검사

4.5. 크레인의 부재상태

크레인은 일시적 충격 등 예기치 못한 사유로 초과하중이 작용하였을 경우에 크레인 붐, 아웃트리거 등 크레인 부재에 치명적인 손상을 초래할 수 있다. 그림 8-8과 그림 8-9는 크레인 부재의 파괴유형을 보여주고 있다.

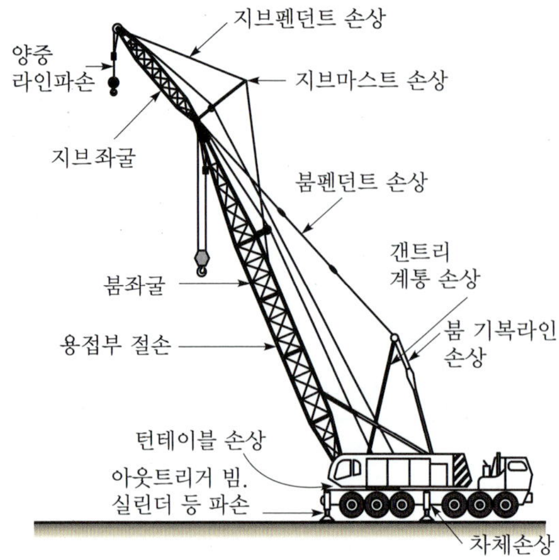

그림 8-8 격자형 붐의 파손유형

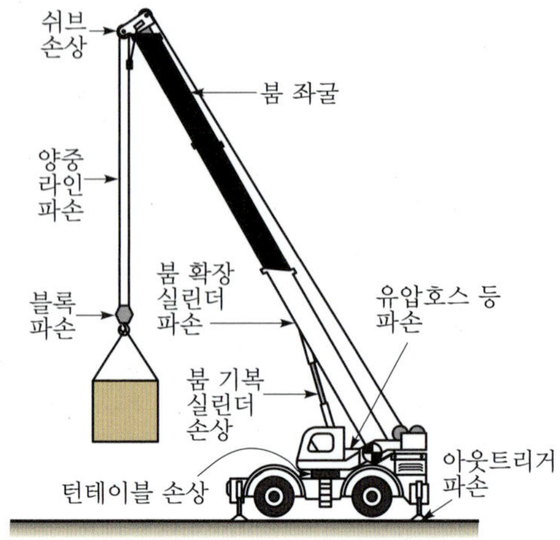

그림 8-9 유압식붐 크레인 파손유형

4.6. 크레인의 기능상 점검

크레인 사용전 운전자는 붐의 확장과 축소, 붐 올리기 및 내리기(기복운동), 후크 올리기 및 내리기, 붐 스윙, 아웃트리거 확장 등 크레인을 구성하는 기계장치가 제대로 기능을 발휘하는지 작동점검을 해야 한다. 또한, 크레인의 모니터를 통하여 어떤 위험성이 있는가에 대하여 점검해야 한다.

그림 8-10 크레인 운전자 점검

4.7. 방호 및 안전장치 점검

작업전에 매뉴얼에 따라 각종 방호 및 안전장치(제4장 이동식크레인의 방호장치 참조)와 운전보조 장치의 작동상태를 점검한다. 만약 작동이 원활하지 않을 경우에는 문제가 해결될 때까지 크레인을 운전해서는 안된다.

안전 및 방호장치

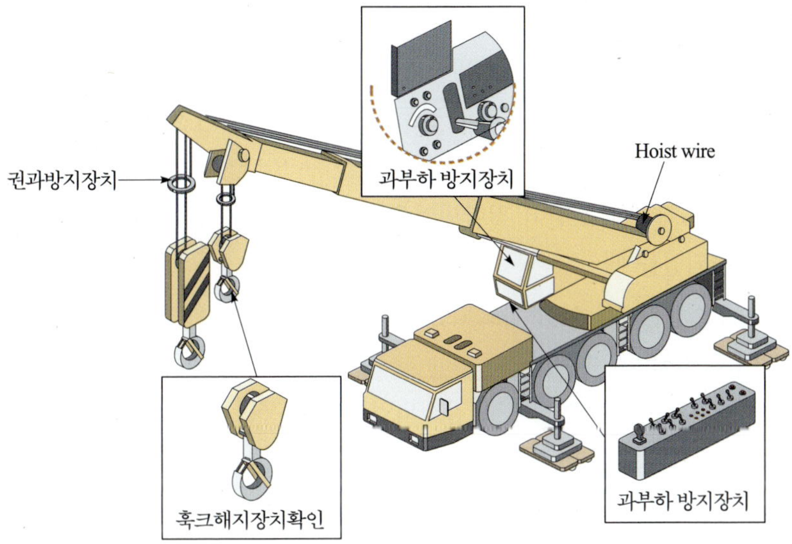

그림 8-11 가종 방호장치

4.8. 와이어로프 점검(5장 참조)

크레인에 사용되는 양중용 로프와 펜던트용 로프는 작업전 항시 확인하여야 하는 항목이다.

4.8.1. 와이어로프의 점검항목

- 열손상의 영향, 뒤틀림, 킹크나 흐트러짐, 풀림, 과다부식 등
- 스트랜드나 소선의 절단, 코아 불거짐 등
- 마모 및 부식으로 기준이상 직경감소
- 부적절한 단말처리 및 손상
- 붐 끝단의 도르래에 감긴 양중라인의 적절한 텐션유지
- 도르래의 과다마모 및 부식, 파손 확인

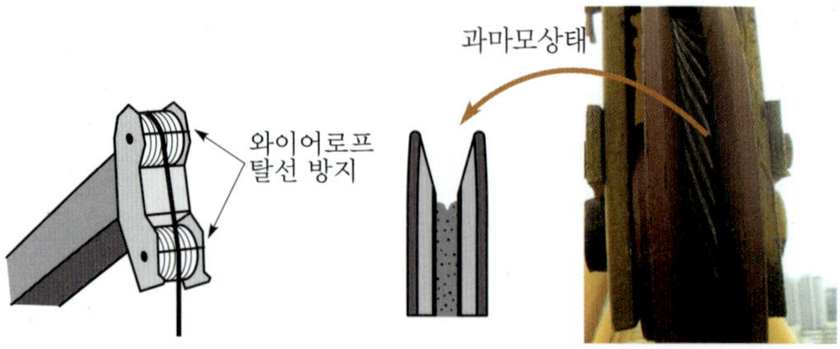

그림 8-12 와이어로프에 의한 쉬브 손상

4.8.2. 와이어로프 교체기준

국제규격 ANSI/ASME B30.20과 국가별로 와이어로프의 사용 및 폐기 기준은 아주 상세하게 규정되어 있으며 용도에 따라 기준이 다를 수 있다.

- 1 lay 길이에 6개이상 소선이 절단되었을 때 혹은 1 lay 길이의 1 스트렌드에서 3개의 소선이 절단되었을 때
- 와이어로프 소선이 1/3 이상 마모되었을 때
- 열 손상이 확인되었을 때
- 로프의 공칭지름이 기준이상으로 감소되었을 때

* 한국산업안전보건기준과 표현의 차이는 있으나 의미는 크게 다르지 않음(산업안전보건기준에 관한 규칙 제63조 제166조, 제210조 참조(5장, 13.6.1))

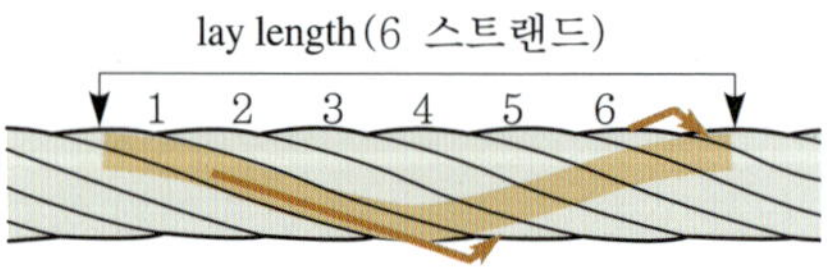

그림 8-13 로프의 꼬임

05 작업장 지반점검(6장 참조)

크레인 작업시 필요한 아웃트리거 및 크롤러의 최대 작용하중에 대응할 수 있는 지내력을 확인하고 지반 보강이 필요한 경우에 적절한 조치를 취한다. 또한, 크레인 부품 등을 운반하는 차량의 동선과 크레인의 조립장소를 충분히 확보해야 한다. 현장 조건에 따라서는 장애물(지상, 지중)에 대한 조사도 실시하여 적절한 조치를 하여야 한다.

(a) 불량지반

(b) 지반보강사례

그림 8-14 작업장 지반 확인

06 양중 부하시험

6.1. 정의

이동식크레인의 부하시험은 제작사에서 양중능력표에 의한 부하시험(Load test)를 모두 마치고 사용자에게 판매되었지만 장기간 사용에 따른 피로누적과 고장으로 인한 효율저하 부분에 대한 검증이 필요하다. 이에 따라 정해진 기준에 하중을 증가시키거나 작업반경을 가감하여 그림 8-15와 같이 부하시험을 실시한다. 하중시험 기준은 각국별로 (KS B ISO 4310, ISO 4305)정하고 있다.

6.2. 부하시험(Load test)방법

6.2.1. 시험조건

1) 크레인의(아웃트리거 사용 및 크롤러 사용 크레인) 수평면 기울기는 1%미만을 유지하고 타이어의 공기압은 제작사가 권장한 압력의 ±3%내로 팽창시켜야 하며, 모든 휠은 전방위치로 하여야 한다.
2) 아웃트리거 사용시 타이어는 모두 지면에서 상승시켜야 한다.
3) 연료탱크는 1/3이하로 채워야 하며 냉각수, 윤활유 및 유압유는 제작사가 권장한 작동수준으로 한다.
4) 풍향은 크레인의 안정성에 영향을 주지 말아야 한다.
5) 신규장비는 장비의 적합한 기능보장을 위하여 최소한 4시간을 예비 작동 시켜야 한다.

6.2.2. 무게를 가하는 장치를 사용하는 방법

현실적으로 시행 불가한 부하시험 방법으로 양중능력표상의 양중하중을 부재의 강도제한구역 근처에서 양중을 시작하여 기울어지는 징후를 보일 때 까지 반경을 조금씩 증가시킨다. 이때의 하중과 작업 반경으로 크레인을 셋팅하는 방법이다. 실제로 이 방법은 위험성이 있어 사용되지 않는 방법이다.

그림 8-15 부하시험

6.2.3. 부하시험의 제한

부재의 강도제한 구역과 임계하중(Tipping)을 초과한 전도가능 구역에서는 부하시험을 하지 못하도록 관련 법규에 규정하고 있으며 이것은 과부하시 크레인 붐이 좌굴되거나 전도될 수 있기 때문이다.

실제로 크레인의 정격하중은 임계하중의 85%~100%로 양중할 수 있지만 대부분의 장소에서 기준을 초과될 수 있기 때문이다. 이것은 지면에서 양중물을 들어 올릴 수는 있지만 스윙, 바람의 영향, 충격, 경사 등에 의하여 전도될 수 있기 때문에 임계하중을 초과한 부하시험은 하지 않는 것이 좋다.

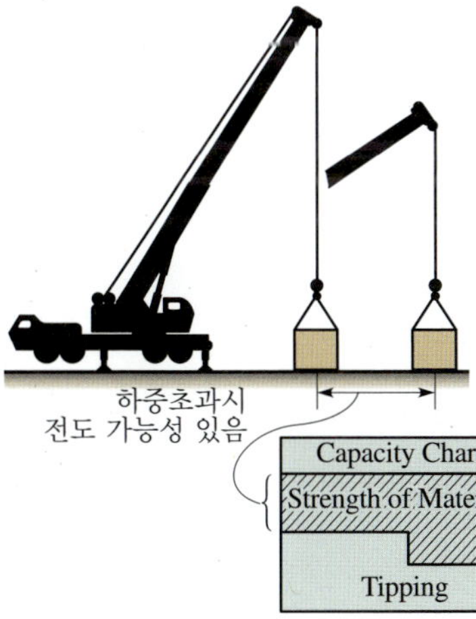

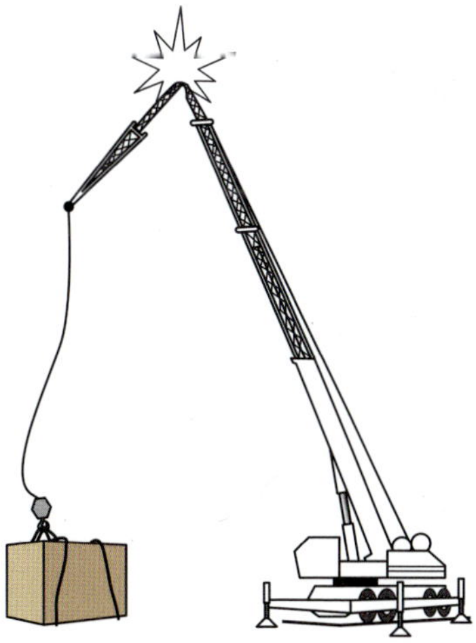

그림 8-16 강도제한구역 작업시

6.2.4. 실제로 적용가능한 부하시험

실제로 이동식크레인의 시험은 양중할 수 양중물 무게의 110%의 하중으로 시험을 할 수 있으나 크레인의 정격총하중을 초과할 수 없고 실제 테스트에 필요한 중량물을 구하기가 어려울 경우에는 작업반경을 조정하여 테스트 하중을 감소시켜서 시험하는 방법이 보다 현실적이다. 부하시험은 시험하중 양중후 최소 5분이상 최대 작업반경에서 들고 있어야 하며 가능한 한 360도 원형으로 회전하며 시험해야 한다.

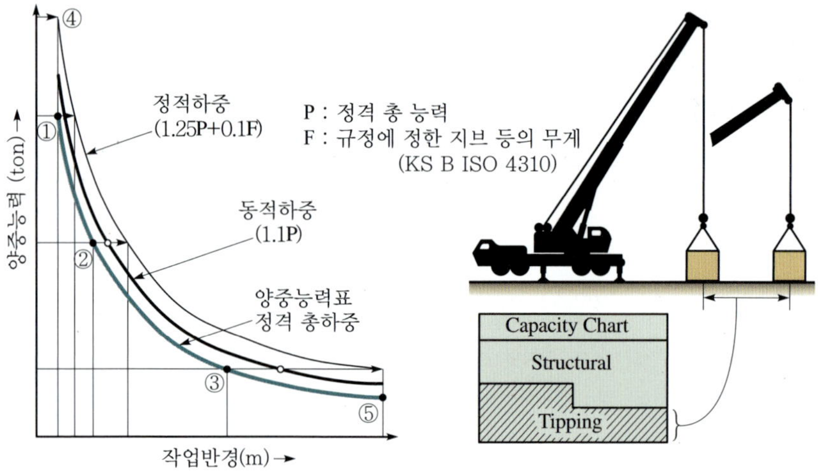

그림 8-17 부하시험

9절

양중작업

01 양중작업 준비사항

안전한 양중작업을 진행하기 위해서는 작업자의 올바른 마음가짐과 양중에 관한 충분한 지식과 경험이 필요하다. 다음은 양중시 점검해야 할 사항에 대하여 나열한 것이다.

양중물

- 무게
- 중심
- 크기
- 재질
- 수량
- 특수성
  - ·유해물질
  - ·강성체
  - ·손상되기 쉬운것

줄걸이 방법

- 줄걸이 방법
- 묶는방법
- 감는방법
- 묶는 위치
- 하중분포
- 반전방향
  - ·중심의변위
  - ·지지위치

크레인선정

- 반경, 용량
- 사용제한사항 확인

줄걸이선정

- 용량
- 부피
- 길이·반전방향

〈양중물보호〉

- 양중물의보호
- 로프의보호
  - ·지지위치

〈보조구〉

- 받침대의크기 및 갯수
- 유도로프

줄걸이용구

- 와이어로프
- 섬유벨트
- 체인
- 클램프(학카)
- 샤클
- 아이볼트

운반경로

- 장애물
- 내릴곳

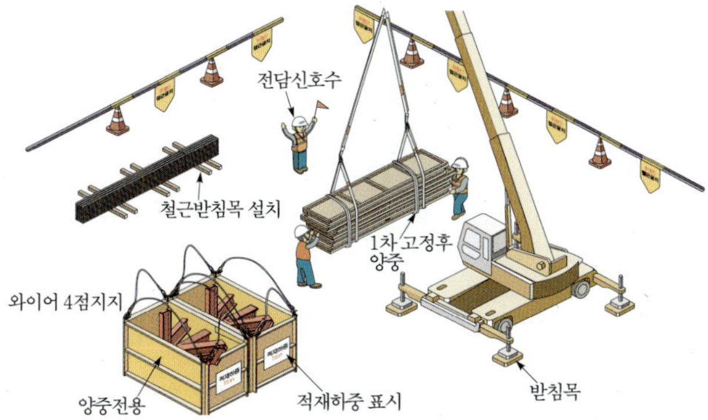

그림 9-1 양중작업 안전기준

02 줄걸이 용구 및 보조용구

줄걸이 용구의 사용 목적은 양중물의 손상과 변형을 방지하고 안전하게 작업자가 원하는 목적지까지 이동하는 것이다. 따라서 줄걸이 용구는 양중물의 무게, 중심점, 형상, 권상위치 등을 확인하여 양중물 보호 및 안전측면에서 선정하여야 한다. 그림 9-2는 여러종류의 양중용구를 보여주고 있다.

그림 9-2 여러가지 양중용구

03 줄걸이 작업

줄걸이 작업전 그림 9-3와 같이 크레인의 정격하중과 양중물의 무게를 확인한다.

그림 9-3 줄걸이 방법과 작업하중 확인

줄걸이 방법이 올바르지 않을 경우 혹은 양중물의 균형이 깨져 크레인의 안정도가 나빠지면 양중물이 낙하하여 주위 사람이나 구조물을 손상하는 경우가 있다. 특히 크기가 큰 물건이나 불규칙한 형태의 양중물은 공중에서 회전되거나 요동이 발생하지 않도록 양중물의 형상에 맞는 방법으로 줄걸이 방법을 선택하여야 한다.

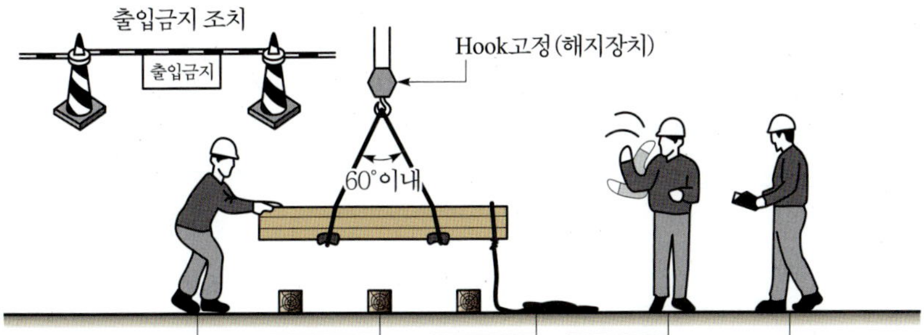

줄걸이 작업자	작업 시작전 양중용구 점검	보조 로프	신호수	작업지휘자
특별 교육을 이수한 자	슬링로프, 보조로프, 고임목 외	요동 방지	- 특별 교육을 이수한 자 - 정해진 신호방법으로 신호한다.	안전담당자의 직무 - 작업방법 결정, 작업을 지휘 - 재료 결함유무 및 점검 - 보호구(안전모, 안전대) 착용감시

그림 9-4 양중시 점검사항

그림 9-4와 같이 양중작업시 점검사항은 양중물의 형상, 무게, 특성에 따른 보호조치(그림 9-5)와 적절한 줄걸이 방법인가를 점검하고 줄걸이 와이어로프의 매난 각도는 60° 이내로 한다.

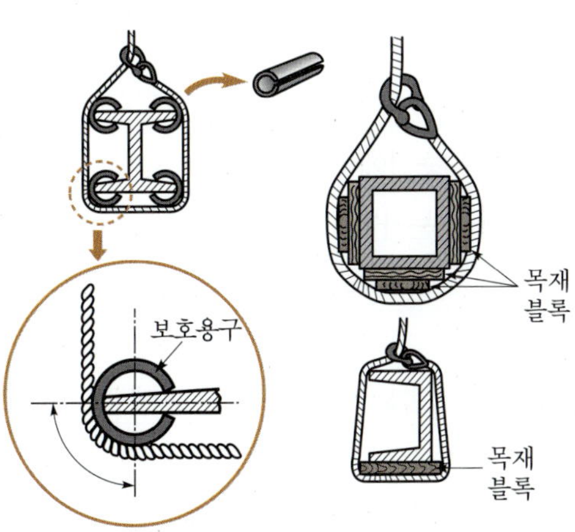

그림 9-5 양중물 및 와이어 슬링 보호조치

3.1. 줄걸이 관리포인트

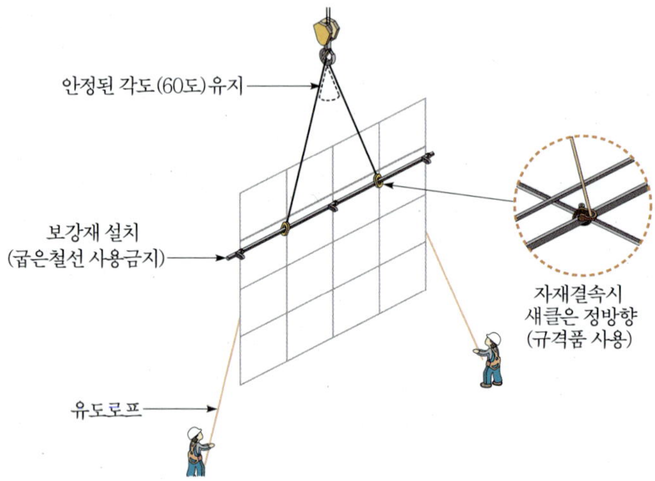

그림 9-6 줄걸이 관리포인트

줄걸이 작업시 다음 사항을 관리포인트로 점검한다.

① 달기구, 짐걸기 방법은 양중짐의 형상에 맞는 적절한 것인가?

② 짐의 무게, 중심위치 판단은 올바른가?

③ 양중물 무게 중심의 수직선상에 매달았는가?

④ 매달아 올린 후, 짐은 수평으로 유지되는가?

⑤ 로프의 각도는 올바른가, 과하중은 아닌가?

⑥ 가능하면 중심이 낮아지도록 하고 있는가?

3.2. 짐을 매달아 올렸을 때

① 로프가 후크의 넓은 단면의 중심에 있는가?

② 훅은 짐의 중심 바로 위에 있는가?

③ 최초 권상높이 20cm 정도 인양후 줄걸이 상태를 다시 한번 확인한다.

④ 줄걸이는 균형이 잡혀있는가?

⑤ 슬링 보호용구는 올바르게 접속되어 있는가, 도중에 떨어질 우려는 없는가?

⑥ 짐은 수평으로 양중되고 있는가?

⑦ 로프가 빠질 우려는 없는가, 짐은 무너지지 않는가?

3.3. 이동시

① 짐은 안전하게 이동할 수 있는 높이인가?

② 운반경로의 안전은 확보되어 있는가, 장해물은 없는가?

3.4. 착지시

신호수는 크레인 운전기사가 잘 보이는 곳에서 신호를 해야 하며 2인이상 작업시 상호간의 작업사항을 확인한다.

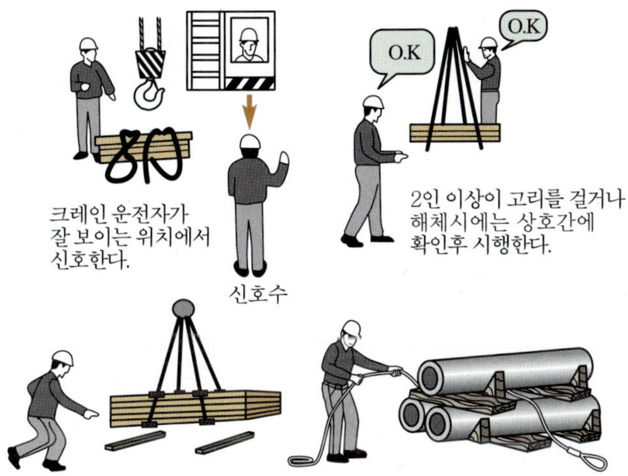

그림 9-7 착지시

- 양중물을 내려 놓기전에는 일단 정지하고
  - 흔들림 상태 확인, 받침목 위치 확인
  - 신호자, 작업자는 안전한 위치에서 작업을 수행
- 양중물을 내려놓을 때는 와이어로프가 인장력을 받고 있는 상태에서 묶임상태, 위치 등 안전을 확인 후 내려 놓는다
- 둥근 물건은 쐐기목 등을 사용하여 고정한다.
- 후크는 가능한 낮은 위치에서 해지한다.
  - 직경이 큰 와이어로프는 회전하거나 흔들림이 심하므로 주의 할 것
  - 크레인으로 와이어로프를 잡아당겨 빼지말 것

그림 9-8 와이어로프 손상 방지

04 양중작업시 유의할 사항

4.1. 운전자와 신호수와의 연락

양중작업중에 크레인 운전기사는 절대로 운전석을 떠나서는 안되며 신호수의 신호에 따라 양중작업을 수행한다. 또한, 필요시에는 호각이나 무전기를 활용할 수도 있으며 신호수는 상부·하부 각각 1명으로 지정하고 신호에 대한 혼선을 피하도록 한다(ASME B30.5)

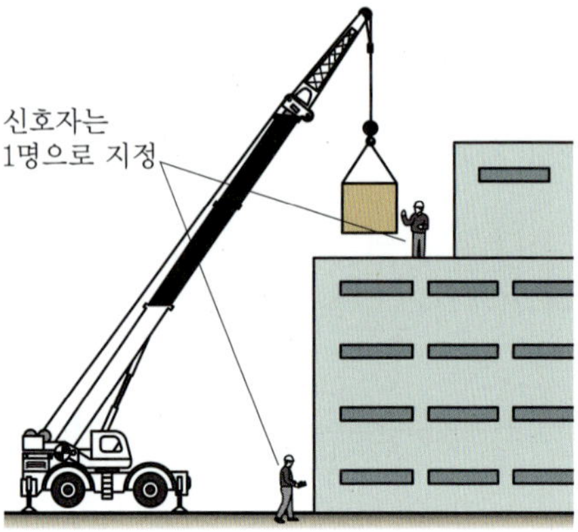

그림 9-9 신호수 지정

4.2. 작업시 운전자 유의사항

크레인 조종시 갑자기 정지하거나 급속 양중하면 와이어 로프나 크레인의 부재에 손상을 초래할 수 있다. 또한, 강풍 등에 의해 호이스팅 라인을 흐트러 트리거나 그림 9-10과 같이 양중라인을 처지게 되는 것을 피해야 한다.

- 보조후크의 볼이 너무 가벼운 경우
- 갑자기 하중을 해제하는 경우
- 양중라인을 너무 풀었을 경우

그림 9-10 양중라인이 느슨해지는 경우

4.3. 크레인의 중심이동과 전도

크레인은 양중초기 양중물의 무게로 인한 중심이동으로 그림 9-11에서 보는 바와 같이 인양반경이 증가하고 크레인의 전체 무게중심은 인양전보다 상부로 이동하게 되는데 이결과로 크레인의 안정성은 인양전에 비하여 떨어지게 된다. 따라서 작업계획시 충분한 여유를 가지고 크레인을 선정해야 하며 격자형 붐 크레인보다도 유압식 붐에서 붐의 탄성변형과 중심이동에 의해 더 많은 양중반경 증가 현상을 나타낸다.

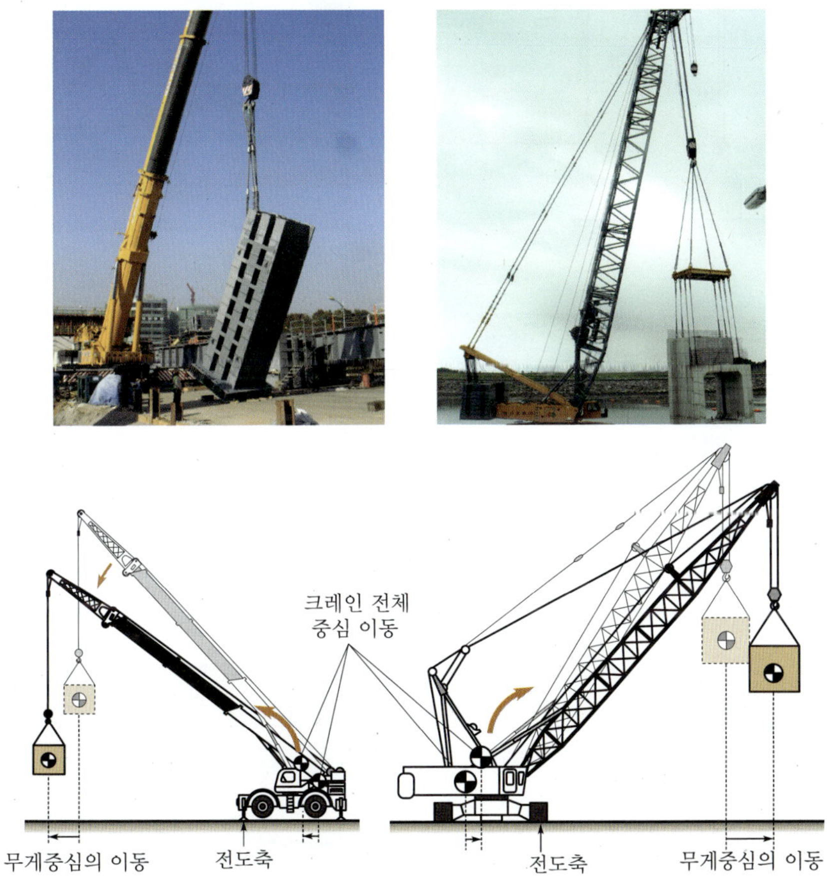

그림 9-11 전도축과 중심이동

4.4. 임계하중과 부품강도

그림 9-12에서 나타내는 크레인 부품 강도를 기준으로 작성된 크레인 양중능력표의 작업 영역에서 과부하 작업을 한다면 크레인이 전도되기 전에 붐 파손 등 크레인 부품에 손상을 초래한다는 뜻이다.

그림 9-12 크레인 강도기준 영역

4.5. 안전 및 방호장치

크레인의 메인후크나 보조후크를 사용하여 양중시 메인붐이나 지브 등의 끝단에 설치된 도르래(Sheave)와 접촉되어 호이스트 라인이 절단되는 사고가 일어날 수 있다. 또한, 유압식 붐에서 호이스팅 라인의 여유를 확인하지 않고 붐을 확장할 시 일어날 수 있기 때문에 권과 방지를 위한 안전장치를 설치하고 호이스트라인의 충분한 여유를 확보하여야 할 것이다.

그림 9-13 보조붐 연결

그림 9-14에서 볼 수 있듯이 후크를 붐끝단 근처에 올려둔 상태로 크레인 붐의 기복각도를 하향 조정하였을 경우 붐의 손상이 발생할 수 있으므로 반드시 권과방지 안전장치를 구비하여야 한다.

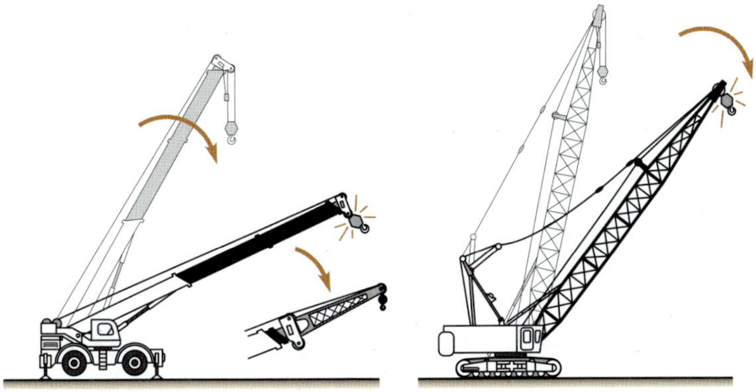

그림 9-14 붐 각도 하향에 따른 붐손상

그림 9-15 권과방지장치

4.6. 작업시 후방전도

크레인은 일반적으로 전방작업을 하기 때문에 작업시 후방으로 붐이 꺾이거나 후방으로 전도되는 것은 고려하지 않지만 다음과 같은 상황 발생시 후방전도가 발생치 않도록 주의하여야 한다.

■ 후방전도 위험상황

- 양중물을 갑자기 해제하여 반력이 붐의 후방으로 발생하는 경우
- 붐의 기복각도가 큰 상태에서 급가속 양중하는 경우
- 붐의 기복각도가 큰 상태에서 크레인을 앞으로 이동할 시
- 경사로를 올라갈 때
- 경사로에서 붐을 상부로 회전할 경우

• 권과방지장치 미작동으로 붐을 후방으로 과하게 당겨진 경우
• 강풍의 영향
• 보조붐 부착시 갑작스런 하중해제로 인한 후방전도 등

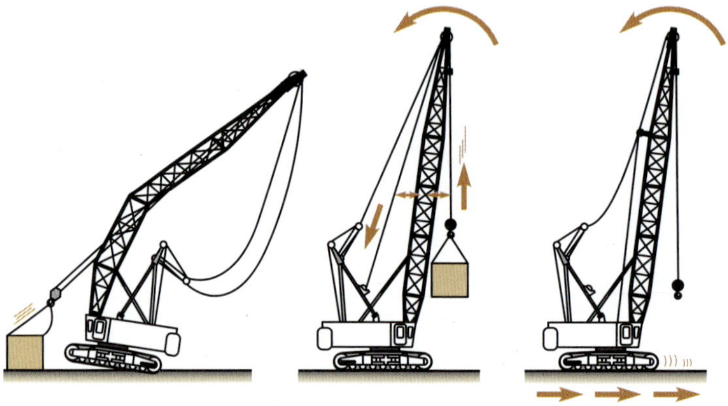

(a) 후방전도 (b) 급가속 양중 (c) 이동시 중심이동

(d) 후방 아웃트리거 미확장 및 요철부 이동 위험

그림 9-16 크레인의 후방전도 위험 사례

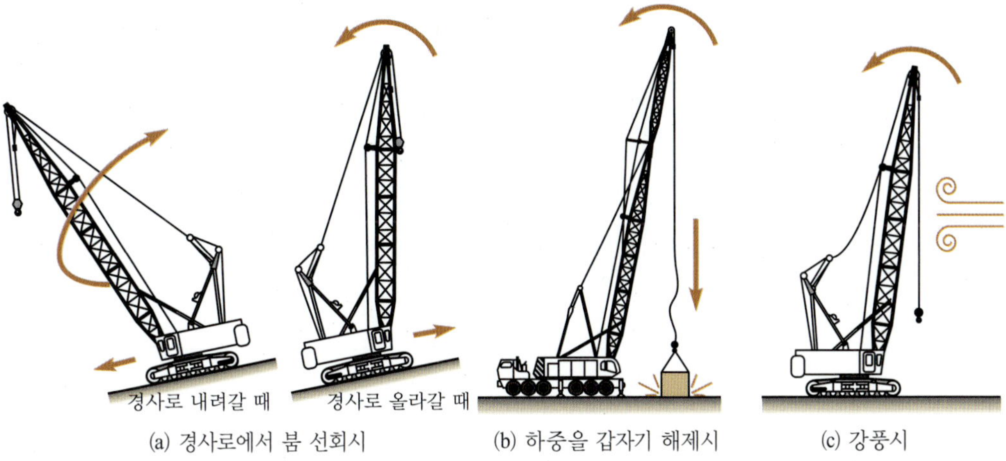

그림 9-17 크레인의 후방전도 유의사항

4.7. 크레인의 붐(지브)의 휨

크레인의 붐은 그림 9-18과 같이 낚시대와 마찬 가지로 "휘는" 것으로 강도를 유지하고 있다. 따라서 양중물이 지면에서 떨어지는 순간에 지브의 "휨"은 최대가 되어 양중물이 멀리 이동하므로 순간적인 과하중에 의한 지브의 파손이나 크레인의 전도에 주의할 필요가 있다.

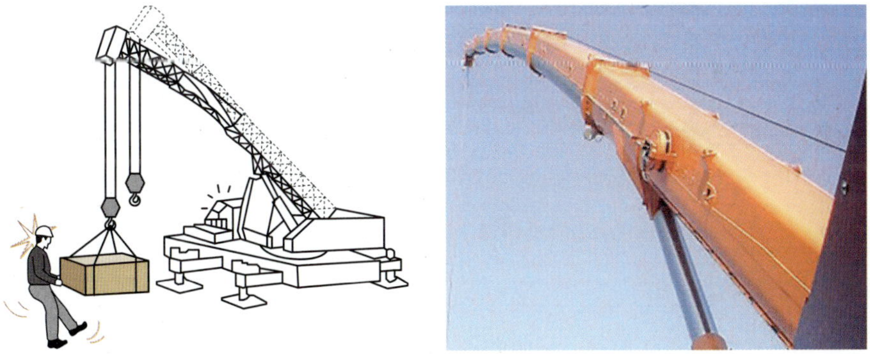

그림 9-18 붐의 탄성변형

4.8. 와이어로프의 드럼 정열

와이어로프가 드럼에 제대로 정열되지 않으면 로프의 손상이나 드럼에서 와이어로프의 슬립이 발생되어 위험에 처할 수 있다. 따라서 크레인 드럼에 감겨있는 로프의 정열상태를 확인하고 손상시 교체해야 한다.

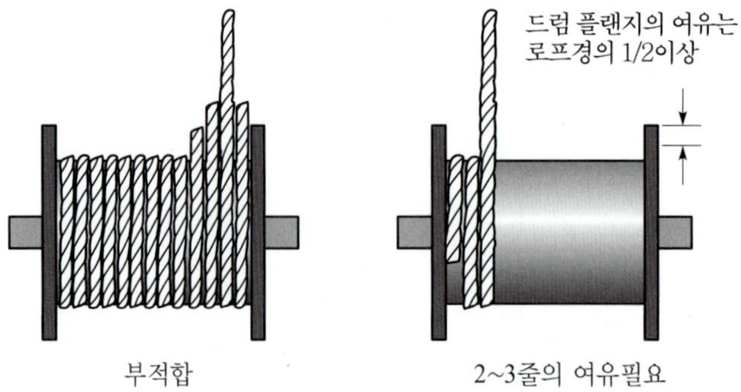

그림 9-19 와이어로프 드럼 정열

4.9. 장애물과 이격거리

크레인과 장애물과는 최소한 60cm 이상 이격하여 작업자의 협착이나 구조물의 손상을 방지하여야 한다. 또한, 크레인 작업구역은 외부방책을 설치하여 관계자 이외 출입을 금지시켜 안전을 확보하여야 한다.

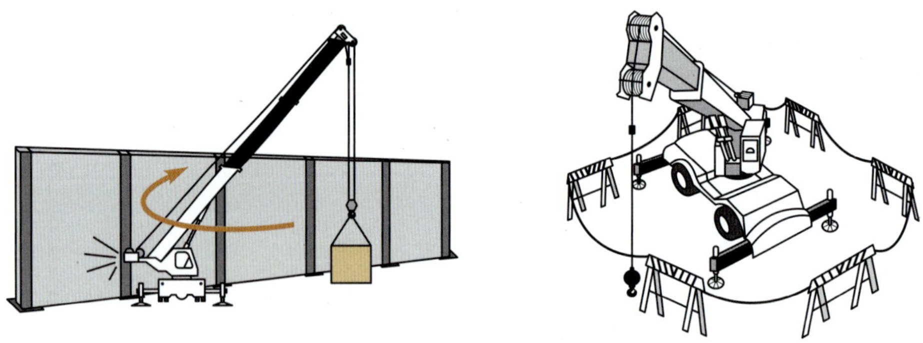

그림 9-20 크레인 안전거리 확보

4.10. 고압선 인근작업

크레인은 적력선 구역에서 붐의 길이 만큼 이격하는게 좋지만 그렇지 못할 때는 표 9-1과 같이 이격거리를 준수하도록 한다. 또한, 깃발을 설치하거나 표지판을 만들어 위험구역에 일반인이 접근하지 못하도록 하고 신호수를 배치시켜 안전활동을 수행하도록 한다. 만약에 크레인의 붐이 고압선에 접촉이 되었을 시 크레인 운전자는 운전실에서 내리지 말고 외부에서 조치될 때까지 기다려야 한다. 꼭 내려야 할 경우에는 크레인에는 잔여 전류가 존재하기 때문에 땅으로 점프하여 내려야 하며 크레인과 땅을 동시에 접촉하여서는 안된다. 전력선에 노출되었던 크레인은 반드시 제조사에 의뢰하여 컨트롤 계통 등 장비 전체적인 점검과 정비를 해야 한다.

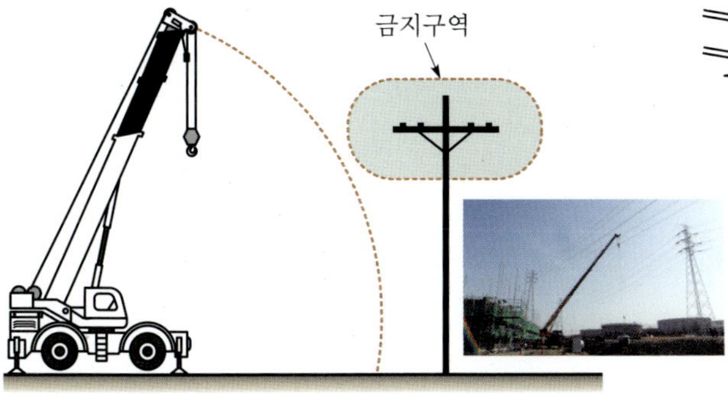

그림 9-21 전력선 이격거리

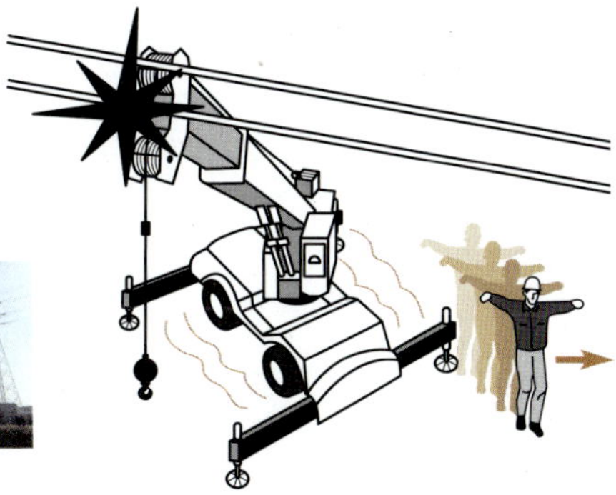
그림 9-22 전력선 접촉시 조치

표 9-1 전력선 이격거리

고압선 인근작업시 이격거리			
to 50kV	3.05m (10ft)	over 50 to 200kV	4.60m (15ft)
over 200 to 350kV	6.10m (20ft)	over 350 to 500kV	7.62m (25ft)
over 500 to 750kV	10.67m (35ft)	over 750 to 1000kV	13.72m (45ft)

크레인 혹은 트럭이 고압선 하부를 이동하게 될 경우에도 표 9-2와 같이 일정한 거리를 유지하도록 규정되어 있다.

표 9-2 고압선 하부 통과 이격거리

고압선 하부 통과시 이격거리			
to 0.75kV	1.22m (4ft)	over 0.75 to 50kV	1.83m (6ft)
over 50 to 345kV	3.05m (10ft)	over 345 to 750kV	4.87m (16ft)
over 750 to 1000kV	6.10m (20ft)		

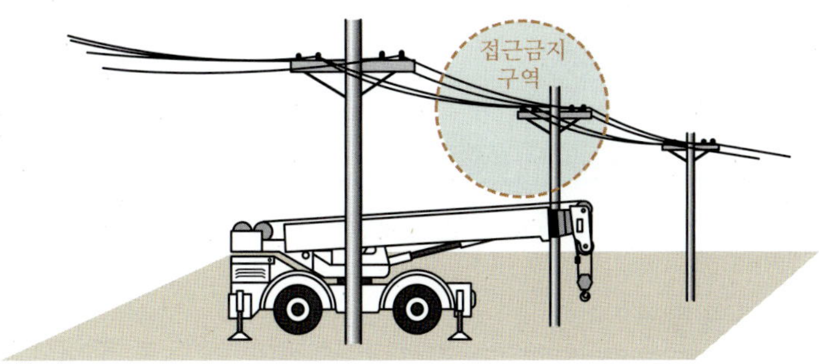

그림 9-23 전력선 통과 이격 거리

4.11. 붐의 손상

크레인의 붐은 철저히 관리되어야 하며 장애물이나 작업중 양중물과 부딪치거나 접촉하여 발생하는 사소한 손상도 큰 사고로 이어질 수 있기 때문에 주의해야 한다.

그림 9-24 붐의 손상

4.12. 양중물 세우기

길이가 긴 양중물을 수평에서 수직으로 세울 필요가 있는 경우에 양중 반경증가에 따른 크레인 양중능력을 사전에 검토해야 한다.

그림 9-25 긴 부재 세우기 작업

4.13. 슬링 와이어에 쇼크 발생

고압선이 아니라도 방송용 송출타워 같이 과전압, 과전류가 흐르는 곳은 직접 접촉이 없을 지라도 전기적인 쇼크나 정전기 등의 영향을 받을 수 있는데 이때는 슬링용 섬유벨트를 사용한다.

05 양중작업 종료시의 조치

5.1. 작업종료 후 장비의 조치

양중이 종료된 크레인을 작업자세인 체로 방치해두는 것은 위험하므로 작업종료 후에는 줄걸이 용구를 분리하여 보관하고 후크는 2m 이상 사람이 닿지 않는 높이로 조정하고 보조용구는 정해진 장소에 보관한다. 특히 기상정보에 주의하고 강풍이 예상 될 때는 필요한 대책을 취한다. 강풍시의 대책은 크레인 이설치되어 있는 지역의 기상특성이나 크레인의 구조에 따라 차이가 있다는 것에 유의한다.

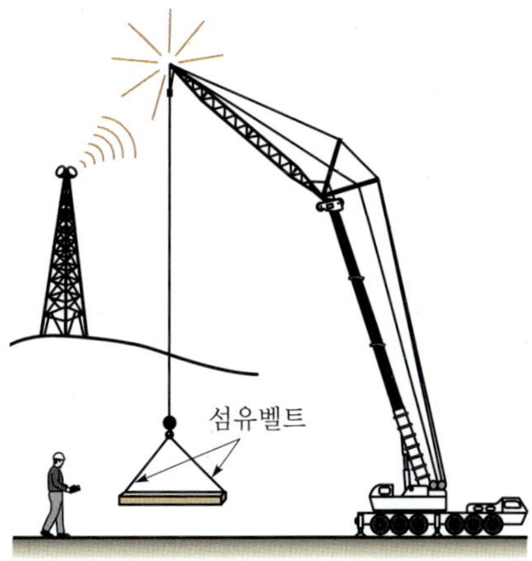

그림 9-26 송신탑의 영향

5.2. 크롤러크레인의 강풍시 대책

5.2.1 기본 사양일 경우

표 9-3 크롤러크레인 작업종료시 조치

풍속* 30m/초 미만			풍속* 30m/초 이상
대처방법은 기종(업체), 풍속에 따라 다르다. 사용중인 크레인에 맞는 방법을 채택한다.			
방법1(바람 : 약)	방법2(바람 : 중)	방법3(바람 : 강)	
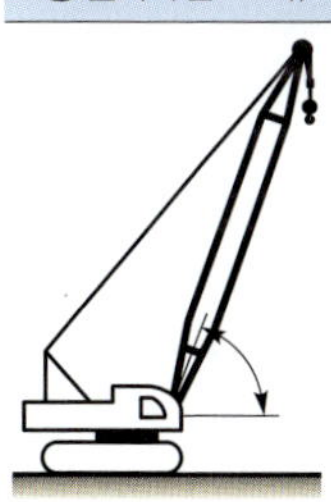	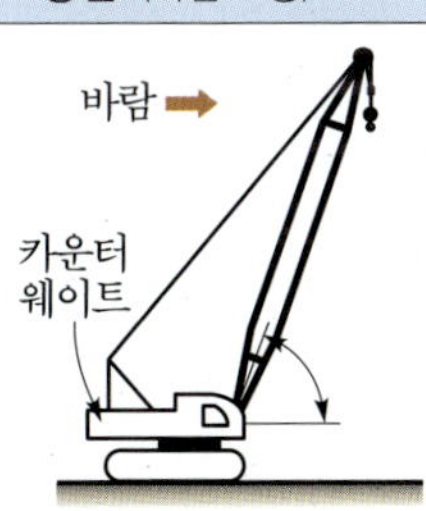	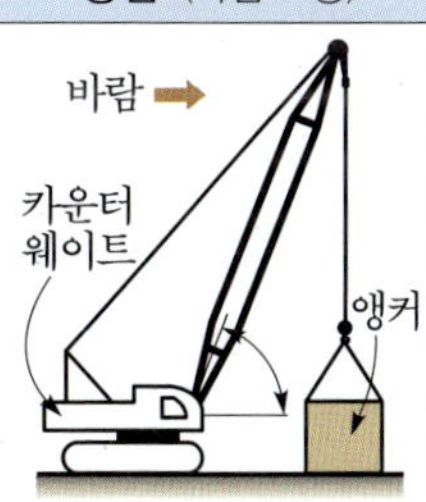	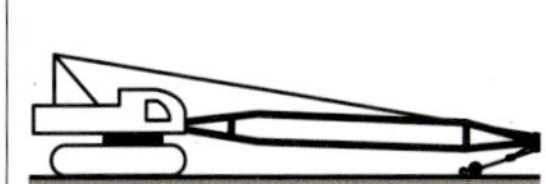
•훅을 권과방지장치 위치까지 감아 올린다.	•훅을 권과방지장치 장소까지 감아 올린다. •카운터 웨이트는 풍향쪽으로 향하게 한다.	•카운터 웨이트를 풍향쪽으로 향하게 한다. •훅을 앵커에 고정한다.	•지브를 지상으로 내린다. •훅을 지상으로 내린다.
지브 각도, 앵커 웨이트의 무게는 업체의 취급 설명서 등의 지정에 따른다.			

* 지브 혹은 보조 지브 선단에서의 순간속도

5.2.2 타워사양인 경우

① 선회록 장치 및 선회브레이크를 건다.
② 각 드럼에 록킹을 한다.
③ 엔진을 정지하고 키를 뺀다.
④ 기계실의 커버가 닫혀 있다는 것을 확인한다.
⑤ 캡의 창문을 닫는다.

표 9-4 크롤러크레인(타워식) 작업종료시 조치

<table>
<tr><th colspan="3">풍속* 30m/초 미만</th><th rowspan="3">풍속* 30m/초 이상</th></tr>
<tr><th colspan="3">대처방법은 기종(업체), 풍속에 따라 다르다. 사용중인 크레인에 맞는 방법을 채택한다.</th></tr>
<tr><th>방법1(바람 : 약)</th><th>방법2(바람 : 중)</th><th>방법3(바람 : 강)</th></tr>
<tr><td>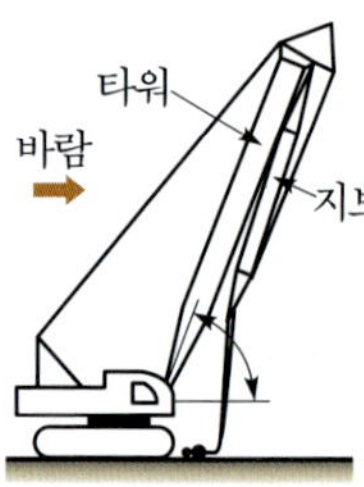</td><td>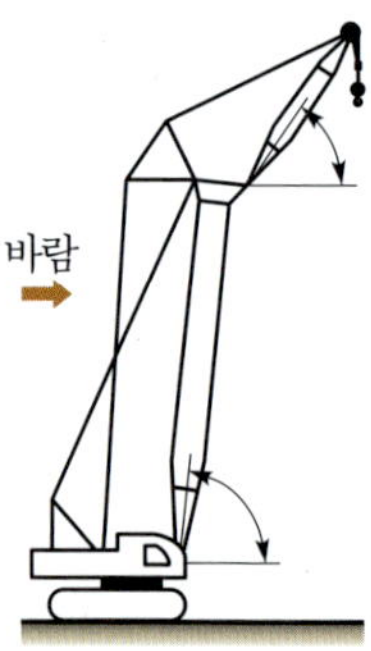</td><td>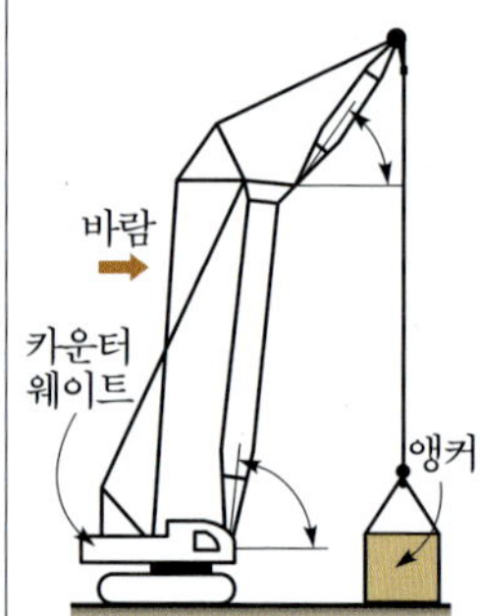</td><td>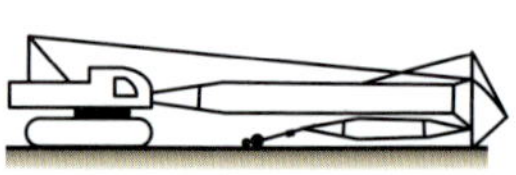</td></tr>
<tr><td>•지브를 타워에 연결한다.
•카운터 웨이트를 풍향쪽으로 향하게 한다.
•훅을 지상으로 내린다.</td><td>•훅을 권과방지장치까지 감아 올린다.
•카운터 웨이트를 풍향쪽으로 향하게 한다.</td><td>•카운터 웨이트를 풍향쪽으로 향하게 한다.
•훅을 앵커에 고정한다.</td><td rowspan="2">•타워와 지브를 고정해 지상으로 내린다.
•훅을 지상으로 내린다.</td></tr>
<tr><td colspan="3">풍속과 크레인의 붐 조합, 타워와 지브이 각도, 앵커 웨이트의 중량은 업체의 취급설명서 등의 지시에 따른다.</td></tr>
</table>

* 지브 혹은 보조 지브 선단에서의 순간속도

5.3. RT 크레인

① 선회록장치 및 선회브레이크를 건다.
② 엔진을 정지하고 키를 뺀다.
③ 기계실의 커버가 덮여 있음을 확인한다.
④ 캡의 창문을 닫는다.

표 9-5 유압 확장식 붐 크레인 작업종료시 조치

풍속* 30m/초 미만	풍속* 30m/초 이상
	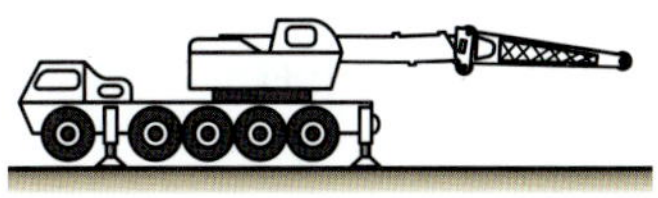
1. 아웃트리거를 설치한다. 2. 지브와 유압 지브를 각각 완전하게 축소한다. 3. 훅을 권과방지장치 위치까지 감아 올린다. 4. 훅이 사람이나 물건에 부딪치지 않는 각도까지 지브를 올린다.	1. 아웃트리거를 설치한다. 2. 지브와 유압 지브를 각각 완전하게 축소하고, 캐리어 후방을 향해 수평까지 내린다. 3. 훅을 지상으로 내린다. 4. 아웃트리거가 설치된 상태를 유지한다.

* 메인붐 혹은 보조지브 선단에서의 순간 속도

06 작업중 이상 발생시 소치방법

6.1. 운전자가 크레인을 떠날 때

크레인 작업중 부득이하게 운전자가 잠시 장비를 떠나야 할 경우에는 매달려 있는 양중물을 지면에 내려 놓는다. 만약 양중물을 매달고 있어야 할 경우에는 작업반경내 관계자외 출입을 통제시키고 붐, 트랙 혹은 아웃트리거, 양중물의 흔들림 등을 관찰하여 양호한 상태를 유지하여야 한다.

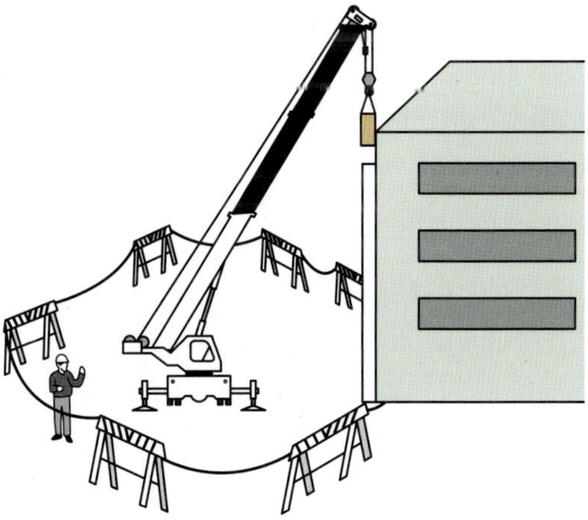

그림 9-27 운전자 자리 이탈시

또한, 구동 엔진은 정지시키고 메인 클러치를 해제하여야 하며 모든 컨트롤 레버는 중립에 놓는다.

모든 브레이크는 고정상태로 하고 장비가 무단이동을 하지 못하도록 조치를 한다.

6.2. 작업중 엔진고장시 조치

양중작업중 엔진이 갑자기 정지하거나 고장발생시 운전자는 가능하다면 양중물을 지상에 내려놓고 브레이크와 안전장치를 작동상태로 유지한다. 또한, 모든 컨트롤 장치는 중립위치로 이동시키고 정비사에게 연락하여 조치를 한다.

6.3. 크레인 휴지시 조치

크레인 작업이 종료되거나 오래동안 장비를 가동하지 않을 경우에 유압식 붐은 수축시키고 격자형 붐은 지면에 가까이 붐을 내려 놓는 게 좋다. 유압식 크레인에서 아웃트리거로 크레인을 받치고 있다면 그대로 유지한다. 크레인의 컨트롤 레버는 모두 중립으로 하고 브레이크와 안전 고정장치 등은 셋팅 한다.

또한, 엔진은 정지하고 관계자 외 출입을 못하도록 도어를 잠근다.

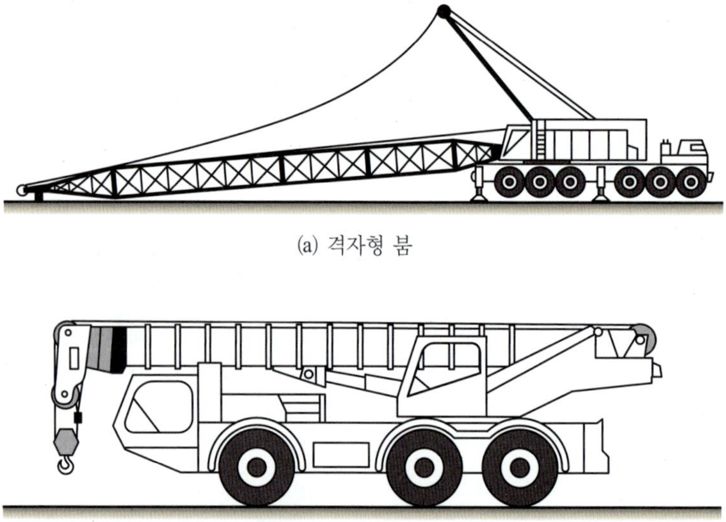

(a) 격자형 붐

(b) 유압식 붐

그림 9-28 크레인 휴지시 조치

07 양중시 표준신호

7.1. 수신호

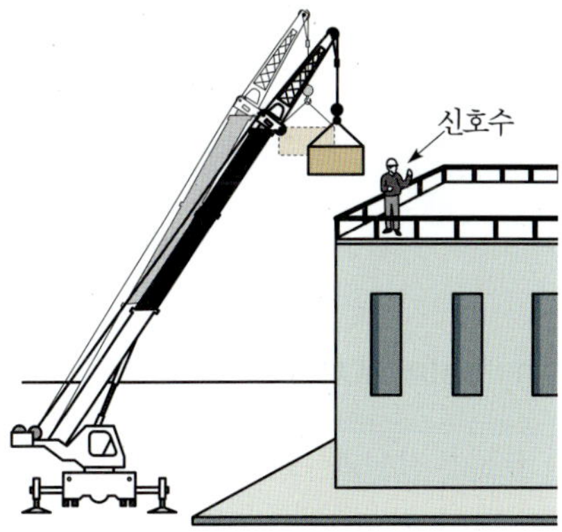

그림 9-29 신호수의 위치

크레인 운전시 음성이나 수신호는 매우 중요한 의사소통 수단이다. 또한, 신호수(Signal person)는 크레인 운전자의 눈과 귀가 되어 약속된 표현으로 의사를 신속하고 정확하게 전달하여야 한다. 신호수는 작업내용을 정확히 이해하고 수신호 및 음성신호에 대해서 완전히 숙지하고 있어야 하며 운전자가 잘 볼 수 있는 곳에 위치하고 그렇지 못할 경우에는 무전기 등을 활용하여 충분한 의사소통을 할 수 있는 조건을 만들어야 한다. 신호수와 크레인 운전자와 신호가 혼돈이 되거나 정확하게 인지되지 않으면 크레인은 즉시 멈추고 신호수의 음성 및 수신호를 정확히 확인하고 다음 동작을 진행한다. 그림 9-30는 ASME B30.5에서 규정한 신호표준을 보여주고 있다.

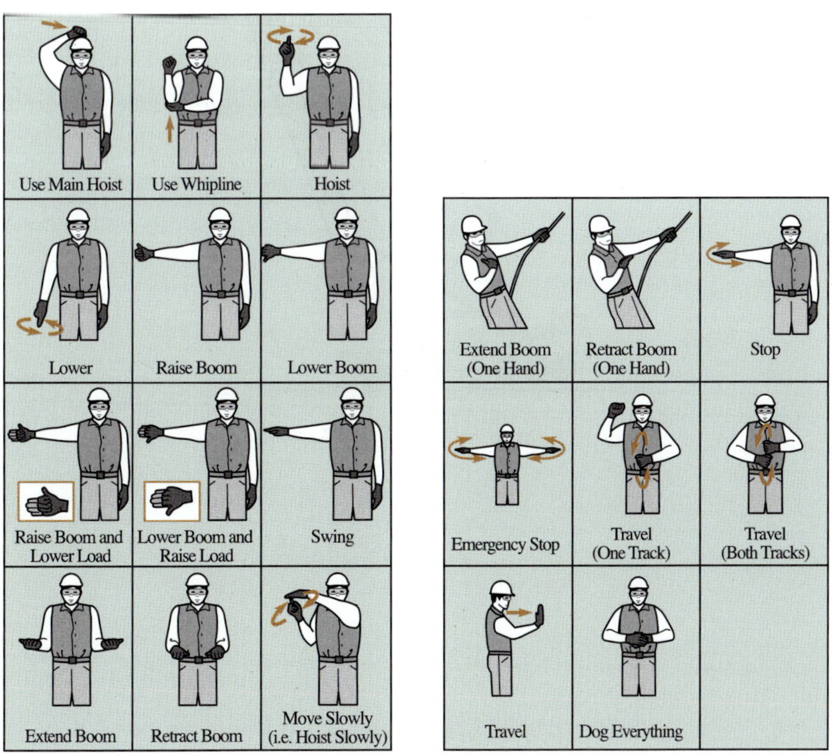

그림 9-30 ASME B 30.5 표준신호

7.2. 음성신호

크레인 작업 시 의사소통을 음성신호로 할 경우에는 크레인 운전자와 신호수가 생각하는 방향이 혼돈되지 않도록 운전자의 입장에서 상호 확인을 하여야 한다. 또한, 음성신호 시 크레인의 동작과 방향, 거리와 속도, 정지 등의 내용을 명확히 전달하여 운전자가 혼돈이 없도록 하여야 한다.

7.3. 장비의 부저신호

트럭운전실과 크레인 운전실이 분리된 크레인이 이동할 때 통상 다음의 신호를 사용한다.

- 정지 : 한번 짧은 부저소리
- 전진 : 두번 짧은 부저소리
- 후진 : 세번 짧은 부저소리

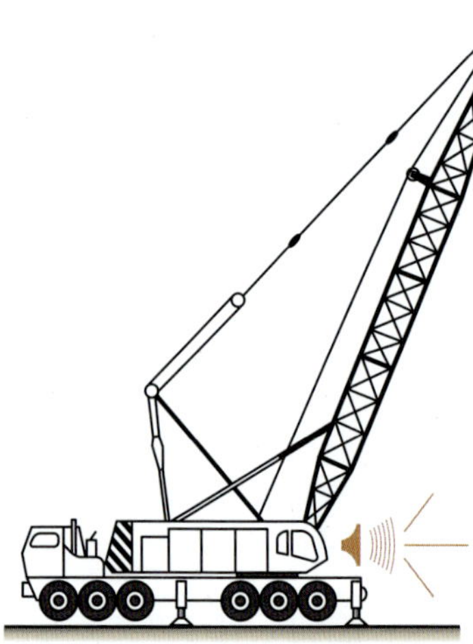

그림 9-31 부저신호

10절

이동식크레인의 특수조건 양중

01 복합 양중작업

2대 이상의 이동식크레인으로 중량물을 양중하는 것은 각각 이동식크레인에 계획된 하중이 작용하도록 조작해야만 하므로 상당히 어렵고 위험한 작업이다. 만약 작업속도와 조작방법에 오류가 발생한다면 양중물의 균형이 깨져 하중이 한 크레인으로 편중되어 위험한 상태를 초래하므로 원칙적으로는 복합양중을 피하는 게 좋다. 그러나 부득이하게 복합양중을 실시할 수 밖에 없을 경우에는 “동일기종의 동급 양중능력을 가진 이동식크레인”을 선택하는 게 바람직 하다. 또한, 복합양중은 한 대의 크레인으로 작업할 경우보다 훨씬 위험성이 크기 때문에 경험이 많은 작업자와 운전자를 선임하여 충분한 검토와 다음 사항을 준수하여 작업을 수행하도록 한다.

1) 양중작업은 반드시 사전에 검토하여 계획한 절차에 따라 진행한다.
2) 작업장은 크레인과 양중물의 무게를 지탱할 수 있는 견고한 상태를 유지하고 지반보강이 필요할 시 우드매트 혹은 받침판을 사용한다.
3) 이동식크레인의 수평 기울기는 1% 이내로 유지한다.
4) 각각의 크레인에 작용하는 하중과 양중능력을 모니터링 할 수 있어야 한다.
5) 모든 작업은 작업지휘자의 지시에 따라 천천히 진행하여야 한다.
6) 각 크레인은 정격총하중의 25% 이상의 여유을 확보한다.

02 크레인 2대 복합양중

이동식크레인을 동시에 2대로 작업할 시 양중물의 무게중심과 크레인의 양중지점에 대한 상세한 검토가 필요하다. 필요에 따라서는 양중하중을 분배하기 위한 보조용구(Equalizer Beam)을 사용하는 경우도 있으며 인양물로 직접 하중의 균형을 잡을 수도 있다. 또한, 정격하중표의 75%를 초과하지 않도록 한다.

그림 10-1 복합양중(2대)

2.1. 무게중심이 양중지점과 동일선 상에 있을 때

그림 10-2와 같이 무게중심이 양중지점과 동일선상에 있을 때에는 균형 빔(Equalizer Beam)의 수평이 안 맞는다 하여도 크레인에 작용하는 하중은 변화되지 않는다.

비율 $B : C = B_1 : C_1$ 또는 $\frac{B}{C} = \frac{B_1}{C_1}$ (10.1)

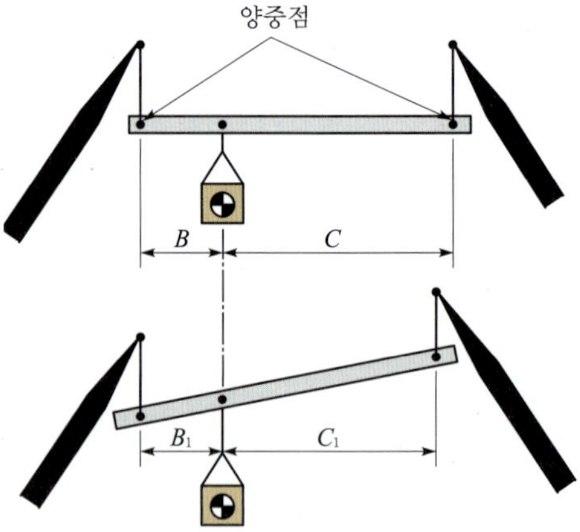

그림 10-2 무게중심과 양중지점이 동일선상에 있을 때

2.2. 무게중심이 양중지점과 동일선 상에 있지 않을 때

그림 10-3과 같이 균형 빔(Equalizer Beam)이 수평이 아닐 경우 크레인에 작용하는 하중은 변화될 수 있다.

거리 A가 감소하고, B가 증가될 때 크레인 1의 작용하중은 증가하고 크레인 2의 하중은 감소한다.

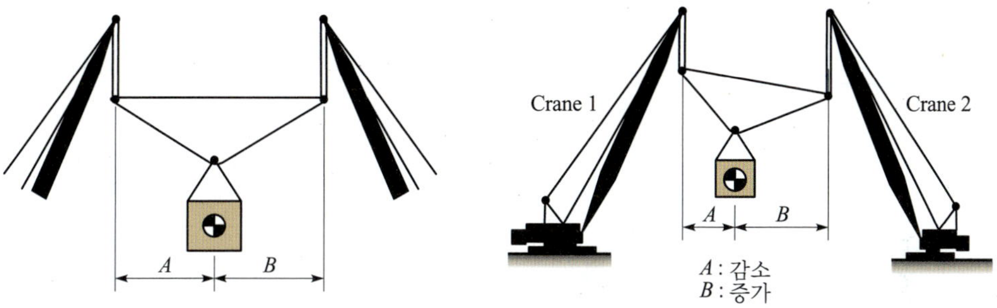

그림 10-3 무게중심이 양중지점과 동일선상에 있지 않을 때

2.3. 양중물 자체로 하중의 균형을 유지하는 경우

그림 10-4와 같이 경우에는 양중물의 무게중심은 양중지점보다 하부에 있어야 하며 그렇지 않으면 양중물이 회전하여 불안정하게 된다.

크레인 1의 양중지점이 크레인 2의 양중지점보다 높아지면 크레인 1의 작용 하중은 증가된다.

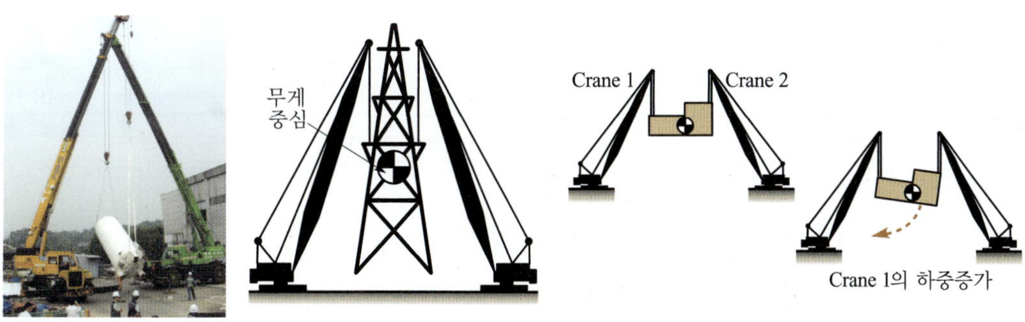

그림 10-4 양중물 자체로 하중의 균형 유지

03 복합양중시 작용하중 계산

3.1. 양중일반

이론상 크레인 2대의 전체 인양능력은 양중물과 후크 및 와이어 등 공도구를 포함한 무게보다 같거나 더 커야 한다. 그러나 실제 작업시 작업조건을 고려하여 적절한 여유를 가져야 한다.

여기서, 크레인의 인양능력은 작업반경(양중지점에서 크레인의 회전중심까지 거리)을 기준한 것이다.

3.2. 균형빔의 양중지점

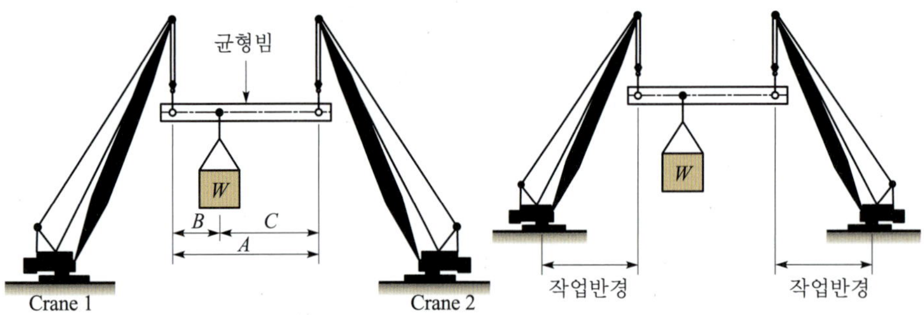

그림 10-5 크레인의 양중지점

$$B = A \times \frac{(\text{Crane 2의 양중능력} - \text{빔 무게의 50\%})}{(\text{Crane 1, 2의 양중능력} - \text{빔의 무게})} \tag{10.2}$$

다음과 같이 산출할 수도 있다.

$$B = A \times \frac{\text{Crane 2의 양중능력}}{\text{Crane 1, 2의 양중능력}} \tag{10.3}$$

3.3. 후크의 작용하중

1) 균형 빔의 무게 분담 : 빔의 전 길이에 거쳐 단면이 동일하고 무게가 일정할 때 크레인에 작용하는 하중은 빔 무게의 각각 50%씩 분담 한다
2) 후크의 작용하중 : 실제로 크레인에 작용하는 하중은 후크무게와 공도구 및 추가로 부착된 지브이나 보조후크도 포함한다. 그림 10-6은 크레인 1과 크레인 2에 작용하는 하중을 나타낸다.

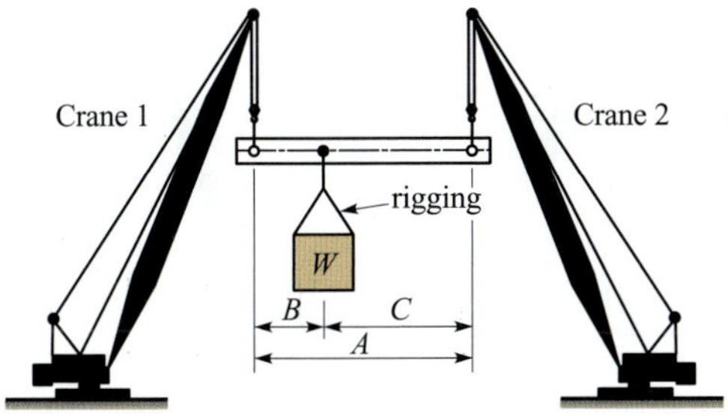

그림 10-6 크레인의 작용하중

$$\bullet \text{Crane 1 작용하중} = \frac{C}{A} \times (W + \text{부가물}) + \text{균형 빔 무게의 } 1/2 \quad (10.4)$$

$$\bullet \text{Crane 2 작용하중} = \frac{B}{A} \times (W + \text{부가물}) + \text{균형 빔 무게의 } 1/2 \quad (10.5)$$

여기서, 부가물이란 크레인의 후크를 포함한 슬링용구와 연장된 지브 붐 무게를 모두 포함한다.

3.4. 양중조건과 크레인의 작용하중

Ⅰ. 작용하중 결정조건

1) 각각 크레인에 작용하는 하중은 분리하여 계산한다.
2) 인양물의 무게 및 진체 무게중심을 신정헌디.
3) 인양점을 결정한다.
4) 크레인 각각의 정격하중을 확인한다.
5) 지면과의 지지점을 견고히 설치한다.
6) 양중선은 수직으로 유지할 수 있도록 한다.

Ⅱ. 후크의 작용하중

3.4.1. 양중물의 끝단에서 양중할 때

1) 거더의 한 쪽은 지면에 있고 Crane 2로 양중시, Crane 2에 하중의 50%가 작용한다.
2) 크레인 2대로 동시에 거더를 양중하여 하중이 매달려 있을 경우 각각의 크레인에 동일하게 하중이 50%씩 작용한다.

※ 거더는 단면과 무게가 균일하다고 가정한다.

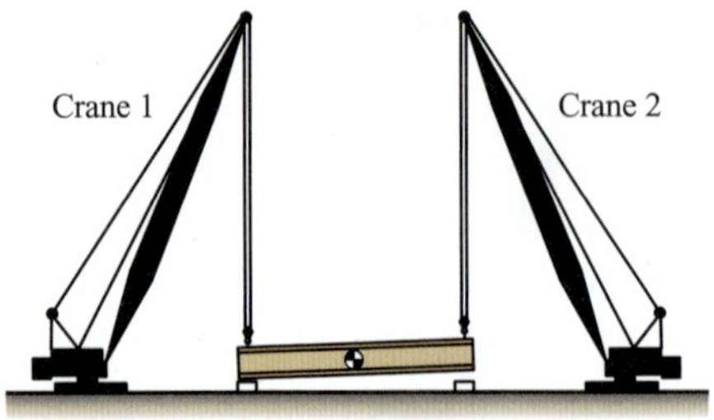

크레인 1의 하중 = 0, 크레인 2의 하중 = 거더의 무게 50%

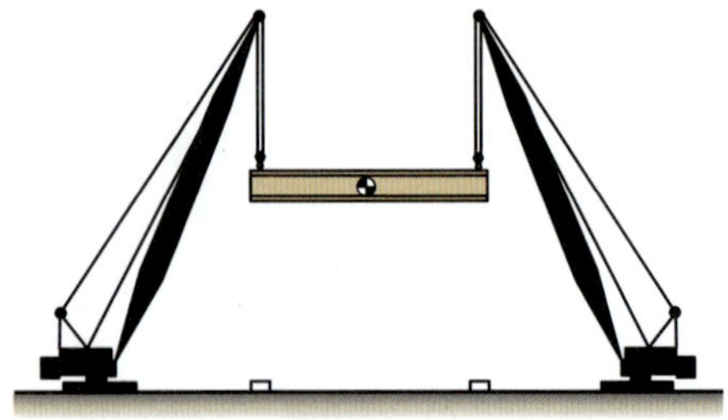

크레인 1, 2의 하중 = 거더무게의 50%씩 분담

그림 10-7 크레인 양중순서와 하중분포

3.4.2. 양중지점이 양중물 끝단에서 동일한 거리일 때

1) 거더의 한 쪽은 지면에 있을 때

$$\bullet \text{Crane 2 하중} = \frac{B}{(A+C)} \times \text{거더의 무게} \tag{10.6}$$

※ Crane 1을 먼저 양중하였을 경우도 동일함

2) 크레인 2대로 양중물을 모두 양중하였을 경우에는 각각의 크레인에 동일하게 하중이 작용한다.

※ 거더는 단면과 무게가 균일하다고 가정한다.

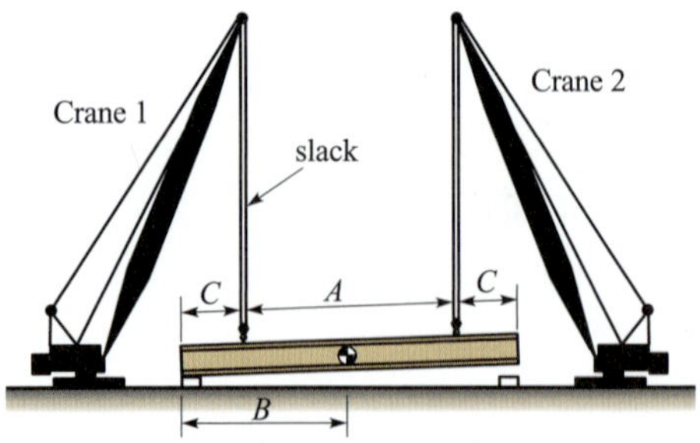

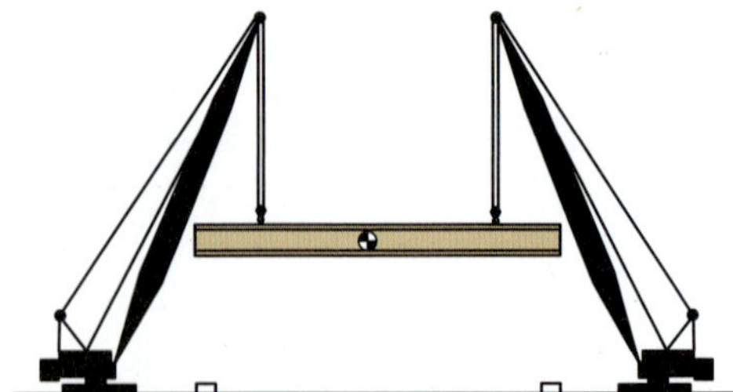

크레인 1, 2의 하중 : 거더의 50%씩 분담

그림 10-8 양중물의 끝단에서 동일거리로 떨어져서 양중

3.4.3. 한 쪽의 양중지점이 양중물 끝단에 있을 때

1) Crane 2대중 Crane 1만 양중시 작용하중은

① 크레인 1을 먼저 양중할 경우

$$\bullet \text{Crane } 1 = \frac{B}{A} \times \text{빔의 무게} \tag{10.7}$$

2) 크레인 2대로 동시에 거더를 양중할 경우의 각 크레인에 작용하는 하중은

② 크레인 1, 2 동시에 양중하였을 경우

$$\bullet \text{Crane } 1 = \frac{B}{A} \times \text{빔의 무게} \tag{10.8}$$

$$\bullet \text{Crane } 2 = \frac{(B-C)}{A} \times \text{빔의 무게} \tag{10.9}$$

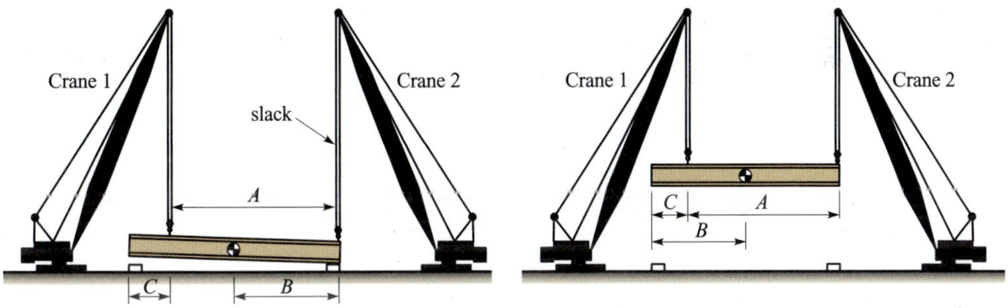

그림 10-0 양중물의 서로 다른 끝단지점에서 양중

3.4.4. 한 쪽의 양중지점이 양중물 끝단에 있을 때

1) 크레인 2대중 양중지점이 끝단에 있는 Crane 2만 양중시 작용하중은 빔 무게의 50%가 작용한다.

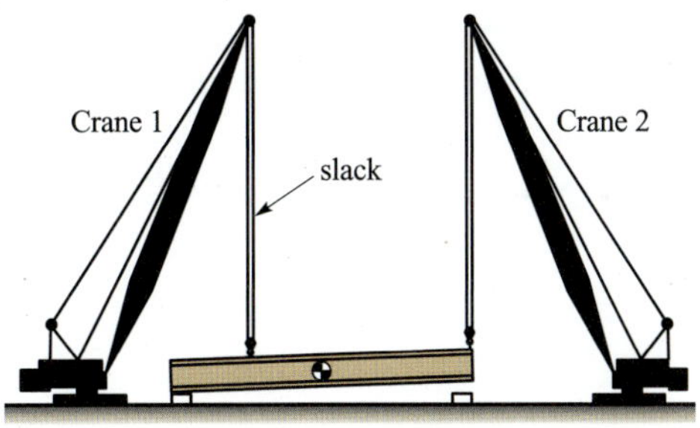

그림 10-10 양중물 끝단에서 양중

2) Crane 1을 먼저 인양할 때보다 Crane 2의 초기하중은 크게 작용한다.

※ Crane 2의 작용하중은 Crane 1이 양중을 시작하면서 점차로 줄어든다

3.4.5. 양중지점이 거더의 양끝단에서 거리가 다를 때

1) Crane 1 먼저 인양시(그림 10-11)

• Crane 1 작용하중 $= \frac{B}{(A+D)} \times$ 거더의 무게 (10.10)

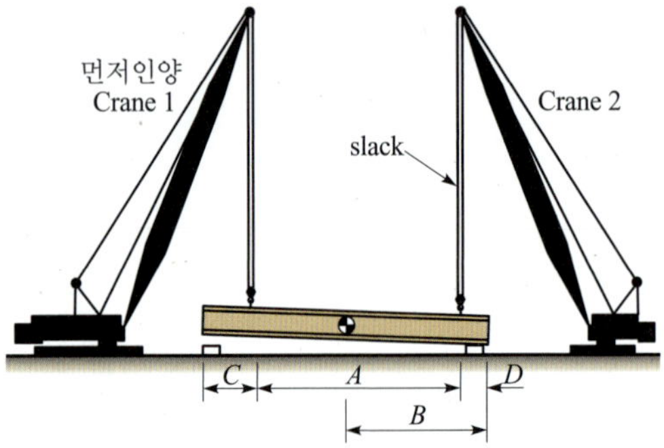

그림 10-11 Crane 1 먼저 인양시

2) Crane 2 먼저 인양시(그림 10-12)

• Crane 2 작용하중 $= \frac{B}{(A+C)} \times$ 거더의 무게 (10.11)

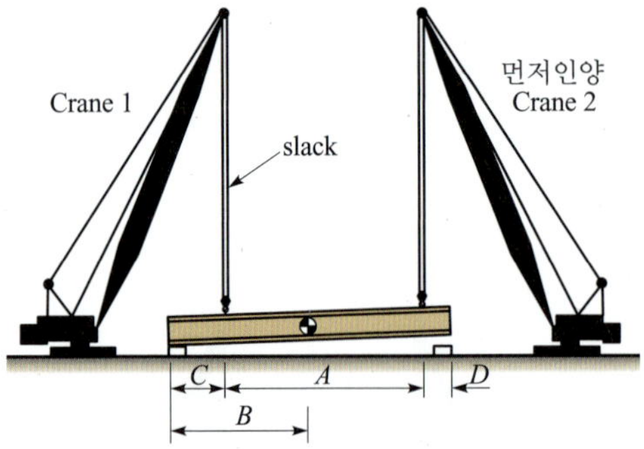

그림 10-12 Crane 2 먼저 인양시

3) 거더를 완전히 양중시(그림 10-13)

$$\bullet \text{Crane 1 작용하중} = \frac{(B-D)}{A} \times \text{거더의 무게} \tag{10.12}$$

$$\bullet \text{Crane 2 작용하중} = \frac{(B-D)}{A} \times \text{거더의 무게} \tag{10.13}$$

※ 먼저 양중하는 크레인의 하중은 다른 크레인이 하중을 분담할 때까지 증가한다.

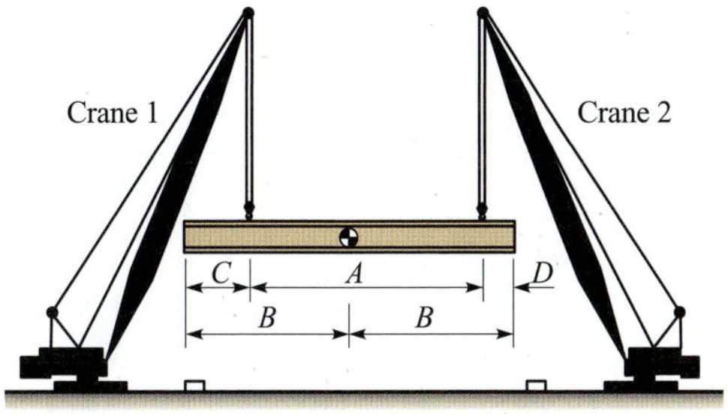

그림 10-13 거더를 완전히 양중시

3.5. 균형 빔의 양중지점 결정(Crane 1의 인양능력이 클 때)

3.5.1. Crane 2의 양중지점이 한 쪽끝단일 때

1) Crane 1을 먼저 인양시

$$\bullet A = \frac{(B \times \text{거더의 무게})}{\text{Crane 1 정격용량}} \tag{10.14}$$

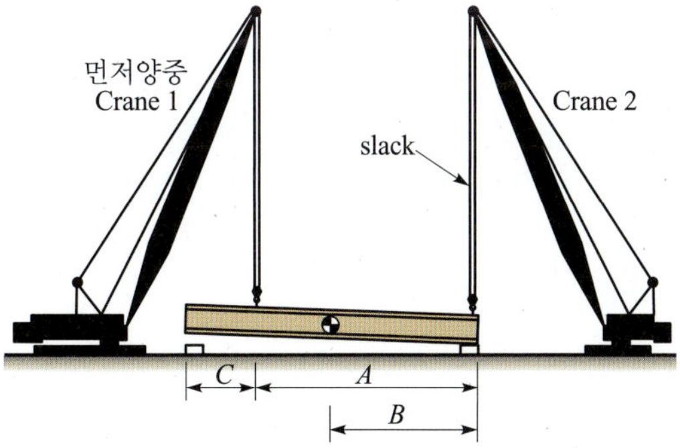

그림 10-14 균형빔의 양중지점 결정

① Crane 2를 먼저 인양 한다면 Crane 2의 하중은 거더 중량의 50%까지 증가된다.

② Crane 1은 Crane 2로 거더를 인양하여 지면에서 떨어질 때까지 하중은 변하지 않는다.

3.5.2. Crane 2의 양중지점이 한 쪽끝단에서 일정거리 이격시

■ Crane 1을 먼저 인양시

- $A + D = \dfrac{(B \times \text{거더의 무게})}{\text{Crane 1 정격용량}}$ (10.15)

- $A = \dfrac{(B-D) \times \text{거더의 무게}}{\text{Crane 2 정격용량}}$ (10.16)

※ Crane 2의 하중은 Crane 1으로 하중이 전이 하면서 감소한다.

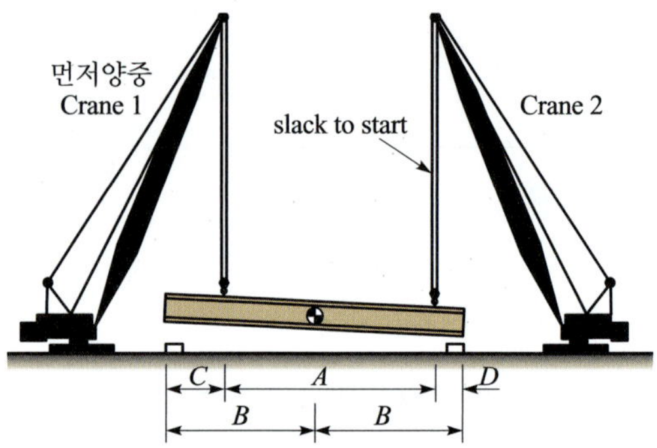

그림 10-15 균형빔의 양중지점 결정

※ Crane 1은 Crane 2로 거더를 지면으로부터 떨어질 때까지 하중은 감소한다.

3.5.3. Crane 2를 먼저 인양할 경우 양중지점 결정

■ Crane 2 먼저 인양시

- $A+C = \dfrac{(B\times\text{거더의 무게})}{\text{Crane 2 정격용량}}$ (10.17)

- $A = \dfrac{(B-D)\times\text{거더의 무게}}{\text{Crane 1 정격용량}}$ (10.18)

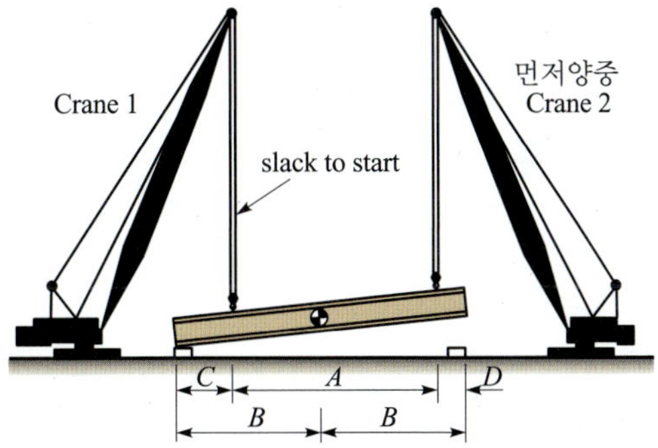

그림 10-16 균형 빔의 양중지점 결정

04 이동식크레인 3대의 복합양중

복합양중에서 크레인 2대 이상을 사용하는 경우가 흔하지 않지만 대형 트러스 혹은 교량 등을 가설할 때는 크레인 2대로 사용하는 경우가 많다. 그러나 그림 10-17, 18과 같이 초대형 캐미컬 탱크나 균일한 PC 구조의 슬라브를 설치할 때에 3대 이상의 양중이 필요한 경우도 있다. 이 경우에는 각 크레인 정격하중의 33%는 여유를 가져야 하며, 조건에 따라서 크레인 3대중 1대는 양중물의 50% 이상을 인양능력을 가져야 한다.

그림 10-17 크레인 3대 사용 양중사례

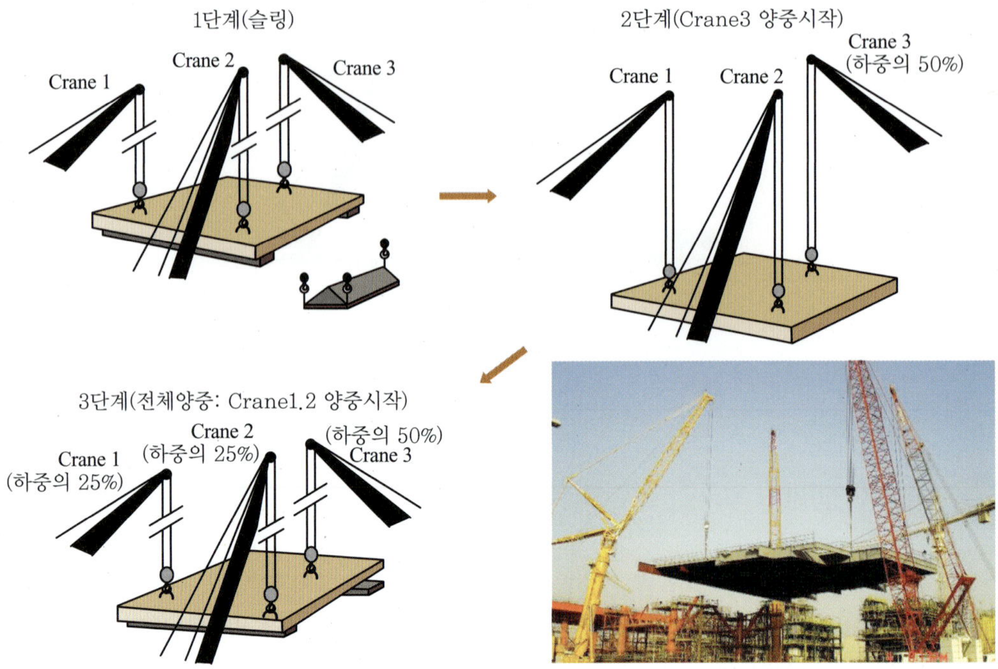

그림 10-18 균일한 슬라브 양중

4.1. 균일한 슬라브 양중 순서

1) 그림 10-18와 같이 Crane 3대로 양중 준비한다.
2) Crane 3은 양중물의 50% 이상 양중능력을 가지고 있어야 하며, 하중의 50%를 분담한다.
3) Crane 1, 2에 하중이 각각 1/4씩 분담하고, Crane 3에 1/2의 하중이 분담하도록 양중한다.
   ※ 절대로 Crane 1, 2에 1/4이상의 하중이 작용하지 않도록 한다.

4.2. Crane 1, 혹은 2를 양중하면 안 되는 이유

1) 그림 10-18에서 Crane 1 또는 Crane 2로 양중시 최초에 양중하는 크레인에 하중의 1/2이 작용한다. 따라서 크레인 용량은 양중 순서와 관계가 있다.
2) Crane 3의 위치에 양중물 하부에 보호 블럭을 설치해야 한다.
   ※ Crane 2의 호이스팅 와이어에 수평하중이 작용할 수 있다.
3) 양중물의 코너가 지면에 닿지 않도록 그림 10-19와 같이 양중물 하부에 블록을 받친다.

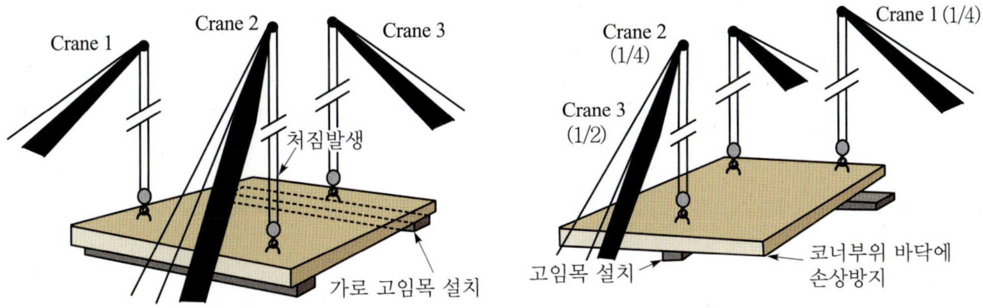

그림 10-19 크레인 3대의 양중순서

05 탱크 세우기

정유공장 같은 장치산업에서 필요한 대형 화학공장의 냉각탑 등 대형 타워를 수직으로 설치(Raising tanks)하는 작업이 크게 증가하고 있다. 이때 대형 타워를 설치하는 방법으로는 이동식크레인을 활용하는 방법과 특수한 구조물을 활용하여 설치하는 방법 등 양중물의 특성과 작업조건에 따라 여러 방법을 선택할 수 있다.

5.1. 크레인 2대 활용방법

그림 10-20 크레인 2대 사용 사례

그림 10-20과 같은 대형타워 설치 작업시 가장 많이 사용하는 것은 메인 크레인(Main Crane)과 보조크레인 등 2대를 사용하는 방법이다. 이때 사용하는 메인크레인의 능력은 양

중물의 무게를 충분히 인양할 수 있는 능력을 가진 대형 크레인이어야 하며 보조크레인은 양중조건에 따라 다르나 양중물의 50% 이상 인양능력을 가져야 되는 게 일반적이다. 또한, 보조크레인은 스윙과 이동을 하는 경우가 대부분이기 때문에 유압 확장식 붐 크레인 보다는 크롤러식 크레인을 사용하는 것이 안정성에서 유리하다.

보조크레인 사용시에는 크레인의 붐은 최소한으로 움직이고 보조크레인에 연결된 양중지점은 지면에 가깝게 유지하고 양중라인은 항시 수직을 유지한다.

초커슬링 사용시 슬립이 발생하여 크레인에 충격을 가져올 수 있기 때문에 러그를 사용하는 게 좋다. 또한, 양중작업시 매순간 탱크 내부의 손상 등 상태를 체크하면서 진행하도록 한다.

5.2. 테일크레인을 이동하는 방법

그림 10-21, 22는 테일크레인(Tail Crane)을 사용하여 천천히 이동하면서 타워를 세우는 방법이며 크롤러크레인을 사용한다. 이때 주의해야할 사항으로 테일크레인의 이동속도는 되도록 천천히 유지하고 작업장의 지반상태는 크레인의 접지압에 적합하게 보강되고 평탄하여야 한다. 또한, 테일크레인 이동시 크레인의 용량은 충격 등을 고려하여 제원표의 40~60% 이내에서 작업하도록 제작사에서 권고하고 있다.

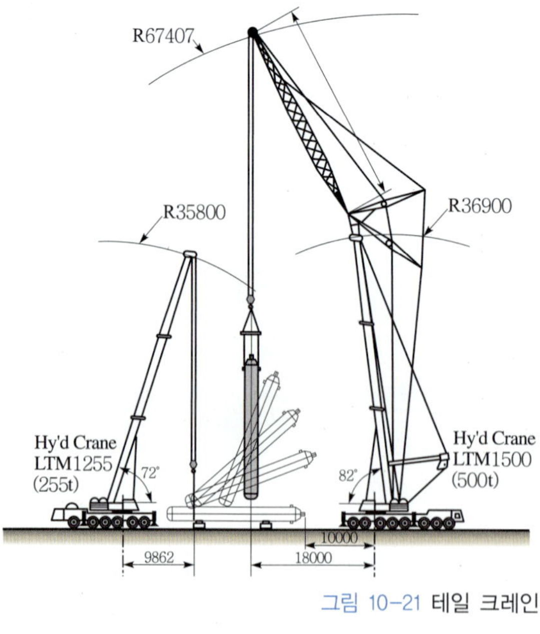

그림 10-21 테일 크레인 사용사례

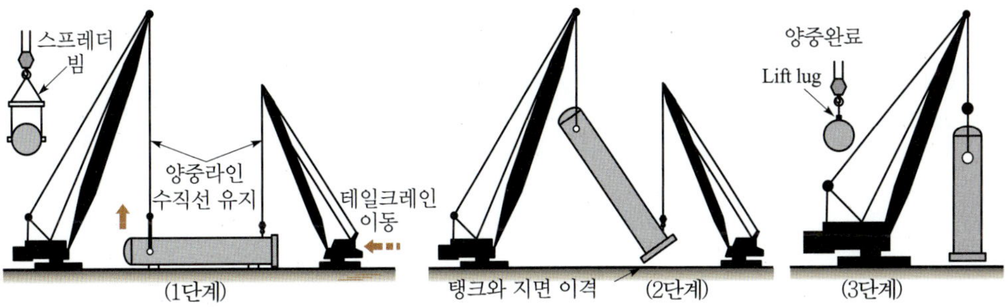

그림 10-22 대형타워 세우기

5.3. 테일크레인을 스윙하는 방법

그림 10-23은 테일크레인을 활용방법중 2번째 방법으로 타워의 측면에 테일크레인이 위치하여 스윙하는 방법으로 타워를 세우는 것이다. 이 방법은 크롤러크레인을 이용할 수 없을 경우에 유압식 크레인으로 대신할 수 있으나 양중능력을 충분히 검토하여야 한다.

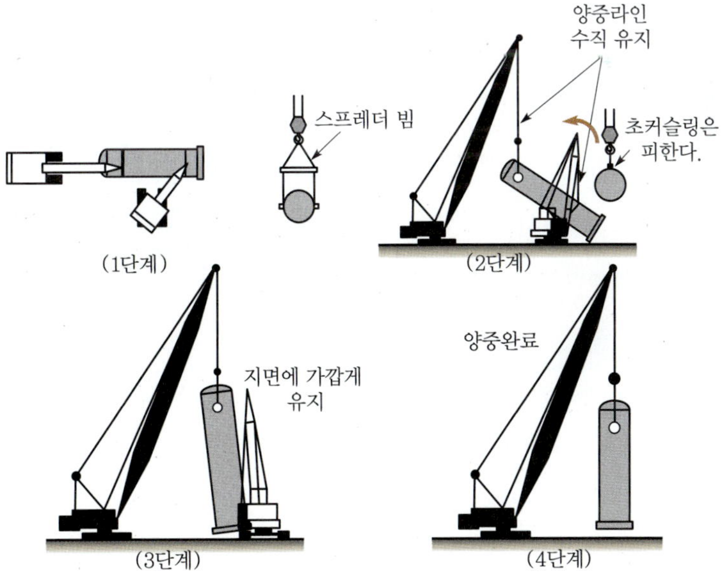

그림 10-23 테일 크레인을 스윙하는 방법

5.4. 특수 양중방법

중량이 무겁거나 규모가 크고 설치높이가 높아 일반적인 대형크레인으로 양중이 불가할 경우에는 그림 10-24와 같이 마스트를 이용한 Self jacking Push Up system이나, 슈퍼리프트(Super lift)를 사용하고 있다.

(a) Climbing Jack System(2Mast)

(b) Climbing Jack System(4Mast)

(c) Super Lift

그림 10-24 Self jacking Push Up system 및 Super lift

06 크레인의 이동

이동식크레인은 도로주행, 작업중 무부하 이동 및 양중물을 인양한 채로 이동할 수가 있다. 각각의 경우에 따라 장비별 매뉴얼에 기준이 명시되어 있으며 일반적인 도로를 운행할 경우에는 국내 도로교통법(축하중 10톤, 총하중40톤)을 준수하여야 하며 통상 주행속도는 60~80km/h로 제한되어 있다.

6.1. 작업중 장비이동

현장내 작업중 단거리(10~30m)이동시 크레인의 부속장치(Attachment)를 모두 해체하였다가 다시 조립하기에는 시간과 비용이 과다하게 소모될 뿐 아니라 작업조건이 어려운 경우가 있다. 그래서 크레인 제작사에서는 설계시에 장비 모델별 무게중심과 안정성이 반영된 이동기준을 크레인 매뉴얼에 명시하여 준수하도록 하고 있다. 따라서 작업중 크레인을 이동할 경우에는 표 10-1과 같이 장비별 기준을 준수하여 안전을 확보하여야 한다. 또한, 메인붐과 보조붐의 길이와 각도는 장비의 전체 균형에 크게 영향을 미치기 때문에 필히 준수하여야 할 사항이다.

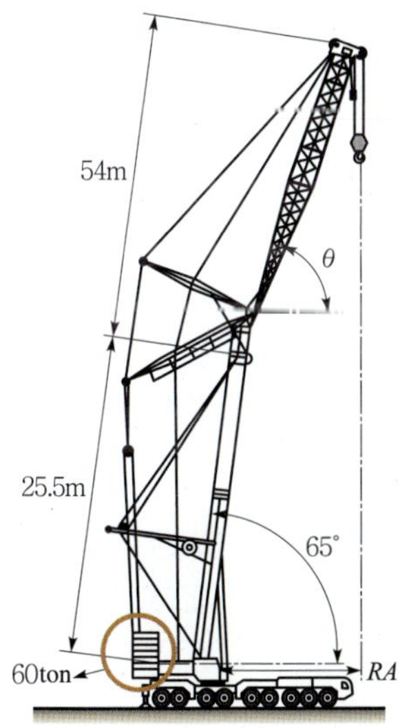

표 10-1 700톤 유압식 크레인 이동기준(샘플, AC700)

구분	조건
카운터 웨이트	작업조건에 따름
속도	5km/h
종경사도	2%미만
횡경사도	0.5% 미만(보조붐 부착), 1% 미만(메인붐 부착)
아웃트리거확장	모두확장하고 지면에서 약간 들어고정
타이어공기압	축하중에 따라 다름(240bar)

6.2. 양중상태에서 크레인의 이동

그림 10-25과 같이 양중상태로 크레인을 이동할 경우(Pick and Carry)에는 양중작업전에 중량물을 인양한 상태로 이동가능한 장비인지의 여부를 제작사 기준 등 메뉴얼을 통해 확인하고 작업이 가능할 시에는 다음 사항을 준수하여 작업한다.

1) 크레인의 양중능력은 작업조건이 반영된 제원표를 따르고 붐의 위치와 길이를 확인한다.

2) 양중물은 크레인과 지면에 가깝게 유지하고 이동로의 경사도와 지면의 상태가 작업에 적합한지를 확인한다.
3) 이동속도를 가능한 천천히 하고 타이어 상태와 압력을 확인한다.
4) 이동시 양중물이 흔들리지 않도록 보조 로프를 사용하고 제작사의 메뉴얼에서 금지된 모델로 붐을 조립하여 사용하지 않는다.

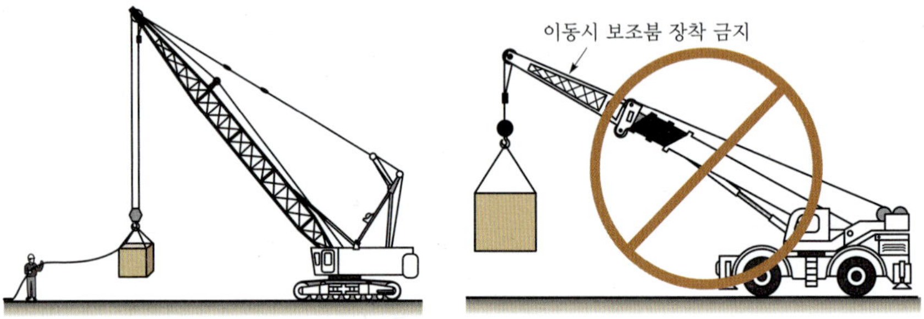

그림 10-25 양중상태로 이동

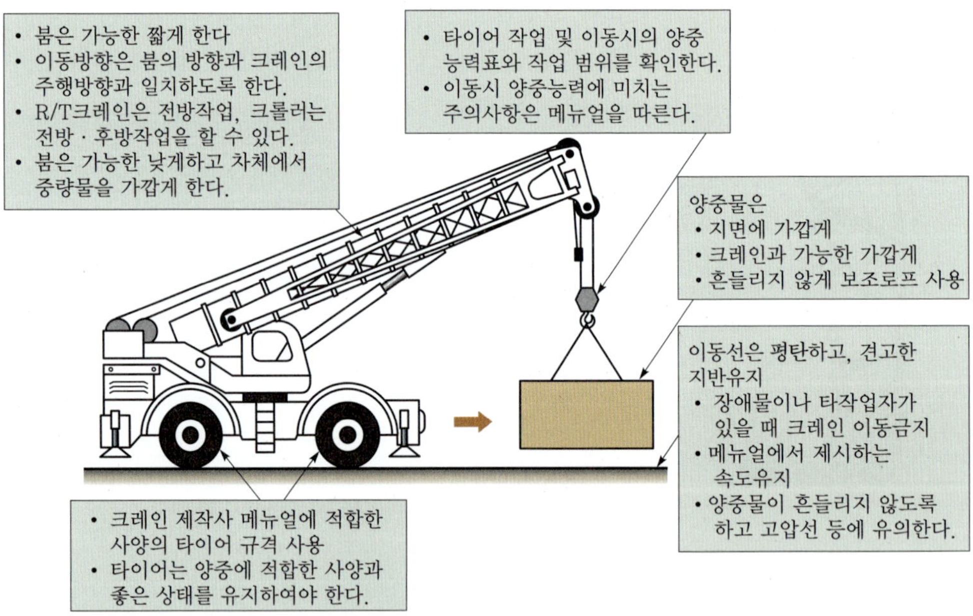

그림 10-26 양중 운반시 점검항목

크레인이 경사면을 이동할 때에는 붐의 길이와 경사도에 따라 붐의 높·낮이를 조정하여 크레인의 붐이 전면 혹은 후면으로 전도되는 것을 사전에 방지하여야 한다. 일반적으로 경사면을 내려갈 경우에는 붐을 올리고 경사면을 올라갈 때는 그림 10-27과 같이 크레인의 붐을 전방으로 낮추어서 장비 전체의 무게중심을 조정하여 안정성을 확보한다.

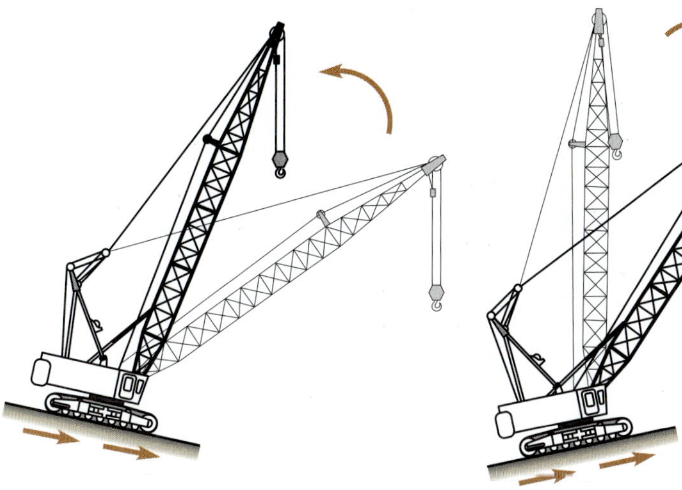

그림 10-27 경사면의 이동

■양중상태에서 크레인 이동시의 관리포인트

양중물을 매달고 주행하는 것은 안정측면에서 뿐만 아니라 크레인의 구조적인 안전성에서도 불리하다. 일부 R/T 크레인의 경우는 특정 조건하에서 양중물을 들고 주행할 수 있는 양중능력을 제작사에서 기준으로 제공되고 있으나, 제작사의 기준 없이 크롤러크레인 등으로 부득이하게 양중상태로 주행할 경우는 다음 사항을 준수하여 작업하는 게 좋다.

① 양중짐의 크기는 주행시의 붐(지브) 길이에 따라 정격 총하중의 60~40% 이하, 크레인 자중의 40%를 초과하지 않을 것.
② 주행시 붐의 길이는 그 크레인의 최대 메인 붐길이의 70% 이하로 사용 할 것
③ 이동시 회전을 하지 말고 직진만 시킬 것
④ 주행속도는 0.5km/h 이내에서 실시 할 것
⑤ 크롤러의 진행방향과 상부방향은 동일 방향으로 이동 할 것
⑥ 이동시에는 양중짐이 흔들리지 않도록 주의 할 것

⑦ 주행브레이크, 크러치는 급격하게 작동시키지 않을 것

⑧ 짐을 매단채로 방향을 전환하지 않을 것

⑨ 이동중, 양중물을 감아 올리는 조작이나 선회조작을 하지 않을 것

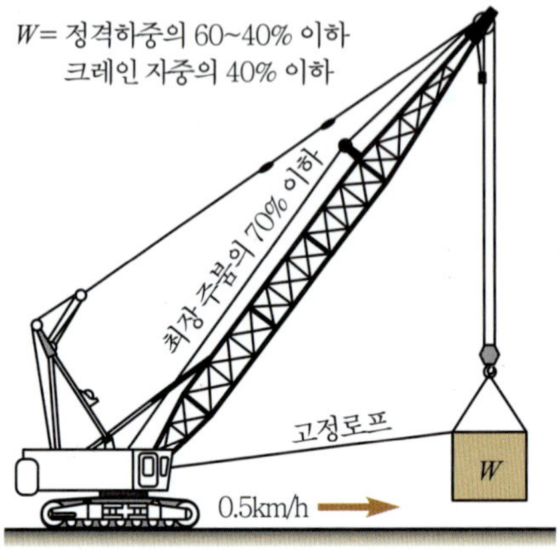

그림 10-28 양중상태 이동(대성건설, 일본)

07 타이어 접지 작업

타이어 접지 작업은 양중시 타이어의 공기압 때문에 수평레벨 유지가 어려울 뿐만 아니라 아웃트리거 작업에 비하여 안정성 측면에서 매우 취약하다. 따라서 꼭 타이어 접지 작업이 필요할 경우에는 제작사의 작업기준과 다음 사항을 준수하여 작업하도록 한다.

1) 차체 브레이크를 작동한다.

2) 축 고정장치 기능을 적절하게 사용한다.

3) 작업장소는 견고하게 하고 평편성을 유지한다.

4) 타이어는 제작사 표준에 적합한 규격을 사용하고 양호한 상태를 유지한다.

5) 타이어는 제작사의 기준에 적합한 공기압을 유지한다.

6) 휠(바퀴)은 차체와 정열이 잘 되어 있어야 한다.

7) 보조 지브와 붐을 연장하여 사용할 수 없다.

8) 타이어 압력에 따른 붐 처짐을 사전에 고려해야 한다.

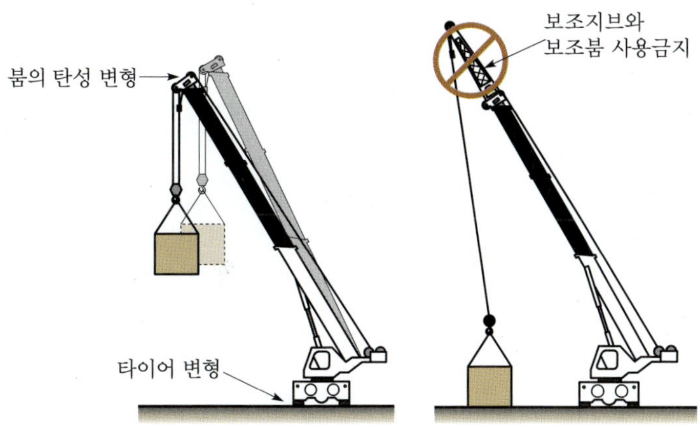

그림 10-29 타이어 접지상태 작업

08 그래브 또는 마그넷 달기구

KS B ISO 12480-1에 따르면 그래브 또는 마그넷과 같은 특수한 용도로 사용되는 크레인을 운전할 때에는, 그래브, 마그넷 또는 보조기구와 하물을 포함한 무게뿐만 아니라, 빠른 선회, 그래브의 흡입효과, 충격 등으로 인한 효과로 발생하는 부가 하중으로 인한 공차가 발생할 수 있으므로 그래브와 내용물의 무게, 또는 마그넷과 하물이 무게는 일반적인 크레인 작업시의 안전하중보다 적어야 한다. 따라서 특수용도로 사용할 경우에는 장비 제작사에서 작성된 특수용도용 매뉴얼을 준수하여 작업을 하여야 한다.

그림 10-30 마그네트 크레인

09 진공 양중장치

모든 진공 인양장치는 항상 진공상태를 크레인 운전기사가 시각적으로 확인할 수 있어야 하며, 진공 발생 펌프의 고장이나 진공압이 운전 진공압의 80% 이하로 떨어질 경우에는 지상의 작업자와 크레인 운전자에게 경보를 울리도록 설계되어야 한다.

그림 10-31 진공양중 크레인

10 작업대 탑승작업

그림 10-32와 같이 이동식크레인을 사용하여 작업자가 이동하거나 장비를 탑재하여 작업하는 달기구 사용을 국내법상 금지(2011. 7. 6 개정, 산업안전보건기준에 관한 규칙 제86조)하고 있으나 해외공사 등 예외적으로 필요할 경우를 대비하여 미국의 크레인협회(Crane Institute of America, Inc.)기준을 토대로 소개하기로 한다.

그림 10-32 작업대 양중작업

작업대는 적재물이나 작업자가 추락하거나 비산되는 것을 방지하도록 설계되어야 한다. 작업용 플랫폼이나 작업대의 회전을 예방할 수 있는 고리를 준비하거나 다중 낙하로프를 사용 또는 기우는 것을 예방하기 위한 수단이 있어야 하며, 하물과 같이 이송할 수 있다는 구조검토 결과를 표기하고 모든 검사에 대한 기록은 보관하여야 한다.

또한, 다음 각항에 적합하지 않은 경우에는 사람이 탑승한 상태에서 어떠한 작동도 하지 못하도록 하고 있으며 그 상세한 내용은 ASME B30.23(Personnel Lifting System)에 명시되어 있다.

10.1. 탑승용 작업대와 크레인 적용기준

작업자 탑승용 양중작업대는 KS B ISO 12480-1와 ASME B30.23에서 정한 기준으로 제작하여야 하며 그 기능을 항시 정상적으로 유지하여야 한다.

1) 들기 제한장치
2) 제어기의 작동을 정지시키고 멈춤 상태일 때의 자동 브레이크 장치
3) 하물을 내리기 위한 동력, 사람을 오르내리는 작업은 크레인의 자유낙하가 잠겼을 때만 할 수 있다.
4) 지상 아래의 작업시, 호이스트 제한장치

작업대는 상기에서 명시한 장비를 장착하도록 KS에 명기되어 있으며, 또한, 사람을 오르내릴 때는 특수설차를 정하여 기준을 준수하도록 하고 있다.

KS B ISO 12480-1(크레인, 안전한 사용)에 언급된 설치 규칙은 탑승인원을 3명으로 제한하고 플랫폼 연결장치의 최소 안전율(Safety design factor)은 5 이상으로 설계하고, 빈차무게, 최대탑승인원, 성격용량을 새긴 명판을 부착하게 되어 있다. 구조안전성 측면에는 전문가의 구조검토와 유자격자에 의한 용접 등 품질관리를 철저히 하고 안전하고 충분한 공간을 작업자에게 확보해 주어야 한다.

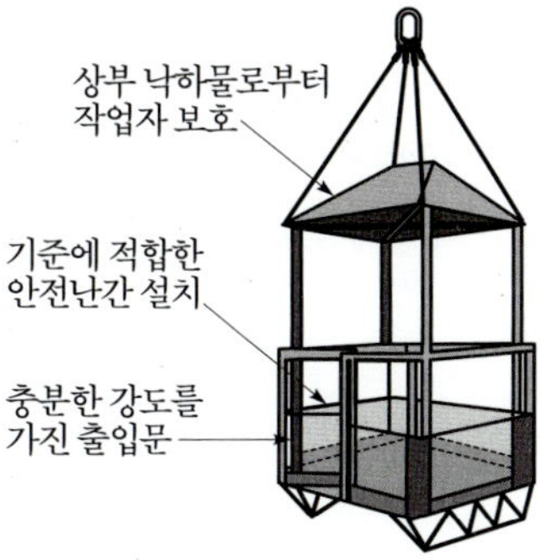

그림 10-33 작업자 탑승대

10.2. 작업대 양중용 크레인

크레인은 검사와 유지를 위해 기준에 적합할 뿐만 아니라 작업자 탑승시에는 정격중량의 50%를 경감하여 크레인을 선정하여야 한다.

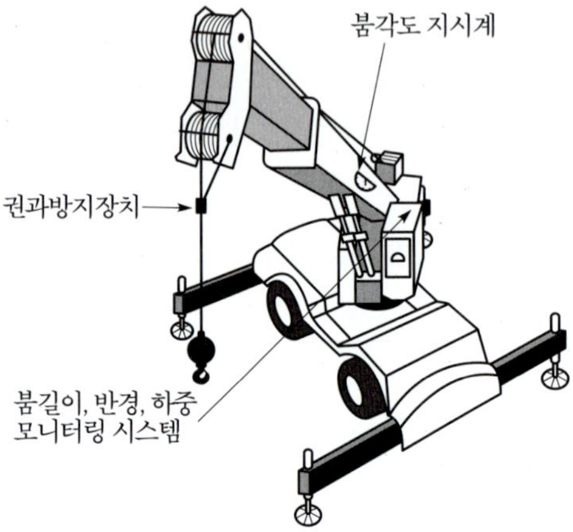

그림 10-34 크레인 점검항목

작업자 탑승대를 인양하는 크레인은 반드시 인양하중을 제어하고 모니터링 할 수 있어야 하며 어떠한 자유낙하 형태로도 작업대를 낙하 해서는 안된다. 또한, 양중로프의 안전율은 로프의 꼬임 등 회전방지를 위하여 10배의 안전율을 가져야 한다.

10.3. 작업대 슬링방법

인력탑승용 작업대의 슬링용구는 다른 작업을 위하여 사용할 수 없으며 안전율은 최대 작용하중의 5배 이상이면 되지만 꼬임이나 회전저항을 위하여 10 이상을 유지하는 게 일반적이다. 또한, 그림 10-35와 같이 슬링로프는 마스터 링크(master link)나 섀클에 하중이 고르게 분배될 수 있도록 연결하고 크레인의 후크는 슬링이 빠지지 않도록 해지장치를 구비하여야 한다.

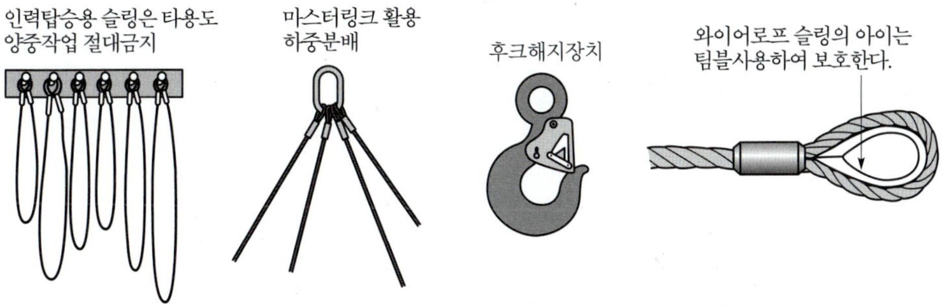

그림 10-35 작업대용 슬링용구

10.4. 작업대 양중 테스트(CIA)*주

작업대에 작업자가 탑승하기 전에 크레인을 설치하고 작업대에 일정 이상의 하중을 적재하여 양중 테스트를 시행한다. 일반적으로 시험양중(Proof test)은 작업대 설계 양중하중 125%를 적재하여 매달린 상태로 5분 이상을 유지되어야 하며 작업대와 각 슬링의 상태를 점검한다. 또한, 작업장소가 바뀌거나 크레인이 변경될 경우 반드시 작업대를 매달고 작업 시뮬레이션(Trial lift)를 실시하여 안전이 확보되었는지 여부를 확인 후 작업을 하도록 한다.

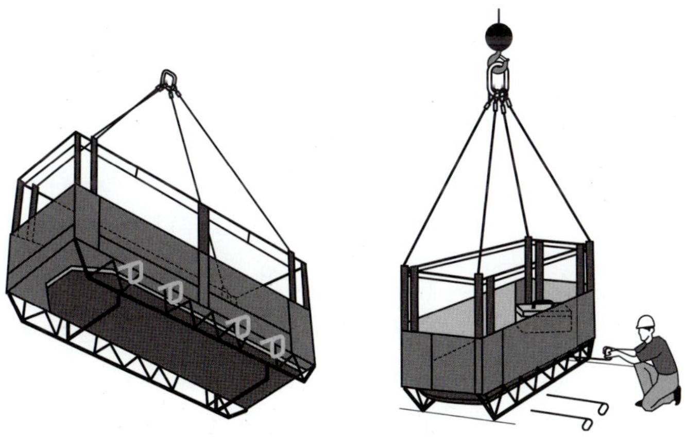

그림 10-36 시험양중

*CIA : Crane Institude of America, Inc

10.5. 작업자 탑승전 최종점검

크레인으로 작업대를 시험양중 후에 전문가가 다시 한번 슬링과 크레인의 상태를 점검한다. 또한, 지반의 융기나 침하상태와 크레인 호이스트로프의 상태도 함께 점검한다.

그림 10-37 최종점검

10.6. 작업시 유의사항

그림 10-38 작업대 작업

크레인으로 양중하는 작업대의 적재하중은 고르게 분포되어야 하며 허가된 작업자에 한하여 탑승하도록 하고 후크 혹은 보조후크가 흔들리지 않도록 고정한다. 또한, 미리 계획한 공구나 간단한 부재를 함께 양중할 시에는 편하중이 발생치 않도록 하고, 작업자 탑승용 작업대는 절대로 공구나 자재전용 운반용구와 겸용으로 사용하여서는 안된다.

KS B ISO 12480-1에서는 작업대의 오르내리는 속도를 30m/min(0.5m/s)를 초과하지 않도록 규정하고 있으며, 작업자를 포함한 하물의 전체무게는 설계의 50%를 넘지 않도록 규정하고 있다. 또한, 크레인의 정격용량은 최소 1,000kg이상 이여야 한다.

날씨는 풍속이 7m/s(25km/h) 이상일 경우나 번개, 눈, 우박, 진눈깨비 등의 악천후에서는 사용할 수 없다고 언급되어 있다.

특히, 운전기사와 작업자간 의사소통이 원활하게 하고 관리자는 작업중 항상 주의를 기울여야 한다. 또한, 작업자는 생명줄을 반드시 체결하고 작업대의 한편에는 보조로프(tag lines)를 연결하여 안전을 확보할 수 있도록 한다.

크레인 운전자는 인력이 탑승한 작업대가 작업위치에 도달하면 크레인의 브레이크를 작동하고 제어가능 상태를 유지한다. 작업대는 크레인의 흔들림이나 움직임으로 불안정해질 수 있기 때문에 작업대 탑승자는 크레인에 별도의 생명줄을 연결하거나 작업대에서 안전한 장소로 이동하여야 한다.

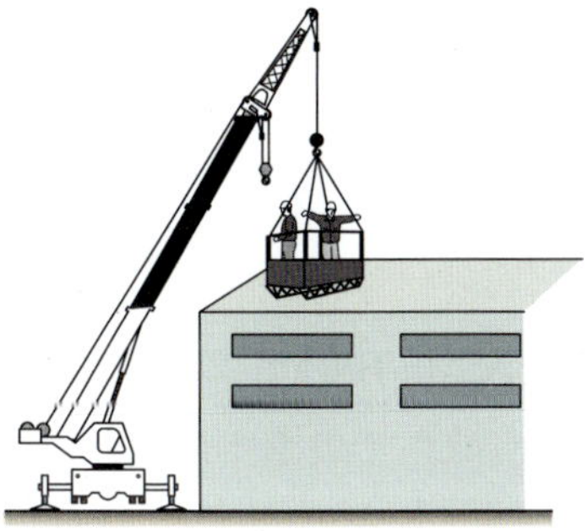

그림 10-39 작업대 탑승 작업

10.7. 수면상부에서 크레인 작업대 작업

수면상부 구조물 등에서 작업대에 탑승하여 작업할 경우에는 별도의 생명줄을 연결하지 않아도 되지만 기준(U.S Coast Guard-approved)에 따른 구명동의을 착용하여야 한다. 또한, 27m 이상의 구명줄이 붙은 구명부환(Life ring)을 매 60m 마다 작업장 주변에 비치하고 비상용 모터보트를 준비하도록 규정되어 있다.

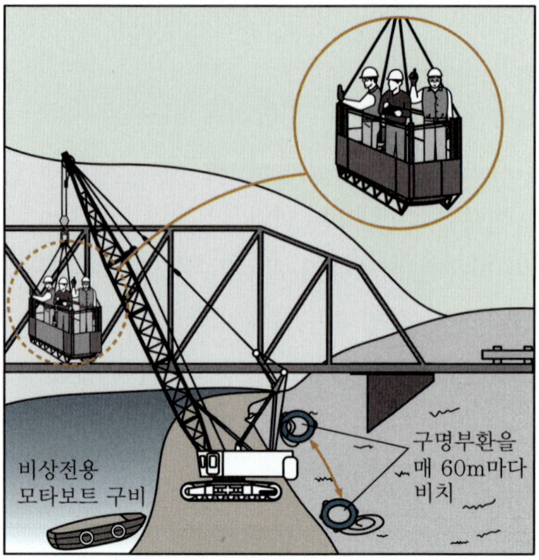

그림 10-40 수면상부 작업대 탑승

10.8. 작업대 양중상태로 크레인의 이동

작업자가 탑승한 상태로 크레인을 주행하는 것은 ANSI/ASME B30.5에 의해 엄격하게 금지되어 있다. 다만 OSHA에서는 위험한 상태가 아니라면 다음 사항을 주의해서 주행할 수 있도록 규정하고 있다.

1) 크레인의 주행은 견고한 포장지반이나 경사가 없는 곳
2) 붐이 길이와 작업반경이 허용치 이내일 것
3) 붐의 방향은 크레인 이동방향과 일치할 것
4) 사람이 탑승전에 시험양중과 시험주행을 하여 상태를 확인할 것
5) 타이어식 크레인은 타이어 접지작업 하중능력의 50% 미만으로 작업을 하여야 하며 타이어의 상태와 공기압을 점검해야 한다.

그림 10-41 작업대 양중상태에서 이동

11 바지선 상부에서 크레인 작업

일반적으로 바지선(Barge) 상부에서 이동식크레인 작업은 그림10-41과 같이 바지선의 피칭(종방향 흔들림), 롤링(횡방향 흔들림) 등 으로 안정성에 큰 영향을 미칠 수 있기 때문에 휠 크레인(유압신축식 붐, 아웃트리거사용)보다는 붐과 바지선 상부(데크)에 작용하는 하중을 분산하기에 유리한 크롤러식크레인을 사용하는 것이 바람직하다. 또한, 육상용 크레인을 바지선 위에서 작업할 경우에는 제원표의 70%수준 이하로 양중하고 안전관리에 각별히 유의하여야 한다. 또 바지선에 대한 정적안정성(statical stability)과 동적안정성(dynamical stability)을 검토하여야 하며 크레인은 그림 10-42와 같이 고박장치로 견고하게 고정하여야 한다. 그림 10-43은 필자가 개발한 해상장비 안정성 검토 시뮬레이션을 활용하여 크레인 작업시 부재의 적재위치와 크레인 작업가능 구역을 시뮬레이션(Poseidon) 한 사례이다.

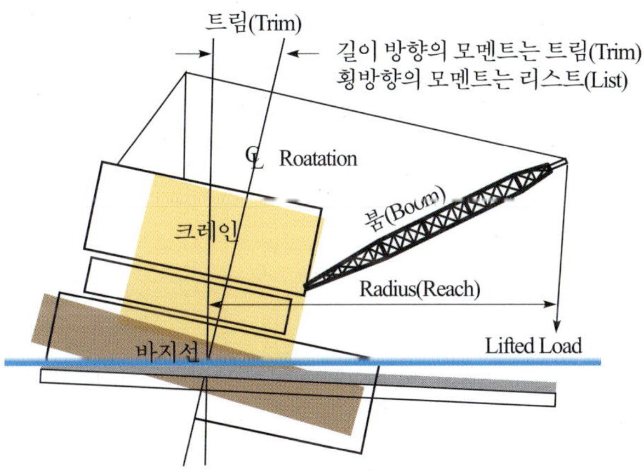

그림 10-41 바지선의 안정성

(a) 유압붐 크레인

(b) 크롤러크레인

그림 10-42 바지선 상부 크레인 작업

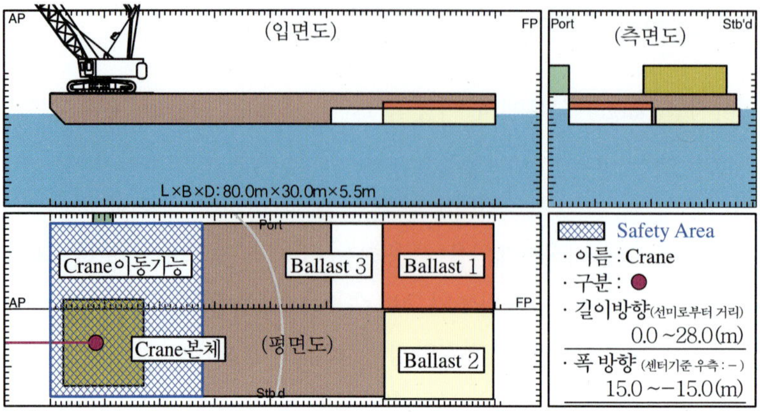

그림 10-43 바지선의 안정성 검토 사례(Poseidon 프로그램 활용)

11절

실무적용 사례

01 크레인 선정 시 정격총하중 산정

일반적을 양중능력에 포함할 내용은 그림 11-1과 같다. 모든 부재의 중량은 크레인 제작사에서 제공하는 사양 등 메뉴얼에서 확인된 내용을 기준한다.

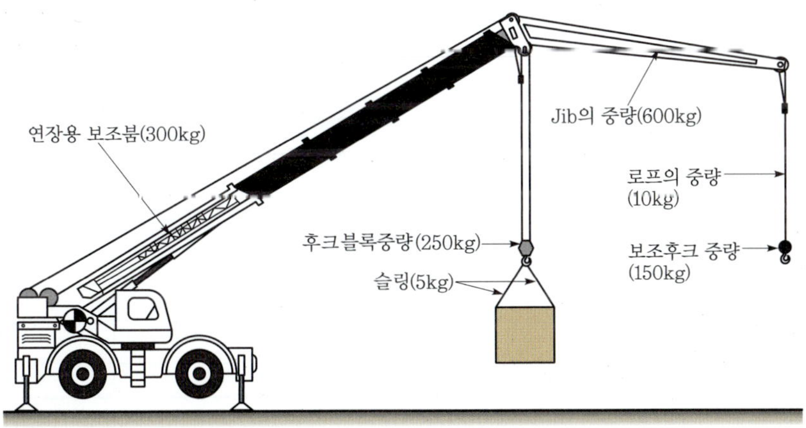

그림 11-1 크레인 선정시 차감항목

【계산방법】

- 크레인선정시 정격 총하중 = 실양중부재 + 부가물중량
- 정격하중에 포함되는 부가물중량 = 1,315kg
  - 5kg(슬링)
  - 250kg(후크블록)
  - 300kg(연장용 보조붐)
  - 600kg(지브의 무게)
  - 150kg(보조후크)
  - 10kg(지브 호이스트라인)

•지브의 호이스트라인의 중량이 작다면 무시할 수 있지만 그렇지 않으면 아래와 같이 계산할 수 있다.

지브의 호이스트라인 중량 = 호이스트라인수 × 길이 × 단위 길이당 무게

∴ 크레인 양중능력표에 적용할 정격총하중 = 3,000kg+1,315kg = 4,315kg

따라서 양중반경을 검토하여 4,315kg 이상을 양중할 수 있는 크레인을 선정해야 한다.

02 크레인 선정검토 사례

2.1 Big Tower(Main Crane + Tail Crane)

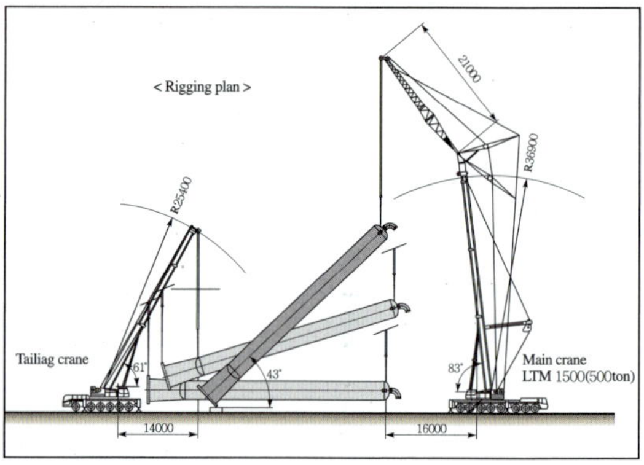

1) 양중물

가) 기계명 : Cold Box

나) 인양중량 : 37.5톤

(기계중량 + 부가중량)

2) Main Crane 선정 : 500톤급(LTM1500)

가) 양중무게 : 37.5톤

나) 크레인 사양(메뉴얼 기준)

Description		Length(m)	Weight(ton)	비고
Boom Type	S-Boom	47.3		
	D-Boom	4		
	W-Boom	21		
Counter Weight			165	
Lifting EQ Weight				Incl.Hook Weight

다) 섀클선정

<table>
<tr><th rowspan="3">안전하중</th><td colspan="4">= (인양물 중량÷Shackle 수)×안전율(150%)*</td><td>비고</td></tr>
<tr><td>인양물 중량</td><td>Shackle 수</td><td>안전율</td><td>안전하중</td><td rowspan="2">1-1/2인치(17톤용×4ea)</td></tr>
<tr><td>37.5</td><td>4</td><td>150%</td><td>14.1</td></tr>
<tr><th>결론</th><td colspan="5">인양물의 안전하중(14.1t)보다 높은 Shackle 사용(17t)으로 안전작업 가능함.</td></tr>
</table>

* 섀클은 제조사에서 재질 및 규격에 따라 안전율을 반영한 사용하중으로 제품에 표기되어 있음.

* 150%는 검토자의 주관에 따라 추가로 적용한 안전율임.

라) 슬링 와이어로프 선정

Wire Rope	Diameter(mm)	Length(m)	EA(Wire 수)	Lifting Angle(인양각도)
	50	8	4	30
Based	Numeric Calculation		Numeric Values	비고
하중계수	= 인양각도 30°		1.035	하중계수표 참조
안전하중	= (인양물 중량×하중계수)÷ Wire Rope수		9.7	
절단하중	= 안전하중×안전률(6)		58.2	안전율 5이상 적용
Wire Rope	= $\sqrt{(절단하중 \times 20)}$			절단하중 = $\frac{D^2}{20}$
	34.1(절단하중 58.2톤을 반영하여 계산된 와이어로프 직경)			36mm사용
	Kosha Code M-31-1999 : 줄걸이용 와이어로프의 안전율은 반드시 5이상 이어야 한다.			
결론	계산결과(34.1mm)보다 큰 와이어로프(36mm)로 슬링을 선정함.			

3) Tail Crane 선정 : 500톤급(LTM1500)

가) 양중무게 : 37.5톤의 50%이상 → 22.5톤(60%적용)

나) 크레인 사양(메뉴얼 기준)

Description		Length(m)	Weight(ton)	비고
Boom Type	S-Boom	31.2		
	D-Boom			
	W-Boom			
Counter Weight			46	
Lifting EQ Weight				Incl.Hook Weight

다) 슬링 와이어 로프 선정

Wire Rope	Diameter(mm)	Length(m)	EA(Wire 수)	Lifting Angle(인양각도)
	40	10	2	30
Based	Numeric Calculation		Numeric Values	비고
하중계수	= 인양각도 30°		1.035	하중계수표 참조
안전하중	= (인양물 중량×하중계수)÷ Wire Rope수		11.6	
절단하중	= 안전하중×안전률(6)		69.9	안전율 5이상 적용
Wire Rope	= $\sqrt{(절단하중 \times 20)}$			절단하중 = $\frac{D^2}{20}$
	37.4(절단하중 69.9톤을 반영하여 계산된 와이어로프 직경)			40mm 사용
	Kosha Code M-31-1999 : 줄걸이용 와이어로프의 안전율은 반드시 5이상 이어야 한다.			
결론	계산결과(37.4mm)보다 큰 와이어로프(40mm)로 슬링을 선정함.			

라) 섀클선정

안전하중	= (인양물 중량÷Shackle 수)×안전율(150%)*				비고
	인양물 중량	Shackle 수	안전율	안전하중	1-3/4인치(25톤용×2ea)
	22.5	2	150%	16.9	
결론	인양물의 안정하중(16.9t)보다 높은 Shackle 사용(25t)으로 안전작업 가능함.				

* 사용자 임의 적용 안전율

4) 지반검토

가) 크레인(500톤) 상부하중 : 298.5tf(차중 96톤+카운터웨이트 165톤+양중 37.5톤)

작업조건에 따라 충격하중을 10~30%까지 반영할 수 있다.

나) 아웃트리거의 최대반력(6장 식 6.5참조)

간략식 사용 : $298.5 \times 85\% \times \frac{1}{2} \times 1.5 \fallingdotseq 190\text{tf}$

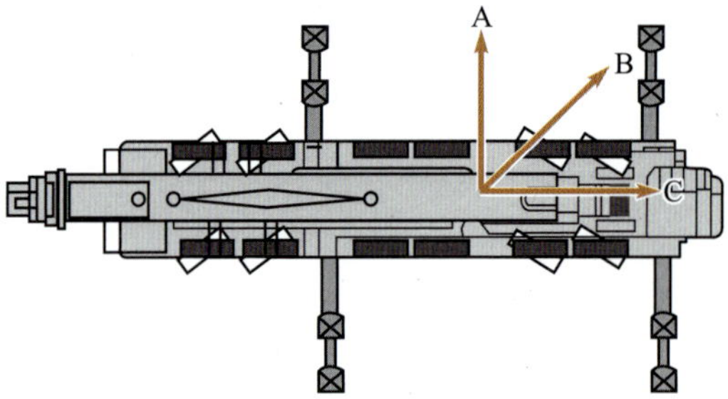

그림 11-2 아웃트리거 반력

※ 아웃트리거에 발생되는 반력은 제조사 혹은 전문업체에서 개발한 전용시뮬레이션 프로그램을 사용하여 정확하게 산출할 수 있으나 아직까지 일반화되지 않고 있어 간략식을 사용하는 사례가 많다.

다) 접지압 산출

$$접지압(\text{tf/m}^2) = \frac{최대반력(190\text{tf})}{접지면적(6.25\text{m}^2)} = 30.4(\text{tf/m}^2)$$

※ 철판 2.5m × 2.5m 사용시 접지면적은 6.25m^2임.

라) 작업시 필요한 지내력

위 다) 항에서 검토된 결과로 선정한 받침판 사용시 30.4tf/m^2의 지내력이 필요하며 지내력 부족시 지반치환이나 다짐 등으로 보강하여야 한다(지반평가는 6장 참조)

03 스프레더 빔 및 슬링검토 사례

그림 11-3과 같이 750톤급 크롤러크레인으로 중량물(Big Tower)을 설치하고자 할 때 스프레더 빔과 와이어 슬링의 구조적 안전성을 구조해석 프로그램을 활용하여 검토한 사례를 기술하였다.

3.1 작업조건

1) 양중물 : 외경 4.4m×길이 79.5m, 무게 562톤

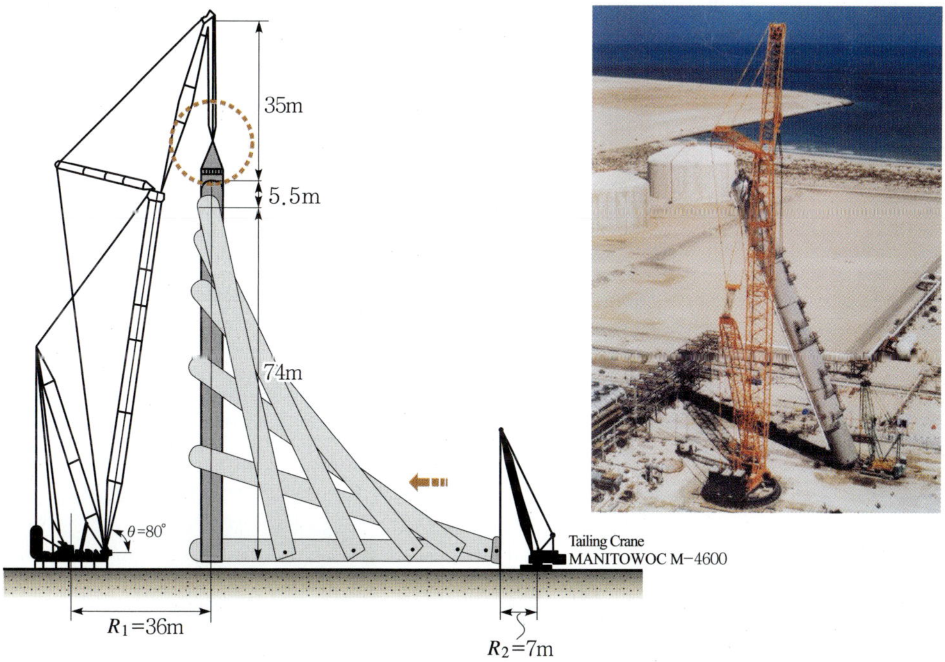

그림 11-3 Big Tower 설치사례

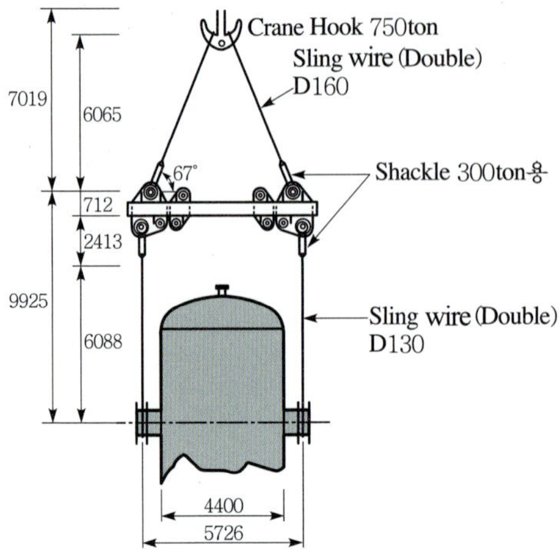

(a) 메인 크레인

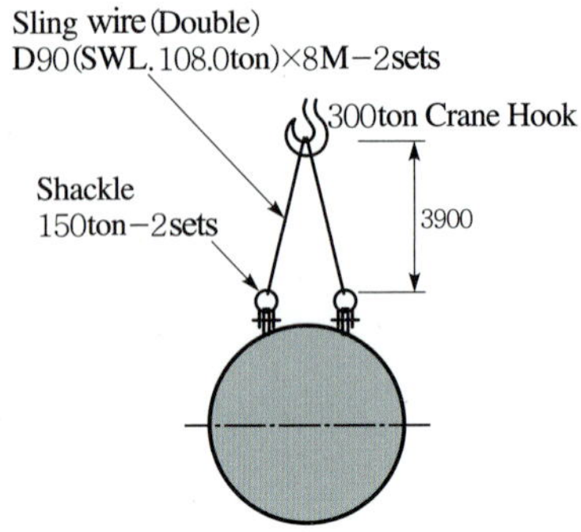

(b) 테일링 크레인

그림 11-4 슬링 및 스프레더 빔 사용계획

2) 슬링로프 사용계획

표 11-1 슬링로프 규격

형식	규격(mm)	절단하중(ton)	비고
Sling Wire	D160, Double	1,286	Spreader Beam상부 (경사부)
	D130, Double	830	Spreader Beam하부 (수직부)
Holding Wire	D28, 2Sets	50	Spreader Beam Holding용

3) 스프레더 빔 도면 및 제품 (Spreader beam)

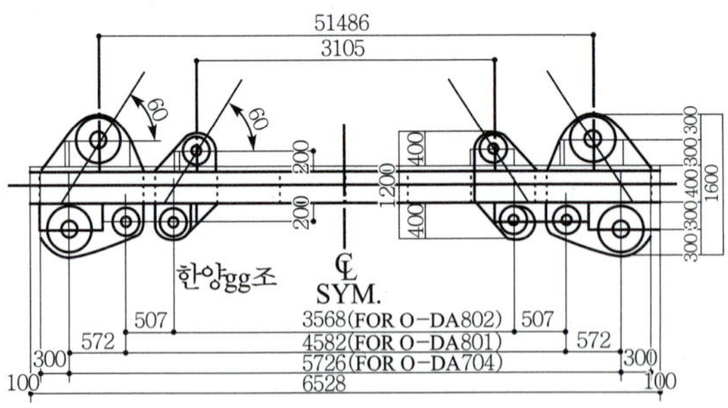

그림 11-5 스프레더 빔 도면 및 실물

4) 슬링로프의 하중 개념도

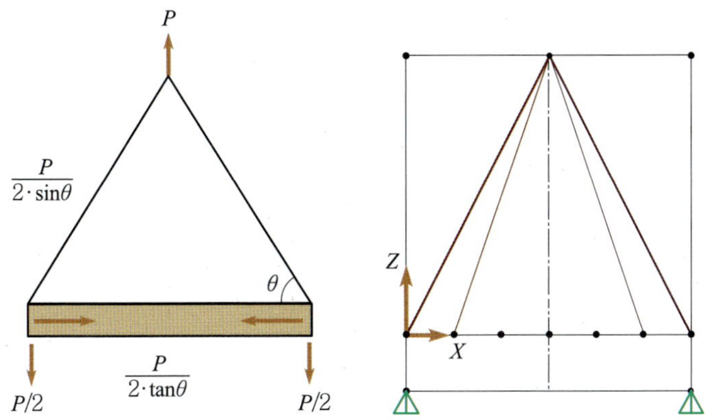

그림 11-6 수치해석모델(SAP 2000, Nonlinear, V10.0.2)

3.2 구조검토 내용

상기에 제시된 스프레더 빔과 와이어슬링의 구조적 안전성을 검토함

1) 하중분석

표 11-2 슬링로프 작용하중

항목	기기하중 및 기타하중	Sling Wire		Spreader Beam	경사각
		D160	D130		
Normal Analysis	590ton	320.5ton	295ton	125.2ton	67°
	P=562+28ton	$\frac{P}{2\cdot\sin\theta}$	$\frac{P}{2}$	$\frac{P}{2\cdot\tan\theta}$	
Numerical Analysis	590ton	321.7ton	293.6ton	148.5ton	67°
비고	–	Tension		Compression	–

2) 슬링검토

가) D160 Wire Rope

① Wire Rope 파단하중 : 1,286ton

② 작용하중 : 321.7ton/1.73(Mode factor : 슬링 60°, 2줄 적용) = 186.0ton

③ 안전율 : 1,286ton/186.0ton = 6.9> 5.0....O.K!

나. D130 Wire Rope

① Wire Rope 파단하중 : 830ton

② 작용하중 : 295ton/1.73 (Mode factor : 슬링 60°, 2줄 적용) = 170.5ton

③ 안전율 : 830ton/170.5ton = 4.9 ≒ 5.0....Say, O.K

※ 본 검토에서는 새클 및 부속철물의 하중을 기기하중에 포함하여 적용하였으므로, D130 Wire Rope는 5이상의 안전율을 확보할 수 있을 것임.

다. Shackle

안전율(≒6)이 적용된 사용하중 400ton, 300ton, 200ton을 사용하므로 모두 위의 하중 조건을 만족한다.

3) 스프레더 빔 검토

가. 단면제원

(1) 스프레더 빔의 단면

표 11-3 스프래더 빔의 특성

항목	적용치	항목	적용치
H-Beam	400×400×13×21	단면 2차 반경 ry	10.1cm(약축)
단면적 A	218.7cm^2	좌굴계수 K	1.0
단면 2차 모멘트 Iy	22,400cm^4(약축)	길이 ℓ	520cm
단면계수 Zy	1,120cm^3(약축)	세장비 λ	51.5

(2) 작용하중

① 압축력 : 148.5ton

② 수치해석(Numerical Analysis) 결과가 더 크므로 이 값을 적용한다.

(3) 허용압축력

① Euler하중

$$P_a = \frac{\pi^2 \times E \times I}{(kl)^2} = \frac{\pi^2 \times 2.1 \times 10^6 \times 22{,}400}{(1.0 \times 520)^2} = 1{,}717.0\text{ton}$$

② 도로교시방서 기준

- 세장비 $\lambda = 51.5$ $(20 < \lambda < 93)$
- $f_{ca} = 1{,}400 - 8.4(\lambda - 20) = 1{,}400 - 8.4(51.5 - 20) = 1{,}135.4\text{kg/cm}^2$
- $P_a = f_{ca} \times A = 1{,}135.4\text{kg/cm}^2 \times 218.7\text{cm}^2 = 248.3\text{ton}$

따라서 압축부재(Device)의 허용하중은 248.3 ton으로 정의되며 빔에 작용하는 최대 압축하중 148.5ton〈허용 압축하중 248.3ton 이므로, O.K!

※ 실제 디바이스(Device)는 단면을 보강한 빌트 업(Built up)으로 제작되어 일반 H-빔보다 강도가 크므로, 허용하중은 위의 값을 상회할 것으로 판단된다.

4) 검토결론

(1) 본 검토서는 Big Tower 인양시 사용되는 750ton Crane의 Wire Rope와 Lifting Device에 대한 구조적 안전성을 검토하였으며

(2) 크레인 하중은 기기하중 562ton과 Wire Rope 및 부속철물의 하중을 포함하여 590ton을 적용 하였다.

(3) 적용하중 및 하중분석 결과는 표 11-4와 같다.

표 11-4 하중분석 결과표

항목	기기하중 및 기타하중	Sling Wire		Spreader Beam
		D160	D130	
Normal Analysis	590ton	320.5ton	295ton	125.2ton
Numerical Analysis	590ton	321.7ton	293.6ton	148.5ton
비고	–	Tension		Compression

(4) 하중분석 결과에 따라 Wire Rope 안전율 및 Spreader Beam의 허용 압축력을 검토하였다.

(5) 초기 인양시 Wire Rope의 Setting상태를 반드시 확인한 후, 본 인양작업을 실시하여야 한다.

(6) 양중시 Equipment의 회전가능성은 기기 제작사에서 검토 완료하였으므로 본 검토에서는 제외하였다.

(7) 현장상황이 본 검토서의 조건과 상이할 시에는 재검토 되어야 한다.

04 크레인 작용하중 구하기

4.1 크레인 2대로 거더의 양 끝단에서 양중할 때

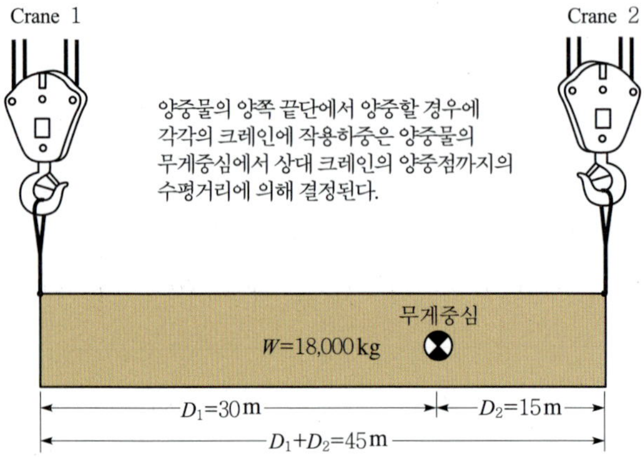

그림 11-7 양 끝단 양중

Crane 1의 작용하중

$$= \frac{D_2}{D_1+D_2} \times W = \frac{15m}{45m} \times 18{,}000kg$$

$$= 6{,}000kg$$

Crane 2의 작용하중

$$= \frac{D_1}{D_1+D_2} \times W = \frac{30m}{45m} \times 18{,}000kg$$

$$= 12{,}000kg$$

4.2 크레인 2대로 거더 끝단의 안 쪽에서 양중할 때

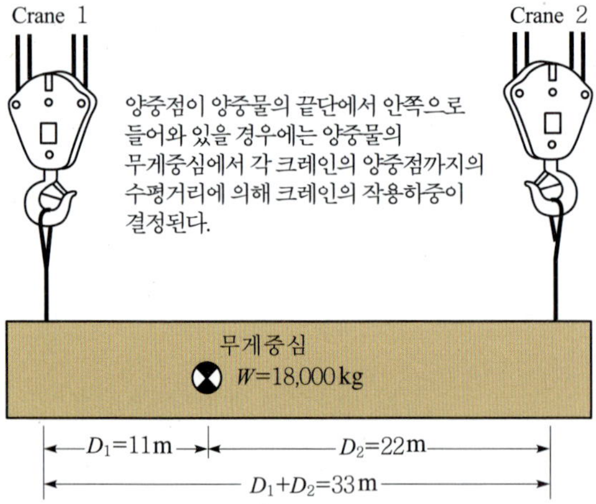

그림 11-8 끝단 안쪽 양중

Crane 1의 작용하중

$$= \frac{D_2}{D_1+D_2} \times W = \frac{22m}{33m} \times 18{,}000kg$$

$$= 12{,}000kg$$

Crane 2의 작용하중

$$= \frac{D_1}{D_1+D_2} \times W = \frac{11m}{33m} \times 18{,}000kg$$

$$= 6{,}000kg$$

4.3 수평이 맞지 않는 양중물의 양끝에서 크레인 2대로 양중할 경우

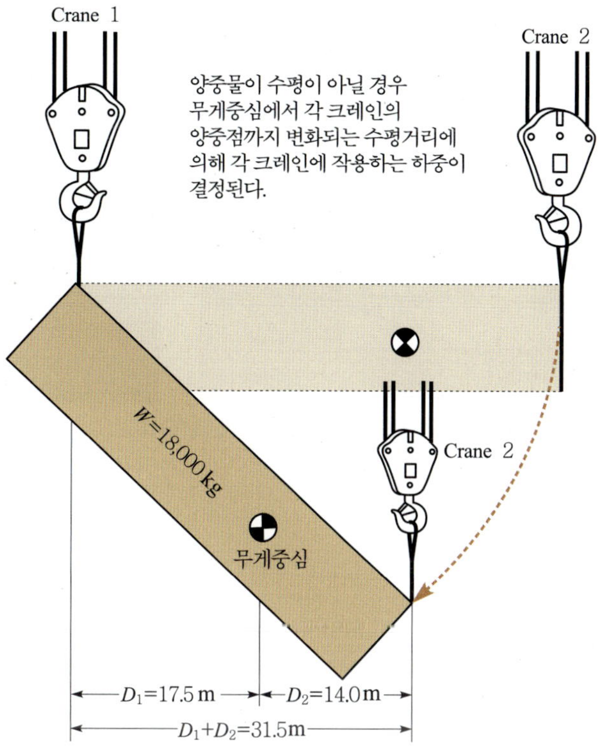

그림 11-9 경사부재 양끝양중

$$\text{Crane 1의 작용하중} = \frac{D_2}{D_1+D_2} \times W = \frac{14.0\text{m}}{31.5\text{m}} \times 18{,}000\text{kg} = 8{,}000\text{kg}$$

$$\text{Crane 2의 작용하중} = \frac{D_1}{D_1+D_2} \times W = \frac{17.5\text{m}}{31.5\text{m}} \times 18{,}000\text{kg} = 10{,}000\text{kg}$$

4.4 비대칭 양중물의 슬링하중 계산

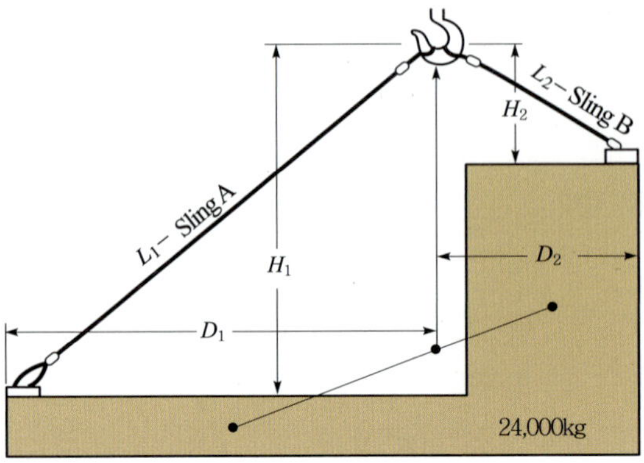

그림 11-10 비대칭 양중물의 슬링하중

4.4.1 비대칭 양중물의 슬링하중 계산(사례1)

Weight = 24,000kg

L_1 = 29.7m(Sling A)　　　L_2 = 12m(Sling B)

D_1 = 19m　　　D_2 = 5m

H_1 = 22.8m　　　H_2 = 10.9m

$$\text{Sling A} = \frac{\text{Load} \times D_2 L_1}{D_2 H_1 + D_1 H_2} \qquad \text{Sling A} = \frac{24{,}000 \times 5 \times 29.7}{5 \times 22.8 + 19 \times 10.9}$$

$$= \frac{3{,}564{,}000}{321.1} = 11{,}099\text{kg}$$

$$\text{Sling B} = \frac{\text{Load} \times D_1 L_2}{D_2 H_1 + D_1 H_2} \qquad \text{Sling B} = \frac{24{,}000 \times 19 \times 12}{5 \times 22.8 + 19 \times 10.9}$$

$$= \frac{5{,}472{,}000}{321.1} = 17{,}041\text{kg}$$

그림과 같이 하중이 고르지 못하게 분포된 양중물은 특정한 슬링에 하중이 집중될 수 있기 때문에 슬링의 안전율은 6.0 이상이 요구된다.

4.4.2 비대칭 양중물의 슬링하중 계산(사례2)

그림 11-11과 같이 슬링을 체결할 경우, 아이볼트, 섀클, 후크의 체결각도에 의하여 슬링의 하중이 증가될 수 있기 때문에 슬링하중 계산시 유의하여야 한다.

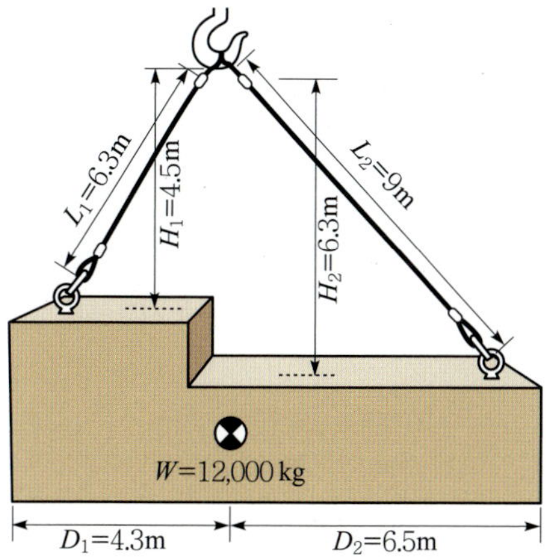

그림 11-11 길이가 다른 슬링의 하중

$$\text{Sling } L_1 = \frac{W \times D_2 \times L_1}{(D_1 \times H_2) + (D_2 \times H_1)} = \frac{12{,}000\text{kg} \times 6.5\text{m} \times 6.3\text{m}}{(4.3\text{m} \times 6.3\text{m}) + (6.5\text{m} \times 4.5\text{m})} = 8{,}722\text{kg}$$

$$\text{Sling } L_2 = \frac{W \times D_1 \times L_2}{(D_1 \times H_2) + (D_2 \times H_1)} = \frac{12{,}000\text{kg} \times 4.3\text{m} \times 9\text{m}}{(4.3\text{m} \times 6.3\text{m}) + (6.5\text{m} \times 4.5\text{m})} = 8{,}243\text{kg}$$

4.4.3 비대칭 양중물의 슬링하중 계산(사례3)

슬링의 길이가 같으면 하중도 같지만 그림과 같이 슬링의 길이가 다르다면 슬링에 작용하는 하중은 각각 별도로 계산하여야 한다.

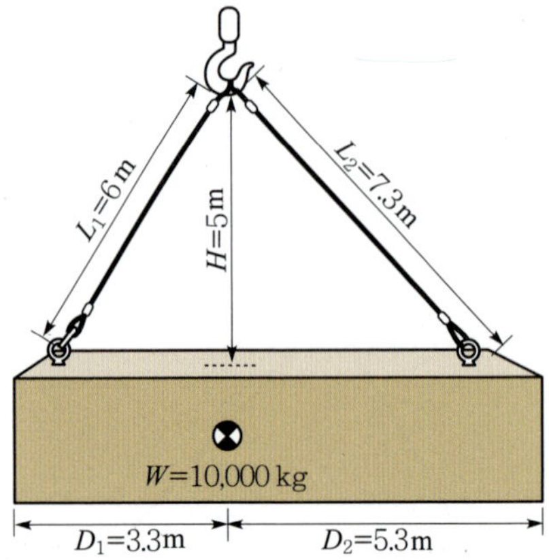

그림 11-12 길이가 다른 슬링에 작용하는 하중

$$\text{Sling } L_1 = \frac{W \times D_2 \times L_1}{H \times (D_1 + D_2)} = \frac{10,000\text{kg} \times 5.3\text{m} \times 6\text{m}}{5\text{m} \times (3.3\text{m} + 5.3\text{m})} = 7,395\text{kg}$$

$$\text{Sling } L_2 = \frac{W \times D_1 \times L_2}{H \times (D_1 + D_2)} = \frac{10,000\text{kg} \times 3.3\text{m} \times 7.3\text{m}}{5\text{m} \times (3.3\text{m} + 5.3\text{m})} = 5,602\text{kg}$$

4.4.4 슬링 와이어로프 선정 사례

1) 검토조건

- 사용 와이어 로프 : 6×24, A종 직경 16mm(F_u = 12.8tf)
- 자재 중량 : 2tf
- 와이어 로프의 줄수 : 2개
- 두 와이어 로프간의 각도 : 60°
- 와이어 로프 부속철물의 절곡지경 : 100mm

2) 안전하중 산정

(1) F_u = 12.8tf(F_u : 슬링의 절단하중)

(2) α = 0.79(∵아래의 ①, ②, ③ 중에서 가장 작은 값 채택)

① 꼬임(kink) 의한 저감 : 1(꼬임이 없는 것으로 가정)

② 체결방법에 의한 저감 : 0.8

③ 절곡에 따른 저감 : 0.79(∵100/16 ≒ 6)

(3) 안전하중(T_s) = $F_u \times \alpha / \phi$ = 12.8×0.79/6 = 1.68tf(ϕ : 안전율 6.0 적용)

3) 실제장력(T) 산정(슬링1선의 작용하중)

- $T = W/[n \times \cos(\theta/2)] = 2tf/[2 \times \cos(60/2)] = 1.15tf$

4) 판정

안전하중(T_s)이 실제 장력(T)보다 크므로 안전함.

■ 줄걸이 양중 사례

(a) 철근망 양중

(b) 양중 디바이스

(c) 멀티 슬링양중

(d) 라운드 슬링양중

05 철근양중시 적정 지지간격*주)

일반적으로 철근과 같이 길이가 긴 양중물은 2개소 이상을 묶어서 수평으로 양중하도록 "산업안전기준에 관한 규칙, 제366조"에 명시되어 있다. 철근의 경우 양중시 2개소를 지지하여 처짐이 가장 적게 발생하는 위치를 검토하면 다음과 같다.

구분	8m 철근	10m 철근	12m 철근
철근 양 끝단에서 양중지점까지 거리	1.8m	2.3m	2.7m

이때 철근의 길이가 12m를 초과하거나 철근이 몇가닥이 안될 경우에는 처짐에 따른 추가 모멘트를 고려하여 별도의 대책을 강구하여야 한다.

■ 지지방법에 따른 처짐형상과 휨 모멘트 도

	철근다발 양중	$\frac{a}{l}$(%)
1	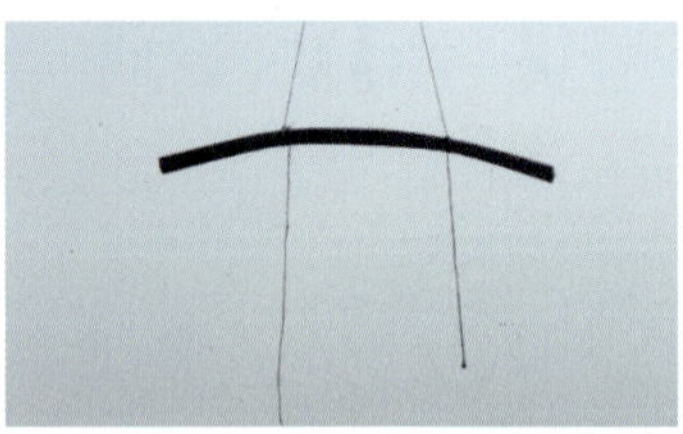 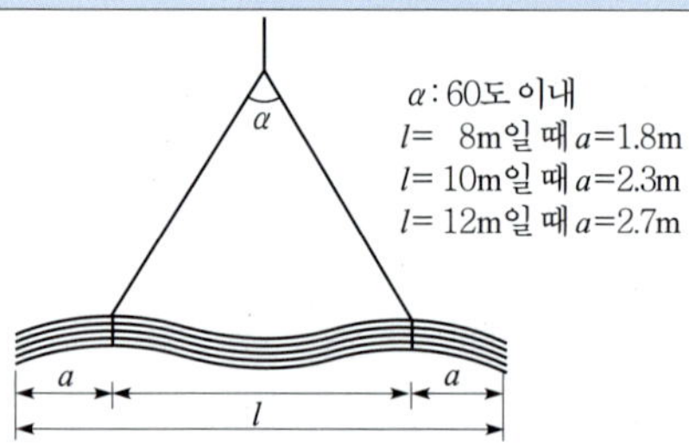	16.3
2		22.3
3		28.3

	처짐형상	휨모멘트도	비고
1		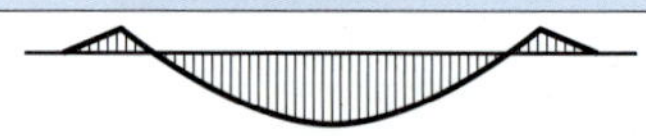	–
2			$\delta_c = \delta_e$ (최소처짐)
3			–

l : 철근길이, a : 철근다발 양 단에서 지지점까지의 거리, α : 양중로프 사잇각, δ_c : 중앙부 처짐값, δ_e : 단부 처짐값

*주) 참고문헌 : 핵심구조상식(삼성건설, 2009)

06 양중박스 구조검토 사례

그림 11-13 자재 양중용 박스

6.1 검토조건

- 본 양중박스는 자재인양용 박스에 대한 구조적 안정성 검토를 목적으로 한다.
- 검토방법은 "가설공사 표준시방서(2004, 한국가설협회)"를 기준한다.
- 강재의 재료강도는 SS400로 하며, 용접검토는 생략한다.
  - 기준규격 : 1,100×700mm
  - 재료강도(F_y) : 2,400kg/cm^2
  - 탄성계수(E) : 2.1×10^{6}kgf/cm^2

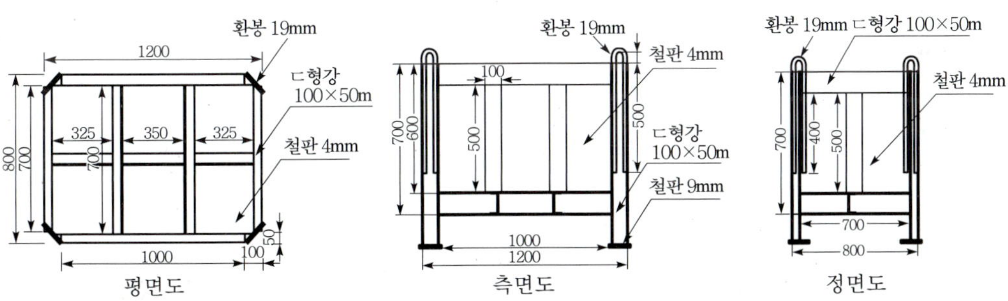

그림 11-14 자재 양중박스(1200×800×700H)

6.2 검토결과 요약

1) 각 부재에 대한 검토 결과는 아래와 같음.

부재	허용적재량	비고
철판(4mm)	2,926kgf	지배
찬넬((ㄷ-100×50×5×7.5)	10,582kgf	
환봉(19mm)	10,497kgf	

2) 철판(4mm)에 의해 허용적재량이 지배되며, 허용적재량은 2.9ton 이하임.

3) 강재를 자재인양함에 가득 채웠을 때, 적재량은 3.6ton임.

6.3 자재 인양함 허용 적재량 검토

1) 철판검토(4mm, 바닥판)

- $\ell = 32.5\text{cm}$
- $Z = \dfrac{bh^2}{6} = \dfrac{1\times0.4^2}{6} = 0.027\text{cm}^3$
- $f_b = \dfrac{F_y}{1.3} = \dfrac{2400}{1.3} = 1{,}846\text{kgf/cm}^2$
- Bending Check

$$M = \frac{w\ell^2}{8} \le f_b \cdot Z$$

$$w = \frac{8\cdot f_b \cdot Z}{\ell^2} = \frac{8\times1{,}846\times0.027}{32.5^2} = 0.38\text{kgf/cm}(\text{단위 폭당 하중})$$

$$P = 0.38\times110\times70 = 2{,}926\text{kgf}$$

2) 형강(ㄷ-100×50×5×7.5) 검토

- $\ell = 100\text{cm}$
- $Z = 37.6\text{cm}^3$
- $I = 188\text{cm}^4$
- $f_b = \dfrac{900A_f}{\ell\cdot h} = \dfrac{900\times(5\times0.75)}{100\times10}\times10^3 = 3{,}375 \le 1{,}600\text{kgf/cm}^2$
- $f_s = \dfrac{F_y}{1.5\sqrt{3}} = \dfrac{2400}{1.5\sqrt{3}} = 924\text{kgf/cm}^2$

• Bending Check

$$w = \frac{8\times1{,}600\times37.6}{100^2} = 48.1\text{kgf/cm}$$

$$P = (48.1/35)\times110\times70 = 10{,}582\text{kgf}$$

• Deflection Check

$$\delta_{max} = \frac{5w\ell^4}{384EI} \le \frac{\ell}{300}$$

$$w = \frac{384EI}{300\times5\ell^3} = \frac{384\times2.1\times10^6\times188}{300\times5\times100^3} = 101\text{kgf/cm}$$

• Shear Check

$$V = \frac{w\cdot\ell}{2} \le f_s\cdot A_w$$

$$w = \frac{2f_s\cdot A_w}{\ell} = \frac{2\times924\times(10\times0.5)}{100} = 92.4\text{kgf/cm}^2$$

3) 환봉(ϕ−19) 검토

$$A = \frac{\pi D^2}{4} = \frac{\pi\times1.9^2}{4} = 2.84\text{cm}^2$$

• Shear Check

$$V = \frac{P}{4} \le f_s\cdot A$$

$$P = 4\cdot f_s\cdot A = 4\times924\times2.84 = 10{,}497\text{kgf}$$

∴철판(4mm)에 의해 허용적재량이 지배되어지며, 허용적재량은 2.9톤 이하임.
강재를 자재 인양함에 가득 채웠을 때의 적재량은 3.6톤(7.85×1.1×0.7×0.6(H)) 임.

07 양중용 러그 검토

그림 11-7은 필자가 개발한 프로그램(OptiCRANE_MC)에서 러그설계에 적용한 입력화면이며 여기에 사용된 산출근거는 다음과 같다.

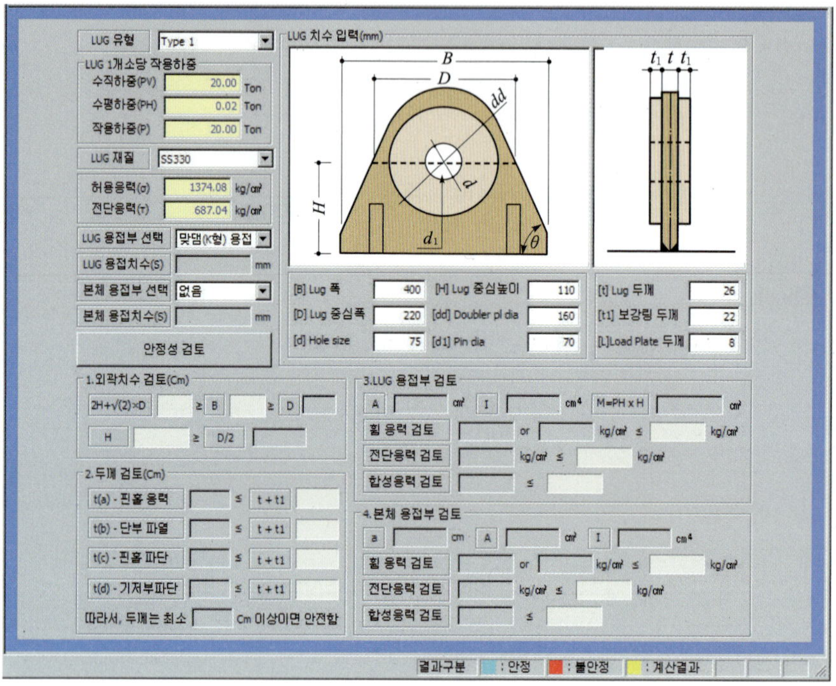

그림 11-15 러그의 설계항목(예)

7.1 러그계산에 적용한 식*주)

1) LUG 1개소당 작용하중

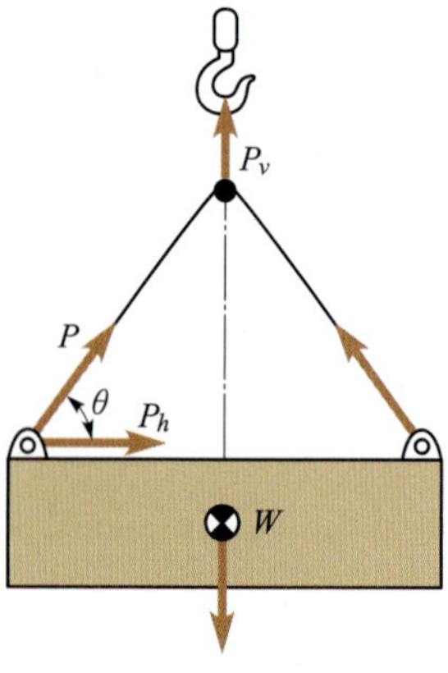

$$수직하중(P_v) = \frac{V}{n}$$

V : 인양하중

n : 슬링로프 수량

*주 : 鋼構造等 設設計指針, 土 木學會編 / 鋼道路橋施工便覽, 日本道路協會

수평하중 $P_h = \dfrac{P_v}{\tan\theta}$, $(\theta = 180 - (\text{Sling Angle}/2+90))$

작용하중 $P = \dfrac{P_v}{\sin\theta}$, $(\theta = 180 - (\text{Sling Angle}/2+90))$

2) 러그 외곽 치수 검토

$2\times H\times\sqrt{2}\times D \geq B \geq D$ ································· O.K

$H\geq D/2$ ·· O.K

B : Lug 폭, D : Lug 중심폭, H : Lug 중심높이

3) 러그 두께 검토

$t_a = \dfrac{2P(d-d_1)}{k_2 d d_1} \leqq t+t_1\times 2$ ································· O.K (k_2 : 196)

$t_b = \dfrac{P}{2b\tau_a} \leqq t+t_1\times 2$ ································· O.K ($b = \dfrac{D-d}{2}$)

$t_c = \dfrac{3P}{2b\sigma_a} \leqq t+t_1\times 2$ ································· O.K

$t_d = \dfrac{P}{B\sigma_a}\left(\sin\theta + \dfrac{6\cos\theta\times H}{B}\right) \leqq t+t_1\times 2$ ······················ O.K

P : 작용하중	B : Lug 폭	D : Lug 중심폭
d : Hole size	d_1 : Pin dia	σ_a : 부재 허용응력(축방향)
τ_a : 부재 전단응력	t : Lug 두께	t_1 : 보강링 두께
θ : 작용력과 저면이 이루는 각도		

4) Lug 용접부 검토

① CASE, K형용접

$A = B\times t$, $\mathrm{I} = \dfrac{tB^3}{\sqrt{12}}$, $M = P_h\times H$

• 휨 응력 검토 $\sigma = \dfrac{P_v}{A} \pm \dfrac{M}{I}\times\dfrac{B}{2} \leqq \sigma_a$ ····················· O.K

- 전단응력 검토 $\tau = \frac{P_h}{A} \leqq \tau_a$ ·························· O.K
- 합성응력 검토 $\left(\frac{\sigma}{\sigma_a}\right)^2 + \left(\frac{\tau}{\tau_a}\right)^2 \leqq 1.2$ ···················· O.K

B : Lug 폭 H : Lug 중심높이 t : Lug 두께
P_h : 수평하중 σ_a : 부재 허용응력 τ_a : 부재 전단응력

② CASE, 필렛용접

$a = s_1 \times \frac{1}{\sqrt{2}}$, $A = 2 \times B \times a$, $I = \frac{aB^3}{6}$, $M = P_h \times H$

- 휨 응력 검토 $\sigma = \frac{P_v}{A} \pm \frac{M}{I} \times \frac{B}{2} \leqq \sigma_a$ ················ O.K
- 전단응력 검토 $\tau = \frac{P_h}{A} \leqq \tau_a$ ·························· O.K
- 합성응력 검토 $\left(\frac{\sigma}{\sigma_a}\right)^2 + \left(\frac{\tau}{\tau_a}\right)^2 \leqq 1.2$ ···················· O.K

B : Lug 폭 H : Lug 중심높이 P_h : 수평하중
s_1 : Lug 용접치수 σ_a : 부재 허용응력 τ_a : 부재 전단응력

③ 본체 용접부 검토

$a = s_2 \times \frac{1}{\sqrt{2}}$, $A = 2 \times B \times a$, $I = \frac{aB^3}{6}$, $M = P_h \times (H + Pl_t)$

- 휨 응력 검토 $\sigma = \frac{P_v}{A} \pm \frac{M}{I} \times \frac{B}{2} \leqq \sigma_a$ ················ O.K
- 전단응력 검토 $\tau = \frac{P_h}{A} \leqq \tau_a$ ·························· O.K
- 합성응력 검토 $\left(\frac{\sigma}{\sigma_a}\right)^2 + \left(\frac{\tau}{\tau_a}\right)^2 \leqq 1.2$ ···················· O.K

B : Lug 폭 H : Lug 중심높이 P_h : 수평하중
Pl_t : 플레이트 두께 s_2 : 본체 용접치수 σ_a : 부재 허용응력
τ_a : 부재 전단응력

7.2 양중용 러그 검토 사례

1) LUG 기본 정보

- 인양물 중량 : 2.00ton
- LUG 1개소 당 걸리는 하중

수직하중(P_V)	1.00ton
수평하중(P_H)	0.27ton
작용하중(P)	1.04ton

- LUG 재질 : SS330
- LUG 치수

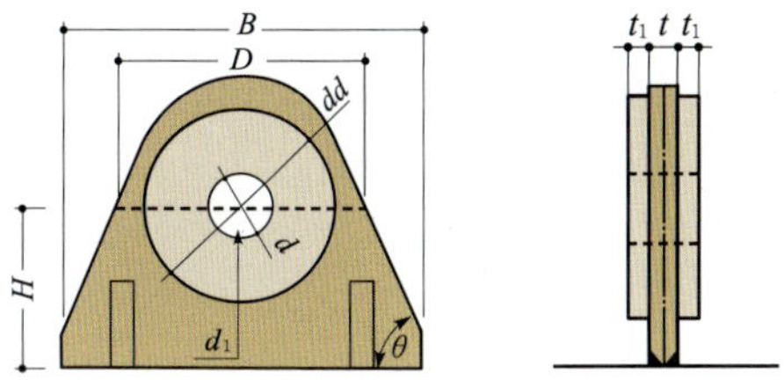

그림 11-16 러그계산

LUG 폭(B)	400mm
LUG 중심 높이(H)	110mm
LUG 중심 폭(D)	220mm
Hole Size(d)	75mm
Pin Dia.(d_1)	70mm
Double pl Dia.(dd)	160mm
LUG 두께(t)	20mm
보강링 두께(t_1)	22mm
플레이트 두께(L)	8mm

2) LUG 검토

① 외곽치수 검토

- $2H+\sqrt{2}\times D\geq B\geq D$ = $2\times 110\sqrt{2}\times 220$ = $421.13\geq 400\geq 220$ ·············· OK
- $H\geq D/2$ = $110\geq 11.00$ ·· OK

② 두께 검토

- t_a = $\{2\times P\times(d-d_1)\}/(K_2\times d\times d_1)$ = $0.1\text{cm}\leq t+t_1\times 2$ = 0.7 ·············· O.K
- t_b = $P/\{2\times \tau_a\times(dd-d)/_2\}$ = $0.2\text{cm}\leq t+t_1\times 2$ = 0.7 ····················· O.K
- t_c = $3\times P/\{(2\times \sigma_a(dd-d)/2\}$ = $0.3\text{cm} \leq t+t_1\times 2$ = 0.7 ··················· O.K
- t_d = $1/(B\times \sigma_a)\times\{P_V+6\times P_H\times H/B\}$ = $0.0\text{cm}\leq t+t_1\times 2$ = 0.7 ············· O.K

③ LUG 용접부 검토 – 모살(필렛) 용접

a = 56.57cm, A = 7542.48cm^2, I = 2955.27cm^4, M = 3186.00kg·cm

- 휨응력 검토

  $\sigma = P_V/A \pm M/I \times B/2$ = 25.52kg/cm^2

  or 9.84kg/cm$^2 \leq \sigma_a$ = 660.27kg/cm^2 ······ OK

- 전단응력 검토

  $\tau = P_h/A$ = 4.75kg/cm$^2 \leq \tau_a$ = 660.27kg/cm^2 ······ OK

- 조합응력 검토

  $(\sigma/\sigma_a)^2+(\tau/\tau_a)^2$ = 0.01≤1.20 ······ OK

④ 본체 용접부 검토 – 모살(필렛) 용접

a = 56.57cm, A = 7542.48cm^2, I = 2955.27cm^4, M = 3186.00kg·cm

- 휨응력 검토

  $\sigma = P_V/A \pm M/I \times B/2$ = 25.34kg/cm^2

  or 9.77kg/cm$^2 \leq \sigma_a$ = 660.27kg/cm^2 ······ OK

- 전단응력 검토

  $\tau = P_h/A$ = 4.72kg/cm$^2 \leq \tau_a$ = 660.27kg/cm^2 ······ OK

- 조합응력 검토

  $(\sigma/\sigma_a)^2+(\tau/\tau_a)^2$ = 0.01≤1.20 ······ OK

08 P.S.C[1]부재 양중지점 결정

PSC가 적용된 부재(MRS, HCS, PSC 빔)는 PS(Pre-Stress)가 적용되지 않은 기존 부재와 달리 톱핑 콘크리트(Topping Concrete)가 타설되고 하중이 적용되었을 때 안정이 유지되도록 설계되어 있어, 톱핑 콘크리트가 타설되기 전 까지는 불안정성을 가지고 있으므로 부재의 야적 및 설치를 위한 양중시 각별한 주의가 필요하다.

8.1 PSC 부재의 특성

1) PS가 적용된 부재에서 PS의 역할

PSC에서 PS는, 고강도 강연선으로 부재에 미리 압축력을 가하는 것으로 사용중에 발생하는 인장력을 상쇄시켜 하중에 의한 균열을 예방하고 처짐저감, 부재 경량화, 장스판을 구현한다.

2) PC부재와 PSC부재의 Topping Con'c 타설 전 부재내부 응력 상태 비교

그림 11-17과 같이 하프슬래브(H/S), 일반 PC보와 같은 PC부재는 길이의 1/4 지점에 받침대나 양중 포인트를 위치시키는 것이 부재에 발생되는 응력을 최소화 시키지만, 그림 11-18과 같이 하부에 배치된 강선으로 인하여 상부에 큰 인장력을 받고 있는 PSC부재는 지점이나 받침대의 위치가 안 쪽으로 이동될수록 상부의 응력이 증가되어 균열이 발생 될 우려가 높아진다.

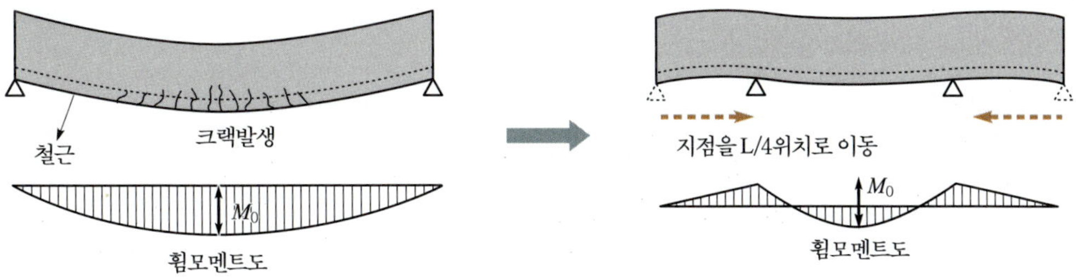

그림 11-17 일반 P.C부재 양중

1) PSC : Pre-Stress Concrete

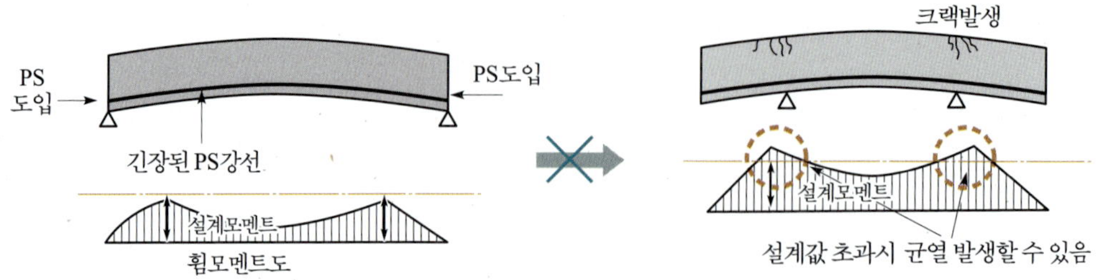

그림 11-18 PSC부재 양중

8.2 PSC부재 양중 및 보관시 지점 위치

■지점위치 및 양중포인트 영향

2개의 슬링와이어를 결속하여 양중시 PSC부재는 양중포인트의 PS편심에 의한 인장력과 캔틸레버보 자중에 따른 인장력이 동시에 작용하게 된다. 이때 양중 포인트를 부재 중앙부로 이동시킬수록 PS편심에 의한 부재 상부 인장력에 추가되는 캔틸레버보 자중에 의한 상부 인장력이 증대되어 위험한 상황을 발생시킨다.

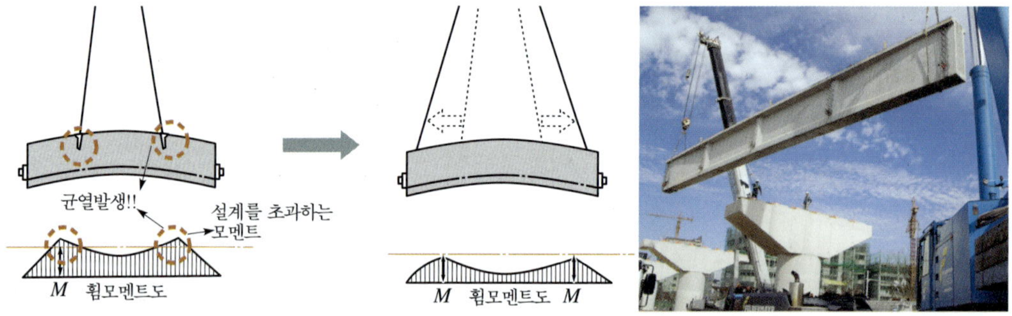

(a) 중간지점양중(×) (b) 단부지점 양중(늦)

그림 11-19 PSC 부재의 양중지점과 모멘트 변화

8.3 PSC부재 양중 및 야적시 주의사항

PSC부재는 야적·보관 및 이동 시의 양중지점은 최대한 단부 끝단 쪽에 위치시켜 다루어야 한다. 통상 부재 끝단에서 300mm 이내 지점을 야적 및 양중지점으로 하는게 좋다.

■ PSC 부재 형상

MRS(Mulit Ribbed Slab)	HCS(Hollow Core Slab)	PSC 보
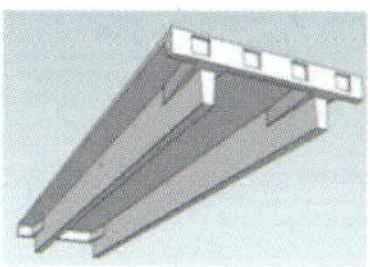 	 	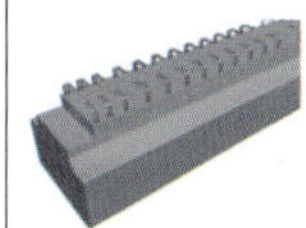 

참고자료 : 프리캐스트 프리스트레스트 콘크리트 구조설계 핸드북 5판

그림 11-20 PSC 부재의 종류

09 아웃트리거 최대반력 계산사례

9.1 검토조건

- 크레인 모델 : LTM1090(90톤)

  크레인 작업시 중량 : 크레인 자중(48톤) + 매달린 하중(30톤)

9.2. 아웃트리거 반력 계산

가. 간략한 계산(충격하중 30%반영)

- 아웃트리거접지압 $= (\frac{\text{크레인중량}}{4} + \text{매달기하중}) \times 1.3 = (\frac{48}{4} + 30) \times 1.3 = 54.6\text{tf}$

나. 경험식(식 6.2 참조)

- 아웃트리거접지압 $= (\text{크레인중량} + \text{매달기하중}) \times 70\% \times 1.3 = (48+30) \times 0.7 \times 1.3 = 71\text{tf}$

다. 역학적 계산

※ 그림 11-21과 같이 크레인의 작업방향을 고려하여 모멘트를 적용함

■ 후방작업 기준

• 아웃트리거접지압 = $(\frac{\text{크레인중량}}{4} + \text{매달기하중}) \times 1.3 = (\frac{48}{4} + 1.23P) \times 1.3 = 63.6\text{톤}$

여기서, 매달기하중은(그림 11-21)

• 매달기하중 $= \frac{P}{4} + (P \cdot e_x) \cdot \frac{Y_y}{I_y} + (P \cdot e_y) \cdot \frac{Y_x}{I_x}$

$$= \frac{P}{4} + (P \times 4.25) \cdot \frac{4.25}{4.25^2 \times 4} + (P \times 10.23) \cdot \frac{3.5}{(3.5^2 \times 4)}$$

$$= 0.25P + 0.25P + 0.73P = 1.23P$$

■ 전방작업 기준

• 아웃트리거접지압 = $(\frac{\text{크레인중량}}{4} + \text{매달기하중}) \times 1.3 = (\frac{48}{4} + 0.73\text{P}) \times 1.3 = 44.1\text{톤}$

여기서, 매달기하중은

• 매달기하중 $= \frac{P}{4} - (P \cdot e_x) \cdot \frac{Y_y}{I_y} + (P \cdot e_y) \frac{Y_x}{I_x}$

$$= \frac{P}{4} - (P \times 4.25) \cdot \frac{4.25}{4.25^2 \times 4} + (P \times 10.23) \cdot \frac{3.5}{(3.5^2 \times 4)}$$

$$= 0.25P - 0.25P + 0.73P = 0.73P$$

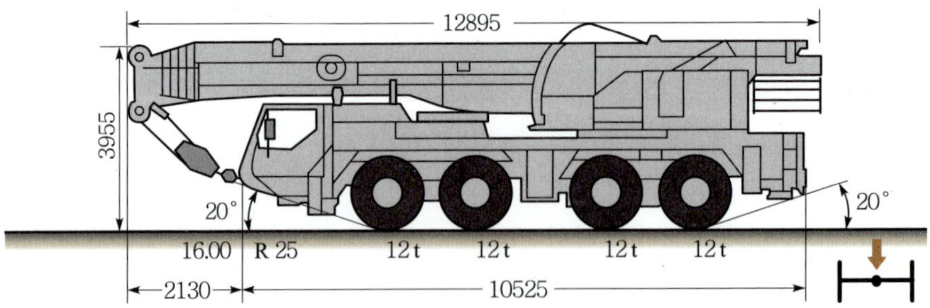

그림 11-21 90톤급 크레인(LTM1090)

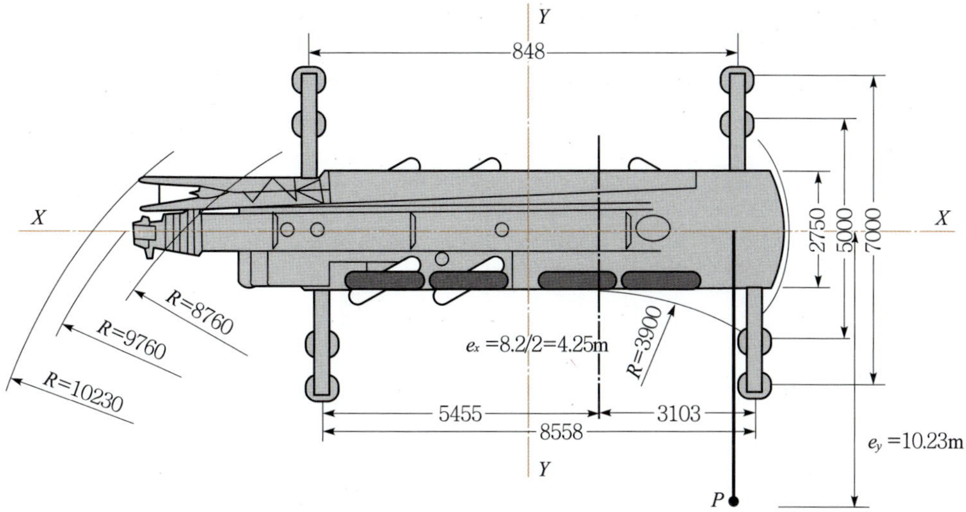

그림 11-21 90톤급 크레인(LTM1090)

9.3 아웃트리거 반력계산 결과비교

앞서 검토한 아웃트리거 반력계산 결과 (9.2의 나항에서) 검토한 내용이 가장큰 반력 값 71톤을 나타낸 것을 알 수 있다. 따라서 이 반력값을 기준으로 지반을 검토하여 작업을 진행하면 된다.

10 크레인의 아웃트리거 하부 받침검토

10.1 목재 받침사용시

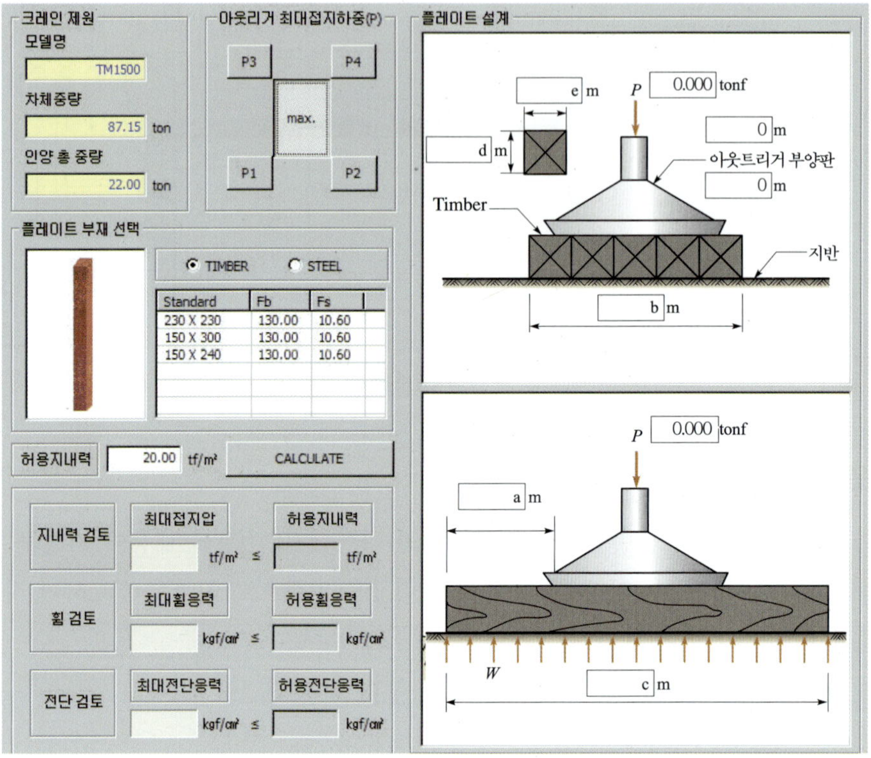

그림 11-22 아웃트리거 하부 받침(목재)

■ 주요 계산식

1) 지내력 검토 $q = \dfrac{P}{b \times c} \leqq q_a$ ·· O.K

P : 최대반력, q_a : 허용지내력

2) 휨 검토 $M = \dfrac{qba^2}{2}$

$f = \dfrac{3qa^2}{d^2} \leqq f_b$ ·· O.K

M : bending Moment, f : Bending Stress, f_b : 부재의 허용휨응력

3) 전단 검토 $v = \dfrac{1.5q \cdot a}{d} \leq f_s$ ······································ O.K

v : The horizontal shear stress, f_s : 부재의 허용전단응력

■ 보조 계산식

1) 단변방향 길이 b

$b = e \times n \leqq f_\ell \times n = f_\ell / e$

f_ℓ : 아웃트리거 부양판 크기, n : 부재 사용 갯수

2) 장변방향 길이 c

$c = \dfrac{P/q \cdot a}{b}$

3) 부재 끝단에서 부양판 끝단까지의 길이 a

$a = (c - f_\ell)/2$

(참조 : Cranes and Derricks, McGraw-Hill)

10.2 강재받침 사용시

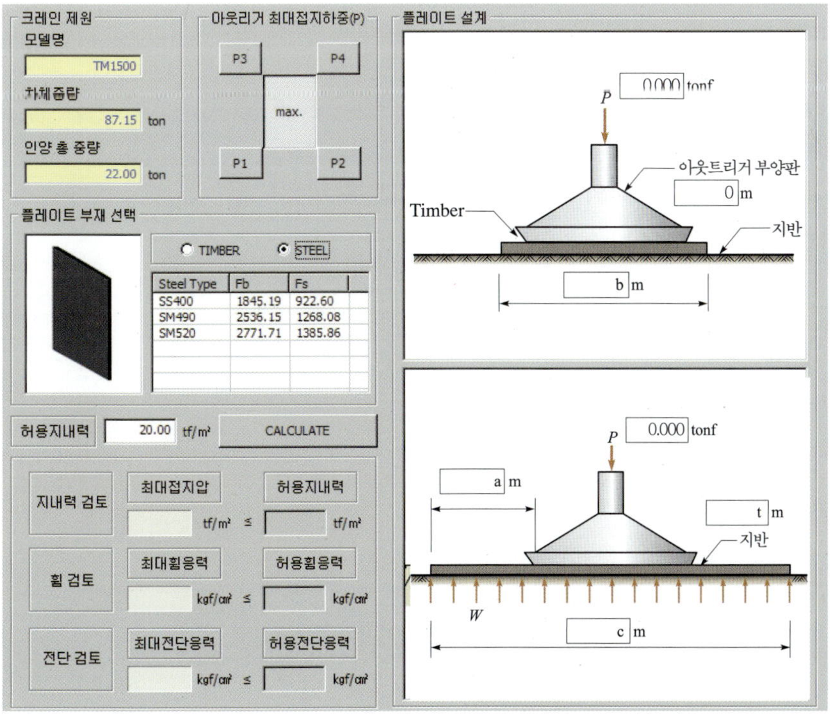

그림 11-23 아웃트리거 하부 받침(철판)

■ 주요 계산식

1) 지내력 검토 $q = \dfrac{P}{bc} \leqq q_a$ ······ O.K

P : 최대반력, q_a : 허용지내력

2) 휨 검토 $M = \dfrac{qba^2}{2}$

$f_1 = \dfrac{3qa_1^2}{t^2} \leqq f_b$ ······ O.K

$f_2 = \dfrac{3qa_2^2}{t^2} \leqq f_b$ ······ O.K

M : bending Moment, f_1 : 단변방향 Bending Stress,

f_2 : 장변방향 Bending Stress, f_b : 부재의 허용휨응력,

a_1 : 단변방향, a_2 : 장변방향, t : 부재의 두께

3) 전단 검토 $v_1 = \dfrac{1.5qa_1}{t} \leqq f_s$ ······ O.K

$v_2 = \dfrac{1.5qa_2}{t} \leqq f_s$ ······ O.K

v_1 : 단변방향 전단응력(horizontal shear stress)

v_2 : 장변방향 전단응력(horizontal shear stress)

f_s : 부재의 허용전단응력

■ 보조 계산식

– 1차 계산은 정방형 형태의 Plate로만 계산되도록 함.

1) 단변/장변방향 길이 b/c

$b=\sqrt{\dfrac{P}{q_a}}$

$b=c$, b or $c \geqq f_\ell$ ······ O.K

f_ℓ : 아웃트리거 부양판 크기

2) 부재 두께 t

$t_1=\sqrt{\dfrac{3qa^2}{f_b}}$ $t_2=\sqrt{\dfrac{3qa_2^2}{f_b}}$

그러므로, t_1과 t_2 중 큰 값으로 사용

(참조 : Cranes and Derricks, McGraw–Hill)

■ 강재받침 적용사례

1. 기본정보

•모델명 : LTM1160
•차체중량 : 60tf + 50tf(CWT)
•인양 총 중량 : 37tf
•접지하중(P) : 102.9tf
•허용지내력(q_a) : 20tf/m²

2. 플레이트 설계 - SS330

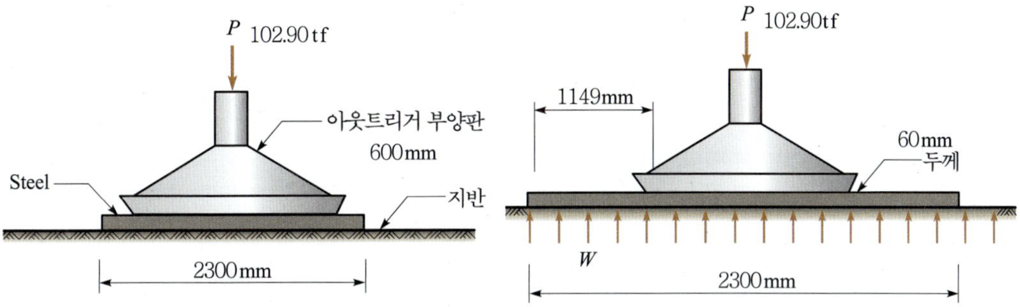

그림 11-24 아웃트리거 (철판사용)

3) 검토결과

① 지내력 검토

q = P/bc = 102.960tf/(2,300m×2,300m)

= 19.45tf/m²≤20.00 ·· O.K

② 휨 검토

f = (3×q×a²)d² = (3×1.945kgf/cm²×(114.9cm)²/(6.0cm)²

= 1171.16kgf/cm² ≤ f_b = 1193.08kgf/cm² ······························ O.K

③ 전단 검토

v = 1.5×q×a/d = (1.5×1,945kgf/m²×114.9cm)/6.0cm

= 41.34kgf/cm²≤f_s = 735.73kgf/cm² ·································· O.K

11 슬라브상부 크레인작업 사례 1

11.1 검토조건

1) 크레인 모델 : 300톤급 유압식 크레인(LTM1300)

2) 검토목적 : 주행시 및 작업시의 슬라브의 안전성검토

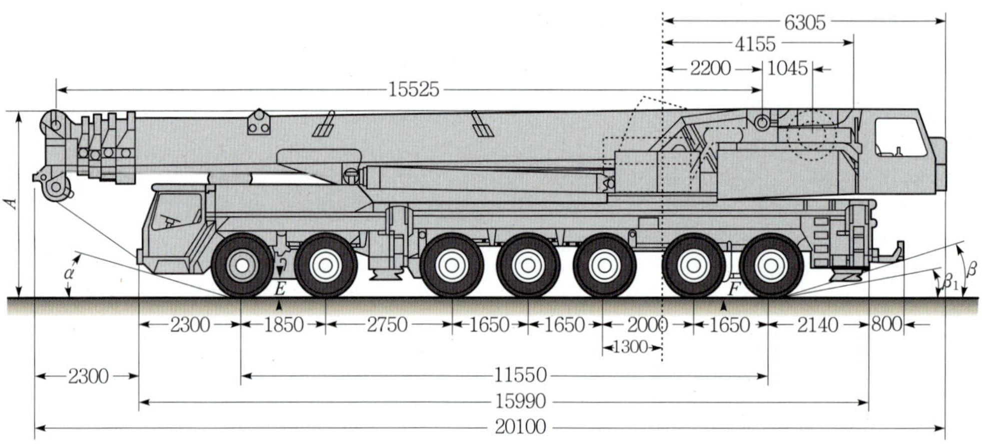

그림 11-25 300톤급 크레인

11.2 주행시

1) 차체중량 : 84톤(7축×12톤, 카운터 웨이트 제외)

2) 슬라브 상부 접지면적(타이어기준)

- 길이 : 14.35m(11.55 + 1.4 + 1.4), 폭 : 5.812m

3) 슬라브 상부 설계 적재하중 : 2.965t/m^2(토사 중량 미고려함)

4) 기계실 상부 접지압 계산

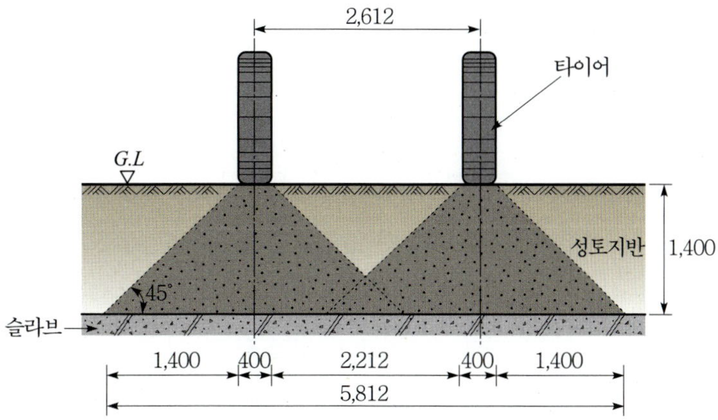

그림 11-26 타이어 하부 하중분포

$$W = \frac{84}{(14.35 \times 5.812)} = 1.01\,t/m^2$$

타이어로 이동시의 접지압(W = 1.01t/m^2)은 슬라브 적재허용하중(2.965t/m^2) 이내 이므로 별도의 보강없이 이동가능함.

11.3 작업시

1) 차체중량 : 203톤(차체 84t + 카운터 웨이트 90t + 지브 13t + 양중 16t)
2) 슬라브 상부 접지면적(아웃트리거 기준)
   - 하부 받침 철판 사용(1m×1m) : 3.8m×3.8m = 14.44m^2

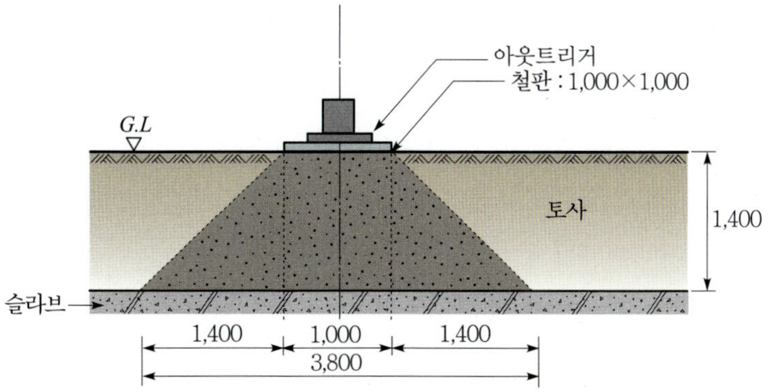

그림 11-27 아웃트리거 하중 분포

3) 아웃트리거 최대하중 : 간략식 활용 → 상부하중의 70%적용
아웃트리거 최대반력 P = 203×70% = 142톤

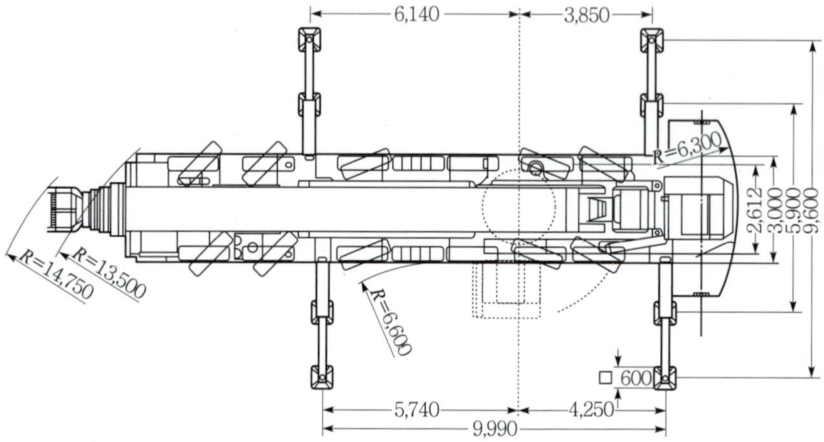

그림 11-28 300톤 크레인 평면도

4) 슬라브 상부 접지압 검토(아웃트리거 하부)

$$W = \frac{142}{(3.8 \times 3.8)} = 9.83\text{t/m}^2$$

아웃트리거 사용시 접지압(W = 9.83t/m²)은 슬라브 적재허용하중(2.965t/m²)을 초과하므로 별도의 보강이 필요함.

11.4 슬라브 보강검토

1) 슬라브 상부 보강이 필요한 접지압 : W= 9.83−2.965 = 6.87t/m²
2) 1개소당 아웃트리거의 보강필요 하중 : p= 6.87t/m²×(3.8m×3.8m) = 99t
3) 사용가능한 Jack Support의 허용하중 : 30t
4) 보강이 필요한 Jack Support의 수량

$$n = \frac{99}{30} = 3.3 \rightarrow \therefore \text{ 4개사용}$$

※ 슬라브 하부에 그림 11-29와 같이 Jack Support 4개를 사용하고, 수평 연결재를 4m이내마다 체결한다.

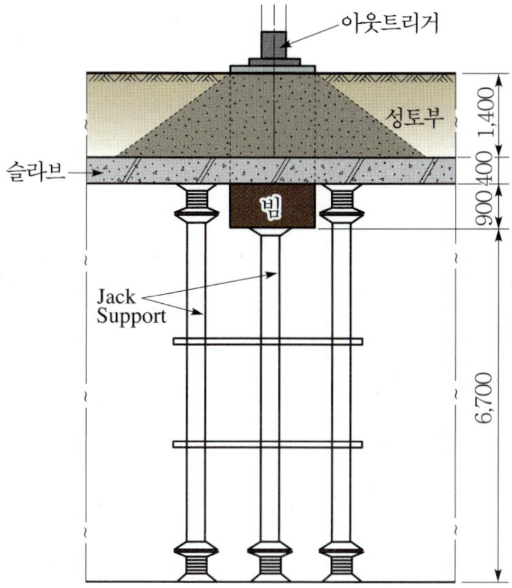

그림 11-29 슬라브 하부 받침

12 슬라브상부 크레인작업 사례 2

12.1 검토조건

1) 크레인 제원 : 160톤급 유압식 크레인(LTM1160)
2) 검토내용 : 작업시 슬라브 상부 안전성 검토
3) 양중물 무게 : 5톤
4) 아웃트리거 받침철판 : 1.2m×1.2m

12.2 슬라브의 허용 적재하중(토사중량포함) : 3.045t/m^2

12.3 크레인 이동시

크레인 이동시에는 슬라브의 허용 적재하중이내 이므로 보강없이 이동가능함.

12.4 아웃트리거 최대반력

1) 크레인 작업시 : 중량 100톤(크레인 60t+카운터 웨이트 35t+양중 5t)

2) 최대 접지반력(경험식 활용, P) : 100t×0.85×0.5×1.5 = 63.75tf

12.5 크레인 작업시

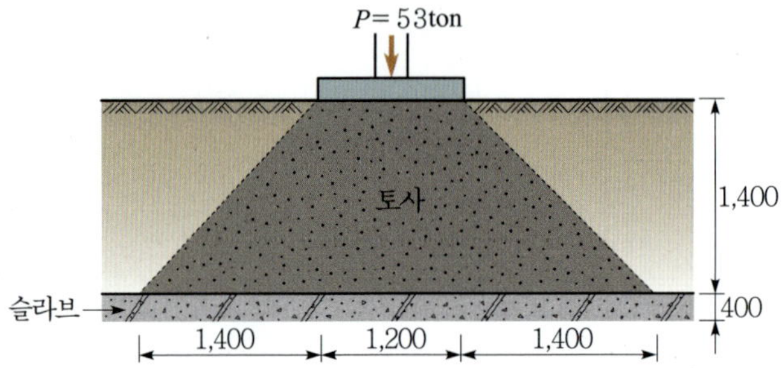

그림 11-30 아웃트리거 하부보강

1) 아웃트리거 받침(1.2m)만 사용시

• 분포면적 A = (1.4+1.2+1.4)×(1.4+1.2+1.4) = 16m²

• 접지압 = $\frac{P}{A} = \frac{63.75}{16}$ = 3.98tf/m² > 허용적재하중 = 3.045tf/m² ··············· N.G

2) 아웃트리거 받침 하부에 철판 사용시(2m×2m)

• 분포면적 A = (1.4+2+1.4)×(1.4+2+1.4) = 24.04m²

• 접지압 = $\frac{P}{A} = \frac{63.75}{24.04}$ = 2.65tt/m² < 허용적재하중 = 3.045tf/m² ··············· O.K

13 크롤러크레인의 공동구 상부작업

13.1 작업조건

1) 크롤러크레인 150톤급(KOBELCO 7150)
2) 작업시 : 차제중량(약 200톤)
3) 크롤러의 슈(길이×폭) → 7.17m×1.07m
4) 슬라브의 허용적재하중 : 3.0tf/m²
5) 검토할 내용 : 공동구 상부에서 작업시 안전성

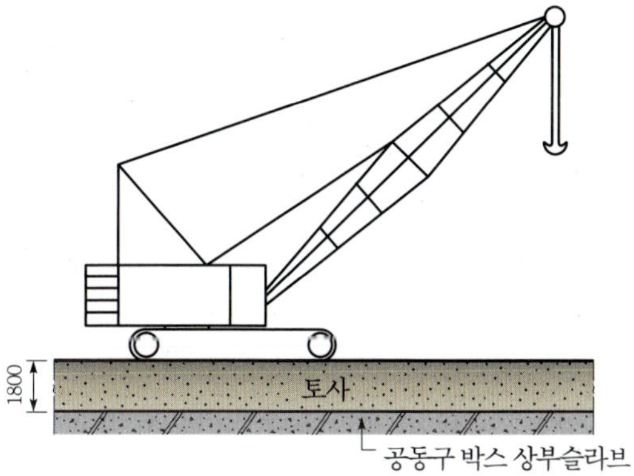

그림 11-31 크롤러크레인

13.2 크레인의 접지압 계산

1) 붐의 위치가 전방으로 30도 비스듬이 있을 경우(최대 반력 발생)
   a) 접지압 계산

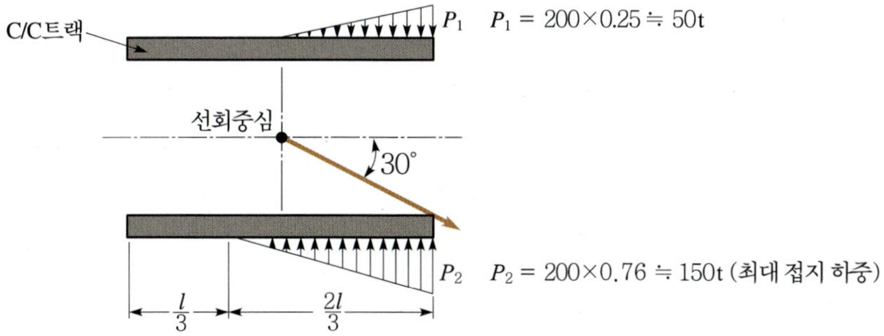

그림 11-32 30도 작업시 지내력 분포

b) 공동구 작업 검토

• 공동구 상부의 접지면적 : 4.63m×8.38m

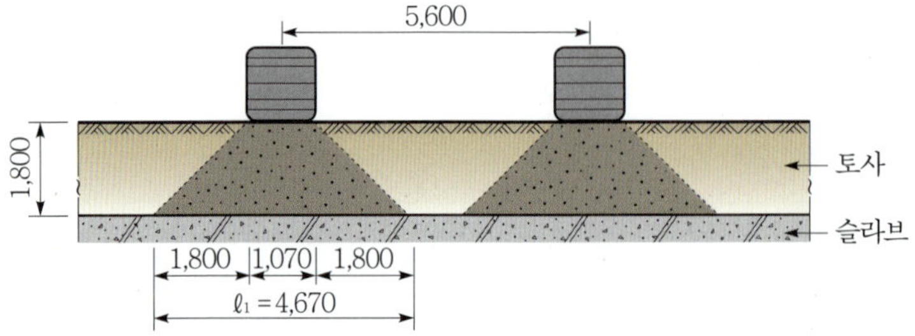

그림 11-33 공동구 상부 접지면적 분포

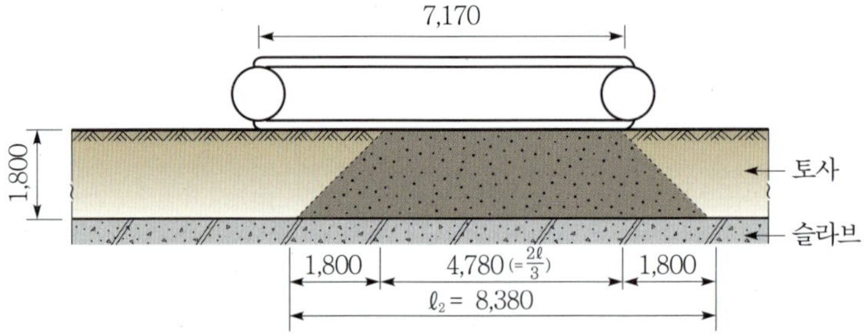

그림 11-34 공동구 상부 접지압

• 공동구 상부의 접지압

$$W = \frac{P}{A} = \frac{150\text{tf}}{(4.68\text{m}\times 8.38\text{m})} = 3.83\text{tf/m}^2 > 30\text{tf/m}^2(\text{슬라브 허용하중}) \cdots\cdots\cdots\cdots \text{N.G}$$

2) 붐의 위치가 측방으로 있을 경우

a) 접지압 검토

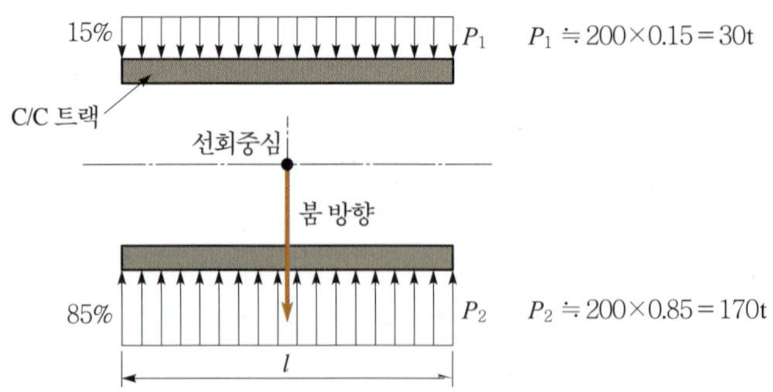

그림 11-35 측방 작업시 지내력 분포

b) 공동구 검토

• Crawler 공동구 상부의 접지면적

폭 : ℓ_1 = 4.67m

길이 : ℓ_2 = 1.8+7.17+1.8 = 10.77m

• 공동구 상부 접지압

$$W = \frac{P}{A} = \frac{178tf}{(4.67m \times 10.77m)} = 3.54t/m^2 > 3.0t/m^2(\text{슬라브 허용하중}) \cdots\cdots \text{N.G}$$

3) 붐의 위치가 전방으로 있을 경우

a) 접지압 분포

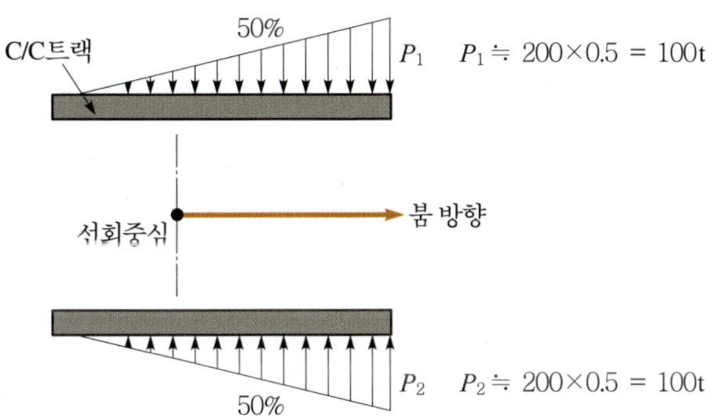

그림 11-36 전방 작업시 지내력 분포

b) 공동구 검토

• Crawler 공동구 상부 접지면적

폭 : ℓ_1 = 4.67m

길이 : ℓ_2 = 8.38m

• 공동구 상부 접지압

$$W = \frac{P}{A} = \frac{100tf}{(4.67m \times 8.38m)} = 2.56t/m^2 < 3.0t/m^2 \cdots\cdots \text{O.K}$$

∴ Boom의 위치가 전방기준 $\theta ≒ 15°$ 이내에서만 작업 가능

14 카고크레인의 접지압 산출 사례

카고크레인(Cargo Crane)으로 작업할 경우 주행 및 작업시의 접지압을 산출하면 다음과 같다.

14.1 주행시

주행시의 최대접지하중은 덤프트럭과 마찬가지로 전륜과 후륜에 2 :8의 하중이 분포된다고 가정한다.

후륜 1개소당 최대 접지하중 $P = 0.8W \times \frac{1}{4} = 0.2W = 0.2 \times 23.2 = 4.64\text{ton}$

여기서, W는 카고크레인의 차체중량(23.2ton)이다.

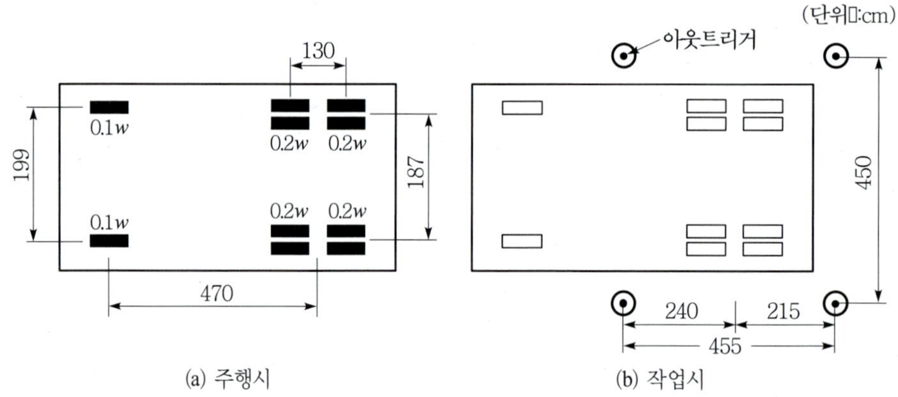

그림 11-37 카고크레인의 접지압(예)

14.2 작업시

작업시의 최대 접지하중은 크레인과 마찬가지로 붐의 위치에 따라 변하게 되며 붐에 가까운 아웃트리거에 최대 반력이 작용하게 된다.

붐길이 10m, 작업반경 5.5m, 인양하중 12.95톤 일때의 아웃트리거 최대하중 P는 다음과 같이 구할 수 있다.(제6장 참고)

1) 약산식 적용(식 6.1)

- P = (자체중량+인양하중)×70%적용
- $P = (23.2t + 12.95t) \times 0.7 \fallingdotseq 25.2\text{ton}$

2) 계산식 적용(식 6.6)

$$P = \frac{23.2}{4} + \frac{12.95}{4} + \frac{(12.95 \times 5.5)}{4.5\sqrt{2}} \fallingdotseq 20.2\text{tf}$$

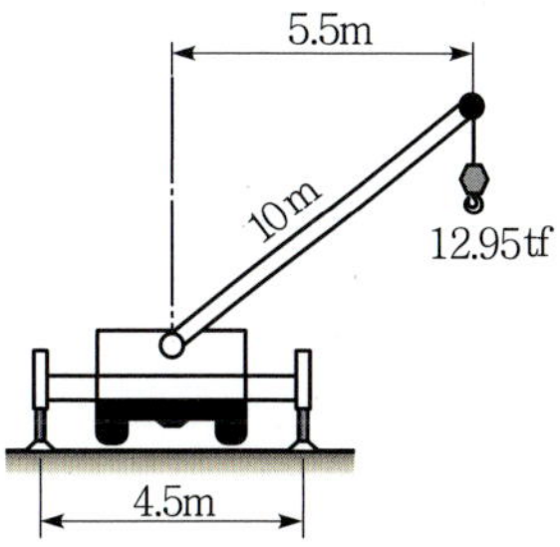

15 항타기 작업장의 지반개량 사례

15.1 검토조건

가) 장비모델 : 3점식 항타기(DH 608-120M)

나) 최대접지압 31.37t/m²(제6장 참고)

다) 지반조건

a) 토질 : 점성토

b) 점착력(C) 및 N값(역학시험 및 SPT로부터 산출)

- $C = 0.68\text{t/m}^2$
- $N = 3$

3점식 항타기

라) 원지반 지내력 q_a

- $q_a = \frac{2}{3}(\alpha \times C \times N_c + \beta \times \gamma \times B \times N_r)$

여기에서 α, β는 기초 형상계수(표 15-1 참조), C는 점착력, γ는 지반의 단위중량, B는 기초폭, N_c, N_r은 지지력계수이다.

표 11-5 Terzaghi의 기초형상계수(구조물 기초설계기준, 2009)

형상계수	연속기초	원형기초	정사각형기초	직사각형기초
α	1.0	1.3	1.3	1+0.3(B/L)
β	0.5	0.3	0.4	0.5−0.1(B/L)

항타장비는 직사각형 기초로 볼 수 있으므로

$$\alpha = 1+0.3\frac{B}{L},\ \ \beta = 0.5-0.1\frac{B}{L}$$

따라서 $\alpha = 1.0+(0.3\times\frac{1.5}{2.0}) = 1.225$, $\beta = 0.5-(0.1\times\frac{1.5}{2.0}) = 0.425$이다.

여기서, 깔철판이 1.5m×6m이므로 B = 1.5m이고, 캐터필러 폭 a = 0.8, 분산율 η = 0.4를 적용할 때

$$L = a \times \frac{1}{\eta} = 0.8 \times \frac{1}{0.4} = 2.0\text{m}$$가 된다.

또한, 지지력계수는 TerZaghi의 지지력 계수(그림 11-38)로 부터 얻을 수 있다.

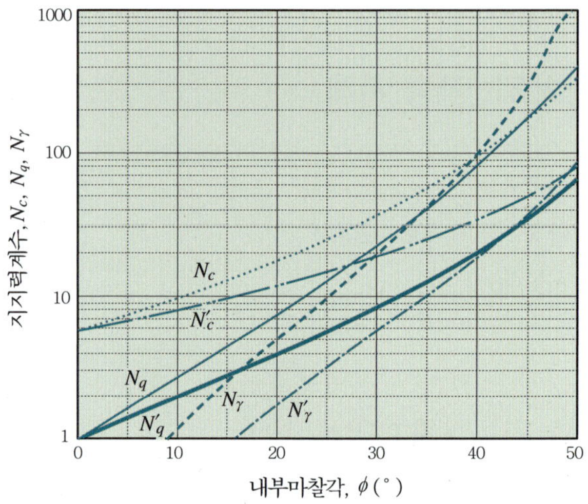

N_c, N_q, N_γ : 전반전단파괴에 대한 지지력계수
N'_c, N'_q, N'_γ : 국부전단파괴에 대한 지지력계수

그림 11-38 Terzaghi의 지지력 계수(전반전단파괴/국부전단파괴)

지반조건이 점성토(ϕ = 0)이므로

- 지지력 계수(N_c) = 5.3
- 지지력 계수(N_r) = 0

따라서 q_a는 $q_a = \frac{2}{3}(1.225 \times 0.68 \times 5.3 + 0) = 2.94\text{t/m}^2$이 된다.

※ 일반적으로 허용지지력은 극한지지력의 1/3을 적용하나 장비하중은 단기하중으로 가정하여 2/3를 적용한다.

마) 크레인 반력과 원지반 지내력 비교

제6장(식 6.60, 표 6. 7)크롤러 장비의 깔철판 하중분산표에서 η = 0.4를 적용한 항타기가 필요한 지내력 q는 다음과 같다.

$q = P_{max} \times 0.4 = 31.37 \times 0.4 = 12.55(t/m^2)$

위 라)항에서 산출된 원지반 허용 지내력은 q_a=2.94t/m²이므로

$q > q_a$가 되어 원지반의 지내력이 부족하기 때문에 지반개량을 필요로 한다.

바) 지반개량의 두께 산정(보스톤 빌딩법 적용)

지반 반력의 전달 분산각도를 45° 로 하고 깔철판으로 부터의 하중을 개량층 안에서 원지반 지내력 이하까지 분산시키도록 한다.

이 분산압 q' 는(식 6.64 참조)

$q' = \dfrac{q \cdot B \cdot L}{(B+2Z)(L+2Z)} \leq 2.94t/m^2$가 되므로

여기서, B : 깔철판의 폭 1.5m,

L : 분산율을 고려한 깔철판의 길이 2.0m(= $a \times \dfrac{1}{\eta}$)

Z : 지반개량 두께(m)

q : 항타기가 필요한 철판하부 지반반력 : 12.55t/m²

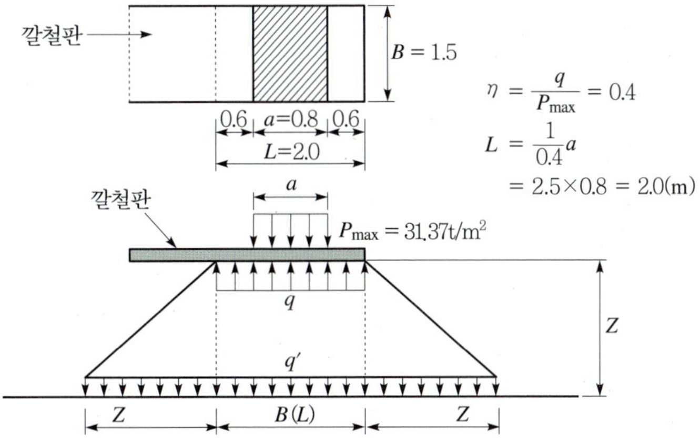

그림 11-39 접지압 분포

따라서 $q' = \dfrac{12.55 \times 1.5 \times 2.0}{(1.5 + 2 \times Z)(2.0 + 2 \times Z)} \leqq 2.94$

$$37.65/(4Z^2 + 7Z + 3.0) \leqq 2.94$$

$$4Z^2 + 7Z - 9.8 \geqq 0$$

$$Z \geqq 0.912\text{m} = 1.0\text{m}$$

∴ 지반개량 두께는 1.0m 이상으로 한다.

사) 지반개량 공법 검토(표층혼합처리공법적용)

일반적으로 원지반의 지내력이 5t/m²이하일 경우에는 표층혼합처리공법을 적용하는게 효과적이다.

a) 필요한 개량강도 산출

$$q_a' = \frac{2}{3}(\alpha \times C \times N_c + \beta \times B \times \gamma \times b \times N_r) \geq q$$

$$= \frac{2}{3}(1.225 \times C(= \frac{q_u}{2}) \times 5.3 + 0)$$

$$= \frac{2}{3}(1.225 \times \frac{q_u}{2} \times 5.3 + 0)$$

$$= 2.16q_u \geqq 12.55(\text{t/m}^2)(\text{안정조건})$$

$$\therefore \ q_u \geqq \frac{12.55}{2.16} = 5.8\text{t/m}^2 \fallingdotseq 6.0\text{t/m}^2$$

b) 안정조건에 따른 현장필요 개량강도(q_u)

- 현장필요 일축압축강도 : $q_u = 5.8\text{t/m}^2 \fallingdotseq 6.0\text{t/m}^2$
- 실내 배합강도 : $q_{ul} = 6.0 \times 2 = 12\text{t/m}^2$
- 현장필요 개량강도 : $q_u = \dfrac{\text{실내강도}(q_{ul})}{2}$

※ 현장과 실내의 조건 및 지반 개량의 편차 등을 고려하여 $q_u = \lambda \cdot q_{ul}$에서 λ는 경험적으로 1/2을 적용한다.

16 크롤러크레인 작업장의 지반개량 검토 사례

16.1 검토조건

가) 크롤러크레인 50톤

나) 최대 접지압 산출 $52t/m^2$(제6장 참조)

다) 지반조건

a) 토질 : 점성토

b) 점착력(C) 및 N값(역학시험 및 SPT로부터 산출)

- $C = 2.25t/m^2$
- $N = 3$

라) 원지반 지내력(q_a)

- $q_a = \frac{2}{3}(\alpha \times C \times N_c + \beta \times \gamma \times B \times N_r)$

여기에서 α, β 는 기초형상계수(표 15-1 참조)

크롤러크레인은 직사각형 기초로 볼 수 있으므로

- $\alpha = 1 + 0.3\frac{B}{L}$
- $\beta = 0.5 - 0.1\frac{B}{L}$

따라서 $\alpha = 1.0 + (0.3 \times \frac{1.5}{2.0}) = 1.225$, $\beta = 0.5 - (0.1 \times \frac{1.5}{2.0}) = 0.425$이다.

여기서, 깔철판이 $1.5m \times 6m$이므로 $B = 1.5$이고, $a = 0.8$, $\eta = 0.4$를 적용하면

$L = a \times \frac{1}{\eta} = 0.8 \times \frac{1}{0.4} = 2m$가 된다.

지지력계수는 그림 11-38로 부터 지반조건이 점성토(ϕ=0) 이므로

- 지지력 계수(N_c) = 5.3
- 지지력 계수(N_r) = 0

따라서 q_a는 $q_a = \frac{2}{3}(1.225 \times 2.25 \times 5.3 + 0) = 9.74 t/m^2$이 된다.

※ 일반적으로 허용지지력은 극한지지력의 1/3을 적용하나, 장비하중은 단기하중으로 가정하여 2/3를 적용한다.

마) 크레인 반력과 원지반 지내력 비교

제6장(표 6-7) 크롤러 장비의 깔철판 하중분산표에서 η = 0.4를 적용했을 때 크롤러크레인이 필요한 철판하부의 지반 반력(q)는 다음과 같다.

- $q = P_{max} \times 0.4 = 52 \times 0.4 = 20.8 t/m^2$
- 원지반 지내력은 $q_a = 9.74 t/m^2$이다.

따라서 $q > q_a$가 되어 원지반의 지내력이 부족하여 지반개량을 필요로 한다.

바) 지반개량의 두께 산정(보스톤 빌딩법 적용)

지반반력의 전달 분산각도를 45° 로 하고 깔철판으로부터의 하중을 개량층 안에서 원지반 지내력 이하로까지 분산시키도록 한다.

개량된 지반의 분산지내력 q' 는 다음과 같다.

- $q' = \dfrac{q \cdot B \cdot L}{(B + 2Z)(L + 2Z)} \leq 9.74 t/m^2$

여기서, b : 깔철판의 폭 1.5m

L : 분산율을 고려한 깔철판의 길이 2.0m($= a \times \dfrac{1}{\eta}$)

Z : 지반개량 두께(m)

q : 크레인 필요 지내력 20.08t/m²

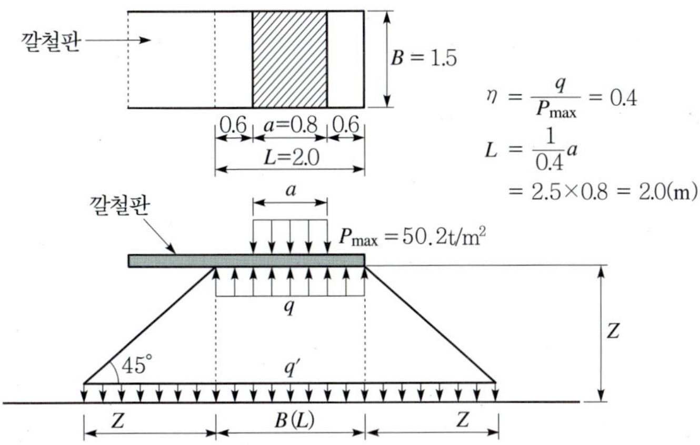

그림 11-40 접지압 분포

따라서 $q' = \dfrac{20.8 \times 1.5 \times 2.0}{(1.5 + 2 \times Z)\ (2.0 + 2 \times Z)} \leqq 9.74$

$$\frac{62.4}{(4Z^2 + 7Z + 3.0)} \leqq 9.74$$

$$4Z^2 + 9Z - 3.4 \geqq 0$$

$$Z \geqq 0.40m$$

∴ 지반개량 두께는 40cm 이상으로 한다.

사) 지반개량 공법 선정

일반적으로 원지반의 지내력이 $5t/m^2$보다 클 경우에는 표층치환처리 공법을 시공하는게 효과적이다.

아) 필요한 개량강도(q'_a) 산출

쇄석(0~40mm)으로 치환하고, 타이어 롤러(8.5T급) 및 진동롤러로 충분하게 전압하여 지반강도를 확보한다.

- $q'_a = \frac{2}{3}(\alpha \times C \times N_c + \beta \times \gamma \times b \times N_r)$

여기에서 C(점착력) = 0, β(형상계수) = 0.4, γ(지반의 단위체적 중량) = $1.85t/m^2$,
b(하중면의 최소치수) = 0.9m
Nr(지지력계수)이므로 다음과 같이 표현할 수 있다.

$$\bullet q'_a = \frac{2}{3}(0 + 0.4 \times 1.85 \times 0.9 \times N_r)$$

$$= 0.44N_r \geq 20.8\text{t/m}^2(\text{안정조건})$$

$$\therefore N_r = 47.3$$

상기조건에 의해 필요한 개량강도의 지지력계수(N_r)은 그림 11-38을 참고하여 내부 마찰각($\phi = \sqrt{20 \cdot N} + 15 \geq 37°$)* 을 구하고 N값을 산출할 수 있다.

$$\bullet \phi = \sqrt{20 \cdot N} + 15 \geq 37$$

$$\therefore \sqrt{N} \geq \frac{37-15}{\sqrt{20}} \Rightarrow N \geq 24.2 \fallingdotseq 25$$

※ 즉, 쇄석으로 치환할 경우 N값은 25 이상을 만족하도록 하여야 하며 치환 깊이는 0.4m 이상을 하여야 안정성을 확보할 수 있다.

* 출처 : 신편 토와 기초의 설계 계산연습(p. 19), 일본지반공학회, 2000.

17 경사면상부 크레인 작업시 안정성 검토 사례

17.1 아웃트리거 하중인 경우

경사면 상부 크레인 작업

가) 검토조건

a) 법면높이 : 경사높이 2m, 경사구배 : 1 :2

b) 토질조건

- 점성토 N값 = 5
- 점착력 Cm = 3.5t/m²
- 단위체적중량 γ_d = 1.7t/m³

c) 하중조건

- 플로터 형상(아웃트리거 하부) : 0.4m×0.4m (사각)
- 아웃트리거 최대반력 : P = 46tf/본
- 아웃트리거 최대 접지압

$$P_{max} = \frac{P}{(0.4\times0.4)} = \frac{46}{0.16} = 287.5\text{tf/m}^2$$

d) 아웃트리거 위치

경사시점으로부터 아웃트리거 중심까지의 거리는 1.0m, 1.2m로 가정하여 산정한다.

e) 사용부재 : 철판두께는 22mm

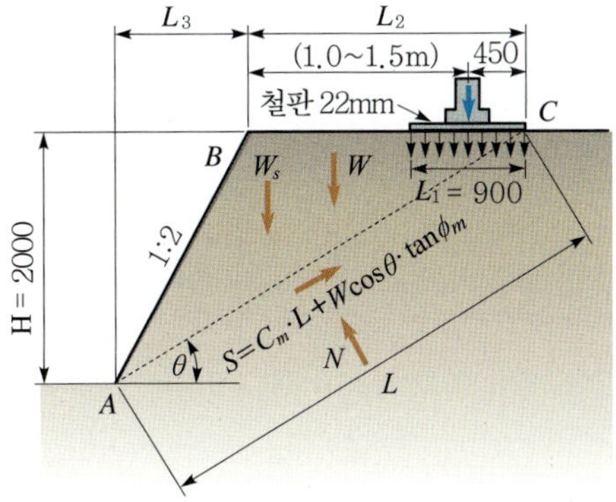

그림 11-41 경사면의 작업 안정성

나) 아웃트리거 중심위치가 경사시점에서 1.0m인 경우

• 깔철판의 하중 분산율 η =0.20(표 6-8 참조)

• 지반반력

q = 287(t/㎡)×0.2

= 57.5(t/㎡)

• 반력면적 $A = \dfrac{P}{q}$(㎡)

A = 46/57.5

= 0.8(㎡)

따라서 길이 방향의 반력 분포 L_1은 정방형 분포이므로

$L_1 = \sqrt{A} \fallingdotseq 0.90$m

• 연직방향 슬라이딩력(6장. 법면상부 하중 참조)

L_2 = 1.0 + 0.45

= 1.45(m)

$W_s = 1/2 \cdot \gamma_d \cdot H \cdot L_2$ = 1/2×1.7×2.0×1.45

= 2.46(t)

$W = W_s + W_1$ = 2.46 + 56.2×0.9

= 53.04(t)

• AC면 위에 발휘되는 전단강도 S

L_3 = 2.0 × 2 = 4.0(법면구배 = 1 : 2)

$L = [H^2 + (L_2 + L_3)^2]^{1/2}$

$= [2.0^2 + (1.45 + 4.0)^2]^{1/2}$

= 5.804(m)

슬라이딩 각도

$\theta = \tan^{-1}[H/(L_2 + L_3)]$

$= \tan^{-1}[2.0/(1.45 + 4.0)]$

= 20(°)이므로

$S = C_m \cdot L + W\cos\theta \cdot \tan\phi_m$

= 3.5 × 5.805

= 20.32(t)

• 안전율

$$F_s = \frac{S}{W \cdot \sin\theta}$$

$$= \frac{20.32}{53.04 \times \sin 20}$$

$$= 1.053 < 1.2$$ ········ NG

다) 아웃트리거 중심 위치가 경사시점에서 1.2m인 경우

• 깔철판의 하중 분산율 η = 0.20(표 6-8 참조)

• 지반반력

q = 287.5(t/m²)×0.2

= 57.5(t/m²)

• 반력면적 $A = \frac{P}{q}$(m²)

A = 46/57.5

= 0.8(m²)

따라서 길이 방향의 반력 분포 L_1은 정방형 분포이므로

$L_1 = \sqrt{A} \fallingdotseq 0.90$m

• 연직방향 슬라이딩력(6장. 법면상부 하중 참조)

L_2 = 1.2 + 0.45

= 1.65(m)

$W_s = 1/2 \cdot \gamma_d \cdot H \cdot$ L2 = 1/2×1.7×2.0×1.65

= 2.81(t)

$W = W_s + W_1$ = 2.81 + 56.2 × 0.9

= 53.39(t)

• AC면 위에 발휘되는 전단강도 S

L_3 = 2.0 × 2 = 4.0(법면구배 = 1 :2)

$L = [H^2 + (L_2 + L_3)^2]^{1/2}$

$= [2.0^2 + (1.65 + 4.0)^2]^{1/2}$

= 6.18(m)

슬라이딩 각도

$\theta = \tan^{-1}[H/(L_2 + L_3)]$

$= \tan^{-1}[2.02/(1.65 + 4.0)]$

$= 19.5(°)$이므로

$S = C_m \cdot L + W\cos\theta \cdot \tan\phi_m$

$= 3.5 \times 6.18$

$= 21.63(t)$

• 안전율

$$F_s = \frac{S}{W \cdot \sin\theta}$$

$$= \frac{21.63}{53.39 \times \sin 19.5}$$

$= 1.213 > 1.2$ ··· O.K

■ 크롤러 사용시

라) 크롤러가 경사시점에서 1.5m인 경우

• 깔철판의 하중 분산율 $\eta = 0.40$

• 접지면적 : 폭 0.8m × 길이 4.90m

길이방향에서 반력의 분포 L_1은 깔철판 단변방향에는 앞폭에 걸쳐 등분포 올라가 있으므로, 하중분산은 장변방향으로 이루어진다.

$L_1 = 0.8/\eta = 0.8/0.4 = 2.0$

• 지반반력

$q = 31.37(t/m^2) \times \eta$

$= 31.37 \times 0.4$

$= 12.55(t/m^2)$

• 연직방향 슬라이딩력

$L_2 = 1.5 + 1.0$

$= 2.5(m)$

$W_s = 1/2 \cdot \gamma_d \cdot H \cdot L_2 = 1/2 \times 1.8 \times 2.0 \times 2.5$

$= 4.5(t)$

$W = W_s + W_1 = 4.5 + 31.37$

$= 29.6(t)$

• AC면 위에 발휘되는 전단강도 S

$L_3 = 2.0 \times 1.5 = 3.0$

$L = [H^2 + (L_2 + L_3)^2]^{1/2}$

$= [2.0^2 + (2.5 + 3.0)^2]^{1/2}$

$= 6.08(m)$

슬라이딩 각도

$\theta = \tan^{-1}[H/(L_2 + L_3)]$

$= \tan^{-1}[2.0/(2.5 + 3.0)]$

$= 11.5(°)$이므로

$S = C_m \cdot L + W\cos\theta \cdot \tan\phi_m$

$= 0.0 \times 6.08 + 29.6 \times 0.9799 \times 0.5774$

$= 16.75(t)$

• 안전율

$$F_s = \frac{S}{W \cdot \sin\theta} = \frac{16.75}{29.6 \times \sin 11.5}$$

$= 2.84 > 1.2$ · O.K

따라서 상기 검토조건의 작업환경에서 안전율 1.2를 만족하므로 작업가능함.

18 항타기 안정성검토 사례 1

국내의 항타기(리더장비)는 일본에서 도입되는 경우가 많으나 한국의 토질조건이 일본과 상이하여 장비를 개조하는 사례가 빈번하게 이루어 진다. 항타장비의 후방에 발전기 및 물탱크를 적재하거나 리더의 높이를 제원표보다 높게 조립하고 때로는 별도로 제작한 카운터웨이트나 오거를 추가 부착하는 등, 전도에 대한 안정성이 우려되고 있다. 따라서 제원표와 다르게 장비를 조립하여 사용시 반드시 장비의 안정성을 검토할 필요가 있다.

18.1 장비의 중심산출 개략도

1) 현장 및 장비 기본 사양

현장명	○ ○-Project		
Base 장비 모델	DH 508	규격	
항타기 모델 및 규격	DH 508-105M		
Leader 사양	길이(27m)×폭(1.0m)	단면	원형
확인자	○ ○ ○	확인날짜	년 월 일

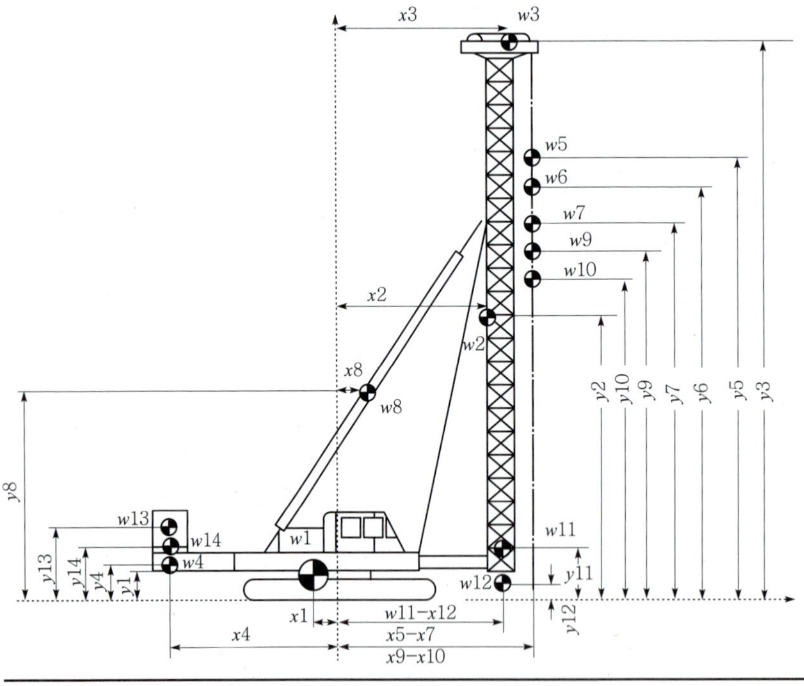

그림 11-42 경사면의 작업 안정성

2) 장비의 중량중심 산출

No	Description		Weight (ton)	x			y		
				x_n(m)		M_{xn}(T−m)	y_n(m)		M_{yn}(T−m)
1	Base Machine	w_1	38.0	x_1	−0.5	−19.0	y_1	1.4	54.7
2	Leader(27m)	w_2	13.4	x_2	3.1	41.5	y_2	13.5	180.9
3	Leader Top Sheave Block	w_3	2.5	x_3	3.1	7.8	y_3	27.0	67.5
4	Generator 물탱크	w_4	3.0	x_4	−3.0	−9.0	y_4	3.0	9.0
5	Main Drive	w_5	2.6	x_5	3.1	8.1	y_5	5.0	13.0
6	Sub Drive	w_6	0.0	x_6	4.4	0.0	y_6	10.0	0.0
7	Hammer	w_7	7.0	x_7	0.0	0.0	y_7	0.0	0.0
8	Stay	w_8	3.0	x_8	0.0	0.0	y_8	7.0	21.0
9	Hopper	w_9	0.0	x_9	0.0	0.0	y_9	0.0	0.0
10	Casing	w_{10}	3.0	x_{10}	3.1	9.3	y_{10}	9.0	27.0
11	Pile	w_{11}	4.0	x_{11}	3.1	12.3	y_{11}	8.0	31.8
12	Out Rigger(F)	w_2	0.2	x_{12}	3.2	0.6	y_{12}	1.4	0.3
13	Out rigger(R)	w_{13}	0.2	x_{13}	−3.2	−0.6	y_{13}	1.4	0.3
14	Countweight	w_{14}	13.0	x_{14}	−3.0	−39.0	y_{14}	2.0	26.0
15	Wire 등 기타	w_{15}	15.1	x_{15}		0.0	y_{15}	0.0	
	TOTAL	Σw_n	105.0		ΣM_{xn}	12.0		ΣM_{yn}	431.5

•X방향중심(x_G) = $\frac{\Sigma M_{xn}}{\Sigma W_n} = \frac{12}{105} = 0.114$m, •$Y$방향중심($y_G$) = $\frac{\Sigma M_{yn}}{\Sigma W_n} = \frac{431.5}{105} = 4.111$m

3) 크롤러의 접지압 계산

① 순방향(Crawler 전면)

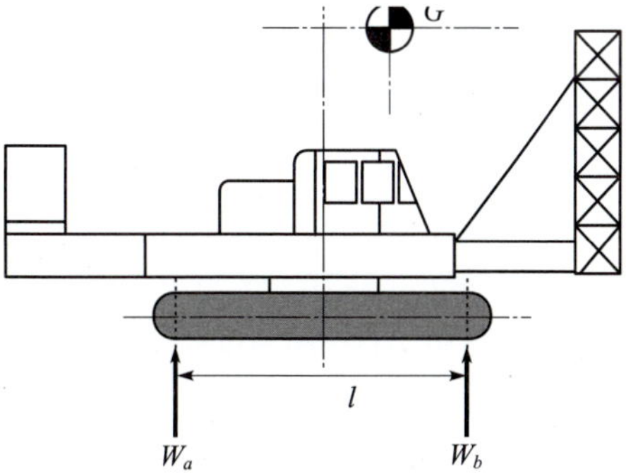

- 총무게 G(ton) = 104.98
  - x_G(m) = 0.11
- Crawler 접지길이 l(m) = 4.66
  - w_a(ton/m) = 19.22
  - w_b(ton/m) = 25.84
- Crawler Shoe width b(m)= 0.80

  접지압

  P_{max} = 16.15ton/m²

  P_{min} = 12.01ton/m²

$$w_a = \frac{G}{l}(1-\frac{6x_G}{l}),\quad w_b = \frac{G}{l}(1-\frac{6x_G}{l})$$

② 90도 선회의 경우(Crawler 측면)

l' (m) = 4.30

w_a(Ton/m) = 60.44

w_b(Ton/m) = 70.78

width b(m) = 0.80

접지압

- P_{max} = 15.19ton/m²
- P_{min} = 12.97ton/m²

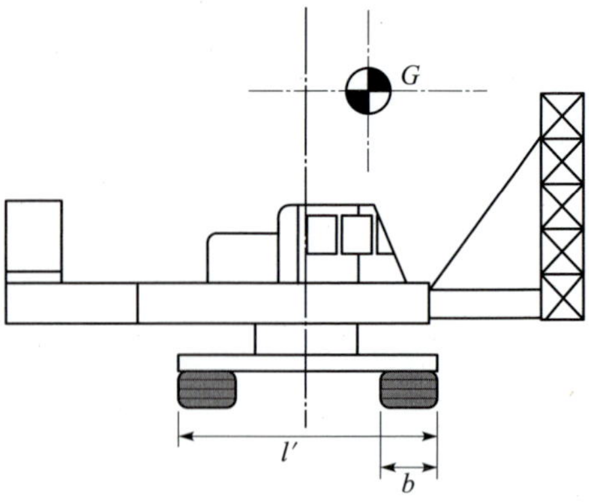

4) 크롤러의 안정도 판정

① 안정도의 판정

x_G(m) = 0.11

y_G(m) = 4.11

θ (deg.) ≥ 8.00

$$\theta = \tan^{-1}\left(\frac{l - x_G}{y_G}\right) \geq 8°$$

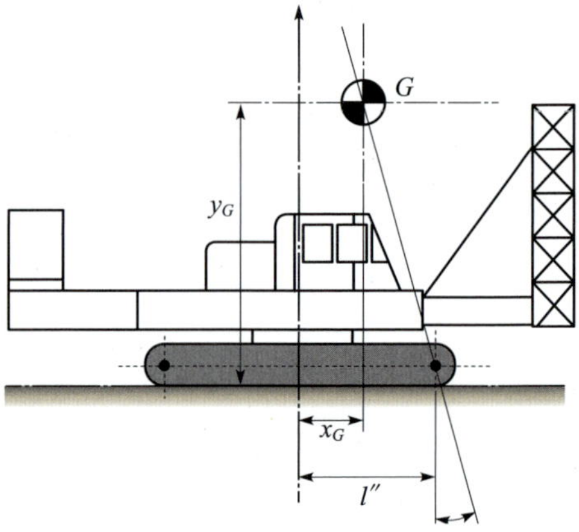

② 전방 안정도 판정(≥8)

l''' = 2.33

θ (deg.) = 28.34 ············ O.K

③ 측방 안정도 판정(≥8)

l'' = 1.75

θ (deg.) = 21.71 ············ O.K

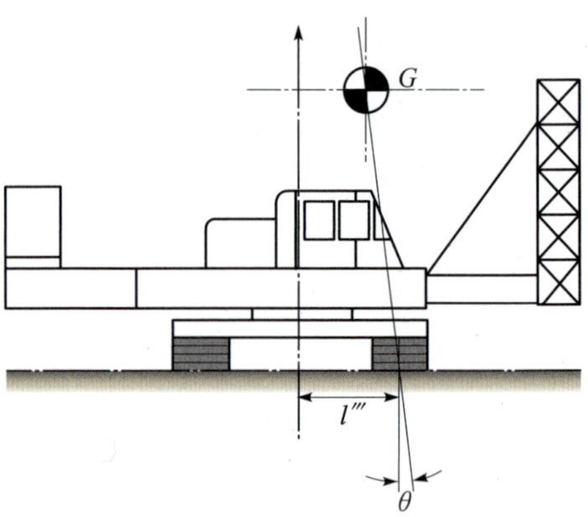

※ 일본의 경우 안정도는 작업시 5도~7도를 기준하고 있으나 본 검토에서는 보수적으로 8도를 적용함

5) 풍하중을 고려한 안정도 판정

- $w = q \cdot C \cdot A$
  - $q = \frac{v^2}{30} \sqrt[4]{h}$

w : 풍하중　　q : 속도압　　C : 풍속계수

A(m²) : 수압면적　　h : 지상으로부터의 높이 (15m이하의 경우 h=15)

v(m/sec) : 풍속

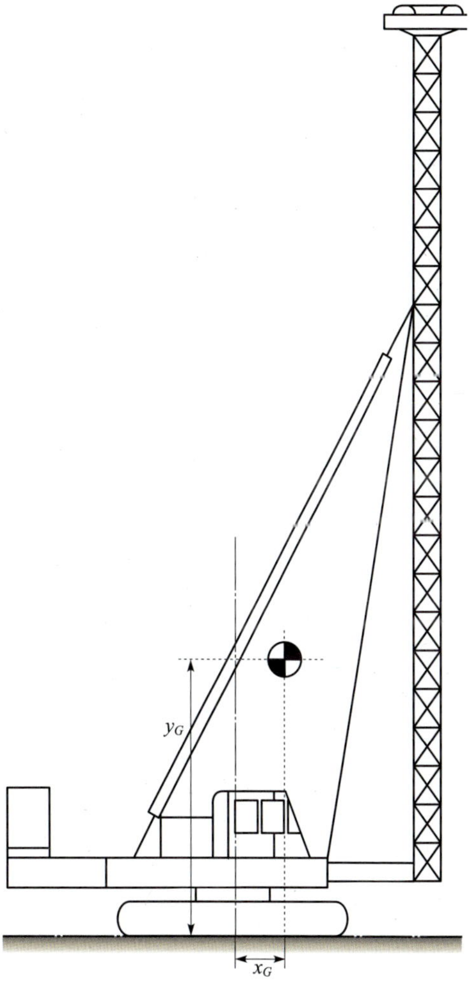

- 풍향 : Leader 전면이 전도방향과 일치
- 수압면적　A(m²)　: 13.5
- 수압중심　x_w(m)　: 0.5
  　　　　　y_w(m)　: 13.5
- 풍력계수　C　: 1.6
- 높이　h　: 27.0
- 풍속　v(m/sec)　: 6.0
- 속도압　q(kgf/m²)　: 19.5
- 풍하중　w(ton)　: 0.420
- 풍하중을 고려한 무게 중심거리
  　　　　　x'_G(m)　: 0.167
  　　　　　y'_G(m)　: 4.096

1) 전방안정도 판정(≥8)

θ (deg.) 27.85 ·············· O.K

2) 측방안정도 판정(≥8)

θ (deg.) 21.13　　　　O.K

※ 풍력계수(C)는 크레인 제작기준·안전기준 및 검사기준 (고시제 2001-57)호를 기준을 함.

6) 풍력계수(크레인의 제작 및 안전기준)

바람을 받는 면의 구분	충실률		값(C)
평면 트러스 (강관제의 평면 트러스는 제외)에 의해 구성되는 면	W1	0.1 미만의 것	2.0
		0.2 이상~0.3 미만	1.8
		0.3 이상~0.9 미만	1.6
		0.9 이상	2.0
평면으로 구성된 면	W2	5 미만의 것	1.2
		5 이상~10 미만	1.3
		10 이상~15 미만	1.4
		15 이상~25 미만	1.5
		25 이상~50 미만	1.6
		50 이상~100 미만	1.7
		100 이상	1.8
원통면 및 강관제의 평면 트러스에 의해 구성되는 면	W3	1 미만	1.2
		1 이상	0.7

이 표에서 W1, W2, W3는 각각 다음 값을 의미한다.

W1 : 충실률(크레인의 바람을 받는 받는 전면적을 당해 바람을 받는 면의 면적으로 나눈 값)

W2 : 크레인의 바람을 받는 면의 길이를 바람을 받는 면의 폭으로 나눈 값.

W3 : 원통 또는 강관의 외경(m)에 제2항의 크레인 정지시 속도압 값(kgf/m^2) {N/m^2}의 제곱근을 곱한 값.

19 항타기 안정성검토 사례 2

산정조건		
• 기종 : DH608-110M • 카운터웨이트 : 14.5(Ton) • 본체 길이 : 6.75(m)	• 리더 : M90DII • 감속기 : SKCD-120VAR • 롯드 A타입 : 6.75×2(m)+3.0(m)	• 리더 길이 : 27(m) • 오거 스크류 : 550(m) • 전도지점 : 1.850(m)

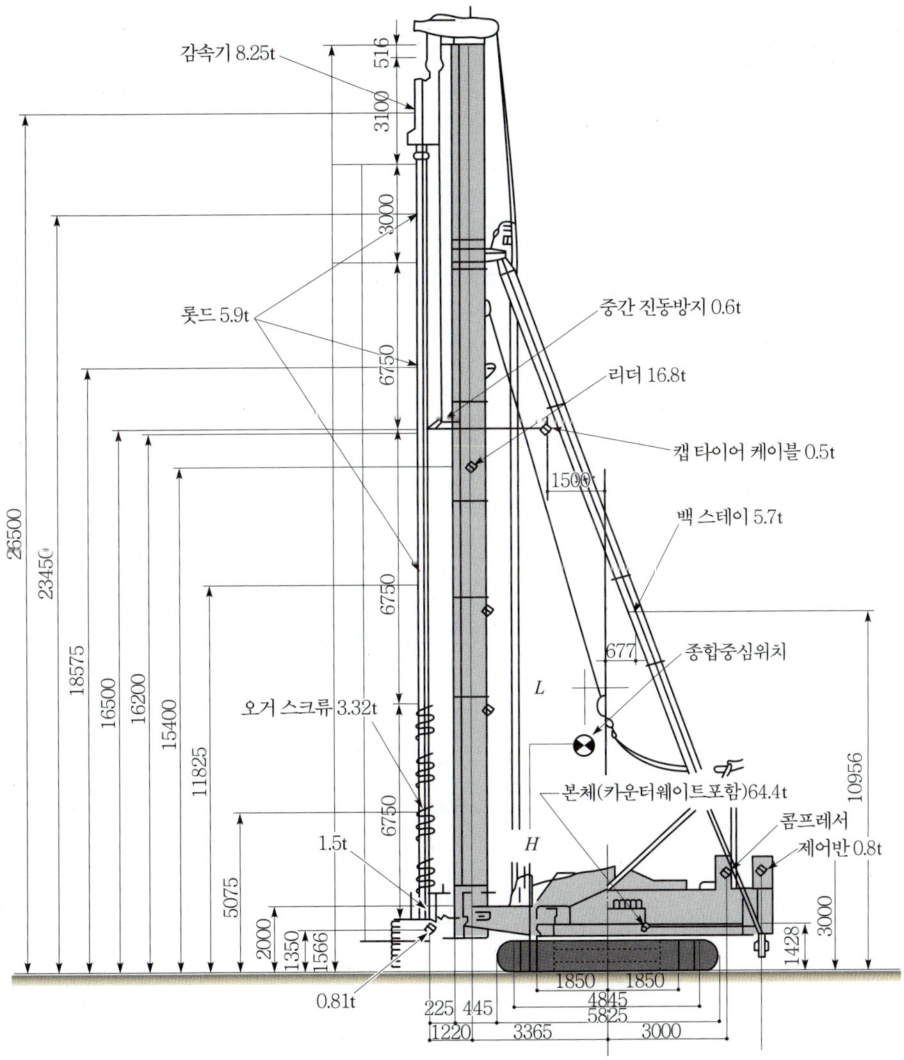

그림 11-43 항타기 입면도(모델 : DH608-110M)

표 11-6 중량 중심 산출표

명칭	중량 W(ton)	중심위치		모멘트(t-m)		비고
		L(m)	H(m)	W×L	W×H	
본체(카운터웨이트포함)	64.4	−1.03	1.428	−66.33	91.96	
제어반	0.8	−3.0	3.0	−2.40	2.40	
콤프레셔	1.05	−4.0	3.0	−4.20	3.15	
리더	16.8	3.365	15.499	56.53	260.38	
백 스테이	5.7	−0.677	10.966	−3.86	62.51	
감속기	8.25	4.585	26.5	37.83	218.63	
롯드	5.9	4.585	16.68	27.05	98.41	
헤드	0.81	4.585	1.35	3.71	1.09	
오거 스크류	3.32	4.585	5.075	15.22	16.85	
캡 타이어	0.5	1.5	16.5	0.75	8.25	
중간 진동 방지 지그	0.6	4.585	16.2	2.75	9.72	
하부 진동 방지 지그	1.5	4.585	2.0	6.88	3.00	
합계	109.63			73.93	776.35	

1. 장비전체중심

- 높이방향 : $H_g = \dfrac{(W \cdot H)}{(\text{합계중량})} = \dfrac{776.35}{109.63} = 7.082\text{m}$

- 길이방향 : $L_g = \dfrac{(W \cdot L)}{(\text{합계중량})} = \dfrac{73.93}{109.63} = 0.674\text{m}$

2. 전방안정도(θ_1)

- $\theta_1 = \tan^{-1}\dfrac{(A-L_g)}{H_g} = \tan^{-1}\dfrac{(1.85-0.674)}{7.082} = 9.43°$

3. 후방안정도(θ_2)

- $\theta_2 = \tan^{-1}\dfrac{(B+L_g)}{H_g} = \tan^{-1}\dfrac{(1.85+0.674)}{7.082} = 19.62°$

4. 측방안정도(θ_3)

- $\theta_3 = \tan^{-1}\dfrac{C}{H_g} = \tan^{-1}\dfrac{1.85}{7.082} = 14.64°$

여기서, $A = B = C = 1.85$m(그림 11-41)

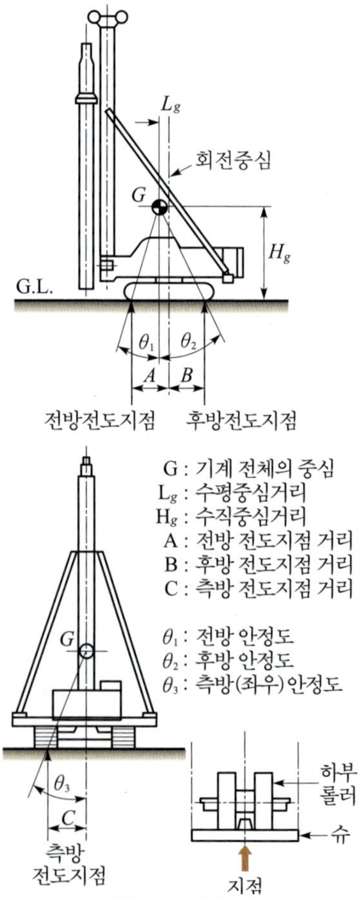

(항타기 안정도)

5. 결론

항타장비의 작업시 일본의 안정도 기준 5~7도보다 모두 안정된 값을 나타내고 있음

※ 항타장비의 개조 혹은 임의 제작에 따른 각각의 부품에 대한 제원과 무게를 정확히 확인하여야 계산의 오차를 줄 일 수 있다.

20 크롤러 최대접지압 산정 사례

20.1 평균 접지압

평균 접지압의 산정방법에서는 기본적으로 규격(KS, JIS)과 제조업체와의 차이가 있다.

① 규격기준 평균 접지압 산정(KS, JIS)

기본적으로 업체는 ②에 제시한 방법으로 산정하지만, 카탈로그 상은 KS나 JIS의 규격을 적용하는 사례가 많다.

L : 크롤러 길이(m) (텀블러 중심거리)

h : 크롤러 높이(m)

B : 크롤러 슈의 폭(m)

• 접지길이 : L + 0.35h

• 접지면적 : 2B×(L+0.35h)

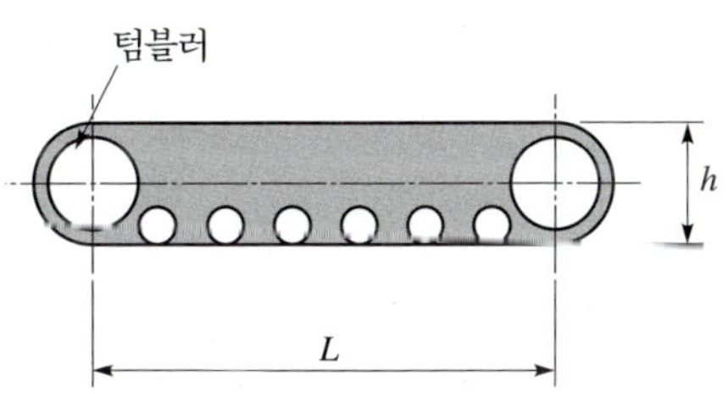

$$\text{따라서 평균접지압} = \frac{(\text{자중} + \text{말뚝중량})}{2B(L+0.35h)}$$

상기 산정식은 크롤러 슈가 크롤러 높이의 35%까지 침하한 상태를 산정한 것이다. 또한, 당연히 카탈로그에 표기되어 있는 항타기의 평균 접지압은 매단 짐을 포함한 접지압이 아니다.

② 관련 업계의 평균 접지압 산정 방법

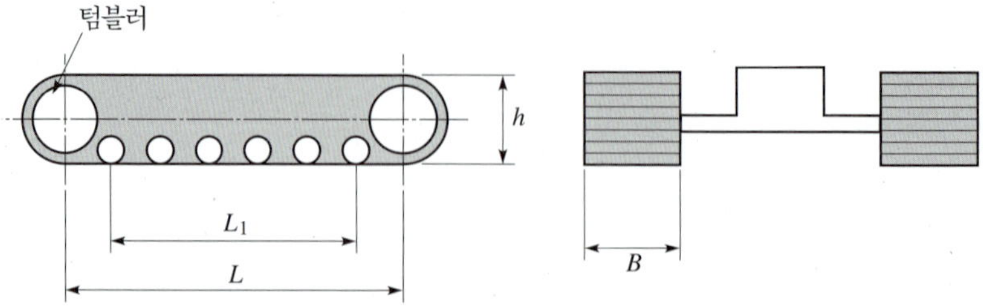

L : 크롤러 길이(텀블러 중심 간 거리)

L_1 : 크롤러 길이(텀블러에서 첫 번째 아래 가이드 롤러 간 거리)

B : 크롤러의 폭

업체는 L 또는 L_1 중 하나를 채용하고 있으며, 통일되어 있지 않지만 본서에서는 이하의 산정식을 채용한다.

- 평균접지압 $= \dfrac{(\text{자중} + \text{말뚝 또는 프론트 어태치먼트 중량})}{2 \cdot B \cdot L}$ (ton/m²)

20.2 최대 접지압

기체 총중량(자중+말뚝, 프론트 어태치먼트 중량)의 전체 중심을 산정하고, 우선 좌우 크롤러에 분배된 하중을 산정한다. 그 후 크롤러 슈에 분포하는 하중을 산정한다.

① 좌우 크롤러의 하중 분배

W_g : 기체 총중량에 대한 종합 중심

θ : 중심과 주행 센터 축 사이의 각도(선회각도)

S : 좌우 크롤러 간의 중심거리(m)

L : 크롤러 길이(m)

R : 선회 중심과 장비 종합 중심의 거리(m)

W_L : 좌측 크롤러부에 가해지는 장비 총중량(ton)

W_R : 우측 크롤러부에 가해지는 장비 총중량(ton)

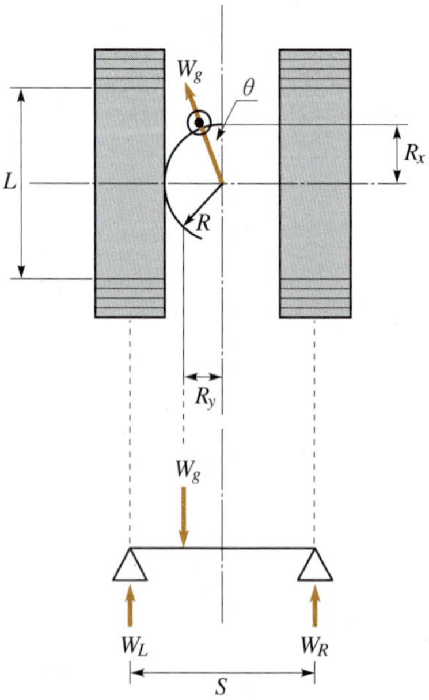

균형식에 의거

$$W_R = W_g\times(\frac{S}{2}-R_y)\times\frac{1}{S}\ ;\ W_R = W_g\times(\frac{S}{2}-R\sin\theta)\times\frac{1}{S}$$

$$W_L = W_g\times(\frac{S}{2}+R_y)\times\frac{1}{S}\ ;\ W_L = W_g\times(\frac{S}{2}+R\sin\theta)\times\frac{1}{S}$$

② 크롤러 길이 방향의 접지압 분포

항타기 등의 최대 접지압은 부착하는 어태치먼트에 따라 변화되며 선회위치(전방, 측방, 경사)에 따라 좌우 크롤러의 최대 접지압 분포도 사다리형, 삼각형이 된다. 다음은 크롤러 전후 방향에 가해지는 장비하중을 접지길이 L과 선회중심으로부터 장비중심까지의 거리를 크롤러 길이 방향으로 투영한 길이 R_x에 따라 2가지로 분류하여 유도한 결과를 요약한 내용이다.

<table>
<tr><th>R_x≤L/6 [사다리형(장방형) 분포]</th><th>R_x>L/6[삼각형 분포]</th></tr>
<tr><td>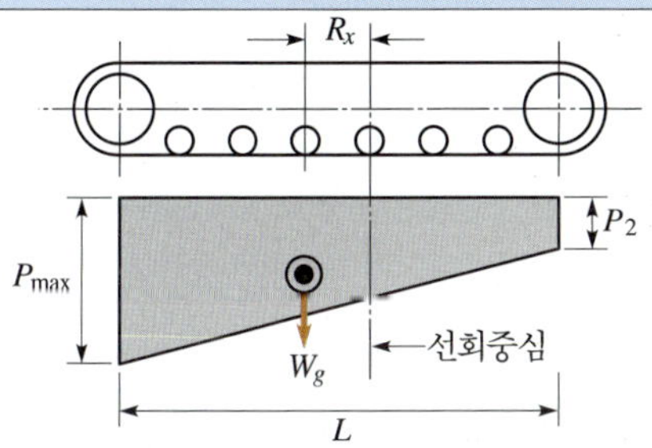
</td><td>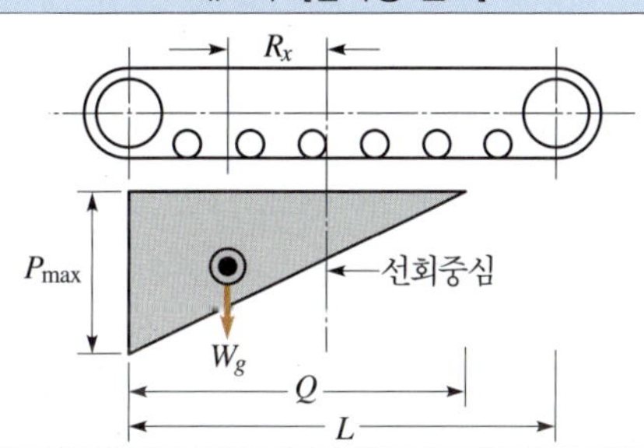
</td></tr>
<tr><td colspan="2">•P_{max} : 최대 접지압(t/㎡) •W_g : 장비 총중량(t) •B : 크롤러 폭(m)
•S : 좌우 크롤러 간 중심거리(m) •L : 크롤러 길이(m) •R : 선회중심과 장비 중심의 거리(m)
•R_x : 선회중심부터 장비 중심까지의 거리를 크롤러 길이 방향으로 투영한 길이(m)</td></tr>
<tr><td>•측방배치(90도)
$P_{max} = P_2 = \frac{W_g\times(\frac{S}{2}\pm R)}{L\times B\times S}$
•경사 45° 배치
$P_{max} = \frac{W_g(S\pm\sqrt{2}R)\ (1+\frac{3\sqrt{2}\ R}{L})}{2\times L\times B\times S}$
$P_2 = \frac{W_g(S\pm\sqrt{2}R)\ (1-\frac{3\sqrt{2}\ R}{L})}{2\times L\times B\times S}$
•전방배치(0도)
$P_{max}=(1+\frac{6R}{L})\times\frac{W_g}{2\times L\times B}$
$P_2=(1-\frac{6R}{L})\times\frac{W_g}{2\times L\times B}$</td><td>•측방배치(90도)
$P_{max} = \frac{4}{3}\times(\frac{S}{2}\pm R)\times\frac{W_g}{S}$
•전방배치(0도)
$P_{max} = \frac{2L}{3(L-2R)}\times W_g$
$Q = 3\times(\frac{L}{2}-R)$
•경사 45° 배치
$P_{max} = \frac{2LW_g(S\pm\sqrt{2}R)}{3S(L-\sqrt{2}R)}$
$Q = \frac{3}{2}\times(L-\sqrt{2}R)$</td></tr>
</table>

③ 항타기의 최대 접지압 계산(사례)

산정조건		
•캐터필러 접지 길이 : L = 4.845(m)	•캐터필러간 중심 거리 : S = 3.7(m)	•캐터필러 폭 : B = 0.8(m)
•종합 중심위치 : $L_g = R$ = 0.674(m)	•장비 총중량 : W_g = 109.63(t)	

$R_x \leq$ L/6

•측방배치 $P_{max} = \dfrac{W_g \times (\dfrac{S}{2} \pm R)}{L \times B \times S} = \dfrac{109.63 \times (\dfrac{3.7}{2} + 0.674)}{4.845 \times 0.8 \times 3.7} = 19.29(\text{t/m}^2)$

•경사배치 $P_{max} = (1 + \dfrac{3\sqrt{2}R}{L})\dfrac{W_g(S \pm \sqrt{2}R)}{2LBS} = 28.28(\text{t/m}^2)$

•전방배치 $P_{max} = (1 + \dfrac{6R}{L}) \times \dfrac{W_g}{2LB} = 25.95(\text{t/m}^2)$

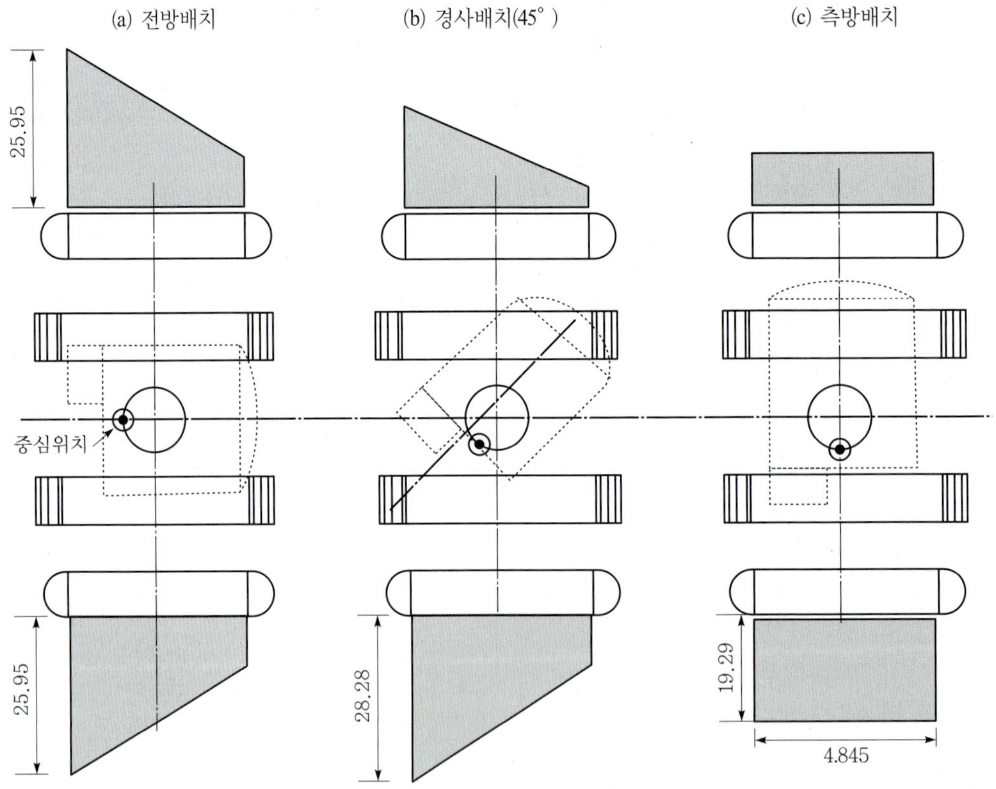

그림 11-44 항타기 지내력 분포

21 Rigging Plan 사례

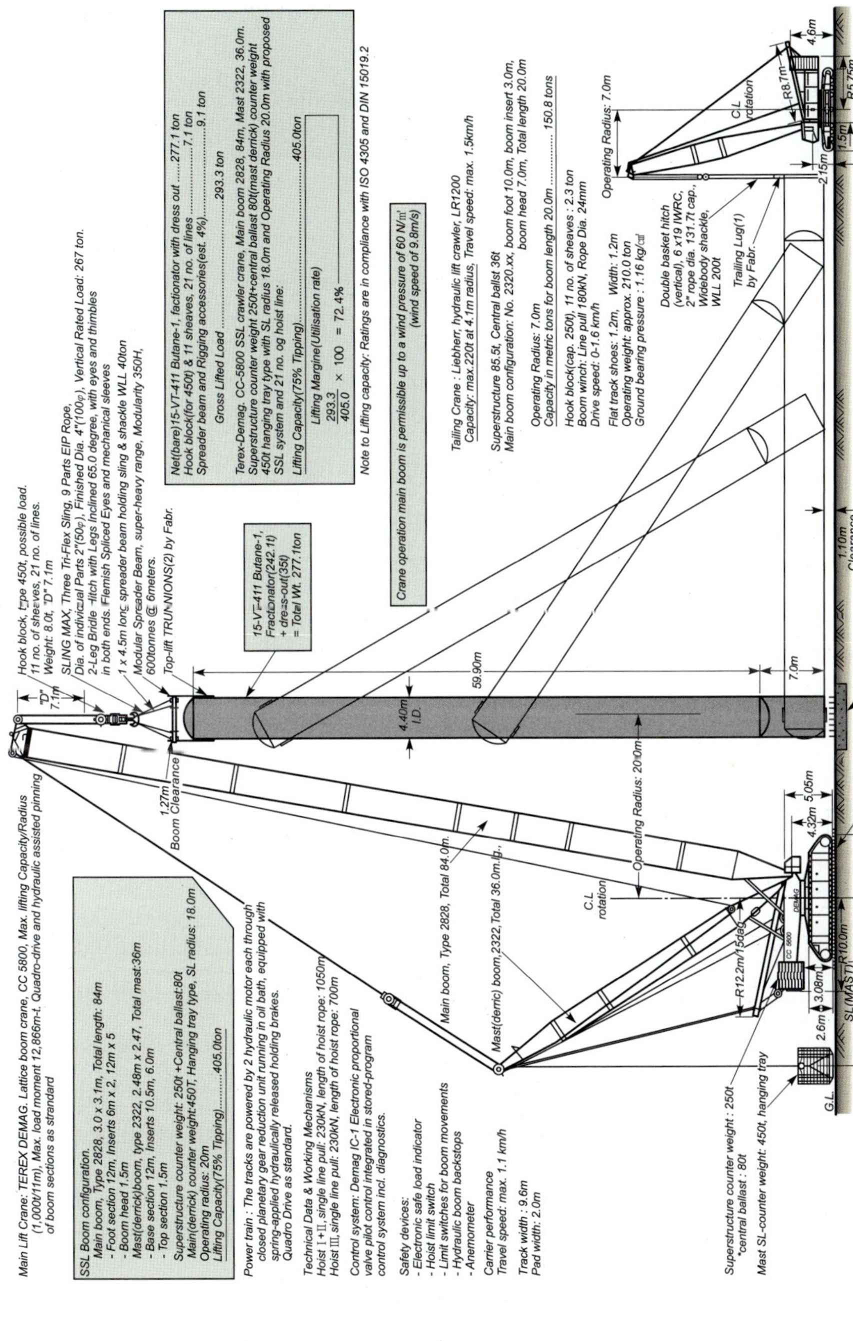

12절

환경보전대책

01 환경일반

이동식크레인 등 건설기계의 사용계획을 작성할 때는 관계법령(건설기계관리법, 대기환경보전법, 소음진동규제법 등)을 상세하게 조사할 필요가 있다. 안전에 관한 산업안전보건규정은 물론 크레인의 이동과 작업장소의 주변환경도 조사하여야 한다. 특히 주거지역에서의 소음과 진동 및 배기가스의 영향은 점차 그 중요성을 더해가고 있기 때문에 사전에 철저한 대책을 강구하여야 할 것이다. 또한, 양중작업시 종종 보고되는 정전기 등 마이크로파의 영향이 미치는 경우도 있어 광범위하게 검토할 필요가 있다.

02 소음 및 진동

소음이란 "기계·기구·시설, 그 밖의 물체의 사용으로 발생하는 강한 소리"라고 정의할 수 있으며, 진동은 "기계·기구·시설, 그 밖의 물체의 사용으로 발생하는 강한 흔들림"이라고 할 수 있다. 특히 소음과 진동은 공사기간중 비 연속성 및 복합적으로 발생하고 있기 때문에 정확한 음원을 파악하는 것은 쉽지 않다. 국내의 "소음진동규제법"에서 정한 생활소음·진동의 규제기준(제20조제3항)은 표 12-1과 같다. 또한, 이동식크레인은 동법에 따라 특정공사의 사전신고대상 기계·장비에는 포함되지 않으나 항타기 및 항발기 용도로 이동식크레인을 사용할 경우에 포함될 수도 있기 때문에 항시 관련법규를 이해하고 준수 해야 한다.

표 12-1 생활소음·진동의 규제기준(제20조 제3항)

1. 생활소음 규제기준

(단위 : dB(A))

대상지역	소음원 (시간대별)		아침, 저녁 (05 :00~07 :00, 18 :00~22 :00)	주간 (07 :00~18 :00)	야간 (22 :00~05 :00)
가. 주거지역, 녹지지역, 관리지역 중 취락지구·주거개발진흥지구 및 관광·휴양개발진흥지구, 자연환경보전지역, 그 밖의 지역에 소재한 학교·종합병원·공공도서관	확성기	옥외설치	60 이하	65 이하	60 이하
	확성기	옥내에서 옥외로 소음이 나오는 경우	50 이하	55 이하	45 이하
	공장		50 이하	55 이하	45 이하
	사업장	동일 건물	45 이하	50 이하	40 이하
	사업장	기타	50 이하	55 이하	45 이하
	공사장		60 이하	65 이하	50 이하
나. 그 밖의 지역	확성기	옥외설치	65 이하	70 이하	60 이하
	확성기	옥내에서 옥외로 소음이 나오는 경우	60 이하	65 이하	55 이하
	공장		60 이하	65 이하	55 이하
	사업장	동일 건물	50 이하	55 이하	45 이하
	사업장	기타	60 이하	65 이하	55 이하
	공사장		65 이하	70 이하	50 이하

1. 소음의 측정 및 평가기준은 「환경분야 시험·검사 등에 관한 법률」 제6조 제1항 제2호에 해당하는 분야에 따른 환경오염공정 시험기준에서 정하는 바에 따른다.
2. 대상 지역의 구분은 「국토의 계획 및 이용에 관한 법률」에 따른다.
3. 규제기준치는 생활소음의 영향이 미치는 대상 지역을 기준으로 하여 적용한다.
4. 공사장 소음규제기준은 주간의 경우 특정공사 사전신고 대상 기계·장비를 사용하는 작업시간이 1일 3시간 이하일 때는 +10dB을 3시간 초과 6시간 이하일 때는 +5dB을 규제기준치에 보정한다.
5. 발파소음의 경우 주간에만 규제기준치(광산의 경우 사업장 규제기준)에 +10dB을 보정한다.
6. 2010년 12월 31일까지는 발파작업 및 브레이커·항타기·항발기·천공기·굴삭기(브레이커 작업에 한 한다)를 사용하는 공사작업이 있는 공사장에 대하여는 주간에만 규제기준치(발파소음의 경우 비고 제6호에 따라 보정된 규제기준치)에 +3dB를 보정한다.
7. 공사장의 규제기준 중 다음 지역은 공휴일에만 −5dB을 규제기준치에 보정한다.
   가. 주거지역
   나. 「의료법」에 따른 종합병원, 「초·중등교육법」 및 「고등교육법」에 따른 학교, 「도서관법」에 따른 공공도서관의 부지경계로부터 직선거리 50m이내의 지역
8. "동일 건물"이란 「건축법」 제2조에 따른 건축물로서 지붕과 기둥 또는 벽이 일체로 되어 있는 건물을 말하며, 동일 건물에 대한 생활소음 규제기준은 다음 각 목에 해당하는 영업을 행하는 사업장에만 적용된다.
   가. 「체육시설의 설치·이용에 관한 법률」 제10조 제1항 제2호에 따른 체력단련장업, 체육도장업, 무도학원업 및 무도장업
   나. 「학원의 설립·운영 및 과외교습에 관한 법률」 제2조에 따른 학원 및 교습소 중 음악교습을 위한 학원 및 교습소
   다. 「식품위생법 시행령」 제21조 제8호 다목 및 라목에 따른 단란주점영업 및 유흥주점영업
   라. 「음악산업진흥에 관한 법률」 제2조 제13호에 따른 노래연습장업
   마. 「다중이용업소 안전관리에 관한 특별법 시행규칙」 제2조 제4호에 따른 콜라텍업

2. 생활진동 규제기준 (단위 : dB(V))

대상지역 \ 시간대별	주간 (06 :00~22 :00)	심야 (22 :00~06 :00)
가. 주거지역, 녹지지역, 관리지역 중 취락지구·주거개발진흥지구 및 관광·휴양개발진흥지구, 자연환경보전지역, 그 밖의 지역에 소재한 학교·종합병원·공공도서관	65 이하	60 이하
나. 그 밖의 지역	70 이하	65 이하

비고

1. 진동의 측정 및 평가기준은 「환경분야 시험 검사 등에 관한 법률」 제6조 제1항 제2호에 해당하는 분야에 대한 환경오염공정 시험기준에서 정하는 바에 따른다.
2. 대상 지역의 구분은 「국토의 계획 및 이용에 관한 법률」에 따른다.
3. 규제기준치는 생활진동의 영향이 미치는 대상 지역을 기준으로 하여 적용한다.
4. 공사장의 진동 규제기준은 주간의 경우 특정공사 사전신고 대상 기계·장비를 사용하는 작업시간이 1일 2시간 이하일 때는 +10dB을, 2시간 초과 4시간 이하일 때는 +5dB을 규제기준치에 보정한다.
5. 발파진동의 경우 주간에만 규제기준치에 +10dB을 보정한다.

2.1 경적소음

건설기계의 중심선상에서 건설기계의 앞 끝으로부터 전방으로 2m 떨어진 지점을 지나는 연직선으로 부터의 수평거리가 0.05m 이하인 동시에 지상 높이가 1.2+0.05m 인 위치에서 측정하는 경우 90~115 데시벨이어야 한다.

2.2 기타 소음

조종실 내의 소음은 85데시벨(A) 이하로 유지하여야 하며, 건설기계의 가장 바깥 쪽으로부터 30m의 거리에서 80데시벨(A) 이하 이어야 한다.

음향의 강도(SPL : Sound Pressure Level)는 A(저SPL), B(중간SPL), C(고SPL)로 구분한다.

2.3 방음대책

방음대책의 하나로 방음벽을 설치할 수 있으며 이때 설치 전·후의 차이는 7데시벨(dB) 이상 되어야 하며 높이는 3m 이상 되어야 한다. 고층건물이 있을 경우로 음의 반사 피해가 예상되는 곳에는 흡음형 방음벽을 설치하는게 좋다.

또 다른 방음 대책으로는 저소음형 건설기계 또는 저진동형 건설기계와 공법을 적용하는 것과 소음원이 되는 장비를 분산시키는 것도 좋은 방법이다.

그림 12-1 방음벽 설치 사례

03 배기가스

건설기계의 연간 NOx(질소산화물) 배출총량은 자동차 등이 동배출원 배출총량의 15%를 차지하고 있다고 일본 건설기계협회에서 발표한 적이 있다. 따라서 건설기계에서 배출되는 NOx(질소산화물), HC(탄화수소), CO(일산화탄소) 등을 저감시킴으로서 생활환경과 대기환경개선을 도모할 수 있다고 판단하여 국내에서도 "대기환경보전법"에서 건설기계에 대한 배출가스 기준치를 정해(표 12-2, 대기환경보전법 제62조)서 시행하고 있다.

표 12-2 건설기계 배출가스 규제기준

원동기	일산화탄소	질소산화물 및 탄화수소	입자상물질	측정방법
19kW 이상 37kW 미만	5.5g/kWh 이하	5.5g/kWh 이하	0.3g/kWh 이하	ISO8178 C1-8모드
37kW 이상 75kW 미만	5.0g/kWh 이하	4.7g/kWh 이하	0.4g/kWh 이하	
75kW 이상 130kW 미만	5.0g/kWh 이하	4.0g/kWh 이하	0.3g/kWh 이하	
130kW 이상 560kW 미만	3.5g/kWh 이하	4.0g/kWh 이하	0.2g/kWh 이하	

비고

1. 위 표는 경유를 연료로 사용하는 건설기계에 대하여만 적용하며, 엔진제작자가 제작한 날짜(수입차는 통관일자)를 기준으로 하되, 19kW 이상 75kW 미만의 건설기계는 2010년 1월 1일부터, 75kW 이상의 건설기계는 2009년 1월 1일부터 적용되며, 2015년 이후 생산장비는 법규가 강화될 예정이다.
2. 2008년 12월 31일까지 제작되거나 수입된 건설기계는 2009년 3월 31일까지 출고할 수 있다.
3. 탄화수소는 NMHC로 측정한다.

부록

1. 크레인 관련 표준 현황
2. 크레인 용어 설명
3. 크레인 목록표
4. 단위 한산

Safety & Mobile Crane

장비안전 · 이동식크레인

부록 1

크레인 관련 표준 현황

01 크레인분야 한국 및 국제표준

KS B ISO[1)]

■TC96–크레인

No	KS 규격번호	ISO 규격명	KS 규격명(한글)
1	KS B ISO 7363	Cranes and liftin appliances – Technical characteristics and acceptance documents	크레인 및 인양장비–기술직 특징과 승인시류

■SC2–용어

No	KS 규격번호	ISO 규격명	KS 규격명(한글)
2	KS B ISO 4306–1	Cranes–Vocabulary–Part 1 : General	크레인–용어–제1부–일반
3	KS B ISO 7296–1	Cranes–Graphic symbols–Part 1 : General	크레인–그래픽 부호–제1부–일반
4	KS B ISO 11994	Cranes–Availability–Vocabulary	크레인–유용성–용어
5	KS B ISO TS15696	Cranes–List of equivalent terms	크레인–등가 용어 목록

■SC3–와이어로프 선정

No	KS 규격번호	ISO 규격명	KS 규격명(한글)
2	KS B ISO 4308–1	Cranes and lifting appliances– Selection of wire ropes–Part 1 : General	크레인과 인양장비– 와이어 로프 선택–제1부–일반
2	KS B ISO 4309	Cranes–Wire ropes–Care, maintenance, installation, examination and discard	크레인– 와이어로프 검사와 폐기에 대한 관례

1) KS B ISO : ISO 규격을 번역하여 한국공업규격(KS)에 적용한 규격
 – KS(Korean Industrial Standards), B : 기계분야
 – ISO국제표준화기구 [國際標準化機構, International Organization for Standardization]
2) SC : ISO기술위원회(Technical Committee : TC)산하의 부분위원회(Sub Committee : SC)

■SC4-시험방법

No	KS 규격번호	국제 규격명	규격명(한글)
1	KS B ISO 4310	Cranes-Test code and procedures	크레인-시험 기준 및 절차
2	KS B ISO 9373	Cranes-Cranes and related equipment-Accuracy requirements for measuring parameters during testing	크레인 및 관련 장치-시험 중 측정변수에 대한 요구 정확도
3	KS B ISO 11630	Cranes-Measurement of wheel alignment	크레인-휠 얼라인먼트 측정
4	KS B ISO 13202	Cranes-Measurement of velocity and time parameters	크레인-속도 및 시간변수의 측정

■SC5-사용, 운전 및 정비

No	KS 규격번호	국제 규격명	규격명(한글)
1	KS B ISO 9926-1	Cranes-Training of drivers-Part 1 : General	크레인-운전자 교육-제1부 : 일반
2	KS B ISO 9927-1	Cranes-Inspections-Part 1 : General	크레인-검사-제1부 : 일반
3	KS B ISO 9928-1	Cranes-Crane driving manual-Part 1 : General	크레인-크레인 운전지침서-제1부 : 일반
4	KS B ISO 9942-1	Cranes-information labels-Part 1 : General	크레인-이름
5	KS B ISO 10973	Cranes-spare parts manual	크레인-정비부품 지침서
6	KS B ISO 12478-1	Cranes-Maintenance manual-Part 1 : General	크레인-정비 지침서-제1부 : 일반
7	KS B ISO 12480-1	Cranes-Safe use-Part 1 : General	크레인-안전한 사용-제1부 : 일반
8	KS B ISO 12482-1	Cranes-Condition monitoring-Part 1 : General	크레인-상태 감시-제1부 : 일반
9	KS B ISO 15513	Cranes-Competency requirements for Crane drivers(oprators), slingers, signallers and assessors	크레인-크레인 운전자(작업자), 줄걸이 작업자, 신호수 및 평가자의 자격요건
10	KS B ISO 23853	Cranes-Training of slingers and signallers	크레인-크레인 걸이 작업자 및 신호자 교육

■SC6-모바일 크레인

No	KS 규격번호	국제 규격명	규격명(한글)
1	KS B ISO 4301-2	Cranes-Classification-Part 2 : Mobile Cranes	크레인 및 권상장치-분류 및 등급-제2부 : 이동식크레인
2	KS B ISO 4305	Cranes-Determination of stability	이동식크레인-안정성 판단
3	KS B ISO 4306-2	Cranes-Vocabulary-Part 2 : Mobile Cranes	크레인-용어-제2부-이동식크레인
4	KS B ISO 4308-2	Cranes and lifting appliances-Selection of wire ropes-Part 2 : Mobile Cranes-Coefficient of utilization	크레인 및 인양장비-와이어로프의 선택-2부-이동식크레인-사용계수
5	KS B ISO 7296-2	Cranes-Graphical symbols-Part 2 : Mobile Cranes	크레인-그래픽 부호-제2부-이동식크레인
6	KS B ISO 7752-2	Lifting appliances-Controls-Layout and Characteristics-Part 2 : Basic arrangement and requirements for mobile Cranes	리프팅 장비-컨트롤-배치 및 특성 제2부-모빌 크레인의 기본적인 배열 및 요건
7	KS B ISO 8087	Mobile Cranes-Drum and sheaves sizes	이동식크레인-드럼 및 도르래 규격
8	KS B ISO 8566-2	Cranes-Cabis-Part 2 : Mobile Cranes	크레인-운전실-제2부 : 이동식크레인

No	KS 규격번호	국제 규격명	규격명(한글)
9	KS B ISO 8686-2	Cranes-Design principles for loads and load combinations-Part 2 : Mobile Cranes	크레인-하중 및 복합하중에 관한 설계원리-제2부 : 이동식크레인
10	KS B ISO 10245-2	Cranes-Limiting and indicating devices-art 2 : Mobile Cranes	크레인-제한장치 및 지시장치-제2부 : 이동식크레인
11	KS B ISO 11660-2	Cranes-Access, guards and restraints-Part 2 : Mobile Cranes	크레인-접근, 난간과 방책-모빌 크레인
12	KS B ISO 11661	Mobile Cranes-Presentaion of rated capacity charts	이동식크레인-정격용량 선도
13	KS B ISO 11662-1	Mobile Cranes-Experimental determination of Crane performance-Part 1 : Tipping loads and radii	이동식크레인-성능의 실험적 결정-제1부 : 전도하중 및 반지름
14	KS B ISO 13200	Cranes-Safety signs and hazard pictorials-General principles	크레인-안전표지 및 위험표시도-일반원칙
15	KS B ISO 15442	Cranes-Safety requirements for loader Cranes	크레인-로더 크레인의 안전 요구 조건

■SC7-타워 크레인

No	KS 규격번호	국제 규격명	규격명(한글)
1	KS B ISO 4301-3	Cranes-Classification-Part 3 : Tower Cranes	크레인 및 권상장치-분류 및 등급-제3부 : 타워 크레인
2	KS B ISO 4306-3	Cranes-Vocabulary-Part 3 : Tower Cranes	크레인-용어-제3부-타워 크레인
3	KS B ISO 7752-3	Cranes-Control-Layout and Characteristics-Part 3 : Tower Cranes	크레인-제어-레이아웃 및 특성 제3부-타워 크레인
4	KS B ISO 8566-1	Cranes-Cabins and control stations-Part 1 : General	크레인-운전실-제1부 : 일반
5	KS B ISO 8566-3	Cranes-Cabins and control stations-Part 3 : Tower Cranes	크레인-운전실-제3부 : 타워 크레인
6	KS B ISO 8686-3	Cranes-Design principles for loads and load combinations-Part 3 : Tower Cranes	크레인-하중 및 하중 조합에 대한 설계원리-제3부 : 타워 크레인
7	KS B ISO 9374-3	Cranes-Information to be provided for enquiries, orders, offers and supply-Part 3 : Tower Cranes	크레인-문의, 주문, 견적 및 납품에 대한 제공정보-제3부 : 타워 크레인
8	KS B ISO 9927-3	Cranes-Inspections-Part 3 : Tower Cranes	크레인-검사-제3부 : 타워 크레인
9	KS B ISO 9942-3	Cranes-Information labels-Part 3 : Tower Cranes	크레인-이름-제3부 : 타워 크레인
10	KS B ISO 10245-3	Cranes-Limiting and indicating devices-Part 3 : Tower Cranes	크레인-제한 및 지시장치-제3부 : 타워 크레인
11	KS B ISO 10972-3	Cranes-Requirements for mechanisms-Part 3 : Tower Cranes	크레인-기계장치에 대한 요구사항-제3부 : 타워 크인
12	KS B ISO 11660-1	Cranes-Access, guards and restraints-Part 1 : General	크레인-접근, 난간과 방책-일반
13	KS B ISO 11660-3	Cranes-Access, guards and restraints-Part 3 : Tower Cranes	크레인-접근, 보호 및 제한물-제3부 : 타워 크레인
14	KS B ISO 12480-3	Cranes-Safe use -Part 3 : Tower Cranes	크레인-안전한 사용-제3부 : 타워 크레인
15	KS B ISO 12485	Tower Cranes-Stability requirements	타워 크레인-안정성 요건

■SC8-지브 크레인

No	KS 규격번호	국제 규격명	규격명(한글)
1	KS B ISO 4301-4	Cranes and related equipment-Classification-Part 4 : Jib Cranes	크레인-분류-제4부-지브 크레인
2	KS B ISO 7752-4	Cranes-Control-Layout and Characteristics-Part 4 : Jib Cranes	크레인-제어-구조 및 특성 제4부-지브 크레인
3	KS B ISO 8566-4	Cranes-Cabins and control stations-Part 4 : Jib Cranes	크레인-운전실-제4부 : 지브 크레인
4	KS B ISO 8686-4	Cranes-Design principles for loads and load combinations-Part 4 : Jib Cranes	크레인-하중 및 복합하중에 대한 설계원리-제4부 : 지브 크레인
5	KS B ISO 9374-1	Cranes-Information to be provided-Part 1 : General	크레인-정보제공-제1부 : 일반
6	KS B ISO 9374-4	Cranes-Information to be provided-Part 4 : Jib Cranes	크레인-정보제공-제4부 : 지브 크레인
7	KS B ISO 10245-1	Cranes-Limiting and indicating devices-Part 1 : General	크레인-제한장치 및 지시장치-제1부 : 일반
8	KS B ISO 12210-1	Cranes-Anchoring devices for in-service and out-of-service conditions-Part 1 : General	크레인-작업 및 휴지에 대한 고정장치-제1부 : 일반
9	KS B ISO 12210-4	Cranes-Anchoring devices for in-service and out-of-service conditions-Part 4 : Jib Cranes	크레인-작업 및 휴지시의 고정 장치-제4부 : 지브 크레인
10	KS B ISO 12488-1	Crenes-Tolerances for wheels and travel and traversing tracks-Part 1 : General	크레인-바퀴와 주행 및 횡행 트랙 공차-제1부 : 일반

■SC9-브릿지 및 갠트리 크레인

No	KS 규격번호	국제 규격명	규격명(한글)
1	KS B ISO 4301-5	Cranes-Classification-Part 5 : Overhead traveling and portal bridge Cranes	크레인-분류-제5부-천장 크레인 및 포탈 브리지 크레인
2	KS B ISO 4306-5	Cranes-Vocabulary-Part 5 : Bridge and gantry Cranes	크레인-용어-제5부-브릿지 및 겐트리 크레인
3	KS B ISO 7752-5	Lifting appliances-Controls-Layout and Characteristics-Part 5 : Overhead traveling and portal bridge Cranes	크레인-제어-배치 및 특성-천장 크레인
4	KS B ISO 8306	Cranes-Overhead traveling Cranes and portal bridge Cranes -	크레인-천장 크레인-크레인과 트랙의 공차
5	KS B ISO 8566-5	Cranes-Cabins and control stations-Part 5 : Overhead traveling and portal bridge Cranes	크레인-운전실-제5부 : 천장 크레인
6	KS B ISO 8686-5	Cranes-Design principles for loads and load combinations-Part 5 : Overhead traveling and portal bridge Cranes	크레인-하중 및 복합하중에 관한 설계원리-제5부 : 천장 크레인
7	KS B ISO 9374-5	Cranes-Information to be provided-Part 5 : Overhead traveling and portal bridge Cranes	크레인-제공정보-제5부 : 천장 크레인 및 갠트리 크레인

No	KS 규격번호	국제 규격명	규격명(한글)
8	KS B ISO 10245-5	Cranes-Limiting and indicating devices-Part 5 : Overhead traveling and portal bridge Cranes	크레인-제한장치 및 지시장치-제5부 : 천장 크레인
9	KS B ISO 10972-1	Cranes-Requirements for mechanisms-Part 1 : General	크레인-기계장치의 요구사항-제1부 : 일반
10	KS B ISO 11660-5	Cranes-Access, guards and restraints-Part 5 : Bridge and gantry Cranes	크레인-접근, 보호 및 제한물-제5부 : 브리지 및 갠트리 크레인
11	KS B ISO 16880	Cranes-Bridge and gantry Cranes-International Standards for design and manufacturing requirements and recommendations	크레인-브리지 및 겐트리 크레인-설계, 제작 요건 및 권장사항에 대한 국제규격
12	KS B ISO 16881-1	Cranes-Design calculation for rail wheels and associated trolley track supporting structure Part 1 : General	크레인-레일바퀴 및 트롤리 트랙 지지구조물 설계 계산-제1부 : 일반

■SC10-디자인 원칙 및 요건

No	KS 규격번호	국제 규격명	규격명(한글)
1	KS B ISO 4301-1	Cranes and lifting appliances-Classification-Part 1 : General	크레인 및 권상장치-분류 및 등급-제1부 : 일반
2	KS B ISO 4302	Cranes-Wind load assessment	크레인-풍하중 평가
3	KS B ISO 4304	Cranes other than mobile and floating Cranes-General requirements for stability	이동식 및 부양 크레인 이외의 크레인-안정성을 위한 일반요건
4	KS B ISO 8686-1	Cranes -Design principles for loads and load combinations-Part 1 : General	크레인-하중 및 복합하중에 관한 설계원리-제1부 : 일반

KS

No	KS 규격번호	KS 규격명
1	KS B 6228	천장 크레인
2	KS B 6237	천장 크레인용 주강제 주행 차륜
3	KS B 6238	천장 크레인용 단강제 주행 차륜
4	KS B 6239	크레인의 정격 하중 . 정격속도 및 선회 반지름
5	KS B 6407	천장 크레인용 로프 휠
6	KS B 6590	자주 크레인 용어
7	KS B 6591	자주 크레인 구조 성능 기준
8	KS B 6593	스태커 크레인의 안전기준
9	KS B 6594	스태커 크레인의 설계기준
10	KS B 6595	스태커 크레인의 구성 부분품에 관한 기준
11	KS B 6596	크레인 강 구조 부분의 계산기준
12	KS B 6843	호이스트식 크레인
13	KS B 7108	크레인-크레인작업 표준 신호방법
14	KS B 0812	선박기관실 교류 전동 천장 크레인 육상 시험 방법
15	KS B 4009	선박용 유압구동 크레인

ISO

■SC2-용어

No	ISO 규격번호	ISO 규격명	규격명(번역)
1	ISO 2374 :1983	Lifting appliances-Range of maximum capacities for basic models	리프팅 장치-기본모델의 최대 성능 범위

■SC3-와이어로프 선정

No	ISO 규격번호	ISO 규격명	규격명(번역)
1	ISO 4309 :2004/ AMD1 :2008	Cranes-Wire ropes-Care, maintenace, installation, examination and discard(ammendment)	크레인-와이어로프 검사와 폐기에 대한 관례(수정록)

■SC4-시험방법

No	ISO 규격번호	ISO 규격명	규격명(번역)
1	ISO 11629 : 2004	Cranes-Measurement of the mass of a Crane and its components	크레인-크레인과 구성품의 중량측정
2	ISO 14518 : 2005	Cranes-Requirements for test loads	크레인-테스트 부하 요구사항

■SC5-사용, 운전 및 정비

No	ISO 규격번호	ISO 규격명	규격명(번역)
1	ISO 23813 :2007	Cranes-Training of appointed persons	크레인-임명된 사람에 대한 교육
2	ISO 23814 :2009	Cranes-Competency requirements for Crane inspectors	크레인-크레인 검사자 적격요건
3	ISO 23815-1 :2007	Cranes-Maintenance-Part 1 : General	크레인-유지보수-제1부 : 일반

■SC6-모바일 크레인

No	ISO 규격번호	ISO 규격명	규격명(번역)
1	ISO 7296-1 :1991/ Amd1 :1996	Cranes-Graphics symbols-Part 1 : General(ammendment)	크레인-그래픽 부호-제1부-일반(수정록)
2	ISO 7752-2 :1985/ Add1 :1986	Lifting appliances-Controls-Layout and characteristics-Part 2 : Basic arrangement and requirements for mobile Cranes(addendum)	리프팅 장비-컨트롤-배치 및 특성 제2부 -모빌 크레인의 기본적인 배열 및 요건(부록)
3	ISO 9928-2 :2007	Cranes-Crane driving manual-Part 2 : Mobile Crane operators	크레인-크레인 운전지침서 제2부 : 모바일 크레인 운전자
4	ISO 10972-2 :2009	Cranes-Requirements for mechanisms-Part 2 : Mobile Cranes	크레인-기계장치의 요구사항-제2부 : 모바일 크레인
5	ISO/TR 19961 : 2005	Cranes-Safety code on mobile Cranes	크레인-모바일크레인의 안전부호

■SC7–타워 크레인

No	ISO 규격번호	ISO 규격명	규격명(번역)
1	ISO 7296–3 :2006	Cranes–Graphics symbols–Part 3 : Tower Cranes	크레인–그래픽 부호–제3부 타워 크레인
2	ISO 7752–1 :2010	Cranes–Controls– Layout and characteristics–Part 1 : General	크레인–제어–레이아웃 및 특성–제1부–일반적인 원칙
3	ISO 9926–3 :2005	Cranes–Training of drivers–Part 3 : Tower Cranes	크레인–운전자 교육–제3부 : 타워 크레인
4	ISO/TR 27245 : 2007	Cranes–Tower Cranes–International Standards for design and manufacturing requirements and recommendations	크레인–타워크레인–설계, 제조, 운영 및 유지보수와 권고사항

■SC8–지브 크레인

No	ISO 규격번호	ISO 규격명	규격명(번역)
1	ISO 10245–4 :2004	Cranes–Limiting and indicating devices–Part 4 : Jib Cranes	크레인–제한 및 지시장치–제4부 : 지브 크레인
2	ISO 10245–4 : 2004/Cor 1 :2006	Cranes–Limiting and indicating devices–Part 4 : Jib Cranes(corrigendum)	크레인–제한 및 지시장치–제4부 : 지브 크레인(정오표)
3	ISO 10972–4 :2007	Cranes–Requirements for mechanism–Part 4 : Jib Cranes	크레인–기계장치의 요구사항–제4부 : 지브 크레인
4	ISO 12210–4 :1998/ Cor 1 :2000	Cranes–Anchoring devices for in–service and out–of–service conditions–Part 1 : General(corrigendum)	크레인–작업 및 휴지에 대한 고정장치–제1부 : 일반(정오표)
5	ISO 12480–4 :2007	Cranes–Safe use–Part 4 : Jib Cranes	크레인–안전한 사용–제4부 : 지브 크레인
6	ISO 12488–1 :2005/ Cor 1 :2008	Cranes–Tolerances for wheels and travel and traversing tracks–Part 1 : General(corrigendum)	크레인–바퀴와 주행 및 횡행 트랙 공차–제1부 : 일반(정오표)
7	ISO 12488–4 : 2004	Cranes–Tolerances for wheels and travel and traversing tracks–Part 4 : Jib Cranes	크레인–바퀴와 주행 및 횡행 트랙 공차–제4부 : 지브 크레인
8	ISO/TR 25599 : 2005	Cranes–Jib Cranes–International Standards for design and manufacturing requirements and recommendations	크레인–지브 크레인–설계, 제조, 운영 및 유지보수와 권고사항

■SC9–브릿지 및 갠트리 크레인

No	ISO 규격번호	ISO 규격명	규격명(번역)
1	ISO 10972–5 :2006	Cranes–Requirements for mechanisms–Part 5 : Bridge and gantry Cranes	크레인–기계장치의 요구사항–제5부 : 브릿지, 갠트리 크레인
2	ISO 22986 :2007	Cranes–Stiffness–Part 5 : Bridge and gantry Cranes	크레인–강성도–브릿지, 갠트리 크레인

■SC10–디자인 원칙 및 요건

No	ISO 규격번호	ISO 규격명	규격명(번역)
1	ISO 20332 :2008	Cranes–Proof of competence of steel structures	크레인–철제 구조물의 적격판단 증거

부록2

크레인 용어 설명*

1. **가이로프(guy rope)** : 크레인으로 물건을 들어 올리거나 내릴 때 흔들리거나 회전하는 것을 방지하고 방향을 잡기 위해 물건에 매단 로프. 가이데릭이나 타워크레인에서 마스트(Mast)의 수직을 유지하기 위해 상단부와와 지반을 고정한(매단)와이어로프도 가이로프의 일종이다.

2. **가이데릭(guy derrick)** : 마스트(mast), 붐(boom), 원동기 등으로 구성되며 와이어로프(wire rope)에 의해 하물荷物을 들어올리는 간단한 기계장치의 일종. 일반적으로 데릭은 설비비가 저렴하고, 설치, 해체, 이동, 운전이 용이하여 건설공사용, 구조물의 조립용 등 옥외 하역설비용으로 사용되고 있다. 스텝(step)위에 세워진 마스트는 6본 이상의 가이로프(guy rope)로 방사형으로 지지된다. 마스트 하부의 핀에 붐을 부착하고 붐 선단에 달린 훅 블록에 하물을 매단다. 하물은 동력에 의해 구동되는 윈치(winch)에 감긴 와이어로프로 인양한다

3. **가이드 롤러(guide roller)** : 물체를 일정한 방향으로 유도하거나 접촉 등을 방지하기 위하여 설치한 작은 바퀴. 와이어로프 등이 크레인 몸체에 접촉하는 것을 방지하거나, 트롤리, 승강기 등이 정상적으로 이동하도록 안내하기 위한 것 등이 있다. 안내용 가이드 롤러는 트롤리 또는 크레인의 새들 등의 측면에 설치되어 주행, 횡행 등을 안내하는 롤러로서 일명 사이드 롤러라 한다. 가이드 롤러는 구름 접촉이 되므로 차륜에 비하여 마찰계수가 적다. 고속이나 사용빈도가 많은 만곡부 등에서는 차륜의 플랜지나 레일의 측면이 마모되므로 가이드 롤러가 사용된다.

4. **가이드로프(guide rope)** : 크레인 등으로 하물을 인양, 운반 시 하물의 회전, 흔들림에 의한 타 물체와의 접촉, 충돌 등을 방지하기 위하여 하물의 끝단에 매달아 하물을 유도하는 로프. 유도 로프 또는 안내 로프라고도 한다. 긴 물건을 유도하는 경우에는 짐의 양쪽에 가이드로프를 설치하는 경우도 있다. 가이드로프를 손으로 잡고 있어야 하는 경우에는 이를 순간적으로 풀수 있는 방법을 취해야 한다.

5. **감김여유(역권)(dead turns)** : 와이어로프 끝단을 드럼에 부착할 때 훅 등이 지면에 닿은 상태에서 드럼에 남는 로프의 감김의 여분, 로프에 걸리는 하중이 그 로프고정금구에 직접 영향을 주면 로프가 빠져 떨어질 우려가 있다. 훅 등이 지면에 닿은 상태에서 드럼에 남는 설계라면 로프와 드럼 간의 마찰력에 따라 로프 장력의 대부분은 흡수되며 고정구에 걸리는 힘을 작게 할 수 있다. 크레인 구조규격 등에는 2번 이상 감는 것으로 정해져 있다.

* 1) 크레인용어 표준화연구(2007, 지식경제부)
2) 크레인용어 실용사전(2010, 월간크레인)

6. **갠트리**(gantry) : 크레인의 일종에서 두 개의 문형 탑(門形 塔)을 연결하는 골조 구조의 총칭. A프레임이라고 도 한다. 지브크레인의 경우 와이어로프 등으로 지브의 기복 행하는 기계의 상부 선회체에 설비되어, 지브를 지지하기 위한 구조물이다. 앞쪽의 부재를 압축부재, 뒷쪽의 부재를 인장부재라 한다. 통상 인장부재는 신축식으로 되어 있어 작업 시에는 늘리고(하이갠트리), 기계를 운송할 때는 접어(로우캔트리)전체 높이를 낮출 수 있다. 꼭대기에 하부 브라이들(또는 A프레임 요크, 하부 스프렉레다)이라고 불리는 로프를 걸 수 있도록 시브가 부착되어 있다. 최근에는 과부하방지를 위하여 하중 센서가 구비되어 있는 것이 많다. 대형에는 점검용 계단과 사다리를 갖추고 있다.

7. **갠트리 크레인**(gantry crane) : 다리(교각)로 지지되는 거더를 갖고 있는 크레인, 트롤리 또는 호이스트가 거더 위를 횡행한다. 다리가 편각인 것은 세미 갠트리크레인이라고 한다.
   호이스트식 갠트리 크레인은 트롤리대신 호이스트를 사용하는 크레인을 말한다. 트롤리식 갠트리 크레인에는 트롤리 형식에 따라 분류되며 각각 클럽트롤리식, 로프트롤리식, 맨트롤리식 갠트리크레인으로 부른다.
   갠트리 크레인의 거더 위에 지브크레인과 인입크레인을 설치하여 횡행시키는 갠트리크레인을 각각 지브크레인식 갠트리크레인과 인입 크레인식 갠트리크레인이라고 한다.

8. **경사각 지시계**(angle indicator) : 지브의 기복에 따른 경사각의 정도를 나타내는 장치. 크레인 기준에는 운전자가 보기 쉬운 위치에 지브의 경사각 지시장치를 구비하도록 규정하고 있다.

9. **고리걸이용구**(hitch tool) : 양중기(크레인, 리프트, 곤도라, 승강기 등)에 하물을 달아매기 위해 사용하는 도구의 총칭. 크레인의 훅(hook) 및 샤클(shackle), 달기 wire-rope, 달기 chain 등을 말한다. 고리겅 걸이 용구로 사용되는 훅(hook) 및 샤클(shackle)은 달 줄로 사용되는 달기 wire-rope, 달기 chain의 사용조건에 따른 안전계수와 동일 이상의 안전계수를 가져야 한다. 근로자가 탑승하는 운반 구를 지지하는 와이어로프는 10 이상, 하물을 지지하는 경우에는 5 이상, 그 밖의 용도에는 4 이상의 안전계수를 확보해야 한다.

10. **곤돌라**(gondola) : 달기발판 또는 운반구승강장치 기타의 장치 및 이들에 부속된 기계부품에 의하여 구성되고, 와이어로프 또는 달기강선에 의하여 달기발판 또는 케이지가 전용의 승강장치에 의하여 상승 또는 하강하는 설비. 곤돌라 형식에는 빌딩 등의 외벽, 유리창의 청소작업에 사용되는 아암부앙형(術仰形), 아암고정형, 모노레일형, 건설공사 등의 외장공사에 사용되는 데크형이 있다.

11. **골리앗 크레인**(goliath crane) : 조선소에서 선체의 블록을 운반하여 결합, 유지에 사용되는 대형 갠트리크레인. 고대의 거인 Goliath의 이름을 빌려왔다.

    대형이며, 주항은 하나로 하며 주 트롤리는 항 상면을 횡행하여 매달은 기구를 항 양측에 매달아 놓는다. 항 하면에는 주트롤리 아래를 수평으로 이동할 수 있는 보 트롤리를 갖는 것이 보통이다. 매다는 위치의 미세한 조종을 위해 두 다리는 별개의 구동 가능한 구조로 하는 것이 많다.

12. **공칭지름**(nominal diameter) : 실제 치수가 아니고 일반사회에서 범용적으로 부르는 치수로 호칭지름이라고도 한다. 예를 들면, 파이프의 경우 15mm, 20mm, 25mm, 32mm, 40mm, 50mm 등으로 그 파이프의 규격을 정해 놓았는데 실제로 이 파이프를 자로 재어보면 철관, PVC관, 동관 등 재질 및 관의 두께에 따라 그 치수가 모두 다르며 특히, 이형철근의 경우 마디(리브 :rib)가 있어 정확한 치수를 표현하기 힘들 때 일반적으로 부르는 치수로, 나사에서는 수나사 바깥지름의 기준치수를 관에서는 안지름의 기준치수를 말한다.

13. **과권방지장치**(over-hoisting prevent device) : 와이어로프의 지나친 감김을 방지하기 위해서 자동적으로 동력을 차단하거나 작동을 제한하여 정지시키는 장치

14. **과부하**(overload) : 정격부하를 초과하는 부하, 정격을 초과한 설비의 운전이나 일정시간 이상 손상이나 과열

우려가 있는 정격을 초과한 전류에서의 도체 사용 등의 경우를 말하며, 단락이나 지락 고장과 같은 사고는 과부하에 속하지 않는다.

15. **과부하방지 장치(overload limiter)** : 과부하란 기계를 안전하게 운전할 수 있는 허용하중 또는 압력 등을 초과하는 하중, 압력 등을 말하고, 과부하로부터 기계를 보호하고자 하는 장치를 통상 과부하방지장치라 한다. 그러나 산업안전보건법에서는 압력보호가 아닌 양중기에서 중량물 등의 취급에 따른 적재하중 또는 정격하중을 초과하는 하중이 크레인, 승강기 등에 발생하지 않도록 방지하는 경우를 규정하고 있다. 즉, 지브크레인, 이동식크레인(mobile crane)등에 과부하 하중이 부과되어 지브 파손 또는 기계가 전도되는 사고발생을 방지하는 장치를 말한다. 지브크레인, 이동식크레인의 지브는 낮아질 경우 길이의 변화에 따라 매단 짐의 무게가 변하지 않아도 전도 모멘트(overturning moment)가 커지게 된다. 과부하방지장치는 이와 같은 전도 모멘트의 크기와 안정모멘트(safe moment)의 크기가 비슷하게 될 때 경보(alarm)를 울리고 자동적으로 정지시킨다. 과부하방지장치는 하중 검출부, 선회반경 발신기, 선회반경 지시계, 하중지시계 및 제어부로 구성되어 있다.

16. **과속방지장치(over speed preventive device)** : 곤돌라 작업대의 하강하는 속도를 검출하여, 허용하강속도를 기준으로 설정한 속도에 도달했을 경우에 자동적으로 제어시키는 속도제어장치의 하나이다. 이 과속도 방지장치는 곤돌라의 허용하강속도의 1.4.배에 달하는 경우에 해당 작업상의 하강을 자동적으로 제어시키는 기능을 갖추고 있다.
이 장치의 대표적인 것으로 조속기식 정지 장치나 와이어로프 죔 장치가 사용되고 있다.

17. **과전류보호 장치(ver-current protector)** : 전기장치에 과부하, 단락 및 지락사고로 인하여 과전류가 흐르게 되는 경우 과열로 인한 화재나 설변불 손상으로 인한 2차 지락, 단락사고 등의 예방을 위하여 설치되는 것으로서 보호계전기, 차단기, 퓨즈 등이 사용된다. 과전류를 차단하기 위한 조치로는 저압전로에 있어서의 퓨즈(fuse), 배선용 차단기(MCCB)가 고압 및 특별 고압전로에 있어서의 퓨즈 및 과전류 계전기(over-current relay)에 의해서 작동하는 차단기(breaker)가 주로 사용되고 있으며, 열동계전기가 부착된 전자개폐기(MC)는 일반적으로는 과부하 전류 보호전용으로서 단락선류의 차단능력은 없고 전류 제한기도 과전류차단기에 속하지 않는다. 동 장치는 사고의 파급을 최소화 할 수 있도록 전력계통상의 전원측, 부하측 등 피보호회로가 전원으로부터 분기되는 개소마다 설치되어야 한다.

18. **구동장치(곤돌라)(driving device of gondolla)** : 곤돌라의 각 장치를 작동시키기 위한 것. 작업대를 상승 또는 하강시키기 위한 승강구동, 작업대를 전후로 또는 격납시에 암을 후방으로 이동시키는 기복구동, 상부가대를 회전시키는 선회구동, 곤돌라 전체가 이동하는 주행구동 등의 각 장치가 있다. 또한, 부분적으로 작동시키는 것은 암길이를 변하게 하는 신축구동, 작업상을 회전시키기 위한 선단선회구동 등의 장치가 있다.

19. **권과방지장치(over winding protector)** : 중량물을 인양하는 와이어로프 또는 체인 등이 과도하게 감겨서 훅 등이 상부에 부딪쳐 화물의 충격과 크레인의 파손, 와이어로프 파단으로 인한 추락 등의 재해가 발생할 수 있으므로 일정한도 이상으로 중량물을 감아 올리면 그 이상 감겨지지 않게 자동적으로 정지하도록 하는 장치로서 일반적으로 나사형 리미트 스위치, 캠형 리미트 스위치, 중추형 리미트 스위치가 사용되고 있다.

20. **권상능력(lifting load)** : 크레인, 이동식크레인 또는 데릭 구조 및 재료에 따라 부하시키는 것이 가능한 하물의 최대 질량을 말한다.
또한, 권상 하중과 동의어인 제한하중은 양화장치에 있어서 그 통상 사용상태에 따라 안전하게 부하시키는 것이 가능한 하물의 최대질량을 말한다.

21. **권상용 도르래(raising sheave)** : 로프를 걸어 돌리게 만든 바퀴로서 여러 개의 활차를 조합함으로써 작은

힘으로 큰 힘을 얻을 수 있어 기중기 등에 이용된다. 정활차(**定滑車**), 동활차(**動滑車**), 복활차(**複滑車**)등이 있다.

22. **권상용 와이어로프**(raising wire rope) : 와이어로프란 몇 개의 철사를 꼬아서 1줄의 스트랜드(strand : 새끼줄)를 만들고 다시 6가닥의 스트랜드를 1줄의 마(麻)로프나, 또 다른 로프(IWRC)를 중심으로 꼬아서 만든 줄. 호이스트, 크레인, 승강기 등의 인양기계 권상장치에 설치한 것을 권상용 와이어로프라 한다. 로프 꼬임의 종류는 꼬임 방법에 따라 보통꼬임과 랭꼬임이 있으며, 또한, 스트랜드의 꼬임방향에 따라서 S꼬임 로프와 Z꼬임 로프가 있다.

23. **권상장치**(winding device) : 드럼을 구비하고 여기에 와이어로프를 감아 중량물을 끌어 올리는 장치. 이 장치에는 하물 또는 지브의 강하를 신속하게 정지시키고, 정지상태를 유지할 수 있는 브레이크를 부착해 두어야 한다. 또한, 재해방지를 위해서는 적격한 와이어로프(근로자 탑승 운반구 지지 경우 : 안전계수 10 이상, 하물의 하중을 직접 지지하는 경우 : 안전계수 5 이상)를 사용하고 또 이것을 정상상태로 유지하도록 하여야 한다.

24. **권상하중**(hoisting load) : 정격하중에 훅(hook), 버킷(bucket) 등 달기구 중량을 합한 하중. 크레인의 구조와 재료에 따라 부하 가능한 최대의 하중을 말한다.

25. **균형도르래**(equalizer sheave, compensating sheave) : 와이어로프의 길이와 장력을 같이 매달은 로프 도르래. 같이 매달은 로프차라고도 한다.
권상장치, 기복장치 등에서 드럼의 양단에서 와이어로프를 감을 경우, 중간 점에 배치되어 있는 것으로 거의 회전하지 않는다.이 때문에 크레인 구조규격 또는 이동식크레인 구조규격에 에쿼라이저의 D/d(도르래의 직경과 와이어로프 직경의 비)는 다른 도르래에 비해서 작은 값으로 정해져 있다.
다른 도르래와 같이 주조, 단조 및 강판용접에 의해서 제조로 되어 있으나, 회전이 극히작은 것에서 소형화가 요구되는 권상장치의 경우에는 베어링을 사용하지 않는 경우도 있다.

26. **균형추**(balance weight, counter weight) : 기구상 또는 운전조작상 필요로 하는 균형추. 제조시 항구적으로 설치된 것과 작업에 따라 그 때마다 부착하는 형식이 있다.
크레인에는 주로 지브크레인에 채용되어 있어 인입 동작을 원활하게 하기 위해 설치된 것과 크레인 전체의 안정도를 유지하기 위해 설치하는 것이 있다.
이동식크레인에서 전체의 안정도를 갖기 위한 것을 카운터 웨이트라고도 한다.
곤도라에는 안정도를 확보하는 목적으로 상부지지구조체에 추를 더한 것을 말한다. 또 특수한 작업대에 작업대의 안정도를 확보하기 위해서 같은 것을 고정 또는 슬라이드식으로 사용하는 것도 있다.

27. **그래브 버킷**(grab bucket) : 크레인이나 지게차 등으로 하역작업을 할 때 석탄, 코크스, 자갈, 흙 등을 퍼 올리는 특수한 기구. 버킷의 개폐조작은 지지로프와 개폐로프로 한다. 이 밖에 개폐장치가 따로 되어 있어 지지로프만으로 하는 단일로프형식과 유압, 전동, 압축공기 등을 이용하는 동력 개폐식이 있다.

28. **기계식크레인**(mechanical crane) : 크레인 동작의 전부 또는 대부분을 기계식 구조에 의해 행해지는 이동식크레인. 현재는 대부분 제조되고 있지 않다. 또, 사용되고 있는 것도 적다.
또한, 이동식크레인에서 상자형 지브를 장비한 것과 래티식 지브를 장비한 것을 구별하여, 전자를 유압식 크레인 후자를 기계식 크레인이라고도 한다.

29. **기복장치**(derricking mechanism) : 기중기에서 지브 또는 기복거더 등을 기복시키는 장치. 여기서, 기복이란 기중기의 지브 또는 거더의 기복운동을 말하며 이러한 운동을 하는 거더를 기복 거더(hinged boom)라고 한

다. 기복장치는 기중기나 이동식크레인의 작업을 하는 주요 구조부중의 하나로써 작업기계의 능력을 고려하여 적정한 강도와 구조로 제작되어야 한다.

30. **낙하방지장치**(governor) : 승강기나 리프트 등 사람이 탈 수 있는 운반구를 상승·하강작동하는 운반기계에는 비상시 운반구가 추락하는 경우 이를 정지시킬 수 있는 안전장치를 설치하여야 하는데 이것이 낙하방지장치(governor)이다. 낙하방지장치는 원심력의 원리를 이용한 장치로 정격속도의 1.3배로 운반구가 하강하면 리프트나 승강기의 전원을 자동 차단하여 브레이크의 작동에 의해 운반구를 잡아주는 역할을 하며, 정격속도의 1.4배 이상으로 운반구가 하강하면 기계식 장치가 작동하여 리프트나 승강기의 운반구 낙하를 정지시키도록 하는 장치이다. 낙하 방지 장치는 과부하 방지장치, 권과 방지 장치, 출입문 연동장치, 완충장치등과 함께 리프트 또는 승강기등 양중기의 중요한 안전장치중의 하나이다

31. **난권방지장치**(preventive device for irregular winding) : 와이어로프를 드럼에 감을 때, 짐의 흔들림 등에 의해 와이어로프가 드럼에 난잡하게 감겨들어가는 상태를 난권이라고 하며, 와이어로프의 손상과 파단의 원인이 되고 비상시에는 위험하기 때문에, 이런 난권을 방지하기 위해서 사용되는 장치. 홈이 파인 룰러를 드럼에 감긴 로프위에 스프링을 끼워서 누르고, 드럼에 파인 로프홈에 따라 이것과 연동하여 슬라이드 하는 로프가이드를 설치하는 장치 등이 있다. 반면, 다단 감기의 경우는 드럼에 평행홈 드럼(Lebus Drum)을 채용하여 난권을 방지하는 형식도 이동식크레인에는 많이 사용되고 있다.

32. **다층감기**(multi-layer winding) : 크레인등의 드럼에 와이어로프를 감을 때 최대로 감아 드럼 상1단에 끝나는 것을 단층권, 2단 이상에 미치는 것을 다층권 감기라고 하며 다층권감기를 다단감기라고도 한다.

    다층권감기는 드럼의 크기를 작게 하기 위해 또는 후리트앵글를 만족시키기 위해 자주 채용되고 있으나, 다층권감기에 따른 난감기나 삭낙(단락이라고도 함)이 생기기 쉽고 또 삭변환부(크로스오버부, 열변환부 라고도 함)에도 손상이 생기기 쉽다.

    (1) 단변환부 : 와이어로프가 드럼에 다층감기 될 때, 드럼의 플랜지부에 감게 되는 와이어로프의 단이 변하는 위치를 단변환부라고 한다.

    (2) 난감기 : 와이어로프가 드럼위에 정렬되어 감겨져 있지 않은 상태를 말한다.

    (3) 삭낙 : 난감기의 일종으로 상단의 와이어로프가 하단의 극간에 일부 들어간 상태를 말한다. 또 단변환부에 와이어로프와 플랜지의 극간에 상단의 와이어로프가 들어간 것을 말한다.

33. **단말처리**(end processing) : 와이어로프의 단말은 아무처리도 하지 않으면 운송, 보관 중 또는 절단할 때 흩어지게 되므로 풀어지지 않도록 밴드선(시징와이어라고도 함)으로 묶거나, 시어징 등 단말에 특별히 가공하는 것.

34. **달기기구(크레인)**(lifting device) : 크레인 등에서 하중을 들어 올리거나 내릴 때 사용되는 작업 장비의 총칭적 의미. 훅, 전자석(magnet), 도르래 장치, 체인 슬링, 로프 슬링, 걸쇠, 회전 이음쇠, 리프팅 빔(lifting beam), 스프레더 바(spreader bar), 리프팅 도르래 장치(lifting tackle) 등이 있다. 하중을 정지, 고정, 지지할 때 사용되는 연결장치까지 포함된다. 달기구의 일종인 리프팅 빔(lifting beam)이나 스프레더 바(spreader bar)는 철강제의 빔(beam)으로 인양물이 커서 다루기 힘든 경우에 주로 사용된다. 리프팅 빔은 압연 형강 또는 압연강판으로 만들어진 빔, 걸쇠, 아이볼트, 리프팅 아이(lifting eye), 체인슬링, 와이어로프 슬링 등으로 구성된다. 스프레더 바는 인양하고자 하는 물체의 변형 등을 방지하기 위하여 여러 개의 슬링 등으로 여러 지점에 연결하여 하중의 분산을 꾀하면서 인양하는 장치이다. 리프팅 도르래 장치(lifting tackle)는 체인 슬링, 로프 슬링, 훅, 걸쇠, 회전 이음쇠 등으로 구성된다.

35. **달기체인**(hanging chain) : 달비계를 매다는 체인. 달기체인은 와이어로프와 함께 매다는 용도로 많이 사용

하고 있는데 사용용도와 조건에 맞는 적절한 강도와 구조의 것을 사용하여야 한다. 크레인등 양중기에 사용하는 달기체인(고리걸이용 달기체인을 포함함)의 안전계수(달기체인 절단하중의 값을 그 달기체인에 걸리는 하중의 최대값으로 나눈값을 말함)가 작업자가 탑승하는 운반구를 지지하는 경우에는 10이상, 화물의 하중을 직접 지지하는 경우에는 5 이상이 되도록 하는 기준에 적합하여야 한다.

36. **데릭(derrick)** : 동력을 사용해서 짐을 들어올리는 기계장치. 마스트(mast)또는 붐(boom)을 구비하고, 원동기를 설치하여 와이어로프에 의해 조작된다. 데릭은 구조부분(마스트, 지브 등), 기계장치(권상장치, 지브의 기복 선회장치 등)그리고 리프팅용 와이어로프, 권상고리, 안전장치로 구성되어 있다. 데릭은 구조와 기구에 따라 다음의 종류로 구분된다.

① guy derrick　② stiffley derrick　③ gin pole derrick

④ branch derrick　⑤ front guard frame derrick

37. **도르래(Sheave)** : 중량물 운반 등에 사용되는 권상장치, 기복장치 등에 설치되는 와이어로프의 활차(滑車). 홈붙이 풀리(grooved pulley)라고도 한다. 도르래는 와이어로프에 변형을 주지 않고, 용이하게 와이어로프가 벗겨지지 않는 형상의 홈이 있거나, 보스(boss)에는 로울러 베어링(roller bearing)또는 부시(bush)가 사용된다. 도르래의 지름과 도르래를 통과하는 와이어로프 지름과의 비율값이 지나치게 적은 경우에는 와이어로프에 커다란 굽힘 응력이 생겨 와이어로프가 파손되는 위험이 있기 때문에 와이어로프의 지름에 적합한 지름의 도르래를 사용하여야 한다.

38. **동기속도(synchronous speed)** : 유도전동기의 동기속도는 다음 식으로 구한다.

$$N = \frac{120F}{P}$$

여기에서 N : 전동기의 동기회전수(rpm),
F : 전동기에 공급되는 전원주파수(Hz),
P : 전동기의 극수이다.

전동기의 속도를 바꾸기 위해서는 ① 전원주파수를 가변하고, ② 극수를 변화시켜 실현할 수 있다. ①의 방식은 인버터 제어에 사용되어 ②의 방식은 극수변환모터에 사용되고 있다.

39. **동력전달장치(power transmission equipment)** : 원동기 또는 기계장치로부터 기계의 작업점까지 동력을 전달하기 위해 필요한 기계요소. 회전축, 축이음, 기어, 풀리, 벨트, 체인, 플라이휠, 크랭크장치 등으로 되어 있다. 산업안전기준에 관한 규칙에서는 기계작동부분의 돌기물과 동력전달부분의 방호방법을 정하고 있는데, 동력전달장치의 접촉에 의한 위험부분에는 덮개, 울, 슬리브, 건널다리, 방책 등을 설치하고 회전축, 기어, 풀리 등에 부속하는 키, 핀 등의 기계요소는 묻힘형으로 하거나 덮개를 설치하고 벨트의 이음부분에는 돌출된 고정구를 사용하지 못하도록 규정하고 있다.

40. **동력하강장치(power lowering device)** : 매단 하물과 지브를 기계식 브레이크만으로 내리고, 모터의 동력, 엔진 브레이크 및 카운터밸런스밸브 등을 사용하여 속도를 제어하고 강하시키는 장치(파워 로워링이라고도 불리워진다). 기계식 이동식크레인에 매단짐과 지브의 강하조작을 이른바 엔진브레이크를 이용하여 일정 속도로 행하는 것에서 나온 말이다.
유압식이 주류인 현재에는 카운터밸런스밸브의 기능을 이용하여 지탱하는 측압유를 조금씩 빼내는 방식으로, 매단 하물과 지브의 강하와 지브의 축소를 속도제어를 하면서 조작할 수 있다.

41. **드럼(drum)** : 로프를 감는 원통형의 부품. 소용량의 드럼은 주조가 일반적이지만 대용량에서는 철판을 원통형

의 동체로 하고 그 양단에 부착하는 드럼의 경판 및 드럼샤프트를 용접하여 제작한다.

로프를 올바로 감기 위해 표면에 로프가 끼워지는 나선상의 홈을 갖고 있는 것을 홈붙이드럼 이라고 하고, 크레인의 드럼, 호이스트에 사용되는 것이 많다. 홈이 없이 표면이 매끄러운 것은 홈없는 드럼이라고 하며 윈치등의 다층권에 사용된다. 와이어로프의 난감기의 발생을 방지하면서 홈붙이드럼은 드럼에 감아 들어가게 되는 와이어로프와 드럼 홈과의 각도는 4도 이내, 홈없는 드럼에 있어서 후리트앵글은 2도 이내가 아니면 안된다.

42. **래칫 휠**(ratchet wheel) : 래칫(ratchet)은 새발톱의 모양으로 생긴 갈고리를 구동체로 하여 이것에 맞물려 간헐적인 회전운동을 시키거나 역회전을 못하게 제동하는 일종의 톱니바퀴. 래칫 휘일은 폴(pawl)에 의해서 회전을 전하는 바퀴로 간헐운동을 전달하는 경우 등에 쓰인다. 윈치의 래칫장치는 드럼에 부착한 발톱차의 나사에 발톱이 걸리게 해서 드럼의 역회전을 방지한다. 정방향의 회전시에는 발톱이 벗어나기 때문에 방해가 되지 않도록 되어 있다. 윈치를 정지시키려고 할 때는 반드시 래칫을 걸어야 한다. 또 구조상 충격이 가해지기 때문에 발톱차의 부착 볼트나 핀의 절단과 이완, 나사나 발톱의 절단과 균열 등이 발생하기 쉬우므로 특히 유의할 필요가 있다.

43. **러버타이어 부착 크레인**(rubber tyre mounted crane) : 철바퀴 대신에 고무타이어를 부착한 차륜방식으로 무궤도식의 주행장치를 갖는 크레인의 형식. 고무타이어식의 주행장치이기 때문에 상평면의 자유궤도상을 주행할 수 있다.

타이어마운트식 크레인의 대표예로는 컨테이너 터미널 등에 있어서 컨테이너를 반송하는 트랜스퍼 크레인과 지방 항만의 하역안벽에 사용되고 있는 지브크레인이 있다.

44. **러프 터레인 크레인**(rough-terrain crane) : 고르지 않은 땅에서 주행성이 좋고 좁은장소로 진입하는 것도 용이한 크레인

45. **렉카형 트럭 크레인**(wrecker type truck crane) : 트럭샤시에 서브 프레임으로 보강한 아웃트리거를 갖추어 크레인장치를 설치한 것. 일반적으로 교통사고차, 고장차등의 구난작업과 건옥내의 기계설비의 설치공사 등에 사용되고 있다.

46. **로프 그리스**(rope grease) : 와이어로프 제조시에 심강 및 스트랜드에 함침 또는 도포되는 녹 방지와 윤활을 위한 그리스. 주로 페트로라탐계의 누른빛깔의 로프그리스와 아스팔트계의 검정 로프그리스가 사용된다. 그러나 오늘날은 크레인용로프의 수명 연장 및 환경문제를 고려하여 페트롤리텀계의 누른빛깔의 로프 그리스 사용이 표준화 되어 있다. 로프그리스는 와이어로프 사용 중에 서서히 소실하기 때문에, 적정한 급유가 필요하고 이에 따라서 부식을 방지하고 마모와 피로를 경감하고 로프수명을 연장할 수 있다. 이를 위해 와이어로프 전용의 보급용 그리스를 로프 제조사가 보유하거나 추천해 주기도 한다.

47. **로프 슬링**(rope sling) : 와이어로프의 한쪽 끝단에 훅(hook) 등의 하물을 매달 수 있는 장치를 부착하고 다른 끝단에 링(ring)을 부착한 달기구의 일종. 하나의 링에 와이어로프를 1개 또는 2~3개씩 부착하여 사용하는 것이 일반적이다. 슬링에는 와이어 로프 슬링, 네트(net)슬링, 훅(hook)부착 슬링, 팔레트(pallet)슬링, 강판 등을 매다는 리프팅 빔(lifting beam) 등이 있다. 항만운수업에서는 고리걸이 용구를 총칭해서 말한다.

48. **로프 지름**(rope diameter) : 와이어로프의 임의 단면에 외접원의 직경. 통상 밀리미터(mm)로 나타낸다.

로프경에는 다음과 같은 표현이 있다.

(1) 공칭경 : 부르는 경으로 호칭하는 와이어로프의 직경을 말한다.

(2) 실제경 : 실제로 측정한 와이어로프의 직경을 말한다. KS D 3514에 규정되어 있는 와이어로프의 실제경의 허용차는 다음과 같다.

공칭경 10mm 미만 : 공칭경×(0～+10%)
공칭경 10mm 이상 : 공칭경×(0～+7%)
그러나 크레인등에 사용되는 로프에 있어서 국제적으로 통용되는 로프의 허용차는 밀리미터의 경우 0～+4%가 일반적이다.

49. **리미트 스위치**(limit switch) : 천정 기중기에서 권상, 횡행, 주행 등 각 장치의 운동에 대한 과행(過行)방지 장치. 이 스위치가 작용하여 배전판, 제어판의 전자 접촉기를 작동시켜 전동기의 운전을 제어한다. 특히 권상용은 훅이 권상 드럼의 일부와 접촉하여 발생하는 위험을 방지하는 장치이다. 종류에는 스크루식, 캠식, 중추식 등이 있다.

50. **리프트**(lift) : 동력을 사용하여 가이드레일을 따라 상하로 움직이는 운반구를 매달아 사람이나 화물을 운반하는 것을 목적으로 하는 기계설비. 건설용리프트 및 간이리프트가 있다. 건설용리프트는 건설현장에서 사용되는 설비로서 동력전달형식에 따라 와이어로프를 사용하는 와이어로프식과 랙 및 피니언기어를 사용하는 랙 및 피니언식으로 구분하며, 사용용도에 따라 화물운반만을 주목적으로 화물용리프트와 사람의 탑승이 가능한 인화공용리프트로 구분하고 있다. 간이 리프트는 동력을 사용하여 가이드 레일을 따라 움직이는 운반구를 매달아 소형화물 운반을 전용으로 하는 승강기와 유사한 구조로서 운반구의 바닥면적이 1제곱미터 이하이거나 천장높이가 1.2미터 이하인 것을 말한다.

51. **리프팅 빔**(lifting beam, lifting device) : 형강등의 빔에 클램프, 훅이 있는 와이어로프 등을 부착한 줄걸이 용구. 매단 빔은 주로 장척물의 줄걸이 용구로 사용된다.
2개의 훅을 이용한 걸기는 양측 훅에 균등하게 하물이 연결되도록 한다. 다점으로 매다는 것은 하물이 균등하게 연결되지 않는 것을 고려하여 충분한 강도를 확보한다.
천칭으로 불리며 많은 종류의 것이 있으나 용도를 크게 나누면
① 다점매다는 장착물의 하물
② 줄걸이용 와이어로프의 한 방향 또는 양방향에 거는 각도를 재는 것이 곤란한 하물
③ 매단 하물의 걸은 위치가 한정되어 대칭이 되지 않는 하물
④ 2대의 크레인에 같이 거는 하물 등에 사용된다.

52. **리프팅 훅**(lifting hook) : 선단이 고리 형태로 되어 있어 짐의 끝단부에 고리를 걸어 줄걸이 하는 훅. 줄걸이용 와이어로프의 아이에 통과시키거나, 샤클에 부착하여 사용한다. 이 리프팅 훅의 사용은 대면사용이 되는 줄걸이 방법이며, 내측에 압축력이 작용하는 방법으로 할 필요가 있다. 강판, H형강, 강관 등의 운반에 사용한다.
사용에 있어서 안전계수, 사용기준 등이 정해져 있어 사용할 수 있는 하중이 정해져 있다.

53. **모니터링 시스템**(monitoring system) : 크레인 등의 운전효율 향상과 기기의 예방보전 및 하역관리 등을 목적으로 하는 컴퓨터와 콘트롤러를 이용하여 운전(준비를 포함)상태를 표시, 고장발생시의 데이터의 수집, 운전시간관리 등을 위한 부품고장의 사전예방 및 하역실적 데이터의 수집 등을 하는 시스템. 지브의 선단에 카메라를 부착하여 짐의 상태를 감시하고 상부선회체 후면에 부착하여 크레인 후면의 상태를 감시하는 것도 있다. 이들은 운전실에 모니터 되어 있다.
또한, 이동식크레인은 각 장치의 이상 유무를 표시하는 장치를 OK 모니터라 하고 연료, 엔진냉각수온, 엔진윤활유압, 작동유온 등을 항상 검출하고 운전석 파넬부에 상태를 표시해 준다. 이동식크레인의 점검용 및 이상발생 곳의 모니터로 사용한다.

54. **모멘트 리미터**(moment limiter) : 작용모멘트를 제한하여 크레인의 과부하를 방지하여 안정성을 확보하기 위

한 장치. 일반적으로 붐(boom, 가로대)의 기복(상하 각운동)에 의해 하물을 올리고 내리거나 긴 붐위의 트롤리가 움직여 하물을 인양 또는 이송하는 지브크레인, 타워크레인, 벽크레인 등에서는 동일 하중의 부하가 걸리더라도 붐의 각도와 길이에 따라 전도모멘트가 달라진다. 이와 같이 동일 하중을 인양한다 하더라도 전도모멘트(overturning moment)가 수평면상의 하중의 위치에 따라 달라지는 타워크레인, 지브크레인, 이동식크레인(mobile crane) 등의 지브의 파손 또는 기체의 전도를 방지하는 안전장치의 일종이다. 모멘트 리미터는 인양 하중과 변형량의 관계를 규명하여 캣 헤드(cat head) 등의 변형량이 일정범위를 초과할 때에는 권상윈치의 구동 전원을 차단함으로써 안전을 확보하는 과부하 방지장치의 일종이다. 전도 모멘트의 크기가 안정 모멘트(safe moment)의 크기와 같아지면 경보(alarm)를 발하고 자동적으로 인양동작을 정지시킨다.

55. **무부하상태**(no load condition) : 크레인에 하중을 걸지 않은 상태. 산업안전기준에 관한 규칙에서는 작업 시작전 점검에 무부하상태로 운전하고 권과방지장치와 브레이크, 컨트롤러 등에 기능 이상의 유무를 확인하는 것이 의무화되어 있다.

56. **무선원격 제어기**(remote comtroller) : 먼 곳에 있는 물체, 기기, 장치 등을 제어, 운전 조종하는 장치.

57. **무한궤도(크롤러)**(crawler) : 슈, 링크, 핀, 붓싱으로 구성된 주행장치의 일부분. 슈는 링크에 볼트와 너트로 고정되어 있고 링크사이에는 붓싱과 핀을 끼워 연결한다. 무한궤도는 전부 유동륜 상·하부 롤러, 기동륜(스드로킷)에 감겨져 기동륜으로부터 동력을 받아서 구동된다.

58. **미속기능**(creep speed function) : 크레인 동작에서 기기 부착시 미세한 조작이 가능하도록 정격의 속도이외에 느린 속도를 설정할 수 있는 기능. 카고형 모터를 사용하는 전기호이스트 등으로 자모터에 교환함에 따라 미속기능을 갖은 것이 많다. 최근에는 인버터 제어방식의 채용으로 하나의 전동기에 1/10 정도까지의 미세한 속도제어도 가능하게 되었다.

    이동식크레인에서는 유압펌프에서 토출되는 유량을 펌프와 밸브로 미세하게 조정하여 작은 조작이 가능한 기능을 갖고 있는 것이 많아 졌다. 정격속도와의 변환식의 것, 미세한 속도에서 정격속도까지 연결제어 할 수 있는 것 등이 있다.

59. **백스톱**(back stop) : 지브넘어짐 막음 장치라고도 하며 래티스지브의 하부지브에 부착되어 지브가 후방에 있을 때 지브를 지탱하기 위한 장치.
    대표적인 구조는 2종류로 현재 많이 사용되고 있는 것은 2중관구조의 파이프로 구성되어 지브의 후방에 부착된지브의 신축에 따라 내통과 외통이 슬라이드하여 신축하고, 최대지브의 각도 시에 가장 짧게 되어 지브를 지탱하는 것이며, 또 하나는 와이어로프를 부착하고 최대지브각도가 되었을 때 와이어로프가 긴장상태가 되어 지브를 지탱하는 것이 있다.

60. **밴드 브레이크**(band brake) : 브레이크 드럼에 띠를 감아 놓고, 브레이크 레버를 잡아 당겨 띠를 브레이크 드럼에 압착시킴으로서 제동을 거는 브레이크.

61. **버켓**(bucket) : 건설기계 또는 크레인, 포오크 리프트 등의 기계에 부착하여 토사 등을 담아서 운반하는 강제의 용기. 적재, 하역의 방식에 따라 전도버켓, 밑열기버켓 등의 종류가 있다. 전도버켓은 버켓을 넘어뜨려서 적재, 하역하는 것이다. 밑열기버켓은 밑부분을 열어서 운반물을 집어넣거나 내용물을 배출해서 적재하역을 한다. 또 버켓의 끝부분에 톱니 또는 날을 붙여서 굴착장치로서의 기능을 구비시킨 것도 있다. 버켓은 암에 핀과 링크를 통해 결합된다. 굴삭 작업시 항상 골재와 접촉하므로 마모가 많다.

62. **벨트슬링**(flat woven webbing sling) : 나일론, 폴리에스텔, 폴리프로필렌 등의 화학섬유의 얀을 벨트로 짠 것을 봉제한 구조의 줄걸이용 슬링. KS에서는 기본 사용하중의 구분을 등급으로 구분하고, 더욱이 양단에 아

이를 갖춘 것, 엔들리스 상의 것, 또 금구와 결합된 것으로 분류하고 있다.

와이어로프에 비교하여 가볍고 다루기 쉬워서 각 종 분야에서 넓게 쓰이고 있다. 화학섬유이므로 대개 내유성에는 우수하지만, 기름을 머금으면 미끄러지기 쉽기 때문에, 이러한 사용에는 사용법을 가려야 한다. 또 열과 산, 알카리에 약하지만 약품에 강한 재질도 있어서 용도에 따라서 적절하게 선택할 필요가 있다.

와이어로프 등에 비하여 경년열화의 정도 추정이 곤란하고 또한, 강도에 대해서도 일정 기준이 정하기 어려우므로, 사용 할 때는 정해진 점검항목에 따라 점검이 필요하다.

63. **보권**(auxiliary hoist) : 레인의 정격하중을 매다는 주권에 대하여 소용량으로 속도가 빠른 권상장치를 보권. 주로 작업의 효율을 높이기 위해 대형 크레인에 주권, 보권을 갖추는 크레인이 많다. 주권과 같이 걸기 또는 동시작업을 위해 보권을 갖추게 되는 크레인도 있지만, 이 경우 각각에 과부하방지장치, 인터록장치를 갖추는 등의 조치가 필요하다.

    이동식크레인에 권상장치를 2개이상 부착하는 경우, 제1, 제2 드럼을 각각 주권, 보권이라고 하고 일반적으로 동일한 용량, 속도를 가진다.

64. **보기**(bogie) : 2개 이상의 차륜을 차륜하중이 균등하게 되도록 배치하는 차륜대차. 용량과 자중이 큰 크레인 등에 기초와 건물에 대하여 차륜하중을 분산하는 것을 목적으로 하고, 주행·횡행·선회 등의 차륜대차장치에 이러한 구조가 사용되고 있다. 이러한 보기를 구성하는 구조물 가운데 차륜을 지탱하는 밸런스빔 형태의 부재를 록커빔이라고 한다.

65. **보조지브**(auxiliary jib) : 이동식크레인의 주지브의 선단에 부착된 소형 지브. 지브와 오프셋 각도가 고정되어 있는 것과 가변의 것이 있다. 가변의 것을 플라이지브라고도 한다. 일반적으로 지브보다 적은 걸기 수로 경량물을 더 빨리 올리고 내리게 하기위해 사용된다.

66. **부하시간율**(duty factor) : 기계(주로전동기) 사용시 시간에 대하여 부하가 어느정도 걸리는지, 어떻게 사용되는지를 나타낸 것.

    시간정격에는 연속정격, 단시간정격(30분 정격, 1시간 정격 등), 반복(단속) 정격의 3종류가 있으며 반복정격은 부하시간율(%ED)이라고 말한다.

67. **부하율**(load factor) : 일정한 기간의 평균부하전력(平均負荷電力)의 최대 부하전력에 대한 비

68. **붐**(boom) : 타워크레인이나 이동식크레인 등에 사용되는 지브(jib)를 말하는데 작업기를 받치는 간단한 형상의 지지봉. 다리부분을 핀으로 고정하고 실린더를 사용해서 밑에서 밀어 올리거나 선단에 도르래를 설치하고 와이어로프를 걸고 윈치로 감는데 따라서 경사각도를 바꿀 수 있다. 이 경사각의 크기에 따라서 작업기의 위치가 바뀐다. 경사각이 작은 경우, 즉 수평에 가까운 상태에서는 작업기의 위치는 본체로부터 멀어져 작업반경이 커진다. 또 경사각이 큰 경우, 즉 수직에 가까운 상태에서는 작업기의 위치는 본체에 가까워지는 동시에 높아진다. 따라서 경사각이 작은 상태에서 선단에 하중이 걸리면 회전반경이 크기 때문에 전도의 위험성이 크다. 붐(boom), 암(arm) 등을 올리고 그 밑에서 수리·점검작업 등을 하는 때에는 붐, 암 등이 갑자기 하강함으로써 발생하는 위험을 방지하기 위하여 당해 작업에 종사하는 작업자로 하여금 안전지주 또는 안전 블럭 등을 사용하도록 규정하고 있다.

69. **붐각**(boom angle) : 붐의 중심선과 푸트핀 수평선과의 사이에서 이루는 각. 붐 각과 기중 능력은 비례하고 작업 반경(운전반경)과는 반비례 한다. 기중 작업시 기중기의 붐은 66·30'이 최대 안전각이며, 최대 제한 각은 78°, 최소 제한각은 20° 이다.

70. **붐 기복 정지장치**(boom undulation stop device) : 붐 권상 레버를 당겨 붐이 최대 제한 각도에 도달하면

붐 뒤 에 있는 붐 기복 정지장치의 스톱 볼트와 접촉되어 유압을 차단하거나 붐 권상 레버를 중립으로 복귀시켜 붐 상승을 정지시키는 장치.

71. **붐 전도 방지장치**(boom inversion reducing device) : 기중 작업시 권상와이어로프가 절단되거나 험지(險地)를 주행할 때 붐에 전달되는 요동으로 붐이 기울어지는 것을 방지해 주는 장치.

72. **비상정지스위치**(emergency stop switch) : 비상시 운전자가 누름에 따라 크레인의 주전원을 차단하여 크레인의 모든 동작을 정지시키기 위한 스위치. 주전원의 on, off 스위치가 이 역할을 겸하는 경우도 있다.

73. **비상추락방지장치**(emergency governing device) : 운반구가 허용 하강속도를 넘을 때 이 속도를 감지하여 자동적으로 매달아 내리는용 운반구의 와이어로프를 고정하여 운반구의 낙하를 방지하는 장치.
또한, 와이어로프를 사용하는 생명줄에도 이와 같은 기능을 갖는 고정하는 장치가 사용되고 있다.

74. **삭도**(cable way, cable line) : 케이블 카. 강철 기둥과 기둥 사이 또는 산마루와 산마루 사이를 와이어 케이블로 연결하여 사람이나 물건을 수송하는 장치. 댐, 광산에서 골재. 자재. 석탄 등의 수송에 주로 사용한다.

75. **상설형 곤돌라**(permanent type gondola) : 한 장소에서만 사용할 목적으로 설치한 곤돌라. 일반적으로 건물 옥상에 상시 설치된 것을 말하며, 창문 유리, 외벽 청소나 보수공사 등에 사용된다.
암고정형, 암부앙형과 현수형은 설치하는 건물의 외벽 상태에 맞출 수 있기 때문에 이들 95% 이상은 상설형 곤돌라로 설치되어 있다.

76. **샤클**(shackle) : U자형을 한 강재의 개구부 부분을 볼트 또는 핀으로 닫고 하나의 고리로 하는 것. 와이어로프의 끝부분을 연결하거나 체인(chain) 등의 연결고리에 사용하는 것을 말한다. 로프와 로프 또는 로프와 다른 것을 직접 연결하면 그 부분에서 강도가 약해져 잡아당기는데 약 50% 정도가 저하된다. 이 때문에 연결하는 데에 샤클을 사용한다. 고리걸이용 와이어로프에 사용하는 샤클의 종류에는 보우 샤클(bow's shackle)과 스트레이트 샤클(straight shackle)이 있으며, 샤클의 볼트와 핀과의 결합에 따라서 여러 가지 형이 있다.

77. **선회 프레임**(slewing frame) : 상부선회체의 기반이 되는 프레임. 위에 권상장치 등의 기계장치가 설치되어 있어 선회베어링을 끼워서 하부기구에 볼트로 부착되어 있다.
선회프레임에는 지브가 결합되어 있으며 전방이 잘 보이는 곳에 운전실을 설치한다. 선회프레임의 후부에는 균형추를 부착하도록 되어 있다.

78. **선회반경**(slewing radius) : 선회작업을 하는 크레인의 경우에 그 선회축중심과 매다는 기구의 위치와의 수평거리를 말하고 통상 최대의 것을 최대반경, 최소의 것을 최소반경이라고 한다.

79. **선회장치**(slewing mechanism) : 크레인에서 지브의 선회를 행하는 장치. 타워크레인의 경우 선회장치는 마스트의 최상부에 위치하며, 메인 지브와 카운터 지브가 이 장치 위에 부착되고 또한, 캣트헤드가 고정된다. 그리고 상하 두 부분으로 구성되어 있으며 그 사이에 회전 테이블이 있다. 이 장치에는 선회장치와 지브의 연결 지점의 점검을 위한 난간대가 설치되어 있다. 안전장치로 선회제한 리미트스위치가 있다. 이는 주요 전기공급 케이블 등이 크레인 마스트를 따라 올라갈 때 과도하게 비틀리는 것을 방지하기 위함이다.

80. **섬유로프**(fiber rope) : 천연섬유 로프와 합성섬유 로프의 2종류가 있는데, 가공법에 따라 꼬임 로프와 짠 로프로 나뉘어 지며 천연섬유에는 마닐라 마, 사이잘, 쥬트 등이 있고, 합성섬유에는 나일론, 폴리프로필렌, 폴리에틸렌, 비닐 등을 사용하고 있다.
섬유로프는 다음 사항에 충분히 주의하여 사용해야 한다.
(1) 고온에 사용하지 않을 것
(2) 날카로운 각이 있는 짐의 운반에는 반드시 「보호대」를 사용할 것

(3) 마찰에 의한 손상을 받기 쉬운 것에는 특히 주의할 것

(4) 작은 굵힘과 부식에도 강도가 크게 낮아지므로 충분히 점검을 할 것

81. **속도제어장치**(speed control device) : 크레인의 종류가 많고 같은 형식의 크레인에도 사용목적과 구동기구의 다름에 따라 전기기기의 사양은 달라지는데, 이때 크레인의 속도 제어를 위해 필요한 것이 속도 제어 장치이다.

아래는 현재 가장 많이 사용되고 있는 크레인의 속도제어장치를 용도별로 분류하면 다음과 같다.

(1) 횡행, 주행, 선회용

① 2차저항제어

② 역상제동회로가 있는 2차저항제어

(2) 권상용

① 기계적인 제어용제동 브레이크를 사용하는 제어

(가) 유압압상기 브레이크 제어

② 전기적인 제어용 제동 브레이크를 사용하는 제어

(나) 과전류 브레이크 제어

③ 제어용 제동 브레이크를 사용하지 않는 전기적인 제어

(가) 직류제동 제어

(나) 사이리스터 제어

(다) 인버터 제어

82. **순간풍속**(instantaneous wind speed) : 지표면에 대한 상대적인 공기의 운동을 바람이라 하고 바람의 속도를 풍속이라고 한다. 즉, 풍속은 공기가 이동한 경로의 길이와 이동에 소요된 시간과의 비로 m/s, knot, km/hr 등으로 표시한다. 최대순간풍속(maximum instantaneous wind speed)은, 하루(00~24시)중 바람이 순간적으로 가장 세게 불었던 때의 풍속을 최대순간풍속이라 하며 월별·연별로 통계 관리한다.

83. **스태커 크레인**(stacker crane) : 직립한 가이드 붐을 따라 상·하 이동하는 포크를 가진 것으로 일반적으로 창고 등의 선반에서 짐을 꺼내고 넣을 때 사용되는 크레인. 크게 나누면 운전실 또는 운전대가 권상기에 감겨 항상 짐과 함께 승강하는 스태커식 크레인과 운전실 또는 운전대가 항상 짐과 함께 승강하지 않는 것과 운전실 또는 운전대를 장착하지 않은 화물승강식 스태커 크레인의 2종류로 분류된다.

84. **스트랜드**(strand) : 와이어로프를 만들기 위해 신선(wire drawing)가공한 이음이 없는 강선(소선)을 여러 가닥에서 수십 가닥을 꼬아 합쳐진 형상. 스트랜드를 여러 개 모아서 꼬으면 와이어로프가 된다.

85. **스프레더**(spreader) : 컨테이너 크레인, 트랜스퍼크레인, 스트래들 케리어 등에 의해 컨테이너를 매달아 올리는 경우 컨테이너 상면 4모서리에 설치된 금구(코너피팅)에 트위스트록형 훅을 걸어서 매달아 올리는 방식이 매우 일반적이다. 이 때 사용되는 빔을 스프레더라 부르며 장방형의 틀의 4모서리에 트위스트록을 갖춘 것이다.

스프레더에는 컨테이너 사이즈(20ft, 40ft, 45ft 등)에 대해 공통으로 사용할 수 있도록 설계된 신축 스프레더와 각각의 콘테이너 치수에 대응한 고정스프레더가 있다.

86. **슬링**(sling) : 고리걸이 용구의 총칭. 종류로는 로프슬링(rope sling), 드럼슬링(drum sling), 네트슬링(net sling), 훅부착 슬링, 팔레트슬링(pallet sling) 등이 있으며 화물의 종류에 따라 적절한 슬링을 선택하여 줄걸이를 하여야 한다. 양화장치 등을 사용하여 드럼통 등의 화물 권상작업을 할 때에는 화물이 벗겨지거나 탈락하지 않도록 하는 구조의 해지장치가 부착된 훅 부착 슬링을 사용하여야 한다.

87. **시퀀스 제어(순차제어)**(sequence control) : 모터 등의 동력기기의 운전·정지나 고장시의 제어를 주목적으로 미리 정해져 있는 순서에 따라 각 종 on/off 작동을 하는 접점과 시간요소의 타이머 등을 조합하여 만든 제어시스템. 크레인에서는 각 부 모션의 제어와 안전장치와의 인터록을 위해 사용된다.
종래에는 접점에 전자 릴레이가 사용되어 왔으나 최근에는 제어논리가 복잡해지면서 접점 및 타이머의 일을 마이콘으로 대행시키는 장치인 시퀀서를 사용하는 일이 많아 졌다.

88. **신장(와이어로프의)**(elongation) : 와이어로프가 장력을 받을 시에 원래의 길이에 대하여 늘어나는 것, 또는 늘어나는 양. 늘어난 양을 원래길이에 대하여 퍼센트로 표시하는 수치를 늘어난 율이라고 한다. 로프의 신장은 세 가지 종류가 있는데 1)로프의 제조과정에서 생기는 구조적 신장이 있고, 이는 로프를 사용하게 되면 한번만 생기고, 그 이후에는 없어지게 된다. 이 구조적 신장을 없애기 위해서 프리텐션공정을 제조시에 추가하기도 한다. 2)로프는 여러 가닥의 강선을 꼬아서 만든 것이기 때문에 사용 중 강선의 탄성 변형 구간내에서 하중을 받으면 늘어났다가 하중을 제거하면 원상회복이 되는 탄성 신장과 3)로프에 하중이 과도하게 걸려서 강선이 탄성변형을 벗어나게 되면 하중을 제거하여도 원상회복이 않되는 영구신장이 있다.

89. **아웃트리거 확장폭**(width of extended outriggers) : 접지하는 좌우 아웃트리거의 플로트 중심에서 중심까지 거리. 아웃트리거의 수평실린더를 늘리지 않고 접지한 경우를 최소 장출이라고 하고, 최대로 늘린 것을 아웃트리거 최대 장출, 그 사이를 중간 장출, 좌우의 장출 폭이 다른 경우를 이장출이라고 말한다.
아웃트리거의 장출폭은 정격총하중표에 정해진 대로 따르지 않으면 전도의 위험이 있다.

90. **아웃트리거**(outrigger) : 전도사고를 방지하고 진동이 감소된 안정된 작업을 하기 위하여 크레인이 설치된 차량의 좌우에 부착하여 전도모멘트를 효과적으로 지탱할 수 있도록 한 장치. 차량의 전도를 방지하기 위해서는 아웃트리거를 지면에 견고하게 설치하여 차량의 균형을 유지하고 크레인 붐의 작동 시 편심이 발생되지 않도록 하여야 하며, 지반의 침하에 의하여 차량이 기울어지지 않도록 전용 침목을 사용하여야 한다. 콘크리트 펌프카 등에도 설치되어 있고, 사다리의 전도를 방지하기 위하여 사다리의 하부에 설치되기도 한다. 또한, 건물 유지관리용 동력식 탑승대에서 작동 모멘트 하중을 처리하기 위하여 사용하는 요소도 아웃트리거라 한다.

91. **아웃트리치**(outreach) : 갠트리 크레인등과 같이 주행 레일 중심에서 외측에 돌출된 캔티레버를 갖고 있는 경우에 있어서 매다는 기구의 최외단에 다다르는 위치와 기준 주행 레일 중심과의 수평거리.

바다측레일 중심 및 육상측레일중심에서 각각 외측에 돌출된 캔티레버를 갖고 있는 경우에 따라, 육상측에 대하여 우리나라에서는 아웃트리치 대신에 백리치라고 하는 경우가 많다.

92. **아이 히치**(eye hitch) : 훅이나 하물에 연결된 훅 등에 줄걸이용 와이어로프의 아이를 거는 방법. 이 방법은 가장 표준적이고 안전하게 거는 방법이다.
훅에 2줄 이상의 아이를 거는 경우에는 아이부의 와이어로프가 겹치지 않는 방법으로 행해야한다. 이 경우에는 훅의 방향과 하물의 길이가 긴 방향에 따라서 와이어로프를 거는 순서가 바뀌므로 주의가 필요하다.

93. **아이 스프라이스(꼬아넣기)**(eye splice)
① 꼬아넣기(eye splice)
② 밧줄 끝을 고리 모양으로 한 것
③ 와이어로프 또는 달기체인의 양단의 안전한 체결을 위해 훅, 샤클, 링 등으로 고정하는 것. 와이어로프의 모든 꼬임을 3회 이상 끼워 짠 후 각각의 소선의 절반 중 남은 소선을 다시 2회 이상(모든 꼬임을 4회 이상 끼워 짠 때에는 1회 이상)끼워 짜야 한다고 규정하고 있다.

94. **악천후 시의 조치**(measures in case of bad weather) : 크레인, 이동식크레인, 엘리베이터, 데릭, 건설용리프트 및 곤돌라로 옥외에 사용되는 기계는 악천후에는 도괴 등의 위험이 있어서 다음의 경우에는 대책을 강구하도록 규정하고 있다.
① 순간풍속이 30m/s(엘리베이터와 건설용 리프트에는 35m/s)를 넘는 바람이 불 우려가 있는 경우
② 10분간 평균풍속이 10m/s의 바람이 불 우려가 있는 경우
③ 강풍, 폭우, 폭설 등의 기상주의보 또는 경보가 발생하여 악천후가 예상되는 경우.

95. **안전장치**(safety device) : 기계, 기구 또는 장치로 인한 위험을 방지하기 위해 설치하는 장치.
크레인 등의 안전장치는 동작이 위험 한계에 달했을 때, 자동으로 동작을 멈추게 하는 것, 위험한계에 근접했을 때 경고를 알리는 것, 안정 상태가 확보된 상태에서만 구동 장치 등을 작동할 수 있게 하는 것이 있다.
크레인 및 이동식크레인의 안전장치에는
① 권과방지장치 : 매달아 올리는 장치 및 기복장치의 와이어로프 등이 권과로 인해 절단되어, 훅, 지브 등이 낙하하는 것, 권과로 인한 지브가 후방에 전도되는 것을 방지하기 위한 안전장치
② 권과 방지를 위한 경보장치 : 내연기관을 동력으로 사용하여 매달아 올리는 장치 및 기복장치로 와이어로프가 권과되기 전에, 자동적으로 경보를 발생하는 장치
③ 과부하방지장치 : 주로 지브크레인과 이동식크레인에 정격하중을 넘는 매달아 올리는 작업을 막기 위한 안전장치로, 과부하방지장치 구조규격이 정해진 구조 및 기능을 준비하여, 필요한 검정에 합격한 것
④ 과부하를 방지하기 위한 장치 : 과부하방지장치로 검정 대상이 되는 것 이외의 과부하방지용 장치로, 매달은 짐의 하중만을 검출하는 안전장치가 여기에 해당된다.
⑤ 안전변, 역지변 : 수압, 유압, 공기압의 과도한 압력 상승을 방지하기 위한 것

96. **안정도**(stability) : 크레인, 이동식크레인 등의 전도를 방지하기 위해 크레인의 상태, 부하 조건에 따라 정해진 기체의 안정성의 기준. 보통, 안정모멘트를 분자, 전도 모멘트를 분모로 하여 비교한 값을 나타내며, 이 값이 클수록 안정하다고 할 수 있다.
크레인의 안정성에 대해서는 크레인 기준에서 일정 부하상태의 크레인의 전도지점에 따른 안정 모멘트의 값이 각각의 전도지점에 따른 전도 모멘트의 값 이상의 안정도를 가지는 것으로 정해져 있다.
이동식크레인의 안정도는 이동식크레인 기준에 따라, 무부하시의 후방에 전도하는 위험을 피하기 위해 규제되는 후방안정도, 주행시의 안정성을 확보하는 좌우의 안정도와 동적인 안정성을 확보하기 위한 지브의 선단부 등 가질량을 고려하여 전방안정도 등이 정해져 있다.

97. **안정도(곤돌라)**(stability of gondola) : 곤돌라에 외력이 걸림에 따라 생기는 전도 모멘트와 안정모멘트와의 비.
안정도 값은 하중의 조합 구분에 의해 규정되어 있으며 가장 불리하게 되는 상태에 있는 것으로 해서 계산한다.

98. **안정도(작업대)**(stability of working platform) : 곤돌라 작업대의 매다는 점에서 밖으로 하중이 걸림에 따라 생기는 전도 모멘트와 안정 모멘트의 비. 이 안정도는 곤돌라 구조규격에는 규정되어 있지 않지만, 작업대 기구가 다수에 걸쳐있으며, 기구에 따라서는 작업대의 전도 우려가 있으므로, 곤돌라 제작시 고려하여야 한다.

99. **안정도시험**(stability test) : 완성검사 등의 검사에 행해지는 시험. 크레인 또는 이동식크레인의 정격하중의 1.27배에 상당하는 질량의 하물을 매달아 안정에 관하여 가장 불리한 조건으로 지상으로 들어 올려 안정도를 확인하기 위해 행하게 된다.

100. **안정한계**(stability limit) : 이동식크레인이 수평하고 딱딱한 바닥 위에서 하물을 매달아 올려서 유지하는 것이

가능한 한계. 이 상태를 안정한계상태라고 한다. 각 지브 길이와 각 작업 반경에서 안정한계 상태가 되는 하물의 질량을 안정한계하중이라고 한다. 이른바 티핑로드라고 하는 말과 상통한다. 또 훅, 그랩, 버킷 등의 매다는 하물의 질량을 포함한 하중을 안정한계 총하중이라고 한다.

101. **양정**(lifting height) : 크레인이나 이동식크레인에는 매단 하물을 유효하게 올리고 내릴 수 있는 상한과 하한의 수직거리. 지상에서 위의 양정을 지상양정, 아래의 양정을 지하양정이라 한다. 이 크레인의 가장 긴 양정(지상양정+지하양정)을 최대양정(총양정)이라고 한다.

102. **양중기**(lifting machinery) : 크레인, 리프트, 곤돌라, 승강기(최대하중이 0.25톤 이상인 것에 한한다)를 말함. 양중기에 대해서는 6개월 마다 1회 이상 정기검사를 실시해야 한다.
검사사항은
① 과부하방지장치, 권과방지장치, 그 밖의 안전장치의 이상 유무
② 브레이크와 클러치의 이상 유무
③ 와이어 로우프와 달기체인의 이상 유무
④ 후크 등 달기기구의 손상 유무
⑤ 배선, 집진장치, 배전반, 개폐기, 콘트롤러의 이상 유무를 점검해야 한다.

103. **양화장치**(onboard lifting machine) : 항만하역 작업을 하기 위해 선박에 설치되어있는 데릭(derrick) 또는 크레인을 말함.
최근에 건조되는 양화장치에는 데릭 외에 선박의 용도에 따라서 지브크레인, 브리지(bridge) 크레인을 장비하고 있는 것이 많은데 데릭형은 장기간에 걸쳐 선박용의 하물인양기로서 사용되어 왔으며, 현재도 개량을 거듭하면서 양화장치의 주류를 이루고 있다.

104. **역회전방지용** : 일정방향으로 회전하도록 설계된 기계가 반대방향으로 회전하는 것을 방지하기 위한 장치. 산업안전기준에 관한 규칙에서는 항타기 또는 항발기에 사용하는 권상기에는 쐐기장치 또는 역회전방지용 브레이크를 부착해야 한다고 규정하고 있다.

105. **온 타이어**(on tire) : 타이어식크레인, 트럭 크레인은 아우트리거에 기체를 수평으로 지지하고 크레인 작업을 하는 것이 기본이다. 그러나 타이어로 기체를 지지한 상태에서 크레인 성능을 설정하는 크레인의 경우에는 작업현장의 상황, 크레인 작업 내용에 따라 아우트리거를 사용하지 않고 크레인 작업을 하는 경우가 있다. 이 때 이동식크레인의 기체 지지 상태를 온타이어라 말함. 또한, 이때의 크레인 성능을 온타이어 성능이라고 한다.

106. **옵셋각**(offset angle) : 이동식크레인 지브에서 지브 기준선과 보조 지브 또는 지브와 보조 지브 기준선이 되는 각도.

107. **와이어로프 시험기**(wire rope tester) : 와이어로프 관리·교환을 위해 실시하는 비파괴검사법의 일종으로 전자탐상법이 있고, 와이어로프의 전장을 연속적으로 검사할 수 있는 방법이며, 이 검사장치를 와이어로프 시험기라고 함. 전자탐상법에는 전자유도탐상법, 누설자속탐상법, 전자속법이 있고, 가장 많이 실용적으로 사용되는 것이 누설자속탐상법이다. 누설자속탐상법에는 전자석과 코일로 와이어로프의 일부를 자화함에 따라 단선 등의 단면결손부에 자속의 흐름이 방해되는 것에서, 와이어로프 표면에 생기는 누설 자속을 검출하여 평가하는 것이다.
누설자속탐상형의 와이어로프 테스터는 검출코일, 자기감응소자, 영구자석을 사용한 것이 있지만, 이 방법은 단선 등의 국부적 손상의 검지에는 적합하지만, 로프단면이 서서히 변화되는 것과 같은 마모나 부식에 따른 손상을 평가하는 것은 어렵다.(근년, 이것을 보완한 것으로 전자속형의 와이어로프 테스터가 개발되었다.)와이

어로프 테스터로 실용화 되어 있는 것은 현장에 있어서 부착되어 조작, 기록작성, 탐상결과의 판정을 용이하게 하기 위해서 종류의 보조적 기능을 갖추고 있다.

108. **와이어로프의 굽힘**(bending of wire rope) : 와이어로프가 도르래 등을 통과할 때 받는 부하의 일종. 도르래를 통과하는 회로에 따라 편곡, 양곡, 이중양곡 등으로 나뉜다.
   ① 편곡 : 하나의 평면내에 와이어로프가 항상 한 방향으로만 구부러지는 부하방법을 말한다. U구부러짐 또는 순곡이라고도 한다.
   ② 양곡 : 하나의 평면내에 와이어로프가 서로에 반대 방향으로 연속하여 구부러지는 부하방법을 말한다. S구부러짐 또는 역곡이라고도 한다.
   ③ 이중양곡 : 하나의 평면내에 와이어로프의 양곡을 2회 연속하여 미치는 부하방법을 말한다. WS구부러짐 또는 2중S구부러짐이라고도 한다.

109. **원동기**(prime mover) : 물, 바람, 연료 등 자연계에 존재하는 에너지를 기계가 움직일 수 있는 기계적 에너지로 전환시키는 기계 장치. 동력전달장치 부분은 포함하지 않는다. 원동기는 사용하는 동력원의 종류에 따라 다음의 네 가지로 분류되는 것이 일반적이다.
   ① 풍차, 수력터빈 등 역학적 에너지를 이용하는 것
   ② 증기터빈, 가스터빈 등 열에너지를 이용하는 것
   ③ 원자핵 에너지를 이용하는 것(원자력기관 : 原子力機關)
   ④ 전기에너지를 이용하는 것(전동기 : 電動機)

110. **윈치**(winch) : 권양기드럼에 로프를 감아서 중량물을 끌어올리거나 또는 견인하는 데 사용하는 기계. 치차(gear)등에 의해 회전시키는 드럼에 로프 또는 체인을 감아서 물건을 올리고 내리며 운반하거나 견인하는 작업 등에 사용하는 장치를 말한다. 윈치의 형식과 종별은 사용목적에 따라서 다양하지만 대별하면 범용윈치와 특수작업에 사용되는 특수구조 윈치 등이 있다. 또한, 동력의 종류에 따라 수동윈치와 전동기, 내연기관 등을 사용하는 동력 윈치가 있다. 구조는 전동기 또는 내연기관, 드럼, 회전축, 베어링, 감속장치, 조작레버, 제동장치 등으로 구성되며, 보통 능력은 5톤까지이다. 와이어로프를 사용할 경우 로프의 구부러지는 정도가 크거나 난권(亂卷)이 되었을 때에는 하중을 가해서는 안된다.

111. **유압식 크레인**(hydraulic crane) : 크레인의 동작 전부 또는 대부분을 유압식기구에 의해 움직이는 이동식크레인을 말함. 기계식 크레인에 대비하여 사용된다. 유압식 크레인 가운데 상자형 지브를 장비한 것과 래티스식 지브를 장비하는 것이 있다. 상자형 지브를 장비하는 것만을 유압식 크레인이라고 하는 경우가 많다. 크레인용 동력으로는 주행체의 엔진을 사용하는지 선회체에 장비된 전용엔진을 사용하는 지에 따라 유압펌프를 구동하고 각 액츄에이터에 유압을 공급하는 크레인 동작을 한다. 지브는 강판의 박스 구조에 지브의 길이를 변화시키는 것은 신축용 유압실린더로 하고, 기복각도를 변화시키는 기복용 실린더로 행한다.

112. **유해·위험기계·기구**(hazard and hamful machine·equipment) : 근로자가 사용 중 위험하다고 판단되는 기계기구에 대해 산업안전보건법 제 33조에서 정하는 것. 유해위험기계기구에 대해서는 방호조치 등을 하도록 규정하고 있다. 유해 또는 위험방지를 위하여 필요한 조치를 하여야 할 기계, 기구는 다음과 같다.

1. 사무실 및 공장용 건축물	2. 이동식크레인
3. 타워 트레인	4. 불도저
5. 모터 그라인더	6. 로더
7. 스크리퍼	8. 스크리퍼 도저
9. 파워쇼벨	10. 드래글라인

11. 크렘셋
12. 버킷굴삭기
13. 트렌취
14. 항타기
15. 항발기
16. 어어스드릴
17. 천공기
18. 어스오우거
19. 페이퍼드레인머신
20. 리프트
21. 지게차
22. 로울러
23. 콘크리트펌프
24. 기타 노동부장관이 정하는 기계, 기구

113. **이격거리**(distance of separation) : 이동식크레인이 송전선과 배전선 가까이에서 크레인작업을 하는 경우, 권상하는 와이어로프나 지브가 접촉하거나 너무 가까이에 접근하면 줄걸이 작업자가 감전에 의해 사고를 당하거나 정전사고가 일어날 우려가 있다. 이러한 감전재해나 정전사고를 방지하기 위해서, 충전전로에서 감아올림 와이어로프, 지브 등을 일정거리 이상 간격을 줄 필요가 있으며, 이 거리를 이격거리라고 함.

114. **이동식크레인**(mobile crane) : 동력을 사용하며 중량물을 달아 올리거나 수평으로 운반 하는 것을 목적으로 하는 크레인. 불특정장소에 이동시키기 위한 대차, 크롤러, 배 등을 가진다. 동력으로는 내연기관이 이용되고 유압도 같이 사용되는 것이 많다.

115. **인버터**(inverter) : 직류전력을 교류전력으로 변환하는 장치(역변환장치). 사이러트론·수은 정류기 등이 주로 사용되었으나, 직류송전과 같은 대용량 고전압회로를 제외한 일반 인버터는 대부분 사이리스터로 바뀌었다. 인버터를 동작방식으로 분류하면 자려식(自勵式)과 타려식이 있다. 자려식은 회로 자체의 진상장치(進相裝置 : 경류장치)에 의해 전류(轉流)하고, 외부로부터는 무효전력의 보상을 받지 않는 것이며, 회로방식에는 직렬형과 병렬형이 있다. 타려식은 외부로부터는 무효전력의 보상을 받는다. 회로로서는 단상(單相)·다상 정류회로가 그대로 인버터를 형성하고 있다. 인버터에 대하여 설명하기 위해 먼저 정류회로란 교류전력을 직류전력으로 변환하는 것을 순변환(정류)이라 하며 이러한 회로를 순변환회로 또는 정류회로라 한다. 정류를 순변환이라 부르는 것에 대해 역으로 직류에서 교류로 변환시키는 것을 역변환 이라 하며 이와 같은 역변환 회로를 인버터(Inverter)라고 한다. 인버터에는 전류(轉流)전압을 반도체 전력변환장치의 구성요소로 하는 자여식 인버터와 전류전압을 반도체 전력변환장치의 외부에서 공급하는 타여식 인버터가 있다. 또한, 타여식 인버터는 교류전원에서 전류전압을 공급하는 전원전류형 인버터와 부하에서 전류전압을 공급하는 부하轉流형 인버터가 있다.

116. **인버터 제어**(inverter control) : 주파수를 임의로 변화시켜 모터를 가변속 구동하는 제어.

모터 회전속도 N은

$N = \frac{120 \times f \times (1-S)}{P}$(rpm)으로 표시되기 때문에 인버터로 주파수f를 가변함으로서 가속할 수 있다.

117. **인양각**(lifting angle) : 줄걸이용 와이어로프 등에 줄걸이 한 하물을 매달아 올리는 경우, 같은 질량의 하물을 매달아도 훅 또는 벨트 등의 슬링에 생기는 장력은 그 슬링의 사이 열린 각도에 따라 변화하지만 그 때 슬링 사이의 열린 각도를 인양각이라 말함. 같은 질량의 하물을 매달아 로프에 생기는 장력(T)은 매다는 각도가 커질수록 크게 되어, 동시에 그림에 나타난 것 같은 수평방향의 힘(P)도 크게 된다. 이 수평방향의 힘은 하물에 압축력이 작용하여 로프를 안측으로 당기도록 하는 힘이 된다. 매다는 각도가 커지게 되면 위험하므로 매다는 각도는 60도 이하를 기준으로 하고 최대 90도 이하로 한다.

118. **인양전자석**(lifting magnet) : 크레인 달기기구의 일종으로 철판 등의 철재류를 운반하는데 사용하는 것으로 전자석을 이용한 자력에 의하여 철재를 운반하는 것을 말함. 크레인 제작기준·안전기준 및 검사기준에서는

인양전자석의 용량을 정전 등 비상시에 최소 10분 이상의 흡착력을 유지하기에 충분한 용량의 충전기, 전지 등의 정전보상장치를 구비하고, 정전시 밧데리에서 전원이 공급될 경우 운전자에게 전원공급이 밧데리에서 공급됨을 경보하기 위한 음향신호를 가지고 있을 것을 규정하고 있다.

119. **인양하중(권상하중)**(lifting load) : 들어올릴 수 있는 최대의 하중으로 훅, 크랩, 버켓 등의 달기기구의 중량을 포함한 하중. 이 경우 지브가 있는 크레인은 지브의 경사각이 적거나, 지브의 길이가 길어지면 그것에 따라서 인양하중도 적게 되기 때문에 지브의 경사각 및 지브의 길이와 지브위의 도르래 위치에 따라 부여할 수 있는 최대 하중도 달라진다.

120. **인입(러핑)장치**(luffing mechanism) : 지브크레인에 하물을 매달아 전후로 하물을 이동시키는 것을 인입이라고 하며, 이러한 장치를 총칭하여 인입장치라고 함. 또한, 하물을 전후로 수평으로 이동할 수 있도록 한 것을 수평인입이라고 한다.

    인입장치 방식에는 와이어로프를 감아 취하는 방식과 크레인 지브의 중간부에 연결한 인입롯도에 따른 방식의 것이 자주 사용된다. 인입롯도 형식에는 나사봉식, 래크식, 크랭크식과 유압실린더식 등의 것이 있지만, 일반적으로 나사봉식이 자주 사용된다.

121. **수평 인입(러핑)크레인**(level luffing crane) : 하물의 높이가 자동으로 일정하게 유지되도록 지브가 기복하는 크레인. 특징은 매단 하물을 수평으로 인입운동을 하기 때문에 선회운동과 같이 부근의 물건에 부딪칠 우려가 없이 하역작업을 할 수 있다는 점이다.

122. **인장 도르래**(tension sheave) : 균형 로프 등에 장력을 주기 위하여 승강로 하부에 설치되어있는 도르래. 인장 도르래의 자중 또는 추를 부가하여 중력에 의해 항상 일정한 힘으로 아래 방향으로 당겨, 로프에 장력을 가하는 장치이다.

123. **인터록**(interlock) : 기계의 각 작동부분 상호간을 전기적, 기계적, 유압 및 공기압력으로 연결해서 기계의 각 작동부분이 정상으로 작동하기 위한 조건이 만족되지 않는 경우 자동으로 그 기계를 작동할 수 없도록 하는 기구. 두 계통의 기계계열에 있어 한 계통을 필히 운전함으로써 다음 계통을 운전하지 않으면 안될 때 잘못하여 한 계통을 먼저 운전한다면 재해가 발생한다. 그렇게 되지 않도록 필히 한쪽 계통을 운전하도록 하고 다른 계통을 다음에 운전하도록 연동으로 강제로 억제하도록 만든 것으로 기계의 위험부분에 설치하여 안전덮개 등을 개방하면 기계작동이 급정지 되도록 하여 위해를 방지하도록 하고 있다. 기계식·전기식·유공압식 또는 이들을 조합시켜 2개 이상이 상호보완 작용을 하여 구속 하도록 한다. 열쇄를 이용하여 한쪽을 잠그지 않으면 다른 쪽이 열리지 않는 키식 인터록이 있다.

124. **자유낙하**(free fall) : 감아내림을 윈치의 클러치를 끊어서 훅블록 등의 자중으로 낙하시키는 것. 낙하속도의 제어는 풋브레이크식 브레이크로 행해진다.

    이것에 반해, 클러치를 연결하여 권상 윈치의 모터를 회전시켜 강하시키는 것을 동력강하라 한다.

125. **작업계수**(duty factor) : 크레인 구조부분의 강도계산을 할 때 크레인에 걸리는 하중의 경·중 등 하중조건, 크레인이 받는 하중의 부하 횟수 등의 작업조건, 크레인 종류 및 기구의 종류 등에 따라 곱하도록 정해놓은 계수.

126. **작업반경**(working raduis) : 이동식크레인의 선회 중심에서 훅 또는 버킷 중심 아래로 내린 연직선까지의 수평거리. 지브(붐)와 보조 지브 작업의 구분을 위해 각각 지브(붐)작업반경, 보조 지브 작업반경으로 불러 구분하고 있다.

    이동식크레인 이외의 크레인 경우에는 선회반경이라고 하는 것이 일반적이다.

실제로 짐을 매다는 경우 지브에 휨이 생겨 작업 반경이 약간 커지며, 정격 총하중의 값은 작아지나, 작업계획에 사용되는 작업반경에는 지브의 휨은 포함되어있지 않다.

127. **작업범위제한장치**(working range limiting device) : 지브상·하한, 작업반경, 지상양정, 선회 위치 등의 작업가능범위를 미리 설정하여 범위 외의 작동에 대하여 자동으로 정지시키는 장치. 작업범위한계의 바로 앞에서 경보음으로 위험을 알리므로, 전선 위나 교량 아래의 장애물이 있는 공간에서의 반복되는 작업이 안전하게 진행된다.

128. **잠금장치**(locking device locking system) : 정상상태를 유지해서 안전하게 하기위해 기계의 커버, 배관의 밸브, 전기설비의 스위치 등에 대해서 이것을 아무나 조작할 수 없도록 잠가두는 방식. 재해를 방지하는데 잠금을 풀고 조작할 때는 위험하므로 책임자 또는 그 업무의 담당자 이외는 할 수 없도록 책임자 성명, 잠금기간 등을 표시해 둔다.

129. **재료시험 성적서**(material testing report) : 기계·기구 및 설비 등을 제작시 소요되는 강재, 주단조품 등의 화학분석 내용, 기계적 시험내용 등을 기록한 문서로 일명 mill sheet라고도 함. 통상적으로 재료시험성적서가 필요한 재질로는 ① 압연강재(일반적으로 SS400, STS304, SPP 및 STS304TP 재료는 제외) ② 축 재료 및 기계가공품인 주단조품이 있다.

130. **적재형 트럭 크레인**(loader truck crane) : 유압식트럭 크레인의 일종으로 범용 트럭의 하대 일부를 절단하고 샤시 프레임에 보강을 넣어 소형 유압식 크레인 장치를 장비한 것. 화물적재용 하대를 갖춘 것이 특징이다.
통상은 자신의 하대에 화물을 싣기 위해 사용된다. 매달아 올리는 하중은 3t 미만의 것이 많다. 동력원은 엔진에서 PTO로 내거나 또는 전동기에 유압펌프를 구동한다.
트럭탑재형 크레인 또는 차량적재형 트럭크레인으로도 부른다.

131. **전도방지장치**(safety device for overturning) : 폭풍시에 크레인의 전도를 방지하는 장치. 형식은 여러가지 있지만 크레인의 각부와 지상측의 콘크리트에 매입한 브라켓을 핀에 연결하여 전도를 막는 형식이 자주 사용되고 있다.

132. **전동기**(motor, electric motor) : 전기에너지를 기계에너지로 변환시키는 회전기계. 전동기는 동작원리에 따라 ① 직류전동기 ② 유도전동기 ③ 동기(同期)전동기 ④ 교류 정류자전동기로 분류된다.
예를 들면 유도전동기와 같이 ②, ③을 일체화한 것 또는 ③의 변형으로서 리럭턴스(reluctance) 모터 또는 워드레오나드 장치와 같은 ①, ②의 복합기 등 그 종류는 다양하다. 소형 교류기 등이 되면 전원도 3상이 아니라 단상(單相)이 많고, 따라서 전동기에도 시동토크가 없어 시동토크를 줄 필요가 있는 등 다양한 형식이 존재한다.

133. **전지형 크레인**(all terrain crane) : 일반도로에서 좋지 않은 도로까지 전지형을 주행할 수 있는 전후륜구동, 전후륜조향이 가능한 전용캐리어에 유압크레인을 탑재한 이동식크레인.
일반도로에서 고속주행성, 거친도로에서의 주행성을 겸용하는 기능을 갖고 있다. 또한, 다축차를 채용하여 축하중을 경감하거나, 좁은 장소에 진입하기 쉬운 각종 스티어링 모드를 갖추고 있는 기계이다.

134. **절연 측정**(insulation resistance measurement) : 절연물이 파괴되거나 절연저항이 저하되면 단락과 지락사고가 발생, 감전 등의 재해가 발생한다. 따라서 보수를 충분히 하여 절연저항의 저하가 발생되지 않도록 하는 것이 필요하다. 그러기 위해 정기적으로 절연물의 절연저항을 절연저항계로 측정한다. 이것을 절연저항시험이라 함.

135. **접지압**(ground pressure) : 크롤러 크레인이 지반에 미치는 영향을 나타내는 것. 안쪽 벽의 강도를 검토하기

위한 접지압 등과 구별하기 위해 크롤러 접지압이라고 한다.

크롤러 크레인의 카타로그에는 평균접지압이 사용되고 있다. 실제 크롤러 크레인을 사용하는 지반의 강도를 검토할 경우에는 최대접지압(접지압분포의 최대값)을 사용한다.

136. **접촉각**(angle of lap) : 와이어로프의 도르래를 통과할 때 와이어로프가 도르래에 접촉하는 범위에 대한 도르래 중심이 되는 각.
와이어로프는 도르래 통과시에 받는 굽힘에 따른 굽힘 피로가 생긴다. 이 피로의 정도는 접촉각에 따라 다르며, 도르레 홈과 와이어로프의 접촉 길이가 0.5피치(접촉각 약 20°)가 가장 심하고 1.5피치(접촉각 약 60°) 이상에서는 일정하게 된다. 와이어로프의 사용 경로를 계획하는 경우, 이 접촉각은 와이어로프의 굽힘 피로 수명을 생각할 때 중요한 인자로 가능한 접촉각 20도 전후는 피해야 한다.

137. **정격속도**(rated speed) : 정격하중에 상당하는 하물을 매달고 권상, 당하는 하물을 매달고 권상, 주행, 선회, 트롤리의 횡행 등 작업을 하는 경우의 각기 최고속도를, 또 엘리베이터, 간이리프트 또는 건설용 리프트에 있어서도 운반구에 적재하중에 상당하는 하중의 짐을 얹어서 상승시키는 경우의 최고속도를 정격속도라 함. 정격속도는 원칙적으로 주행, 선회, 상승 등의 운동에 대해서 유일하시만 이농식크레인에서는 정격하중의 변화에 따라 변하는 경우도 있다.

138. **정격하중**(rated load) : 양중기인 크레인, 리프트, 승강기, 곤돌라, 이동식크레인 등의 권상하중에서 훅, 버켓, 마그네트 등의 달기기구 중량을 제외한 하중으로 양중기가 실제로 권상 가능한 하물(荷物)의 중량을 말함. 거더(girder)위를 횡행하는 천장크레인 등은 트롤리의 위치에 따라 정격하중의 변화가 없지만 지브크레인, 타워크레인, 이동식크레인, 데릭 등과 같이 지브를 가진 양중기는 지브의 길이 및 지브의 기복각도(경사도)에 따라 정격하중이 결정된다.

139. **제동장치**(braking device) : 속도 조절이나 운동 정지를 위하여 힘을 발생시키는 장치로서 브레이크라고도 함. 기계 전체나 한 부분의 직선운동 또는 회전운동을 감속시켜 운동에너지를 열에너지나 전기에너지로 변환, 밖으로 방출하는 형태로 되어 있다. 처음에는 지레의 원리를 이용, 사람의 힘을 증폭시켜 회전축에 블록이나 가죽띠를 감아 제동하였으나, 기계가 대형화·고속화됨에 따라 브레이크힘이 부족하게 되었으므로 자동차의 브레이크 실린더처럼 유압이나 기계로 사람의 힘을 증폭시키는 배력장치(倍力裝置)를 쓰게 되었다. 또한, 철도차량의 공기브레이크처럼 공기압이나 유압으로 브레이크 힘을 얻음으로써 사람은 단순히 그것을 제어하기만 하는 장치가 쓰이게 되었고 브레이크의 효력을 좋게 하여 차바퀴 등의 활주를 방지하는 앤티스키드장치도 개발되고 있다. 종류로는 운동에너지의 변환방식에 따라 원동기식브레이크, 유체식브레이크, 전기식브레이크, 기계식(마찰)브레이크로 구분한다.

140. **제로 인터록**(zero interlock) : 크레인을 운전할 때 작업 전 점검을 한 후에 전원인입반내의 주회로 브레카를 닫고 주회로용 전자접촉기를 눌러 버튼스위치를 투입한다. 이에 따라 각 조작회로용 브레카가 투입되어있는 상태에서 제어기의 핸들을 조작하면 운전이 가능하게 된다. 만일 제어기의 핸들 위치가 정지노치 이외는 주회로용전자접촉기를 투입함과 동시에 크레인이 작동하여 굉장히 위험하게 된다. 이 때문에 통상은 모든 제어기 핸들이 정지노치가 아니면 누름 버튼 스위치를 눌러도 주회로용전자접촉기가 투입 될 수 없게 하고 있다. 이 인터록을 제로인터록이라고 하며 오프인터록이라고도 한다.

141. **조속기**(governor) : 원동기의 회전속도를 하중의 증감에 따라서 조정하는 장치. 압축공기나 증기의 압력을 이용해서 동력을 발생시키는 공기기관이나 증기기관 등은 부하의 변동에 따라서 회전수가 증감하는 성질이 있다. 그 증감을 적게 하기 위해 조속기가 사용된다. 공기그라인더는 압축공기로 회전하는 에어모터를 구비한 공기공구인데 에어모터는 부하가 걸리면 회전수가 떨어지고 부하가 걸리면 반대로 회전수가 높아지는 성질이

있다. 한편 연삭숫돌에는 최고사용 주속도가 정해져 있어서 이를 초과하면 파열위험이 생기고 역으로 주속도가 저하하면 연삭능력이 떨어진다. 때문에 에어모터의 회전수를 되도록 일정하게 유지하기 위해 조속기가 사용된다. 속도조정은 원심력이나 회전력을 이용해서 조속밸브를 조정하여 모터에 공급되는 공기량을 가감하여 이루어지는데 그래도 2~3할이 변화하는 일이 있다. 때문에 공기그라인더에 숫돌을 부착할 때는 무부하시의 주속도를 최고사용 주속도보다 약간 적게 한다. 공기그라인더는 월1회 이상 회전수를 측정할 필요가 있다.

142. **조향**(steering) : 이동식크레인의 주행시에 진행 방향을 바꾸는 조작.
러프테라인 또는 올테레인 크레인은 스티어링 장치를 조작하여 타이어의 방향을 바꿔서 기체의 방향전환을 한다. 특히 러프테라인은 2축의 사륜구동식(4WD)로, 조향(스티어링)은 4종류 모드(전2륜조향, 후2륜조향, 사륜조향, 크랩조향(크랩 스티어링이라는 것이 있다)을 갖고 있다.
또한, 러프테라인 크레인에는 상부선회체를 180도 바로 뒤로 향해 후진하는 경우, 통상의 전진과 같은 핸들조작으로 조향할 수 있는 역스티어링 보정기구를 갖춘 크레인이 증가하고 있다. 단, 역스티어링 보정기구는 상부선회체가 극히 제한된 영역에 있는 것이 조건이다.

143. **종동 도르래**(idle sheave) : 와이어로프를 안내하는 종동의 도르래. 들어올리는 하물의 무게가 커질수록 지름이 큰 와이어로프가 필요하며, 종동 도르래를 사용하여 와이어로프의 거는 수를 증가함에 따라서 와이어로프당 드럼에 거는 하물의 무게가 경감될 수 있으므로 지름이 작은 와이어로프를 사용할 수 있다. 대용량의 크레인 일수록 일반적으로 도르래의 수가 많게 된다.

144. **좌굴**(buckling) : 축방향의 압축하중을 받는 장주(長柱)는 재료의 비례 한도 이하의 하중을 받아도 휨을 일으키는데 이 현상을 좌굴(buckling)이라 함. 가이드 레일 등 기계·기구 및 설비의 구조부 등을 설계할 때에는 이와 같은 좌굴 가능성 여부를 검토하고 만일 좌굴 가능성이 있는 부재라면 좌굴을 일으키는 최소의 압축하중인 좌굴하중과 좌굴계수 등을 설계시 고려하여야 한다. 크레인이나 리프트, 곤돌라, 승강기 등 양중기의 설계시에는 인장응력, 압축응력, 전단응력, 급힘응력 이외에도 세장비 등을 고려한 좌굴하중을 계산에 포함시켜야 한다.

145. **주권**(main hoisting) : 여러 개를 매달아 올리는 훅을 가진 크레인 중에서 최대 견인 능력을 갖고 있는 권상장치를 말한다. 주권이외의 권상 장치는 보권, 부보권장치 등으로 불리워진다.

146. **주행장치**(travelling mechanism) : 크레인 본체를 이동시키는 장치를 주행장치라고 하며 크레인 등의 종류에 따라 다음과 같다.
   ① 크레인전동기, 감속기, 차륜, 브레이크 등으로 구성되어 크레인 본체에 장치되어 있는 것이 대부분이다. 드물게 감속기를 사용하지 않는 것, 차륜구동을 대신하여 락·피니온 방식에 따른 것, 외부에 구동장치를 설치하여 체인과 와이어로프에 견인하는 방식의 것 등이 있다.
   ② 이동식크레인일반적으로 크롤러 크레인을 주행시키는 장치를 말하며 주행 프레임의 전후에 구동륜과 동륜를 배치하고 여기에 크롤러 벨트를 감아, 구동륜을 감속기와 브레이크가 있는 구동 모터로 회전시켜서 주행 프레임에 부착된 하부 롤러가 크롤러 벨트 위를 굴러 주행하는 구조로 되어 있다.트럭크레인과 러프테레인 크레인에 대해서는 주행장치라고 말하지 않는 것이 보통이다.
   ③ 곤돌라궤도식 곤돌라가 궤도를 주행하기 위해 또는 무궤도식 곤돌라가 주행하기 위해 대차하부에 장치한 장치. 일반적으로 주행차륜의 수는 3점차륜 또는 4점차륜이 있다. 주행차륜의 구동원은 감속기가 있는 모터에 출력축직결방식, 체인 휘일 연결방식 등이 있다. 궤도식 곤돌라의 주행장치에는 궤도상의 횡행을 구속하는 사이드 롤러와 올리는 것을 방지하는 롤러를 구비하는 것이 있다.

147. **주행크레인**(travelling crane) : 크레인분류의 한 방법으로 궤도상의 레일이나 일반 도로 등 하물을 매달고 이

동 가능한 크레인. 여기에 대응되는 크레인은 고정식 크레인이다. 궤도상의 레일 위를 주행하는 크레인으로는 천장크레인, 갠트리크레인, 이동식 타워크레인, 이동식 지브크레인, 언로더, 컨테이너크레인, 이동식 벽(wall)크레인 등이 있으며, 일반 도로상을 주행하는 크레인으로는 휠이동식크레인, 크롤러 크레인 등이 있다. 산업안전보건법에서는 주행크레인이라 함은 일반적으로 레일상면 등 일정한 궤도상을 주행하는 크레인을 의미한다.

148. **줄걸이**(slinging) : 크레인에 하물을 매다는 작업. 중국어에는 ·조괘·로 표시하고 또한, 영국에서는 줄걸이작업자를 ·slinger·라고 하며 미국에서는 'ringer'라고 한다.

149. **줄걸이용 와이어로프**(sling wire rope) : 크레인 등을 사용하여 하물을 매달아 올려 운반하는 경우에 그 하물을 크레인등의 매다는 용구에 줄걸이 하기 위한 와이어로프. 와이어로프의 양끝에 스프라이스 가공 또는 압축가공에 의한 아이를 설비한 것, 이 아이에 링, 샤클, 훅 등을 구비한 것 및 와이어로프를 엔드리스에 가공한 것이 있다. 줄걸이용 와이어로프는 6꼬임으로 섬유심을 가지고 있는 것이 사용되어 통상, 6×24, 6×37, 6×Fi(25), 6×Fi(29)의 4종류가 사용된다.

150. **줄걸이 용구**(sling gear) : 크레인 등의 매다는 하물을 매달아 올려 운반하는 경우에 사용하는 용구.
줄걸이 용구에는 일반용, 어느 정도 매단 하물을 한정하여 적용하는 반전용인 것과 하물의 형태, 중량을 한정한 전용의 것이 있다.
일반용에는 와이어로프 슬링, 체인슬링, 섬유 로프슬링, 벨트슬링, 샤클, 훅 등이 있다. 반전용인 것으로는 학카, 아이 볼트, 아이너트, 링, 매다는 빔, 매다는 상자 등이 있다. 전용의 것은 취급하는 하물에 맞춰서 특별히 제작된 용구를 말한다.
또한, 넓은 의미로는 줄걸이 용구에 분류되지만 줄걸이 용구나 매단 짐을 보호하기 위해서나 줄걸이 작업을 안전하고 능률적으로 하기 위해 사용하는 것을 줄걸이 보조구라고 하며 보호대, 받침대, 쐐기 등이 있다.

151. **중량물 취급 작업**(heavy material handling) : 용적에 비하여 비중이 커 무게가 많이 나가는 것을 위치를 이동시켜 그 대상물의 효용가치를 증진시키는 것.

152. **중심**(centre of gravity) : 전체 중력이 작용하고 있는 작용점. 중심은 어떤 물체에 대해서는 일정한 점으로 중심의 위치는 물체의 놓는 방법이 변해도 변하지 않는다.
줄걸이 작업에는 하물과 질량분포의 상태에 따라 정확한 중심 위치를 찾는 것이 중요하다.
줄걸이 작업에 있어서 하물의 매다는 점내에 하물의 중심이 없는 하물 걸기를 하면, 하물의 매달은 지점이 하물의 중심보다 밑에 있는 경우는 매단 하물이 불안정하게 되어 하물의 회전과 전도가 일어나기 쉽고 위험한 상태에 있다는 것을 인식할 필요가 있다.
하물을 안정한 상태에서 매달아 올리기 위해서는 크레인 등의 훅을 하물의 중심 바로 위에 유도하여 하물을 매달아 올리도록 한다.

153. **지내력**(ground bearing strength) : 지반의 강도.
이동식크레인을 사용할 때, 전장비질량 외에 크레인에 매달아 올리는 하물의 질량에 따라 아웃트리거 또는 크롤러가 침하되지 않도록 집중하여 지반의 강도를 확인하는 것이 중요하다. 지반을 보강, 단단하게 처리하고 철판이나 까는 재료 등을 깔아 강도를 높이는 것이 일반적인 방법이다.
지반의 강도를 알아내는 방법은 통상 사람이 걸은 발자국이 움푹패인 모양이나 트럭 크레인 등이 주행하여 지면에 남는 타이어 자국의 깊이 상태 등으로 판단하고, 또 철근 등을 관입할 때의 저항 상태에 따라 간편하게 판별하나 사운딩장치 등의 측정치를 기준으로 한다.

154. **지반**(natural ground) : 구조물의 축조행위가 이루어지는 지층이다. 지반의 굴착작업에는 토사, 암석의 붕괴와 낙하 등의 위험이 많다. 따라서 지반의 굴착작업은 사전에 굴착의 대상이 되는 지반의 지형, 지질, 지하매설

물 등의 상태를 조사하여 조사결과에 합당한 시공계획을 세워 작업을 해야 한다.

155. **지브**(jib) : 크레인 본체나 이동식크레인의 상부 선회체에 설치되어있는 장척의 구조물. 선단에는 권상와이어로프를 끼워 매다는 용구가 부착되어진다.
크레인에는 일반적으로 단일 구조의 것이 많으나, 매단 짐을 거의 수평으로 이동하기 위해 링크 기구로 한 더불링크식의 것도 있다.
이동식크레인은 지브(주지브)의 선단에 하나 더 지브를 결합한 것(보조지브), 복수의 박스형 구조의 지브가 결합되어 신축가능한 것이 있다. 또, 그 형태에 따라 래티스 구조지브, 박스형 구조지브(신축 지브라고도 함)로 나뉜다. 이동식크레인의 주지브는 일반적으로붐이라고 불리워지는 것이 많다.

156. **지브 크레인**(jib crane) : 지브(jib)는 붐(BOOM)이라고도 하며 한 끝을 기점으로 하여 움직일 수 있는 것으로 크레인에서는 지브 또는 붐이라 한다. 이러한 지브를 이용해서 동력을 사용하여 무거운 짐을 매달아 올리고 이것을 수평으로 이동시킬 수 있는 기계장치를 지브크레인이라 함. 지브의 길이는 하부지점인 후트 핀(hoot pin)중심에서 상부의 point pin까지의 거리를 말하며 기계식 크레인에서는 일반적으로 기본 지브(하부지브와 상부지브)의 중간에 중간지브(연결지브)를 끼워 길이를 바꾸며 유압식 크레인의 신축 지브에서는 지브 실린더의 힘으로 지브를 신축하여 길이를 변화시키는데 지브의 길이를 가장 짧게 하면 기본 지브의 길이가 되고 최대로 길게 하였을 때의 길이를 최대 길이라 한다.

157. **지브각**(jib angle) : 지브기준선이 지상면과 이룬각도.

158. **지브길이**(jib length : 지브하단 핀과 상부 핀의 거리를 지브 기준선 위에 투영한 길이.

159. **지브 지지로프**(jib staying rope) : 지브 포인트를 A프레임 상부에서 지지하고 있는 와이어로프 중에 지브 포인트에서 상부 브라이들까지의 고정와이어로프 부분을 지브 지지로프라고 함. 또, 펜던트 로프 또는 가이 케이블이라 한다. 상부 브라이들과 하부 브라이들 사이에 있어 감기를 취하는 것에 따른 지브를 기복시키는 와이어로프(동삭)를 지브 기복 와이어로프라고 한다. 보조지브를 지지하고 있는 로프 가운데 보조지브포인트와 보조지브 마스트의 사이의 것을 보조지브 가이라인, 보조지브 마스트와 상부 지브의 사이의 것을 지브 가이라인이라고 하나, 이들 가이라인을 지브지지 로프라고 한다.

160. **차륜**(wheel) : 구조물을 지탱하여 레일 위를 회전하는 것. 횡행 트롤리 또는 주행 새들 등에 부착되어 있다. 전동기 등에 구동되는 차륜을 구동륜, 구동되지 않는 차륜을 종동륜이라 한다. 부착되어 있는 각 차륜의 로면 직경은 같지 않으면 원활한 주행, 횡행이동을 할 수 없다. 특히 구동륜에 대해서는 중요하다.
차륜의 재료는 사용빈도 및 차륜압에 의한 주철, 주강, 단강 또는 합금강이다. 사용빈도가 많은 크레인에는 주강 차륜체에 합금강을 압입한 것도 있다. 레일형태에 따른 차륜 형태도 다르며, I형강을 레일로 한 차륜은 I 형강 플랜지 경사에 적합하도록 로면에 가볍게 둥글게 한 원추형태로, 한 쪽 플랜지와 플랜지를 대신하는 사이드 롤러를 별도로 설치하는 것도 있다. 각강 레일 및 궤조레일용 차륜은 로면이 평평한 양플랜지형과 편플랜지형 방식이 대부분이고, 사이드 롤러나 벽크레인의 전도 지지용 차륜등에는 플랜지가 없는 차륜이 사용된다.
전동시 소음을 낮추기 위한 목적으로 로면에 우레탄고무를 코팅하여 직접 런에이 거더 위를 전동하는 차륜은 무궤조 차륜이라고 하며, 소용량 크레인에 사용되고 있다.

161. **철도 크레인**(railway crane) : 철도 또는 구내의 궤도 레일 위를 주행하는 크레인. 레일 위를 주행하는 차륜을 가진 대차에 크레인(선회체)을 설치한 것이다. 철도의 보수용(보수 크레인이라고도 함), 역이나 공장 구내에의 일반화물취급용으로 사용되어 특수한 것으로는 교량 가설에 사용되는 것도 있다.

162. **체인**(chain) : 원형강(round steel)을 일정한 길이의 고리모양으로 가공하여 이음매를 단접 또는 용접하여 만든 것. 크기는 원형강의 지름(mm)으로 나타낸다. 체인은 와이어로프에 비하여 내열, 내식성이 뛰어나고 변형이 잘 안되는 특성이 있기 때문에 고열물의 고리걸이 작업이나 체인호이스트 등에 이용된다. 그러나 체인은 외관이 와이어로프와 같이 극단적으로 변화하지 않는 만큼 점검을 게을리 하면 절단사고를 일으킬 우려가 있으므로 일상점검이 필요하다.

163. **체인 블록**(chain block) : 체인의 조작에 의해 짐을 감아올리는 장치. 수동식과 동력식이 있다. 수동식은 체인을 손으로 번갈아 당기면 체인수레바퀴가 회전하여 이것을 치차장치에서 감속하여 작은 체인수레바퀴에 전달하고 그 회전에 의해서 훅에 붙어있는 달기체인을 감아올린다. 동력식은 모터에 의해 체인수레바퀴를 작동시키는 것으로 전동식 체인블럭이라 부른다.

164. **체인 슬링**(chain sling) : 링크체인의 한쪽 끝단에 하물을 매달 수 있는 훅을 부착하고 다른 끝단에 링(ring)을 부착한 달기구의 일종. 하나의 링에 링크체인을 1개 또는 2~3개씩 부착하여 사용한 것이 일반적이다. 항만운수업에서는 고리걸이 용구를 총칭해서 말한다. 슬링에는 와이어로프슬링, 네트(net)슬링, 훅(hook)부착 슬링, 팰릿(pallet)슬링, 강판 등을 매다는 리프팅 빔(lifting beam) 등이 있다.

165. **초음파검사**(ultrasonic examination) : 초음파(일반적으로는 20KHz 이상의 음을 가리키는데 의학분야에서는 1~10MHz의 초음파가 흔히 사용된다)를 체외에서 조사하여 그것이 체내에서 어떻게 반사, 감쇠, 흡수되는가를 검출함으로써 생체 내부의 구조 혹은 물체의 움직임을 알아보는 방법이다. 비침습적인 검사법이기 때문에 자주 사용되고 있다. 초음파는 공기 등 가스체에서의 감쇠가 크기 때문에 바로 밑에 공기층이 있는 부위(폐)를 피할 필요가 있다. 초음파검사법에는 크게 초음파를 단속적으로 발사하는 펄스반사법과 연속파를 사용하는 연속파반사법이 있다.

166. **초음파두께 측정기**(ultrasonic thickness gauge) : 시험체 내부에 초음파를 전파시켜 되돌아오는 시간을 측정함으로써 시험체의 두께를 측정하는 계기. 이 방법을 사용하면 시험체를 절단할 필요가 없으며, 시험체의 한 면만을 접촉하더라도 두께측정이 가능하다. 이 측정기를 사용하면 작업시간의 단축과 아울러 기존의 방법으로 측정이 불가능한 곡선부분과 제품의 중간부분의 마모나 두께를 정확하게 측정할 수 있다. 사용용도는 강관, 파이프, 판재, 철판, 각봉, 탱크, 압력용기, 스팀터빈, 선박, H빔, 주철관, 주물 및 건설분야 등에서 광범위하게 사용되고 있다.

167. **충돌방지장치**(collision avoidance apparatus) : 크레인이 상호 충돌하는 것을 방지하기 위한 장치. 동일주행로 상에 2대이상의 크레인이 설치되고 공통의 바닥면에서 작업을 실시하고 있을 때 윗단의 크레인 와이어로프 또는 매단 하물과 아랫단의 크레인이 충돌할 위험이 있기 때문에 충돌방지장치의 설치가 필요하다. 간단한 충돌방지장치로는 상호간의 크레인에 리미트 스위치를 설치하고 접근하였을 때 상호간의 리미트 스위치가 교차하여 주행을 정지하는 것이 있다. 이 방식의 것은 속도가 느린 크레인에는 이용할 수 있지만 속도가 빠른 크레인에서는 스위치가 작동한 뒤 수 m 관성으로 주행하는 경우가 있어 효과가 없다. 따라서 전자, 초음파, 광선 등을 사용해서 상대 크레인과의 거리를 검출해서 미리 설정된 거리 이내에 크레인이 접근하였을 경우 경보를 발하거나 회로를 차단하는 충돌방지장치가 개발·사용되고 있다.

168. **카운터웨이트**(counter weight) : 하중에 의한 모멘트에 대항시키기 위해 설치한 추(錘). 힘, 모멘트 등의 균형을 유지하기 위하여 힘이 가해지는 반대 측에 부착하는 추이다. 중추 또는 균형추라고도하며 벨트 컨베이어의 벨트 장력을 위하여 사용되기도 한다. 또한, 이동식크레인, 타워크레인, 지게차 등에도 균형추가 사용되고 있다. 크레인이나 지게차등에서 하중을 많이 받게 되면 전도 모우먼트가 발생하는 데 균형추를 매달아 전도 모우먼트를 상쇄하여 균형을 이룸으로써 전도를 방지하고 더 많은 하중을 들 수 있도록 해주는 역할을 한다.

169. **컨테이너 크레인**(container crane) : 갠트리 크레인 일종으로 컨테이너 들어올려 적재하는 전용의 특수 달기 기구(스프레다)를 설치한 내벽용 크레인. 붐, 거더, 다리 등의 철구물으로 구성되어 있으며 트롤리를 붐, 거더 위에 선이동시키는 횡행장치, 트롤리로부터 매달아 내려진 헤드 블록 및 스프레다를 상하로 움직이게 하는 권상장치, 본선의 입출항 시에 붐을 상하시키는 기복장치, 안벽상에 설치되어 레일에 따라 크레인을 이동시키는 주행장치등이 있다.

170. **케이블 크레인**(cable crane) : 토목건축공사를 할 때에 옥외 크레인으로 사용되며, 특히 계곡간의 토목공사용에 주로 사용된다. 이것은 굵은 와이어 로우프에 따라서 버킷, 캐리어(carrier) 등에 의해 짐을 매달아 운반할 수 있다.

171. **케이지(적재함)**(cage) : 사람이나 화물 등 운반목적물을 적재할 수 있는 운반구를 말하는데 일명 카 또는 하대 등으로 일컬어 진다. 일반적으로 인화공용리프트의 운반구는 상부까지 덮개가 부착되어 있으나 화물용 리프트의 경우에는 상부가 개방된 형식도 있다.

172. **크레인**(crane) : 양중기(揚重機)의 일종으로서 동력을 사용하여 중량물을 매달아 상하 및 좌우로 운반하는 것을 목적으로 하는 기계 또는 기계장치. 주요구성품은 거어더(girder), 지브(jib) 등의 구조부분과 권상장치, 주행장치, 횡행장치 등의 기계장치 그리고 권상용 와이어 로프, 호이스팅 악세사리, 안전장치, 운전실 등이다. 크레인은 구조와 기구에 따라 천장크레인(overhead travelling crane), 갠트리크레인(gantry crane), 지브크레인(jib crane), 언로우더(unloader), 케이블크레인(cable crane) 등으로 구분된다.

173. **크레인 하중시험**(crane load test) : 크레인의 안전도를 확인하기 위해 실시되는 시험. 정격하중의 110%에 해당하는 하중을 매달고 권상, 주행, 선회, 트롤리의 횡행 등의 작동을 실시하면서 크레인의 성능을 확인한다.

174. **크레인의 분류**(classification of crane) : 크레인의 종류를 나누는 방법. 천장크레인, 지브 크레인, 갠트리 크레인, 언로더, 케이블크레인, 호이스트, 스태커 크레인의 7개로 구분하고 형식별, 용도별로 각각의 크레인 명칭으로 구분되고 있다. 일본의 경우 크레인을 제조하려는 사람은 제조허가 신청서, 조립도, 강도계산의 기준 등 필요서류를 관할지역 노동국장에게 제출해야 하는데, 제조허가 신청서 중에 크레인의 종류 및 형식 란에 크레인 종류를 기입하도록 되어 있다.

175. **크롤러크레인**(crawler crane) : 크롤러 벨트를 장비한 대차 위에 크레인장치(상부선회체)를 배치한 형식의 기계. 원동기, 권상장치, 운전실 등의 전장치가 상부선회체에 장착되어 있다. 그 구조상, 부정지나 연약한 장소에서도 사용할 수 있는 특징이 있으며, 유압식과 기계식이 있다. 주행속도는 매우 느려 시속 1~3km 정도이다.

작업시의 안정성을 잃지 않고 더욱이 운송을 쉽게 할 수 있도록 하부주행체의 크롤러 프레임이라고 불리는 부분을 유압 실린더 등으로 좌우로 장출하여 축소할 수 있도록 한 것도 있다.

또한, 크롤러 벨트는 일체 슈를 연결하는 구조로 트럭 링크에 플래트슈등을 부착한 구조의 것도 있어 무한궤도로 불리는 것도 있다.

176. **클라이밍 크레인**(climbing crane) : 건설공사에 사용되는 지브크레인으로 공사의 진척과 함께 필요에 따라 마스트를 이어 선회가구를 점점 올려가는 크레인. 선회장치를 점점 올리는 것을 클라이밍이라고 하며, 클라이밍의 방법에는 유압식과 로프식이 있다. 유압식은 유압 실린더의 신축운동에 의하여 선회장치를 클라이밍하며, 로프식은 2개의 승강 와이어로프와 도르래 블록 사이의 신축(권상 장치로 조작한다)에 의해 선회가구가 클라이밍 한다.

177. **클립**(clip) : 와이어로프의 이음 또는 단말 고정방법의 하나로 끼워맞춤(fitting)하는 것이다. 토목공사나 건설현

장에서 윈치, 크레인, 와이어로프를 사용해서 작업할 때 로프가 하중에 의해서 이탈되지 않도록 로프의 끝을 구부려서 로프와 튼튼하게 고정시키는데 사용된다. 와이어로프의 단말고정법에는 소켓형(socket type), 단순형(simple type), 웨지형(wedge type), 아이스플라이스형(eyesplice type), 클립형(clip type)의 다섯 가지가 있지만 가장 흔히 사용되는 것이 클립고정 방식이다. 이 경우 클립사이의 와이어로프와 와이어로프사이의 틈새가 없도록 하고 클립은 고른 간격으로 체결하여야 한다.

178. **킹크**(kink) : 와이어로프(wire rope)가 꼬인 상태에서 장력이 작용하는 경우 와이어로프에 생기는 마디. 이때 킹크가 발생하여 로프의 꼬임이 줄어 들 때를 +킹크, 꼬임이 늘어날 때를 −킹크라고 한다. 와이어로프에 킹크가 발생되면 그 개소의 절단하중 값이 현저하게 약해진다. 킹크 되지 않은 와이어로프와 킹크 된 와이어로프 절단하중 값을 비교하면 일반적으로 +킹크의 경우 55~60%, −킹크의 경우 40~45%에 불과하다. 따라서 크레인 등에 사용되는 권상용, 기복용, 고리걸이용 등의 와이어로프에 킹크된 것의 사용이 금지되어 있다.

179. **타워크레인**(tower crane) : 수직타워의 상부에 위치한 지브를 선회시키는 크레인. 고정식, 상승식 및 이동식이 있다. 고정식(stationary Type)은 지반에 고정앵커를 콘크리트 블록으로 고정시키고 타워크레인을 설치하는 방법으로 가장 많이 사용되고 있으며, 상승식(climbing Type)은 건축물 외곽에 타워크레인을 설치할 공간이 없거나 또는 고층건물 건축시 사용되는 설치방법으로 구조물에 지지되어 사용된다. 이동식(travelling Type)은 주로 조립식 아파트공사에 사용하는 형식으로 아파트건물 앞이나 뒤 쪽에 레일을 설치하여 타워크레인 자체가 레일을 타고 이동하면서 작업한다.

180. **타워크레인(이동식크레인 형식)**(tower crane of mobile crane type) : 크롤러 크레인 본체에 타워크레인용 어테치먼트를 장착한 것. 수직으로 세운 타워 붐과 스트레트를 끼어서 기복하는 타워 지브로 구성되었다.
주로 중고층 건축물의 건축에 사용한다. 어테치먼트 부분을 교환하면 통상의 크롤러 크레인으로도 사용할 수 있다. 근년, 중소형기종은 종래의 수직타워에 더하여 타워각도를 임의로 90도~60도까지 기울 수 있는 것이 가능한 경사타워 사양을 설정하고 작업영역을 더욱 확대하고 있다. 대형기종은 러핑지브 방식을 채용하여 타워붐과 지브(타워지브)의 양방에서 훅을 내리는 것이 가능하기 때문에 중량물작업과 광범위한 작업과 병용가능하다. 이동식 타워 크레인은 타워를 세운 상태에서도 크롤러 주행에 따른 이동이 가능하고 건축현장에서 사용되는 정치식 타워크레인에 비해서 사용 방법에 따라서는 보다 광범위를 커버할 수 있다. 또 지브를 지상으로 내려 조립·해체작업을 지상에서 할 수 있다.

181. **탑승의 제한**(limitation of riding) : 크레인, 이동식크레인 및 데릭으로 근로자를 운반하고, 근로자를 매달아 올리는 작업을 시키는 것에는 작업의 성질상 특별한 경우, 또는 안전한 작업의 수행상 필요한 경우를 제외하고 원칙적으로 금지되어 있다. 또 건설용리프트의 경우에도 화물용에는 그 케이지에 근로자를 태우는 것은 원칙적으로 금지되어있는데 이것을 탑승의 제한이라고 한다.
작업 또는 안전한 작업 수행을 위해 필요한 경우, 매단 구에 전용 탑승설비를 설치하고 그 탑승 설비에 근로자를 태우는 것이 가능하다고 하지만, 이 전용의 탑승 설비에는 엄밀한 안정성이 요구된다.

182. **태그 라인**(tag line) : 매달아 내려진 버켓 등의 어태치먼트의 흔들림과 회전을 억제하고 흔들림을 막는 장치. 크레인 전부 또는 하부 암에 부착된 와이어로프에 초기장력을 주는 본체장치와 와이어로프로 구성된다. 초기장력을 전하는 본체장치의 차이에 따라 유압식 태그라인, 스프링식 태그라인, 중추식 태그라인 등이 있다.

183. **토크 컨버터**(torque converter) : 엔진의 동력을 이용하여 부드럽게 전달하는 장치. 유체에 에너지를 보내는 펌프(임펠러)와 유체의 에너지를 뽑아내어 출력하는 터빈과 유체의 흐름을 정리하는 스테터(안내날개)의 3요소로 구성되어 있다. 부하가 커지면 자동으로 출력축의 회전수가 내려가고 부하가 가볍게 되면 자동으로 출력축의 회전수가 증가하고 항상 거의 일정한 마력을 전달할 수 있다.

184. **트랙크레인**(track crane) : 크롤러 주행장치를 갖은 차대위에(특수하게 대형으로 만들어진 트랙위에–삭제)설치된 선회암형 크레인. 크롤러크레인 . 지브는 조정이 가능하여 이동할 때는 짧게 접을 수 있고, 작업할 때는 길게 한다. 이동이 편리하고 건설현장에서 특별하게 조립할 필요가 없기 때문에 널리 사용되고 있다. 작업할 때에는 전도하지 않도록 아우트리거(outrigger)를 차량의 바깥쪽에 설치하(도록–삭제)는 경우도(되어–삭제)있다.

185. **트럭크레인**(truck crane) : 하부 주행체인 트럭 크레인용 캐리어(크레인용대차 등으로도 불리워짐)위에, 크레인 장치(상부선회체)를 장착한 이동식크레인이며 하부주행체 및 상부선회체에 각각 주행용 및 크레인 작업용의 운전석을 장비한 것을 말함. 원동기가 하부주행체에만 장착되어 크레인 동작은 동력취출장치(PTO)를 끼워서 유압기구에 따라 행해지는 것과 하부주행체에 주행용 원동기, 상부선회체에 크레인 구동용의 원동기를 각각 장비하는 것이 있다.
또한, 전지형크레인, 적재형 트럭크레인, 렛카형 트럭크레인 등은 광의의 트럭 크레인에 포함된다.

186. **트롤리**(trolley) : 케이블 크레인, 문형(門形)크레인 등에서 짐을 매달고 삭도(索道)형태 또는 수평 지브 밑 등에서 달리는 이동체

187. **트롤리 선**(trolley wire) : 주행크레인과 전차등과 같이 전동기를 가지는 이동기기에 전력을 공급하기 위한 접촉전선. 이동체 위에 설치된 집전자와 전선과의 접촉에 따라 집전되는 것에서 트롤리선에는 통상나동선이 사용된다. 따라서 트롤리선의 설치장소에 따라서는 사람이 접촉할 우려가 있다. 그 때문에 비닐 등 절연물에 피복하여 절연 트롤리선을 사용하는 예가 늘고 있다.
트롤리 선의 재료에는 단면을 원형경동 트롤리선, 구부경동트롤리선, 평동바, 앵글동바, 레일 등이 사용되고 있다.

188. **파단하중**(breaking load) : 와이어로프의 내구력 강도를 나타내는 것으로 절단하중이라고도 함. 로프의 절단하중은 소선의 단면적, 꼬임에 따른 절단효율로 결정되며 특히 소선단면적과 절단효율은 로프의 구조에 따라 제각기 다르기 때문에 사용자가 직접 산출하는 것은 쉽지 않다. 따라서 와이어로프 제조사의 제품규격표를 참조하면 정확히 확인 할 수 있으며 간이로 계산하는 방법은 다음과 같다.

로프절단하중(ton)=단면적 계수×연효율 계수×인장강도×(로프지름)2/1000

189. **펜던트 스위치**(pendant switch) : 크레인 조작장치로 권하, 권상, 주행, 횡행 및 비상정지 기능등을 갖춘 스위치 박스.

190. **편심하중**(eccentric load) : 하중에 대한 지시값이 불규칙하게 나타나는 것. 일반적인 하중축에서 벗어난 로드셀에 가해지는 하중 무게의 중심이 한쪽으로 쏠리는 하중을 말한다.

191. **평형추**(counterweight) : 균형추라고도 하며 크레인이나 지게차등에서 하중을 윗부분으로 올렸을 때에 발생되는 전도모멘트와 균형을 이룰 수 있도록 하중과 반대되는 지점에 설치하여 전도모멘트와 반대 방향의 모멘트가 생기도록 하는 것. 균형추를 이용하고 있는 것에는 이동식크레인, 해머헤드 크레인(hammerhead crane), 테릭 크레인(derrick crane), 지게차(forklift) 등이 있다.

192. **폐기기준**(disuse criteria) : 와이어로프의 단선, 로프경의 감소, 형상변형, 부식 등이 원인으로 사용할 수 없는 한도를 정하는 것.

193. **폭풍**(storm) : 거세게 부는 바람. 부풍(扶風)·퇴풍(頹風)·왕바람이라고도 한다. 기상학에서 풍력계급 11(28.5~32.6m/s)의 상태로서 흔히 바람에 비가 섞여 세차게 쏟아진다.

194. **풍속**(wind velocity) : 바람의 속도. 초당 미터(m/s)의 단위로 표시한다.
산업안전기준에 관한기준에서 옥외 크레인에 대하여 순간풍속이 30m/s를 넘는 바람이 불 우려가 있을 때는 일주방지의 조치를 강구할 것, 30m/s를 넘는 바람이 불은 이 후에 작업을 할 때는 점검을 하는 것과 강풍(10분간의 평균풍속이 10m/s 이상의 바람)의 위험이 예상되는 경우에는 작업을 중지 할 것 등이 규정되어 있다.

195. **풍속계**(anemometer) : 풍속을 측정하는 계기. 기상용으로는 로빈슨 풍속계, 프로펠러형 풍속계, 비람풍속계가 있는데 이들은 발전기 또는 발신기를 가지고 있으며, 지시 또는 기록을 할 수 있다. 덕트 내의 계측용으로서 피토관과 더미스터 풍속계, 열선 풍속계 등이 사용되고 있다.

196. **풍하중**(wind load) : 크레인 등의 구조 부분에 바람에 의하여 작용하는 하중. 크레인, 데릭, 이동식크레인, 엘리베이터, 건설용 리프트와 곤돌라의 각각 기준에 구조부분의 강도계산에 사용하는 풍하중의 산정방법이 규정되어 있다.
크레인의 경우 다음 식으로 계산하도록 규정하고 있다.

W=qCA(W : 풍하중, q : 속도압 C : 풍력계수 A : 수압면적)

풍하중을 작업시 풍속이 16m/s, 휴지시(폭풍시) 풍속이 45m/s(데릭은 50m/s)으로 산정하고 있다.
크레인의 경우에는 그 밖에 돌풍대책으로 휴지시 풍하중의 40%의 하중에 견딜 수 있도록 조치를 행하도록 되어 있다.
이동식크레인의 경우에는 작업 시 풍하중만 대상으로 하며 휴지시 풍하중은 설계상 고려할 필요가 없는 것으로 되어 있다.

197. **프론트 어태치먼트**(front attachment) : 이동식크레인본체에 장착하는 작업장치 일식.
이동식크레인을 후부착 크레인, 글러브바켓부착 크레인, 리프팅 마그네트부착 크레인, 말뚝박는 기구 등에 사용되고, 지브, 지브지지기구, 달기기구 또는 리더 등에 따라 구성된다.

198. **프론트 오버행**(front overhang) : 이동식크레인의 경우 가장 앞 부분의 차축 중심에서 차체나 지브전단 까지의 수평거리.

199. **플리트 앵글**(fleet angle) : 드럼 또는 시브의 축에 직각으로 된 선과 로프의 실제로 당겨지는 방향과 각도. 편각이라고도 한다. 홈 없는 드럼의 경우 플리트앵글(와이어로프가 권입되는 홈의 방향과 해당 와이어로프의 방향과 되는 각, 또한, 로프의 종류에 따라 일반 평행연 로프의 경우 플리트 앵글은 4도이내, 다층연의 경우는 2도 이내이어야 하고, 다층감기를 하는 드럼의 경우 드럼 양측면의 플렌지에서의 플리트 앵글은 로프의 겹쳐감김을 방지하기 위하여 반드시 0.5도 이상이 되어야 한다.

200. **플로팅 크레인**(floating crane) : 지브크레인을 폰툰 바지선에 탑재한 형태의 크레인. 배 끝에 달려있는 방식(비자항식 플로팅 크레인)과 자항식의 것(자항식의 플로팅 크레인)이 있다. 플로팅 크레인, 크레인 선이라고도 불리워지고, 옛날에는 기중기선이라고도 했다.

이동식크레인의 일종이며, 지브가 고정식된 고정지브식 떠있는 크레인과 지브가 선회하는 선회식 플로팅 크레인이 있다. 능력이 큰 것을제조할 수 있는 관계로 항만에서 대형 중량품의 하역, 침몰선의 인양, 선박의 건조, 항만토목공사용 등 그 이용가치가 넓으며, 정격하중이 수천톤에 이르는 것도 있다.

201. **피로파괴**(fatigue failure) : 하중, 변위 또는 열응력 등의 반복에 의하여 재료가 손상(균열의 발생 또는 파단 등)하는 현상. 기계부품이나 구조물의 용접부 근처에 생기는 균열은 반복하중에 의한 피로가 원인이 되어 발생하는 경우가 많다. 피로파괴 초기에는 차축 등과 같은 금속재의 부품에서 발견되기 시작하기 때문에 금속

피로라고 불렸지만, 현재에는 콘크리트나 세라믹 등의 비금속재료에서도 피로파괴가 발생하는 것으로 알려져 있다. 고체재료에 반복응력을 연속해서 가하면 인장강도보다 훨씬 낮은 응력에서 재료가 파괴된다. 이러한 현상을 재료의 피로라고 하며, 피로에 의한 파괴를 피로파괴라고 한다. 피로파괴의 특징은 미시적인 변형이 발생하여 파괴에 이른다.

202. **피뢰접지**(grounding for lightning protection) : 뇌해방지용 접지라고도 하며 극히 짧은 시간에 발생되는 고용량의 뇌전류를 피뢰도선을 통해 대지에 안전하게 방전시키므로 약전 설비나 통신기기 등과 같은 시설을 보호할 목적으로 설치되는 것. 피뢰접지의 구성은 돌침부와 인하도선 및 접지극으로 이루어지고 안전하고 신뢰성 있는 피뢰접지를 시설하기 위해서는 낙뢰의 보호범위, 인하도선의 재료 및 설치구조, 접지극의 특성 및 설치구조, 인접구조물과의 관계 및 건물 내부 기기의 특성 등을 고려하여야 한다.

203. **하중계**(load cell, load measuring device) : 매다는 하물의 질량을 계측하여 표시하는 장치.
형식으로는 다음과 같은 것이 있다.
① 유압방식의 권상 장치의 경우 권상 회로의 유압을 계측하고 매다는 하물의 질량으로 환산한 것
② 권상 와이어로프에 3점 롤러를 조합하여 그 장력을 매다는 하물의 질량으로 환산한 것
③ 매다는 달기기구에 로드 셀을 조합하여 직접 매다는 하물의 질량을 계측하는 것

204. **하중곡선**(load moment curve) : 정격하중 또는 정격총하중과 작업반경의 관계를 연속곡선으로 나타낸 것. 이에 대하여, 각 지브 길이, 각 작업반경마다 정격하중(정격총하중)을 수치로 표시한 것은 하중표라고 한다.
일반적으로 이동식크레인의 운전실에는 하중명판(하중표를 기재한 명판)이 설치되어 있으며, 이동식크레인 명세서, 취급설명서에는 하중곡선 또는 하중표가 첨부되어 있다. 크롤러 크레인에는 선회각도(매다는 방향)가 변해도 정격하중(정격총하중)은 같으나, 트럭 크레인, rough terrain crane(험지용 크레인)에서는 작업 반경이 같아도 선회 각도에 의한 정격하중(정격총하중)이 변하는 것이 있어, 하중곡선/하중표도 선회각도에 따라서 사용이 구분된다.

205. **하중시험**(load test) : 크레인, 이동식크레인, 데릭, 엘리베이터, 건설용 리프트, 곤돌라 등을 제조 시 또는 설치 시에 구조부분의 강도, 기계의 성성을 확인하기 위하여 일정한 무게하중을 걸어 실시하는 시험. 제작기준, 안전기준, 검사기준이 있다. 예로서 크레인 완성검사 시에는 정격하중의 1.1배 상당의 하중을 얹어서 감아올림, 주행 선회, 트롤리의 횡행 등의 작동을 하는 시험이 있다.

206. **항타기**(pile driver) : 파일을 박는데 필요한 중력 또는 진동에너지를 공급 발생하여 파일을 박는 기계. 드롭해머, 공기해머, 디젤해머 등의 일반 항타기와 진동력을 이용하는 진동식 항타기가 있다. 드롭해머는 무거운 금속 해머를 와이어로프로 들어 올렸다가 파일 위에 떨어뜨려 파일을 박는 것으로 정확한 타격이 이루어지도록 안내틀이 사용된다. 공기해머는 공기압력이나 증기압력으로 해머를 밀어올리고 최상점에서 압력기체를 방출하여 해머를 자중으로 낙하하도록 하는 것이고 디젤해머는 피스톤 내에서의 연료의 폭발력으로 파일을 박는 것이다. 진동식 항타기는 파일에 진동을 부여하여 파일을 박 는 방식으로 전기식과 유압식이 있으며, 진동을 주기 위하여 전기식에서는 전동기가, 유압식에서는 유압전동기가 사용된다. 소형 유압 진동 항타기는 굴삭기 등에 탑재되고 굴사기의 유압을 동력으로 하여 비교적 짧은 파일용으로 사용된다.

207. **해지장치**(latch) : 와이어로프의 이탈을 방지하기 위한 훅(hook)부위에, 또는 윈치의 드럼 브레이크의 고정상태를 유지하도록 걸기 등 대게는 강제로 조작하는 안전장치를 말함 . 훅(hook)해치는 부위에 와이어로프를 걸었을 때 벗겨지지 않도록 훅 안쪽으로 스프링을 이용하여 설치한 것으로, 훅에 와이어로프를 끼울 때는 밀어 넣으면 되지만 와이어로프를 훅에서 이탈시킬 때는 해지장치를 강제로 조작 하여야 만이 와이어로프를 이탈시킬 수 있도록 한 장치이다.

208. **허용응력**(allowable stress) : 재료가 실제로 사용되는 상태에서 안전하다고 생각되는 최대응력을 말함. 재료의 강도를 표시한 수치의 하나이다. 재료의 적정여부는 계산된 응력치가 그 재료를 가지고 있는 강도 이하인지 여부를 검토함에 따라서 행해지나, 계산과 실제가 맞지 않는 경우가 생길 수 있으므로 그것을 보충하기 위하여 재료의 강도에는 상당히 여유를 두는 것이 보통이다. 허용응력 값은 가급적 사용상태에 가까운 상태에서 시험을 하여 정하는 것이지만 대부분 시험실시가 곤란하므로 재료의 성질, 하부의 종류, 사용조건 등에 따라서 결정하고 있다.

209. **현수식크레인**(suspension type crane) : 건물의 벽쪽 보를 이용하여 부착한 2개의 주행 레일에 현수되어 주행하는 크레인을 현수식 크레인(서스펜션식 크레인이라고도 함)이라고 함.
주 거더를 주행 레일의 외측에 장출할 수 있어서 크레인의 작업범위를 크게 할 수 있는 특징이 있다. 특히 작은 정격하중의 것이 많다.

210. **환상 와이어로프**(endless wire rope) : 줄걸이용 로프 중 하나로 로프를 원형 또는 타원형으로 가공한 것을 말한다. 가공 방법에는 프레스기에 의한 압축 가공과 수가공의 스프라이스가 있다. 간단하게 가공이 가능한 것은 압축 가공이나, 가공 부분이 두껍게 되므로 용도에 제약을 받는다.

211. **활선접근경보장치**(hot line proximity sensor system) : 고압충전부에서의 전계를 밴드내장의 안테나, 본체에 장치한 내부전극으로 검출하여 전압이 일정치를 초과했을 경우에 부저가 울리도록 한 장치이다. 작업자의 손목이나 팔, 안전모 등에 장착하여 사용한다. 작업자가 고압 충전부에 어떤 형태로든 접근한 경우나 활선을 정전으로 오인해서 충전부에 접근한 경우에는 경보를 발하여 작업자에게 주의를 환기시킴으로써 사고를 미연에 방지하는 기구로 외선 공사작업에 많이 사용되고 있다.

212. **회전성**(rotating property) : 와이어로프에 장력이나 굽힘을 줄 때 와이어로프가 회전하려고 하는 성질을 말한다.
이 회전성의 정도를 회전력(자전력)이라고 도함의 하며 크기는 로프 토크로 표시한다. 로프 토크는 같은 장력을 받아도 와이어로프의 구성, 지름, 기울어지는 방향 등에 따라 다르다. 이 로프 토크를 계산으로 구하기 위해, 와이어로프 특유의 계수를 사용하는데 이를 토크 계수라고 한다.

213. **후리트 앵글**(fleet angle) : 드럼 또는 시브의 축에 직각으로 된 선과 로프의 실제로 당겨지는 방향과 각도를 말하며 편각이라고도 한다. 홈 없는 드럼의 경우 플리트앵글(와이어로프가 권입되는 홈의 방향과 해당 와이어로프의 방향과 되는 각도)은 2도 이내이며 또한, 홈이 있는 드럼의 경우는 4도이내로 하도록 규정되어 있다.

214. **훅**(hook) : 물건을 걸거나, 끌어당기거나 고정시키기 위한 갈고리이다. 통상은 그레인 등의 하물 와이어로프를 거는 장치를 말한다. 훅에는 매단 물체가 떨어지지 않도록 하는 고리를 달거나 이탈방지장치를 할 필요가 있다. 권상기계용 훅은 단강 또는 동등이상 재질의 다른 재료로 제작되고 변형되어 있거나 균열이 있는 훅은 사용하지 말아야 하며, 훅을 냉간 굽힘으로 변형시켜서는 안 된다. 또한, 권상작업 시 로프나 체인에 닿기 쉬운 훅 부분들은 날카로워서는 안 되며, 훅은 5 이상의 안전계수를 가져야 한다.

215. **훅 어깨걸이**(shoulder hitch) : 훅의 어깨 부분에 줄걸이용 와이어로프를 감아 거는 방법을 말한다.
이 방법은 줄걸이용 와이어로프가 미끄러지는 것을 방지하여 고, 길이 조정이 가능하나, 줄걸이용 와이어로프의 직경에 비하여 훅의 어깨부분이 좁은 경우에는 로프에 눈에 띄게 자국이 생기거나 또는 좌우 로프의 장력이 균등하게 되기 힘들어 훅에 하중이 편중되어 걸리기 때문에 바람직하지 않다.

216. **훅 해지장치**(safety latch) : 훅에 걸리게 되는 줄걸이용 와이어로프가 떨어져 나가지 않도록 훅에 설치된 금

구를 말하며, 크레인 기준규격 등에 갖추도록 정해져 있다.
해지장치의 개폐 방법에는 종류마다 방식이 있어서
① 자주 사용되고 있는 것에는
(1) 스프링 힘으로 닫는 스프링식 안전래치
(2) 금구에 부착된 추의 자중에 의해 닫히는 웨이트식 안전래치
② 다른 기타의 방식에는
(1) 닫는 것은 스프링식 또는 웨이트식이 있고 줄걸이용 와이어로프를 뺄 때 당기면 금구가 열리는 당김식 안전래치
(2) 마그네트의 금구를 열어 놓은 상태에서 보존하는 줄걸이용 와이어로프를 빼서, 손으로 금구를 닫는 마그네트식 안전래치
(3) 금구를 수평으로 회전시킴에 따라 줄걸이용 와이어로프의 착탈을 용이하게 하는 회전식 안전래치
(4) 금구를 직선으로 또는 원호형태로 슬라이드 시키는 것에 의해 개폐하는 슬라이드식 안전래치 등이 있다.

217. **휠 크레인**(wheel crane) : 타이어부착 차량에 지탱되는 전용 프레임 위에 크레인을 장치 한것을 말하며 하나의 운전실에서 주행과 크레인 조작을 한다. 주행차륜은 사륜식과 3륜식(전이륜, 후일륜)이 있고, 안정을 증가시키기 위해 아웃트리거를 장비하는 것, 또는 전륜타이어의 외측에 철제차륜을 장착하고 짐을 매달아 올릴 때의 철제차륜이 접지하여 안정을 증가시키는 구조의 것이 있다. 이동성과 기동성을 요하는 작업에 주로 사용된다.

218. **흔들림 방지장치**(anti-sway device) : 크레인 하역작업 시, 횡행, 주행 등의 수평동작을 가감속할 때 매단 짐이 흔들리는 것을 방지하는 장치를 말한다.
종래에는 가이드 프레임과 슬라이드식 마스터 등을 장착하여 구조적인 흔들림을 방지하거나 와이어로프의 거는 방법 보조 와이어로프를 사용하는 방법 등으로 흔들림을 줄이는 방법이 있었다.
최근에는 매단 짐의 운동 방정식이나 퍼지이론을 사용하여 전기제어에 따른 흔들림 방지가 주류가 되고 있다. 어느쪽이든 실제 물건의 흔들림을 계측하기 위한 센서가 있고, 여기서, 센서에는 화상인식장치나 자이로를 사용하여 직접 매단짐의 흔들림을 검출하는 방법과 엔코더와 거리계 측장치로 와이어로프의 흔들림 각도를 계측하는 방법, 또 이것을 조합한 방법이 있다.
이들 흔들림 방지 장치는 인버터 제어와 결합하여 정확한 위치 결정에 사용되는 것과 간이한 흔들림 방지 장치로 운전자의 부하를 경감하기 위한 것이 있다. 크레인의 자동화나 대형화, 고속화와 함께 하역의 효율, 신속성 및 안전성의 향상이 지금까지 이상으로 강하게 요구되고 있어 흔들림 방지장치도 일반화되고 있다.

부록 3

크레인 목록표*

Loader crane(1)		Loader crane(2)	
모델명	최대양중능력(Ton)	모델명	최대양중능력(Ton)
HLK500	50.0	F800AXP 28	65.7
SPE 560/4	50.0	HLK671	67.0
SPE 560/4C	50.0	VR72	68.0
VR52	50.0	PK 72002	68.0
500.1	50.0	PKM 700T	70.0
C 5630/4	50.2	HLK700	70.0
SE 585/4	50.2	VR80	75.0
C 5630/3	50.6	800	75.0
SPE 585/3	50.6	DECO 75	75.2
SPE 560/3	50.6	860	77.0
SPE 560/3C	50.6	HLK770	77.0
F600AXP 28	51.7	88000 2/2	79.7
550	53.0	91000 3X2	79.7
51800 E8F64	53.9	PK 85002	80.0
51800 E4	53.9	80 N	80.2
PK 56002	54.0	F1100AXP 28	85.8
HLK550	55.0	C 8830/7	86.8
VR60	55.0	C 9230/7	86.8
600	55.4	SE 885/7	86.8
560.1 LMplus	56.0	SE 925/7	86.8
DECO 62	59.2	950	87.0
680	59.2	PKM 875T	87.5
HLK601	60.0	88000 E6	88.0
600.1T	60.0	C 8830/6	88.3
60200 E3	60.2	C9230/6	88.3
60200 EF	61.0	SE 885/6	88.3
60200 E6	61.0	SE 925/6	88.3
M501/0	61.0	C 8830/4	89.7

* 1) 크레인용어 실용사전(2010, 월간크레인)
2) 관련제조사 메뉴얼

Loader crane(1)	
모델명	최대양중능력(Ton)
PK 65002	61.4
VR66	62.0
720	62.1
65000 E3	64.1
65000 E6	64.1
65000 EF	64.1
700	64.8

Loader crane(2)	
모델명	최대양중능력(Ton)
C 9230/4	89.7
SE 885/4	89.7
SE 925/4	89.7
HLR90000/6S	90.0
88000 E4	90.5
88000 E6J153	90.5
88000 E6J1B	90.5

Loader crane(3)	
모델명	최대양중능력(Ton)
F1300AXP 28	90.5
PK 100002	92.2
DECO 100	96.4
1050	97.8
100 N	98.2
1250	105.0
1250 F150AXP 28	105.8
PK 150002	116.8
125000 EE3	125.0
PKM 1300T	130.0
HLR140000/4S	140.0
M1601	160.0
180000 E3	171.0
180000 E4	171.0
180000 E6	171.0
180000 E6JIB	171.0
180000 E6JIB	171.0
2200	172.3
2100	174.5

Dockside crane(1)	
모델명	최대양중능력(Ton)
Jones 2200 HLB	36
Jones 571M	32
Jones 971 HLB	24
Jones 971M	40
HMK 130	44
HMK 170	65
HMK 260	104
HMK 300/330	104

Dockside crane(2)	
모델명	최대양중능력(Ton)
HMK 360	124.0
HMK 60	220.6
HSK 300/330	100.0
LHM 70	26.0
LHM 100	40.0
LHM 150	40.0
LHM 250	64.0
LHM 320	104.0
LHM 400	104.0
LHM 500	140.0
GP-38/42	88.0
640 HMC	40.0
6120 HMC	70.0
6100 M	100.0
6180HMC	100.0
6199HD-B	100.0

Offshore crane(1)	
모델명	최대양중능력(Ton)
HC 900	2
HC 900	5
HC 1300	10
5/10K	12
HC 1800	15
HC 2400	25
6/10K	27
MK 35	35
1D	40
7.510/K	44
2C	50
HC 3000	60

Offshore cranes(2)	
모델명	최대양중능력(Ton)
3B	60
MK 60	60
8/10K	64
15/10K	64
4D	80
MK 100	100
20/10K	100
AMC Pedestal Crane	120
PC 150	150
PC 200	200
HC 4500	250
HC 4500	250
PC250	256
HC 550	400
OMC Mast Cranes	800
Ring Cranes	2000
A-Frane Cranes	3000
Heavy Lift Cranes	4000

Industrial cranes(1)	
모델명	최대양중능력(Ton)
1725-22 SE	10.0
SP100L	10.0
YB4210/4410	10.0
10 TM	10.0
JIF 260	10.1
G100 P MAX	12.0
G100 E P MAX	12.0
120D	12.0
120E	12.0
JIF 300A	12.5
SP 150L	15.0

Industrial cranes(2)	
모델명	최대양중능력(Ton)
YB4415/4415XT	15.0
JIF 15A	15.2
16 TM	16.0
613M	16.0
1725-36SE	1.0
613M	16.0
180E	18.0
180D	18.0
SP220	22.0
20/25 TM	22.0
250D	25.0
250 E	25.0
TL 60	29.5
630M	30.0
33TM	33.0
630 M	35.0
350E	35.0
350D	35.0
630 HD	40.0
400DE	40.0
45TM	45.0
450E	45.0
TL 100	49.2
60TM	60.0
TL 130	64.0
683 M	80.0
683 HD	80.0
900E	90.0

Overhead cranes	
모델명	최대양중능력(Ton)
XLS 4	10.0
M20	10.0
DGEOTC-K12.5+12.-	12.5
Single girder top running	12.5
XLS 5	16.0
M40	16.0
EOTC Single Girder	20.0
Underslung S/G	20.0
XLS	20.0
XLS 6	20.0
Underslung D/G	25.0
M40	25.0
DGEOTC-D30-37	30.0
DGEOTC-K30-23	30.0
DGEOTC-IK25-13	30.0
SGEOTC-K30-23	30.0
DGEOTC-S35-25	35.0
M80	40.0
DGEOTC-1S45-28	45.0
DGEOTC-L45/5-14	45.0
DGEOTC-L60-17	60.0
DGEOTC-1S80-22	80.0
XLD	80.0
Double girder top running	100.0
Semi Goliath	150.0
Goliath	150.0
EOTC Double Girder	150.0
EOT	300.0
SM	400.0
LV	600.0

Mobile cranes(2)	
모델명	최대양중능력(Ton)
8100TC	100.0
8115ATC	115.0
8115ATC	125.0
830M	14.4
850M	18.3
870M	25.9

Mobile cranes(1)	
모델명	최대양중능력(Ton)
22B	10.0
2420A	22.7
250TS	25.0
25MK	12.5
320TC	20.0
325TC	25.0
3330ELB	7.7
3330FL	7.7
335-2A	30.0
350A	35.0
355-2A	35.0
360C/SP	20.0
3900T	140.0
395BT	30.0
4100S2	208.0
4100WS2	230.0
430ATC	35.0
430TC	30.0
435ATC	40.0
435TC	35.0
440TC	40.0
450TC	50.0
475A	36.7
6250TC	250.0
6250TC	226.0
650ATC	50.0
670TC	70.0
7100TC	100.0
790B	90.0
790BTC	90.0
790TC	90.0
8100ATC	100.0

Mobile cranes(3)	
모델명	최대양중능력(Ton)
AC160-1	160.0
AC205	90.0
AC265	113.0
AC265J	100.0

Mobile cranes(2)	
모델명	최대양중능력(Ton)
8K120	25.0
9125TC	140.0
9170TC	150.0
9200TC	200.0
990TC	90.0
A902	15.4
A924	11.7
A932HD	15.3
A934B-HD	23.9
A934C-HD	14.7
A954HD	24.1
AB10	0.25
AB17	0.3
AB18	0.27
ABC130E	0.5
ABC150/L	0.8
ABC150/M	0.8
ABC200	0.5
ABC200/L	0.6
ABC220	0.6
ABC220/L	0.6
AC 435J	160.0
AC100	100.0
AC1200	400.0
AC155	55.0
AC1600	550.0

Mobile cranes(3)	
모델명	최대양중능력(Ton)
AC300	300.0
AC395	135.0
AC435	150.0
AC435J	160.0
AC500-2	550.0
AC535	180.0
AC615	200.0
AC615J	200.0
AC665	270.0
AC700	700.0
AC920J(HC920J)	360.0
AP308	8.0
AR1000M	100.0
QR-2000M-1	200.0
AT9120E	110.0
AT990E	80.0
ATF110G-5	110.0
ATF120-5	130.0
ATF90-4	90.0
ATL625	16.7.
ATT1190	110.0
ATT590	55.0
CB2011	2.0
CC2500	4.0
CC2590	4.0
CC2990	5.0
CC2990N	5.0
CCH250W	27.5

Mobile cranes(4)	
모델명	최대양중능력(Ton)
CH130E	13.0
CH29-16	2.9
CH29-17	2.9
CN110D	10.0
CN128	25.4
CN190	81.6
CT202A	20.0
CT301	30.0
CTH1500	150.0
CX300R	30.0

Mobile cranes(5)	
모델명	최대양중능력(Ton)
GHMK4306B	80.0
GHMK6407	110.0
GMK4080-1	80.0
GMK5100	100.0
GMK5130-L	133.0
GMK5180	180.0
GMK5200	200.0
GMK5220	242.0

Mobile cranes(4)	
모델명	최대양중능력(Ton)
D110	10.0
D990-47	7.3
DTC21	21.0
DTC21-2	21.0
DTC21-3	21.0
DTC30	30.0
DTC35	35.0
DTC70	70.0
E6700AGC	2.9
EZB-AC	2.9
EZB-NAC	2.95
EZB-NAG	2.9
F110	32.0
F125	35.0
F150	37.0
F240	35.0
F300-2	80.0
F800	20.0
FK1000	200.0
FK150	35.0
FK300	80.0
FK-600	150.0

Mobile cranes(6)	
모델명	최대양중능력(Ton)
HC25	25.0
HC-258J	180.0
HC268	226.0
HC268RH	220.0
HC278H	272.0
HC-278HII	272.0
HC50	50.0
HC77A	25.0
HC77S	25.0
HC78AJ	30.0
HC78AS	35.0
HC78B	31.7
HC78BS	35.0
HC78J	30.0

Mobile cranes(5)	
모델명	최대양중능력(Ton)
GMK6300	300.0
GR-120N-2	12.0
GR-120NL-1	12.0
GR-250N-1	25.0
GR-250N-2	25.0
GR-300N-1	30.0
GR-500N-1	51.0
GR-600N-1	60.0
GR-600N-2	60.0
HAT90	90.0
HC108BS	50.0
HC108C	50.0
HC108D	50.0
HC218	70.0
HC218A	100.0
HC218J	80.0
H228H	113.4
HC238	136.0
HC238A	127.0
HC238B	140.0
HC238H	136.08
HC238J	100.0
HC248H	158.76
HC248RH	150.0

Mobile cranes(7)	
모델명	최대양중능력(Ton)
K85E	8.65
KA1200	120.0
KD704EA	3.0
KDC-16L	4.0
KDC-5500	4.0
KDC-5600	4.0
KDC-5600G	4.0
KDC-5600S	4.0
KDT160	15.0
KKH0542	4.0
KM4	4.9
KMK3050	50.0

Mobile cranes(6)	
모델명	최대양중능력(Ton)
HMK170E	63.0
HMK260E	100.0
HMK280-69	100.0
HMK280E	100.0
HMK300E	100.0
HMK330EG	100.0
HSP8060	60.0
HT430BJ	30.0
HT5	3.0
HTC1060	54.4
HTC11100	90.8
HTC835	31.7
HTC850	50.0
HTC860	60.0
HW101E	10.0
IC-35-2D	3.62
K200B	20.0
K70A	7.11

Mobile cranes(7)	
모델명	최대양중능력(Ton)
KMK4080	88.0
KMK4100	100.0
KMK5100	110.0
KMK5160	160.0
KMK6180	180.0
KMK6200	220.0
KR10H	10.0
KR-10H	10.0
KR-10H-L2	10.0
KR-10HM-L	4.9
KR250	25.0
KR25H	25.0
KR25H-V5	25.0
KR300	30.0
KR30H-III	30.0
KR35H3	35.0
KR35H-III	35.0
KR45H-VS	45.0
KR50	50.0
KR-50H-L	51.0

Mobile cranes(8)	
모델명	최대양중능력(Ton)
KR-50H-V	50.0
KR-65H	65.0
KR-65H	65.0
KR-70H-L	70.0
KRM-13H	13.0
KS1253A	3.0
KT140.24	140.0
KT140.26	140.0
KT140.29	140.0
KT150.29	150.0
KT150.33	150.0
LCD150	13.6
LG1200	225.0
LG1550	550.0
LG1750	750.0
LGD1800	800.0
LHM1100	36.0
LHM1120VG	36.0

Mobile cranes(9)	
모델명	최대양중능력(Ton)
LTM1050-4	50.0
LTM1060/1	66.0
LTM1070	70.0
LTM1080/1	88.0
LTM1090	100.0
LTM1090/1	100.0
LTM1090/2	99.0
LTM1090-4.1	90.0
LTM1090-5.1	105.0
LTM1100/1	110.0
LTM1100/2	110.0
LTM1100-4.1	100.0
LTM1100-5.2	110.0
LTM1100N-2	100.0
LTM1100NV	100.0
LTM1120	130.0

Mobile cranes(8)	
모델명	최대양중능력(Ton)
LHM1200HD	80.0
LHM250	64.0
LHM320	104.0
LHM400	70.0
LHM500	140.0
LHM600	190.0
LM250-3	26.0
LT300	4.9
LT300-1	2.9
LT500	12.0
LT500U	6.0
LTM1045	50.0
LTM1050	50.0
LTM1050/1	50

Mobile cranes(10)	
모델명	최대양중능력(Ton)
LTM1400-7.1	440
LTM1500	550.0
LTM1500-8.1	500.0
LTM1800	900.0
LW100-1	10.0
LW100M-1	4.9
LW250	25.0
LW250-3	26.0
LW250-5	26.0
LW250M-2	25.0
LW500-1	50.0
LW80-1	8.0
LW80M-1	4.9
M20	20.0
M20A	20.0
M20AF	20.0
M20B	20.0
M22	20.0
M322DMH	14.75
M325DLMH	13.61
M85T	90.0
MBI110	15.0

Mobile cranes(9)	
모델명	최대양중능력(Ton)
LTM1120/1	132.0
LTM1150/1	165.0
LTM1160/1	175.0
LTM1160/2	176.0
LTM1170N	170.0
LTM1200	200.0
LTM1200/1	220.0
LTM1200-5.1	220.0
LTM1220NX	242.0
LTM1225	225.0
LTM1250/1	275.0
LTM1250-6.1	275.0
LTM1300	300.0
LTM1300/1	300.0
LTM1330N	330.0
LTM1400	470.0

Mobile cranes(11)	
모델명	최대양중능력(Ton)
MHL340	13.7
MHL350D	16.9
MHL380	24.5
MHL454	19.2
MHL464	18.2
MR100	10.0
MR-100M	4.9
MR-130	13.0
MR220	22.0
MT250	25.0
NK-1000	100.0
NK110HE	11.0
NK110HE3	11.0
NK110HE-III	11.0
NK1200	120.0
NK1600	160.0
NK-1600	160.0
NK160E3	16.0
NK160E-III	16.0
NK200E	20.0

Mobile cranes(10)	
모델명	최대양중능력(Ton)
MBI200	0.6
MC180	60.0
MC254	20.0
MC332TC	32.0
MC7125	125.0
MC790	90.0
MC8	10.0
MC8150	150.0
MG198	220.0
MHC115.I	63.0

Mobile cranes(12)	
모델명	최대양중능력(Ton)
NK-550VR	55.0
NK65	6.5
NK70M	4.9
NK-70M-III	4.8
NK-70-V	7.0
NK-75M-V	4.9
NK800	80.0
NK-80MWS	4.9
NK80WS	8.0
NV113N	10.0
OC250E	25.0
OMEGA30	30.0
QY16	16.0
QY16A	16.0
QY20	20.0
QY20A	20.0
QY25	25.0
QY25A	25.0
QY25C	25.0
QY25E	25.0
QY25K5	25.0
QY50	50.0
QY500E	50.0
QY50H531	50.0
QY50K	50.0
QY50V	50.0

Mobile cranes(11)	
모델명	최대양중능력(Ton)
NK200E3	20.0
NK200E-V	20.0
NK200H	20.0
NK-200H-5	20.0
NK220E3	20.0
NK250V	25.0
NK-300B	30.0
NK450B-V	45.0
NK-450B-V	45.0
NK500	50.5
NK500B-V	50.0
NK500E3	50.5

Mobile cranes(13)	
모델명	최대양중능력(Ton)
RK120	12.0
RK160-2	16.0
RK250	25.0
RK250-2	25.0
RK250-3	25.0
RK250-5	25.0
RK250-6	25.0
RK250E	25.0
RK350	35.0
RK450	45.0
RK450-2	45.0
RK500	51.0
RK500-2	51.0
RK70	7.0
RK70M	4.8
RK70M-2	4.9
RT45/50	50.0
RT528C	25.0
RT530D	30.0
RT58B	15.0
RT58D	18.0
RT60S	18.0
RT625	25.0
RT744B	40.0
RT75S	50.0
RT855B	50.0

Mobile cranes(12)	
모델명	최대양중능력(Ton)
QY70V	70.0
QY8A	8.0
QY8C	8.0
R124-80TM	80.0
R124-KT120	120.0
R80	7.3

Mobile cranes(13)	
모델명	최대양중능력(Ton)
RTC8030	27.0
RTF50-4	50.0
D1413	15.0
SA040C	4.0
SA1000	100.0
SA-100C	10.0

Mobile cranes(14)	
모델명	최대양중능력(Ton)
SA100CII	10.0
SA1100	110.0
SA1200	120.0
SA150C	10.0
SA1700	170.0
SAC3600	3.0
SAC3700	3.0
SAC-3700	3.0
SAC-3800	3.0
SAC414	4.0
SAC424	4.0
SAC-424	4.0
SAC-434	4.0
SC20H	20.0
SC25H	25.0
SC50H	50.0
SC8H	8.0
SCN3000	3.0
SL-600II	51.0
SPA410C	15.4
SPA410D	23.0
SR250	25.0
SR250SP	25.0
SS350	35.0
SS500	45.0
SS500SP	50.0
ST3600	360.0
T250	25.0
T500	50.0
T500A	50.0
T652	6.0
T750	75.0

Mobile cranes(15)	
모델명	최대양중능력(Ton)
TC2800-1	600.0
TE21	5.0
TG1000E	100.0
TG1000R	100.0
TG1500E	150.0
TG450M-3	45.0
TG452	45.0
TG500E	50.0
TG500M-4	50.0
TG500M-5	50.0
TG751	75.0
TG800E	80.0
TG900E	90.0
TH27	8.0
TL200E	20.0
TL200M	20.0
TL250M-3	25.0
TM1300	120.0
TM1500	150.0
TM750E	50.0
TM80/88T	100.0
TM890	81.7
TMS250	25.0
TMS475	45.0
TR-100M-1	4.9
TR-100ML	10.0
TR151	1.5
TR-160M-2	16.0
TR-200M-3	20.0
TR250	25.0
TR250E	25.0
TR250EX	25.0

Mobile cranes(16)	
모델명	최대양중능력(Ton)
TR250M	25.0
TR300E	30.0
TR300EX	30.0
TR350M-1	35.0
TR500E	50.0
TR500EX	50.0
TR-500M	50.0
TR500M-2	45.0
TR500M-3	50.0
TR-80M	4.9
TR-80ML	8.0
TS70ML	7.0
TS75M-1	4.9
TS75ML	8.0
TS80	8.0
TS80M	8.0
UB30	0.27
UD6	20.0

Crawler cranes(1)	
모델명	최대양중능력(Ton)
11320SH	450.0
1500SC	175.0
195BC	11.0
225A	20.0
22BM	20.0
24B	22.0
255A	25.0
255ACC	25.0
25B	25.0
25T(B)	25.0
297BC	16.3
305-1A	20.0

Crawler cranes(2)	
모델명	최대양중능력(Ton)
30B	60.0
30BHD	30.0
30BSC	60.0
320H	25.0
333-2A	28.0
335AS	35.0
345BL	12.8
345CL	24.1
35DH	35.0
375BC	16.5
399BC	25.0
4100WS1	272.0
4100WS2	208.0
440(B)	40.0
455S	55.0
4600S4	750.0
50D	60.0
5150R	136.0
51B	40.0
5300R	300.0
550S	50.0
561C	18.0
6000QSL	26.1
655B	32.0
655BLD	40.0
65M	50.0
665SP	65.0
670R-HD	80.0
7055M/T	55.0
7080GS	80.0
7120-1F	120.0
7150(B)	150.0

Crawler cranes(3)		Crawler cranes(4)	
모델명	최대양중능력(Ton)	모델명	최대양중능력(Ton)
7250-2F	250.0	CCH1500-2	150.0
80D	55.0	CCH1500-3	150.0
855BG	40.0	CCH1500E	150.0
855BLC	50.0	CCH1800	180.0
880EQ	28.9	CCH1800-3	180.0
955A	75.0	CCH2000	200.0
BL323(B)	53.2	CCH2000-5	200.0
BM1000HD	100.0	CCH250	25.0
BM1200	100.0	CCH2500	250.0
BM500	50.0	CCH300	30.0
BM600	55.0	CCH3000	300.0
BM700	65.0	CCH350	36.0
BM800	90.0	CCH350-3	35.0
BM900HD	90.0	CCH400	40.0
BS6100	100.0	CCH400-3	40.0
BS670RHD	80.0	CCH500	50.0
C120	120.0	CCH500-2	50.0
C36520	10.0	CCH500-3	50.0
C48	15.0	CCH500-3D	50.0
C50	50.0	CCH800	80.0
C65	65.0	CCH900EX	90.0
C90	90.0	CKE1350-1F	136.0
C90/2	90.0	CKE1800	180.0
CC1800-1	300.0	CKE1800-1F	160.0
CC2500-1	500.0	CKE2500	250.0
CC2600	500.0	CKE2500-2	250.0
CC2600SWSL	500.0	CKE400C	400.0
CC2800-1	600.0	CKE900-1F	90.0
CC600	15.0	CX1800	180.0
CC8800-1	1600.0	CX350C	35.0
CCH1000	100.0	CX500C	50.0
CCH1200	120.0	CX520P	50.0

Crawler cranes(5)		Crawler cranes(6)	
모델명	최대양중능력(Ton)	모델명	최대양중능력(Ton)
CX550	55.0	K400A	40.0
CX770	70.0	KH100	29.3
CX800C	80.0	KH1000	200.0
D07	25.0	KH125	35.0

Crawler cranes(5)		Crawler cranes(6)	
모델명	최대양중능력(Ton)	모델명	최대양중능력(Ton)
D107	20.0	KH125-3	35.0
D24	22.0	KH150-3	40.0
DCH1000	100.0	KH180	50.0
DCH1000K	90.0	KH180-3	50.0
DCH650	65.0	KH230	60.0
DCH700	70.0	KH230-2	60.0
DCH800	80.0	KH230-3	60.0
DFXE	30.0	KH250HD	65.0
DH500-3	50.0	KH300-3	80.0
DH500-5	50.0	KH500	100.0
DH608	65.0	KH500-3	100.0
DH650-5	65.0	KH700-2	150.0
DH900-2	90.0	KH850-3	150.0
DH900-5	90.0	L26	20.0
DHP80	78.5	L36K8	25.0
DLC80	80.0	L501	20.0
FS80	80.0	L56K5	40.0
FS90	90.0	L820	30.0
HS853HD	80.0	L85A	10.0
HS872HD	90.0	LC700	70.0
HS73HD	100.0	LR11450	1350.0
HS881	85.0	LR1450-K	450.0
HS882HD	120.0	LR1500	400.0
HS883HD	120.0	LR1550	550.0
HS883HD/BC40	48.0	LR1650	800.0
IPD100	50.0	LR1750	750.0
K1000	50.0	LR1800	800.0
K400-30	40.0	LR1800/1000	1000.0

Crawler cranes(7)		Crawler cranes(8)	
모델명	최대양중능력(Ton)	모델명	최대양중능력(Ton)
LS078	25.0	M-1200	1300.0
LS108BS	45.0	M-250	275.0
LS108BT	45.0	M250-2	300.0
LS108RH5	40.0	M-250-2	300.0
LS118	60.0	M80W	88.0
LS118RH	50.0	MC-305CR	2.93
LS118RH5	50.0	MC-405CRM	3.83
LS118RM	50.0	MTD10T	10.0

Crawler cranes(7)		Crawler cranes(8)	
모델명	최대양중능력(Ton)	모델명	최대양중능력(Ton)
LS118LWJ	70.0	NCK545	40.0
LS138RH	70.0	QUY100	100.0
LS138RH5	77.0	QUY100A	400.0
LS218RH	80.0	QUY120	120.0
LS318	64.0	QUY150C	150.0
LS338	90.7	QUY160	160.0
LS368RH5	250.0	QUY250	250.0
LS408J	48.5	QUY50	50.0
LS408LWJ	100.0	QUY50D	50.0
LS418	110.0	QUY80A	80.0
LS458HD	79.0	QUY80B	80.0
LS468HD	100.0	R954BLITRONIC	24.42
LS518	150.0	R954HD-W	16.2
LS5800TL	17.23	SC1000	100.0
LS6000SL	7.89	SC1000-2	100.0
LS78	20.0	SC1000HD	100.0
LS78J	16.0	SC1500	150.0
LS78LJ	25.0	SC1500-2	150.0
LS78LS	25.0	SC1800-2	180.0
LS78PH	35.0	SC2000-3	200.0
LS78RH5	35.0	SC2500	250.0
LS78RM	35.0	SC500	50.0
LS78RS	35.0	SC500-2	50.0
LS98A	36.2	SC500-3	50.0

Crawler cranes(9)		Crawler cranes(10)	
모델명	최대양중능력(Ton)	모델명	최대양중능력(Ton)
SC550-2	55.0	U106AL	22.5
SC650-2	65.0	U112	36.0
SC700	70.0	U112L	40.0
SC700-2	70.0	U116L	55.0
SC700-5	70.0	U12	30.0
SC800	80.0	URA506C	2.93
SC800-2	80.0	URW376CD	2.93
SC800HD	80.0	URW546CDA	4.0
SCC1000	100.0		
SCC1500C	150.0		
SCC2500C	250.0		
SCC3200	320.0		

Crawler cranes(9)		Tower cranes(1)	
모델명	최대양중능력(Ton)	모델명	최대양중능력(Ton)
SCC500D	55.0	132	8.0
SCX1200-2	120.0	1250HC	40.0
SCX2000	200.0	1250HKL	12.0
SCX2500	250.0	132HC	8.0
SCX2800-2	275.0	154EC-H	10.0
SCX6500	650.0	154HC	8.0
SCX800HD	80.0	185HC	10.0
SCX800HD-2	80.0	200EC-H	10.0
SC30	5.0	2080HC	20.0
SL4500	400.0	209HC	12.0
SL6000	550.0	209HCH	8.0
SW141B/H	50.0	209HC-H	8.0
SW191B/H	72.0	21LC290	18.0
SW191B/H1	72.0	21LC550	18.0
SW191BSL	72.0	220HC	10.0
SW311B/H	84.0	220HC-E	10.0
SW311B/HH.D	100.0	220HC-E1	10.0
TL25K	15.0	220HC-E2	10.0
U106	20.0	224HC-L	24.0
U106A	16.0	245ECH	12.0
		280ECH	12.0

Tower cranes(2)		Tower cranes(3)	
모델명	최대양중능력(Ton)	모델명	최대양중능력(Ton)
280ECH	12.0	BK302-16	16.0
280ECH12	12.0	BK560	20.0
290H	12.0	BK560-20	20.0
290HC	12.0	BKT302-12	12.0
290HC12	12.0	BN105	6.0
290HCH	8.0	BN135	8.0
290HC-L	12.0	BN135-12	12.0
290HC-S	16.0	BN135-8	8.0
290HK	12.0	BN165	8.0
290HK12	12.0	BN165-12	12.0
312TL	12.0	BN205	16.0
3150HC	60.0	BN205-12	12.0
315HC-L	24.0	BN205-A	16.0
320BE-G7	28.0	BN280	18.0
32K	3.5	BN280-18A	18.0

Tower cranes(2)	
모델명	최대양중능력(Ton)
336I	16.0
355HC-L	24.0
355I-N	12.0
390HC-S	20.0
420EC-H	16.0
500HC	40.0
500HC-L	32.0
500HC-S	40.0
550EC-H	20.0
550EC-H20	20.0
630HC-L	32.0
744CS	10.0
800HC	40.0
800HC/1250	20.0
800HC-L	35.0
BK290	16.0
BK290-12	12.0

Tower cranes(3)	
모델명	최대양중능력(Ton)
BN405	24.0
BN605.001	32.0
BN605A	32.0
BN667-341	34.0
BPR431C3	12.0
BPRGT229C3	12.0
BT312-12	12.0
C7030	12.0
CT603	12.0
CT651	12.0
CT703	12.0
CTL130	8.0
CTL130M	8.0
CTL180	12.0
CTL180-16	16.0
CTL200K	12.0
CTL202	16.0

Tower cranes(4)	
모델명	최대양중능력(Ton)
CTL202S	16.0
CTL205	12.0
CTL250	10.0
CTL250/A	16.0
CTL250A16	16.0
CTL250H	16.0
CTL250M	16.0
CTL250-SW	16.0
CTL260	18.0
CTL260-1	18.0
CTL260-18	18.0
CTL400	24.0
CTL400-24	24.0
CTL430-24	24.0
CTL630-32	32.0
CTT331	12.0
CTT561	32.0
CTT561-20A	20.0
CTT561-32	32.0

Tower cranes(5)	
모델명	최대양중능력(Ton)
FM2560	12.0
FM2560K	12.0
FM2570	12.0
FMI2560K	12.0
FO/23B	10.0
FZQ2000	140.0
G24/15C	10.0
G67516	12.0
GT187D2.5	10.0
GT229C3	12.0
GT431C3/H2E	12.0
H25-14C	10.0
H25-14C	12.0
H3/36M	12.0
H30/30	12.0
H30/30C	12.0
H30~23C	12.0
H3136B	12.0
H3-36B	12.0

Tower cranes(4)		Tower cranes(5)	
모델명	최대양중능력(Ton)	모델명	최대양중능력(Ton)
CTT721-40	40.0	H40/40C	16.0
D-3025LHW	3.0	HBS240.1	11.0
D-3025N-B	3.0	HK40/21B	16.0
D-5035L	4.5.0	HK60.70T22P20	20.0
DOLK5040-C-1	4.9.0	HKL120	12.0
DWT1400	14.0	HK;1250	12.0
DWT1475	14.0	HKL1885	18.0
DWT1675	16.0	HT200	10.0
DWT1860	8.0	HT200	10.0
E2-23B	4.9.0	HT300	12.0
ED100F	8.0	HT320	12.0
ER240-J	14.0	HT350	12.0
F0/23B	10.0	HT380	14.0

Tower cranes(6)		Tower cranes(7)	
모델명	최대양중능력(Ton)	모델명	최대양중능력(Ton)
M12560K	10.0	QTP1350	50.0
M220D	18.0	QTZ120	8.0
M380D/231-M	32.0	QTZ-120	8.0
M440D	32.0	S/T7030	24.0
M760D	64.0	SCM D160	12.0
MB2043	12.0	SCMC7030	12.0
MC265	12.0	SCMD160	10.0
MC310	12.0	SCMD228	12.0
MC475-P	25.0	SK225	20.0
MCR225A	14.0	SK315	12.5.0
MD1100	40.0	SK315-16	16.0
MD250	12.0	SK400	20.0
MD250/J12	12.0	SK400-06	25.0
MD265	12.0	SK500	32.0
MI2560K	12.0	SK560-08	32.0
MK1250	12.0	SK565	32.0
MR150	10.0	SK575	32.0
MR150KM	10.0	SK900-T	40.0
MR205	12.0	SM-8040L	8.0
MR220	12.0	SN406	20.0
MR295	20.0	SN605	32.0
MR295H20	20.0	SN630	32.0
MR300	14.0	SN86A	8.0

Tower cranes(6)		Tower cranes(7)	
모델명	최대양중능력(Ton)	모델명	최대양중능력(Ton)
MR405-H24	24.0	ST30/30	12.0
MR45	3.0	ST70/30	12.0
MR605B	32.0	STL203	10.0
MR605C	32.0	STT300	18.0
MR605-G	32.0	TC7030B	12.0
MR615	32.0	WK160B	12.0
MR90	6.0	WK600EC	30.0
MT140	14.0		
OTA230N	12.0		

부록 4

단위 환산

01 공학단위계

1. SI 단위 배경

1) 국제중량 및 측정국(International Bureau of Weights and Measures)에서 세계적인 표준 단위계를 목적으로 1960년에 제정함.

2) SI 단위 : 국제 단위계(International System of Units)의 약어로 사용.

2. SI 기본 단위와 응용 단위

기본단위는 하나의 물리량에 대하여 하나의 단위만을 사용함.

기본단위				응용단위			
길이	질량	시간	힘	면적	가속도	힘	응력
미터 (m)	킬로그램 (kg)	초 (s)	뉴우톤 (N)	m^2	m/s^2	$kg.m/s^2=N$	$N/m^2=$ Pa(Pascal)

3. SI 십진기법

G(giga)	M(mega)	k(kilo)	m(mill)	u(micro)	n(nano)
10^9	10^6	10^3	10^{-3}	10^{-6}	10^{-9}

4. 공학단위와 SI 단위와 비교

	공학단위(중력단위)	SI단위	비고
힘(하중)	kgf(kg.force)	N(Newton)	
	•1kg(SI단위)의 질량을 갖는 물체가 중력가속도(9.8m/sec²)로 움직일 때 드는 힘 •kg라고 관용적으로 사용함	•1kg(SI단위)의 질량을 갖는 물체가 1m/sec²의 가속도로 움직일때 드는 힘	
모멘트	kgf·m	N·m	1kgf·m = 9.8Nm
응력	kgf/m² 관용적인 표현 : kg/m²	Pa(Pascal) = N/m²	1kgf/m² = 9.8N/m² = 9.8Pa

5. 단위환산

가. 길이

m	자	리	피-트	마일	해리
1	3.3	$2.5463x10^{-4}$	3.2808	$6.2137x10^{-4}$	$5.3996x10^{-4}$
$3.0303x10^{-1}$	1	$7.7160x10^{-5}$	9.9419x10–1	$1.8829x10^{-4}$	$1.6362x10^{-4}$
$3.9273x10^{3}$	$1.296x10^{4}$	1	1.2885x104	2.4403	2.1206
$3.048x10^{-1}$	1.0058	$7.7611x10^{-5}$	1	$1.8939x10^{-4}$	$1.6458x10^{-4}$
$1.6093x10^{3}$	$5.3108x10^{3}$	$4.0979x10^{-1}$	$5.2800x10^{3}$	1	$8.6898x10^{-1}$
$1.852x10^{3}$	$6.1116x10^{3}$	$4.7157x10^{-1}$	$6.0761x10^{3}$	1.1508	1

나. 넓이

m²	평	정(정보)	제곱야드	애이커	제곱마일
1	$3.025x10^{-1}$	$1.0083x10^{-4}$	1.1960	$2.4711x10^{-4}$	$3.8610x10^{-7}$
3.3058	1	$3.3333x10^{-4}$	3.9537	$8.1688x10^{-4}$	$1.2764x10^{-6}$
$9.9174x10^{3}$	$3x10^{3}$	1	$1.1861x10^{4}$	2.4506	$3.8291x10^{-3}$
$8.3613x10^{-1}$	$2.5293x10^{-1}$	$8.4310x10^{-5}$	1	$2.0661x10^{-4}$	$3.2283x10^{-7}$
$4.0469x10^{3}$	$1.2242x10^{3}$	$4.0806x10^{-1}$	$4.84x10^{3}$	1	$1.5625x10^{-3}$
$2.5900x10^{6}$	$7.8347x10^{5}$	$2.6616x10^{2}$	$3.0976x10^{6}$	$6.4x10^{2}$	1

1a = 1002, 1ha = 10000m²(참고 : 1ha 1정, ha : 헥타아르) 1평 = 36제곱자 = 400/121m²

1정 = 300평 1acre = 4840yd², 1square mile = 640acre

다. 부피

m³	리터(L)	승(되)	세제곱인치	갤론(미)	갤론(영)
1	1x10	$5.5435x10^{2}$	$6.1024x10^{4}$	$2.6417x10^{2}$	$2.1997x10^{2}$
$1x10^{-3}$	1	$5.5435x10^{-1}$	6.1024x10	$2.6417x10^{-1}$	$2.1991x10^{-1}$
$1.8039x10^{-3}$	1.8039	1	$1.1008x10^{2}$	$4.7654x10^{-1}$	$3.9680x10^{-1}$
$1.6387x10^{-5}$	$1.6387x10^{-2}$	$9.9042x10^{-3}$	1	$4.3290x10^{-3}$	$3.6046x10^{-1}$
$3.7854x10^{-3}$	3.7854	2.0985	$2.31x10^{2}$	1	$8.3267x10^{-1}$
$4.5461x10^{-3}$	4.5461	2.5201	$2.7742x10^{2}$	1.12	1

라. 질량

kg	근	관	파운드	톤(미)	톤(영)
1	1.6667	2.6667×10^{-1}	2.2046	1.1023×10^{-3}	9.8421×10^{-4}
6×10^{-1}	1	1.6×10^{-1}	1.3228	6.6139×10^{-4}	5.9052×10^{-4}
3.75	6.25	1	8.2673	4.1337×10^{-3}	3.6908×10^{-3}
4.5359×10^{-1}	7.5599×10^{-1}	1.2096×10^{-1}	1	5×10^{-4}	4.4643×10^{-4}
9.0718×10^{2}	1.5120×10^{3}	2.4192×10^{2}	2×10^{3}	1	8.9286×10^{-1}
1.0160×10^{3}	1.6934×10^{3}	2.7095×10^{2}	2.24×10^{3}	1.12	1

1관–3.75kg = 6.25근, 1근 = 0.6kg, 파운드(lb) = 0.45359237kg

마. 에너지

J,Nm,Ws	kWh	kgf m	kcal	마력 시	Btu
1	2.7778×10^{-7}	1.0197×10^{-1}	2.3885×10^{-4}	3.7767×10^{-7}	9.4782×10^{-4}
3.6×10^{4}	1	3.6710×10^{5}	8.5985×10^{2}	1.3596	3.4121×10^{3}
9.8066	2.7241×10^{-6}	1	2.3423×10^{-3}	3.7037×10^{-6}	9.2949×10^{-3}
4.1868×10^{3}	1.1630×10^{-3}	4.2694×10^{2}	1	1.5812×10^{-3}	3.9683
2.6478×10^{6}	7.3550x10–1	2.7000×10^{5}	6.3242×10^{2}	1	2.5096×10^{3}
1.0551×10^{3}	2.9307x10–4	1.0759×10^{2}	2.5200×10^{-1}	3.5200×10^{-4}	1

(불)마력 시 : (metric) horsepower hour, Btu = British thermal unit

바. 공률, 전력

W, Nm/s, J/s	kgf m/s	kcal/s	kcal/h	(불)마력	Btu/h
1	1.0197×10^{-1}	2.3885×10^{-4}	8.5985×10^{-1}	1.3596×10^{-3}	3.4121
9.8066	1	2.3423×10^{-3}	8.4322	1.3333×10^{-2}	3.3462x10
4.1868×10^{3}	4.2694×10^{2}	1	3.6x103	5.6925	1.4286×10^{4}
1.163	1.1859×10^{-1}	2.7778×10^{-4}	1	1.5812×10^{-3}	3.9683
7.3550×10^{2}	7.5000x10	1.7567×10^{-1}	6.3242×10^{2}	1	2.5096×10^{3}
2.8307×10^{-1}	2.9885×10^{-2}	6.9999×10^{-5}	2.5200×10^{-1}	3.9847×10^{-4}	1

(불)마력 = 735.5W (영)마력 = 746W

사. 압력

Pa	바(bar)	kg/cm^2	torr(mmHg)	기압(atom)	1bf/in^2(psi)
1	1x10^{-5}	1.0197x10^{-5}	7.5006x10^{-3}	9.8692x10^{-6}	1.4504x10^{-4}
1x10^{-5}	1	1.0197	7.5006x10^2	9.8692x10^{-1}	1.4504x10
9.8066x10^4	9.8066x10^{-1}	1	7.3556x10^2	9.6784x10^{-1}	1.4223x10
1.3332x10^2	1.3332x10^{-3}	1.3595x10^{-3}	1	1.3158x10^{-3}	1.9337x10^{-2}
1.0132x10^5	1.0132	1.0332	7.60x10^2	1	1.4696x10
6.8948x10^3	6.8948x10^{-1}	7.0307x10^{-2}	5.1715x10	6.8046x10^{-2}	1

※ 단위환산을 통하여 얻어진 숫자는 근사치로 표시할 수 있는데 이때는 근사치 결정(Roundih Values)절차를 따라야 합니다.

1. 버리려는 수의 첫 자리 수가 5보다 작을 땐 남아 있을 수의 끝자리 수는 변하지 않습니다.
   (보기) 3.46325를 4자리 수는 줄이면 3.4630이 되고 3자리 수로 줄이면 3.460이 됩니다.
2. 버리려는 수의 첫 자리 수가 5보다 크거나 또는 5인데 그 뒤에 0이 아닌 수가 있으면 남아 있을 수의 끝자리 수는 증가시킵니다.
   (보기) 8.37652를 4자리 수로 줄이면 8.3770이 되고 3자리 수로 줄이면 8.380이 됩니다.
3. 버리려는 수의 첫 자리 수가 정확히 5이거나, 그 뒤에 0만 있으면 남아 있을 끝자리의 수는 그 숫자가 홀수이면 증가하고 짝수이면 변하지 않습니다.
   (보기) 4.365를 3자리로 줄이면 4.360이 되고 4.355를 3자리로 줄이면 4.360이 됩니다.

참고문헌

1. Crane Stability on Site, Construcion Safety Association of Ontario, 1975.
2. Crawler Crane 7120 Operator manual, Hyundae heavy industries, 2008.
3. Foundation Analysis and design 4th Ed., Bowles, 1988.
4. Hoisting and Rigging Safety manual, Construcion Safety Association of Ontario, Canada., 1975.
5. British Standard(BS EN 13414-1 etc.)
6. Construction Planning, Equipment, and Methods, Robert L. Peurifoy, P.E Late Consulting Engineer Austin, Texas, McGraw-Hillm New York, 2000.
7. CRANE HANDBOOK, D.E DICKIE, P.ENG, CONSTRUTION SAFETY ASSOCIATION OF ONTARIO, CANADA, 1975.
8. CRANE HAZARDS AND THEIR PREVENTION, David V. Maccollum
9. Cranes and Derricks, Howard I. Shapiro, P.E, McGraw-Hillm New York, 2000.
10. General Catalog, Crosby Group, Inc., 2006.
11. Handbook of Rigging for Construction and Industrial Operations, W.E Rossnagel, Lindley R.Higgins, P.E, Joseph A. MacDonald, McGraw-Hillm New York, 1998.
12. IPT'S CRANE and RIGGING TRAINING MANUAL, RONALD G. GATBY, IPT PUBLISHING AND TRAINING LTD., ALBERTA, CANADA, 2003.
13. Marine Industrial hardware, Dae Kwang Co., LTD.
14. Mobile Crane manual, Donale E. Dickie. P. Eng., Construcion Safety Association of Ontario, Canada, 1978.
15. Mobile Cranes, James Headley, Crane institude of America, Inc., 2010.
16. RIGGING, James Headley, Crane institude of America, Inc., 2010.
17. RIGGING HANDBOOK(Second edition), Jerry A. Klinke, ACRA Enterprises, Inc., in Michigan, 2008.
18. Specialzed Rigging Safety Guidelines for Construction, Construcion Safety Association of Ontario, Canada,, 2003.
19. Wire rope 사용 매뉴얼, 고려제강주식회사.
20. 가설구조물의 해설, 이민우, 김양곤, 건설문화사, 2002.
21. 강구조 가설설계 지침, 대한토목학회, 1978.
22. 강구조의 설계, 양찬진(역자), 성안당, 2001.
23. 건설기계 안전기준에 관한 규칙, 국토해양부, 2009.
24. 건설기술 Academy Entry(장비교재), 삼성건설(주), 2003.
25. 건축구조 Handbook, 미상.
26. 구조물기초 설계기준 해설, (사)한국지반공학회, 구미서관, 2009.
27. 구조물기초 설계기준, 구미서관, 2009.
28. 기술백서Ⅰ,Ⅱ,Ⅲ,Ⅳ, 삼성건설 T.A팀, 삼성건설, 2011.
29. 기중기(크레인) 항타 및 항발기, 조한태/ 윤영, 일진사, 1993.
30. 말뚝기초실무, 조천환, 이엔지·북, 2010.
31. 산업안전기준에 관한 규칙, 안전보건공단, 노동부.
32. 슬링 핸드북, DSR(주), 2006.

33. 신편 흙과 기초의 설계계산 연습, (사)일본지반공학회, 2000.
34. 와이어로프 핸드북, DSR(주), 2005.
35. 육상크레인 핸드북, 삼성건설(주) 통합건설기계사업소, 1996.
36. 이동식크레인 선정과 안정성검토 시뮬레이션 개발, 호종관, 건축학회 논문집, 2007.
37. 이동식크레인 안정성확보를 위한 시뮬레이션 프로그램 개발, 호종관, 제5회 한·중·일 국제 크레인 심포지엄 자료, 2006.
38. 이동식크레인 Planning 百科, (사)일본건설기계화협회, 2002.
39. 이동식크레인 접지설계시스템, 호종관외 2인, 한국생태건축학회 논문집, 2007.
40. 이동식크레인, 차량계건설기계의 안전작업 메뉴얼, 일본 대성건설(주), 1992.
41. 이동식크레인, 항타기 등의 지지지반 양생메뉴얼, (사)일본건설기계화협회, 2000.
42. 이동식크레인의 슬링, 러그선정 및 안정성 검토, 호종관, 김석국, 서종민, 건설관리학회 논문집, 2008.
43. 재료역학, Gere & Timoshenko, 반도출판사, 1999.
44. 줄걸이 작업안전, 한국산업안전공단, 2008.
45. 지반조사결과의 해석 및 이용, 지반공학 시리즈1, 한국지반공학회, 구미서관, 2003.
46. 크레인용어 실용사전, Monthly Cranes, 2009.
47. 크레인용어 표준화 연구, 호종관외 6인, 지경부 기술표준원, 2007.
48. 타워크레인 안전, 한국산업안전공단, 2008.
49. 토목시공학, 남기천외 5인, 한솔아카데미, 2006.
50. 토질 및 기초공학, 양태철, 김재준 역, 기문당, 2007.
51. 파일드라이버 매뉴얼(DH558-110M), 일본차량제조주식회사, 1994.
52. 핵심구조상식, 삼성물산(주), 2011.
53. 안전패러다임의 전환1, Erik Hollnagel(홍성현 옮김), 세진사, 2016.
54. 이동식크레인, 호종관, 구미서관, 2012
55. 안전의식혁명, 하가 시게루(조병탁, 이면헌 옮김), 인재NO, 2014.
56. 획기적인 장비사고 예방, 호종관, 건설안전학회지, 2021(통권5호)
57. 해외사례 분석을 통한 타워크레인 사용연한 설정제안, 이동훈, 호종관, 건축시공학회지, 2019 (19권)

찾아보기

저자약력

호 종 관

학력/자격

- 인하대학교, 고려대학교대학원
- 건설기계기술사, 건설안전기술사
- ISO45001선임 심사원
- 삼성물산(건설) 장비 Expert

경력/활동

- 한국건설장비연구소 대표
- 삼성물산(건설) TA팀 전문위원/본사장비팀장
- 서울과학기술대학교, 안전보건공단, 한국건설기술교육원 등 외래교수
- 국토교통부 건설사고조사 전문위원
- 한국건설안전학회 이사/ 건설기계안전위원장
- 서울시, 경기도, LH공사, SH공사, K-Water, 안전공단 등 자문위원
- 국가기술자격정책심의회 전문위원(산업인력공단)
- 국제표준회의(ISO/TC96)크레인분과 전문위원(지식경제부)
- 국가표준회의(KS)크레인분과 전문위원(지식경제부, 기술표준원)
- 한국크레인위원회 이사 및 전문위원

연구/저술

- 타워크레인(2021, 성안당)
- 이동식크레인(2012, 구미서관)
- 안전사고감축위한 제도개선방안연구(2021, 국토교통부)
- 건축물해체계획서 작성매뉴얼 및 표준서식연구(2021, 국토안전관리원)
- 타워크레인설치·해체 신규 및 보수교육 교재(2020, 안전공단)
- 해외사례 분석을 통한 타워크레인 사용연한 설정제안(2019, 건축시공학회)
- 타워크레인 안전관리체계이행력연구(2018, 국토교통부)
- 콘크리트 펌프의 시공 및 작업안전(2011, 안전보건공단)
- 크레인작업자 안전표준분야 국가표준제정(안)연구(2010, 지식경제부)
- 타워크레인 재해예방을 위한 제도개선 방향연구(2009, 안전보건공단)
- 크레인용어 표준화 연구(2007, 지식경제부)
- 타워크레인 Rope-Guy System안정성에 관한 연구(2006, 삼성물산)
- 캇타흡입식 펌프준설선의 성능에 영향을 주는 인자(1997, 고려대학교)
- 한·중·일 크레인 국제세미나 발표 4회(한국크레인협회, 지식경제부)
- 건축학회, 건설관리학회 등 KCI등재 연구 및 논문발표 다수

개발/특허

- 건설기계 인디케이터 모니터링 시스템 및 이를 이용한 모니터링 방법(2021)
- 분리구조를 갖는 라이닝 폼 시스템 폼을 이용한 라이닝 콘크리트의 시공방법(2021)
- 2중 구조의 공기 주입관을 갖는 충격완충 시스템 및 이를 이용한 협착저감 장갑(2016)
- 갱폼 인양용 반자동 섀클(2011)
- 이동식크레인 선정 및 안정성검토 시뮬레이션 방법(2008)
- 해상장비 선정 및 안정성검토 시뮬레이션 방법(2007)
- 타워크레인 선정 및 안정성검토 시뮬레이션 방법(2006)
- 준설선용 이동식부함 (1996)

장비안전과 이동식크레인 정가 35,000원

저자 : 호종관

발행인 : 임해진
발행처 : 구미서관

인쇄 : 2022년 6월 3일
발행 : 2022년 6월 10일

등록 : 1979년 6월 29일 No.9-6호

주소 : 서울시 마포구 신촌로2길 5-15
전화 : 02-333-1101
팩스 : 02-335-2201
http://www.goomibook.com

ISBN 979-11-6257-132-3 (93530)